DYNAMISCHE METEOROLOGIE

VON

FELIX M. EXNER

O. Ö. PROFESSOR DER PHYSIK DER ERDE AN DER UNIVERSITÄT WIEN,
DIREKTOR DER ZENTRALANSTALT FÜR METEOROLOGIE UND GEODYNAMIK

ZWEITE, STARK ERWEITERTE AUFLAGE

MIT 104 FIGUREN IM TEXT

SPRINGER-VERLAG WIEN GMBH
1925

ISBN 978-3-642-52549-0   ISBN 978-3-642-52603-9 (eBook)
DOI 10.1007/978-3-642-52603-9

Vorwort zur ersten Auflage.

Seit dem ausgezeichneten Lehrbuche der Meteorologie von Sprung (1885) ist in deutscher Sprache kein Werk mehr erschienen, das unsere theoretischen Kenntnisse auf dem Gebiet der Meteorologie zusammengefaßt hätte; und auch in anderen Sprachen sind nur Ferrels Bücher vorhanden.

Seit diesen drei Jahrzehnten haben sich die Versuche, auf theoretisch-physikalischer Grundlage dem Verständnis meteorologischer Erscheinungen näher zu kommen, sehr vermehrt, so daß ich es schon im eigensten Interesse — für meine Vorlesungen an der Universität Innsbruck — unternahm, wenigstens die Theorie der Luftströmungen, die Dynamik der Atmosphäre, zusammenzufassen. Hieran schlossen sich naturgemäß einige Versuche, bestehende Lücken auszufüllen und Möglichkeiten weiterer Entwicklung aufzuzeigen.

Diese Arbeit fiel in eine Zeit (1913—1914), in welcher eben Bjerknes groß angelegte „Dynamische Meteorologie und Hydrographie" in den zwei ersten Bänden herausgekommen war. Eine nähere Betrachtung derselben ließ den Versuch, der nun hier beendigt vorliegt, nicht überflüssig, ja im Gegenteil geradezu wünschenswert erscheinen, da im besagten Werke die ältere und zeitgenössische Literatur fast unberücksichtigt geblieben ist.

Während in den Arbeiten von Bjerknes und seiner Schule das Hauptgewicht auf die Bewegungskräfte in der Horizontalebene gelegt ist, wird man in dieser dynamischen Meteorologie die Rolle der Temperatur und ihrer Verteilung in der Atmosphäre besonders hervorgekehrt finden. Diese Auffassung geht hauptsächlich auf die Arbeiten von Margules zurück, die sich überhaupt wie ein roter Faden durch das vorliegende Buch hinziehen. Sie scheinen von so grundlegender Bedeutung, daß ihr Bekanntwerden in weiteren Kreisen allein schon ein befriedigender Lohn meiner Arbeit wäre.

Das Manuskript des Buches wurde Mitte Juli 1915 komplett dem Herrn Verleger eingesendet. Doch hat sich die Drucklegung infolge des Krieges erheblich verzögert, so daß das Buch bei seinem Erscheinen leider nicht mehr ganz am laufenden sein wird; auch ließ es meine eigene militärische Tätigkeit nicht zu, die Literatur von Mitte 1915 ab bis heute zu verfolgen.

Durch seine Verwendung im Felde hat der Wetterdienst große Fortschritte gemacht; namentlich ist unsere Kenntnis der Luftströmungen in der Höhe und ihres Einflusses auf Luftdruckveränderungen vermehrt worden. Eine Darstellung dieser jüngsten Ergebnisse war aus begreiflichen Gründen nicht möglich.

Herrn Privatdozent Dr. A. Defant bin ich für seine Hilfe bei Durchsicht der Korrekturen zu herzlichem Dank verpflichtet.

Wien, Weihnachten 1916.

Felix M. Exner.

Vorwort zur zweiten Auflage.

Seit dem Jahre 1916 hat die dynamische Meteorologie große Fortschritte gemacht, insbesondere in der Erforschung der Ausbreitung kalter und warmer Luft, der Bildung von Zyklonen und der Rolle der Grenzflächen zwischen Kalt und Warm für die Entstehung des Niederschlages. Die neuen Anschauungen der Schule von V. Bjerknes in Bergen haben in den letzten Jahren sehr anregend gewirkt. Sie bilden zusammen mit den Studien der österreichischen und der Lindenberger Schule den hauptsächlichen Zuwachs im Inhalt der zweiten Auflage. Außerdem habe ich mir erlaubt, mehrere meiner eigenen Arbeiten hier übersichtlich aufzunehmen, die in der ersten Auflage nicht enthalten waren. Vielleicht bekommt das Buch dadurch mehr den Charakter einer persönlichen Auffassung, die heutzutage umso notwendiger erscheint, als der Umfang der theoretischen Meteorologie ungemein angewachsen ist, dabei aber über den Wert vieler Ansichten noch keine Übereinstimmung herrscht.

Die Frage nach der Energie der Winde in unseren Breiten wurde in der ersten Auflage ganz im Sinne der Margulesschen Arbeiten behandelt. Seither bin ich, namentlich durch die Anregung Alfred Wegeners mehr und mehr zu der Auffassung gekommen, daß jene Energie ursprünglich aus der ungleichen Wärmezufuhr in niedrigen und hohen Breiten der Erde, also aus der großen Konvektionsströmung stammt, wodurch die Margulesschen Rechnungen allerdings nicht das mindeste von ihrem Wert verlieren. Aber man wird in der neuen Auflage die Rolle des Luftaustausches zwischen den Tropen und den polaren Breiten mehr hervorgekehrt finden, wobei die Zyklonen und Antizyklonen als Bedingung dieses Luftaustausches erscheinen. Diese Auffassung ist mit der Bjerknesschen Anschauung der stabilen Polarfront und der Wellentheorie der Zyklonen nicht recht in Einklang zu bringen, hier liegt ein prinzipieller Gegensatz zwischen diesem jetzt so weit verbreiteten Standpunkt und dem in diesem Buche vertretenen. Es ist zu hoffen, daß die Zukunft hierüber bald eine Entscheidung bringen wird.

Abgesehen von dieser Einzelheit dürfen wir heute in der dynamischen Meteorologie wesentlich drei Richtungen unterscheiden. Die hier vertretene, welche der österreichischen und der Bjerknesschen Schule entstammt, wurde schon gekennzeichnet; neben ihr besteht eine Arbeitsrichtung in England, die sich mehr mit den Details der Luftbewegungen befaßt, im Anschluß an die Studien über Turbulenz, welche zum Teil von dort ihren Ausgang nahmen. Das Werk von L. F. Richardson, Weather Prediction by Numerical Process, repräsentiert einen Großteil dieser Richtung. Es ist mir nicht gelungen, dieses wertvolle aber schwierige Buch in die neue Auflage hineinzuarbeiten, die allgemeine Problemstellung ist zu verschieden. Als dritte Richtung möchte ich jene kennzeichnen, welche an die ganz theoretische Arbeitsweise von V. Bjerknes zur Leipziger Zeit anschließt und heute besonders in Rußland vertreten wird.

Natürlich ist zwischen diesen Arbeitsweisen keine reinliche Scheidung möglich, auch umfassen dieselben durchaus nicht die gesamten Leistungen auf unserem Gebiete in neuerer Zeit. Ich möchte mit diesen Worten nur gesagt haben, daß ich mir dessen bewußt bin, die dynamische Meteorologie durchaus nicht so umfassend dargestellt zu haben, wie es wünschenswert wäre. Es wird sich vermutlich in Zukunft das Bedürfnis nach neuen Büchern ergeben, von denen eines, auf Experimenten beruhend, die Eigenschaften der Luftbewegungen im Anschluß an die Aerodynamik behandeln sollte, während ein anderes die rein theoretische Seite vom Standpunkt des Mathematikers zu vertreten hätte. In dem vorliegenden Buche war mein Bestreben, möglichst an den Problemen der allgemeinen Meteorologie, den Erscheinungen der gesamten Atmosphäre, festzuhalten und so den Anschluß an die meteorologischen Erfahrungstatsachen nicht zu verlieren.

Dem Herrn Verleger bin ich für die Übernahme dieser zweiten Auflage mit erweitertem Text und zahlreichen neuen Figuren zu Dank verpflichtet.

Murau-Rahmhube, 23. August 1924.

Felix M. Exner.

Inhaltsverzeichnis.

Einleitung.   Seite

1. Dynamische Meteorologie 1
2. Die Atmosphäre als Schauplatz der meteorologischen Erscheinungen   2
3. Verteilung der Schwere auf der Erde 3
4. Niveauflächen der Schwerkraft 5

Erstes Kapitel. **Die Gasgesetze.**

5. Maße und Einheiten 7
6. Gasgesetze für trockene atmosphärische Luft 8
7. Gasgesetz für ungesättigt-feuchte Luft und Ausdrücke für die Feuchtigkeit 9
8. Gleichung für die zugeführte Wärme bei trockener Luft 11
9. Adiabatische Zustandsänderungen feuchter Luft 13
10. Pseudoadiabatische Zustandsänderungen 15
11. Die relative Feuchtigkeit bei adiabatischen Zustandsänderungen . 17

Zweites Kapitel. **Allgemeine dynamische und hydrodynamische Gleichungen.**

12. Bewegungsgleichungen eines Punktes im rotierenden Koordinatensystem der Erde 19
13. Die Erhaltung des Rotationsmomentes 22
14. Bewegung eines Massenpunktes auf der Erdoberfläche 25
15. Ablenkende Kraft der Erdrotation bei horizontaler Bewegung . . 28
16. Die vertikale Beschleunigung des bewegten Massenpunktes . . . 30
17. Hydrodynamische Bewegungsgleichungen im festen und im rotierenden Koordinatensystem 31
18. Die Kontinuitätsgleichung 33

Drittes Kapitel. **Statik der Atmosphäre.**

19. Differentialgleichung der Statik, lineare Temperaturabnahme bei Wärmezufuhr 35
20. Mitteltemperatur einer Luftsäule 38
21. Barometrische Höhenformel 41
22. Flächen gleichen Druckes 42
23. Beziehung des Luftdrucks in der Höhe und am Boden zur Mitteltemperatur einer Luftsäule 43

Viertes Kapitel. **Vertikale Temperaturverteilung im Ruhezustand.**

24. Einfluß der Wärmeleitung, Wärmestrahlung und Ausdehnung (Kompression) 46
25. Statisches Gleichgewicht, Auftrieb, Stabilität 47
26. Einfluß der vertikalen Bewegung auf die vertikale Temperaturverteilung 53
27. Wärmeleitungsgleichgewicht 60
28. Strahlungsgleichgewicht 62

Fünftes Kapitel. Kinematik.

Seite

29. Stromlinien und Stromröhren; stationärer Zustand 67
30. Stromlinien in der Vertikalebene 73
31. Bestimmung zeitlicher Druckänderung und vertikaler Bewegung aus der Kontinuitätsgleichung 75
32. Niederschlagsbildung bei vertikaler Bewegung 78
33. Absteigende Luftströme. Föhn 82
34. Temperatur in Stromröhren mit veränderlichem Horizontal-Querschnitt 85

Sechstes Kapitel. Allgemeine Dynamik der Luftströmungen.

35. Prinzip der geometrisch ähnlichen Bewegungen nach Helmholtz . 92
36. Horizontale Strömung ohne Reibung 95
37. Zwei Integrale der Bewegungsgleichungen für horizontale Luftströmungen ohne Reibung 101
38. Reibung der Luft an der Erdoberfläche 108
39. Innere Reibung der Luft 117
40. Austausch und Turbulenz 124
41. Ausfüllende, stationäre und gegen den Gradienten gerichtete Bewegungen 129
42. Das Zirkulationsprinzip 133
43. Vertikaler Druckgradient und vertikale Bewegung 134
44. Wärmeaustausch zwischen Erde und bewegter Luft 140

Siebentes Kapitel. Energie der Luftbewegungen.

45. Vorgänge mit Wärmeaustausch und ohne solchen; Richtung derselben 144
46. Gleichung der lebendigen Kraft 146
47. Potentielle Energie der horizontalen Druckverteilung 152
48. Energiegleichung der abgeschlossenen Luftmasse 156
49. Beispiele für vertikale Umlagerungen der Luftmassen nach Margules 159
50. Bedeutung der Kondensationswärme für die lebendige Kraft . . . 165
51. Wärmezufuhr als Energiequelle stationärer Bewegungen 167
52. Zirkulation und Wirbelbildung; Energieleistung derselben . . . 172
53. Temperaturverteilung in Zirkulationen mit Wärmeumsatz 180
54. Energieverbrauch in der Atmosphäre durch virtuelle innere Reibung (Austausch) 183

Achtes Kapitel. Stationäre Strömungen in der Atmosphäre.

55. Stationäre Bewegungen 187
56. Horizontales Temperaturgefälle bei stationärer Bewegung . . . 189
57. Stabile Diskontinuitätsflächen in der Atmosphäre 192
58. Fortsetzung; Stationäre Kälte- und Wärmegebiete 197
59. Stationäre Zirkulationen der Luft um die Erde 203

Neuntes Kapitel. Allgemeiner Kreislauf der Atmosphäre.

60. Übersicht über die vorhandenen Bewegungen 211
61. Qualitative Erklärung des großen Kreislaufes 213
62. Verteilung von Temperatur, Druck und Windstärke nach den Beobachtungen 225
63. Verteilung von potentieller Temperatur und Rotationsmoment . . 232
64. Wärmetransport von niedrigen in höhere Breiten 236
65. Einfluß von Land und Meer auf den allgemeinen Kreislauf . . . 240
66. Länger andauernde Anomalien der Zirkulation 242
67. Ältere Theorien über den Kreislauf der Atmosphäre 249

Zehntes Kapitel. Dynamik zyklonaler Bewegungen.   Seite

68. Bildung und Wachstum einfacher Wirbel in Flüssigkeiten . . . 251
69. Rotationsbewegung bei symmetrischer Temperaturverteilung . . . 256
70. Lösungen von Oberbeck, Ferrel und Ryd 263
71. Windbahnen und Druckverteilung bei bewegten Zyklonen 265

Elftes Kapitel. Unperiodische Veränderungen an einem Orte der Atmosphäre.

72. Die Massenverteilung in einer Luftsäule 275
73. Das Zustandekommen von Luftdruckgradienten; Luftversetzung . . 282
74. Unmittelbare Ursachen von Temperatur- und Druckveränderungen . 286
75. Druck- und Temperaturveränderung durch Advektion 291
76. Differenzialgleichung des Druckes bei adiabatischer Horizontalbewegung 298
77. Ergebnisse der Statistik über die Beziehungen der Veränderlichen in der Atmosphäre zueinander 301

Zwölftes Kapitel. Unperiodische Veränderungen in synoptischer Darstellung.

78. Luftkörper und Gleitflächen 309
79. Vorstoß und Rückzug von Luftkörpern 311
80. Kälteeinbrüche und Gewitterböen 314
81. Beobachtungen von Kältewellen 319
82. Wärmewellen 324
83. Bewegungsgleichung des Kälteschwalles 327
84. Örtlichkeit von Kälteeinbrüchen 332
85. Bildung von Zyklonen 337
86. Niedrige Depressionen und Antizyklonen 344
87. Bjerknes' Polarfront 352
88. Die Entstehung hoher Depressionen und Antizyklonen 355
89. Steig- und Fallgebiete des Druckes 360
90. Schema der Konstitution hoher Depressionen und Antizyklonen . . 363
91. Veränderungen der synoptischen Wetterkarten 375

Dreizehntes Kapitel. Periodische Veränderungen in der Atmosphäre.

92. Periodische Veränderungen, hervorgerufen durch die Verteilung von Land und Meer 383
93. Gravitationswellen an der Grenze ungleich dichter Medien . . . 389
94. Tägliche Periode von Wind und Luftdruck 397
95. Tägliche Periode von Luftdruck und Temperatur 401
96. Freie elastische Schwingungen der Atmosphäre 410

Register 416

Einleitung.

1. Dynamische Meteorologie. Die Meteorologie, die Lehre von den Witterungserscheinungen, gilt vielfach als Prototyp jener Wissenschaften, die es trotz ernstlicher Bemühungen noch zu keinen oder fast keinen Gesetzen gebracht haben. Sie ist in dieser Beziehung ein Übergangsgebiet von den exakten Naturwissenschaften (Physik) zu jenen beschreibenden Naturwissenschaften (z. B. Geologie), die nach ihrem ganzen Inhalt die Aufstellung von allgemeinen Gesetzen gar nicht als ihr Ziel anstreben, sondern vielmehr die Darstellung von Einzelerscheinungen.

Diese Eigenschaft der Meteorologie ist in der Natur ihres Gegenstandes begründet. Die Erscheinungen der Witterung sind so verwickelt, sie entstehen aus dem Zusammenwirken so vieler Einzelheiten, daß für den Beobachter, welcher nur wenige derselben kennt, der Eindruck der Regellosigkeit, mitunter der der Regelmäßigkeit, sehr selten aber der der Gesetzmäßigkeit zustande kommt. An diesen Verhältnissen kann natürlich auch die mathematisch-physikalische Theorie nichts ändern. Hingegen kann diese Theorie dazu beitragen, jene physikalischen Vorgänge, die wir kennen und die auf die Witterung von Einfluß sind, in allen ihren Konsequenzen streng zu verfolgen und so einen Teil der Erscheinungen auf vorausgegangene Ereignisse zurückzuführen.

Das vorliegende Buch kann daher auch nicht Anspruch darauf machen, die Vorgänge der Witterung zu erklären; es stellt sich nur die Aufgabe, festzulegen, was an den beobachteten Erscheinungen auf bekannte vorausgegangene Ereignisse zurückgeführt werden kann.

Die wenigen Gesetze, welche wir in der Meteorologie kennen, sind im folgenden ausdrücklich als solche Ausnahmen bezeichnet. An Regeln fehlt es nicht; die Einzelerscheinung kann aber durch sie nur sehr unsicher vorausbestimmt werden; denn Regeln haben nur Sinn, wenn wir sie auf viele Fälle anwenden. Es muß unser Bestreben sein, die wenigen physikalischen Gesetze, welche für die Meteorologie von Bedeutung sind, immer genauer und zusammenwirkend auf die Einzelerscheinungen anzuwenden, um allmählich von der Regel zum Gesetz fortzuschreiten.

Den Hauptinhalt des vorliegenden Buches bildet die Lehre von den Luftbewegungen; um sie zu verstehen, ist es dann allerdings nötig, auf andere Teile der Meteorologie, wie die Lehre von der Strahlung, die

Wärmelehre, näher einzugehen. Die Grundlagen aller unserer Kenntnisse, die Beobachtungstatsachen, können dabei nur zum geringsten Teil Darstellung finden. Wir verweisen in bezug auf sie auf das grundlegende Lehrbuch der Meteorologie von J. v. Hann und betrachten diese dynamische Meteorologie als Ergänzung desselben.

2. Die Atmosphäre als Schauplatz der meteorologischen Erscheinungen. Auf der Erdoberfläche liegt die atmosphärische Luft auf und wird durch die Schwerkraft auf ihr festgehalten. Denn diese Kraft wirkt auf gasförmige Massen in gleicher Weise wie auf feste. Durch sie üben die Körper auf ihre Unterlage einen Druck aus, den man als das Gewicht derselben bezeichnet. Die Luft hat also ebenso ein Gewicht wie jeder andere Körper.

Die Erde ist annähernd eine Kugel mit einem Radius von 6371 km; darüber liegt die Atmosphäre ausgebreitet. Von der Masse der letzteren sind mehr als 9 Zehntel zwischen der Erdoberfläche und einer konzentrisch zu ihr in 20 km Höhe geschlagenen Kugelfläche enthalten. Es ergibt sich daraus, daß die Atmosphäre wie eine ganz dünne Hülle den großen Erdball überzieht, eine Vorstellung, die der naiven Anschauung zuwiderläuft und um so mehr dann festzuhalten ist, wenn es sich um das Studium von Luftströmungen über großen Gebieten der Erde handelt. Die vertikalen Erstreckungen der Luftmassen, mit denen wir uns zu befassen haben, sind also im allgemeinen gering gegen ihre horizontalen.

Die große Veränderlichkeit, die wir in den Zuständen der Atmosphäre beobachten, stammt wesentlich von zwei Eigenschaften der Luft her: von ihrer leichten Beweglichkeit, die sie mit anderen Flüssigkeiten, wie dem Wasser des Ozeans, teilt, und von ihrer Kompressibilität verbunden mit dem starken Wärmeausdehnungsvermögen der Gase. Druck- und Temperaturveränderungen haben im Gase viel größere Massenverschiebungen zur Folge als in der tropfbaren Flüssigkeit.

Tatsächlich sind auch die Temperaturveränderungen der mittelbare Anlaß zu den meisten Luftbewegungen. Die Sonne, die Energiequelle aller wesentlichen Veränderungen über der Erdoberfläche, bestrahlt die Erde in ungleicher Stärke in ihren verschiedenen Teilen; hierdurch entwickeln sich Massenverschiebungen in der Atmosphäre. Ungefähr die gleiche Wärme, welche die Erde empfängt, gibt sie auch wieder an den Weltraum ab (was daraus hervorgeht, daß sie tatsächlich ihre Temperatur annähernd beibehält). Die Lufthülle der Erde wird so von einem dauernden Wärmestrom Sonne-Erde-Weltraum durchsetzt und hierbei in dauernder Bewegung erhalten, welche durch den Umstand noch schwieriger zu übersehen ist, daß sich die Erde um ihre Achse dreht und dabei die Lufthülle als leichtbewegliche Flüssigkeit nicht vollständig mitnimmt. Dem Menschen kommt nur der Unterschied zwischen Luft- und Erdbewegung als „Wind" zum Bewußtsein, die Erdbewegung selbst bemerkt er nicht, da er mit der Erde verbunden ist; der beobachtete Wind ist so ein verwickeltes Ergebnis dieser verschiedenen Einflüsse.

3. Verteilung der Schwere auf der Erde. Die Schwerkraft ist die wichtigste äußere Kraft, die auf die Luftmassen wirkt. Es ist daher nötig, sie der Größe und Richtung nach überall dort zu kennen, wo Luft vorhanden ist. Die Schwere, welche auf eine relativ zur Erde ruhende Masse m wirkt, setzt sich aus zwei Kräften zusammen, erstens aus der Newtonschen Anziehungskraft der Erdmasse auf jene Masse m, zweitens aus der infolge der Erdrotation wirkenden Zentrifugalkraft. Wäre die Erde eine Kugel, so würden die Massen durch die Rotation eine Tendenz bekommen, gegen den Äquator zu wandern; eine flüssige Kugel würde sich abplatten und die Form eines Ellipsoides annehmen, wie sie die Erde wirklich hat. Die Wanderung der oberflächlichen Massen gegen den Äquator unter dem Einfluß der Zentrifugalkraft ginge dabei nur eine gewisse Zeit lang vor sich. Sobald die Abplattung begonnen hat, ist es nämlich nicht mehr eine Kugelfläche, auf welcher die Massen gegen den Äquator strömen; sie entfernen sich jetzt vielmehr vom Erdmittelpunkt und wandern schief aufwärts. Das Gleichgewicht ist erreicht, sobald die Zentrifugalkraft der entgegenwirkenden Komponente der Attraktionskraft das Gleichgewicht hält. Unter diesen Umständen steht die Resultierende beider Kräfte auf der abgeplatteten Erdoberfläche senkrecht, diese ist eine Niveaufläche der Schwerkraft.

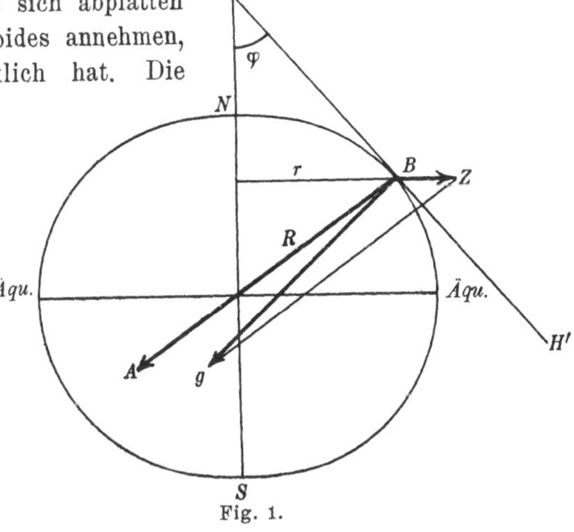

Fig. 1.

In Fig. 1 ist dieser Gleichgewichtszustand dargestellt. Die Attraktionskraft A wirkt nach dem Massenmittelpunkt, die Zentrifugalkraft Z senkrecht zur Erdachse N-S. Beide vereinigen sich zur Schwerkraft g; senkrecht auf ihr steht der Horizont H-H' im Punkte B von der Polhöhe φ. In der Figur ist die Abplattung übertrieben, die Zentrifugalkraft Z ist verhältnismäßig viel zu groß gezeichnet.

Die Schwerkraft hat dabei im Meeresniveau (Erdoberfläche) verschiedene Werte; denn einerseits ist am Pole die Masse, auf welche sie wirkt, dem Erdmittelpunkt näher als am Äquator, andererseits wirkt auf die Masse m am Pole, also in der Erdachse, keine Zentrifugalkraft, am

Äquator hingegen kommt sie als Ganzes von der Attraktionskraft in Abzug. Beide Umstände führen dazu, daß die Schwerkraft am Äquator den kleinsten, am Pol den größten Wert hat. Die empirische Formel für ihre Verteilung nach der geographischen Breite lautet:

$$g_\varphi = 9{\cdot}80616 \ (1 - 0{\cdot}002\,644 \ \cos 2\,\varphi + 0{\cdot}000\,007 \ \cos^2 2\,\varphi)\,\text{m/sec}^2. \ [1]$$

Die Schwere ist hier in Metern pro Sekunde ausgedrückt. Wie man sieht, beträgt der Unterschied zwischen Pol und Äquator rund 5 cm oder 5 Promille.

Die beobachtete Verteilung der Schwerkraft im Meeresniveau steht im engen Zusammenhange mit der Abplattung der Erde (Clairautsches Theorem); letztere wird derzeit im Mittel zu $\frac{1}{298}$ angegeben. Die halbe große Achse der Erde beträgt 6378 km, die halbe kleine 6356 km. Wir werden, wenn es sich um die Bewegung der Luft über der Erdoberfläche handelt, die Abweichung derselben von der Kugelfläche demnach vernachlässigen können. Nur werden wir zu berücksichtigen haben, daß die auf die Erdmassen wirkende Zentrifugalkraft durch die Abplattung der Erde schon kompensiert ist, daß also, wenn wir die Erde als rotierende Kugel betrachten, die gewöhnliche Zentrifugalkraft Z nicht mehr in Betracht zu ziehen ist. Diese hat für den Abstand r von der Erdachse den Wert $r\omega^2$ pro Masseneinheit (Fig. 1), wo ω die Winkelgeschwindigkeit der Erdrotation bedeutet ($\omega = 7{\cdot}29 \cdot 10^{-5}$ sec^{-1}). Diese Kraft Z ist also unter jenen Kräften, welche senkrecht zur Erdachse wirken, stets wegzulassen; wir dürfen dann mit genügender Annäherung die Erde als Kugel betrachten, und zwar als Kugel vom mittleren Radius $R = 6371$ km mit einer Schwere im Meeresniveau, die der oben angegebenen Gleichung entspricht.

Für die Abnahme der Schwerkraft mit der Erhebung vom Meeresniveau (Entfernung von der Erde) wird von Helmert der Ausdruck angegeben:

$$g_z = g_0 - 0{\cdot}000\,003\,086 \cdot z,$$

wo g_z die Schwere in der Seehöhe z, g_0 die am Meeresniveau in Metern und z die Seehöhe in Metern ist. Durch die beiden Gleichungen für g_φ und g_z ist die Schwere für jeden Ort in der Atmosphäre bestimmbar. Da für $z = 30000 = 30$ km die Schwere nur um 9 cm, also um etwa $1^0/_0$ geringer ist als am Boden, und da diese Höhe die äußerste Grenze der bisher meteorologisch erforschten Zone der Atmosphäre darstellt, so werden wir für angenäherte Rechnungen — und es wird sich wesentlich um solche handeln — die Abnahme der Schwere mit der Höhe ebenso vernachlässigen können, wie deren Unterschiede in der geographischen Breite. Bei genaueren Aufgaben werden diese Unterschiede allerdings in

---

[1] Helmert, Enzyklop. d. math. Wiss. VI 1. B, Heft 2, 1910; nach der von V. Bjerknes gegebenen Umrechnung in: Dynamische Meteorologie und Hydrographie I, Statik; Braunschweig 1912.

in Rechnung zu ziehen sein; auch kommen wir später noch auf die Frage zurück, welchen Einfluß die Schwerkraftverteilung auf die normale Lagerung der Luftmassen ausüben muß[1]).

Nachdem die Schwerkraft nach außen abnimmt, ist das Gewicht gleich großer Luftmassen in verschiedenen Höhen nicht dasselbe; es ist daher nicht möglich, aus dem Luftdruck am Boden auf die Gesamtmasse der Atmosphäre zu schließen. Wir müßten, um dies genau tun zu können, die Verteilung der Massen nach der Höhe, also ihre Dichte oder Temperatur, in allen Lagen kennen. Die Gesamtmasse der Atmosphäre ist mithin nicht genau bekannt; daß sie nicht unendlich ist, folgt aus dem allmählichen Übergang der Attraktionskraft der Erde in die des Mondes oder der Sonne. Mascart[2]) und Ekholm[3]) haben sich u. a. mit der Frage nach der wahrscheinlichen Masse der Atmosphäre beschäftigt. Letzterer kommt zum Resultat, daß die wirkliche Masse nur um etwa $0·6^0/_0$ größer ist als jene, die man berechnet, wenn man die Schwereabnahme mit der Höhe vernachlässigt ($517 . 10^{13}$ Tonnen).

4. Niveauflächen der Schwerkraft. Das Meeresniveau (Geoid) ist eine Fläche, auf welcher die Schwerkraft überall senkrecht steht; man bezeichnet solche Flächen als Niveauflächen der Schwere. Außerhalb des Meeresniveaus lassen sich weitere Niveauflächen konstruieren, die einen ähnlichen Verlauf wie jene haben. Die Potentialtheorie lehrt, daß die Arbeit, welche gebraucht wird, um die Masseneinheit vom Meeresniveau in eine bestimmte Niveaufläche zu heben, stets dieselbe ist, wo immer diese Hebung auch vorgenommen wird, also z. B. am Pol oder am Äquator. Diese Arbeit ist $A = \int_0^z g\,dz$ bei der Hebung um die Höhe z. Hier ist g nach obiger Formel als Funktion von z auszudrücken. Man erhält $A = g_0 z - \dfrac{\beta z^2}{2}$, wo β den sehr kleinen Zahlenkoeffizienten auf S. 4 bezeichnet. Da A für eine Niveaufläche konstant ist, so folgt angenähert $z = \dfrac{A}{g_0}$ als Gleichung einer Niveaufläche der Schwere. Ihr Abstand vom Meeresniveau ist um so kleiner, je größer g_0. Die oberen Niveauflächen haben also am Pol einen kleineren Abstand vom Meeresniveau als in der Nähe des Äquators, sie senken sich gegen die Pole; wir können auch sagen: der Horizont in der Höhe z ist nicht parallel zum Horizont im Meeresniveau, sondern er ist gegen den Pol hin geneigt. Es wird später gezeigt werden, welchen Effekt diese Verhältnisse für die Flächen gleichen Luftdrucks haben.

---

[1]) Die Verteilung der Schwerkraft ist von V. Bjerknes in seinem oben genannten Werke ausführlich berücksichtigt worden.

[2]) Met. Zeitschr. 1892, S. 111.

[3]) Met. Zeitschr. 1902, S. 249.

Bjerknes hat (a. a. O.) die Lage der Niveauflächen der Schwere genau angegeben und in Tabellenform festgelegt. Aus obiger Formel ergibt sich z. B. folgendes zahlenmäßige Verhältnis, wenn wir das Glied mit z^2 vernachlässigen: Sei am Pole der Abstand einer Niveaufläche z_p, die Schwere daselbst im Meeresniveau g_p, analog am Äquator z_a und g_a. Es ist dann $A = g_p z_p = g_a z_a$; daraus ergibt sich der Höhenunterschied am Äquator und Pol zu $z_a - z_p = z_a \cdot \dfrac{g_p - g_a}{g_p}$, oder nach der Formel für die Breitenverteilung der Schwerkraft auch $z_a - z_p = 0{\cdot}0053\, z_a$. Jene Niveaufläche, die über dem Äquator in 10 km Höhe verläuft, liegt daher über dem Pol in einer um 53 m niedrigeren Meereshöhe. Die Neigung der Niveauflächen nimmt nach oben immer mehr zu, erreicht aber keine wirklich nennenswerten Beträge, da sich das Gefälle $z_a - z_p$ ja auf die Distanz eines Erdquadranten bezieht.

Da die Schwere stets senkrecht zur Niveaufläche (Horizontale) wirkt, ist diese Fläche für die Ruhelage einer Masse von viel größerer Bedeutung als eine solche gleichen Abstandes vom Meeresniveau. Es hat darum Bjerknes zur Bestimmung der Lage eines Massenelementes nicht dessen geometrischen Abstand vom Meeresniveau benützt, sondern dessen Schwerepotential A. Zwischen Orten mit gleichem Werte A wirkt keine Komponente der Schwerkraft. Die Einheit, in welcher A gemessen wird, ist bei Benützung des Meters etwa 9·8mal so groß als die Einheit der Höhe z, das Meter. Bjerknes führt daher den 10. Teil derselben als „dynamisches Meter" ein und benützt als Vertikalkoordinate eines Punktes seine Höhe H in dynamischen Metern über dem Meeresniveau.

Der Seehöhe z in Metern entspricht daher die Höhe $H = \dfrac{\int_0^z g\, dz}{10}$ in dynamischen Metern. Ein dynamisches Meter ist also: $\dfrac{z}{H} = \dfrac{10\, z}{\int_0^z g\, dz}$ Meter. Ein wirkliches Längenmaß ist diese neue Einheit nicht, sondern ein Arbeitsmaß; die Länge des dynamischen Meters ist für verschiedene Breiten der Erde verschieden, am kleinsten am Pol, am größten am Äquator. Dieser Umstand macht seine Benützung unbequem, der Ausdruck „Meter" erinnert überdies zu sehr an ein Längenmaß, dessen Größe unveränderlich sein muß. In der Praxis kann man (siehe Bjerknes) $g = 9{\cdot}8$ setzen, also von der Veränderlichkeit der Schwere absehen, und erhält dann: 1 dyn. m. $= 1{\cdot}02$ m. Benützt man diese Vereinfachung, so hat man alle Meterangaben durch den konstanten Faktor 1·02 zu dividieren, um sie in dynamischen Metern auszudrücken, eine Umrechnung, die Bjerknes tatsächlich durchführt, auf die wir aber in diesem Buche verzichten.

Erstes Kapitel.

Die Gasgesetze.

5. Maße und Einheiten. Wir unterscheiden an trockener atmosphärischer Luft ihren Druck p, ihre absolute Temperatur T ($T = 273^0 + t$, wo t die Temperatur in Celsiusgraden ist) und ihre Dichte ϱ; diese ist definiert als die Masse der Volumeinheit. Wir wollen in diesem Buche durchwegs als Längeneinheit das Meter, als Masseneinheit[1] das Kilogramm und als Zeiteinheit die Sekunde verwenden. Es ist also die Dichte der atmosphärischen Luft in Kilogramm pro Kubikmeter auszudrücken. Erfahrungsgemäß beträgt sie, gemessen beim normalen Atmosphärendruck von 760 mm Quecksilber und der Temperatur von 0^0 C, $1\cdot293$ kg.

Die Celsiusskala der Temperatur ist bekanntlich durch den Gefrierpunkt des reinen Wassers (0^0) und dessen Siedepunkt beim Atmosphärendruck von 760 mm Hg (100^0) definiert. Dieses Temperaturintervall, in 100 Teile geteilt, liefert den Wert eines Celsiusgrades.

Der Druck der Luft p ist definiert als Kraft pro Flächeneinheit, d. i. 1 m². Wir messen ihn, indem wir gegen eine Fläche, auf welche derselbe wirkt, eine Kraft von gleicher Größe entgegen wirken lassen, und bedienen uns hierzu des Gewichtes einer anderen Masse, z. B. der des Quecksilbers im Barometer. Man hat als Normaldruck jenen Barometerdruck bezeichnet, welcher durchschnittlich dem Drucke der Luft im Meeresniveau das Gleichgewicht hält. Er entspricht der Masse einer Quecksilbersäule von der Temperatur 0^0 C, von 760 mm Höhe und 1 m² Querschnitt, auf welche die Schwere in der Breite von 45^0 und im Meeresniveau wirkt[2]).

Als Kraft pro Flächeneinheit ist der Druck der Luft in unseren Einheiten auszudrücken, indem wir die Kraft in $\mathrm{kg^1 \cdot m^1 \cdot sec^{-2}}$, die Fläche in m² angeben. Die Schwerebeschleunigung ist $g_{45} = 9\cdot806\ \mathrm{m^1 \cdot sec^{-2}}$. Die Masse der Quecksilbersäule von 760 mm Höhe und 1 m² Querschnitt

---

[1]) Wir verwenden das Wort Kilogramm zur Bezeichnung der Massen-, nicht der Gewichtseinheit. Die Masse von 1 dm³ Wasser bei 4^0 C ist 1 kg. Ihr Gewicht beträgt im Meeresniveau bei 45^0 Breite $9\cdot8$ Krafteinheiten des m-kg-sec-Systems.

[2]) Die Dichte des Quecksilbers bei 0^0 beträgt (gegen Wasser) $13\cdot596$.

beträgt bei 0^0 C $0\cdot76 \times 10^3 \times 13\cdot596 = 10\,333$ kg. Multipliziert man diese mit g_{45}, so erhält man den Normaldruck in m-kg-sec-Einheiten. Er ist also $10\,333 \cdot g_{45} = 101\,325$ kg^1 m^{-1} sec^{-2}. Ein mm Hg entspricht folglich $133\cdot3$ kg^1 m^{-1} sec^{-2}.

In der Physik bedient man sich meist des cm-g-sec-Systems. Hier ist die Druckeinheit das Dyn pro cm². Der Normaldruck von 760 mm Hg wird in diesem System durch eine gegen die obige zehnmal größere Zahl dargestellt, er entspricht $1\,013\,250$ Dyn pro cm², also etwas mehr als einer Million Dyn; 1 mm Hg ist 1333 Dyn.

Beide Systeme, sowohl das von uns gebrauchte m-kg-sec-System, wie auch das cm-g-sec-System, eignen sich nicht für einen bequemen Ausdruck der in der Atmosphäre vorkommenden Drucke, ihre Einheiten sind zu klein. Man hat sich in der Meteorologie gewöhnt, als praktische Einheit des Druckes 1 mm Hg zu benützen, was also $133\cdot3$ absoluten Einheiten unseres Systems entspricht. Daraus ergibt sich der Übelstand, daß man häufig diesen Faktor in Zahlenrechnungen einführen muß, was bei Wahl rationellerer Einheiten zu vermeiden wäre.

Aus diesem Grunde hat nunmehr Bjerknes in seiner „dynamischen Meteorologie" eine andere derartige Einheit aufgestellt, nachdem auch schon vor ihm ähnliche Vorschläge von Köppen gemacht worden waren. Die neue Einheit ist das Millibar, der tausendste Teil des Bar. Das Bar ist eine Million Dyn, ist also nur um etwa $1^0/_0$ kleiner als der Normaldruck von 760 mm Hg. Statt daß dieser Normaldruck nun aber in 760 Teile, in Millimeter geteilt wird, teilt ihn Bjerknes in 1000 Teile, in Millibar, so daß ein Millibar nun fast $\frac{3}{4}$ mm gleich wird. Genau ist 1 Bar $750\cdot08$ mm Hg, 1 mm Hg ist $1\,333$ Millibar (mb); das Millibar entspricht nun 100 Einheiten unseres m-kg-sec-Systems, so daß sich damit bequemer rechnen läßt als mit dem Millimeter.

Da man aber bisher noch gewohnt ist, sich die Luftdrucke selbst, wie auch ihre Differenzen in Millimetern vorzustellen, und da auch die Barometer noch in Millimeter geteilt sind, so werden wir in diesem Buche die alte Einheit beibehalten. Durch Multiplikation der Millimeterangaben mit $1\cdot333$ lassen sie sich leicht in Millibar verwandeln.

Neben der Dichte der Luft spricht man bisweilen von ihrem spezifischen Volumen v; es ist das Volumen der Masseneinheit, der reziproke Wert der Dichte, gemessen in Kubikmetern pro Kilogramm.

Die vier Variabeln: Druck, Temperatur, Dichte und spezifisches Volumen werden benützt, um den Zustand einer trockenen Luftmasse anzugeben.

6. Gasgesetz für trockene atmosphärische Luft. Trockene atmosphärische Luft im Meeresniveau besteht aus etwa 78 Volumprozenten Stickstoff, 21 Prozenten Sauerstoff und 1 Prozent Argon. Der Wasserdampf kommt in ganz verschiedenem Prozentverhältnis vor, seine Mischung mit trockener Luft bezeichnen wir als „feuchte Luft"; ist nebenbei noch Wasser in fester oder flüssiger Form vorhanden, so sprechen wir von Wolkenluft.

Infolge ihrer Zusammensetzung gilt für trockene atmosphärische Luft das „Gasgesetz für ideale Gase" mit genügender Genauigkeit. Auf feuchte Luft darf dasselbe nur angewendet werden, solange der Wasserdampf einigermaßen demselben folgt, also im ungesättigten Zustande ist. Für Wolkenluft hat dieses Gasgesetz keine Geltung.

Ist α der Ausdehnungskoeffizient der Gase ($\alpha = \frac{1}{273} = 0{\cdot}003\,663$), so lautet das Gasgesetz in der ursprünglichen Fassung: $pv = p_0 v_0\,(1 + \alpha t)$, wo p_0, v_0 Werte des Druckes und des spezifischen Volumens sind, die einander bei der Temperatur 0^0, p, v solche, die einander bei der Temperatur t entsprechen. Setzt man $v = \dfrac{1}{\varrho}$, $v_0 = \dfrac{1}{\varrho_0}$, so wird daraus, wenn $T = 273 + t$, die bequemere Form: $p = \dfrac{p_0}{\varrho_0}\,\varrho\,\dfrac{T}{273}$ oder $p = \varrho\,R\,T$, wo $R = \dfrac{p_0}{273 \cdot \varrho_0}$ die sogenannte Gaskonstante ist. Durch Einsetzung des Normaldruckes p_0 und der bei diesem Druck herrschenden Dichte ϱ_0 (s. S. 7 u. 8) findet man die Gaskonstante trockener Luft hieraus zu $R = 287 = 29{\cdot}27 \cdot g_{45}\ \mathrm{m^2\ sec^{-2}}$.

Von den oben (S. 8) erwähnten vier Variabeln p, ϱ, v und T können mit Rücksicht auf das Gasgesetz nach Bedarf die folgenden 5 Kombinationen von je 2 Größen zur Charakterisierung des Zustandes einer trockenen Luftmasse verwendet werden: p, v; p, ϱ; p, T; v, T; ϱ, T.

7. Gasgesetz für ungesättigt-feuchte Luft und Ausdrücke für die Feuchtigkeit. Durch Beobachtungen wurde festgestellt, daß der Druck des Wasserdampfes bei jeder Temperatur nur einen gewissen maximalen Wert erlangen kann, d. h. daß die Verdunstung nach Eintritt dieser Dampfspannung ihr Ende erreicht, auch wenn noch Wasser in flüssiger oder fester Form vorhanden ist. Diese maximale Dampfspannung, der Sättigungsdruck, ist mit genügender Genauigkeit nach der folgenden Formel von Magnus bestimmt:

$$e_m = 4{\cdot}525 \cdot 10^{\frac{7{\cdot}4475\,t}{234{\cdot}67 + t}}\ \mathrm{mm\ Hg}.$$

Der Dampfdruck wird ebenso wie der Druck eines anderen Gases in Millimetern Quecksilber angegeben. Bei einer Mischung von trockener Luft mit Wasserdampf, also der normalen feuchten Luft, ist der Druck zusammengesetzt aus dem der trockenen Luft und dem des Wasserdampfes (e). Solange der letztere kleiner als die maximale Spannung bei der herrschenden Temperatur ist ($e < e_m$), kann man für den Wasserdampf annäherungsweise das Gasgesetz als gültig annehmen, also schreiben:

$e = e_0 \dfrac{\gamma}{\gamma_0 \cdot 273} T$, wo unter γ die Dichte des Wasserdampfes beim Druck e, unter γ_0 dieselbe beim Druck e_0 verstanden ist.

Erfahrungsgemäß ist nun: $\gamma_0 = 0{\cdot}623 \varrho_0$ (fast genau $\gamma_0 = \tfrac{5}{8}\varrho_0$), wo ϱ_0 die Dichte der trockenen Luft beim gleichen Druck bezeichnet. Nennt man $R_w = \dfrac{e_0}{\gamma_0 \cdot 273}$ die Gaskonstante des Wasserdampfes, so folgt hieraus bei Benützung des Normaldruckes und der Normaldichte $R_w = 1{\cdot}605\, R_l = 460{\cdot}7 = 47{\cdot}0\, g_{45}$. Hier ist die Gaskonstante trockener Luft mit R_l bezeichnet. Wir erhalten also die Gasgleichung für ungesättigten Wasserdampf: $e = \gamma R_w T = 1{\cdot}605 \gamma R_l T$.

Die Wasserdampfmenge in der Volumeinheit ist sonach: $\gamma = \dfrac{e}{R_w T}$; hier ist e in absoluten Druckeinheiten gemessen. Wollen wir e in dieser Formel in Millimetern Hg angeben (e'), so ist der oben dargelegte Umrechnungsfaktor $133{\cdot}3$ zu verwenden. Durch Einsetzung von R_w im obigen Betrag und Einführung der Celsiustemperatur an Stelle der absoluten ergibt sich daraus die bekannte Formel: $\gamma = \dfrac{1{\cdot}06\, e'}{1 + \alpha t}$ Gramm im Kubikmeter (absolute Feuchtigkeit).

Die normale atmosphärische Luft ist eine Mischung von trockener Luft und Wasserdampf. Ist p_l der Partialdruck der trockenen Luft, so ist der gesamte Luftdruck $p = p_l + e$. Sei ferner ϱ_l die Dichte der trockenen Luft, so ist $p_l = \varrho_l R_l T$. In der Volumeinheit ist nun die Masse enthalten: $\varrho = \varrho_l + \gamma$. Das Verhältnis, in welchem die Masse des Wasserdampfes zur Masse der feuchten Luft im gleichen Volumen steht, bezeichnet man als die spezifische Feuchtigkeit $q = \dfrac{\gamma}{\varrho}$; es folgt daraus: $\gamma = q\varrho$ und $\varrho_l = (1 - q)\varrho$. Der Gesamtdruck der feuchten Luft ergibt sich aus den Partialdrucken p_l und e mittels des Gasgesetzes zu: $p = \varrho_l R_l T + \gamma R_w T = [(1 - q) R_l + q R_w]\varrho T$. Wir erhalten also für feuchte Luft ein neues dem früheren ähnlich gebautes Gasgesetz, in welchem $R = (1 - q) R_l + q R_w$ zu setzen ist. Da $R_w = 1{\cdot}605\, R_l$, kann man auch schreiben: $p = \varrho R_l (1 + 0{\cdot}605\, q) T$.

Die neue Größe R ist nur konstant, solange die spezifische Feuchtigkeit q die gleiche bleibt, solange also keine Entziehung oder Zufuhr von Wasser in irgend einer Form eintritt.

Berechnen wir aus dem Gasgesetz für feuchte Luft die Dichte derselben $\varrho = \dfrac{p}{R_l T (1 + 0{\cdot}605\, q)}$ und stellen wir daneben die Dichte trockener Luft bei gleichem Druck und gleicher Temperatur $\varrho_l = \dfrac{p}{R_l T}$, so ergibt sich, daß feuchte Luft $(1 + 0{\cdot}605\, q)$ mal leichter als trockene ist. Wir können ferner auch sagen: Damit feuchte Luft bei gegebenem Druck die gleiche Dichte habe wie trockene, muß letztere eine Temperatur

$T' = T(1 + 0\cdot605\,q)$ haben; sie muß also wärmer sein als die feuchte. Man hat T' auch „virtuelle Temperatur" genannt. Mit ihrer Benützung kann man feuchte Luft nach der Gasgleichung der trockenen behandeln, solange keine Kondensation eintritt, für sie also schreiben: $p = \varrho\,R_l\,T'$. Bei manchen Aufgaben läßt sich ungesättigt feuchte Luft durch wärmere trockene ersetzt denken, ohne daß das Gleichgewicht der Massen gestört wird.

Die spezifische Feuchtkeit q ist ein bequemer Ausdruck, um eine bestimmte Luftmasse zu identifizieren. Die Luft kann, solange keine Kondensation eintritt, beliebige Zustandsänderungen durchmachen, ohne daß sich q ändert. Aus den obigen Formeln findet man leicht für diese Größe:

$$q = \frac{e}{1\cdot605\,p - 0\cdot605\,e} \quad \text{oder nahezu} \quad q = \frac{5\,e}{8\,p - 3\,e}.$$

Zur Annäherung kann e im Nenner vernachlässigt werden, so daß $q = 0\cdot623\,\dfrac{e}{p}$ oder $q = \dfrac{5}{8}\dfrac{e}{p}$.

Unter r e l a t i v e r F e u c h t i g k e i t versteht man das Verhältnis $f = \dfrac{e}{e_m}$, wo e_m die maximale Dampfspannung bei der herrschenden Temperatur. nach der M a g n u s schen Formel ist (s. S. 9). Multipliziert man $\dfrac{e}{e_m}$ mit 100, so gibt $100\,f$ die relative Feuchtigkeit in Prozenten der maximalen.

8. Gleichung für die zugeführte Wärme bei trockener Luft.

Wird einer trockenen Luftmasse Wärme zugeführt, so wird diese teilweise zur Erhöhung der Temperatur, teilweise zur Ausdehnung verwendet. Bei der letzteren wird Arbeit durch Überwindung des äußeren Druckes, unter dem die Masse steht, geleistet.

Diese Vorgänge sind im ersten Hauptsatze der mechanischen Wärmetheorie dargestellt. Die an 1 kg Luft zugeführte Wärme dQ besteht aus folgenden zwei Teilen: $dQ = c_v\,dT + A\,p\,dv$.

Hier ist c_v die spezifische Wärme der Luft bei konstantem Volumen A das Wärmeäquivalent der Arbeit. In den absoluten Einheiten des m-kg-sec-Systems ist $A = \dfrac{1}{427 \cdot g_{45}}$; d. h. 1 kg Masse, welches 427 Meter herabfällt, erzeugt, hier aufgehalten, eine Wärmemenge von 1 kg-Kalorie, welche genügt, um 1 kg Wasser von 15^0 auf 16^0 C zu erwärmen.

Die Gasgleichung für trockene Luft $pv = RT$ gibt differenziert $p\,dv + v\,dp = R\,dT$; damit erhält man den folgenden Ausdruck für die zugeführte Wärme: $dQ = (c_v + AR)\,dT - \dfrac{ART}{p}\,dp$.

Ist $dp = 0$, so folgt $c_v + AR = c_p$, die spezifische Wärme bei konstantem Druck. Nach Division durch T erhält die Wärmegleichung die Gestalt:

$$\frac{dQ}{T} = c_p\,\frac{dT}{T} - AR\,\frac{dp}{p}.$$

Der Ausdruck rechts ist das vollständige Differenzial der Größe $S = c_p \lg T - AR \lg p$[1]), welche man „Entropie" nennt. Es folgt daraus

$$\int \frac{dQ}{T} = S + \text{konst.}$$

Wird einer Luftmasse keine Wärme zugeführt noch entzogen ($dQ = 0$), so ist $S = \text{konst.}$, die Vorgänge sind „isentropisch"; man nennt sie auch „adiabatisch", da durch die das Gas begrenzenden Wände keine Wärme hindurchtritt. Die letzte Bezeichnung ist in der Meteorologie gebräuchlicher.

Ist nun $dQ = 0$, so wird $c_p \lg T - AR \lg p = \text{konst.}$ Es sei zu Anfang das Gas unter dem Druck p_0 und der absoluten Temperatur T_0; dann nimmt es, adiabatisch auf den Druck p gebracht, die Temperatur

T an nach der Gleichung $c_p \lg \dfrac{T}{T_0} = AR \lg \dfrac{p}{p_0}$ oder $\dfrac{T}{T_0} = \left(\dfrac{p}{p_0}\right)^{\frac{AR}{c_p}}$ (Poissonsche Gleichung). Diese Formel ist von besonderer Wichtigkeit, weil viele Vorgänge in der Atmosphäre so geschehen, daß wir annehmen können, sie seien adiabatisch. Es ist dann bei einer bestimmten Druckänderung nur eine ganz bestimmte Temperaturänderung des Gases möglich, jene, welche von der Poissonschen Gleichung vorgeschrieben wird.

Natürlich läßt sich aus der Gasgleichung auch eine der Veränderlichen p oder T durch die dritte ϱ ersetzen. Wir erhalten dann zwei mit der obigen äquivalente Beziehungen, von denen nach Bedarf Gebrauch

gemacht werden kann: $\dfrac{T}{T_0} = \left(\dfrac{\varrho}{\varrho_0}\right)^{\frac{AR}{c_v}}, \dfrac{p}{p_0} = \left(\dfrac{\varrho}{\varrho_0}\right)^{\frac{c_p}{c_v}}.$

Für trockene atmosphärische Luft sind die spezifischen Wärmen $c_p = 0.2375, c_v = 0.1690$; ferner ist nach obigem $AR = 0.0685$. Das Verhältnis $\dfrac{AR}{c_p} = k$, welches wir häufig benützen werden, ist folglich für trockene Luft $k = 0.2884$, so daß die Poissonsche Gleichung die Form annimmt: $T = T_0 \cdot \left(\dfrac{p}{p_0}\right)^{0.2884}.$

Will man die Wärmezustände mehrerer Luftmassen, die unter verschiedenen Drucken und Temperaturen stehen, miteinander vergleichen, so kann man sie adiabatisch auf den gleichen Druck bringen und dann die so erzeugten Temperaturen gegeneinander halten. Man ist übereingekommen, diese Reduktion derart vorzunehmen, daß man alle Massen rechnerisch auf den Normaldruck $P = 760$ mm Hg bringt; die dabei erzeugten Temperaturen nennt man ihre potentiellen Temperaturen

---

[1]) Wir bezeichnen mit lg den natürlichen Logarithmus (Basis $e = 2.71828$), während unter log der Briggsche Logarithmus verstanden werden wird.

ϑ. Es ist also für eine Masse $\vartheta = T \left(\dfrac{P}{p}\right)^k = T \left(\dfrac{760}{p}\right)^{0\cdot2884}$, wo T die Temperatur beim Drucke p war. In der letzten Form ist p in mm Hg auszudrücken.

Differenziert man obige Gleichung, so wird $\dfrac{d\vartheta}{\vartheta} = \dfrac{dT}{T} - k\dfrac{dp}{p}$. Ein Vergleich mit der Wärmegleichung liefert: $\dfrac{d\vartheta}{\vartheta} = \dfrac{1}{c_p}\dfrac{dQ}{T} = \dfrac{1}{c_p}dS$ und $S = c_p \lg \vartheta + \text{konst.}$

Die potentielle Temperatur bleibt demnach bei adiabatischen Vorgängen konstant wie die Entropie. Sie ist, wenn verschieden temperierte trockene Luftmassen vorhanden sind, für eine individuelle Luftmasse, solange keine Wärmezufuhr stattfindet, ebenso charakteristisch, wie es die spezifiische Feuchtigkeit für feuchte Luft ist, solange hier keine Kondensation vorgeht.

9. Adiabatische Zustandsänderungen feuchter Luft. In der Meteorologie spielen jene Vorgänge eine große Rolle, bei welchen sich feuchte Luft ausdehnt oder zusammenzieht, also ihren Druck verändert. H. Hertz unterscheidet hierbei vier Stadien, die durch die Kondensations- und Schmelzwärme des Wassers bedingt sind.

Zunächst haben wir das Trockenstadium, bei dem die trockene Luft mit Wasserdampf von geringerem als dem Sättigungsdruck vermischt ist. Bei adiabatischer Ausdehnung des Gemisches unter Temperaturen oberhalb 0^0 folgt das Regenstadium, welches beginnt, sobald die Temperatur des Gemisches soweit gesunken ist, daß der vorhandene Dampfdruck dem Sättigungsdruck gleich wird. Bei weiterer Abkühlung tritt Kondensation ein; hierbei wird die Kondensationswärme des Wassers frei und verzögert die Abkühlung. Schließlich erreicht die Temperatur 0^0 C, es beginnt die Bildung des Eises, wobei wiederum Wärme, die Schmelzwärme, frei wird; dies ist das Hagelstadium. Sobald sich endlich alles vorhandene Wasser in Eis verwandelt hat, beginnt das Schneestadium, in welchem bei weiterer Abkühlung aus Wasserdampf unmittelbar Eis entsteht. Dabei wird wieder Wärme frei, die Sublimationswärme, die Summe von Kondensations- und Schmelzwärme. Dieses Stadium hält bis zu beliebig tiefen Temperaturen an.

Es empfiehlt sich, eine mit ungesättigtem Wasserdampf in gegebenem Verhältnis vermischte Luftmasse, welche sich ohne Wärmezufuhr oder -entziehung ausdehnt, näher zu betrachten. In der Atmosphäre ist dieser Vorgang sehr häufig. Wir teilen im folgenden nur die Gleichungen für die adiabatischen Zustandsänderungen in diesen vier Stadien mit, und zwar gekürzt und ohne Ableitung. [1]

---

[1] Vgl. z. B. H. Hertz, Deutsche Met. Zeitschr., 1. Jahrgang, 1884, S. 421.

a) **Trockenstadium:** Die Dampfspannung bleibe während der Zustandsänderung kleiner als e_m. Wir können dann die feuchte Luft sehr angenähert wie ein ideales Gas behandeln, für welches die im Abschnitt 7 abgeleitete Gasgleichung gilt. Sind c_p und c'_p die spezifischen Wärmen bei konstantem Druck für trockene Luft und Wasserdampf, ist ferner q die spezifische Feuchtigkeit, so wird die spezifische Wärme der Mischung $(1 - q)\,c_p + q\,c'_p$. Für Wasserdampf ist $c'_p = 0{\cdot}379$, also größer als für Luft. Nachdem aber q bei ungesättigt feuchter Luft stets recht klein ist (für Sättigung beträgt q unter 760 mm Druck bei $0^0 : 0{\cdot}0038$, bei $15^0 : 0{\cdot}0105$, bei $30^0 : 0{\cdot}0262$, ist also bei ungesättigter Luft stets noch geringer als diese Werte), so ändert sich die spezifische Wärme der Mischung nur wenig gegenüber der von trockener Luft; auch die Gaskonstante der Mischung $(1 - q)\,R_l + q\,R_w$ ist aus diesem Grunde nur wenig größer als die der trockenen Luft, so daß in erster Annäherung die ungesättigt feuchte Luft nach der Poissonschen Gleichung für trockene Luft behandelt werden kann, die unter Abschnitt 8 angegeben ist.

Wir können also schreiben: $c_p \lg T - A R_l \lg p = $ konst., und nur bei sehr genauen Rechnungen wären c_p und R_l durch die eben angegebenen Ausdrücke für die Mischungsluft zu ersetzen.

Die Gleichung des Trockenstadiums gilt bis zum Eintritt der Kondensation, d. h. bis zu jener Temperatur, wo $e = e_m$ wird. Wir fanden im Abschnitt 7: $p = p_l + e = [(1 - q)\,R_l + q\,R_w]\,\varrho\,T$. Darin ist $e = q\,\varrho\,R_w\,T$, folglich $p = \dfrac{(1 - q)\,R_l + q\,R_w}{q\,R_w}\,e$. Setzen wir hier $e = e_m$ nach der Magnusschen Formel als Funktion der Temperatur ein, so erhalten wir eine Beziehung zwischen p und T, die erfüllt sein muß, wenn die Grenze des Trockenstadiums erreicht ist (Sättigungsgleichung).

b) **Regenstadium:** Die Wärmezufuhr $d\,Q$ wird teils zur Erwärmung und Ausdehnung der gesättigt feuchten Luft verwendet, teils zur Verdampfung und Erwärmung des Wassers; die letztere kann vernachlässigt werden.

Bei adiabatischer Ausdehnung sinkt die Temperatur und folglich tritt Kondensation ein, wodurch Wärme frei wird; diese Kondensationswärme wirkt wie eine Wärmezufuhr, sie verzögert die Abkühlung. Die gekürzte Formel, welche unter diesen Umständen der Poissonschen Gleichung entspricht, lautet:

$$c_p \lg T - A R_l \lg p + 0{\cdot}623\,\frac{r\,e_m}{p\,T} = \text{konst.}$$

Hier ist e_m die maximale Dampfspannung, welche der Temperatur T entspricht, p ist der Druck des Gasgemisches und r die Verdampfungswärme ($r = 607 - 0{\cdot}7\,t$ kg-Kal.). Im Trockenstadium hatten wir $c_p \lg T - A R_l \lg p = $ konst. Einer bestimmten Änderung des Druckes entspricht nun eine kleinere Änderung der Temperatur als früher. Und zwar ist der Unterschied um so größer, je größer e_m, die Spannkraft des gesättigten Dampfes, je höher also die Temperatur ist. Mit abnehmender Temperatur wird das Verhalten im Regenstadium dem Verhalten im Trockenstadium ähnlicher, weil e_m und mithin auch die kondensierte Wassermenge geringer wird. Das Regenstadium reicht von der Kondensationstemperatur, dem Taupunkt, bis zu 0^0 C.

c) Hagelstadium: Expandiert die Mischung von Luft, Wasserdampf und Wasser bei 0^0 C adiabatisch noch weiter, so leistet sie Ausdehnungsarbeit auf Kosten der beim Gefrieren des Wassers frei werdenden Schmelzwärme. Der Vorgang ist ziemlich verwickelt, weil während der Ausdehnung zugleich neuer Wasserdampf gebildet werden muß, damit das größere Volumen von ihm mit Sättigungsspannung erfüllt bleibt. Die Temperatur verharrt auf 0^0, bis alles Wasser in Eis verwandelt ist; aus diesem Grund bleibt auch die Dampfspannung e_m konstant. Eine der obigen analoge Zustandsgleichung besteht hier nicht, da nur p sich ändert und mit ihm der Gehalt der Luft an Eis. Ist p_0 der Druck, bei welchem die Eisbildung beginnt, so wird p_1, der Druck, bei welchem sie beendigt ist, durch die folgende Gleichung bestimmt:

$$A R_l \lg \frac{p_0}{p_1} + \left(\frac{r+K}{p_1} - \frac{r}{p_0} \right) \cdot \frac{0 \cdot 623\, e_m}{T} - \frac{K q}{T} = 0.$$

Hier ist K die Schmelzwärme des Eises ($K = 80$ kg Kal.), so daß $r + K$ die Sublimationswärme bedeutet (etwa 680 kg Kal.). Beim Mischungsverhältnis q ist die ganze Masse Wasser (Dampf, Wasser und Eis) in Rechnung zu stellen.

d) Schneestadium: Nach Verwandlung alles flüssigen Wassers in Eis wird nun bei weiterer Druckabnahme die Temperatur wieder sinken; hierbei tritt wieder Kondensation des Wasserdampfes, u. zw. nun direkt zu Eis ein. Die Vorgänge folgen jetzt derselben Gleichung wie im Regenstadium, nur tritt an Stelle der Kondensationswärme die größere Sublimationswärme. Die Zustandsgleichung lautet in abgekürzter Form:

$$c_p \lg T - A R_l \lg p + \frac{0 \cdot 623\,(r+K)\,e_m}{p\,T} = \text{konst.}$$

Je tiefer die Temperatur, desto kleiner wird die Dampfspannung e_m, so daß das letzte Glied links immer mehr an Bedeutung verliert und sich die Vorgänge jenen des Trockenstadiums nähern[1]).

10. Pseudoadiabatische Zustandsänderungen. Wir sind im vorigen Abschnitt von der willkürlichen Vorstellung ausgegangen, daß die adiabatische Zustandsänderung in einer Ausdehnung besteht. Denken wir uns das Eis und die mit Wasserdampf vermischte Luft aus dem

---

[1]) Die Gleichungen der vier Stadien sind für den praktischen Gebrauch von Hertz (a. a. O.) und später von Neuhoff (Abh. d. preuß. met. Inst., 1, Nr. 6, 1901) graphisch durch Kurven dargestellt worden. (Vgl. Hann s Lehrbuch der Meteorologie.)

Schneestadium oben nunmehr einer adiabatischen Kompression unterworfen, so wird dieses Gemisch genau die gleichen Veränderungen wie früher in umgekehrter Richtung durchlaufen, das Eis wird durch Kompression und Erwärmung verdampfen, dann wird bei der Temperatur 0^0 das Eis schmelzen und nachher das Wasser verdampfen, bis schließlich das Trockenstadium erreicht ist und die Temperatur nach der Poissonschen Gleichung zunimmt bis zum ursprünglichen Wert. Derartige umkehrbare Prozesse können z. B. mit Wolkenluft vor sich gehen: durch Expansion bilden sich zuerst Wolken, die sich dann durch Kompression wieder auflösen, ohne daß Niederschlag ausfällt. Das weitaus häufigere aber ist, daß aus der Wolke Niederschlag in Form von Regen oder Schnee zu Boden fällt. Hierdurch wird die spezifische Feuchtigkeit verringert. In diesem Fall kann der Prozeß nicht mehr als rein adiabatisch angesehen werden, auch wenn die Mischung von außen weder erwärmt noch abgekühlt wird. Denn wenn kein Niederschlag zu Boden gefallen wäre, so müßte bei der Kompression die kondensierte Wasser- oder Eismasse verdampft, bzw. geschmolzen werden, wodurch die Temperaturzunahme verlangsamt würde.

Ist diese Wassermenge aus dem Gemisch aber herausgefallen, so wird die entsprechende Kondensationswärme erspart, die Zustandsänderung geht so vor sich, als wäre eine Wärmemenge im Betrag dieser Kondensationswärme zugeführt worden. W. v. Bezold nannte solche Vorgänge „pseudoadiabatische"[1]). Sie sind in der Meteorologie von großer Bedeutung, da sie die potentielle Temperatur der Luftmassen erhöhen; dies geht aus der nebenstehenden graphischen Darstellung hervor (Fig. 2):

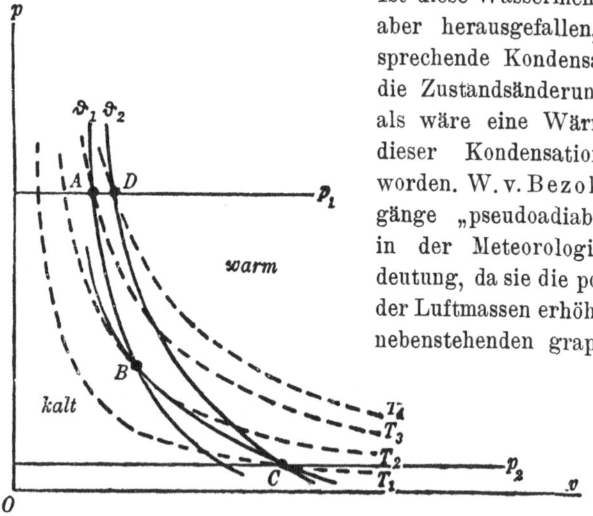

In einem Koordinatensystem mit v als Abszisse und p als Ordinate werden drei Kurvenscharen eingetragen, entsprechend der folgenden Überlegung: 1. Im Trockenstadium kann die Zustandsgleichung geschrieben werden: $pv = RT$. Für jede Temperatur ist $pv =$ konst.; die Isothermen des Trockenstadiums sind also Hyperbeln, ihr Verlauf ist in Fig. 2 durch die gestrichelten Kurven T_1, T_2, T_3, T_4 angegeben

Fig. 2.

---

[1]) Zur Thermodynamik der Atmosphäre; zweite Mitteilung; Sitzungsber. d. Berl. Akad. 1888, S. 1189.

$(T_1 < T_2 < T_3 < T_4)$. 2. Für adiabatische Zustandsänderungen im Trockenstadium folgt aus der Poissonschen Gleichung $pv^{\frac{c_p}{c_v}} = \mathrm{konst.}$ $\left(\dfrac{c_p}{c_v} = 1{\cdot}41\right)$. Wird diese Beziehung für bestimmte Werte der Konstanten dargestellt, so erhält man „Adiabaten" des Trockenstadiums, die so verlaufen, daß mit abnehmendem p und zunehmendem v nun T nicht konstant ist, sondern gleichfalls abnimmt (Abkühlung durch Ausdehnung). Da für jede Adiabate die potentielle Temperatur konstant bleibt (vgl. S. 13), so kann eine Adiabate durch ihre potentielle Temperatur bezeichnet werden. In Fig. 2 sind zwei Adiabaten ϑ_1 und ϑ_2 eingezeichnet $(\vartheta_1 < \vartheta_2)$. 3. Im Regenstadium tritt bei adiabatischer Ausdehnung gleichfalls Abkühlung ein, sie ist aber geringer als im Trockenstadium (vgl. S. 14). Die Zustandsänderung folgt hier einer Kurve, die durch die dünnere Linie zwischen den Punkten B und C der Figur dargestellt ist.

Angenommen nun, ungesättigt feuchte Luft vom Drucke p_1 und der Temperatur T_3 (Punkt A) beginne ohne Wärmezufuhr von außen zu expandieren: es erfolgt Abkühlung nach der Trockenadiabate bis zur Temperatur T_2 (Punkt B). Hier sei der Taupunkt erreicht, von hier aus erfolgt also Kondensation. Die Temperaturabnahme geht nun nach der Adiabate des Regenstadiums weiter, bis der Druck p_2 bei der Temperatur T_1 erreicht ist (Punkt C). Wäre nun kein Niederschlag ausgefallen, so würde bei nunmehriger Kompression auf den Druck p_1 das Gemisch von Luft und Wasser genau der Kurve, die es bis hieher beschrieb, zurückfolgen (CBA) und schließlich wieder seine frühere Temperatur T_3 erlangen.

Ist hingegen die ganze bis zum Stadium C kondensierte Wassermenge ausgeregnet und tritt nunmehr Kompression ein, so folgt das Gemisch von Luft und Wasserdampf der Trockenadiabate, die durch den Punkt C läuft, wobei es die potentielle Temperatur ϑ_2 hat und beibehält. Drücken wir die Masse wieder auf den Ausgangsdruck p_1 zusammen, so nimmt sie hier die Temperatur $T_4 > T_3$ an. Durch das Ausfallen des Niederschlags ist also die potentielle Temperatur gestiegen und bei Zurückführung auf den Anfangsdruck ist die Masse auch tatsächlich wärmer geworden, als sie zu Anfang war. Wenn nur ein Teil des Wassers ausgefallen ist, dann tritt die Scheidung von Hin- und Rückgang erst an einer Stelle zwischen C und B ein, die Erwärmung im Endstadium ist dann geringer.

Diese Erscheinungen sind für die Temperatur auf- und absteigender Luftströme von der größten Bedeutung und werden später weiter ausgeführt (Abschnitt 33).

11. Die relative Feuchtigkeit bei adiabatischen Zustandsänderungen. Wir werfen noch einen Blick auf die verschiedenen Ausdrücke für die Feuchtigkeit in den vier Stadien des Abschnitts 9. Die relative Feuchtigkeit zunächst hat im Regen-, Hagel- und Schneestadium überall den Sättigungswert $100\,^0/_0$. Die spezifische Feuchtigkeit behält bei adiabatischen Änderungen ihren Anfangswert in allen vier Stadien bei, solange kein Niederschlag ausfällt. Die Dampfspannung ist vom Regenstadium angefangen die der Magnusschen Formel entsprechende maximale für die jeweilige Temperatur, im Trockenstadium ist sie proportional dem Luftdruck nach der Formel auf S. 11: $e = \tfrac{8}{5}\,qp$. Die Menge des Wasserdampfs in der Volumeinheit feuchter Luft (absolute Feuchtigkeit) folgt stets der Gleichung für γ auf S. 10.

Eine nähere Bestimmung verlangt allein noch die relative Feuchtigkeit im Trockenstadium bei adiabatischer Ausdehnung oder Kompression. Sie ist gegeben durch $f = \dfrac{e}{e_m}$, wo $e_m = 4{\cdot}525 \cdot 10^{\frac{7 \cdot 45\,t}{235 + t}}$ mm Hg und angenähert $e = \tfrac{8}{5}\,qp$. Aus der letzten Gleichung folgt $\dfrac{de}{e} = \dfrac{dp}{p}$. Bei adiabatischen Zustandsänderungen im Trockenstadium ist (S. 12) $\dfrac{dT}{T} = k\,\dfrac{dp}{p}$, mithin $\dfrac{de}{e} = \dfrac{1}{k}\,\dfrac{dT}{T}$. Differenziert man f, so folgt $\dfrac{df}{f} = \dfrac{de}{e} - \dfrac{de_m}{e_m}$. Aus der Gleichung von Magnus läßt sich de_m als Funktion von $dt = dT$ ausdrücken; man erhält die Formel $\dfrac{de_m}{e_m} = 17{\cdot}15 \cdot \dfrac{235}{(T-38)^2} \cdot dT$. Setzt man näherungsweise $\dfrac{235}{T-38} = 1$ und vernachlässigt noch 38 gegen T, so ergibt sich mit $\dfrac{1}{k} = 3{\cdot}462$ (S. 12) eine besonders bequeme Form:

$$\frac{df}{f} = -\,13{\cdot}69 \cdot \frac{dT}{T}, \quad \text{oder integriert} \quad f = f_0 \left(\frac{T_0}{T}\right)^{13 \cdot 69}.$$

Diese Gleichung gibt also eine Beziehung zwischen Temperatur und relativer Feuchtigkeit bei adiabatischen Zustandsänderungen ungesättigter Luft. Mit zunehmender Temperatur nimmt die Feuchtigkeit ab. Man kann natürlich ebensogut statt der Temperatur den Druck aus der Poissonschen Gleichung einführen; dies gibt:

$$f = f_0 \left(\frac{p_0}{p}\right)^{3 \cdot 95}.$$

Zweites Kapitel.

Allgemeine dynamische und hydrodynamische Gleichungen.

12. Bewegungsgleichungen eines Punktes im rotierenden Koordinatensystem der Erde. Die Grundlage für die Behandlung der Bewegungserscheinungen fester oder flüssiger (gasförmiger) Körper bilden die Bewegungsgleichungen der Mechanik. Sie sprechen bekanntlich in ihrer einfachsten Form aus, daß die in einer Richtung x wirkende Kraft X der Masse m die Beschleunigung $\frac{d^2 x}{d t^2}$ erteilt[1]), oder daß $m \frac{d^2 x}{d t^2} = X$.

Diese und zwei analoge Gleichungen für die zwei zu x senkrechten Richtungen y und z reichen aus, um die Bewegung der Masse m darzustellen, wenn die Kräfte X, Y und Z bekannt sind.

Auf eine relativ zur Erde ruhende Masse m eines festen Körpers wirkt von äußeren Kräften nur die Schwerkraft g (vgl. Abschnitt 3); bei Flüssigkeiten bestehen neben ihr noch die Druckkräfte, auf die wir später zurückkommen. Handelt es sich hingegen um Körper, welche sich auf der Erde bewegen, dann kommen zur Schwere noch andere Kräfte hinzu, die sich dadurch ergeben, daß wir die Bewegung der Körper nicht relativ zu einem im Raume feststehenden Koordinatensystem, sondern relativ zur Erde betrachten, die ja um ihre Achse rotiert. Diese Kräfte sind also keine wirklichen, sondern scheinbare, hervorgehend aus dem Standpunkt des mit der rotierenden Erde verbundenen Beobachters.

Die oben angeführten Bewegungsgleichungen $m \frac{d^2 x}{d t^2} = X$ usw. gelten unter der Bedingung, daß x, y, z die Koordinaten eines Punktes in einem ruhenden Systeme sind. Wirken keine äußeren Kräfte ($X = Y = Z = 0$), so bleibt die Geschwindigkeit des Punktes konstant $\left(\frac{d x}{d t} = \text{konst. usw.} \right)$, er bewegt sich dem Trägheitsgesetz entsprechend. Als ruhendes Koordinatensystem können wir also umgekehrt eines auffassen, in welchem das Trägheitsgesetz gilt.

Die Koordinaten des ruhenden Systems sind jedoch hier nicht direkt verwendbar, da es sich ja darum handelt, die Bewegung der Luftmassen

---

[1]) t bedeutet die Zeit, x die X-Koordinate eines Punktes, folglich $\frac{d x}{d t}$ die X-Komponente der Geschwindigkeit.

2*

relativ zur rotierenden Erde[1]) kennen zu lernen; als praktische Koordinaten eines Massenpunktes benützen wir jetzt vielmehr seinen Abstand vom Erdmittelpunkt r, seine geographische Breite φ und seine geographische Länge λ. Um die Bewegungsgleichungen anwenden zu können, muß nun eine Koordinatentransformation durchgeführt, d. h. es müssen die Koordinaten x, y, z durch die neuen ersetzt werden.

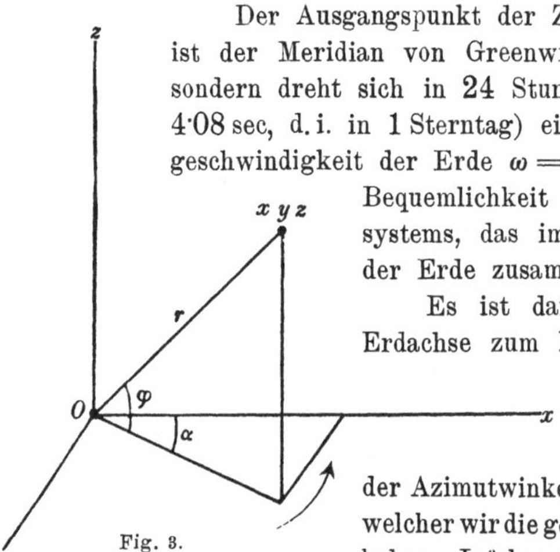

Der Ausgangspunkt der Zählung der geographischen Länge λ ist der Meridian von Greenwich; derselbe ruht nicht im Raum, sondern dreht sich in 24 Stunden (genauer in 23 h, 56 min und 4·08 sec, d. i. in 1 Sterntag) einmal um 360^0, also mit der Winkelgeschwindigkeit der Erde $\omega = 7·29 \cdot 10^{-5}$ sec^{-1}. Wir wollen zur Bequemlichkeit den Mittelpunkt des Koordinatensystems, das im Raume ruht, mit dem Mittelpunkt der Erde zusammenfallen lassen.

Es ist dann (Fig. 3) OZ die Richtung der Erdachse zum Nordpol. Die Erde dreht sich von Westen nach Osten, also in der Richtung des Pfeiles, entgegen der Richtung Ost-West, in welcher der Azimutwinkel α hier positiv zu rechnen ist und in welcher wir die geographische Länge wachsend zu zählen haben. Infolge der Rotation ist daher $\alpha = \lambda - \omega t$.

Fig. 3.

Transformieren wir nun die Koordinaten x, y, z zunächst in r, φ, α, so ergibt sich:

$$x = r \cos \varphi \cos \alpha, \quad y = r \cos \varphi \sin \alpha, \quad z = r \sin \varphi.$$

Wir bilden hieraus die Beschleunigungen $\ddot{x}$, $\ddot{y}$, $\ddot{z}$[2]) und setzen sie in die Bewegungsgleichungen $\ddot{x} = \dfrac{X}{m}, \ddot{y} = \dfrac{Y}{m}, \ddot{z} = \dfrac{Z}{m}$ ein.

Durch Multiplikation der umgeformten Ausdrücke mit geeigneten Faktoren und Addition derselben lassen sich die Gleichungen in folgende Form bringen, die nun für die neuen Koordinatenrichtungen gilt:

$$\ddot{r} - r \dot{\varphi}^2 - r \cos^2 \varphi \, \dot{\alpha}^2 = \frac{X}{m} \cos \varphi \cos \alpha + \frac{Y}{m} \cos \varphi \sin \alpha + \frac{Z}{m} \sin \varphi,$$

$$r \ddot{\varphi} + 2 \dot{r} \dot{\varphi} + r \sin \varphi \cos \varphi \, \dot{\alpha}^2 = - \frac{X}{m} \sin \varphi \cos \alpha - \frac{Y}{m} \sin \varphi \sin \alpha + \frac{Z}{m} \cos \varphi,$$

$$r \cos^2 \varphi \, \ddot{\alpha} + 2 \dot{r} \cos^2 \varphi \, \dot{\alpha} - 2 r \sin \varphi \cos \varphi \, \dot{\varphi} \, \dot{\alpha} = - \frac{X}{m} \cos \varphi \sin \alpha + \frac{Y}{m} \cos \varphi \cos \alpha.$$

---

[1]) Von der fortschreitenden Bewegung der Erde um die Sonne sehen wir ab, da sie wegen der annähernden Konstanz der Geschwindigkeit hier ohne Einfluß ist.

[2]) Für $\dfrac{d^2 x}{d t^2}$ ist die Schreibart $\ddot{x}$, für $\dfrac{d x}{d t}$ ist $\dot{x}$ gebraucht usw.

Wie eine einfache Überlegung zeigt, sind die Glieder auf der rechten Seite die Beschleunigungen (äußeren Kräfte pro Masseneinheit), welche in den Richtungen der Koordinaten r, φ und α wirken. Sie sind leicht bestimmt; denn auf einen Massenpunkt m wirkt an äußeren Kräften nur die Attraktionskraft der Erdmasse $m \cdot G$, wo G diese Kraft im Abstand r vom Erdmittelpunkt bedeutet. Von etwaigen Reibungskräften sehen wir hier ab. Es ist dann nur in der ersten Gleichung auf der rechten Seite $— G$ zu setzen, da die Attraktion zum Erdmittelpunkt wirkt (in der Richtung des abnehmenden r), die rechten Seiten der 2. und 3. Gleichung sind null.

Ersetzen wir schließlich noch $\dot{\alpha}$ durch $\dot{\lambda} - \omega$, $\ddot{\alpha}$ durch $\ddot{\lambda}$, da die Rotationsgeschwindigkeit der Erde konstant ist, so erhalten wir die folgenden Gleichungen, welche die reibungslose Bewegung eines Massenpunktes unter dem Einfluß der anziehenden Kraft der Erdmasse in einem mit der Winkelgeschwindigkeit ω von West nach Ost rotierenden Koordinatensystem beschreiben:

$$\ddot{r} - r\dot{\varphi}^2 - r\cos^2\varphi\,(\dot{\lambda} - \omega)^2 = -\,G,$$

$$r\ddot{\varphi} + 2\dot{r}\dot{\varphi} + r\sin\varphi\cos\varphi\,(\dot{\lambda} - \omega)^2 = 0,$$

$$r\cos\varphi\,\ddot{\lambda} + 2\dot{r}\cos\varphi\,(\dot{\lambda} - \omega) - 2r\sin\varphi\,\dot{\varphi}\,(\dot{\lambda} - \omega) = 0.$$

Diese Beziehungen gelten natürlich auch für einen Punkt, der augenblicklich relativ zur Erde in Ruhe ist, so daß $\dot{r} = \dot{\varphi} = \dot{\lambda} = 0$; für ihn wird:

$$\ddot{r} - r\cos^2\varphi\,\omega^2 = -\,G, \quad r\ddot{\varphi} + r\sin\varphi\cos\varphi\,\omega^2 = 0, \quad \ddot{\lambda} = 0.$$

Der Massenpunkt unterliegt also Beschleunigungen und kann seine anfängliche Ruhe nicht bewahren; er wird zunächst durch die große Attraktionskraft G seinen Abstand vom Erdmittelpunkt zu verkleinern suchen. Betrachten wir nun nicht einen isolierten Massenpunkt, sondern einen Punkt der Erde, so müssen wir, um darzustellen, daß derselbe von der Erdmasse getragen wird und tatsächlich nicht bis zum Erdmittelpunkt fällt, eine Widerstandskraft der Erdmassen einführen. Es ist dies eine Kraft, welche der ersten Gleichung beigefügt und gerade so groß gewählt wird, daß die vertikale Beschleunigung $\ddot{r}$ verschwindet. Auch dann noch erleidet unser anfänglich ruhender Punkt eine Beschleunigung, nämlich $\ddot{\varphi}$, die zum Äquator gerichtet ist. Dadurch, daß alle Massen der Erde dieser Beschleunigung folgen, entsteht die Abplattung der Erde an den Polen. Sie hat infolge der Massenverlagerung eine Veränderung von Richtung und Größe der Attraktionskraft zur Folge, so daß nun eine kleine Komponente der letzteren in den Meridian fällt und polwärts gerichtet ist. Die Wanderung der Massen gegen den Äquator dauert so lange, bis diese Komponente der Attraktion in allen Breiten der äquatorwärts gerichteten Komponente der Zentrifugalkraft ($r\sin\varphi\cos\varphi\,\omega^2$) in der zweiten Gleichung das Gleichgewicht hält (vgl. Abschnitt 3). Die andere Komponente der Zentrifugalkraft, $r\cos^2\varphi\,\omega^2$ in der ersten Gleichung, verringert die Attraktionskraft G ein wenig. Wir betrachten nun die neue Richtung der Resultierenden aus Attraktionskraft und Zentrifugalkraft als die Richtung r; die Widerstandskraft der Erdmassen auf einen ruhenden Massenpunkt fällt jetzt auch in diese Richtung.

Ziehen wir die Glieder G und $r\cos^2\varphi\,\omega^2$ zusammen und bezeichnen sie mit g (Schwere), so können wir für die anfangs relativ zur Erde ruhende Masse nun schreiben: $\ddot{r} = -g$, $\ddot{\varphi} = 0$, $\ddot{\lambda} = 0$; die Widerstandskraft ist hier nicht eingeführt, weil wir nicht Massenteile der Erde untersuchen wollen, sondern allgemein Massen, welche der Schwere unterliegen.

Ein Massenpunkt, der in einem mit der Erde fest verbundenen Koordinatensystem anfänglich ruht, ist also nur der Schwere g unterworfen, welche bestrebt ist, seine Koordinate r zu verkleinern. Diese Koordinate ist nicht mehr genau der Radiusvektor zum Erdmittelpunkt, sondern liegt in der Vertikalen zum jeweiligen Horizont (über dessen Lage vgl. Abschnitt 4). Wir haben unter r in Zukunft die Summe aus dem mittleren Erdradius R und der Seehöhe z eines Punktes in der Atmosphäre zu verstehen.

Auch die geographische Breite ist nicht mehr genau der Winkel φ in Fig. 3, denn die Richtung der Schwerkraft g geht nicht genau zum Erdmittelpunkt O; wir verstehen vielmehr unter der Koordinate φ nunmehr den Winkel, welchen die Vertikale an einem Orte mit dem Erdäquator bildet. Diese etwas ungenaue Darstellung genügt für das Studium der Luftbewegungen vollständig.

Nach Einführung des so modifizierten praktischen Koordinatensystems haben wir nun auch die Bewegungsgleichungen auf S. 21 umzuformen. Wir brauchen hierzu nur in der ersten und zweiten Gleichung die Glieder, welche ω^2 enthalten, wegzulassen; denn die Zentrifugalkraft, welche durch die Erdrotation hervorgerufen wird, ist ja durch die Abänderung des Koordinatensystems und die neue Festsetzung der Größe G unwirksam geworden.

Als Bewegungsgleichungen eines Massenpunktes in einem System, das mit der Erde rotiert und in welchem r die Richtung der Schwere g hat, ergeben sich also:

$$\ddot{r} - r\,\dot{\varphi}^2 - r\cos^2\varphi\,\dot{\lambda}\,(\dot{\lambda} - 2\,\omega) = -g,$$

$$r\,\ddot{\varphi} + 2\,\dot{r}\,\dot{\varphi} + r\sin\varphi\cos\varphi\,\dot{\lambda}\,(\dot{\lambda} - 2\,\omega) = 0,$$

$$r\cos\varphi\,\ddot{\lambda} + 2\,(\dot{r}\cos\varphi - r\sin\varphi\,\dot{\varphi})\,(\dot{\lambda} - \omega) = 0.$$

13. Die Erhaltung des Rotationsmomentes. Die letzte dieser drei Gleichungen wollen wir sogleich näher ins Auge fassen. Setzt man $\varOmega = r^2\cos^2\varphi\,(\dot{\lambda} - \omega)$, so findet man, daß nach jener Gleichung $\dfrac{d\,\varOmega}{d\,t} = 0$, mithin $\varOmega = $ konst. Es heißt dies, daß für einen Massenpunkt, auf den von äußeren Kräften nur die Schwere wirkt, die Größe Ω während seiner Bewegung erhalten bleibt. Diese ausgezeichnete Größe heißt „Rotationsmoment". $\frac{\Omega}{2}$ kann auch als „Flächengeschwindigkeit" F bezeichnet werden, wonach die Gleichung $F =$ konst. als der „Flächensatz" bekannt ist. Denn $r \cos \varphi$ ist der Abstand des Massenpunktes von der Erdachse; die Fläche, welche dieser frei im Weltraum mit der Winkelgeschwindigkeit $\dot{\lambda} - \omega$[1] pro Sekunde bestreicht, ist $F = \dfrac{r \cos \varphi}{2} \cdot r \cos \varphi \, (\dot{\lambda} - \omega)$.

Der Flächensatz entspricht dem bekannten Keplerschen Gesetz und findet stets dort Anwendung, wo eine Masse sich ohne Beeinflussung durch andere frei bewegen kann, unter Umständen also auch bei Luftmassen. Mit seiner Hilfe läßt sich die Veränderung des $\dot{\lambda}$, der Ostwestgeschwindigkeit im rotierenden System, bei Verlagerung von Norden nach Süden (φ veränderlich) oder in vertikaler Richtung (r veränderlich) bestimmen. Da $r \cos \varphi$ der Abstand des Massenpunktes von der Erdachse ist, so rührt jede Zunahme von $\dot{\lambda} - \omega$ von einer Verminderung jenes Abstandes her, und umgekehrt. Hier ist nun zu berücksichtigen, daß bei den tatsächlich vorkommenden Bewegungen der Luftmassen fast stets dem absoluten Betrage nach $\dot{\lambda} < \omega$, folglich die Konstante in der Gleichung $\Omega =$ konst. negativ ist. Bei Annäherung eines frei beweglichen Massenpunktes an die Pole nimmt folglich Ostwestgeschwindigkeit ($\dot{\lambda} > 0$) ab, Westostgeschwindigkeit ($\dot{\lambda} < 0$) zu. Das Umgekehrte tritt bei Entfernung von den Polen ein.

Analog wird bei vertikaler Bewegung nach abwärts Ostwestgeschwindigkeit abnehmen, Westostgeschwindigkeit zunehmen. Ein Massenpunkt, der aus relativer Ruhe in der Höhe losgelassen wird, erlangt, zu Boden fallend, eine geringe Westostgeschwindigkeit und fällt daher östlich von dem Orte nieder, an dem er losgelassen wurde.

Da wir im folgenden den Satz von der Erhaltung des Rotationsmomentes öfters verwenden werden, sollen hier zwei kleine Tabellen Platz finden, welche diese Veränderungen der Bewegungen längs der Parallelkreise auf ihre Größe hin zu beurteilen ermöglichen[2].

Wir denken uns zunächst eine Masse anfangs in der Breite φ in Ruhe. Sie werde dann bei Erhaltung ihres Rotationsmomentes im gleichen Niveau (r) in die Breite φ' gebracht. Dabei erlangt sie eine zonale Geschwindigkeit längs der Breitenkreise, welche sich folgendermaßen berechnen läßt. In der Breite φ ist: $\Omega = - r^2 \cos^2 \varphi \, \omega$, in der Breite φ': $\Omega = r^2 \cos^2 \varphi' \, (\dot{\lambda} - \omega)$.

---

[1] $\dot{\lambda} - \omega$ ist die absolute Winkelgeschwindigkeit, bezogen auf ein im Raume festes Koordinatensystem, $\dot{\lambda}$ die relative, bezogen auf die rotierende Erde.

[2] Vgl. auch die Tabellen des Rotationsmomentes von Schneidemühl, Met. Zeitschrift 1890, S. 394.

Da diese Momente gleich sind, folgt $\lambda = \omega \left[1 - \dfrac{\cos^2 \varphi}{\cos^2 \varphi'}\right]$, die lineare Geschwindigkeit in der Breite φ' wird also:

$$u = r \cos \varphi' \, \lambda = r \, \omega \, \frac{\cos^2 \varphi' - \cos^2 \varphi}{\cos \varphi'}.$$

Wir nehmen zur Orientierung über die Größenordnung des Effektes an, die Verschiebung geschehe auf 10 Grade Breitenunterschied. Wir müssen sie äquator- und polwärts berechnen, da die Verschiebung von der Breite φ zur Breite φ' nicht den gleichen Effekt hat wie die umgekehrte. Die Rechnung liefert folgende Werte für die lineare Geschwindigkeit, welche aus anfänglichem Ruhezustand bei Verschiebung der Masse um 10^0 Breite entsteht:

Verschiebung von Breite	nach Breite	Geschw. u in m/sec	nach Breite	Geschw. u in m/sec
90^0	80^0	$81\cdot5$	80^0	$81\cdot5$
80^0	70^0	$117\cdot3$	90^0	$-\ \infty$
70^0	60^0	$123\cdot2$	80^0	$-\ 234\cdot7$
60^0	50^0	$118\cdot3$	70^0	$-\ 179\ 8$
50^0	40^0	$105\cdot3$	60^0	$-\ 151\cdot1$
40^0	30^0	$87\cdot7$	50^0	$-\ 125\cdot9$
30^0	20^0	$65\cdot9$	40^0	$-\ 98\cdot9$
20^0	10^0	$41\cdot0$	30^0	$-\ 71\cdot5$
10^0	0^0	$14\cdot0$	20^0	$-\ 43\cdot0$
0^0	10^0	$-\ 14\cdot2$	10^0	$-\ 14\cdot2$

Ostwestbewegung ist positiv, Westostbewegung negativ gezählt.

Viel geringere Geschwindigkeiten als bei meridionaler Verschiebung entstehen bei vertikaler. Aus der Erhaltung des Rotationsmomentes ergibt sich, wenn in der Distanz r vom Erdmittelpunkt die Masse relativ zur Erde in Ruhe war, in der Distanz r' eine Geschwindigkeit $u = r' \cos \varphi \, \lambda = \omega \cos \varphi \, \dfrac{r'^2 - r^2}{r'}$. Ist nun die Niveauänderung h klein gegen den Erdradius und ist $r' = r \pm h$, so wird daraus $u = \pm 2 h \omega \cos \varphi$. Hebung und Senkung der Masse erzeugt also, absolut genommen, die gleiche Geschwindigkeit; bei Hebung ($h > 0$) entsteht Ostwestbewegung, bei Senkung ($h < 0$) Westostbewegung. Die Rechnung liefert für $h = 10$ km in verschiedenen Breiten folgende lineare Geschwindigkeiten:

$\varphi = 90^0 \quad 80^0 \quad 70^0 \quad 60^0 \quad 50^0 \quad 40^0 \quad 30^0 \quad 20^0 \quad 10^0 \quad 0^0$
$u = 0\cdot00 \quad 0\cdot26 \quad 0\cdot50 \quad 0\ 73 \quad 0\cdot94 \quad 1\cdot12 \quad 1\cdot26 \quad 1\cdot37 \quad 1\cdot44 \quad 1\cdot46$ m/sec.

Wie man sieht, spielt die meridionale Verschiebung der Massen eine ungleich bedeutendere Rolle als die vertikale. In hohen Breiten namentlich liefert die Verschiebung einer Masse um 10 Breitengrade bei

Erhaltung des Rotationsmomentes zonale Geschwindigkeiten von einer Größe, wie sie in der Atmosphäre kaum vorkommen.

Der Satz von der Erhaltung des Rotationsmomentes ist nur ein anderer allgemeinerer Ausdruck für die im folgenden vielfach benützte ablenkende Kraft der Erdrotation bei meridionaler Bewegung (vgl. Abschnitt 15).

14. Bewegung eines Massenpunktes auf der Erdoberfläche.

Damit ein Massenteilchen auf der Erdoberfläche bleibe, ist es, wie oben gesagt, nötig, daß diese einen Widerstand gegen dessen Gewicht ausübe, so stark, daß die Beschleunigung $\ddot{r}$ in der ersten Gleichung auf S. 22 gerade aufgehoben werde. Bei einer starren Fläche ist eine solche Widerstandskraft jederzeit vorhanden, die erste Gleichung braucht uns also hier, wo es sich um die Bewegung auf der rotierenden Erdoberfläche selbst handelt, nicht weiter zu beschäftigen.

Für eine derartige Bewegung ist $\dot{r} = 0$, $r = R$ (Erdradius), und daher wird aus der zweiten und dritten Gleichung von S. 22:

$$\ddot{\varphi} + \sin \varphi \cos \varphi \, \dot{\lambda} (\dot{\lambda} - 2\,\omega) = 0$$
$$\cos \varphi \, \ddot{\lambda} - 2 \sin \varphi \, \dot{\varphi} (\dot{\lambda} - \omega) = 0.$$

Man erhält natürlich für $\dot{\varphi} = \dot{\lambda} = 0$, also für einen Punkt der Erdoberfläche selbst, die Beschleunigung $\ddot{\varphi} = \ddot{\lambda} = 0$; die Gestalt der Erde ist mit ihrer Rotation im Gleichgewicht. Es sei aber bei dieser Gelegenheit darauf hingewiesen, daß die relative Ruhe nicht der einzige Fall ist, in dem ein Massenpunkt keine Beschleunigung auf der rotierenden Erdoberfläche erfährt. Ist nämlich $\dot{\lambda} = 2\,\omega$, $\dot{\varphi} = 0$, so wird wieder $\ddot{\varphi} = \ddot{\lambda} = 0$, dann also, wenn ein Punkt sich mit der doppelten Rotationsgeschwindigkeit der Erde von Osten nach Westen bewegt. Hierauf hat Sprung[1]) aufmerksam gemacht. Der Körper unterliegt dann der gleichen Zentrifugalkraft, wie ein Punkt der Erdoberfläche unter ihm, ihr entspricht also auch die vorhandene Abplattung; der Körper wird somit trotz dieser großen Geschwindigkeit relativ zur Erde auf seinem Breitenkreise verharren.

In der ersten der obigen Gleichungen ist das Glied mit $\dot{\lambda}^2$ die Zentrifugalkraft der Bewegung relativ zur Erde, das Glied mit $\dot{\lambda}\,\omega$ die sog. ablenkende Kraft der Erdrotation. Der eben besprochene Fall stellt also einen Gleichgewichtszustand zwischen diesen beiden Kräften dar. Bei gegebenen Geschwindigkeiten ist $\dot{\lambda}$ um so größer, in je höheren Breiten die Bewegung erfolgt. In $87\frac{1}{2}^{0}$ Breite z. B. brauchte der gegen Westen bewegte Massenpunkt nur eine Geschwindigkeit von 40·6 m/sec zu haben, um im Gleichgewichte zu sein. Ein Ostwind von dieser Stärke ist nicht unmöglich; er könnte bestehen, ohne daß irgend eine äußere Kraft zu

---

[1]) Met. Zeitschr. 1894, S. 197.

seinem Gleichgewicht erforderlich wäre, also auch kein Druckgefälle (s. 6. Kapitel).

Sehen wir von den Bewegungsverhältnissen in so hohen Breiten ab, so können wir die obigen Gleichungen auf eine meist ausreichende bequemere Form bringen. Die lineare Geschwindigkeit eines Punktes der Erdoberfläche infolge der Erdrotation ist gegeben durch $R \cos \varphi\, \omega$; man findet hierfür in der geogr. Breite

$\varphi = 0^0$	$R \cos \varphi\, \omega = 463$ m/sec
20	435
40	355
60	232
70	158
80	80
85	41

Die zonale Geschwindigkeit eines Massenteilchens relativ zur Erde erreicht in nicht zu hohen Breiten nur ausnahmsweise Werte, welche sich mit diesen vergleichen lassen, so z. B. bei Geschossen aus Feuerwaffen. Bei den in der Natur vorkommenden Massenbewegungen, namentlich bei den im folgenden zu behandelnden Winden, sind die Geschwindigkeiten erheblich geringer als die Werte $R \cos \varphi\, \omega$ oben. Da nun die lineare Ostwestgeschwindigkeit relativ zur Erde durch $u = R \cos \varphi\, \dot{\lambda}$ ausgedrückt ist, so folgt, daß wir bei den uns interessierenden Bewegungen $\dot{\lambda}$ in erster Annäherung gegen ω vernachlässigen können (mit Ausnahme, wie gesagt, von sehr hohen Breiten). Tun wir dies, so gilt angenähert für einen Punkt auf der Erdoberfläche:

$$\ddot{\varphi} - 2\,\omega \sin \varphi \cos \varphi\, \dot{\lambda} = 0,$$
$$\cos \varphi\, \ddot{\lambda} + 2\,\omega \sin \varphi\, \dot{\varphi} = 0.$$

Setzen wir noch die lineare Geschwindigkeit im Meridian gegen den Pol $R\,\dot{\varphi} = v$, so lassen sich diese Gleichungen auch schreiben:

$$\frac{dv}{dt} - 2\,\omega \sin \varphi \,.\, u = 0, \qquad \frac{du}{dt} + 2\,\omega \sin \varphi \,.\, v = 0.$$

Es bewege sich der betrachtete Massenpunkt schließlich nur auf einem so kleinen Teil der Erdoberfläche, daß wir von Änderungen der geogr. Breite infolge dieser Bewegungen absehen dürfen; dann kann φ in obigen Gleichungen als konstant behandelt und $2\,\omega \sin \varphi = l$ gesetzt werden.

Die Gleichungen $\frac{dv}{dt} = lu$, $\frac{du}{dt} = -lv$ lassen sich unschwer integrieren. Man erhält zunächst $u \frac{du}{dt} + v \frac{dv}{dt} = 0$ und folglich $u^2 + v^2 = c^2 = {}$ $= \text{konst.}$ Setzen wir $u = \frac{dx}{dt}$, $v = \frac{dy}{dt}$, so ist x die Ostwestkoordinate (nach Westen wachsend), y die im Meridian gegen den Pol gerichtete

Koordinate eines Massenpunktes an der Erdoberfläche, der Koordinatenursprung liegt in dieser selbst.

Die obigen Gleichungen liefern unter diesen Umständen durch einmalige Integration nach der Zeit:

$$\frac{dx}{dt} + ly = a, \quad \frac{dy}{dt} - lx = b;$$

a und b sind die Geschwindigkeitskomponenten nach der x- und y-Richtung im Koordinatenursprung.

Es folgt daraus:

$$\left(\frac{dx}{dt}\right)^2 + \left(\frac{dy}{dt}\right)^2 = u^2 + v^2 = c^2 = (ly - a)^2 + (lx + b)^2$$

oder

$$\left(x + \frac{b}{l}\right)^2 + \left(y - \frac{a}{l}\right)^2 = \frac{c^2}{l^2}.$$

Der Punkt, dessen Koordinaten x, y sind, beschreibt demnach, wenn er auf der Erdoberfläche frei beweglich ist und sich selbst überlassen wird, angenähert einen Kreis. Man nennt ihn den **Trägheitskreis**. Sein Radius ist $\frac{c}{l}$, wo c die konstante Geschwindigkeit bedeutet, mit der der Punkt sich bewegt. Die Koordinaten des Kreismittelpunktes sind $\xi = -\frac{b}{l}$, $\eta = \frac{a}{l}$. Haben also a und b z. B. positive Werte, d. h. ist im Anfangspunkt die Geschwindigkeit auf der nördlichen Halbkugel gegen den nordwestlichen Quadranten gerichtet, so liegt das Zentrum des Trägheitskreises im Nordosten des Koordinatenursprungs. Bei genauer Rechnung wäre die Variabilität von φ zu berücksichtigen gewesen, wodurch die Trägheitsbahn keine geschlossene Kurve wird.

Die Lage des Trägheitskreises ist in Fig. 4 für die nördliche Halbkugel dargestellt.

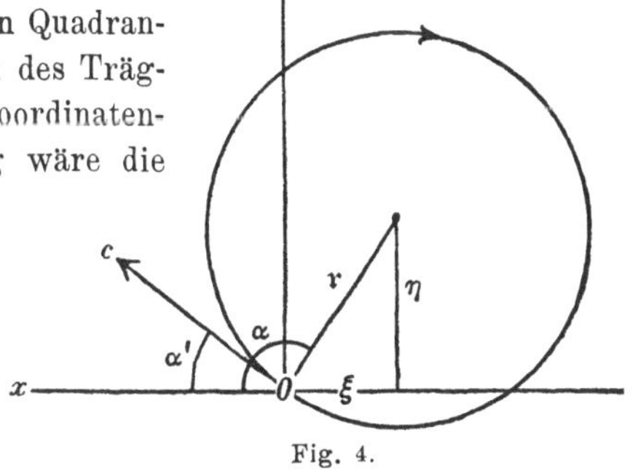

Fig. 4.

Auf der südlichen ist die Breite φ und mithin auch l negativ zu zählen. Der Mittelpunkt des Kreises liegt dort auf der anderen Seite der Bahn.

Der Radius des Kreises $\mathfrak{r} = \frac{c}{l} = \frac{c}{2\,\omega\sin\varphi}$ ist um so kleiner, je näher am Pol die Bewegung vor sich geht und je langsamer sie ist. Für Geschwindigkeiten, welche der Größenordnung nach der der Winde entsprechen, findet man z. B.:

	bei	$\varphi =$	10^0	30^0	50^0	70^0	90^0	
und		$c = 20$ m/sec : $\mathfrak{r} =$	792	275	180	146	138	km
„		$c = 5$ m/sec : $\mathfrak{r} =$	198	69	45	36	34	„

Diese Zahlen dienen zur Orientierung.

Während ein Körper, der mit der Geschwindigkeit c in horizontaler Richtung in Bewegung gesetzt wird, auf der ruhenden Erde dem Trägheitsgesetz entsprechend eine gerade Bahn beschreiben würde, legt er auf der rotierenden Erde eine nahezu kreisförmige zurück, mit einer Krümmung nach rechts auf der nördlichen Halbkugel, mit einer nach links auf der südlichen.

15. Ablenkende Kraft der Erdrotation bei horizontaler Bewegung. Unter den Voraussetzungen des vorigen Abschnittes benützen wir nochmals für horizontale Bewegung eines Massenpunktes ($\dot{r} = 0$) die vereinfachten Gleichungen: $\dfrac{du}{dt} + lv = 0, \quad \dfrac{dv}{dt} - lu = 0$.

Die totale Beschleunigung, welche die Masseneinheit erfährt, ist

$$\sqrt{\left(\frac{du}{dt}\right)^2 + \left(\frac{dv}{dt}\right)^2} = l\sqrt{u^2 + v^2} = lc = 2\,\omega\sin\varphi \cdot c.$$ Dies ist die Kraft, welche die Kreisbewegung verursacht. Sie ist um so größer, je größer die Geschwindigkeit des Massenpunktes ist und je näher dem Pole die Bewegung erfolgt.

Die Richtung der Kraft ist folgendermaßen zu finden: es sei α der Winkel, welchen dieselbe mit der positiven X-Achse einschließt, α' sei der Winkel, den der Geschwindigkeitsvektor c mit dieser Achse bildet; dann ist

$\operatorname{tg}\alpha = \dfrac{\dfrac{dv}{dt}}{\dfrac{du}{dt}}$ und $\operatorname{tg}\alpha' = \dfrac{v}{u}$. Nach den Bewegungsgleichungen oben ergibt

sich $\operatorname{tg}\alpha = -\operatorname{cotg}\alpha'$. Es folgt daraus $\alpha = \alpha' + \dfrac{\pi}{2}$, die beiden Vektoren stehen aufeinander senkrecht; der Vektor der Beschleunigung fällt in die Richtung von $\mathfrak{r}$ (Fig. 4).

Die ablenkende Kraft der Erdrotation — so hat man die Größe $2\,\omega\sin\varphi\,c$ genannt — genauer: die horizontale Komponente derselben, steht also stets senkrecht zur Bewegungsrichtung c, und zwar um 90^0 nach rechts von dieser gedreht auf der nördlichen, um ebensoviel nach links von ihr gedreht auf der südlichen Halbkugel. Ihre Größe ist vom Azimut der Bewegung unabhängig.

Es handelt sich bei der ablenkenden Kraft der Erdrotation um eine „scheinbare Kraft", wie schon oben bemerkt, die erst aus der Bewegung heraus entsteht (für $c = 0$ ist sie null), ähnlich wie die Zentrifugalkraft. Da sie stets senkrecht zur Geschwindigkeit gerichtet ist, kann sie bei der Bewegung nie Arbeit leisten, sie kann also auch nicht die Größe der Geschwindigkeit verändern (c ist bei der Bewegung im Trägheitskreis konstant), nur deren Richtung.

Die Größe dieser Kraft pro Masseneinheit ist für dieselben Breiten, welche oben bei Berechnung des Radius des Trägheitskreises angenommen wurden, und für eine Geschwindigkeit von 20 m/sec folgende:

$$\varphi = 10^0 \quad 30^0 \quad 50^0 \quad 70^0 \quad 90^0$$
$$0{\cdot}05 \quad 0{\cdot}15 \quad 0{\cdot}22 \quad 0{\cdot}27 \quad 0{\cdot}29 \;\text{cm/sec}^2.$$

Die Kraft ist also, wenn wir sie z. B. mit der Schwere (rund 1000 cm/sec^2) vergleichen, sehr klein. Wenn sie trotzdem eine Rolle spielt, so kommt dies daher, daß keine stärkeren horizontalen Kräfte auf das Massenteilchen wirken und daß der Bewegung horizontal zur Erdoberfläche keine Schranken gesetzt sind. Die ablenkende Kraft kann durch lange Zeiträume wirken, wobei der Effekt der Ablenkung fortwährend wächst.

Es ist nicht schwer, sich von der Entstehungsweise der ablenkenden Kraft der Erdrotation ein beiläufiges Bild zu machen. Wir denken[1]) uns an einen Punkt der rotierenden Erdoberfläche, von dem aus wir einen Körper in Bewegung setzen wollen, eine Tangentialebene angelegt. Wird dem Körper in dieser Ebene eine Geschwindigkeit erteilt, so bewegt er sich in einem kurzen Zeitraum, während dessen seine Entfernung von der gekrümmten Erdoberfläche noch zu vernachlässigen ist, in der eingeschlagenen Richtung im Raum fort. Zu gleicher Zeit dreht sich aber die Tangentialebene um eine im Berührungspunkte vertikale Achse. Denn die Tangentialebene erleidet eine Rotation, die als Komponente der Erdrotation mit $\omega \sin \varphi$ anzusetzen ist. Auf der nördlichen Halbkugel erfolgt diese Rotation von Norden über Westen, Süden nach Osten. Dreht sich also die Tangentialebene unter dem, dem Trägheitsgesetz gehorchenden bewegten Körper hinweg, so erleidet dieser eine scheinbare Ablenkung gegenüber der Bezugsebene, und zwar auf der nördlichen Halbkugel nach rechts, da sich die Ebene, in der Richtung der Körperbewegung gesehen, nach links dreht.

In einem kurzen Zeitraum t ist die Drehung der Tangentialebene $\omega \sin \varphi\, t$. Hat der Körper im Berührungspunkte eine radiale Geschwindigkeit c empfangen, so ist er, bezogen auf den ruhenden Raum, nach der Zeit t in der Entfernung ct vom Berührungspunkt. Der Kreisbogen, welcher die scheinbare Ablenkung des Körpers aus seiner geraden Bahn in der Tangentialebene anzeigt, hat also den Radius ct und den Zentriwinkel $\omega \sin \varphi\, t$. Dieser Bogen ist somit von der Länge $s = \omega \sin \varphi\, c t^2$. Man kann ihn als den Weg auffassen, welchen der Körper dank einer scheinbaren Kraft, die stets senkrecht zur Bewegungsrichtung wirkt, in der Zeit t zurückgelegt hat. Um diese scheinbare Kraft, die ablenkende Kraft der Erdrotation in horizontaler Richtung, zu berechnen, genügt es, den Weg s

---

[1]) Vgl. M. Radakovic, Met. Zeitschr., Bd. 31, S. 384, 1914, u. Bd. 37, S. 296, 1920.

zweimal nach der Zeit t zu differenzieren; denn die Beschleunigung ist $\frac{d^2 s}{dt^2}$. Man erhält so: $\frac{d^2 s}{dt^2} = 2\,\omega \sin\varphi \cdot c$, also die bekannte Formel für die horizontale Komponente der ablenkenden Kraft.

16. Die vertikale Beschleunigung des bewegten Massenpunktes. Auf S. 22 ergab sich für die vertikale Beschleunigung eines Massenpunktes der Wert:

$$\ddot{r} = -g + r\dot{\varphi}^2 + r\cos^2\varphi\,\dot{\lambda}\,(\dot{\lambda} - 2\,\omega).$$

Das Glied $r\dot{\varphi}^2$ ist die Zentrifugalkraft, welche durch meridionale Bewegung entsteht, das Glied $r\cos^2\varphi\,\dot{\lambda}^2$ die vertikale Komponente der Zentrifugalkraft infolge zonaler Bewegung relativ zur Erde. Diese ganze Kraft ist ja $r\cos\varphi\,\dot{\lambda}^2$, da $r\cos\varphi$ der Abstand von der Rotationsachse. Beide Glieder sind stets positiv, bei Bewegungen von Nord nach Süd und Ost nach West wie umgekehrt. Das dritte Glied rechts in obiger Gleichung $-r\cos^2\varphi\,\dot{\lambda}\cdot 2\,\omega$ kann als vertikale Komponente der ablenkenden Kraft bezeichnet werden[1]). In der Tat läßt sich $r\cos\varphi\,\dot{\lambda} = u$ setzen, wo u wie früher die lineare Ostwestgeschwindigkeit bedeutet; das Glied wird dann $-2\,\omega\,u\cos\varphi$, ist also ähnlich der horizontal gerichteten ablenkenden Kraft bei Ostwestbewegung gebaut. Wie diese hat auch die vertikale Kraft verschiedene Vorzeichen je nach der Bewegungsrichtung. Bei Ostwind ($u > 0$) wirkt auf beiden Halbkugeln das Glied im Sinne einer Vermehrung der Schwerkraft, bei Westwind im Sinne einer Verminderung. Da die beiden Zentrifugalkraftglieder stets vermindernd auf g einwirken, so haben wir bei Ostwind die größte, bei Westwind die geringste abwärts gerichtete Beschleunigung zu erwarten. Den Gliedern kommt aber, solange es sich nur um Geschwindigkeiten handelt, wie sie bei Luftbewegungen die Regel sind, nur die Bedeutung von Korrektionen zu, die bei sehr genauen Rechnungen an die Schwere g anzubringen sind. Die Korrektionen sind am Äquator am größten; so findet man für $v = r\dot{\varphi} = 20$ m/sec an der Erdoberfläche $r\dot{\varphi}^2 = 0{\cdot}0003$ cm/sec²; $r\dot{\lambda}^2\cos^2\varphi$ ist für die gleiche Ostwestgeschwindigkeit am Äquator ebenso groß, während $2\,r\dot{\lambda}\,\omega\cos^2\varphi$ dort den Wert $0{\cdot}28$ cm/sec² annimmt. Die Komponente der ablenkenden Kraft überwiegt also mit Ausnahme von sehr hohen Breiten (am Pole wird sie ja null) bei weitem die Zentrifugalkräfte, aber auch sie spielt neben der Schwere nur eine ganz untergeordnete Rolle.

Diese Zentrifugalkräfte sind von der Erdrotation unabhängig. Auch auf einer ruhenden Erde ($\omega = 0$) wären sie vorhanden; denn wäre der Massenpunkt gezwungen, sich auf einer ruhenden Kugelfläche zu bewegen, so würde er auch auf dieser gekrümmte Bahnen zurücklegen, und folglich würden Zentrifugalkräfte auftreten. In demselben Sinne sind auch die

---

[1]) Vgl. A. Sprung, Lehrbuch der Meteorologie, S. 28.

Glieder in der zweiten und dritten der Gleichungen auf S. 22 zu deuten, welche λ^2, bzw. $\dot{r}\lambda$ und $\dot{\varphi}\lambda$ enthalten. Auch sie bleiben auf einer ruhenden Erde bestehen und sind die Folgen der gekrümmten Bahn des Massenteilchens.

Von der Bedeutung der vertikalen Komponente der ablenkenden Kraft kann man sich leicht ein Bild machen. Die Schwerkraft, welche in irgendeiner Breite im Meeresniveau besteht, ist in ihrer Größe von der Rotationsgeschwindigkeit der Erde abhängig. Ein Massenpunkt mit ostwestlicher Relativbewegung rotiert langsamer als die Erde, er steht unter der Wirkung einer größeren Schwere als der relativ zur Erde ruhende Massenpunkt. Der Unterschied ist am Äquator am größten, weil dort die Zentrifugalkraft am stärksten ist.

Sprung hat (a. a. O.) die vertikale Beschleunigung, die ein relativ zur Erde bewegter Massenpunkt erfährt, als dessen Schwere g' aufgefaßt. Diese Schwere ist nach S. 30 gegeben als

$$g' = g - r\dot{\varphi}^2 - r\cos^2\varphi\,\dot{\lambda}\,(\dot{\lambda} - 2\,\omega).$$

Sie hängt also von der Intensität und dem Azimut der Bewegung ab.

Diese Auffassung ist bequem, wenn es sich um die Berechnung des Gewichtes bewegter Massen handelt. Eine am Äquator mit der Geschwindigkeit von 20 m/sec westwärts bewegte Masse ist um etwa $0\cdot03^0/_0$ schwerer als eine ruhende, eine ostwärts bewegte um ebensoviel leichter.

17. Hydrodynamische Bewegungsgleichungen im festen und im rotierenden Koordinatensystem.

Bei der Bewegung flüssiger oder gasförmiger Massen ist vor allem zu beachten, daß hier nicht wie bei der Bewegung eines Massenpunktes ein Massenelement als unabhängig von den übrigen betrachtet werden kann. Ein solches, etwa die Masse eines Volumelementes, ist eingebettet in die Massen der Umgebung und wird durch deren leichte Beweglichkeit fortwährend beeinflußt.

Dies spricht sich zunächst im Druck aus, den die umgebenden Massen auf das Massenelement ausüben, weiter in der inneren Reibung und Wärmeleitung.

Es ist viel schwieriger, ein einzelnes Massenelement in einer Flüssigkeit, z. B. in der Atmosphäre, zu betrachten, als ein isoliertes festes Massenteilchen. In der Hydrodynamik wird darum von einem Kunstgriff Gebrauch gemacht, der es ermöglicht, statt der Bewegung eines Massenelementes die Bewegung an einem bestimmten Punkt des Raumes zu untersuchen, an welchem sich hintereinander ganz verschiedene Massen befinden.

Dieser Kunstgriff besteht im folgenden: Von vielen Größen, welche den Zustand eines Flüssigkeitsteilchens bestimmen, darf man annehmen, daß sie sich in der Umgebung des Teilchens kontinuierlich verändern. Betrachten wir z. B. ein Luftteilchen mit den rechtwinkligen Koordinaten x, y, z und den Geschwindigkeitskomponenten u, v, w. Nun soll sich z. B. u kontinuierlich bei dem Übergang von dem einen Element zu den umgebenden ändern. Analoges gelte vom Druck, der Temperatur, der Feuchtigkeit usw., wiewohl unter Umständen auch Unstetigkeiten vorkommen können. Wird die kontinuierlich Veränderliche allgemein mit V bezeichnet, so ist $\frac{dV}{dt}$ die zeitliche Änderung jener Größe V, welche sich auf ein bestimmtes Teilchen bezieht, das sich im Laufe der Zeit im Raume fortbewegt. Wir können sie setzen:

$$\frac{dV}{dt} = \frac{\partial V}{\partial t} + u\frac{\partial V}{\partial x} + v\frac{\partial V}{\partial y} + w\frac{\partial V}{\partial z},$$

weil $u = \frac{dx}{dt}$, $v = \frac{dy}{dt}$, $w = \frac{dz}{dt}$ im Punkte x, y, z.

Hier bedeutet nun $\frac{\partial V}{\partial t}$ die zeitliche Änderung von V bei konstanten Koordinaten x, y, z, also an einem bestimmten Orte, $\frac{\partial V}{\partial x}$ die Änderung von V beim Übergang von x zu $x + dx$ im Raum zu einem bestimmten Zeitpunkt usw. Werden statt der rechtwinkligen Koordinaten x, y, z die geographischen Koordinaten r, φ, λ benützt, so kann in analoger Weise geschrieben werden:

$$\frac{dV}{dt} = \frac{\partial V}{\partial t} + \dot{r}\frac{\partial V}{\partial r} + \dot{\varphi}\frac{\partial V}{\partial \varphi} + \dot{\lambda}\frac{\partial V}{\partial \lambda}.$$

Man bezeichnet $\frac{\partial V}{\partial x}$, $\frac{\partial V}{\partial y}$, $\frac{\partial V}{\partial z}$ auch häufig als die negativen Gradienten der Größe V; denn wenn V in $x + dx$ größer ist als in x, so ist $\frac{\partial V}{\partial x}$ das Gefälle, der Gradient von V, gerichtet nach der negativen X-Achse. Die zeitliche Änderung $\frac{\partial V}{\partial t}$ an einem Orte sowie die Gradienten treten also an die Stelle der schwer zu bestimmenden Größe $\frac{dV}{dt}$ eines Teilchens.

Im ruhenden rechtwinkligen Koordinatensystem gelten auch für Flüssigkeiten und Gase die oben benützten allgemeinsten Bewegungsgleichungen $m\frac{d^2x}{dt^2} = X'$ usw. Unter den Kräften X' sind aber hier nicht mehr bloß die äußeren Kräfte X usw. verstanden, sondern es kommt noch die Druckkraft und die innere Reibung hinzu, deren Ausdrücke z. B. in Christiansen, Theoretische Physik, 2. Aufl. 1903 zu finden sind. Die Bewegungsgleichungen erhalten nun die folgende Gestalt:

$$\frac{du}{dt} = \frac{\mu}{\varrho}\nabla^2 u + X - \frac{1}{\varrho}\frac{\partial p}{\partial x},$$
$$\frac{dv}{dt} = \frac{\mu}{\varrho}\nabla^2 v + Y - \frac{1}{\varrho}\frac{\partial p}{\partial y},$$
$$\frac{dw}{dt} = \frac{\mu}{\varrho}\nabla^2 w + Z - \frac{1}{\varrho}\frac{\partial p}{\partial z}\,{}^1).$$

---

[1] Das Symbol ∇^2 ist zu lesen: $\nabla^2 u = \frac{\partial^2 u}{\partial x^2} + \frac{\partial^2 u}{\partial y^2} + \frac{\partial^2 u}{\partial z^2}$.

Für $\dfrac{du}{dt}$ ist nach obigem zu setzen: $\dfrac{\partial u}{\partial t} + u\dfrac{\partial u}{\partial x} + v\dfrac{\partial u}{\partial y} + w\dfrac{\partial u}{\partial z}$ usw. μ ist der Koeffizient der inneren Reibung, den wir im allgemeinen bei Luft vernachlässigen können. Ferner sind X, Y, Z die äußeren Kräfte; $\dfrac{\partial p}{\partial x}$, $\dfrac{\partial p}{\partial y}$, $\dfrac{\partial p}{\partial z}$ sind die negativen Druckgradienten nach den Koordinatenrichtungen. Sie spielen in der Meteorologie eine große Rolle.

Wenn sich obige Gleichungen wie früher auf ein im Raume ruhendes Koordinatensystem beziehen, so ist als einzige äußere Kraft wieder die Attraktionskraft der Erde einzuführen. Die Gleichungen für die Bewegung von Flüssigkeiten unterscheiden sich dann bei Vernachlässigung der inneren Reibung nur durch den Zusatz der Druckglieder von den Gleichungen für ein festes Massenelement.

Transformieren wir wieder auf ein Koordinatensystem, das mit der Erde rotiert, so haben wir die Gleichungen auf S. 22 nun durch die Druckglieder zu ergänzen. Wir erhalten:

$$\ddot{r} - r\dot{\varphi}^2 - r\cos^2\varphi\,\dot{\lambda}(\dot{\lambda} - 2\omega) = -g - \frac{1}{\varrho}\frac{\partial p}{\partial r},$$

$$r\ddot{\varphi} + 2\dot{r}\dot{\varphi} + r\sin\varphi\cos\varphi\,\dot{\lambda}(\dot{\lambda} - 2\omega) = -\frac{1}{\varrho r}\frac{\partial p}{\partial \varphi},$$

$$r\cos\varphi\,\ddot{\lambda} + 2(\dot{r}\cos\varphi - r\sin\varphi\,\dot{\varphi})(\dot{\lambda} - \omega) = -\frac{1}{\varrho r\cos\varphi}\frac{\partial p}{\partial \lambda}.$$

Hier ist $dz = dr$, $dy = r\,d\varphi$, $dx = r\cos\varphi\,d\lambda$ gesetzt worden.

Diese allgemeinen Bewegungsgleichungen gelten also für schwere Flüssigkeiten oder Gase, die sich relativ zu einem mit der Erde fest verbundenen Koordinatensystem bewegen. Sie bilden für die Betrachtung der Luftbewegungen in diesem Buche die wichtigste Grundlage.

18. Die Kontinuitätsgleichung. Infolge der Beweglichkeit der Flüssigkeiten und Gase ist stets der ganze verfügbare Raum von Masse ausgefüllt; diese ist kontinuierlich auf den Raum verteilt. Betrachten wir nun in einer bewegten Masse ein ruhendes Volumelement, durch welches Flüssigkeit strömt. In gegebener Zeit muß bei inkompressiblen Flüssigkeiten ebensoviel in dasselbe ein-, wie aus demselben ausströmen, damit die Kontinuität der Massen erhalten bleibe und kein Abreißen eintrete. Bei kompressiblen Flüssigkeiten (Gasen) ist das nicht nötig, hier muß sich dagegen der Überschuß der einströmenden über die ausströmende Masse in einer Steigerung der Dichte äußern.

Die Hydrodynamik liefert für diese Bedingung die folgende „Kontinuitätsgleichung"[1]):

$$\frac{\partial \varrho}{\partial t} + \frac{\partial(\varrho u)}{\partial x} + \frac{\partial(\varrho v)}{\partial y} + \frac{\partial(\varrho w)}{\partial z} = 0.$$

---

[1]) Vgl. z. B. **Christiansen** a. a. O. S. 148.

Hier ist die Bewegung auf ein rechtwinkliges Koordinatensystem bezogen. Benützen wir an dessen Stelle ein Polarkoordinatensystem, indem wir wie oben r, φ, λ einführen, so wird:

$$\frac{\partial \varrho}{\partial t} + \frac{\partial (\varrho\,\dot{r})}{\partial r} + \frac{\partial (\varrho\,\dot{\varphi})}{\partial \varphi} + \frac{\partial (\varrho\,\dot{\lambda})}{\partial \lambda} + \left(\frac{2\dot{r}}{r} - \dot{\varphi}\,\operatorname{tg}\varphi\right)\varrho = 0.$$

Ob die Luft sich samt der Erde dreht oder nicht, ist für die Kontinuität gleichgültig; es kommt daher die Rotation des Systems in dieser Gleichung nicht zum Ausdruck.

Wir bemerken noch, daß die letztere Gleichung um zwei Glieder mehr als die erste enthält. Dies rührt daher, daß auch bei Konstanz der Dichte und Geschwindigkeit im Raum die Dichte an einem Orte zeitlich nicht konstant bleiben kann, wenn die Luft über der Erde in der Richtung der Vertikalen ($\dot{r}$) oder in der des Meridians ($\dot{\varphi}$) strömt. Denn in beiden Fällen tritt eine Veränderung des Querschnittes der Luftströmung ein, die eine Dichteänderung zur Folge hat. Bei meridionaler Bewegung vom Äquator gegen die Pole stehen der Luft stets kleinere Querschnitte zur Verfügung, da die Meridiane sich einander gegen die Pole nähern, bei Abwärtsbewegung gilt das gleiche, da die Erdradien zusammenlaufen.

Betrachtet man die Luftbewegungen auf mäßig großen Gebieten der Erde, so kann man von der ersten Form der Kontinuitätsgleichung, die ja im rechtwinkligen System strenge gilt, in der Weise Gebrauch machen, daß man die Erdoberfläche als eben ansieht und statt der geographischen Koordinaten die Größen x, y, z benützt. Bei Bewegungen auf der ganzen Erde ist die zweite Form der Gleichung zu verwenden.

Drittes Kapitel

Statik der Atmosphäre.

19. Differentialgleichung der Statik, lineare Temperaturabnahme bei Wärmezufuhr. Die Statik der Atmosphäre beschäftigt sich mit der relativ zur Erde ruhenden Luft. Da die Erde rotiert, so bewegen sich Teile, die weiter von der Achse entfernt sind, rascher als solche, die näher liegen. Unter Ruhe der Luft in beliebiger Höhe verstehen wir dementsprechend eine Bewegung derselben um die Erdachse mit der Geschwindigkeit $r\omega$.

Auf relativ zur Erde ruhende Massen wirkt nun keine andere äußere Kraft als die Schwere (vgl. Abschnitt 3). Ihre Wirkung ist im Falle der Ruhe bei festen wie flüssigen Massen durch den Widerstand der darunterliegenden Massen aufgehoben. Nur ist die Widerstandskraft in zusammendrückbaren Massen (Gasen) nicht beliebig groß wie bei festen Körpern, so daß sie jedem Druck von oben das Gleichgewicht bieten kann, sondern sie ist variabel und stellt sich durch entsprechende Massenverschiebung in vertikaler Richtung stets so ein, daß das von oben wirkende Gewicht der Luftmassen gerade durch die elastische Kraft der Unterlage aufgehoben wird. Diese Kraft ist der Druck, welchen die Luft vermöge der ungeordneten Bewegung ihrer Moleküle auf ihre Begrenzungsflächen ausübt, eine Kraft, die dem Gase innewohnt und daher im Gegensatz zu der „äußeren" Schwerkraft als „innere" Kraft bezeichnet wird.

Es ist somit das Bestehen einer Atmosphäre, die nicht unter der Wirkung der Schwere in sich zusammensinkt, daran gebunden, daß die Moleküle eine ungeordnete Bewegung haben. Diese verhindert durch fortwährende Zusammenstöße, daß die Moleküle, der Schwerkraft folgend, zu Boden fallen und dort ein ganz unvergleichlich geringeres Volumen einnehmen, als ihrer Bewegung tatsächlich zur Verfügung steht. Da die absolute Temperatur ein Maß für diese ungeordnete Bewegung ist, so läßt sich leicht denken, welche Rolle dieser Größe bei der Beurteilung fast aller Vorgänge in der Atmosphäre zufallen muß.

Im Falle der Ruhe ist, wie oben gesagt, das Gewicht der Luftmassen, die über einer Fläche liegen, stets durch einen diesem Gewicht entgegenwirkenden Druck von gleicher Größe aufgehoben. Denken wir uns eine

3*

von vertikalen Wänden eingeschlossene Luftsäule (Fig. 5), so drückt auf eine horizontale Schnittfläche in einer gewissen Höhe z ein größeres Luftgewicht als auf eine andere, die höher liegt; somit nimmt der Druck gegen aufwärts ab. Zwischen zwei sehr nahe übereinander gelegenen Schnittflächen S_1 und S_2 ist pro Flächeneinheit der letzteren die Masse $\varrho\,dz$

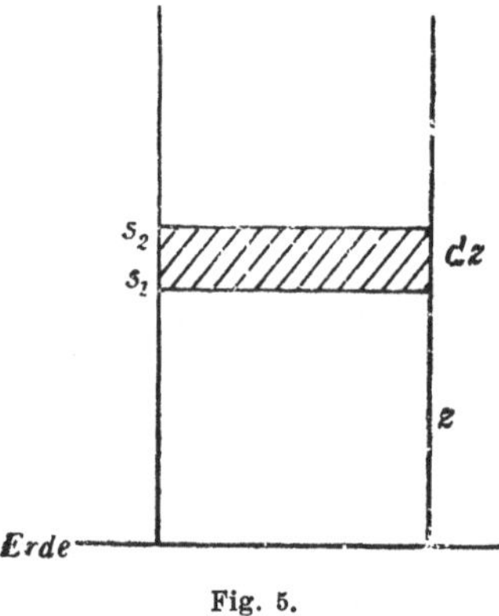

Fig. 5.

enthalten, wo ϱ die Dichte der Luft und dz der Abstand jener Flächen ist (z nach aufwärts positiv gerechnet). Sei das Gewicht der oberhalb S_2 gelegenen Massen G, so ist das Gewicht der Massen oberhalb $S_1 : G + g\varrho\,dz$.

Ist der Druck in der Fläche $S_1\ p_1$, in der Fläche $S_2\ p_2$, so muß im Falle der Ruhe sein: $p_2 = G$, $p_1 = G + g\varrho\,dz$, oder da $p_2 = p_1 + \dfrac{\partial p}{\partial z}dz$,

$$\frac{\partial p}{\partial z} = -g\varrho,$$

was die Differentialgleichung der Statik der Atmosphäre darstellt. Je größer die Dichte ϱ, desto stärker ist auch die Druckänderung mit der Höhe; sie ist negativ, da der Druck mit wachsendem z abnimmt. Infolge der Abnahme der Schwere mit der Höhe darf in dieser Gleichung g nur angenähert als Konstante angesehen werden.

Wir können die statische Grundgleichung ebenso gut aus den allgemeinen Bewegungsgleichungen auf S. 33 ableiten, indem wir Geschwindigkeit und Beschleunigung für den ruhenden Massenpunkt null setzen. Dies gibt:

$$-g - \frac{1}{\varrho}\frac{\partial p}{\partial r} = 0,\quad \frac{\partial p}{\partial \varphi} = 0,\quad \frac{\partial p}{\partial \lambda} = 0.$$

Die Integration der Differentialgleichung setzt voraus, daß die Abhängigkeit der Dichte ϱ von der Höhe z bekannt ist. Nehmen wir für einen Augenblick an — was ja der Wirklichkeit nicht entspricht —, daß die Dichte in allen Höhen die gleiche wie am Erdboden wäre; dann hätten wir $\varrho = \varrho_0$ zu setzen und erhielten (statt des partiellen Differentialquotienten kann hier auch der totale geschrieben werden): $p = p_0 - g\varrho_0 z$, wo p_0 der Druck für $z = 0$. In diesem Falle würde der Druck linear nach oben abnehmen und in der Höhe $H = \dfrac{p_0}{g\varrho_0}$ auf Null herabsinken. Da nach der Gasgleichung $p = \varrho R T$, so ergibt sich $H = \dfrac{R T}{g}$. Würden wir unserer Atmosphäre von konstanter Dichte noch überall die Temperatur $T = 273^0$ ($0^0\,C$) erteilen, so wäre deren Höhe schließlich $H = \dfrac{273\,R}{g} = 7991$ m für trockene Luft (vgl. Abschnitt 6, S. 9). Man nennt diese Größe die Höhe der homogenen Atmosphäre. Es ist eine Zahl, die häufig in barometrischen Rechnungen auftritt.

Nachdem die Dichte in Wirklichkeit mit der Höhe abnimmt, so hat man ϱ in der Grundgleichung als Variable aufzufassen. Man erhält jetzt: $\frac{1}{p}\frac{dp}{dz} = -\frac{g}{RT}$. Um diese Gleichung zu integrieren, ist es nötig, die Temperatur als Funktion der Höhe z auszudrücken.

Ist am Erdboden ($z = 0$) der Druck p_0, so wird $\lg p = \lg p_0 - \frac{g}{R}\int_0^z \frac{dz}{T}$.

Dies ist die allgemeine Formel für die Druckabnahme mit der Höhe. Um sie auszuwerten, müssen spezielle Annahmen über die Abhängigkeit der Temperatur von der Höhe gemacht werden. Am einfachsten wäre es, die Temperatur als konstant anzusehen; dann wäre $\lg p = \lg p_0 - \frac{gz}{RT}$. Für $T = 273^0$ erhielte man auch $\lg p = \lg p_0 - \frac{z}{H}$, wo H die Höhe der homogenen Atmosphäre wäre. Es gälte dann $p = p_0 e^{-\frac{z}{H}}$, und in der Höhe $z = H$ wäre der Druck $1/e$ vom Druck am Boden.

Tatsächlich ist nun aber die Temperatur mit der Höhe veränderlich. Die Beobachtungen zeigen, daß sie im allgemeinen mit der Höhe abnimmt, und zwar angenähert nach einer linearen Gleichung, wenigstens bis zur Höhe von 8 bis 15 km. Man kann, wenn dies zutrifft, bis zu jener Höhe $T = T_0 - \alpha z$ setzen, wo T_0 die Temperatur am Boden und α der Temperaturgradient nach der Höhe ist. Erfahrungsgemäß liegt α in der Regel zwischen $0\cdot005^0$ und $0\cdot01^0$, so daß die Temperaturabnahme mit der Höhe annähernd $\frac{1}{2}^0$ bis 1^0 pro 100 m beträgt.

Setzt man diese Formel für die Temperatur in die allgemeine Gleichung ein, so wird:

$$\lg p = \lg p_0 - \frac{g}{R}\int_0^z \frac{dz}{T_0 - \alpha z} = \lg p_0 + \frac{g}{R\alpha}\lg\frac{T_0 - \alpha z}{T_0},$$

oder $\frac{p}{p_0} = \left(\frac{T_0 - \alpha z}{T_0}\right)^{\frac{g}{R\alpha}}$. Man kann auch schreiben: $\frac{p}{p_0} = \left(\frac{T}{T_0}\right)^{\frac{g}{R\alpha}}$, eine Formel, die der Poissonschen Gleichung ähnlich gebaut ist.

Wenn man annimmt, daß die Temperaturabnahme $\frac{dT}{dz} = -\alpha$ durch Aufsteigen der Luft bei Wärmezufuhr zustande kommt, so läßt sich leicht zeigen, daß im Falle linearer Temperaturabnahme die Wärmezufuhr für jedes Höhenintervall dz gleich groß ist. Setzen wir sie $dQ = \beta dz$, so wird, nach Abschnitt 8 (S. 11), da $dT = -\alpha dz$ und folglich $dQ = -\frac{\beta}{\alpha}dT$, die Gleichung für die zugeführte Wärme:

$$\frac{dQ}{T} = -\frac{\beta}{\alpha}\frac{dT}{T} = c_p\frac{dT}{T} - AR\frac{dp}{p}.$$

Die Integration gibt $\dfrac{p}{p_0} = \left(\dfrac{T}{T_0}\right)^{\frac{c_p \cdot \alpha + \beta}{A R \alpha}}$.

Nach obiger Höhenformel, die ganz die gleiche Form hat wie diese Zustandsgleichung muß $\dfrac{c_p \cdot \alpha + \beta}{A R \alpha} = \dfrac{g}{R \alpha}$ sein. Daraus folgt für die Größe β, welche die Wärmezufuhr auf 1 m Erhebung angibt, $\beta = c_p \left(\dfrac{A g}{c_p} - \alpha\right)$. $\dfrac{A g}{c_p}$ ist der adiabatische Gradient $\gamma = 0\cdot01^0/\text{m}$. Somit ist $\beta = c_p\,(\gamma - \alpha)$[1]. Ist der vorhandene Temperaturgradient α kleiner als γ, so ist Wärmezufuhr vorhanden, ist α größer als γ, so ist Wärmeentziehung da. Die Größe derselben ist auf die angegebene Art leicht berechenbar. Bei $\alpha = 0\cdot005^0/\text{m}$ z. B. ist $\beta = 0\cdot001168$ kg Cal, welche Wärme 1 kg Luft auf 1 m Erhebung zugeführt werden muß. Erfolgt diese Wärmezufuhr durch Kondensation, so braucht es für diese Freigabe von Wärme rund $2 \cdot 10^{-3}$ g Wasserbildung, da die Kondensationswärme pro kg Wasser rund 600 Cal beträgt. Auf diese Weise läßt sich leicht ein Überschlag über die Kondensationsmenge in aufsteigender Luft gewinnen.

Erfolgt z. B. die Aufwärtsbewegung um 1 m in einer Luftsäule von 1 km Höhe und in einer Sekunde, so haben wir, roh gerechnet, in einer Stunde einen Niederschlag von zirka 7 kg zu erwarten, was 7 mm Regenhöhe liefert. (Diese Rechnung wäre leicht genauer durchführbar.)

20. Mitteltemperatur einer Luftsäule. Im allgemeinen ist es nicht vorteilhaft, die der Poissonschen Gleichung analoge Höhenformel von S. 37 zu benützen, da die Temperatur doch nur selten genau linear abnimmt, wie dort vorausgesetzt wurde. Man bedient sich meist besser einer allgemeineren Formel, bei welcher man nicht von vornherein an eine bestimmte Temperaturfunktion gebunden ist.

In der Gleichung $\lg p = \lg p_0 - \dfrac{g}{R}\displaystyle\int_0^z \dfrac{dz}{T}$ setzen wir $\displaystyle\int_0^z \dfrac{dz}{T} = \dfrac{z}{T_m}$ und nennen die so definierte Größe T_m die Mitteltemperatur der Luftsäule von der Höhe z. Dann ist

$$p = p_0\, e^{-\frac{g z}{R T_m}}.$$

Diese allgemeine Formel ist sehr bequem und wird im folgenden fast ausschließlich benützt werden, um den Luftdruck in der Höhe z auf jenen an der Basis einer Luftsäule zu beziehen (statische Grundgleichung). Freilich fragt es sich nun noch, wie jene Mitteltemperatur im einzelnen

---

[1] Vgl. hiezu die „Polytropengleichungen" von R. Emden (Gaskugeln, Leipzig 1907); ferner Fr. Linke, Met. Zeitschr., 1919, S. 142.

Fall auszudrücken ist. Da $T_m = \dfrac{z}{\int_0^z \dfrac{dz}{T}}$, so müßten wir, um T_m genau zu finden, neuerlich T als Funktion von z einführen.

Nun ist die Temperatur entweder nur an der oberen und unteren Station, also in der Höhe 0 und z, oder auch noch in einer oder mehreren Zwischenlagen bekannt. Trägt man sich die Beobachtungen von Temperatur und Höhe in ein Koordinatensystem ein (Fig. 6), so kann man im ersten Fall nichts besseres annehmen, als daß die Temperatur zwischen der unteren und oberen Station (T_0 und T_1) nach einer geraden Linie verläuft. In diesem Falle ist die Temperatur in beliebiger Höhe z zu setzen $T = T_0 - \alpha z$, wo α durch $\dfrac{T_0 - T_1}{z_1}$ bestimmt ist (α kann auch negativ sein).

Die Mitteltemperatur wird dann:

$$T_m = \frac{z_1}{\int_0^{z_1} \dfrac{dz}{T_0 - \alpha z}}.$$

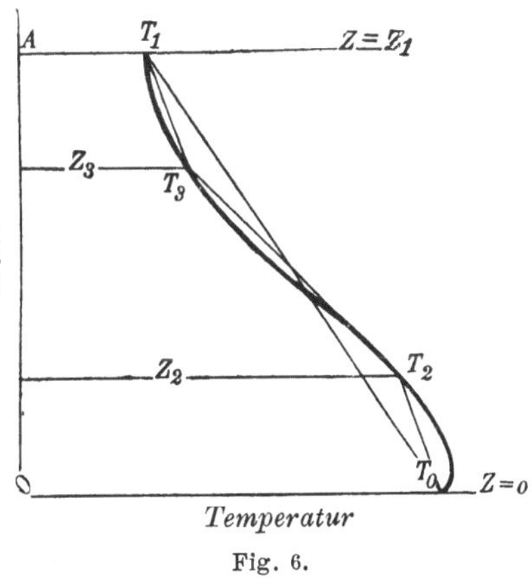

Fig. 6.

Da αz stets klein ist gegen T_0, so läßt sich hierfür angenähert schreiben:

$$T_m = \frac{z_1}{\int_0^{z_1} \dfrac{dz}{T_0}\left(1 + \dfrac{\alpha z}{T_0} + \dfrac{\alpha^2 z^2}{T_0^2}\right)}.$$

Nur bei sehr großen z_1 wird man hier das quadratische Glied zu berücksichtigen haben[1]). Im allgemeinen kann man es vernachlässigen und erhält dann nach Integration $T_m = \dfrac{T_0}{1 + \dfrac{\alpha}{T_0}\dfrac{z_1}{2}}$ oder weiter vereinfacht

$$T_m = T_0\left(1 - \frac{\alpha}{T_0}\frac{z_1}{2}\right).$$

Diese abgekürzte Formel, welche auf der Annahme linearer Temperaturverteilung beruht, hätten wir auch erhalten, wenn wir die folgende einfachere Größe als Mitteltemperatur eingeführt hätten: $T_m' = \dfrac{1}{z}\int_0^z T\, dz$.

---

[1]) Für $\alpha = 6 \cdot 10^{-3}$ pro m und $z = 10$ km führt die Vernachlässigung desselben schon zu merklichen Fehlern.

Setzen wir hier $T = T_0 - \alpha z$ ein, so ergibt die Integration von 0 bis z_1: $T'_m = T_0 \left(1 - \frac{\alpha}{T_0} \frac{z_1}{2}\right)$, also den gleichen Wert wie oben. Es folgt daraus, daß wir statt der korrekten Mitteltemperatur T_m immer, wenn die Temperaturverteilung angenähert linear ist und es sich nicht um gar zu große Höhen handelt, den bequemeren Wert T'_m verwenden können[1]). Auch wenn die Temperatur nicht genau linear verläuft, wird meist T'_m brauchbar sein. Ist jene durch eine Kurve gegeben (in Fig. 6 dick ausgezogen), so ist das Integral $\int_0^z T\,dz$ in T'_m gleich der Fläche, welche die Kurve mit der z-Achse einschließt, also planimetrisch bestimmbar.

Die früher gefundene Mitteltemperatur bei linearer Verteilung $T_m = T'_m = T_0 \left(1 - \frac{\alpha}{T_0} \frac{z_1}{2}\right)$ läßt sich, da $T_1 = T_0 - \alpha z_1$, auch schreiben: $T_m = T'_m = \frac{T_0 + T_1}{2}$, was im Falle von bloß zwei beobachteten Werten sehr bequem ist. Sind auch noch Zwischenstationen, z. B. in den Höhen z_2 und z_3 eingeschaltet, welche die Temperaturen T_2 und T_3 beobachten, so verläuft die Temperatur annähernd längs der gebrochenen Linie T_0, T_2, T_3, T_1 in Fig. 6. In diesem Falle führen wir als Mitteltemperatur eine der Größe T'_m nachgebildete Form T''_m ein, indem wir für jede Schicht, in welcher geradliniger Temperaturverlauf anzunehmen ist, die Mitteltemperatur bilden und alle diese im Verhältnis ihrer Schichtendicken zusammensetzen; in unserem Falle ist:

$$T''_m = \frac{T_0 + T_2}{2} \cdot \frac{z_2}{z_1} + \frac{T_2 + T_3}{2} \cdot \frac{z_3 - z_2}{z_1} + \frac{T_3 + T_1}{2} \cdot \frac{z_1 - z_3}{z_1}.$$

Wird die statische Grundgleichung auf eine Luftsäule angewendet, die aus Schichten mit verschiedenen Temperaturfunktionen besteht (Knicke in der Kurve wie in Fig. 6, sprunghafte Übergänge der Temperatur usw.), so geht man am sichersten, wenn man sich der folgenden Form bedient: Herrsche vom Boden bis zur Höhe h_1, die Mitteltemperatur T_1, von hier bis $h_1 + h_2$ die Mitteltemperatur T_2 usw., sei in der Höhe h_1 der Druck p_1, in $h_1 + h_2$ der Druck p_2 usw., so kann man setzen:

$$p_0 = p_1 e^{\frac{g h_1}{R T_1}}, \quad p_1 = p_2 e^{\frac{g h_2}{R T_2}}; \quad p_3 = p_2 e^{\frac{g h_3}{R T_3}} \cdots p_n = p_{n-1} e^{\frac{g h_n}{R T_n}}.$$

Indem man aus diesen Gleichungen p_1, p_2, p_3, $\cdots p_{n-1}$ eliminiert, erhält man:

$$p_0 = p_n e^{\frac{g}{R} \left[\frac{h_1}{T_1} + \frac{h_2}{T_2} + \frac{h_3}{T_3} + \cdots \frac{h_n}{T_n}\right]},$$

eine Form, die zugleich die Bedeutung jeder Schicht für den Druck am Boden beurteilen läßt.

---

[1]) Bei der Druckberechnung für sehr große Höhen sollte T'_m verwendet werden, was bisher stets übersehen wurde.

Es kommt übrigens ganz auf den einzelnen Fall an, wie man die Mitteltemperatur einer Luftsäule zn definieren hat. Hier handelte es sich um jene Mitteltemperatur, die in der barometrischen Grundgleichung erscheint; doch kann man auch andere Definitionen derselben vornehmen, indem man z. B. nicht die Verteilung der Temperatur auf die Höhenschichten zugrunde legt, sondern die auf die Masse der Luft. So kommt bei Margules[1]) als Mitteltemperatur einer Luftsäule einmal der Wert

vor: $\dfrac{1}{M} \int\limits_0^z T\varrho\, dz$, wo M die Masse der Luft in der Säule bis zur Höhe z

und ϱ die Dichte ist. Nimmt die Temperatur nach oben ab, so wird diese Mitteltemperatur höher sein als T'_m; denn die unteren Schichten mit größerer Dichte kommen dort stärker zur Geltung als in T'_m, wo alle Höhenstufen den gleichen Einfluß haben.

21. Barometrische Höhenformel. Aus der statischen Grundgleichung auf S. 38 findet man die Höhe einer Luftsäule z, in welcher am Boden der Druck p_0, am oberen Ende der Druck p herrscht, zu:

$$z = \frac{R\,T_m}{g \log e}\,(\log p_0 - \log p)^2).$$

Ist wie gewöhnlich nur die Temperatur unten (t_0) und oben (t) gegeben, so wird $z = \dfrac{R \cdot 273 \left[1 + 0{\cdot}00366\,\frac{t_0 + t}{2}\right]}{g \log e}\,(\log p_0 - \log p).$

Nach Einsetzung der Konstanten (für trockene Luft, 45^0 Breite und Meeresniveau) wird daraus:

$$z = 18\,400 \left[1 + 0{\cdot}00366\,\frac{t_0 + t}{2}\right](\log p_0 - \log p).$$

Bei feuchter Luft ist für R der Ausdruck zu benützen, der auf S. 10 abgeleitet wurde. Da die spezifische Feuchtigkeit q aber nicht in der ganzen Säule konstant ist, so kann man näherungsweise das Mittel aus dem Werte oben und unten einsetzen. q wird dabei als Funktion des Dampfdrucks e und des Luftdrucks p eingeführt (S. 11). Die Schwere g ist für genauere Rechnungen gleichfalls zu korrigieren, indem die geographische Breite und die mittlere Seehöhe der fraglichen Luftsäule berücksichtigt werden (vgl. S. 4).

Für nicht allzu genaue Rechnungen genügt der oben angeschriebene Ausdruck. Wenn dies nicht der Fall ist, so sind die Korrektionsglieder den Tafeln zur barometrischen Höhenmessung zu entnehmen, wodurch die Zahlenrechnungen wesentlich erleichtert werden[3]).

---

[1]) Energie der Stürme, Jahrb. d. k. k. Zentralanstalt für Meteor. u. Geod., Wien 1903, Anhang.

[2]) log bedeutet den Briggschen Logarithmus.

[3]) Z. B. Jelineks Anleitung zur Ausf. met. Beob., 2. Teil, Wien, k. k. Zentr.-Anst. für Met. u. Geod.

Die barometrische Höhenformel ist jene Gleichung der Meteorologie, die am besten mit den Beobachtungstatsachen in Einklang steht. Wir können hier von einem Gesetz sprechen; die Abweichungen, die hie und da vorkommen, sind äußerst gering. In der Tat gibt die barometrische Höhenbestimmung mittelst mehrjähriger Mittelwerte von Temperatur und Luftdruck der trigonometrischen Höhenbestimmung nur wenig nach. Bei einer einzelnen Beobachtungsreihe von p_0, T_0 und p, T freilich ist die Genauigkeit eine weitaus geringere, was vor allem von der mangelhaften Kenntnis der Temperaturverteilung herrührt.

22. Flächen gleichen Druckes. Der Luftdruck nimmt in der Atmosphäre mit der Höhe nicht gleichmäßig ab. Die allgemeine Gleichung $p = p_0 e^{-\frac{g z}{R T_m}}$ liefert durch Differentiation nach p und z die Formel: $dp = -\frac{p g}{R T_m} dz$. Der Abnahme des Druckes entspricht eine Zunahme der Höhe. Man nennt $\frac{dz}{dp} = -\frac{R T_m}{p g}$ die „barometrische Höhenstufe". Sie ist umso größer, je kleiner p ist, nimmt also nach oben zu. Denkt man sich eine Luftsäule von Flächen durchschnitten, welche die Lage bestimmter Druckwerte, z. B. von 10 zu 10 mm Hg angeben, so wächst demnach der Abstand der Flächen nach aufwärts.

Man bedient sich häufig der Flächen gleichen Druckes (der isobaren Flächen) zur Darstellung der Verteilung der Luftmassen in der Atmosphäre. Der Abstand einer solchen Fläche p_1 (in welcher der Druck p_1 herrscht) vom Meeresniveau ergibt sich aus der statischen Grundgleichung zu $z_1 = \frac{R T_m}{g} \lg \frac{p_0}{p_1}$. Sie liegt also umso höher, je wärmer die Luftschichte darunter ist, woraus folgt, daß sich bei konstantem Bodendruck p_0 über warmen Gebieten die Flächen gleichen Druckes in die Höhe wölben. Die Koordinate z_1 ist ferner umso größer, je größer der Bodendruck p_0 ist. Also auch über Gebieten mit hohem Bodendruck tritt im allgemeinen eine solche Aufwölbung ein.

Schließlich ist zu bemerken, daß unter sonst gleichen Umständen z_1 umso größer ist, je kleiner die Schwere g. Bei dieser Tatsache wollen wir ein wenig verweilen. Man kann die obige Formel für z_1 als Gleichung der isobaren Fläche p_1 auffassen, wenn p_0 und T_m als Funktionen der Koordinaten gegeben sind. Es sei nun der allerdings niemals verwirklichte Fall angenommen, daß auf der Erde in allen Breiten derselbe Bodendruck p_0 und dieselbe Mitteltemperatur T_m herrsche. Für eine isobare Fläche p_1 ist dann $z_1 = \frac{\text{konst.}}{g}$. Dies ist aber (vgl. S. 5) die Gleichung einer Niveaufläche der Schwerkraft. Die isobaren Flächen sind also unter den obigen Voraussetzungen mit den Niveauflächen der Schwere identisch, auf ihnen steht die Schwere überall senkrecht; infolgedessen wirkt im Ruhezustand keine äußere Kraft tangential zu ihnen. Wir haben damit die einzige Möglichkeit einer relativ zur Erde ruhenden und in Ruhe verbleibenden Atmosphäre angegeben. Wie die Niveauflächen der Schwere senken sich auch die isobaren Flächen vom Äquator gegen die Pole (S. 5.) Trotzdem ist $\frac{\partial p}{\partial \varphi} = 0$, da ja φ in unserem praktischen Koordinatensystem den Winkel bedeutet, welchen die Vertikale an einem Orte mit der Vertikalen am Äquator einschließt. Die Bedingungen der Ruhe, die auf S. 36 gestellt wurden, sind also erfüllt.

Infolge der Neigung der isobaren Flächen gegen die Pole ist im Ruhezustand der Druck in einer bestimmten Höhe z nicht mehr konstant, sondern von der geographischen Breite abhängig. Um ihn zu berechnen, behalten wir die obigen Annahmen von der Konstanz des p_0 und T_m für alle Breiten bei und nehmen zur Bequemlichkeit an, daß $T_m = 273^0$ (also 0^0 C) und $p_0 = 760$ mm Hg sei. Die Schwere ändert sich sowohl mit der Breite als mit der Höhe; die letztere Abhängigkeit vernachlässigen wir und führen g nur als Funktion der Breite nach S. 4 in die Gleichung $p = p_0 e^{-\frac{gz}{RT_m}}$ ein.

Wir erhalten dann für den Druck p über dem Äquator und dem Pol in gleicher Seehöhe die folgenden Werte:

Höhe z:	0	5	10	15	20	km
Äquator:	760·0	407·2	218·1	116·9	62·6	mm
Pol:	760·0	405·9	216·7	115·7	61·8	„
Differenz:	0·0	1·3	1·4	1·2	0·8	„

Der Tabelle sind unten die Differenzen der zwei Werte beigefügt; sie übersteigen nirgends 2 mm Hg; bezogen auf den Erdquadranten ist dies nicht viel. Die Vorstellung, daß im Ruhestand in einer Höhe überall der gleiche Druck sein muß, kann daher im großen und ganzen beibehalten werden.

Man bezeichnet die Druckdifferenz zweier Orte in gleicher Meeres·höhe, dividiert durch ihren Abstand meist als „Druckgefälle“, das dann für Beschleunigungen maßgebend ist. Hier trifft die Bezeichnung aus dem Grunde nicht zu, weil die Fläche gleichen Abstandes vom Meeresniveau keine Niveaufläche der Schwere ist. Sie wäre es, wenn wir nach dem Vorgange von Bjerknes (a. a. O.) die Seehöhe nicht in Metern, sondern in Einheiten des Schwerepotentials (dynamischen Metern) ausdrücken würden. Doch wäre dann das Druckgefälle genau null.

23. Beziehung des Luftdrucks in der Höhe und am Boden zur Mitteltemperatur einer Luftsäule. Wir betrachten eine Luftsäule, die auf der Erdoberfläche aufruht und bis zur konstanten Höhe z reicht; also ein abgegrenztes Volumen Luft, dessen Masse variabel ist.

Aus der statischen Grundgleichung läßt sich ersehen, in welcher Beziehung die Veränderungen zueinander stehen, die im Druck am oberen (p) und unteren Ende (p_0) sowie in der Mitteltemperatur (T_m) derselben vorkommen. Es ist dabei vorausgesetzt, daß die Luftsäule anfangs in Ruhe sei, daß sich dann durch Zugabe oder Entnahme von Luftmassen Veränderungen vollziehen und darauf neuerdings Ruhe eintrete, so daß die statische Grundgleichung im Anfangs- wie im Endstadium angewendet werden kann. Differenziert man dieselbe nach p, p_0, T_m, so ergibt sich:

$$\frac{dp_0}{p_0} = \frac{dp}{p} - \frac{gz}{RT_m}\frac{dT_m}{T_m}.$$

Diese Formel ist z. B. anwendbar, wenn aus der Druckänderung am Boden und der an einer Höhenstation die Änderung der Mitteltemperatur der dazwischenliegenden Luftmasse berechnet werden soll.

Ist $\frac{gz}{RT_m} = 1$ und folglich, wenn $T = 273^0$, $z = 7991\,m = H$, die Höhe der homogenen Atmosphäre (vgl. S. 37), so kommen nur die prozentuellen Änderungen der drei Variabeln in Betracht; im Falle, daß $z < H$, spielt die Temperaturänderung eine kleinere, sonst eine größere Rolle.

Eine Temperaturänderung von $1^0/_0$ bedeutet rund 3^0 C; sie würde in einer Säule von der Höhe $z = H$ bei konstantem Druck am oberen Ende ($dp = 0$) eine Änderung des Druckes im Meeresniveau ($p_0 = 760\,mm$) von $7\cdot6\,mm$ bewirken; oder: 1^0 Temperaturabnahme hätte etwa $2 - 3\,mm$ Druckzunahme zur Folge.

Ähnlich viel geben Druckänderungen in der Höhe aus; ist z. B. $p = 100\,mm$, so bewirkt eine einprozentige Änderung dieses Wertes ($dp = 1\,mm$) am Boden $7\cdot6\,mm$ Druckänderung. Die Bestimmung des Bodendrucks aus dem Druck in der Höhe und der Mitteltemperatur erfordert also bei größeren Höhen eine sehr genaue Kenntnis dieser Werte.

Umgekehrt ist es natürlich günstiger, aus p_0 und T_m auf p, den Druck in der Höhe, oder aus p_0 und p auf T_m, die Mitteltemperatur zu schließen.

Bei konstanter Mitteltemperatur ergibt sich eine Beziehung zwischen der Druckveränderung von oben und unten: $dp_0 = \frac{p_0}{p}dp$. Damit der Luftdruck in der Höhe z um dp steigt, müssen die Luftmassen darüber vermehrt worden sein. Diese Vermehrung prägt sich auch in dp_0 aus, aber (bei konstanter Temperatur) im Verhältnis von $\frac{p_0}{p}$ verstärkt gegen oben. Im neuen Zustand muß nämlich unterhalb der Höhe z gleichfalls eine Vermehrung der Massen stattgefunden haben; denn sonst könnte die Zugabe oberhalb z nicht in Ruhe bleiben, sie müßte sich senken. Die Druckvermehrung in der Höhe entspricht dem Zuwachs über dieser, die Druckvermehrung am Boden dem gesamten Zuwachs an Masse in der

Luftsäule vom Boden bis zur Grenze der Atmosphäre. Wir kommen später hierauf zurück.

Die Atmosphäre besitzt nach oben keine scharfe Grenze. Wenn wir am Boden Druckänderungen dp_0 beobachten, so können wir sie auf Druckänderungen in der Höhe, dp, zurückführen oder auf Temperaturänderungen dT_m der Zwischenschichte. Letztere, die „thermischen Druckänderungen", sind einfach zu beurteilen, sie sind meßbar. Es entsteht aber die Frage, ob es erlaubt ist, alle dp_0 auf dT_m zurückzuführen, indem wir die betrachtete Säule z immer höher nach oben ausdehnen. Die obigen Formeln gelten nur, solange die Luft noch so dicht ist, daß sie als Gas aufgefaßt werden kann. Bei fortschreitender Verdünnung wird schließlich das Gasgesetz, der Begriff des Luftdrucks etc. seine Giltigkeit verlieren. Es ist unbestimmt, ob diese Grenze zeitlich und örtlich über der Erde gleich ist. Es kann sein, daß eine sehr hoch gelegene Fläche gleichen Druckes an verschiedenen Orten und zu verschiedenen Zeiten ungleichen Abstand vom Meeresniveau hat. Dann ist auch für die höchsten Schichten $dp \lessgtr 0$ und wir müssen uns Aufbauschungen und Einsenkungen der Atmosphäre vorstellen, die Druckgradienten oder zeitliche Druckänderungen am Boden zur Folge haben. Die Integralformel für die Druckverteilung gibt kein Mittel, um über diese Frage Klarheit zu gewinnen. Wir werden im 11. und 12. Kapitel diese Möglichkeit von schwankender Höhe der Atmosphäre noch zu berücksichtigen haben.

Viertes Kapitel

Vertikale Temperaturverteilung im Ruhestand.

24. Einfluß der Wärmeleitung, Wärmestrahlung und Ausdehnung (Kompression). Aus dem Verlaufe der Flächen gleichen Druckes ergab sich oben, daß die Temperatur in horizontaler Richtung konstant sein muß, wenn allgemeine Ruhe in der Atmosphäre herrschen soll; diese Forderung ist festzuhalten. Bezüglich der Verteilung der Lufttemperatur in der Vertikalen enthält die Formel für den Gleichgewichtszustand einer Luftsäule, die statische Grundgleichung, keine Forderung. Sie liefert nur bei gegebener Temperatur die Massen- und Druckverteilung nach der Höhe.

Auf die Verteilung der Lufttemperatur in der Vertikalen wirken nun verschiedene Einflüsse. Sie haben zur Folge, daß die Temperatur in den unteren Kilometern der Atmosphäre im allgemeinen annähernd linear nach aufwärts abnimmt, in höheren Schichten hingegen konstant wird oder langsam zunimmt. Doch kommt auch in den untersten Luftschichten nicht selten, namentlich im Winter, eine Zunahme nach aufwärts vor, die „Inversion" oder Umkehr des normalen Temperaturgefälles. Der untere Teil der Atmosphäre, in welcher die Temperatur in der Regel nach oben abnimmt, wird als „Troposphäre", der obere Teil als „Stratosphäre" oder auch „isotherme Zone", gegebenen Falles als „Inversion" bezeichnet. Die Grenze der beiden liegt unter verschiedenen Umständen und in verschiedenen Breiten der Erde verschieden hoch; sie schwankt etwa zwischen 7 und 15 km. In höheren Breiten ist sie niedriger als nahe dem Äquator. Die näheren Beobachtungsergebnisse über die Temperaturverteilung in vertikaler Richtung werden später benützt werden, um verschiedene Erscheinungen darzustellen.

Die Temperatur einer Luftmasse wird einerseits durch Strahlung und Wärmeleitung, andererseits durch Ausdehnung und Kompression beeinflußt. Die beiden ersten Vorgänge geschehen unter Wärmezufuhr oder Wärmeentziehung, die letzten bei konstantem Wärmeinhalt (adiabatisch).

Bei der Wärmeleitung handelt es sich um eine direkte Übertragung der Molekularbewegung aneinandergrenzender Massen. Sie kann zwischen Erdoberfläche und Luft oder auch zwischen aneinandergrenzenden Luftmassen auftreten. Die Erscheinungen der Strahlung sind von zweierlei Art. Erstens nimmt eine Luftmasse von der sie treffenden Strahlung einen Teil auf und verwandelt ihn in Wärme (Absorption), zweitens sendet sie nach allen Seiten Strahlen entsprechend ihrer Temperatur aus (Ausstrahlung). Die adiabatische Ausdehnung oder Kompression schließlich, die gleichfalls die Lufttemperatur beeinflußt, tritt hauptsächlich bei vertikaler Bewegung auf, wo die Luft von einem Druck unter einen anderen kommt und sich dabei der Poissonschen Gleichung gemäß verhält.

Wir wollen hier die drei Vorgänge gesondert betrachten und fragen, welche vertikale Temperaturverteilung jeder einzelne verlangen würde, damit der vorhandene Zustand dauernd erhalten bleibe, also ein Zustand des Gleichgewichts sei. Es wird demnach ein Strahlungs-, ein Wärmeleitungs- und ein statisches Gleichgewicht in einer vertikalen Luftsäule aufgesucht.

25. Statisches Gleichgewicht, Auftrieb, Stabilität. Damit eine bestimmte Luftmasse in vertikaler Richtung in Ruhe bleibe, ist es nötig, daß sie in anderen Luftmassen eingebettet sei, welche ihr Gewicht nach dem Prinzip von Archimedes gerade aufheben, so daß sie schwebt. Ist sie leichter als die umgebende Luft, so hat sie ein scheinbares negatives Gewicht, sie erleidet einen „Auftrieb", der sie steigen macht; ist sie schwerer als die umgebende Luft, so sinkt sie. Wir drücken dies am einfachsten durch die erste Gleichung auf S. 33 aus, wenn wir die hervorgehobene Luftmasse zu Anfang ruhend voraussetzen und nach einer etwaigen vertikalen Beschleunigung $\ddot{r}$ fragen; im Ruhezustand ist:

$\ddot{r} = -g - \dfrac{1}{\varrho}\dfrac{\partial p}{\partial r}$. Die hervorgehobene Luftmasse habe das Volumen 1, die Dichte ϱ, die absolute Temperatur T und stehe unter dem Druck p. Die umgebenden Luftmassen im selben Niveau haben den gleichen Druck p; denn anderen Falles träte ja sogleich ein Ausgleich des Druckes der hervorgehobenen Masse ein; ihre Temperatur sei T', ihre Dichte ϱ'. Für sie, die in Ruhe sein sollen, gilt die statische Grundgleichung (S. 36)

$g = -\dfrac{1}{\varrho'}\dfrac{\partial p}{\partial r}$. Folglich kann man schreiben; $\ddot{r} = -g + \dfrac{\varrho'}{\varrho}g$ oder $\ddot{r} = g\,\dfrac{T-T'}{T'}$.

Der Auftrieb (eine Beschleunigung, die vertikal nach aufwärts gerichtet ist) ist also proportional der Temperaturdifferenz zwischen betrachtetem Luftteilchen und Umgebung. Wir erhalten den allgemeinen Satz: relativ warme Luft erfährt einen Auftrieb, relativ kalte einen Abtrieb im obigen Ausmaß. Bei einem Temperaturunterschied von 1^0 und unter Temperaturen, die nahe an Null liegen, beträgt die vertikale Beschleunigung ungefähr 3 cm/sec^2.

Als Bedingung dafür, daß das hervorgehobene Luftteilchen in Ruhe bleibe, ergibt sich also Temperaturgleichheit mit der Umgebung. Es kann nun sein, daß nach einer geringen vertikalen Verschiebung des Teilchens aus seiner Anfangslage nach abwärts (aufwärts) dasselbe entweder 1. in seiner neuen Lage in Ruhe bleibt, indem es auch hier die Temperatur der Umgebung besitzt, oder 2. nun infolge eines gewonnenen Auftriebs (Abtriebs) in seine ursprüngliche Lage zurückkehrt, oder 3. infolge eines gewonnenen Abtriebs (Auftriebs) sich stets weiter von der ursprünglichen Gleichgewichtslage entfernt. Welcher von diesen drei Fällen eintritt, hängt, wie obige Gleichung zeigt, nur von der Temperaturdifferenz zwischen Teilchen und Umgebung ab. Beide diese Temperaturen sind veränderlich, die erste zeitlich, infolge der Bewegung, die zweite örtlich, infolge des vorhandenen vertikalen Temperaturgradienten.

Betrachten wir das herausgehobene Luftteilchen, das in vertikaler Richtung verschoben wird, als unbeeinflußt von Wärmeleitung und Wärmestrahlung, so müssen wir die Bewegung als adiabatisch ansehen; die Temperaturveränderung des Teilchens bestimmt sich dann aus der Veränderung des Druckes nach der Poissonschen Gleichung. Wird das Teilchen gehoben, so sinkt der Druck, es kühlt sich ab; wird es gesenkt, so steigt der Druck und es erwärmt sich. Für trockene Luft lautet die Gleichung in ihrer Differenzialform (vgl. S. 11); $c_p \dfrac{dT}{T} = AR \dfrac{dp}{p}$.

Wird das Teilchen aus seinem Ruhezustand vom Drucke p auf den Druck $p + dp$ gebracht, so bedeutet dies nach der statischen Grundgleichung für die umgebende Luft eine Senkung um die Höhe

$$dr = dz = -\frac{dp}{p} \frac{RT'}{g}.$$

Eliminiert man aus den letzten Gleichungen dp, so ergibt sich eine Beziehung zwischen der Temperaturänderung dT und der Höhenänderung dz:

$$\frac{dT}{dz} = -\frac{Ag}{c_p} \cdot \frac{T}{T'}.$$

Die Temperaturänderung des Teilchens wird also von seiner eigenen Temperatur und der der Umgebung beeinflußt.

Nehmen wir nun an, die Temperatur der Umgebung T' nehme nach aufwärts so ab, daß sie in allen Höhen der Temperatur T des adiabatisch aufwärts bewegten Teilchens gleich sei: dann ist $T = T'$ und folglich $\dfrac{dT}{dz} = -\dfrac{Ag}{c_p}$. Dieser konstante Wert für die Temperaturveränderung des bewegten Teilchens ist nun zugleich die Temperaturabnahme in der umgebenden Luft $\dfrac{dT'}{dz}$, und wir können sagen: beträgt in einer Luftsäule die vertikale Temperaturabnahme $\dfrac{Ag}{c_p}$, so wird ein Teilchen der Masse, das wir von irgend einer Stelle aus adiabatisch nach auf- oder abwärts bewegen, an allen Orten, die es passiert, die Temperatur seiner Umgebung haben, also nirgends einen Auf- oder Abtrieb erfahren, mithin überall im Gleichgewicht sein. Man nennt dies den indifferenten Gleichgewichtszustand einer Luftmasse. Diese Temperaturabnahme nach aufwärts ist mit Benützung der Konstanten auf S. 11 und 12: $\frac{Ag}{c_p} = 0\cdot00986\,\frac{g}{g_{45}}$. Die Zahl ist, wie man sieht, von der örtlichen Schwere abhängig[1]); da aber diese sehr geringen Schwankungen unterliegt, so setzt man meist hierfür den abgerundeten Wert $0\cdot01^0$ C pro Meter oder 1^0 C auf 100 m Erhebung.

Die obige allgemeine Beziehung zwischen der Temperaturänderung dT und der Höhenänderung dz eines adiabatisch in vertikaler Richtung bewegten Luftteilchens kann man integrieren, wenn die vertikale Temperaturverteilung T' für die Luftsäule bekannt ist, in welcher die Verschiebung stattfindet. Wir wollen annehmen, diese Temperatur der Umgebung nehme nach oben linear ab, so daß $T' = T_0' - \alpha z$; α kann auch negativ oder null sein (Zunahme nach oben oder Isothermie). Man erhält dann $\frac{dT}{T} = -\frac{Ag}{c_p} \cdot \frac{dz}{T_0' - \alpha z}$ und, wenn noch der für das indifferente Gleichgewicht charakteristische Ausdruck $\frac{Ag}{c_p} = \gamma$ gesetzt wird:

$\lg T = \frac{\gamma}{\alpha} \lg T' + \text{konst.}$ Es sei am Boden ($z = 0$): $T = T_0$ und $T' = T_0'$;

dann wird schließlich: $T = T_0 \left(\dfrac{T'}{T_0'}\right)^{\tfrac{\gamma}{\alpha}}$.

Setzen wir noch voraus, daß das betrachtete Luftteilchen in seiner Ausgangslage $z = 0$ die Temperatur der Umgebung hatte, daß also

$T_0 = T_0'$, so wird $T = T' \left(\dfrac{T'}{T_0'}\right)^{\tfrac{\gamma}{\alpha} - 1}$, und wir ersehen aus dieser Gleichung zunächst wieder, wie für $\alpha = \gamma$, also für den Fall des indifferenten Gleichgewichts, stets $T = T'$, wie schon oben bemerkt.

Ist nun weiter $\alpha < \gamma$, nimmt also die Temperatur auf 100 m Erhebung um weniger als 1^0 ab, so ist der Exponent in obiger Gleichung positiv und folglich muß bei Aufwärtsbewegung (wo $T' < T_0'$) T kleiner als T' sein. Bei Abwärtsbewegung, wo $T' > T_0'$, wird umgekehrt $T > T'$. In beiden Fällen entsteht aus der Temperaturdifferenz des vertikal verschobenen Teilchens mit seiner Umgebung eine Beschleunigung, welche das Teilchen in seine Anfangslage zurückzuführen strebt; und zwar beim Aufsteigen infolge der relativen Abkühlung ein Abtrieb, beim Absteigen infolge der relativen Erwärmung ein Auftrieb, nach der Gleichung

$$\ddot{r} = g\,\frac{T - T'}{T'} \quad \text{(S. 47)}.$$

<hr>

[1]) Vgl. A. Sprung, Met. Zeitschr. 1888, S. 460. Berechnet man nach Bjerknes (a. a. O.) die Temperaturabnahme bei Erhebung um 1 dyn. Meter, so verschwindet die variable Schwere aus der Formel.

Man bezeichnet eine derartige Schichtung, bei der die Temperatur der Luftmassen nach oben langsamer als um 1^0 pro $100\,\mathrm{m}$ abnimmt, als einen **stabilen** Gleichgewichtszustand, weil eine aus ihrer Ruhelage vertikal verschobene Luftmasse wieder in dieselbe zurückstrebt.

Je kleiner die Temperaturabnahme mit der Höhe in der Atmosphäre ist, desto größer wird bei vertikaler Verschiebung des Teilchens die zurückführende Beschleunigung $\ddot r$, desto stabiler ist also der Zustand; am stabilsten sind Schichtungen mit konstanter Temperatur (Isothermien) oder gar mit Temperaturzunahme nach aufwärts (Inversionen).

Für $\alpha > \gamma$, d. i. wenn die Temperatur in der Luftsäule rascher abnimmt als um 1^0 auf $100\,\mathrm{m}$ Erhebung, wird der Exponent $\frac{\gamma}{\alpha} - 1$ negativ, somit bei Verschiebung des Luftteilchens nach aufwärts T größer als T' es entsteht Auftrieb, der das Teilchen noch mehr von seiner Ruhelage; entfernt. Bei Abwärtsbewegung wird $T < T'$, das Teilchen sinkt infolge seiner Abkühlung relativ zur Umgebung immer weiter. Den Ruhezustand, in dem das Teilchen gerade die Temperatur der Umgebung hat, bezeichnet man unter diesen Umständen als **labiles** Gleichgewicht, da jede geringste Verrückung den Anlaß gibt, diese Lage für immer zu verlassen. Es ist also charakterisiert durch eine Temperaturabnahme in der Luftsäule, die 1^0 C auf $100\,\mathrm{m}$ übersteigt.

Man kann die Bedingungen des indifferenten, stabilen und labilen Gleichgewichtes auch durch Angabe der Verteilung der potentiellen Temperatur (vgl. S. 12) definieren, was mitunter sehr bequem ist. Da bei adiabatischer Bewegung die potentielle Temperatur konstant bleibt, so entspricht dem indifferenten Gleichgewichtszustand einer Luftsäule $\left(-\frac{dT}{dz} = \gamma\right)$ konstante potentielle Temperatur $\left(\frac{d\vartheta}{dz} = 0\right)$, dem stabilen Gleichgewicht $\left(-\frac{dT}{dz} < \gamma\right)$ eine Zunahme derselben $\left(\frac{d\vartheta}{dz} > 0\right)$, dem labilen $\left(-\frac{dT}{dz} > \gamma\right)$ eine Abnahme der potentiellen Temperatur mit der Höhe $\left(\frac{d\vartheta}{dz} < 0\right)$.

Diese Gleichgewichtsbedingungen gelten streng genommen nur für reine Luft. Wir können sie aber auch auf eine Mischung von Luft und Wasserdampf anwenden, solange der letztere nicht gesättigt ist. Luft gemischt mit gesättigtem Wasserdampf läßt keine derartige einfache Darstellung der Gleichgewichtsbedingungen mehr zu, weil beim Absteigen einer solchen Mischung der Dampf in den ungesättigten Zustand übergeht, somit unsere obige Betrachtung gilt, beim Aufsteigen hingegen Kondensation eintritt, worauf die Poissonsche Gleichung nicht anwendbar ist. Wir kommen hierauf noch zurück.

Die meteorologischen Beobachtungsstationen in verschiedener Seehöhe liefern im Durchschnitt stabile Temperaturgradienten ($\alpha < \gamma$). Doch darf man aus diesen Mittelwerten nicht schließen, daß sie die einzigen sind, die vorkommen.

Tatsächlich zeigen Drachen- und Ballonaufstiege, daß im Sommer zur warmen Tageszeit in den unteren Schichten der Atmosphäre labile Gleichgewichtszustände nicht nur nicht selten, sondern sogar die Regel sind[1]). Wir dürfen uns also durchaus nicht auf die Annahme stabiler Zustände beschränken. Daraus folgt, daß der erwartete Umsturz der Massen bei dem geringsten Bewegungsanlaß, praktisch genommen, nicht rasch erfolgt. Dies rührt daher, daß die Auf- und Abtriebsbewegungen der Luft nicht gar so intensiv sind. Erfolgen sie langsam, so kann sich der Temperaturunterschied der auf- oder absteigenden Masse gegenüber der Umgebung teilweise ausgleichen; die Bewegung ist dann nicht mehr genau adiabatisch, kleine Abweichungen vom Gleichgewicht können durch Wärmeausgleich wieder ausgeschaltet werden. Es kann an Stelle eines Umsturzes des labilen Gleichgewichtes eine stationäre Strömung (Zirkulation) treten, bei der sich Überhitzung der unteren Massen und deren Wärmeabgabe an die Umgebung während des Aufsteigens ausgleichen.

Aus der obigen Temperaturbeziehung bei linearem Gradienten und adiabatischer Vertikalbewegung erhält man den Auftrieb[2]):

$$\frac{d^2 z}{dt^2} = g \left[\frac{T_0}{T_0'} \left(1 - \frac{\alpha z}{T_0'} \right)^{\frac{\gamma}{\alpha} - 1} - 1 \right].$$

Integriert man dies angenähert, indem man die Größen $\alpha - \gamma$ als klein annimmt, so wird:

$$z = \frac{A}{2 B} \frac{\left(e^{\sqrt{B} \cdot t} - 1 \right)^2}{e^{\sqrt{B} \cdot t}}, \quad \text{wo } A = g \frac{T_0 - T_0'}{T_0'}, \quad B = \frac{g T_0}{T_0'^2} (\alpha - \gamma).$$

Ist beispielsweise der vertikale Temperaturgradient (überadiabatisch, $\alpha > \gamma$) $1{\cdot}1^0$ pro 100 m (I) oder $1{\cdot}5^0$ pro 100 m (II), so wird der in bestimmter Zeit infolge des Auftriebs zurückgelegte Weg, wenn der erste Anstoß das Luftteilchen um 10 m aus seiner Gleichgewichtslage entfernt hat:

für $t =$	1	10	50	100	200 sec
$z_I =$	0·18	16·4	418	1712	14230 mm
$z_{II} =$	0·83	83·7	2153	9541	65420 mm.

Diese Verschiebungen in vertikaler Richtung sind nicht groß; freilich wachsen sie, wenn α zunimmt. Ist z. B. $\alpha = 3^0$ pro 100 m, so wird für $t = 100$ sec: $z = 61$ m.

Man darf sich daher im allgemeinen nicht vorstellen, daß bei Überschreitung des indifferenten Gleichgewichts in der Atmosphäre nun sofort

---

[1]) Br. Wiese, Met. Zeitschr. 1919, S. 22; C Forch, das. S. 197; W. Schmidt, das. S. 223; A. Reger, Met. Zeitschr. 1920, S. 31.

[2]) F. M. Exner, Met. Zeitschr., 1919, S. 249.

ein Zustand eintritt, der unbedingt bei der kleinsten Störung zum völligen
Umsturz führen muß. Wenn der Umsturz so langsam erfolgt, wie hier
berechnet wurde, dann ist es wohl von der Größe der aus der Gleichgewichtslage gebrachten Luftmasse abhängig, ob sie sich nun mit zunehmender Geschwindigkeit stets weiter von der Ausgangslage entfernen
wird, oder ob sie wieder zur Ruhe kommt. Der letzte Fall kann, wie
schon erwähnt, eintreten, wenn die Bewegung so langsam erfolgt, daß ein
Temperaturausgleich mit der Umgebung möglich und die Bedingung adiabatischer Bewegung nicht mehr erfüllt ist. Dieser Ausgleich wird bei
kleinen Massen eher eintreten können als bei großen, weil die Wärmeübertragung proportional der Oberfläche, der Wärmeinhalt aber proportional dem Volumen ist. Wir gelangen also zum Ergebnis, daß kleine
Ausweichungen aus dem labilen Gleichgewichtszustand (genauer gesagt:
geringe durch mechanische Ursachen hervorgerufene vertikale Massenverschiebungen) denselben nicht zu stören brauchen, daß vielmehr bei einer
bestimmten labilen Temperaturverteilung erst von einer gewissen Größe
der vertikalen Verlagerung und der gestörten Masse an ein Umsturz eintreten wird. Welche Grenzen hierfür maßgebend sind, entzieht sich so
lange unserer Kenntnis, als wir nicht über den Wärmeaustausch einer
Luftmasse mit ihrer Umgebung (durch Mischung, Berührung, Strahlung)
und dessen Dauer nähere Erfahrungen besitzen. Keinesfalls wird man
annehmen dürfen, daß eine Luftmasse von kleinem Volumen sich z. B. in
der ersten Minute ihres Falles, wo sie nach unseren Beispielen einen
Weg von 0·5 bis 2·5 m zurücklegt, adiabatisch bewegt.

Th. Hesselberg[1]) benützt als Maß der Stabilität die Beschleuni-
gung relativ zur Schwere, welche ein Teilchen, das aus seiner Ruhelage
um die Längeneinheit vertikal verschoben wurde, in dieselbe zurücktreibt.
Nach der obigen Gleichung ist diese Beschleunigung bei einer beliebigen
Verschiebung zunächst $\dfrac{\ddot{y}}{g} = \dfrac{T - T'}{T'}$, wo T die Temperatur ist, die das
Teilchen nach der Verschiebung angenommen hat, T' die Temperatur der
Umgebung. Ist T_1 die Temperatur, die das Teilchen vor der Verschiebung
hatte, so ist $T_1 = T' - \alpha\,dz$, wenn die Verschiebung um dz nach abwärts erfolgte und α wie früher der vorhandene Temperaturgradient in
der Luftsäule ist. Nach der Formel für die Temperaturänderung bei
adiabatischer Bewegung ist $T = T_1 \left(\dfrac{T'}{T_1}\right)^{\frac{\gamma}{\alpha}}$, wo γ der Wert $\dfrac{A\,g}{c_p}$. Indem
man für T_1 den obigen Wert einsetzt, erhält man:

$$\frac{T - T'}{T'} = \left(\frac{T'}{T' - \alpha\,dz}\right)^{\frac{\gamma}{\alpha} - 1} - 1 = \frac{\gamma - \alpha}{T'}\,dz .$$

---

[1]) Annal. d. Hydrographie u. marit. Meteorologie, Bd. 46, S. 120, 1918.

Der Stabilitätsausdruck für die Verschiebung um die Längeneinheit wird also $E = \dfrac{\gamma - \alpha}{T'}$. Bei stabilem Gleichgewicht ist die Größe E positiv, bei labilem negativ. Im Falle der Kondensation ist für γ der kondensationsadiabatische Temperaturgradient zu setzen (s. Tabelle S. 57). Hier muß also α kleiner sein, als in trockener Luft, um gleiche Stabilität zu liefern. Nach Hesselbergs Untersuchungen hat die Größe E bei Ballonaufstiegen über Lindenberg Werte von der Ordnung 10^{-5} bis 10^{-4}.

26. Einfluß der vertikalen Bewegung auf die vertikale Temperaturverteilung. Schon aus den Ausführungen des vorigen Abschnittes läßt sich ersehen, daß die vertikale Bewegung die vertikale Temperaturverteilung erheblich beeinflussen muß. Da der Luftdruck nach oben abnimmt, so wird in der Atmosphäre jede vertikale Bewegung eines Luftteilchens nach aufwärts mit Abnahme, nach abwärts mit Zunahme des Druckes verbunden sein, es sei denn, daß die Atmosphäre als Ganzes sich ausdehnt oder zusammenzieht, in welchem Fall die Massen unter konstantem Druck bleiben. Da die Bewegung eines Luftteilchens annähernd adiabatisch erfolgt, so muß trockene wie feuchte Luft bei Aufwärtsbewegung Abkühlung, bei Abwärtsbewegung Erwärmung erleiden. Jede vertikale Bewegung wirkt also dahin, daß die Luft näher dem Erdboden wärmer ist als entfernter von ihm, daß die Temperatur nach aufwärts abnimmt. Vertikale Bewegungen sind etwas ganz gewöhnliches; wir müssen daher erwarten, eine Abnahme der Temperatur nach aufwärts von solcher Größe zu finden, wie sie dem stabilen Gleichgewichtszustand entspricht, also eine Abnahme, die in trockener Luft kleiner ist als 1^0 pro 100 m. Jede größere Abnahme würde ja bei einer Luftverschiebung in vertikaler Richtung zu einem Situationswechsel der Luftmassen führen, könnte also auf die Dauer nicht bestehen.

Da die Luftmassen sich angenähert adiabatisch, also mit konstantem Wärmeinhalt bewegen, so sind sie Träger der Wärme und transportieren z. B. die an der Erdoberfläche durch Berührung mit der warmen Unterlage empfangene Wärme beim Aufsteigen in die Höhe. Man nennt diesen Vorgang „Konvektion" der Wärme. Die Wärme, welche an einem Orte auftritt, kann also außer durch Strahlung und Leitung, Vorgängen, von denen später die Rede ist und die bei ruhender Masse vor sich gehen, auch durch Massenverschiebung (Konvektion) ihren Ort wechseln. Daß die Wärme während der Bewegung nicht auf der gleichen Temperatur bleibt, ändert nichts daran; die Konstanz der potentiellen Temperatur beim adiabatischen Transport gibt das Bild für die Wärmekonvektion ab.

Die Temperaturveränderung, welche eine adiabatisch in der Vertikalen verschobene Luftmasse zeitlich durchmacht, ist nun wohl zu unterscheiden von der vertikalen Temperaturverteilung, nachdem die verschobene Luftmasse zur Ruhe gekommen ist. Die letztere wird von der ersteren verursacht. Wir behandeln hier dementsprechend zuerst die Ursache und dann die Wirkung.

a) **Temperaturänderung bei vertikaler Bewegung.** Für die Temperaturänderung einer adiabatisch in der Vertikalen verschobenen Luftmasse fanden wir früher $dT = -\gamma \dfrac{T\,dz}{T_0' - \alpha z}$ unter der Bedingung, daß α die lineare Temperaturabnahme in der Säule bedeutet. Sie ist also von der Temperaturverteilung in der Säule abhängig und beträgt nicht einfach 1^0 pro 100 m, wie man gewöhnlich annimmt. Dies rührt daher, daß die Temperaturänderung dT im Grunde bloß von der Druckänderung dp nach der Poissonschen Gleichung und erst mittelbar durch sie von der Höhenänderung dz abhängt. In Luftsäulen mit konstanter oder nach oben schwach abnehmender Temperatur ändert sich der Druck mit der Höhe langsamer als in solchen mit stark abnehmender Temperatur. Die Hebung des Luftteilchens um eine bestimmte Höhe bringt daher in ersteren eine geringere Abkühlung des Teilchens hervor als in letzteren; die Abkühlung ist allgemein von der Temperaturverteilung in der Atmosphäre abhängig[1]).

Wir bleiben bei der Voraussetzung einer linearen Temperaturabnahme. Im Falle, daß die Atmosphäre im indifferenten Gleichgewicht ist ($\alpha = \gamma$), ist nach der Formel auf S. 49 $T = T' \dfrac{T_0}{T_0'}$. Eine anfängliche Verschiedenheit der Temperatur des Teilchens (T) gegenüber der Umgebung (T') bleibt also bestehen, wie hoch dasselbe auch steigt oder wie tief es sinkt.

Auch die Temperaturänderung des Teilchens bei vertikaler Verschiebung wird hierdurch beeinflußt; denn es ist $\dfrac{dT}{dz} = -\dfrac{T_0}{T_0'}\gamma$. Sind z. B. die Ausgangstemperaturen T_0 und T_0' um 5^0 C verschieden, so ergeben sich Abweichungen in $\dfrac{dT}{dz}$ vom Wert der „adiabatischen" Änderung γ im Betrag von etwa $2^0/_0$. $\dfrac{dT}{dz}$ ist um diesen Betrag größer als γ, wenn das Luftteilchen wärmer ist, also steigt, und umgekehrt.

Gewöhnlich ist in der Atmosphäre die Abnahme der Temperatur α nach oben etwa die Hälfte von γ, also $^1/_2{}^0$ C auf 100 m. Wird in einer solchen Luftsäule ein Teilchen um z. B. 10 km gehoben, so kühlt es sich nicht um 100^0 ab, wie man gewöhnlich annimmt, sondern um weniger. In diesem Falle gibt nämlich die Rechnung für die Temperatur des verschobenen Teilchens $T = T_0 \left(\dfrac{T'}{T_0'}\right)^2$. Es sei z. B. am Boden ($z = 0$) $T_0' = 273^0$; in der Höhe $z_1 = 10$ km ist $T' = T_0' - \dfrac{\gamma z_1}{2} = 223^0$. Man findet dann $T = T_0 \cdot 0{\cdot}667$. Ist die Temperatur des verschobenen Teilchens zu Anfang

---

[1]) Vgl. A. Sprung, Met. Zeitschr. 1888, S. 460, auch Schreiber, Met. Zeitschr. 1894, S. 464 und R. Emden, Gaskugeln, S. 460 (1907).

der der Umgebung gleich gewesen ($T_0 = T_0'$), so wird $T = 182^0$. Die Abkühlung auf 10 km Erhebung beträgt also nur 91^0 [1]).

Noch größer werden diese Abweichungen, wenn Luft gezwungen wird, in einer isothermen Atmosphäre auf- oder abzusteigen. Die Formel von oben muß umgeformt werden. Zunächst ist $T = T_0 \left[1 - \dfrac{\alpha z}{T_0'} \right]^{\frac{\gamma}{\alpha}}$. Für $\alpha = 0$ wird daraus: $T = T_0 e^{-\frac{z\gamma}{T_0'}}$. Die Temperaturänderung des vertikal verschobenen Teilchens wird nun: $\dfrac{dT}{dz} = -\gamma \dfrac{T_0}{T_0'} e^{-\frac{z\gamma}{T_0'}}$; d. h. sie wird mit zunehmender Höhe immer kleiner. Lassen wir ein Teilchen, das relativ zur Umgebung warm ist ($T_0 > T_0'$), in einer isothermen Schichte aufsteigen, so wird dessen Temperaturabnahme zuerst größer sein als die adiabatische γ, dann aber kleiner werden und mit zunehmender Entfernung von der Ausgangslage stets weiter abnehmen[2]).

Wir schließen hieran noch eine kurze Betrachtung über die Höhenlage, in welcher ein relativ zur Umgebung warmes oder kaltes Luftteilchen nach entsprechendem Aufstieg, bzw. Absinken zur Ruhe kommt. Diese Höhe ist durch Temperaturgleichheit des Teilchens mit der Umgebung bestimmt, also durch die Gleichung $T = T'$, wobei, wie auf S. 49, in einer Atmosphäre mit linearer Temperaturabnahme $T = T_0 \left(\dfrac{T'}{T_0'} \right)^{\frac{\gamma}{\alpha}}$ und $T' = T_0' - \alpha z$ zu setzen ist. Daraus folgt für die Ruhelage:

$$ z = \frac{1}{\alpha} \left[T_0' - \left(\frac{T_0'^\gamma}{T_0^\alpha} \right)^{\frac{1}{\gamma - \alpha}} \right]. $$

Für $\alpha = \gamma$, adiabatische Temperaturabnahme, gibt es natürlich keinen Ruhezustand, er existiert nur bei stabiler Temperaturschichtung, wo $\alpha < \gamma$. So wird z. B. für $\alpha = \dfrac{\gamma}{2} = 0\cdot5^0$ pro 100 m: $z = \dfrac{2\,T_0'}{\gamma} \left(1 - \dfrac{T_0'}{T_0} \right)$. Bei einer Temperaturdifferenz $T_0 - T_0' = 10^0$ und der Ausgangstemperatur $T_0' = 273^0$ folgt $z = 1930$ m. Die Ruhe tritt also in kleinerer Höhe ein, als nach der gewöhnlichen Annahme der adiabatischen Abkühlung zu erwarten wäre (2000 m). Für isotherme Schichtung ($\alpha = 0$) bedienen wir uns wieder der Gleichung $T = T_0 e^{-\frac{z\gamma}{T_0'}}$ und setzen $T = T_0'$; dadurch wird die Höhe, in welcher Ruhe eintritt, $z = \dfrac{T_0'}{\gamma \log e} \log \dfrac{T_0}{T_0'}$. Unter den gleichen Bedingungen

---

[1]) Vgl. Dines und Hann, Met. Zeitschr. 1913, S. 99.
[2]) F. M. Exner, Annalen d. Hydrogr. u. mar. Met., 1914, S. 150.

wie früher wird hier $z = 983$ m; die Annahme der Abkühlung um 1^0 pro 100 m hätte 1000 m ergeben.

Bei vertikaler Bewegung gesättigt feuchter Luft ist zwischen adiabatischer und pseudoadiabatischer Verschiebung derselben zu unterscheiden (Abschnitt 9 und 10). Bei ersterer wird die kondensierte Wassermenge in der Luft mitgefürt, bei letzterer fällt sie als Niederschlag heraus. Im ersten Fall sind die Vorgänge bei Bewegung der Luft nach aufwärts jenen der Abwärtsbewegung gerade entgegengesetzt; auf sie sind die Formeln des Regen-, Schnee- oder Hagelstadiums anzuwenden. Im zweiten Falle folgt diesen Formeln nur die Bewegung nach aufwärts; die Abwärtsbewegung geschieht sehr angenähert wie bei trockener Luft.

Wir begnügen uns hier mit einer kurzen Darstellung der Erscheinung und verweisen im übrigen auf Hanns Lehrbuch der Meteorologie. Wie früher bei trockener Luft hängt auch jetzt bei feuchter die adiabatische Temperaturänderung infolge vertikaler Verschiebung von der Temperaturverteilung in der umgebenden Atmosphäre ab. Wir vernachlässigen hier aber diesen, immerhin geringen Einfluß und nehmen an, in der Atmosphäre, in welcher feuchte Luft aufsteigt (der Abstieg braucht nach obiger Bemerkung nicht näher behandelt zu werden), herrsche die gleiche Temperaturabnahme mit der Höhe, wie sie die feuchte Luft erfährt. Wir betrachten zunächst den Fall des Regenstadiums; die Gleichung für adiabatische Zustandsänderung feuchter Luft bei Temperaturen über Null lautete (S. 14):

$$c_p \lg T - AR \lg p + 0{\cdot}623\, \frac{re}{pT} = \text{konst.}$$

e ist die maximale Dampfspannung, gegeben als Funktion der Temperatur (t in ^{0}C) nach der Formel von Magnus (S. 9).

Die Druckabnahme mit der Höhe ist: $dp = -\dfrac{pg\,dz}{RT}$. Stünde nun in der ersten Gleichung nur der Druck p oder nur dessen Logarithmus, so könnte aus ihr und der zweiten der Druck vollständig eliminiert werden und man erhielte eine Beziehung zwischen Temperatur und Höhe allein, nachdem auch e nur Funktion der Temperatur ist. Sie würde die Temperaturverteilung mit der Höhe als Integral liefern.

Tatsächlich kann p nicht vollständig eliminiert werden; wir differenzieren die erste Gleichung nach p, T und e und eliminieren dp; daraus erhalten wir die Temperaturabnahme mit der Höhe in feuchter aufsteigender

Luft zu: $\dfrac{dT}{dz} = -\dfrac{\left(A + \dfrac{qr}{RT}\right)g}{c_p - \dfrac{qr}{T} + \dfrac{qr}{e}\dfrac{de}{dT}}.$

Hier ist die spezifische Feuchtigkeit $q = 0{\cdot}623\,\dfrac{e}{p}$ (S. 11) eingeführt. Sie ändert sich infolge des Herausfallens von Niederschlag aus der Luft.

Für $q = 0$, trockene Luft, geht $\frac{dT}{dz}$ in $-\frac{Ag}{cp}$ über (vgl. S. 48). Ist $q > 0$, so überwiegt von den q enthaltenden Gliedern der obigen Formel das letzte Glied im Nenner weitaus die übrigen. Infolgedessen ist $\frac{dT}{dz}$ stets kleiner als der Wert $-\frac{Ag}{cp}$, die adiabatische Abkühlung bei Ausdehnung wird durch die frei werdende Kondensationswärme verringert.

Setzt man für q seinen Wert ein, so zeigt sich, daß mit zunehmender Temperatur T, wobei die maximale Spannkraft e stark vergrößert wird, $\frac{dT}{dz}$ kleiner, mit zunehmendem Druck p aber $\frac{dT}{dz}$ größer wird. Spielt sich das Aufsteigen bei Temperaturen unter Null ab, so tritt zur Verdampfungswärme r noch die Schmelzwärme K hinzu (S. 15). Zur Orientierung mögen einige Zahlen für $\frac{dT}{dz}$ dienen, die der Hannschen Tabelle in dessen Lehrbuch entnommen sind.

Temperaturabnahme von gesättigt feuchter Luft beim Aufsteigen um 100 m.

Luftdruck	−30°	−20°	−10°	0°	10°	20°
760 mm Hg	0·93°	0·86°	0·76°	0·63°	0·54°	0·45°
600 „		0·92°	0·83°	0·71°	0·58°	0·49°	0·40°
400 „			0·89°	0·77°	0·63°	0·50°	0·42°
200 „				0·84°	0·64°	0·49°	0·38°

Zur allgemeinen Lösung der Frage nach der Temperatur aufsteigender feuchter Luftmassen haben Hertz[1] und Neuhoff[2] die Gleichungen für die adiabatischen Zustandsänderungen graphisch in einem Koordinatensystem dargestellt, dessen Abszisse der Druck p, dessen Ordinate die Temperatur T war (Adiabaten feuchter Luft, vgl. Abschnitt 9). Darin konnte unter vereinfachenden Voraussetzungen auch eine Höhenskala aufgenommen werden, die es gestattet, die Temperatur als Funktion der Höhe zu verfolgen. Wir verweisen diesbezüglich auf die zitierten Arbeiten und das Hannsche Lehrbuch.

b) **Temperaturverteilung nach vollendeter vertikaler Bewegung.** Nachdem die Temperaturveränderung eines vertikal verschobenen Luftteilchens berechnet wurde, bleibt nun noch die Frage zu beantworten, welche Temperaturverteilung nach vollendeter vertikaler Verlagerung zur Beobachtung gelangen wird. Hier handelt es sich also um jene Temperaturen, die an festen Stationen in verschiedenen Höhen der Atmosphäre gefunden werden.

---

[1] Met. Zeitschr. 1884, S. 421.
[2] Abhandl. d. preuß. Met. Inst., Bd. I, Nr. 6, 1900.

Wir wollen diese Frage nur für trockene Luft in exakter Weise beantworten.[1]) Es werde angenommen, daß eine dünne Luftschicht von der Höhe δz und der Dichte ϱ sich bei konstantem Querschnitt in vertikaler Richtung, z. B. nach abwärts, verlagere, so daß die gleiche Masse nun die Höhe $\delta z'$ einnehme und die Dichte ϱ' habe (Fig. 7). Die Masse, die ursprünglich in der Höhe A lag, ist nach C, die Masse aus der Höhe B nach D gesunken.

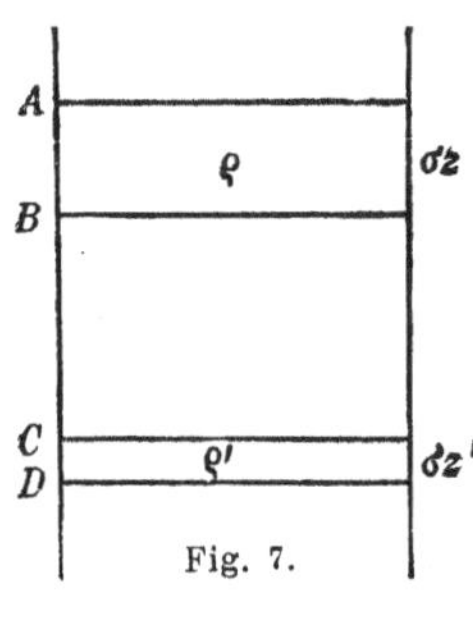

Fig. 7.

Sei p, T Druck und Temperatur der anfangs in B, ferner $p + \frac{\partial p}{\partial z}\delta z$, $T + \frac{\partial T}{\partial z}\delta z$ Druck und Temperatur der anfangs in A liegenden Luft; seien weiter p', T' Druck und Temperatur der Luft in D, die aus B gekommen ist, $p' + \frac{\partial p'}{\partial z}\delta z'$ und $T' + \frac{\partial T'}{\partial z}\delta z'$ aber die Werte jener Luft in C, die aus A stammt. Bei adiabatischer Bewegung muß sein (vgl. Abschnitt 8):

$$\frac{T'}{T} = \left(\frac{p'}{p}\right)^{\frac{A R}{c_p}} \quad \text{und} \quad \frac{T' + \frac{\partial T'}{\partial z}\delta z'}{T + \frac{\partial T}{\partial z}\delta z} = \left[\frac{p' + \frac{\partial p'}{\partial z}\delta z'}{p + \frac{\partial p}{\partial z}\delta z}\right]^{\frac{A R}{c_p}}.$$

Die letzte Gleichung läßt sich auch schreiben:

$$T' + \frac{\partial T'}{\partial z}\delta z' = T\left(\frac{p'}{p}\right)^{\frac{A R}{c_p}} \left[1 + \frac{A R}{c_p}\frac{1}{p'}\frac{\partial p'}{\partial z}\delta z'\right]\left[1 - \frac{A R}{c_p}\frac{1}{p}\frac{\partial p}{\partial z}\delta z\right].$$
$$\cdot \left[1 + \frac{1}{T}\frac{\partial T}{\partial z}\delta z\right].$$

Setzt man hier $\frac{\partial p}{\partial z} = -\varrho g$, $\frac{\partial p'}{\partial z} = -\varrho' g$, so wird mit Rücksicht auf die erste Gleichung oben und die Bedingung der Konstanz der Massen $\left(\frac{\delta z}{\delta z'} = \frac{\varrho'}{\varrho}\right)$:

$$\frac{dT'}{dz} = \frac{p'}{p}\left(\frac{dT}{dz} + \frac{A g}{c_p}\right) - \frac{A g}{c_p} \; ^{2}).$$

Die letzte Gleichung gibt den vertikalen Temperaturgradienten $\frac{dT'}{dz}$, welcher in einer dünnen Luftschicht entsteht, die adiabatisch vom Druck p auf den Druck p' gebracht wird und in welcher ursprünglich der Temperaturgradient $\frac{dT}{dz}$ herrschte. Wir erhalten hier also den Effekt der vertikalen Bewegung auf die Temperaturverteilung in vertikaler Richtung.

[1]) Max Margules, Met. Zeitschr. 1906. S. 241.
[2]) Statt der partiellen Differentialzeichen kann man hier die totalen verwenden.

Der spätere Gradient $\dfrac{d\,T'}{d\,z}$ ist vom anfänglichen $\dfrac{d\,T}{d\,z}$ verschieden, sobald $p' \lessgtr p$ ist. Eine Ausnahme bildet nur der Fall, daß in der Luftmasse zu Anfang adiabatischer Gradient geherrscht hat $\left(\dfrac{d\,T}{d\,z} = -\dfrac{A\,g}{c_p} = -\gamma\right)$; dann bleibt derselbe auch später in allen Lagen erhalten. Ist, wie gewöhnlich, $-\dfrac{d\,T}{d\,z} < \gamma$, z. B. $= \alpha$, so wird $\dfrac{d\,T'}{d\,z} = \dfrac{p'}{p}\,(\gamma - \alpha) - \gamma$. Wie man sieht, kann bei Abwärtsbewegung $(p' > p)$ nun $\dfrac{d\,T'}{d\,z}$ zu null, ja sogar positiv werden. Setzt man z. B $\alpha = 0{\cdot}5^0$ pro $100\,\mathrm{m}$, $\gamma = 1^0$ pro $100\,\mathrm{m}$, so wird $\dfrac{d\,T'}{d\,z} = 0$ für $\dfrac{p'}{p} = 2$. Wird also z. B. eine Luftschichte, in welcher der Temperaturgradient $\alpha = 0{\cdot}5^0$ herrscht, aus der Höhe von etwa $5500\,\mathrm{m}$ aufs Meeresniveau herabgedrückt, so ist die Folge, daß in ihr nunmehr Isothermie herrscht. War die Luftmasse ursprünglich in etwa 9000 m Höhe $\left(\dfrac{p'}{p} = 3\right)$, so wird, wenn sie bis zum Meeresniveau gesunken ist, sogar Temperaturinversion in ihr herrschen, indem $\dfrac{d\,T'}{d\,z} = +\,0{\cdot}5^0$ pro $100\,\mathrm{m}$ wird.

Hierbei ist zu bedenken, daß die Rechnung nur gilt, wenn die Anordnung der Schichten trotz der vertikalen Bewegung erhalten bleibt.

Eine Bewegung vertikal nach aufwärts wird, wenn $\alpha < \gamma$, den Temperaturgradienten immer mehr dem adiabatischen nähern. Für $\dfrac{p'}{p} = 0$ geht er in diesen über. Wir dürfen also bei anfangs stabiler Schichtung erwarten, daß aufsteigende Bewegung den Temperaturgradienten vergrößert, absteigende aber ihn verkleinert oder sogar umkehrt. Eine anfangs isotherme Schichte $(\alpha = 0)$ wird bei Abwärtsbewegung stets in eine Inversion übergehen (ausgenommen den Fall, sie bleibe dabei unter konstantem Druck), bei Aufwärtsbewegung wird aus der Isothermie allmählich der normal gerichtete Temperaturgradient, der bis zum Werte γ anwachsen kann.

Die wirklichen Verhältnisse bei aufsteigender Luftbewegung können wohl, wenn Kondensation des Wasserdampfes eintritt, von den hier für trockene Luft berechneten abweichen, doch liefern die Beobachtungen in Gebieten mit aufsteigenden Luftströmen tatsächlich recht große Temperaturgradienten in einiger Höhe. Umgekehrt findet man in Gebieten mit vorwiegend absteigender Bewegung in den unteren Schichten der Atmosphäre sehr häufig nur ganz kleine Temperaturgradienten, oft auch Isothermien oder Inversionen der Temperatur, worauf wir später noch zurückkommen[1]).

---

[1]) Die Berechnung der Temperaturverteilung ist hier nur für unendlich dünne Schichten durchgeführt; für solche endlicher Dicke, für Luftsäulen, die sich heben oder senken, steht sie noch aus.

27. Wärmeleitungsgleichgewicht. Die Luft überträgt vermöge der Molekularbewegungen Wärme in der Richtung von der höheren zur niedrigeren Temperatur, wobei die Luftmasse als Ganzes in Ruhe bleibt. Die bei der Einheit des Temperaturgefälles durch die Querschnittseinheit tretende Wärmemenge, die Wärmeleitfähigkeit, ist gering. Sie hängt bei Gasen von der Dichte (dem Druck) nicht ab, ist also in allen Höhen die gleiche. In Hanns Lehrbuch wird für sie (3. Aufl., S. 10) der Wert $k = 0\cdot000053$ (im cm-g-sec-System) angegeben; die Luft ist ein schlechter Wärmeleiter. Da aber auch die Dichte der Luft gegenüber der von festen Körpern klein ist, so kann die geringe durch Leitung transportierte Wärme doch erhebliche Temperaturveränderungen bewirken, d. h. das Temperaturleitvermögen der Luft $m = \dfrac{k}{\varrho c_p}$ ist verhältnismäßig groß, nahe dem Boden etwa $0\cdot173$, ähnlich dem Werte des Eisens ($0\cdot183$ nach Hann), in größeren Höhen, wo die Dichte kleiner ist, bedeutend größer. In einer Höhe von 11 km z. B., wo die Dichte nur mehr $^1/_4$ der Dichte im Meeresniveau beträgt, ist $m = 0\cdot692$. Zum Vergleich diene der betreffende Wert für Kupfer, $1\cdot077$ (nach Hann).

Die Wärmeleitung wirkt stets im Sinne eines Ausgleiches der Temperaturen, ist also bestrebt, in vertikaler Richtung Isothermie herzustellen. L. Boltzmann hat bewiesen (Vorlesungen über kinetische Gastheorie), daß dies auch dann geschieht, wenn die Schwerkraft auf die Massen wirkt. A. Schmidt[1] hatte nämlich die Ansicht geäußert, daß sich durch die Wirkung der Schwerkraft ein Temperaturgefälle nach aufwärts einstellen müsse, da jedes Molekül beim Aufsteigen potentielle Energie gewinne und daher an Temperatur (lebendiger Kraft) verliere. Der Irrtum in dieser Schlußweise rührt von der Betrachtung eines Moleküles als eines einzelnen Körpers her; durch die fortwährenden Zusammenstöße der Moleküle untereinander wird ein stetiger Austausch der lebendigen Kräfte bewirkt, der die Anwendung des Prinzips von der Erhaltung der Energie auf ein einzelnes Teilchen verbietet[2].

In ähnlicher Weise ist auch seinerzeit die Temperaturabnahme aufsteigender Luftmassen (nicht einzelner Moleküle) aus der Hebearbeit bei Konstanz der Energie erklärt worden. W. v. Bezold[3] hat gezeigt, daß dies ebenso verfehlt ist wie die oben erwähnte Ansicht, weil die aufsteigende Luftmasse nie losgelöst von der umgebenden Luft betrachtet werden darf, da sie stets durch diese gehoben oder gesenkt wird. Denn sie kann nur einen Auftrieb erleiden, wenn sie leichter als die umgebende

---

[1] Beiträge zur Geophysik, IV, 1, (1899).

[2] Vgl. Emden a. a. O.; ferner F. M. Exner, Über den Gleichgewichtszustand eines schweren Gases, Annal. d. Physik, Bd. 7, 1902 und C. G. Roßby, Thermisches Gleichgewicht in der Atmosphäre, Ark. f. Mat., Astr. och Fysik, Bd. 18, 1924.

[3] Met. Zeitschr. 1898, S. 441.

Luft ist; im leeren Raum würde sie stets fallen, und nur auf diesen Vorgang wäre jene Betrachtung anwendbar. Auch die Glieder einer in sich geschlossenen Kette, die in vertikaler Ebene in sich selbst bewegt wird, wie bei einem Paternosterwerk, werden nicht bei Aufwärtsbewegung kälter, bei Abwärtsbewegung wärmer (Bezold).

Man muß also eine Luftmasse stets in Verbindung mit der Luft denken, in welche sie eingebettet ist, und darf sie nie als einen freien Körper behandeln, der für sich allein besteht, wie wir dies bei festen Massen zu tun gewöhnt sind.

Die Wärmeleitung strebt somit einem Zustand konstanter Temperatur in vertikaler Richtung zu, der erfahrungsgemäß nur in der Stratosphäre, nicht aber in der Troposphäre erreicht ist. In dieser besteht andauernd Wärmeleitung von der Erdoberfläche nach außen. Da diese Leitung aber sehr langsam vor sich geht, so kann sich bei den fortwährenden Verlagerungen der Luft in der Troposphäre das Wärmeleitungsgleichgewicht nie einstellen. Berechnet man z. B., wie sich eine tägliche Temperaturschwankung in der untersten Luftschichte durch Wärmeleitung nach aufwärts fortpflanzt, so ergibt sich, daß die Amplitude in 1 m Höhe nur mehr ein Viertel ihres Wertes von unten ausmacht, in 10 m schon 2 Millionen mal kleiner ist als am Boden. In der Höhe von 11 km, wo das Temperaturleitungsvermögen etwa 4 mal größer ist als am Boden, wird die tägliche Amplitude in 1 m Entfernung von einem angenommenen Ausgangspunkte auf $^1/_2$, in 10 m auf 1/1400 dieses Wertes verkleinert [1]). Für die Temperaturverteilung auf größere Entfernung spielt demnach die Wärmeleitung gar keine Rolle.

Hingegen ist die Wärmeleitung zwischen Erdboden und unterster Luftschichte von großer meteorologischer Bedeutung; diese Wärmeleitung geht zweifellos viel rascher vor sich als die innerhalb der Luft, weil an der Grenzfläche Erde-Luft Temperatursprünge bestehen. Die am Boden durch Berührung rasch erwärmte Luft bleibt nicht liegen, sondern steigt nun auf und transportiert die Wärme durch Konvektion in höhere Lagen. Hierdurch wird unten Platz für neue, noch nicht erwärmte Schichten, so daß die Temperatursprünge am Boden stets wieder erneuert werden. Auf diese Weise verbreitet sich die Erwärmung der Luft rasch vom Boden nach aufwärts.

Bei der Abkühlung der Luft durch relativ kalten Boden ist nicht das gleiche der Fall, da ein negativer Temperatursprung Boden-Luft wohl die unterste Schichte abkühlt, sie aber dadurch nur um so stabiler in ihrer Lage macht, so daß die erkaltete Luft nun keiner wärmeren weicht, sondern liegen bleibt. Die Abkühlung pflanzt sich demnach

---

[1]) Die Differentialgleichung der Wärmeleitung in vertikaler Richtung lautet: $\dfrac{\partial T}{\partial t} = m \dfrac{\partial^2 T}{\partial z^2}$; bei Benützung der obigen Werte von m ist z in cm auszudrücken.

von der Erdoberfläche nach aufwärts nicht durch Konvektion und darum viel langsamer fort als die Erwärmung. Über die näheren Vorgänge bei der Wärmeleitung Boden-Luft ist man noch sehr wenig unterrichtet (vgl. Hanns Lehrbuch, 3. Aufl., S. 63).

28. Strahlungsgleichgewicht. Die Luft empfängt aus der näheren und ferneren Umgebung Licht- und Wärmestrahlen und hält sie, ihrem Absorptionsvermögen entsprechend, zum Teil fest, wobei sich die absorbierte Energie der Strahlung in Wärme umsetzt. Gleichzeitig sendet sie Strahlen aus, gibt Energie ab, wodurch Abkühlung entsteht. Die Strahlungsvorgänge sind daher für die Temperaturverhältnisse der Atmosphäre von Bedeutung, und neuere Untersuchungen von Humphreys[1]), Gold[2]), Emden[3]) und Hergesell[4]) haben gezeigt, daß die Temperatur der Stratosphäre wesentlich von diesen Vorgängen beherrscht wird.

Die Sonne schickt bekanntlich Strahlen sehr verschiedener Wellenlänge aus, von welchen die sichtbaren Strahlen die größte Intensität haben; dies rührt von der hohen Temperatur der Sonne her. Die Erde und auch die Atmosphäre senden wegen ihrer niedrigeren Temperaturen dunkle Wärmestrahlen aus. Die Quantität der ausgesandten Strahlung wird durch das Stefansche Gesetz angegeben. Nach ihm strahlt ein Quadratzentimeter einer vollständig schwarzen Fläche pro Minute die Menge $\sigma \cdot T^4$ Gramm-Kalorien aus, wo T die absolute Temperatur, $\sigma = 7{\cdot}68 \cdot 10^{-11}$ aber eine Konstante ist.

Absorbiert ein Körper einen Teil der auf ihn fallenden Strahlung einer ganz bestimmten Wellenlänge, z. B. das a-fache, wo a kleiner als 1 (ein „schwarzer" Körper absorbiert die ganze Strahlung, die ihn trifft, für ihn ist $a = 1$), so strahlt er von der gleichen Strahlenart bei der gleichen Temperatur nicht so viel wie ein schwarzer Körper aus, sondern nur das a-fache davon (Kirchhoffs Gesetz). Streng genommen hat daher ein Körper wie Erde oder Luft für jede Strahlenart ein anderes Ausstrahlungsvermögen, entsprechend dem „Absorptionsvermögen" a. Wir wollen hier eine Vereinfachung machen und voraussetzen, daß die Strahlen, die bei der Atmosphäre in Betracht kommen, wesentlich in zwei Arten zerfallen, in die kurzwelligen sichtbaren Sonnenstrahlen und die langwelligen dunklen Strahlen, die von der Erde oder Luft ausgesandt werden. Für erstere nehmen wir einen Absorptionskoeffizienten in Luft a, für letztere einen solchen b an, und denken uns demnach statt unendlich abgestufter Übergänge die Strahlen auf diese beiden Wellenarten reduziert.

[1]) Astrophys. Journal, Vol. XXIX, 1909; Bull. Mt. Weath. Obs., Vol. II, 1, 1909, auch Met. Zeitschr. 1909, S. 172.

[2]) Proc. Roy. Soc. London, Serie A, Vol. 82, 1909, auch Met. Zeitschr. 1911, S. 275.

[3]) Sitz.-Ber. d. bayr. Akad. Wiss. 1913, auch Met. Zeitschr. 1913, S. 452.

[4]) Wiss. Abh. d. preuss. aeron. Observat. Lindenberg, XIII. Bd., 1919.

Die Sonne sendet Strahlen aus, welche nach dem Quadrat der Entfernung schwächer werden und in der Nähe der Erde die Energie I_0 haben. Man bezieht I_0 auf den Quadratzentimeter, mißt die Energie in Gramm-Kalorien, welche pro Minute zugestrahlt werden, und bezeichnet I_0 als Solarkonstante, obwohl durch neuere Beobachtungen erwiesen zu sein scheint, daß I_0 kleineren Schwankungen unterliegt. Abbot und Fowle[1]) fanden $I_0 = 1·93$, also rund 2 g.-Kal. pro Min. und cm². Dies ist die Energie der Sonnenstrahlung außerhalb der Erdatmosphäre in der Entfernung Sonne-Erde. Die Menge I_0 fällt fortwährend auf die Flächeneinheit eines größten Querschnitts der Erde; es ist also die gesamte der Erde zukommende Wärme in der Minute $R^2 \pi I_0$ (R Erdradius). Auf die Einheit der Erdoberfläche kommt daher im Mittel aus Tag und Nacht die Menge

$$I = \frac{I_0}{4} = 0·5 \text{ g.-Kal. pro Minute.}$$

Bei Abwesenheit der Atmosphäre würde diese ganze Sonnenstrahlung auf die Erdoberfläche auftreffen. Es würde hiervon die Menge $a\,I$ absorbiert und im Gleichgewicht die gleiche Energie von der Erdoberfläche in dunkler Strahlung abgegeben werden; diese Ausstrahlung betrüge $b\,\sigma\,T^4$; a und b wären dabei die Absorptionskoeffizienten der Erdoberfläche für die sichtbare und dunkle Strahlung. Man hätte somit: $a\,I = b\,\sigma\,T^4$. Wäre die Erde ein „grauer" Körper, d. h. würde sie alle Strahlen im selben Verhältnis absorbieren, so wäre $a = b$ und folglich $I = \sigma\,T^4$. Daraus ergäbe sich $T = 285^0$ abs. oder 12^0 C. Dieser Wert stimmt mit der Oberflächentemperatur der Erde sehr nahe überein; letztere ist nach Hanns Lehrbuch (3. Aufl., S. 143) im Mittel 14^0 C. Die gleiche Temperatur hätte die Erde als schwarzer Körper, wo $a = b = 1$.

Ziehen wir die Erdatmosphäre samt ihren Wolken mit in Rechnung, so haben wir nach Aldrichs neuesten Messungen[2]) anzunehmen, daß $43^0/_0$ der auffallenden Strahlung in den Weltraum reflektiert werden ($0·43$ ist also die „Albedo" der Erde). Es wird somit $a = 0·57$. Wahrscheinlich ist b, das Absorptionsvermögen der Erde samt Atmosphäre für dunkle Strahlen, größer als a und zwar nahezu $b = 1$ (schwarz für diese Strahlenarten). Dann hätten wir $0·57\,I = \sigma\,T^4$ als Bedingung des Gleichgewichts und es wäre $T = 247^0$ abs. $= -26^0$ C. Diese Temperatur ist wesentlich niedriger als die Oberflächentemperatur der Erde. Wegen der Fraglichkeit der Größe b darf sie nur als angenähert begründet angesehen werden.

Bei diesen Schätzungen der Temperatur der Erdoberfläche wurde auf die Atmosphäre keine Rücksicht genommen. Man sieht, daß die Erde ungefähr die Temperatur eines schwarzen Körpers im Strahlungsgleichgewichte

---

[1]) Vgl. Met. Zeitschr. 1908, S. 549, 1911, S. 114 und 1913, S. 257.
[2]) Annals Astrophys. Observat. Smiths. Instit., Vol. IV, App. 2, 1922.

bei der Entfernung Sonne-Erde besitzt. Diese Tatsache ist zweifellos merkwürdig.

Da die Erde tatsächlich aber kein schwarzer Strahler ist, so tritt die Frage auf, wie die hohe Temperatur der Erdoberfläche trotzdem zustande kommt. Die Erklärung ergibt sich aus dem Dazwischentreten der Atmosphäre; betrachten wir nunmehr auch sie neben der Erdoberfläche als absorbierende und strahlende Masse, so haben wir in erster Linie den Wasserdampf zu berücksichtigen. Denn erfahrungsgemäß ist es dieser Bestandteil der atmosphärischen Luft, welcher am meisten absorbiert und ausstrahlt. Die Absorption des Wasserdampfes ist für Strahlen verschiedener Wellenlänge verschieden, „selektiv"; am größten im ultraroten Teil des Spektrums, gering im sichtbaren Teil. Infolgedessen wird von der Sonnenstrahlung weniger absorbiert als von der dunklen Strahlung. Abbot und Fowle (a. a. O.) schätzen die Absorption der Sonnenstrahlung durch die ganze Atmosphäre auf 0.1, der dunklen Wärmestrahlung auf 0.9. 90 Prozent der Sonnenstrahlung passieren also die Atmosphäre und gelangen zur Erdoberfläche, hingegen gelangen nur 10 Prozent der Erdstrahlung durch dieselbe in den Weltraum, ein Vorgang, nach welchem die Wirkung der Lufthülle auf die Wärmeverhältnisse der Erde oft mit jener des Glasdaches auf einem Treibhause verglichen wurde.

Da die Strahlung der Atmosphäre von ihrer Temperatur abhängt, so kann die ganze Frage des Strahlungsgleichgewichtes nur behandelt werden, wenn man die Strahlung der einzelnen Luftschichten zusammen mit der Strahlung von Sonne und Erdoberfläche betrachtet. Hiebei gelangt man zu Resultaten über die Strahlungstemperatur höherer Luftschichten, die eine Erklärung für die Erscheinung der „Stratosphäre" geben. Die Tatsache, daß von Höhen von 10 bis 15 km ab die Temperatur nach aufwärts ungefähr gleich bleibt und nicht weiter sinkt, ist eine der merkwürdigsten Erscheinungen, die die Meteorologie aufgefunden hat.

Man kann sich ein ungefähres Bild von der Entstehung der Stratosphärentemperatur machen, wenn man nur die Wirkung der Erdstrahlung auf die Luftmassen betrachtet und von dem direkten Einfluß der Sonnenstrahlung auf die Luft absieht. W. J. Humphreys stellt dazu (a. a. O.) folgende Überlegung an: Haben wir zwei unendlich ausgedehnte ebene Platten parallel nebeneinander, welche beide auf der Temperatur T_2 erhalten werden, dann wird ein zwischen die beiden Platten gebrachter Körper durch Strahlungsaustausch allmählich die gleiche Temperatur T_2 annehmen. Er befindet sich im Strahlungsgleichgewicht, bei dem er gleich viel Strahlung aufnimmt wie abgibt. Ist die Strahlung, die er von einer Platte aufnimmt, E_1, so wird $2\,E_1 = O\,\sigma\,T_2{}^4$, wo O seine Oberfläche.

Nehmen wir eine Platte weg, so wird der Körper im neuen Strahlungsgleichgewicht infolge der halben Zustrahlung eine geringere Temperatur T_1 haben. Hier ist $E_1 = O\,\sigma\,T_1{}^4$. Daraus folgt $2\,T_1{}^4 = T_2{}^4$ oder

$T_1' = \dfrac{T_2}{\sqrt[4]{2}} = 0\cdot8409\, T_2$. Die Größe T_1 gibt uns also die Temperatur, welche ein schwarzer oder grauer Körper in beliebiger Distanz von einer unendlich ausgedehnten Platte, deren Temperatur T_2 ist, im Strahlungs- gleichgewicht erhält.

In erster Näherung ist dieser Fall gegeben, wenn wir für die Platte die Erd- oberfläche, für den Körper darüber ein Luftteilchen setzen. Der Temperatur- abfall von der Platte bis zum Luftteilchen wird dann $T_2 - T_1 = 0\cdot1591\, T_2$ oder, für $T_2 = 285^0$: $T_2 - T_1 = 45\cdot3^0$ C. Dieser Abfall ist unabhängig von der Distanz des Luftteilchens von der Platte, es herrscht also Iso- thermie. Wir erhalten für die Temperatur außerhalb der Erde, in höheren Schichten der Atmosphäre, $- 33^0$ C, einen Wert, der zu klein ist. Setzen wir, wie dies Humphreys tut, für T_2 die durch die Erdalbedo ver- minderte „effektive Erdtemperatur" von 247^0 ein, so wird $T_1 = - 65^0$ C. Innerhalb dieser Grenzen liegt tatsächlich die Stratosphärentemperatur in mittleren Breiten.

In Wirklichkeit ist die einfache Rechnung von Humphreys nur zur Erklärung der Konstanz der Stratosphärentemperatur geeignet. Die quantitative Bestimmung derselben ist nur möglich, wenn die Wirkung jeder einzelnen Luftschichte berücksichtigt wird. Die Strahlung der Atmo- sphäre ist ein recht komplizierter Vorgang, da jede Schichte nicht nur strahlt, sondern auch absorbiert, und zwar, wie gesagt, selektiv.

Fällt auf eine Luftschichte die Strahlung R auf, so absorbiert die Schichtdicke dr den Anteil $\alpha\, R\, dr$. Folglich ist die Veränderung der durchgehenden Strahlung $dR = -\alpha\, R\, dr$ und bei endlicher Schichtdicke ist $R = R_0\, e^{-\alpha r}$. (A. Angström.)

Wenn eine Luftschichte von endlicher Dicke strahlt, so wird die Emission $\varepsilon\, dr$ jeder einzelnen unendlich dünnen Schichte dr beim Austritt aus der Masse um den Faktor $e^{-\alpha r}$ geschwächt sein. Wenn wir für R_0 die Emission $\varepsilon\, dr$ setzen, wird somit die Gesamtstrahlung, welche, von der Luftschichte r ausgehend, dieselbe verläßt: $I = \int\limits_0^r \varepsilon\, e^{-\alpha r}\, dr$. In der Atmosphäre ist die Temperatur nicht überall die gleiche. Infolgedessen ist auch das Emissionsvermögen örtlich verschieden. Sehen wir der Einfachheit wegen von dieser Tatsache ab und nehmen ε als Konstante für alle r, so wird $I = \dfrac{\varepsilon}{\alpha}(1 - e^{-\alpha r})$. Nach Kirchhoffs Gesetz ist $\dfrac{\varepsilon}{\alpha}$ das Emissions- vermögen E des schwarzen Körpers, so daß $I = E(1 - e^{-\alpha r})$. Daraus geht hervor, daß unter der oben gemachten Voraussetzung ($\varepsilon = $ Konst.) eine Luftmasse nur dann wie ein schwarzer Körper strahlt, wenn sie von unendlicher Dicke ist.

Emissionsvermögen ε wie Absorptionsvermögen α sind von der Wellenlänge abhängig. Es wird daher schließlich $S = \Sigma I_\lambda = \Sigma E_\lambda \left(1 - e^{-\alpha_\lambda r}\right)$.

Zur Berechnung des Strahlungsgleichgewichts in einer ruhenden Atmosphäre haben Emden und Hergesell die Strahlungsströme dargestellt, welche nach abwärts gehen. Sind sie einander gleich, so wird Gleichgewicht der Strahlung bestehen. Der abwärts gehende Strom setzt sich aus Sonnen- und Atmosphärenstrahlung zusammen, der aufwärts gehende aus letzterer und der Strahlung der Erdoberfläche. Die Resultate, zu denen Emden gelangte, setzten voraus, daß die Verteilung des wirksamen Wasserdampfes im Strahlungsgleichgewicht der tatsächlichen Verteilung in unserer Atmosphäre entspricht. Dies ist aber nicht möglich, da infolge der Temperaturverteilung des Strahlungsgleichgewichtes kolossale Übersättigungen entstehen müßten. Aus diesem Grunde läßt sich die Temperatur in ihrer Abhängigkeit von der Höhe nur unter der Voraussetzung berechnen, daß sich die Wasserdampfmenge an einem Orte der dort vorhandenen Temperatur anpaßt; Hergesell hat diese Rechnung durchgeführt und findet, daß das Strahlungsgleichgewicht in allen Höhen sehr niedrige Temperaturen bei fast völliger Isothermie ergibt. Vom Boden bis zu 12·5 km herrscht eine nahezu gleichförmige Temperatur von -54^0 C. Die Temperaturabnahme auf 12·5 km beträgt nur etwa $\frac{1}{2}^0$.

Dieses Resultat deutet darauf hin, daß die Isothermie der Stratosphäre tatsächlich ein Zustand des Strahlungsgleichgewichtes ist, während in der Troposphäre die vertikalen Bewegungen statisches Gleichgewicht erzeugen.

Es erscheint somit die Grenze zwischen Stratosphäre und Troposphäre als obere Grenze der Räume, in welchen in der Atmosphäre vertikale Bewegungen stattfinden.

Fünftes Kapitel.

Kinematik.

29. Stromlinien und Stromröhren; stationärer Zustand.

Jede Luftbewegung folgt der Kontinuitätsgleichung (vgl. S. 33), welche eine für alle gasförmigen Körper gültige Beziehung zwischen der Geschwindigkeits- und Dichteverteilung ausspricht. Wir können mit ihrer Hilfe gewisse Vorstellungen von der Art der Bewegungen in der Atmosphäre gewinnen, auch wenn von den Kräften, welche sie verursachen, nichts bekannt ist[1]).

Im stationären Zustand ist die Dichte ϱ der Luft an jedem Orte konstant, d. h. unabhängig von der Zeit. Es wird daher dann nach der Gleichung von S. 33: $\dfrac{\partial (\varrho u)}{\partial x} + \dfrac{\partial (\varrho v)}{\partial y} + \dfrac{\partial (\varrho w)}{\partial z} = 0$.

u, v seien die horizontalen, w die vertikale Komponente der Geschwindigkeit; ist letztere null, so handelt es sich um horizontale Bewegung; ist auch noch $v = 0$, so wird $\dfrac{\partial (\varrho u)}{\partial x} = 0$. Es ist also die in der Zeiteinheit durch den Querschnitt 1 transportierte Menge Luft für alle Punkte einer zur x-Achse parallelen Geraden unveränderlich. Jedem Massenteilchon folgt in seiner Bewegung ein anderes, das an einem Orte die gleiche Dichte und Geschwindigkeit hat, wie das erste dortselbst besaß. Das zweite bewegt sich also genau hinter dem ersten her; jenem folgt ein drittes usw. Alle aufeinander folgenden Teilchen bilden eine Kette; ihre Verbindungslinie heißt „Stromlinie", sie liegt überall parallel zur Richtung der Bewegung.

In dem einfachen Falle von oben, wo $v = w = 0$, ist die Stromlinie eine Gerade. Sobald v oder $w \gtrless 0$, können die Stromlinien gekrümmt sein. Denken wir uns senkrecht zu ihnen einen Querschnitt geführt und aus ihm eine geschlossene Fläche genommen, so bilden die jene Fläche begrenzenden Stromlinien zusammen eine „Stromröhre" von der Eigenschaft,

---

[1]) Bjerknes hat diesem Gebiete der Meteorologie den zweiten Band seines neuen Werkes (a. a. O.) gewidmet. Wir berücksichtigen hier einige ältere Arbeiten, fassen uns viel kürzer und verweisen im übrigen auf jenes Buch, in welchem namentlich der graphischen Darstellung der Luftbewegungen ein breiter Raum zugewiesen ist.

daß im stationären Zustand durch jeden Querschnitt q derselben die gleiche Masse in der Zeiteinheit hindurchfließt: es ist also $q \varrho V = \text{konst.}$, wenn V die totale Geschwindigkeit. Wo die Röhre weiter, da ist entweder die Geschwindigkeit oder die Dichte (oder beide) kleiner. Dies ist der Sinn der Kontinuitätsgleichung im stationären Zustand.

Der Massentransport durch zwei benachbarte Stromröhren ist im allgemeinen verschieden; er kann auch diskontinuierlich verteilt sein, es können sprunghafte Übergänge der Geschwindigkeiten vorkommen, wie man dies z. B. häufig in windigem Wetter beim Umbiegen um eine Hausecke empfindet.

Ein System von Stromlinien stellt uns durch deren Lage die Richtung, durch die Zahl oder Dichte der Linien die Geschwindigkeit der Flüssigkeitsbewegung für jeden Ort dar.

Die Kontinuitätsgleichung gilt für das Innere der Flüssigkeit. Für die Grenzen derselben gilt eine andere Bedingung. Es können nämlich Stromlinien wie Stromröhren des konstanten Massentransportes wegen an den Grenzen der Flüssigkeit nicht endigen, sondern müssen parallel zu den Begrenzungsflächen verlaufen und somit stets in sich geschlossen sein; man spricht demgemäß von „Zirkulationen" oder, wie Emden, von „Zykeln"[1]). Aus diesem Grunde müssen die Stromlinien sich der Oberflächengestaltung der Erde, den Gebirgen, Tälern usw., anschließen; es sei denn, daß nahe der Erdoberfläche überhaupt keine Stromlinien bestehen, also Luftruhe herrscht. Über die Form derselben bei gegebener Oberflächengestaltung ist noch wenig bekannt. Bjerknes hat (a. a. O.) jene Tatsache verwendet, um auf die vertikale Bewegung zu schließen, welche durch die Oberflächengestaltung der Erde bei bestimmten Luftströmungen erzwungen wird; vor ihm wurden schon von anderen Autoren ähnliche Fragen behandelt, auf die wir noch zurückkommen. Insbesondere die Niederschlagsbildung an Gebirgen ist hier von Wichtigkeit.

Die Feststellung der Strömungsverhältnisse der Luft ist nicht leicht; sie verlangt die Beobachtung von Richtung und Stärke der Luftbewegungen an möglichst nahe beieinander gelegenen Orten. Da an der Erdoberfläche vertikale Bewegung fehlt (mit der Einschränkung solcher parallel zur Erdoberfläche), so ist eigentlich nur der Verlauf der Stromlinien in der horizontalen Ebene näher bekannt. Für die sehr wichtigen vertikalen Stromlinien in höheren Schichten liegen bis jetzt nur wenige Beobachtungen vor, die im Ballon oder an Wolken gewonnen sind. (Vgl. Abschnitt 30.)

Um die horizontalen Stromlinien an der Erdoberfläche aus den beobachteten Winden zu erhalten, hat I. W. Sandström[2]) eine sinnreiche Methode angegeben: Die Orte gleicher Windrichtung werden durch Linien,

---

[1]) Gaskugeln, S. 364. Emden unterscheidet kurze und lange Zykeln, je nachdem die Stromlinien in kleinen Gebieten der Atmosphäre geschlossen sind, oder in sehr ausgedehnten.

[2]) Annalen der Hydrogr. und mar. Meteor., 1909, S. 242.

Isogonen des Windes, miteinander verbunden. Solche Linien zeichnet man am einfachsten, indem man die beobachteten Richtungen durch Zahlen, z. B. Kompaßstriche (0 — 64) oder die bei den Wetterdepeschen verwendeten Doppelstriche (0 — 32) benennt. Infolge der Kontinuität der Bewegungen findet ein stetiger Übergang der Windrichtungen in einer Stromlinie statt. Zwei Isogonen können sich zwar schneiden, doch muß dann daselbst die Geschwindigkeit null sein. Indem man auf jeder Isogone kleine Striche nebeneinander in der Richtung anbringt, welche die Isogone angibt, kann man durch Verbindung dieser Striche von einer Isogone zur nächsten eine Linie ziehen, die stets die Richtung hat, welche der eben geschnittenen Isogone entspricht. Sie ist eine Stromlinie. Fig. 8 gibt ein Beispiel der Konstruktion solcher Stromlinien aus Isogonen.

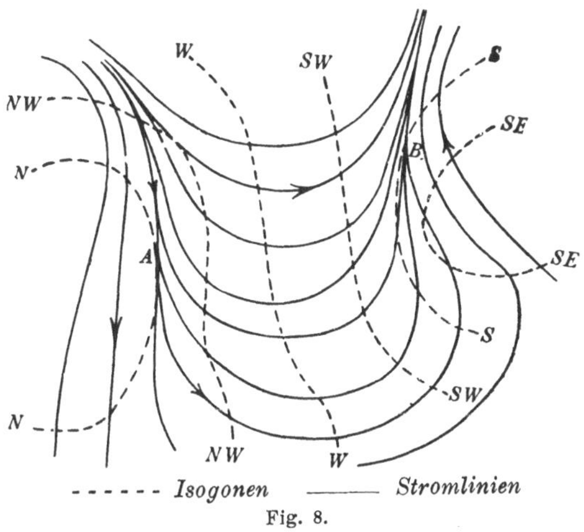

- - - - - - Isogonen ———— Stromlinien

Fig. 8.

In der Gegend von *A*, wo Nordwind angenommen wurde, treten die Stromlinien auseinander (Divergenz). Umgekehrt ergeben die Isogonen in der Gegend von *B* Südwind mit Konvergenz.

In Gebieten mit Divergenz oder Konvergenz der horizontalen Stromlinien muß sich (entsprechend der Gleichung $q\varrho V =$ konst.) im stationären Zustand entweder die Dichte der Flüssigkeit ϱ oder die Geschwindigkeit V umgekehrt wie q von Ort zu Ort ändern. Im allgemeinen wird die Dichteänderung und die Geschwindigkeitsänderung bei Änderung von q nicht im selben Sinne auftreten. Konvergieren z. B. horizontale Stromlinien der Luft, so wird die Dichte infolge des herrschenden Druckgefälles gegen die Konvergenzrichtung hin eher abnehmen als zunehmen, die Geschwindigkeit V muß dann die Kompensation für die Abnahme von q und ϱ besorgen. Allein bei horizontalen Bewegungen ist die Dichteveränderung nicht groß. Nehmen wir ϱ als konstant, so ist die Geschwindigkeitszunahme bei Konvergenz, die Abnahme bei Divergenz sehr deutlich. Vor kurzem hat A. Defant[1]) aus Windbeobachtungen am Boden die mittleren

---

[1]) Die Windverhältnisse im Gebiete der ehemaligen österr.-ungar. Monarchie; Anhang zum Jahrbuche der Zentr.-Anst. f. Met. u. Geodyn., Jahrg. 1920. neue Folge, 57. Bd., Wien, 1924.

Strömungsverhältnisse in Österreich-Ungarn abgeleitet. Hier ergab sich u. a. das interessante Resultat, daß die mittleren West- bis Nordwestwinde, welche aus der bayrischen Ebene zu beiden Seiten der Donau nach Österreich hereinwehen, eine deutliche Einschnürung ihres Querschnitts zwischen den östlichen Ausläufern der Alpen und den Karpathen zeigen, wodurch die mittlere Stärke des Westwindes im Gebiete der mittleren Donau (z. B. bei Wien) wesentlich gesteigert wird (Fig. 9). Diese Konvergenzen und Divergenzen sind hier speziell durch die Begrenzungen des Luftstromes veranlaßt. Sie können sonst natürlich auch anderen Ursachen ihre Entstehung verdanken.

Da der Massentransport der Luft nicht nur horizontal, sondern von der Erdoberfläche auch aufwärts oder zu ihr herab erfolgen kann, so kann ein Teil der Masse, die bei Konvergenz horizontaler Stromlinien über einen Ort befördert wird, auch aufwärts strömen und dadurch die sonst nötige horizontale Geschwindigkeitszunahme verkleinern. Solche Aufwärtsbewegungen bei Konvergenz sind für das Wetter (Kondensationsbildung) von besonderer Wichtigkeit. Umgekehrt braucht nahe der Erdoberfläche bei Divergenz nicht die Geschwindigkeit abzunehmen, sondern es kann auch ein Zuströmen neuer Massen aus der Höhe (absteigender Luftstrom) erfolgen. Unbedingt nötig werden diese vertikalen Bewegungen, wenn es sich nicht um lineare Kon- und Divergenzen handelt, sondern um punktförmige, wenn also zu einem Punkte hin von allen Seiten Luft zuströmt oder von ihm abströmt (zyklonale Konvergenz, antizyklonale Divergenz).

Im allgemeinen verhindert die Trägheit der Massenbewegungen eine rasche Geschwindigkeitsänderung derselben. Es ist daher das Ausweichen der Luft nach oben bei Konvergenz, das Zuströmen von oben bei Divergenz viel wahrscheinlicher und häufiger zu finden als die der Querschnittsänderung entsprechende Änderung der horizontalen Winde allein, die ja auch imstande wäre, die Kontinuität aufrecht zu erhalten.

Schlüsse aus Konvergenz und Divergenz auf die Richtung der vertikalen Bewegungen sind nur an der Erdoberfläche eindeutig. In höheren Schichten der Atmosphäre kann bei Konvergenz wie Divergenz der Überschuß oder Mangel an Masse sowohl von oben wie unten ausgeglichen werden. Höchstens dort, wo besonders stabile Lagerung der Luftschichten eine vertikale Bewegung in der einen oder anderen Richtung hindert, können noch analoge Schlüsse wie an der Erdoberfläche gezogen werden, z. B. an der unteren Grenze der stabilen Stratosphäre. Hier würde Konvergenz horizontaler Stromlinien eine Abwärtsbewegung, Divergenz eine Aufwärtsbewegung wahrscheinlich machen, also umgekehrt wie am Erdboden. Doch ist darüber nichts Näheres bekannt.

Mitunter scheint es, daß die horizontalen Stromlinien, an andere, anders gerichtete anstoßend, plötzlich enden. Namentlich die Schule

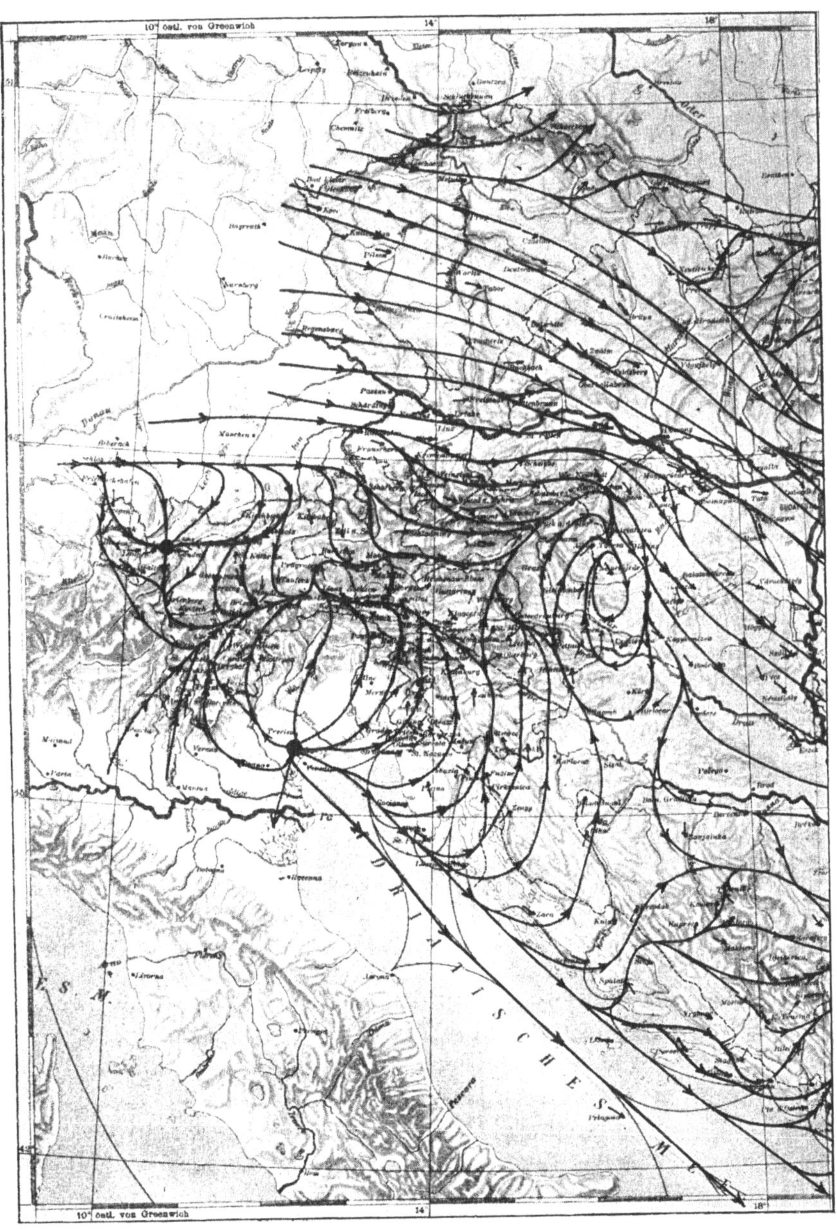

Mittlere vektorielle Windrichtung für 2 h p im Monat Juli.

Fig. 9.

Bjerknes hat solche Diskontinuitäten des Stromlinienverlaufs an der Erdoberfläche zur Darstellung gebracht. Je mehr Beobachtungsstationen vorliegen, umso eher findet man Sprünge in der Windrichtung. Solche Beobachtungsergebnisse deuten darauf hin, daß eine an der Erdoberfläche verlaufende Stromlinie sich an einer Stelle von der Erde abhebt oder von oben auf sie herabkommt. Ein Beispiel solcher Diskontinuität bietet Fig. 10. Die Strömung A verläuft kontinuierlich, die Stromlinien B brechen bei C ab. Dies ist an der Erdoberfläche nur möglich, wenn der Strom B bei C über A aufsteigt. Dazu muß die Luft in B im allgemeinen leichter (wärmer) sein, als die des Stromes A. Bei den Erscheinungen der Regenbildung und speziell bei den zyklonalen Regen kommen wir hierauf noch zurück.

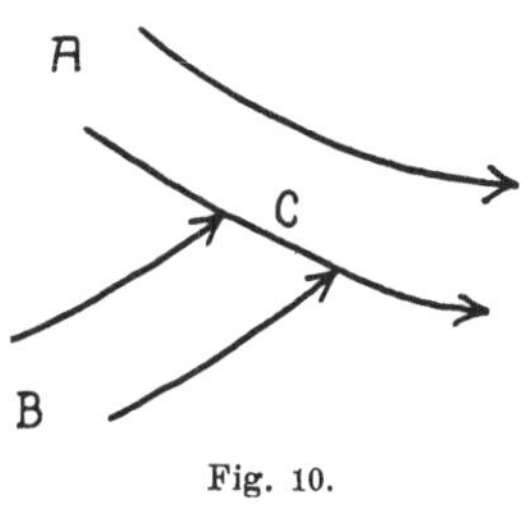

Fig. 10.

Im nicht-stationären Zustand kann hingegen auch schwerere Luft gegen leichtere anströmen; wenn der Strom B kälter ist als der Strom A, so muß in einem späteren Zeitpunkt die B-Masse in das Gebiet der A-Strömung vorgedrungen sein uud dabei die wärmere Strömung vom Boden abgehoben haben. Auch diese Bewegung gibt Anlaß zu Kondensationen.

Die hier besprochenen Stromlinien sind eine Abbildung des Bewegungszustandes der Luft in einem bestimmten Augenblick. Von ihnen ist eine andere Form von Bewegungslinien zu unterscheiden, die sogenannten „Trajektorien". Sie stellen die Bahn eines Luftteilchens in der Zeit dar, sind also nicht an die flüssigen Eigenschaften der Luft gebunden, sondern können in gleicher Weise auch zur Darstellung der Bewegung eines festen Körpers verwendet werden.

Von ihnen haben Shaw und Lempfert[1]) Gebrauch gemacht, um die Bewegung der Luft zu studieren. Die Konstruktion dieser Trajektorien erfordert Windmessungen in kurzen Zeitintervallen an möglichst nahe bei einander gelegenen Orten. Man versucht, mit ihrer Hilfe eine Luftmasse auf ihrer Bahn zwischen verschiedenen Stationen hindurch im Laufe ihrer Bewegung zu verfolgen und gibt an zahlreichen Punkten der Linien die Zeiten an, zu welchen die Luftmasse dort gewesen ist.

Auch bei diesen Trajektorien kommen Divergenzen und Konvergenzen vor, welche unter Umständen auf- und absteigende Bewegung an der Erdoberfläche bedeuten. Sie unterscheiden sich von den früheren Strömungslinien z. B. dadurch, daß sie sich selbst schneiden, also Schlingen bilden können. Solche Eigentümlichkeiten treten nach Shaw nicht selten auf

---

[1]) Met. Zeitschr. 1907, S. 520.

wenn eine Luftmasse sich nahe einem Gebiete tiefen Druckes bewegt. Wir kommen später hierauf zurück.

30. Stromlinien in der Vertikalebene. Was den Verlauf der Stromlinien in der Vertikalebene anlangt, so ist der einfachste Fall beim Überwehen einer Bergkette und eines Tales gegeben, deren Streichrichtung senkrecht zum Winde steht. Diesen Fall hat zuerst Pockels[1]) unter der Voraussetzung von wirbelfreier Bewegung theoretisch behandelt. Vor einiger Zeit hat v. Ficker[2]) gelegentlich von Ballonfahrten über die Alpen bei Luftströmungen aus Süden Beobachtungen gemacht, welche den Verlauf der Stromlinien in diesem einfachsten Falle erkennen lassen. Danach schmiegen sich dieselben dem wellenartigen Bodenprofil zu unterst ziemlich nahe an, wenn auch die bodennächste Schicht der Luft im Tale in Ruhe bleiben kann. In größerer Höhe flachen sich die Wellen mehr und mehr ab, doch ist mitunter noch in 1000 m Höhe über dem Gebirgskamm ein Einfluß desselben zu bemerken. Fig. 11 gibt nach Ficker eine sche-

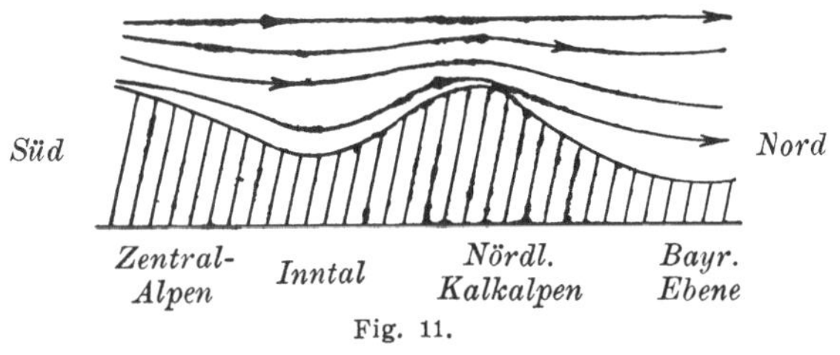

Fig. 11.

matische Darstellung der Strömungslinien bei Südwind über dem Inntal, den nördlichen Kalkalpen und der bayrischen Ebene.

Kürzlich hat W. Georgii[3]) aus Drachen- und Pilot-Beobachtungen auf dem Taunus-Observatorium und in Frankfurt a. M. geschlossen, daß der Einfluß der Gebirge auf den Verlauf der Stromlinien in der Atmosphäre sich im Durchschnitt etwa auf $1/_3$ der Höhe der Gebirge über deren Kamm hinauf erstreckt. Freilich gilt dieses Verhältnis nur, wenn die Winde bis in die Ebene hinabsteigen; es variiert auch mit der Temperaturschichtung in vertikaler Richtung. Sind die Massen sehr stabil gelagert (unten kalt, oben warm), so ist der vertikalen Wellenbildung ein Hindernis entgegengestellt und die Einflußhöhe wird geringer.

Ist ein Luftballon, von welchem aus Beobachtungen der Stromlinien am ehesten gemacht werden können, im aerostatischen Gleichgewicht, also frei von Auf- oder Abtrieb, so folgt er den Stromlinien. Die Beobachtung des Luftdrucks auf einer solchen Fahrt kann dann vertikale Verlagerungen der Stromlinien anzeigen. Ficker[4]) führt eine Fahrt von A. Wagner an, bei welcher die Stromlinie, welcher der Ballon folgte, sich nicht weniger als sechsmal rasch hintereinander in Täler senkte und bei jedem

---

1) Met. Zeitschr. 1901, S. 300.
2) Sitz.-Ber. d. Wien. Akad. d. Wiss., Bd. 121, Abt. II a, 1912.
3) Met. Zeitschr. 1923, S. 108; vgl. auch A. Wagner, das. S. 309.
4) Met. Zeitsehr. 1913, S. 609.

Kamme wieder hob. Die Barographenkurve (Fig. 12) hatte deutliche Wellenform.

Neben diesen einfachen Stromlinien, die sich an eine wellenförmige Bodenkurve anschmiegen, gibt es auch viel kompliziertere Strombilder. Zunächst kann die normale Senkung der Stromlinien über den Tälern ganz oder fast ganz fehlen, vermutlich nur solange, bis die Strömung stationär geworden ist. Das Hinabgreifen derselben in die Täler beansprucht nach Fickers Beobachtungen über den Föhn stets eine gewisse Zeit. Des weiteren kommen bei weniger einfachen Bodenkonfigurationen nicht selten Wirbel um horizontale Achsen vor, die sich vorwiegend in Lee, vielleicht mitunter auch in Luv vom Gebirge bilden. Die ersteren sind als Effekt einer Saugwirkung der oben vom Kamm abströmenden Luft auf die darunter liegende aufzufassen, die letzteren als Stauwirkung der an den Kamm anprallenden Winde. Die Saugwirbel scheinen nach Ficker[1]) eine größere Rolle zu spielen als die Stauwirbel. Ein solcher Saugwirbel im Windschatten eines Talhanges wurde von Ficker auf einer Ballonfahrt in den Alpen beobachtet; die

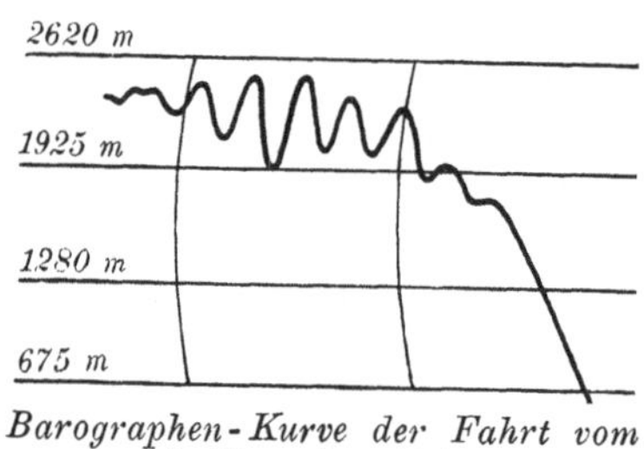

Barographen-Kurve der Fahrt vom 7. November 1912.
Fig. 12.

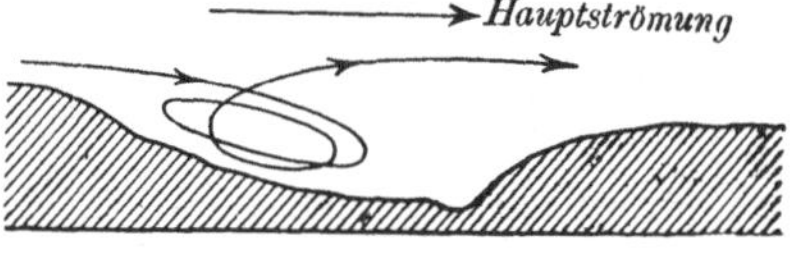

Fig. 13.

Bahn des Ballons, seine Trajektorie, ist in Fig. 13 abgebildet; sie führte zweimal in einer vertikalen Schlinge herum.

Ein Stauwirbel auf der Luvseite eines Kammes müßte den gleichen Rotationssinn haben wie der Saugwirbel in Lee, so nämlich, daß die Luft in der Höhe in der allgemeinen Bewegungsrichtung strömt, am Berghang aber entgegen. M. Davis[2]) glaubt einmal auch den umgekehrten Stauwirbel, einen „Helmwind", beobachtet zu haben; hier soll kalte Luft über einen Kamm geflossen sein und sich hierbei nach rückwärts überstürzt haben. Dabei konnte die Bewegung der Luft nicht direkt beobachtet werden; Davis schloß auf sie nur aus dem Vorhandensein einer Wolkenbank, die trotz heftigen Windes einige Stunden lang an derselben Stelle blieb. Diese Wolke ist eine Folge der aufsteigenden Luftbewegung; wir kennen sie auch als „Föhnmauer", gebildet auf der Luvseite einer Gebirgskette und

---

[1]) Met. Zeitschr. 1913, S. 243.
[2]) Met. Zeitschr. 1899, S. 124.

herüberragend auf die Leeseite, wo sie mitunter durch den aufsteigenden
Strom des Saugwirbels unterstützt werden mag. Solche aufsteigende
Ströme erzeugen unter günstigen Umständen auch Wolkenfahnen an Berg-
spitzen, die sich durch große Ruhe im ärgsten Sturm auszeichnen; doch
ist die Ruhe nur scheinbar, denn die Wolke bildet sich ununterbrochen
neu im aufsteigenden und verdampft wieder im absteigenden Ast der
Stromlinie.

Im allgemeinen werden in jeder Flüssigkeit, welche innere Reibung
besitzt (und das ist in jeder der Fall), rechts und links von einem Gebiete
besonders intensiver Strömung Wirbel auftreten. Wenn dazu noch äußere
Grenzflächen unregelmäßiger Gestalt vorhanden sind, dann werden diese
Wirbel wesentlich verstärkt, wie wir dies in jedem fließenden Wasser in
der Natur beobachten. Die Bewegung der Wirbel hat dabei an der Grenze
der starken Strömung stets die Richtung der letzteren, auf der anderen
Seite des Wirbels ist die umgekehrte Richtung
vorhanden (vgl. Fig. 14, wo A eine Grenze des
Strombettes anzeigt, B den großen Wirbel, der
dort veranlaßt wird, C aber geringere Wirbel
infolge der Abnahme der Strömungsgeschwindigkeit
von D nach C).

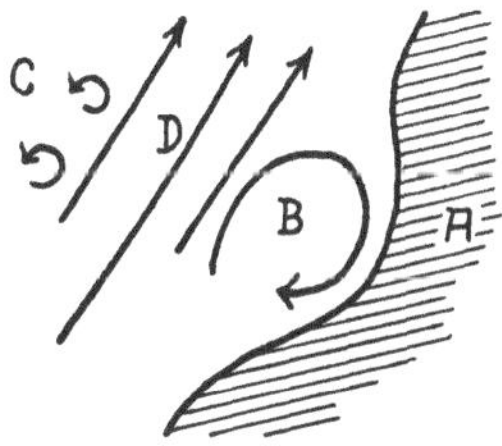

Fig. 14.

Solche Wirbel können in vertikalen Ebenen
auftreten (mit horizontalen Achsen, vgl. Fig. 14),
aber auch in horizontalen Ebenen (mit vertikalen
Achsen). Ein Beispiel für die letzte Erscheinung
erkennt man in Defants Strömungskarte von Oesterreich-Ungarn, wo
südwestlich von der Strömung aus NW im Gebiete der mittleren Donau
ein schwacher, aber deutlicher Wirbel über Westungarn und der Ost-
steiermark auftritt. (Fig. 9.)

**31. Bestimmung zeitlicher Druckänderung und vertikaler
Bewegung aus der Kontinuitätsgleichung.** Bei nicht stationärem
Zustand bietet die Kontinuitätsgleichung ein Mittel, die zeitliche Veränderung der Dichte aus der Verteilung von Dichte und Geschwindigkeit
im Raum zu berechnen. Man hat daher daran gedacht[1]), diese Gleichung
zur Voraussage der kommenden Zustände zu verwenden. Margules[2]) hat
gezeigt, daß dies praktisch nicht leicht möglich ist, da man dazu die
räumliche Verteilung der meteorologischen Elemente viel genauer kennen
müßte, als sie die Beobachtungen liefern. Die Kontinuitätsgleichung lautete
(S. 33):

$$\frac{\partial \varrho}{\partial t} + \frac{\partial (\varrho u)}{\partial x} + \frac{\partial (\varrho v)}{\partial y} + \frac{\partial (\varrho w)}{\partial z} = 0.$$

---

[1]) F. M. Exner, Sitz.-Ber. d. Wien. Akad. d. Wiss. Bd. 111, Abt. IIa, 1902.
[2]) Boltzmann-Festschrift 1904.

Wir multiplizieren die Gleichung mit $g\,dz$ und integrieren über eine Luftsäule von der Höhe h; dabei ist $p_0 - p_h = \int\limits_0^h \varrho\,g\,dz = \mathfrak{p}$ das Gewicht der Luftmasse in dieser Säule. Die Integration liefert:

$$\frac{\partial \mathfrak{p}}{\partial t} + g \int\limits_0^h \frac{\partial (\varrho u)}{\partial x}\,dz + g \int\limits_0^h \frac{\partial (\varrho v)}{\partial y}\,dz + g\,(\varrho_h w_h - \varrho_0 w_0) = 0.$$

Die Vertikalgeschwindigkeit w_0 am Erdboden ist null. Wir führen folgende Mittelwerte der horizontalen Geschwindigkeitskomponenten u und v

für die Luftsäule h ein: $\mathfrak{u} = \dfrac{\int\limits_0^h g\varrho u\,dz}{\int\limits_0^h g\varrho\,dz}$, $\mathfrak{v} = \dfrac{\int\limits_0^h g\varrho v\,dz}{\int\limits_0^h g\varrho\,dz}$.

Dann wird $\dfrac{\partial \mathfrak{p}}{\partial t} + \dfrac{\partial (\mathfrak{p}\mathfrak{u})}{\partial x} + \dfrac{\partial (\mathfrak{p}\mathfrak{v})}{\partial y} + g\,\varrho_h w_h = 0.$

Erstrecken wir das Integral bis zur Höhe $h = \infty$, wo $p_h = \varrho_h = 0$, so wird auch: $\dfrac{\partial p_0}{\partial t} + \dfrac{\partial (p_0 \mathfrak{u})}{\partial x} + \dfrac{\partial (p_0 \mathfrak{v})}{\partial y} = 0.$

Die Summe der beiden letzten Glieder links bedeutet, wenn c die totale horizontale Windgeschwindigkeit im Mittel der Säule, also $\sqrt{\mathfrak{u}^2 + \mathfrak{v}^2}$ ist, die Änderung der Größe $p_0\,c$ von einem Querschnitt einer Stromröhre bis zum nächsten (vgl. S. 67). Ist ds ein Längenelement derselben und ist die Breite der Stromröhre oder die Distanz zweier horizontaler Stromlinien voneinander δn (variabel mit s), so kann gesetzt werden:

$$\frac{\partial (p_0 \mathfrak{u})}{\partial x} + \frac{\partial (p_0 \mathfrak{v})}{\partial y} = \frac{1}{\delta n}\,\frac{\partial (p_0 c\,\delta n)}{\partial s}.$$

Man erhält folglich für die zeitliche Druckänderung am Boden:

$$\frac{\partial p_0}{\partial t} = -\frac{1}{\delta n}\,\frac{\partial (p_0 c\,\delta n)}{\partial s}.$$

Aus dem Strömungsbild der mittleren Geschwindigkeit c und der Druckverteilung am Boden könnte folglich die zeitliche Veränderung von p_0 entnommen und somit aus einer vorhandenen Zustandsverteilung die kommende erschlossen werden; streng genommen allerdings nur jene, welche sich nach einem unendlich kleinen Zeitintervall dt einstellt. Bei gleichförmiger Veränderung durch längere Zeit könnte immerhin in der Praxis die Voraussage auch auf ein endliches Zeitintervall ausgedehnt werden.

Margules frägt nach der Genauigkeit, mit der die Druck- und Geschwindigkeitsverteilung zu jenem Zweck gegeben sein müßte:

a) Es sei p_0 und δn längs einer Stromlinie s konstant; dann sind die Stromlinien einander parallel und sie fallen zugleich mit den Isobaren zusammen. Hier ist $\dfrac{\partial p_0}{\partial t} = -p_0\,\dfrac{\partial c}{\partial s}$. Es soll das Barometer in einer Stunde um 1 mm Hg steigen, p_0 sei 760 mm; wie genau muß, um diese Änderung vorherzubestimmen, die Geschwindigkeitsverteilung längs s bekannt sein, wenn zwei Beobachtungsstationen um die Strecke $ds = 10$ km voneinander entfernt sind? Man findet als Differenz der Geschwindigkeit an den beiden Stationen, welche die verlangte Drucksteigerung zu bewirken vermag, $dc = -0.004$ m/sec $= -0.013$ km/St. Diese Genauigkeit wird bei Beobachtungen der Windgeschwindigkeit nie erreicht.

b) Es sei p_0 und c längs s konstant; die Stromlinien sind Isobaren, aber sie konvergieren oder divergieren. Nun ist $\dfrac{\partial p_0}{\partial t} = -\dfrac{1}{\delta n} p_0 c \dfrac{\partial (\delta n)}{\partial s}$. Wie genau muß die Richtung der Stromlinien, also des Windes, gegeben sein, damit daraus eine Druckänderung von 1 mm Hg pro Stunde bestimmt werden kann?

In Fig. 15 ist eine Stromröhre, begrenzt von zwei Stromlinien, dargestellt, in welcher in der Bewegungsrichtung δn zunimmt, also Divergenz herrscht.

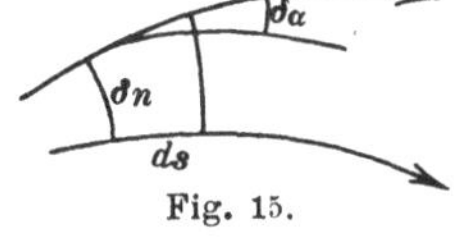

Fig. 15.

Es ist $\dfrac{\partial (\delta n)}{\partial s} ds = \delta \alpha \cdot ds$, wo $\delta \alpha$ der Winkel ist, welchen zwei unmittelbar benachbarte Stromlinien miteinander bilden. Folglich wird $\dfrac{1}{p_0} \dfrac{\partial p_0}{\partial t} = -c \dfrac{\delta \alpha}{\delta n}$.

Die Richtung des Windes müßte sich auf die Distanz $\delta n = 1$ km um $\delta \alpha = -\dfrac{1}{760} \cdot \dfrac{10^3}{3600}$ Winkeleinheiten oder rund 1 Bogenminute verändern, wenn die Geschwindigkeit $c = 1$ m/sec angenommen wird. Dies entspricht einem günstigen Fall; bei größerer Geschwindigkeit genügt eine noch geringere Divergenz, um die Druckänderung von 1 mm/St hervorzubringen.

Margules kommt zum Schlusse, daß alle Versuche, die Kontinuitätsgleichung zur Vorausberechnung kommender Massenverteilungen in der Atmosphäre zu verwenden, an der ungenügenden Präzision der Beobachtungen scheitern.

Man kann in ähnlicher Weise die Verwendbarkeit unserer Gleichung für die Aufgabe prüfen, bei stationären Verhältnissen aus dem horizontalen *Massentransport den vertikalen zu berechnen (vgl. S. 70).*

Aus dem Integrale von S. 76 läßt sich, wenn dieses nur vom Erdboden bis zur Höhe h erstreckt wird, die in dieser Höhe herrschende vertikale Bewegung w_h bei stationärem Zustand finden $\left(\dfrac{\partial p}{\partial t} = 0\right)$; sie ist:

$$w_h = -\frac{1}{g \varrho_h} \left[\frac{\partial (\mathfrak{p} \mathfrak{u})}{\partial x} + \frac{\partial (\mathfrak{p} \mathfrak{v})}{\partial y} \right] = -\frac{1}{g \varrho_h} \frac{1}{\delta n} \frac{\partial (\mathfrak{p} c \, \delta n)}{\partial s}.$$

c) Sind, wie früher bei a), die Strömungslinien einander parallel und außerdem zugleich Isobaren, so wird

$$w_h = -\frac{\mathfrak{p}}{g \varrho_h} \frac{\partial c}{\partial s} = -\frac{\mathfrak{p} R T_h}{g p_h} \frac{\partial c}{\partial s}.$$

Wie genau muß die Geschwindigkeit längs der Stromröhre bekannt sein, damit man eine vertikale Bewegung von $0{\cdot}1$ m/sec bestimmen kann? Es ist $\mathfrak{p} = p_0 - p_h$. Wählen wir $p_0 = 760$ mm, $p_h = 9/10 \cdot p_0 = 684$ mm; dort sei $T_h = 270^0$ (h ist etwa 860 m). Ist die Distanz ds zweier Stationen auf einer Stromlinie wie früher 10 km, so wird mit dem bekannten Wert von R aus obiger Gleichung $dc = -1{\cdot}1$ m/sec. Die Aufwärtsbewegung ($w > 0$) äußert sich in einer Abnahme der horizontalen Windgeschwindigkeit. Deren Größe ist jetzt vollständig im Bereich der Meßbarkeit. Auf 100 km Distanz betrüge dc schon -11 m/sec.

d) Ist, wie früher bei b), auf den Stromlinien $\mathfrak{p}$ und c konstant, ändert sich aber δn, die Breite der Stromröhren, so wird:

$$w_h = - \frac{\mathfrak{p}\,c}{g\,\varrho_h} \frac{1}{\delta n} \frac{\partial(\delta n)}{\partial s} = - \frac{\mathfrak{p}\,R\,T_h\,c}{g\,p_h} \frac{\delta \alpha}{\delta n}.$$

Sei wieder $c = 1$ m/sec bei im übrigen gleichen Voraussetzungen wie unter c), so wird für $\delta n = 1$ km nun $\delta \alpha = -6$ Bogengrade, damit eine vertikale Bewegung von $0{\cdot}1$ m/sec entstehe. Diese Konvergenz der Stromlinien ist wieder groß genug, um beobachtet werden zu können.

Die Kontinuitätsgleichung eignet sich daher sehr wohl zur Berechnung vertikaler Bewegungen aus den horizontalen, nicht aber zur Berechnung zeitlicher Veränderungen aus denselben[1]).

32. Niederschlagsbildung bei vertikaler Bewegung. Pockels[2]) hat versucht, aus den aufsteigenden Bahnen, welche die Luftmassen einschlagen, wenn sie ein Gebirge überströmen, die Menge des ausfallenden Niederschlags zu berechnen. Da derartiges Aufsteigen der Luft in Gebirgsländern die größte Rolle für das Wetter spielt, soll die Rechnung hier in kurzen Zügen angedeutet werden.

Wir nehmen in einer Ebene wirbelfreie Bewegung an, bei der ein Geschwindigkeitspotential φ existiert[3]); bei stationärem Zustand wird dann aus der Kontinuitätsgleichung (vgl. S. 67):

$$\varrho \left(\frac{\partial^2 \varphi}{\partial x^2} + \frac{\partial^2 \varphi}{\partial z^2} \right) = - \frac{\partial \varphi}{\partial x} \frac{\partial \varrho}{\partial x} - \frac{\partial \varphi}{\partial z} \frac{\partial \varrho}{\partial z}.$$

Hier sind $u = \dfrac{\partial \varphi}{\partial x}$, $w = \dfrac{\partial \varphi}{\partial z}$ die Komponenten der Geschwindigkeit in horizontaler und vertikaler Richtung. Der Bergrücken streiche in der Y-Richtung, der Wind wehe senkrecht darauf; dann kann die dritte Koordinate y aus den Gleichungen wegbleiben. Ferner sei die Dichte in jeder horizontalen Ebene konstant $\left(\dfrac{\partial \varrho}{\partial x} = 0 \right)$, die Temperatur sei überall dieselbe; man kann jetzt $\dfrac{\partial \varrho}{\partial z} = \dfrac{1}{R\,T} \dfrac{\partial p}{\partial z} = - \dfrac{1}{R\,T} \varrho\,g = - \varrho\,k$ setzen, wo $k = \dfrac{g}{R\,T}$

---

1) Vgl. auch I. Craig. Bull. Mount Weather Obs., II, S. 203, wo die aus der Konvergenz der Stromlinien berechnete Vertikalbewegung mit den Niederschlägen verglichen wird.

2) a. a. O. und Annal. d. Phys., 4. Folge, Bd. 4, 1901, S. 459.

3) Vgl. z. B. Jäger, Theor. Physik, Bd. I; Sammlg. Göschen.

Es wird folglich:

$$\frac{\partial^2 \varphi}{\partial x^2} + \frac{\partial^2 \varphi}{\partial z^2} = k \frac{\partial \varphi}{\partial z}.$$

Die hier gemachten Vereinfachungen schränken wohl die Gültigkeit der Rechnung ein, verändern aber doch die Ergebnisse kaum wesentlich.

Pockels wählt als Lösung dieser Differentialgleichung einen Ausdruck für φ, welcher Strömungslinien von wellenartigem Verlauf liefert. Die unterste Linie stellt zugleich das Bodenprofil der Erde dar. Diese Lösung lautet:

$$\varphi = a\,(x - b\,e^{-nz} \cos m x),$$
$$u = a\,(1 + b\,m\,e^{-nz} \sin m x),$$
$$w = a\,b\,n\,e^{-nz} \cos m x.$$

Die Gleichung einer Stromlinie ist $\dfrac{dz}{dx} = \dfrac{w}{u}$; in erster Annäherung wird das Integral hiervon: $z = z_0 + \dfrac{b\,n}{m} \sin m x \cdot e^{-r(z-z_0)}\, e^{-nz_0}$, die Kurve des Bodenprofils wird: $\zeta = \dfrac{b\,n}{m} \sin m x \cdot e^{-r\zeta}$, somit angenähert eine Sinuslinie mit beliebig vielen Tälern und Bergrücken. Hier ist $m = \dfrac{2\pi}{L}$ eine Größe, die den periodischen Verlauf des Bodenprofils regelt; L ist die Wellenlänge, d. i. die Distanz von einer Talmitte zur nächsten. Weiter ist $n = -\dfrac{\varkappa}{2} + \sqrt{\dfrac{\varkappa^2}{4} + m^2}$, $r = n + \dfrac{\varkappa}{2}$, $\varkappa$ eine Konstante. Schließlich bedeutet a die von der Höhe z unabhängige Geschwindigkeit des Windes in der Richtung x, welche ohne Störung durch den Bergrücken oder in der Abszisse $x = 0$ herrscht; diese Abszisse bezeichnet die Mitte des Hanges zwischen Tal und Bergrücken auf der Luvseite; daselbst ist $\zeta = 0$.

Die Strömungslinien, welche durch diese Gleichungen angegeben werden, haben große Ähnlichkeit mit den in Fig. 11 (nach Ficker) dargestellten. Insbesondere ist das Anschmiegen der untersten an das Bodenprofil, ferner die Abnahme der Wellenamplitude mit der Höhe hervorzuheben. Infolge dieser Abnahme treten die Stromlinien über dem Bergrücken näher zusammen und entfernen sich über dem Tale voneinander. Dementsprechend hat die horizontale Windgeschwindigkeit u ihr Maximum für $x = \dfrac{L}{4}$, also über dem Kamme, ihr Minimum über der Talmitte[1]). Die vertikale Geschwindigkeit w hat ihren größten positiven Wert für $x = 0$, also in der Mitte des Bergrückens auf der Luvseite, ihren größten negativen daselbst auf der Leeseite.

---

[1]) Die Rechnung liefert eine nach aufwärts abnehmende Amplitude, die strenge erst für $z = \infty$ null wird; Ficker findet, daß noch in 1000 m Höhe die Wellenform in den Stromlinien bemerkbar ist. Die Zeichnung in Fig. 11 ist insoferne schematisch (vgl. Pockels, Met. Zeitschr. 1913, S. 216).

Diese vertikale Bewegung ist für die Bildung des Niederschlags an Gebirgen maßgebend. Das Maximum desselben haben wir danach etwa in der Mitte des Berghanges zu erwarten.

Pockels hat die Rechnung auch noch allgemeiner für möglichst beliebige Bodenprofile durchgeführt, indem er in dem Ausdruck für φ (S. 79) der Größe m verschiedene Werte gab und das Geschwindigkeitspotential als Summe einer Reihe von solchen Ausdrücken ansetzte. Er befaßte sich besonders mit einer Lösung, welche für das Bodenprofil die Gestalt eines breiten Talbodens neben einem plateauartigen Rücken liefert. Die Gleichung dieser Profilkurve war:

$$\zeta = C\left[\tfrac{1}{2}\sin m_1\, x + \tfrac{1}{9}\sin 3\, m_1\, x + \tfrac{1}{50}\sin 5\, m_1\, x\right].$$

Als numerische Werte wurden gewählt: $L = 60$ km, $C = 1100$ m. Um nun den Niederschlag zu berechnen, welcher bei stationärem Zustand aus der Luftsäule über einem Quadratmeter in der Zeiteinheit ausfällt (W), ist es nötig, die vertikale Bewegung als Funktion der Höhe z einzuführen. Denken wir uns, es trete infolge des Aufsteigens am Gebirgshang in der Höhe z_0 Sättigung ein. Dann beginnt hier die Kondensation und sie erstreckt sich bis zu einer Höhe z', welche durch die obere Wolkengrenze bezeichnet wird.

Ist q die spezifische Feuchtigkeit (vgl. S. 10), welche durch Ausfallen von Niederschlag bei der Aufwärtsbewegung abnimmt, so ist $-\dfrac{\partial q}{\partial z}\, dz$ die bei der Hebung um dz aus der Masseneinheit feuchter Luft ausgeschiedene Niederschlagsmenge. Aus der Volumeinheit fällt daher in der Zeiteinheit $-\varrho\,\dfrac{\partial q}{\partial z}\,\dfrac{dz}{dt} = -\varrho\,\dfrac{\partial q}{\partial z}\,w$ aus. Integrieren wir über die Höhe der Luftsäule, in welcher Kondensation vorgeht, so ergibt sich die gesamte in ihr in der Zeiteinheit ausgeschiedene Niederschlagsmenge zu

$$W = -\int_{z_0}^{z'} \varrho\, w\, \frac{\partial q}{\partial z}\, dz.$$ Diese Masse würde ohne horizontale Fortführung als Ganzes über dem betrachteten Quadratmeter zu Boden fallen. In Wirklichkeit wird der Niederschlag mehr oder weniger vom Winde vertragen werden, was sich in der Rechnung nicht berücksichtigen läßt.

Da $\dfrac{\partial q}{\partial z}$ nicht einfach auszudrücken ist, integriert Pockels zunächst nach Teilen. Es wird: $W = \left[\varrho\, w\, q\right]_{z'}^{z_0} + \int_{z_0}^{z'} q\, \dfrac{\partial(\varrho\, w)}{\partial z}\, dz.$

Pockels wertet nun das verbleibende Integral aus, indem er die Höhendifferenz $z' - z_0$ in einige Stufen teilt und für sie Mittelwerte von q annimmt. Wir verweisen diesbezüglich auf das Original und geben nur die Resultate an, welche aus der Annahme eines breiten Tales neben einem plateauartigen Bergrücken gewonnen wurden. Ist $x = 0$ in der Mitte des Berghanges auf der Luvseite, $x = \dfrac{L}{4}$ am höchsten Punkt des Kammes, so ergibt sich die Niederschlagsmenge W in mm Regenhöhe pro Stunde in

$$x = \quad 0 \quad \pm\frac{L}{24} \quad \pm\frac{L}{12} \quad \pm\frac{L}{8} \quad \pm\frac{L}{6} \quad \pm\frac{L}{4}$$

$$\text{zu:} \quad W = 1{\cdot}71 \quad 1{\cdot}47 \quad 0{\cdot}867 \quad 0{\cdot}355 \quad 0{\cdot}029 \quad 0.$$

Hier ist vorausgesetzt, daß die mittlere horizontale Windgeschwindigkeit bloß 1 m/sec beträgt, daß die untere Wolkengrenze in 950 m (Temperatur 11⁰), die obere in rund 5000 m über der Talsohle liegt, und daß der Bergrücken sich 900 m über die Talebene erhebt. Die Werte W wachsen proportional der horizontalen Geschwindigkeit, erreichen also z. B. bei 7 m/sec schon 12 mm/St in $x = 0$.

Fig. 16 veranschaulicht die angenommene Profilkurve und die gefundene Niederschlagsverteilung.

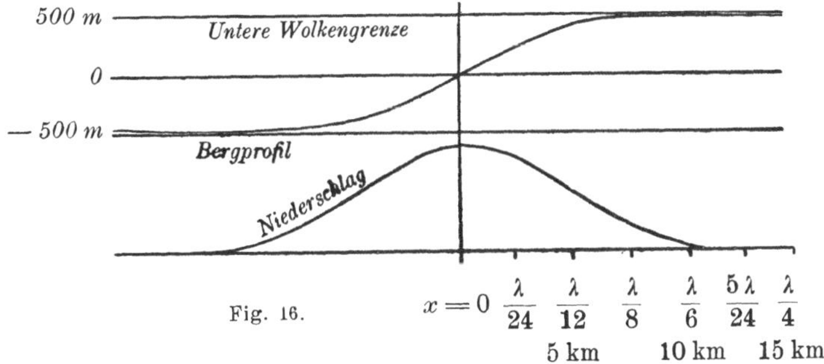

Fig. 16.

Liegt die untere Wolkengrenze tiefer als der Kamm des Gebirges, ist dieser also in Wolken gehüllt, so wird ein Teil des Raumes, in welchem schon Kondensation eintreten könnte, durch die Bergmasse eingenommen. Die kondensierte Niederschlagsmenge ist dann bezüglich der Abszisse x unsymmetrisch verteilt, auf der Bergseite fällt weniger Niederschlag als auf der Talseite.

In jedem Falle ergibt die Theorie für den Luvabhang eines Gebirges eine Zone maximalen Niederschlages, was mit den Beobachtungen übereinstimmt[1]), wenn auch die tatsächliche Verteilung noch von anderen als den hier berücksichtigten Umständen abhängt.

Die Berechnung des Niederschlags, der sich in schräg aufsteigender Luft bildet, war verhältnismäßig verwickelt, da die Abhängigkeit der Vertikalgeschwindigkeit von der Höhe in Betracht kam. Bedeutend einfacher gestaltet sie sich, wenn bloß vertikale Bewegung vorhanden ist.

---

[1]) Vgl. Hann, Handbuch der Klimatologie, 3. Aufl., Bd. I, S. 257.

Auch dann kann die obige Gleichung für W angewendet werden. Im stationären Zustand muß nun in allen Höhen die gleiche Menge Luft den Querschnitt der Säule passieren, es muß also $\varrho w = \varrho_0 w_0 = \text{konst.}$ sein.

Der Ausdruck für W wird dann[1]):

$$W = \varrho_0 w_0 (q_0 - q'),$$

wo q_0 die spezifische Feuchtigkeit zu Beginn der Kondensation, q' dieselbe in der Höhe z' bedeutet, bis zu welcher wir die Luftsäule betrachten. ϱ_0, w_0 sind Dichte und vertikale Geschwindigkeit in der Höhe z_0. Die in der Sekunde ausgefallene Niederschlagsmenge W wird in roher Weise noch einfacher berechnet, wenn man die Höhe z', bis zu welcher Kondensation vor sich geht, nicht genau berücksichtigt, sondern q' gegen q_0 vernachlässigt, also annimmt, daß die ganze ursprünglich in der Luft enthaltene Wassermenge ausfällt; dies ist umso eher gerechtfertigt, je wärmer und feuchter die Luft unten war und je höher sie sich erhebt. Man kann dann leicht aus der ausgefallenen Niederschlagsmenge einen ungefähren Schluß auf die Größe der vertikalen Bewegung im unteren Kondensationsniveau ziehen. Ist z. B. eine Luftmasse im Meeresniveau bei 760 mm Druck und 20^0 C zur Hälfte gesättigt, so ist $q = 0 \cdot 007$. Die Kondensation tritt dann nach der Hertzschen Tafel (vgl. S. 15, Anm.) bei 645 mm und $6 \cdot 5^0$ C in etwa 1350 m ein. Die Dichte ϱ_0 in dieser Kondensationshöhe ist $1 \cdot 072$ kg pro m³. Wir wollen annehmen, es falle aus der Luftsäule von 1 m² Querschnitt pro Stunde ein Niederschlag von 5 mm Regenhöhe aus; er hat die Masse von 5 kg. Die vertikale Geschwindigkeit in 1350 m wird folglich $w_0 = \dfrac{W}{\varrho_0 q_0} = 0 \cdot 19$ m/sec; mit zunehmender Höhe nimmt sie verkehrt proportional der Dichte zu.

Vertikalgeschwindigkeiten von etlichen Metern pro Sekunde müssen ganz enorme Niederschlagsmengen herabbefördern, wenn sie nur einigermaßen hoch reichen. Sie werden demnach selten sein.

33. Absteigende Luftströme. Föhn. Wenn die Luft auf der Luvseite der Gebirge aufsteigt und Wasserdampf kondensiert, so kühlt sie sich um Beträge, die meist zwischen $0 \cdot 4^0$ und $0 \cdot 8^0$ pro 100 m Erhebung liegen, ab (vgl. S. 57). Auf der Leeseite sinkt die Luft herab und erwärmt sich dabei. Falls die kondensierte Wassermenge als Niederschlag ausgefallen ist, so wird die potentielle Temperatur der Luftmassen gegen früher gewachsen sein (pseudoadiabatischer Prozeß, Abschnitt 10) und die Luft wird nun beim Absteigen um rund 1^0 pro 100 m erwärmt. Infolgedessen wird die Luftsäule auf der Leeseite wärmer sein als auf der Luvseite, wodurch auch der Luftdruck dort niedriger wird wie hier. Diese zwei Umstände erscheinen regelmäßig bei den sogenannten „Föhn-

---

[1]) Vgl. F. M. Exner, Sitzungsber. d. Wiener Akad. d. Wiss., Abt. II a, Bd. 112, 1903, S. 345.

winden". Zu ihnen kommt ein dritter, die geringe relative Feuchtigkeit auf der Leeseite.

Alle drei Erscheinungen lassen sich leicht auch rechnerisch verfolgen. Wir betrachten eine Luftströmung über einem Gebirge, bei der die Stromlinien ähnlich verlaufen wie in Fig. 11 (S. 73). Eine Stromlinie erhebe sich zum Gebirgskamme um die Höhe h, dann senke sie sich auf der anderen Seite um dieselbe Höhe herab. Wir fragen zunächst nach dem Unterschied der Temperaturen in Luv und Lee im gleichen Niveau.

Ist im Tale auf der Luvseite der Druck p_0, die Temperatur T_0, ist ferner α die mittlere Temperaturabnahme auf 1 m Erhebung, welche die feuchte Luft bei Kondensation erfährt, so langt dieselbe in der Höhe h, am Gebirgskamm, mit der Temperatur $T_1 = T_0 - \alpha h$ und unter dem Druck $p_1 = p_0\, e^{-\dfrac{g\,h}{R\left(T_0 - \frac{\alpha\,h}{2}\right)}}$ an. Fließt sie nun nach Niederschlag der kondensierten Wassermenge auf der Leeseite wieder um die Höhe h herab, so kommt sie im anfänglichen Niveau mit der Temperatur $T_2 = T_0 + \left(\dfrac{A\,g}{c_p} - \alpha\right) h$ an, da sie nun adiabatisch erwärmt wurde. Die Luft ist also nach Übersteigen des Gebirgskammes um $\left(\dfrac{A\,g}{c_p} - \alpha\right) h$ Grade wärmer geworden. Für $\alpha = 0.005^{\,0}$, einen häufigen Mittelwert, macht dies pro Kilometer Kammhöhe $5^{\,0}$ C aus.

Der Luftdruck p_2 wird nach Übersteigen des Berges im unteren Niveau: $p_2 = p_1\, e^{\dfrac{g\,h}{R\left(T_0 - \alpha\,h + \frac{A\,g}{2\,c_p}\,h\right)}}$, also kleiner als p_0. Angenähert ist $p_2 = p_0\, e^{-\dfrac{g\,h^2}{2\,R\,T_0^2}\left(\frac{A\,g}{c_p} - \alpha\right)}$; bei einer Kammhöhe von 2.5 km (z. B. in den Alpen), einer Temperatur in der Niederung von etwa $12^{\,0}$ C ($285^{\,0}$ abs.) und einem Druck auf der Luvseite $p_0 = 760$ mm Hg wird der Druck im gleichen Niveau auf der Leeseite $p_2 = 755$ mm, wenn α denselben Wert hat wie früher.

Auf diese Weise ergibt sich also die hohe Temperatur und der niedrige Druck der Föhnwinde, die in den verschiedensten Gegenden der Erde[1] an der Leeseite von Gebirgen beobachtet werden.

---

[1] Eine der schönsten Föhnstationen scheint Denver in Colorado zu sein; die Stadt liegt in 1570 m Seehöhe am Westrand der großen Steppe, etwa 60 km von dem dort über 4000 m hohen Gebirgskamm der Rocky Mountains entfernt. Hildebrandsson und Teisserenc de Bort haben in den „Bases de la Météorologie dynamique" (Bd. 2, 1900, S. 79) ein von Loomis gebrachtes Beispiel von gleichzeitigem Druckabfall und Temperaturanstieg in Denver gegeben, — allerdings ohne auf den Föhn hinzuweisen. Die Temperatur stieg bei Nacht von $-19^{\,0}$ C auf $+6^{\,0}$, der Druck fiel dabei um 11 mm. Aus dem Druckabfall ergibt sich eine Zunahme der Mitteltemperatur der etwa 2500 m hohen Luftmasse

Ähnlich wie die potentielle Temperatur bleibt in einer abwärtsführenden Stromlinie auch die spezifische Feuchtigkeit q konstant, nachdem sie im aufsteigenden Ast derselben bei Niederschlag abgenommen hat. Durch die Erwärmung beim Absteigen wird die Luft bei konstantem q immer ungesättigter, relativ trockener, wie dies im Abschitt 11, S. 18 abgeleitet wurde. Es war dort $f = f_0 \left(\frac{T_0}{T} \right)^{13 \cdot 69}$. Am Kamme ist nun $f_1 = 100\,^0/_0$, T_1 ist nach dem letzten Beispiel $272 \cdot 5\,^0$; beim Absteigen um $2 \cdot 5$ km nimmt die Temperatur um $25\,^0$ C zu, also wird $T_2 = 297 \cdot 5\,^0$; daraus folgt $f_2 = 30\,^0/_0$.

Die Konstanz der potentiellen Temperatur (und der spezifischen Feuchtigkeit) bei adiabatischen Vorgängen bietet ein Mittel, um den Verlauf der Stromlinien auf der Leeseite eines Gebirgshanges zu verfolgen, indem die Linien gleicher potentieller Temperatur direkt den Stromlinien entsprechen.

Da im stabilen Gleichgewicht die potentielle Temperatur nach aufwärts zunimmt (S. 50), so werden auch die Luftströmungen (s. Fig. 11) im allgemeinen so geschichtet sein, daß dies der Fall ist. Über dem Gebirgskamm wölben sich die Stromlinien und liegen näher übereinander als über dem Tale, ebenso die Linien gleicher potentieller Temperatur. Ficker[1]) hat hiermit die Tatsache erklärt, daß man bei Föhnaufstiegen im Ballon fast niemals den Föhngradienten der Temperatur, d. h. die adiabatische Abnahme von $1\,^0$ auf 100 m, findet, sondern geringere Werte. Nur in einer und derselben Stromlinie, z. B. längs eines Berghanges kann dieser Gradient gefunden werden.

Aus dem Verlauf der Strömungslinien in Lee eines Gebirges folgt auch, daß in einer horizontalen, vom Gebirge weg gerichteten Ebene die potentielle Temperatur so lange zunehmen muß, bis die Stromlinien wieder horizontal laufen oder ansteigen.

Die „Bora", der kalte Fallwind an manchen Steilküsten, namentlich an der Adria und am Schwarzen Meer, erfährt bei ihrem Absteigen von dem dem Meere benachbarten Plateau herab zwar auch die gleiche adiabatische Erwärmung wie der Föhn, sie wirkt aber unten abkühlend, weil die normale Temperatur an der Küste noch höher ist, als die Föhntemperatur der Fallluft. Ein boramäßiger Wind, der unten kalt erscheint, setzt also voraus, daß normalerweise in einem Niveau über Gebirge und Niederung große Temperaturunterschiede vorhanden sind, welche trotz der föhnartigen Erwärmung der Fallluft noch am Boden zum Ausdruck gelangen.

---

zwischen Denver und dem Kamm von $13\,^0$. Die große Temperatursteigerung in der Stadt ($25\,^0$) ist wohl auf die vorhergegangene winterliche Temperaturinversion zurückzuführen.

[1]) Sitz. Ber. Wiener Akad., Bd. 121, Abt. IIa, 1912, S. 1225.

34. Temperatur in Stromröhren mit veränderlichem Horizontal-Querschnitt. Wenn ein trockener Luftstrom auf- oder absteigt und dabei seinen Querschnitt ändert, so kann die vertikale Temperaturabnahme sich weit von dem oben besprochenen Föhngradienten entfernen, wie Margules[1]) zeigte. Dies rührt daher, daß in einer vertikalen Luftsäule die unteren Schichten in anderer Weise zusammengedrückt oder ausgedehnt werden als die oberen. Der Vorgang ist dem auf S. 57 ff. geschilderten ganz analog, wo eine Luftsäule in vertikaler Richtung verschoben wurde. Was dort nur die Abwärts- bzw. Aufwärtsbewegung bei konstantem Querschnitt ausmachte, wird hier günstigenfalls noch durch seitliche Ausbreitung, bzw. Zusammendrückung verstärkt.

Wir denken uns eine vertikale Stromröhre von z. B. nach unten zunehmendem Querschnitt Q (Fig. 17). Ganz ähnlich wie in Fig. 7 werde die Masse $\varrho\, Q\, \delta z$ nach abwärts befördert und dabei auf einen anderen Querschnitt Q' gebracht. Ebenso wie früher auf S. 58 kommt die Masse aus A unter den Druck in C, die Masse aus B unter den Druck in D. Die dort benützten Formen der Poissonschen Gleichung gelten auch hier, nur die Bedingung der Gleichheit der Massen ist nun verändert; es wird $\frac{\delta z}{\delta z'} = \frac{\varrho'\, Q'}{\varrho\, Q}$. Man erhält den Temperatur-

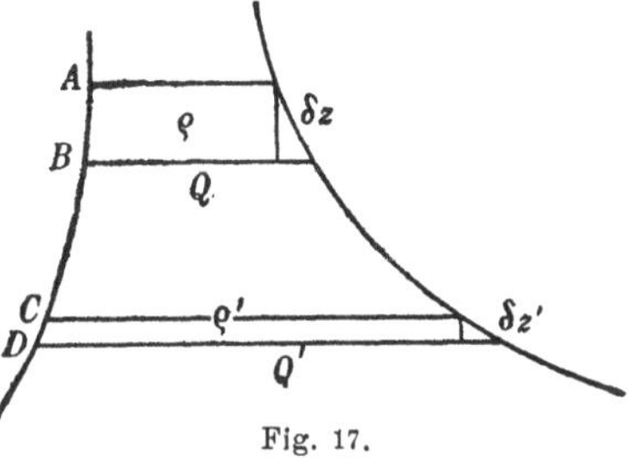

Fig. 17.

gradienten in der Luftmasse nach der Verschiebung vom Druck p und Querschnitt Q zum Druck p' und Querschnitt Q':

$$\frac{d\,T'}{d\,z} = \frac{Q'\,p'}{Q\,p}\left(\frac{d\,T}{d\,z} + \frac{A\,g}{c_p}\right) - \frac{A\,g}{c_p}.$$

Wieder bedeutet $\frac{d\,T}{d\,z}$ den Temperaturgradienten in der Luftmasse vor der Verschiebung[2]).

Nun wirken also Abwärtsbewegung und Ausbreitung im gleichen Sinne; sie verändern stets den Gradienten der Temperatur, es sei denn, daß dieser gerade $-\,\frac{A\,g}{c_p}$ gewesen sei. Normalerweise ist $\frac{d\,T}{d\,z}$ kleiner als dieser Wert, somit wird bei Abwärtsbewegung $\left(\frac{p'}{p} > 1\right)$ und Ausbreitung $\left(\frac{Q'}{Q} > 1\right)$ der Temperaturgradient der Luftsäule verringert, er kann ver-

---

[1]) Met. Zeitschr. 1906, S. 241.

[2]) A. Wegener hat (Beitr. z. Phys. d. fr. Atm., Bd. 4, S. 55, 1910) eine kürzere Ableitung dieser Temperaturgradienten gegeben, die aber weniger allgemein ist als die von Margules, da die Änderung des Bodendrucks nicht berücksichtigt wird.

schwinden und sich sogar umkehren; bei Aufwärtsbewegung und Kontraktion nähert er sich dem adiabatischen Gradienten $-\dfrac{A g}{c_p}$ und erreicht ihn in sehr großen Höhen (p' nahe null).

Bleibt eine Luftsäule auf dem Erdboden liegen, so daß sich der Druck an ihrer Basis nicht wesentlich ändert ($p' = p$), und breitet sie sich zugleich z. B. auf den doppelten Querschnitt aus, so wird der Temperaturgradient, der zu Anfang $-0{\cdot}5^0$ pro 100 m betragen hatte, vollständig verschwinden. Bei Ausbreitung auf den vierfachen Querschnitt wird $\dfrac{d T'}{a z} = +1{\cdot}0^0$ pro 100 m, es tritt erhebliche Inversion ein.

Handelt es sich um eine Zirkulationsbewegung in vertikaler Ebene oder im Raume, bei welcher auf- und absteigende Luftströme vorkommen, dann wird an der Erdoberfläche der horizontale Querschnitt der Strömung stets größer sein als in einiger Höhe; es wird dann der Quotient $\dfrac{p'}{p}$ eine weitaus geringere Rolle spielen als der Quotient $\dfrac{Q'}{Q}$. Diese Größe wird weit über 1 liegen bei absteigendem, weit unter 1 bei aufsteigendem Strom. Es wird also normalerweise im absteigenden Ast an der Erdoberfläche $\dfrac{d T}{d z}$ positiv werden, Isothermie oder Inversion eintreten, während im aufsteigenden Ast Annäherung an den adiabatischen Gradienten erfolgt.

Etwas Analoges aber Umgekehrtes kann am oberen Ende des vertikalen Stromes eintreten. Im aufsteigenden Strom werden oben die Stromfäden divergieren, also wird $\dfrac{Q'}{Q}$ weitaus größer als 1 sein, es wird dort Isothermie oder Inversion auftreten müssen. Dies ist in der Substratosphäre auch der Fall, die wir als obere Grenze vertikaler Bewegung anzusehen pflegen. Im absteigenden Ast wird in der Höhe aus einer Isothermie allmählich ein bedeutender Gradient. Senkt sich also an einer Stelle die Stratosphäre als isotherme Schichte, so bleibt sie nicht isotherm, da von der Seite Massen zuströmen werden. Die Konvergenz der Stromlinien bewirkt das Auftreten eines Temperaturgefälles, das mit zunehmender Konvergenz bis zum adiabatischen Wert ansteigen kann.

M. Berek[1]) hat darauf hingewiesen, daß diese Änderungen des vertikalen Temperaturgefälles durch vertikale Bewegung viel zum Verständnis der Höhenlage der Stratosphäre im Gebiete von Zyklonen und Antizyklonen beitragen können.

Auch ist dieser Umstand der Hauptgrund dafür, daß nahe der Erdoberfläche niemals trockenadiabatische Temperaturgradienten auftreten, auch dann nicht, wenn das Kondensationsniveau erst in einigen Kilometern Höhe liegt.

---

[1]) Beiträge zur Physik der freien Atmosphäre, Bd. X, S. **63**, 1922.

Man kann die Temperaturverteilung, welche sich bei adiabatischer Bewegung in Stromröhren mit veränderlichem Horizontalschnitt ergibt, auch auf eine andere Weise, die vielleicht noch deutlicher ist als die oben gegebene, darstellen[2]). Hiezu werden Stromlinien gewählt, die in vertikalen Ebenen verlaufen. Bei jeder Zirkulation von Luftmassen in vertikalen Ebenen müssen dis Stromlinien aus der vertikalen in die horizontale Richtung umbiegen und umgekehrt, wodurch wesentliche Veränderungen des horizontalen Querschnitts der Stromröhren eintreten. Wir betrachten hier nur den Fall stationärer Bewegungen, bei welchen also die Temperatur- und Bewegungsverhältnisse wohl von Ort zu Ort verschieden sind, sich aber zeitlich nicht ändern.

Bei Bewegung ohne Wärmezufuhr, die wir hier wie früher voraussetzen, gilt die Beziehung von Abschnitt 12: $c_p \dfrac{dT}{dt} = \dfrac{ART}{p} \dfrac{dp}{dt}$, wo t die Zeit bedeutet. Da nun die Strömung stationär sein soll, können wir für die Bewegung der Luftmasse längs einer Stromlinie s auch schreiben:

$$c_p \frac{dT}{ds} = \frac{ART}{p} \frac{dp}{ds} \quad \text{oder}$$

$$c_p \left(\frac{\partial T}{\partial x} \frac{dx}{ds} + \frac{\partial T}{\partial z} \frac{dz}{ds} \right) = \frac{ART}{p} \left(\frac{\partial p}{\partial x} \frac{dx}{ds} + \frac{\partial p}{\partial z} \frac{dz}{ds} \right).$$

Hier ist x die horizontale, z die vertikale Ordinate.

In dieser Gleichung machen wir eine weitere Vereinfachung: Wir vernachlässigen nämlich den horizontalen Druckgradienten. Bekanntlich treten adiabatische Temperaturänderungen in der Atmosphäre weit ausgiebiger infolge von Vertikalverlagerung als infolge von horizontaler ein, weil die horizontalen Druckunterschiede viel geringer sind als jene. Wir können somit annäherungsweise $\dfrac{\partial p}{\partial x}$ weglassen, wenn wir die Temperaturverteilung berechnen wollen.

Für $\dfrac{\partial p}{\partial z}$ wird $- \dfrac{p}{RT} g$ gesetzt und man erhält:

$$\frac{\partial T}{\partial x} \frac{dx}{ds} + \frac{\partial T}{\partial z} \frac{dz}{ds} + \gamma \frac{dz}{ds} = 0,$$

wo $\gamma = \dfrac{Ag}{c_p}$ für Luft der Wert von nahe $10^{-2}\ {}^0\mathrm{C}$ (Abschnitt 25).

Wir setzen nun allgemein die Gleichung einer Stromlinie $f(xz) = $ konst. Dann ist

$$\frac{dz}{dx} = - \frac{\dfrac{\partial f}{\partial x}}{\dfrac{\partial f}{\partial z}}$$

---

[2]) F. M. Exner, Über die Temperaturverteilung in vertikalen Zirkulationen; Beiträge zur Physik der freien Atmosphäre, Bd. XI, S. 101, 1924.

und obige Gleichung wird:

$$\frac{\partial T}{\partial x}\frac{\partial f}{\partial z} - \frac{\partial T}{\partial z}\frac{\partial f}{\partial x} = \gamma\frac{\partial f}{\partial x}.$$

Indem man nun

$$\frac{\partial T}{\partial x}dx + \frac{\partial T}{\partial z}dz = dT$$

und

$$\frac{dx}{\dfrac{\partial f}{\partial z}} = -\frac{dz}{\dfrac{\partial f}{\partial x}} = \frac{dT}{\gamma\,\dfrac{\partial f}{\partial x}}$$

setzt, läßt sich die partielle Differentialgleichung integrieren und man erhält

$$T = -\gamma z + \varphi\,[f(xz)],$$

wo φ eine beliebige Funktion der Stromliniengleichung f ist.

Diese Gleichung ist so gut wie selbstverständlich. Eine Luftmasse, die eine gegebene Stromlinientemperatur hat und nur vertikalen Druckänderungen unterliegt, behält diese Temperatur [d. i. $\varphi(f)$], vermindert um den durch ihre Höhenlage bedingten Temperaturwert γz, bei. Trotz dieser Selbstverständlichkeit kann die Gleichung dazu dienen, die Temperaturverteilung bei gegebenen Stromlinien auszurechnen.

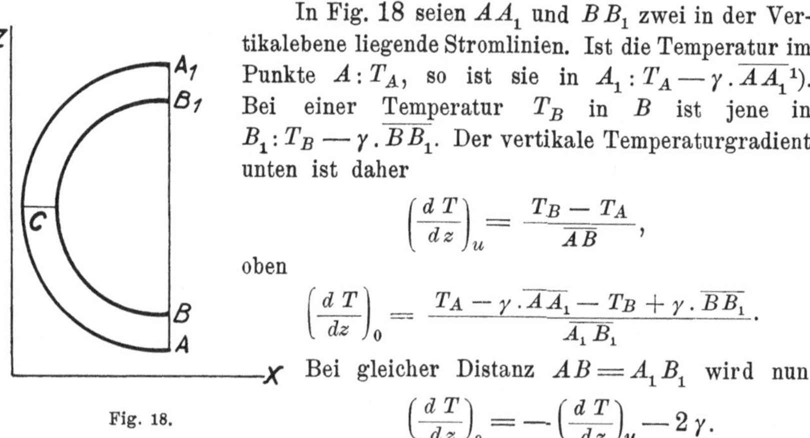

Fig. 18.

In Fig. 18 seien AA_1 und BB_1 zwei in der Vertikalebene liegende Stromlinien. Ist die Temperatur im Punkte $A: T_A$, so ist sie in $A_1 : T_A - \gamma\cdot\overline{AA_1}$[1]). Bei einer Temperatur T_B in B ist jene in $B_1 : T_B - \gamma\cdot\overline{BB_1}$. Der vertikale Temperaturgradient unten ist daher

$$\left(\frac{dT}{dz}\right)_u = \frac{T_B - T_A}{\overline{AB}},$$

oben

$$\left(\frac{dT}{dz}\right)_0 = \frac{T_A - \gamma\cdot\overline{AA_1} - T_B + \gamma\cdot\overline{BB_1}}{\overline{A_1 B_1}}.$$

Bei gleicher Distanz $AB = A_1 B_1$ wird nun

$$\left(\frac{dT}{dz}\right)_0 = -\left(\frac{dT}{dz}\right)_u - 2\gamma.$$

Man sieht, daß nur in dem Falle, wo $\left(\dfrac{dT}{dz}\right)_u = -\gamma$, also adiabatisches Gleichgewicht unten herrscht, $\left(\dfrac{dT}{dz}\right)_0 = -\gamma$, also gleich dem unteren Temperaturgradienten bleibt. Herrscht unten stabiles Gleichgewicht $\left[\left(\dfrac{dT}{dz}\right)_u > -\gamma\right]$, so wird es oben labil und umgekehrt. Eine Drehung

---

[1]) Von den kleinen Abweichungen, die in Abschnitt 25 und 26 behandelt wurden, sehen wir hier ab.

paralleler Stromlinien in der Vertikalebene um 180^0 bringt also bei adiabatischer Bewegung im allgemeinen Veränderungen vom labilen zum stabilen Gleichgewichtszustand oder umgekehrt mit sich. Geht die Bewegung in Fig. 18 aufwärts (von A über C nach A_1), dann wird im allgemeinen unten eine labile Verteilung gewesen sein, die Luft in A zu warm. Sie geht von selbst in die stabile Lage $A_1 B_1$ über. Umgekehrt bei absteigender Bewegung, wo die Masse in A_1 zu kalt war und nach A sinkt.

Betrachten wir unter diesen Gesichtspunkten die Temperaturverteilung im Niveau C, so ist bei von selbst eintretender Abwärtsbewegung dort eine horizontale Temperaturzunahme nach der x-Richtung vorhanden,

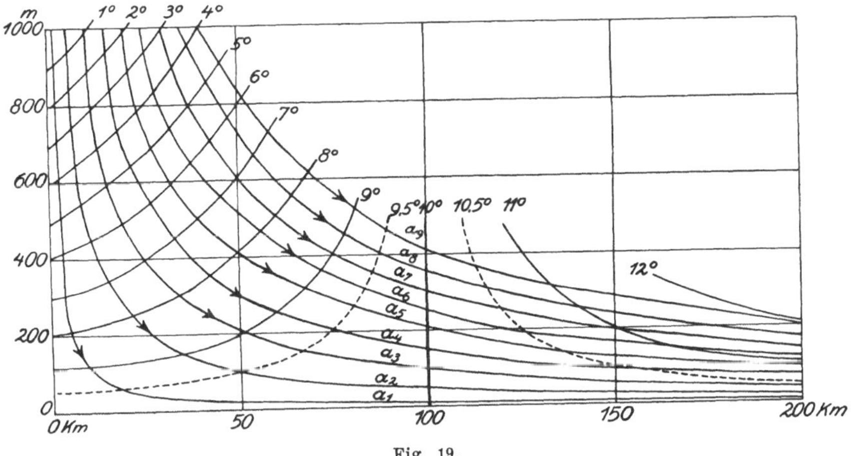

Fig. 19.

umgekehrt eine Abnahme bei aufsteigender Bewegung. Es tritt nun die Frage auf, wie weit sich die Luft in horizontalem Sinn vom Punkt C entfernen muß, damit Isothermie, bzw. Temperaturumkehr zustande kommt.

Um dies zu beurteilen, wählen wir eine bestimmte Form von Stromlinien, die sich aus der vertikalen in die horizontale Richtung wenden, z. B. Hyperbeln, deren Asymptoten die x- und z-Achse sind. Ihre Gleichung ist $xz = \dfrac{a^2}{2}$, wa a der kürzeste Abstand einer Hyperbel vom Ursprung des Koordinatensystems ist. Solche Stromlinien sind in Fig. 19 dargestellt (a_1, a_2, a_3 ...); die Luft bewege sich längs derselben nach abwärts, wie dies anzunehmen ist, wenn absteigende Luft sich an der Erdoberfläche oder an einer Grenzfläche wesentlich kälterer Luft ausbreitet.

Die Temperaturverteilung ist in diesem Fall nach der obigen Gleichung durch

$$T = -\gamma z + \varphi(x \cdot z)$$

gegeben.

Die beliebige Funktion φ bestimmen wir durch die Annahme, daß in gewisser Höhe z_1 über der x-Achse lineare Temperaturzunahme nach x hin bestehen soll. Es muß also für $z = z_1 : T_1 = m + nx$ sein. Zugleich muß $T_1 = -\gamma z_1 + \varphi(x . z_1)$ sein, woraus folgt, daß

$$\varphi(xz) = m + \gamma z_1 + n\frac{xz}{z_1}.$$

Die Temperatur ist also gegeben durch

$$T = m + \gamma z_1 - \gamma z + n\frac{xz}{z_1}$$

oder durch $T = \alpha - \gamma z + \beta xz$, wo $\alpha = m + \gamma z_1$, $\beta = \dfrac{n}{z_1}$.

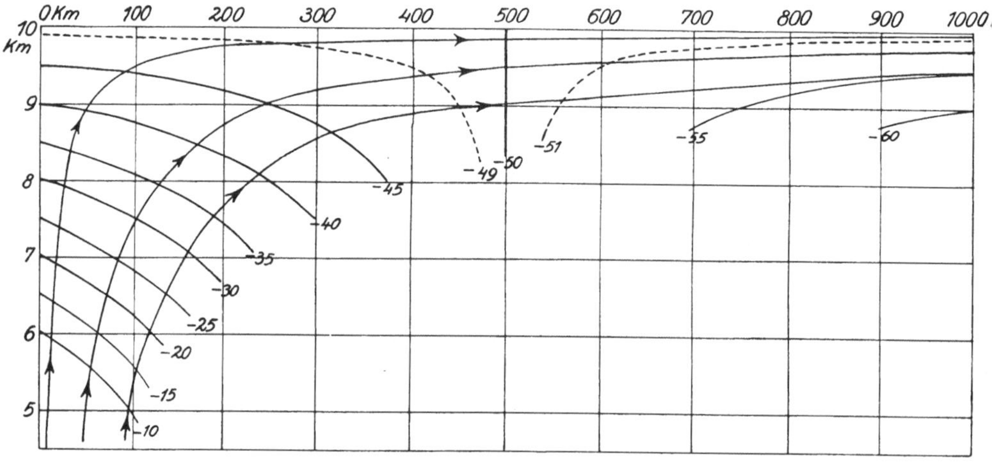

Fig. 20.

Wir wollen die horizontalen und vertikalen Längenerstreckungen in Hektometern angeben. Sei $z_1 = 10$ (1000 Meter) und in dieser Höhe bei $x = 0$ die Temperatur $0°$, in $x = 1000$ (100 km) Entfernung aber $10°$. Dann ist, da $\gamma = 1°/100\,\mathrm{m}$, $\alpha = 10$, $\beta = 10^{-3}$ und man erhält

$$T = 10 - z + 10^{-3}xz.$$

Die Temperaturverteilung, welche durch diese Gleichung gegeben wird, ist in Fig. 19 durch Isothermen dargestellt. Sie sind gleichfalls Hyperbeln, aber mit verschobenen Achsenpunkten. Die Horizontalentfernungen sind in der Zeichnung gegen die Vertikalen um das Hundertfache verkürzt. Bei einer Temperaturzunahme gegen rechts um $10°$ auf $100\,\mathrm{km}$ findet man bei Ausbreitung an der Erdoberfläche in $100\,\mathrm{km}$ von der Achse Isothermie, von da an Inversion der Temperatur.

In ganz analoger Weise kann die Temperaturverteilung im aufsteigenden Strom berechnet werden, der sich unter der Stratosphäre seitlich ausbreitet. Wir nehmen dazu an, wir hätten in 5 km über der Erde vom Zentrum des aufsteigenden Luftstroms, das am wärmsten ist, eine lineare Temperaturabnahme nach der Seite, z. B. eine Abnahme von 10^0 auf 100 km Horizontalentfernung.

Wird die Temperatur in 10 km Höhe zu -50^0 C angenommen und werden für die Strömungslinien wieder Hyperbeln gesetzt, die sich unter jenem Niveau aus der Vertikalen nach der Horizontalen wenden, so entstehen die Isothermen, die in Fig. 20 dargestellt sind.

Während im Zentrum des aufsteigenden Stromes der Temperaturgradient adiabatisch ist, wird er nach der Seite zu geringer, erreicht in 500 km Abstand vom Zentrum die Isothermie und in größerem Abstand die Inversion.

Die Kurven der Fig. 20 sind zur besseren Übersicht wieder so gezeichnet, daß die Horizontaldimensionen gegenüber den vertikalen verkürzt sind, und zwar im Verhältnis von 1 : 80.

Natürlich gelten diese Rechnungen nur für trockene Luft ohne Kondensation.

Sechstes Kapitel.

Allgemeine Dynamik der Luftströmungen.

35. Prinzip der geometrisch ähnlichen Bewegungen nach Helmholtz. Ehe wir die meteorologischen Einzelerscheinungen näher behandeln, sollen zuerst an der Hand der Bewegungsgleichungen aus dem zweiten Kapitel gewisse Eigentümlichkeiten der Luftbewegungen besprochen werden. Die eigentlichen Bewegungsformen ergeben sich erst durch Integration der Differentialgleichungen, welche nur selten durchführbar ist. Doch lassen sich, wie von Helmholtz[1]) gezeigt wurde, einige merkwürdige Schlüsse auch aus den Differentialgleichungen allgemeinster Art ziehen, und zwar mit Hilfe des Prinzips der geometrisch ähnlichen Bewegungen.

Es seien zwei Flüssigkeiten (worunter auch Gase verstanden werden können) gegeben; für sie gelten die allgemeinen Bewegungsgleichungen von S. 32, welche auch die innere Reibung berücksichtigen, ferner die Kontinuitätsgleichung von S. 39 und eine Zustandsgleichung der Flüssigkeit. Wir fragen nach den Bedingungen, unter denen diese zwei Flüssigkeiten geometrisch ähnliche Bewegungen ausführen können. Es sind das Bewegungen, für welche identische Differentialgleichungen mit identischen Konstanten gelten.

Wir bezeichnen die Größen der Flüssigkeit I mit kleinen, die der Flüssigkeit II mit großen Buchstaben. Es seien:

	in I	in II
Geschwindigkeitskomponenten	$u,\ v,\ w$	$U,\ V,\ W$
Druck	p	P
Dichte	ϱ	P
Koordinaten	$x,\ y,\ z$	$X,\ Y,\ Z$
Zeit	t	T
Reibungskonstante	μ	M

Bei der Untersuchung der Bedingung ähnlicher Bewegungen tritt die Frage auf, ob eine Flüssigkeit auf einer rascher rotierenden Erde oder einer solchen mit größerer Schwere imstande wäre, ähnliche Bewegungen auszuführen, wie eine gegebene Flüssigkeit auf unserer Erde.

---

[1]) Sitz.-Ber. d. Berl. Akad. d. Wiss., 1873, S. 501.

Wir führen daher in die Bewegungsgleichungen von S. 32 auch die Schwerkraft und die ablenkende Kraft der Erdrotation in horizontaler Richtung ein und betrachten diese Kräfte zunächst als ebenso variabel wie die Eigenschaften der Flüssigkeit; es sei also für die eine Flüssigkeit gegeben g und lv, für die andere G und LV etc.

Im Anschluß an Helmholtz benützen wir zur Beurteilung, welche Rolle die Kompressibilität der Flüssigkeit (Luft) spielt, die allgemeine Zustandsgleichung $p + c = a^2\varrho$. Hier ist c der innere Druck, der eine endliche Dichte der Substanz auch beim äußeren Druck $p = 0$ bestehen läßt, a die Schallgeschwindigkeit bei konstanter Temperatur[1]). Je größer c, desto weniger kompressibel ist die Flüssigkeit, je kleiner, desto ähnlicher ist sie dem idealen Gas ($c = 0$). (Für die zweite Flüssigkeit setzen wir wieder große Buchstaben.)

Die in Frage kommenden Gleichungen sind also die folgenden (für die dritte Dimension ist nichts Neues zu erwarten, daher werden nur zwei Bewegungsgleichungen aufgestellt):

$$\frac{du}{dt} = \frac{\mu}{\varrho}\nabla^2 u - \frac{1}{\varrho}\frac{\partial p}{\partial x} - lv,$$

$$\frac{dw}{dt} = \frac{\mu}{\varrho}\nabla^2 w - \frac{1}{\varrho}\frac{\partial p}{\partial z} - g,$$

$$\frac{\partial\varrho}{\partial t} + \frac{\partial(\varrho u)}{\partial x} + \frac{\partial(\varrho v)}{\partial y} + \frac{\partial(\varrho w)}{\partial z} = 0,$$

$$p + c = a^2\varrho.$$

Indem wir nun diese Gleichungen für die eine Flüssigkeit (I) gelten lassen, sollen sie für die andere (II) ebenso gelten. Setzen wir also statt der kleinen große Buchstaben in das Gleichungssystem, so müssen diese Gleichungen mit den früheren identisch werden. Hiezu ist notwendig, daß die Verhältniszahlen der Größen, die sich auf I und II beziehen, gewisse Bedingungen erfüllen.

Wir führen folgende Zeichen für die Verhältniszahlen ein:

$$X = \xi x, \quad U = nu, \quad T = \tau t, \quad M = q\mu, \quad C = \varepsilon c.$$
$$Y = \xi y, \quad V = nv, \quad P = \pi p, \quad G = \gamma g, \quad A^2 = \alpha a^2.$$
$$Z = \xi z, \quad W = nw, \quad \mathrm{P} = r\varrho, \quad L = \lambda l.$$

Aus der ersten Bewegungsgleichung ergibt sich als Bedingung ähnlicher Bewegungen der zwei Flüssigkeiten:

$$\frac{n}{\tau} = \frac{q}{r}\frac{n}{\xi^2} = \frac{1}{r}\frac{\pi}{\xi} = \lambda n;$$

aus der zweiten: $\dfrac{n}{\tau} = \dfrac{q}{r}\dfrac{n}{\xi^2} = \dfrac{1}{r}\dfrac{\pi}{\xi} = \gamma;$

aus der Kontinuitätsgleichung: $\dfrac{r}{\tau} = \dfrac{rn}{\xi};$

aus der Zustandsgleichung: $\pi = \varepsilon = \alpha r.$

---

[1]) Siehe z. B. Christiansen, Theoretische Physik.

Hieraus lassen sich die folgenden sieben Beziehungen entnehmen, in welchen sieben der Faktoren durch die Verhältniszahlen der Länge ξ, der Geschwindigkeit n und der Dichte r ausgedrückt sind.

$$\tau = \frac{\xi}{n}, \qquad \gamma = \frac{n^2}{\xi}, \qquad \varepsilon = n^2 r,$$
$$\pi = n^2 r, \qquad \lambda = \frac{n}{\xi}, \qquad \alpha = n^2,$$
$$q = r \xi n.$$

Wir wollen nun annehmen, die beiden in Betracht gezogenen Flüssigkeiten hätten die gleiche Dichte, so daß $r = 1$. Es handelt sich ja in unserem Fall nur um die eine Flüssigkeit Luft. Dann wird

$$\tau = \frac{\xi}{n}, \qquad \gamma = \frac{n^2}{\xi}, \qquad \varepsilon = n^2,$$
$$\pi = n^2, \qquad \lambda = \frac{n}{\xi}, \qquad \alpha = n^2,$$
$$q = \xi n.$$

A. Die erste Frage, die wir stellen, ist die nach der Möglichkeit ähnlicher Bewegungen von Luft in verschiedenen räumlichen Dimensionen, unter der Voraussetzung gleicher Geschwindigkeiten. Dann ist also $n = 1$ zu setzen und es wird:

$$\tau = \xi, \qquad \gamma = \frac{1}{\xi}, \qquad \varepsilon = 1,$$
$$\pi = 1, \qquad \lambda = \frac{1}{\xi}, \qquad \alpha = 1,$$
$$q = \xi.$$

Ähnliche Bewegungen von Luft sind unter diesen Umständen nicht möglich, da einige der Faktoren unveränderlich sind (konstante Kräfte und konstante Reibung). Nur für $\xi = 1$ wäre das der Fall, doch werden die Bewegungen in diesem Fall identisch.

Hingegen läßt sich folgendes schließen: Erfolgt die Luftbewegung in größeren Dimensionen ($\xi > 1$), so müßte für ähnliche Bewegungen auch die Zeitdimension (τ) größer sein. Die wahre Zeiteinheit spielt also in größeren Räumen eine geringere Rolle als in kleineren, was zunächst selbstverständlich ist. Ganz analoges gilt von q. **Die innere Reibung spielt bei Luftbewegungen in größeren Räumen eine geringere Rolle als in kleineren**; oder: die Bedeutung der inneren Reibung für die Bewegung der Luft nimmt umso mehr ab, in je größeren Dimensionen jene erfolgt. Diese Tatsache ist für die theoretische Behandlung der Luftbewegungen auf der Erde sehr günstig, da sie erlaubt, die innere Reibung der Luft umso eher zu vernachlässigen, je größere Luftgebiete betrachtet werden (Helmholtz).

Umgekehrt liegen die Verhältnisse für die Kräfte, die Schwere und die ablenkende Kraft der Erdrotation. In größeren Dimensionen müßte γ wie λ

kleiner sein, um ähnliche Bewegungen hervorzurufen wie in kleineren. Da nun in der Atmosphäre $\gamma = \lambda = 1$ ist, werden die Luftbewegungen in größeren Räumen so erfolgen, als würde eine verstärkte Schwere und Ablenkungskraft wirken. Die Bedeutung dieser Kräfte nimmt also zu, in je größeren Dimensionen die Luftbewegungen erfolgen. Dies erscheint für die allgemeinen Vorstellungen der Dynamik sehr wichtig.

B. Betrachten wir Luftbewegungen in gleichen Räumen ($\xi = 1$), aber unter verschiedenen Geschwindigkeiten ($n \lessgtr 1$). Dann wird aus den obigen Gleichungen für Luft ($r = 1$).

$$\tau = \frac{1}{n}, \quad \gamma = n^2, \quad \varepsilon = n^2,$$
$$\pi = n^2, \quad \lambda = n, \quad \alpha = n^2,$$
$$q = n.$$

Ähnliche Bewegungen unter verschiedenen Geschwindigkeiten sind in der Atmosphäre wieder nicht möglich, da die meisten Faktoren in Luft konstant ($= 1$) sind. Nur für $n = 1$ wäre dies der Fall, das ist aber Identität.

Nun läßt sich schließen: ist $n > 1$, die Bewegung also rascher, so müßte die innere Reibung größer sein, um ähnliche Bewegungen hervorzurufen. Da sie in Luft den Wert $q = 1$ behält, so spielt sie bei rascheren Bewegungen eine geringere Rolle als bei langsamen. Das gleiche gilt vom Druck und von den Kräften γ und λ, deren Wirkung bei langsamen Bewegungen bedeutender ist. Wichtig erscheint noch, daß die Inkompressibilität ε (die Annäherung an die tropfbare Flüssigkeit) umso größer sein muß, um ähnliche Bewegungen zu ergeben, je rascher die Luft sich bewegt. Da in Luft $\varepsilon = 1$, so heißt dies: bei langsamer Bewegung ähnelt die Luft mehr einer tropfbaren Flüssigkeit als bei rascher Bewegung (Helmholtz).

36. Horizontale Strömung ohne Reibung.

Die allgemeinen Bewegungsgleichungen der Luft, welche keine Reibungsglieder enthalten (Abschnitt 17, S. 33), sollen hier zunächst für horizontale Bewegungen verwertet werden. Ist die vertikale Geschwindigkeit $\dot{r} = 0$, so wird:

$$r\,\ddot{\varphi} + r\sin\varphi\cos\varphi\,\dot{\lambda}\,(\dot{\lambda} - 2\,\omega) = -\frac{1}{\varrho\,r}\frac{\partial p}{\partial \varphi},$$
$$r\cos\varphi\,\ddot{\lambda} - 2\,r\sin\varphi\,\dot{\varphi}\,(\dot{\lambda} - \omega) = -\frac{1}{\varrho\,r\cos\varphi}\frac{\partial p}{\partial \lambda}.$$

Auf kleinen Gebieten der Erdoberfläche können wir $\sin\varphi$ als konstant betrachten und die meridionale Geschwindigkeit $r\,\dot{\varphi}$ durch $\frac{d\,y}{d\,t} = v$, die Beschleunigung $r\,\ddot{\varphi}$ durch $\frac{d\,v}{d\,t}$, ferner die ostwestliche Geschwindigkeit $r\cos\varphi\,\dot{\lambda}$ durch $\frac{d\,x}{d\,t} = u$, die Beschleunigung $r\cos\varphi\,\ddot{\lambda}$ durch $\frac{d\,u}{d\,t}$ ersetzen. Da $\dot{\lambda}$ bei Luftbewegungen gegen ω fast immer klein ist, so darf es in erster Näherung gegen letzteren Wert, bzw. gegen 2ω vernachlässigt werden. Es wird folglich:

$$\frac{du}{dt} + 2\omega \sin \varphi \, v = - \frac{1}{\varrho} \frac{\partial p}{\partial x},$$
$$\frac{dv}{dt} - 2\omega \sin \varphi \, u = - \frac{1}{\varrho} \frac{\partial p}{\partial y}.$$

Das hier verwendete rechtwinklige Koordinatensystem liegt im Horizont eines Punktes der Erdoberfläche. Wir wollen in Zukunft bei Benützung desselben die Abszisse x nach einer beliebigen Richtung des Kompasses, die Ordinate y um 90^0 von ihr im Sinne des Uhrzeigers gedreht als positiv zählen. Es ist dann beim Übergang von Polar- zu rechtwinkligen Koordinaten keine Vorzeichenänderung in den Gleichungen nötig.

Im einfachsten Falle strömt die Luft in geraden Bahnen mit konstanter Geschwindigkeit $c = \sqrt{u^2 + v^2}$. Dann ist $\frac{du}{dt} = \frac{dv}{dt} = 0$, und es gilt für geradlinige Bewegung von konstanter Geschwindigkeit:

$$2\omega \sin \varphi \, v = - \frac{1}{\varrho} \frac{\partial p}{\partial x}, \qquad 2\omega \sin \varphi \, u = \frac{1}{\varrho} \frac{\partial p}{\partial y}.$$

Der totale Druckgradient sei $\frac{\partial p}{\partial n} = \sqrt{\left(\frac{\partial p}{\partial x}\right)^2 + \left(\frac{\partial p}{\partial y}\right)^2}$, wo n senkrecht zu den Isobaren steht; es ist mithin auch $2\omega \sin \varphi \, c = \pm \frac{1}{\varrho} \frac{\partial p}{\partial n}$.

Die beschleunigungslose Bewegung verlangt also Gleichheit der ablenkenden Kraft der Erdrotation mit dem Druckgradienten pro Masseneinheit. Die beiden Kräfte müssen numerisch gleich, aber entgegengesetzt gerichtet sein. Hiernach ergibt sich auf der nördlichen ($\varphi > 0$) und südlichen Halbkugel ($\varphi < 0$) das folgende Schema (Fig. 21) für die Lage der geradlinigen Isobaren, des Gradienten, der Luftbewegung und der ablenkenden Kraft der Erdrotation bei konstanten Winden. Die Figuren können dabei nach beliebigen Himmelsrichtungen orientiert sein.

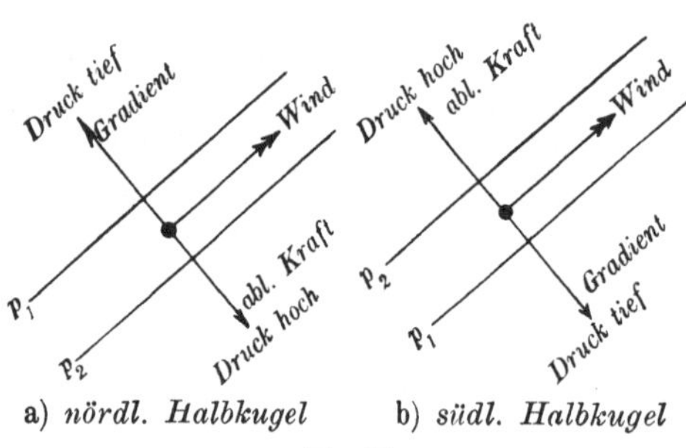

a) *nördl. Halbkugel*   b) *südl. Halbkugel*

Fig. 21.

Die Geraden p_1, p_2 sind Linien, welche Orte mit gleichem Luftdruck verbinden, „Isobaren". Der Wind weht senkrecht zum Gradienten, parallel zu denselben, u. zw. auf der nördlichen Halbkugel um 90^0 nach rechts, auf der südlichen um 90^0 nach links vom Gradienten. Dies ergibt sich unmittelbar, wenn man in einer der beiden obigen

Gleichungen, z. B. in der ersten, die Komponente v als totale Geschwindigkeit, den Gradienten $\frac{\partial p}{\partial x}$ als totalen Gradienten betrachtet und die obige Festsetzung über die Koordinatenachsen berücksichtigt.

Als Gradientrichtung wird dabei stets die Richtung zum niedrigen Druck, die Richtung von $-\frac{\partial p}{\partial n}$, bezeichnet.

Die Tatsache, daß ein Beobachter, dem der Wind in den Rücken bläst, auf der nördlichen Halbkugel den tiefen Luftdruck links, auf der südlichen rechts hat, wird auch als „barisches Windgesetz" oder Gesetz von Buys-Ballot bezeichnet. Es ist freilich nur die ungefähre Richtung des tiefen Druckes regelmäßig vorhanden, der Winkel zwischen Wind und Gradient unterliegt Schwankungen.

Von praktischer Wichtigkeit ist es, daß bei beschleunigungsloser geradliniger Bewegung der Gradient umso geringer wird, je näher dem Äquator eine bestimmte Bewegung c vor sich geht. Wir haben z. B. bei gegebener Windstärke in 60^0 Br. einen $2^1/_2$ mal so starken Gradienten zu erwarten als in 20^0 Breite. Wenn man auf den Wetterkarten größerer Gebiete der Erde (z. B. den Hoffmeyerschen Karten) die starken Gradienten polwärts, und die viel geringeren äquatorwärts sieht, so braucht man daraus noch nicht zu schließen, daß die Winde selbst ähnliche Unterschiede aufweisen. Eine gewisse Gleichmäßigkeit der Windstärken, wie sie durch die allgemeine Luftzirkulation zwischen hohen und niedrigen Breiten vermöge der Trägheit der Bewegungen verursacht wird, verlangt direkt große Druckgradienten in hohen und viel geringere in niedrigen Breiten.

Bei gekrümmten Isobaren empfiehlt es sich, Polarkoordinaten einzuführen. Es bezeichne $\mathfrak{r}$ den Abstand eines Punktes x, y vom Koordinatenanfangspunkt, ϑ den Winkel, welchen $\mathfrak{r}$ mit der positiven x-Achse einschließt. Dann kann man setzen: $x = \mathfrak{r}\cos\vartheta$, $y = \mathfrak{r}\sin\vartheta$,

$$u = \dot{\mathfrak{r}}\cos\vartheta - \mathfrak{r}\sin\vartheta\,\dot{\vartheta}, \qquad v = \dot{\mathfrak{r}}\sin\vartheta + \mathfrak{r}\cos\vartheta\,\dot{\vartheta}.$$

Da noch

$$\frac{\partial}{\partial x} = \frac{\partial}{\partial \mathfrak{r}}\cos\vartheta - \frac{\partial}{\partial \vartheta}\frac{\sin\vartheta}{\mathfrak{r}}, \qquad \frac{\partial}{\partial y} = \frac{\partial}{\partial \mathfrak{r}}\sin\vartheta + \frac{\partial}{\partial \vartheta}\frac{\cos\vartheta}{\mathfrak{r}},$$

so werden die Bewegungsgleichungen von S. 95 nun:

$$\ddot{\mathfrak{r}} - \mathfrak{r}\dot{\vartheta}^2 + 2\,\omega\sin\varphi\,\mathfrak{r}\dot{\vartheta} = -\frac{1}{\varrho}\frac{\partial p}{\partial \mathfrak{r}},$$

$$\mathfrak{r}\ddot{\vartheta} + 2\dot{\mathfrak{r}}\dot{\vartheta} - 2\,\omega\sin\varphi\,\dot{\mathfrak{r}} = -\frac{1}{\varrho\mathfrak{r}}\frac{\partial p}{\partial \vartheta}.$$

Die Kontinuitätsgleichung aber von S. 33 läßt sich schreiben:

$$\frac{\partial \varrho}{\partial t} + \varrho\frac{\dot{\mathfrak{r}}}{\mathfrak{r}} + \frac{\partial(\varrho\dot{\mathfrak{r}})}{\partial \mathfrak{r}} + \frac{\partial(\varrho\dot{\vartheta})}{\partial \vartheta} + \frac{\partial(\varrho w)}{\partial z} = 0.$$

Um die Verteilung der Kräfte und Geschwindigkeiten bei gekrümmten Isobaren an einem Beispiele zu zeigen, machen wir die Annahme, die Druckverteilung sei unabhängig von ϑ; dann sind die Isobaren Kreise, welche um den Mittelpunkt des Koordinatensystems liegen, $\dfrac{\partial p}{\partial \mathfrak{r}}$ ist der totale Gradient. Betrachten wir wie früher Bewegungen ohne Beschleunigung ($\ddot{\mathfrak{r}} = \ddot{\vartheta} = 0$), so folgt aus der zweiten Gleichung $\dot{\mathfrak{r}} = 0$, aus der ersten wird:

$$\mathfrak{r}\dot{\vartheta}^2 - 2\,\omega \sin \varphi\, \mathfrak{r}\dot{\vartheta} = \frac{1}{\varrho}\frac{\partial p}{\partial \mathfrak{r}}.$$

Dem Gradienten wird nun von zwei Kräften das Gleichgewicht gehalten, von der Zentrifugalkraft und der ablenkenden Kraft der Erdrotation. Erstere wirkt stets vom Krümmungsmittelpunkt weg, also senkrecht auf die Isobaren nach außen; die Richtung der letzteren hängt vom Rotationssinn des ϑ ab. Bei positivem φ (nördl. Halbkugel) und positivem Drehungssinn der Luft (Kreisen in der Richtung des Uhrzeigers) kommt die ablenkende Kraft der Erdrotation $2\,\omega \sin \varphi\, \mathfrak{r}\dot{\vartheta}$ von der Zentrifugalkraft $\mathfrak{r}\dot{\vartheta}^2$ in Abzug, bei negativem Drehungssinn (gegen den Uhrzeiger) summieren sich beide. Da im allgemeinen die Ablenkungskraft größer ist als die Zentrifugalkraft, so muß ihre Richtung der Gradientkraft entgegengesetzt sein, damit Gleichgewicht herrsche. Man hat daher ebenso wie bei geradliniger Bewegung den tiefen Druck auf der nördlichen Erdhälfte links, auf der südlichen rechts von der Bewegung zu suchen.

Die folgenden Figuren geben ein Schema für das Gleichgewicht des Gradienten mit der Zentrifugalkraft und der ablenkenden Kraft bei kreisförmigen Isobaren, wobei auch die Geschwindigkeit gezeichnet ist, durch welche diese Kräfte ausgelöst werden. Da für kreisförmige Isobaren zwei Annahmen möglich sind, die nämlich, daß der Druck im Mittelpunkt tief, und die, daß er daselbst hoch ist, so ergeben sich im ganzen vier mögliche Bewegungen. Man bezeichnet solche mit tiefem Druck im Innern als z y k l o n a l e, solche mit hohem Druck im Innern als a n t i z y k l o n a l e, weil erstere den Erscheinungen der Zyklonen, letztere jenen der Antizyklonen entsprechen.

In Fig. 22 sind die vier Verteilungen gezeichnet, wobei die Geschwindigkeit c des Luftteilchens überall gleich groß angenommen wurde. Infolgedessen ist bei gegebener geographischer Breite auch die ablenkende Kraft A überall dieselbe. Bei gleicher Distanz vom Krümmungsmittelpunkt ist aber auch die Zentrifugalkraft Z in allen vier Fällen von gleicher Größe. Hiernach ist der Gradient bei zyklonaler und antizyklonaler Verteilung leicht zu konstruieren. Er fällt bei zyklonaler Rotation (Fig. 22, a, b) nach einwärts und ist größer (G), als bei antizyklonaler

(Fig. 22, c, d), wo er auswärts zeigt (G'). Dies ist auch durch die Distanz der beiden kreisförmigen Isobaren angedeutet, deren Druckwerte sich in beiden Fällen um den gleichen Betrag Δp unterscheiden. Im ersten Fall, bei negativer Rotationsbewegung auf der nördlichen Halbkugel, haben wir ein sogenanntes „Tiefdruckgebiet", im zweiten, bei positiver daselbst, ein „Hochdruckgebiet".

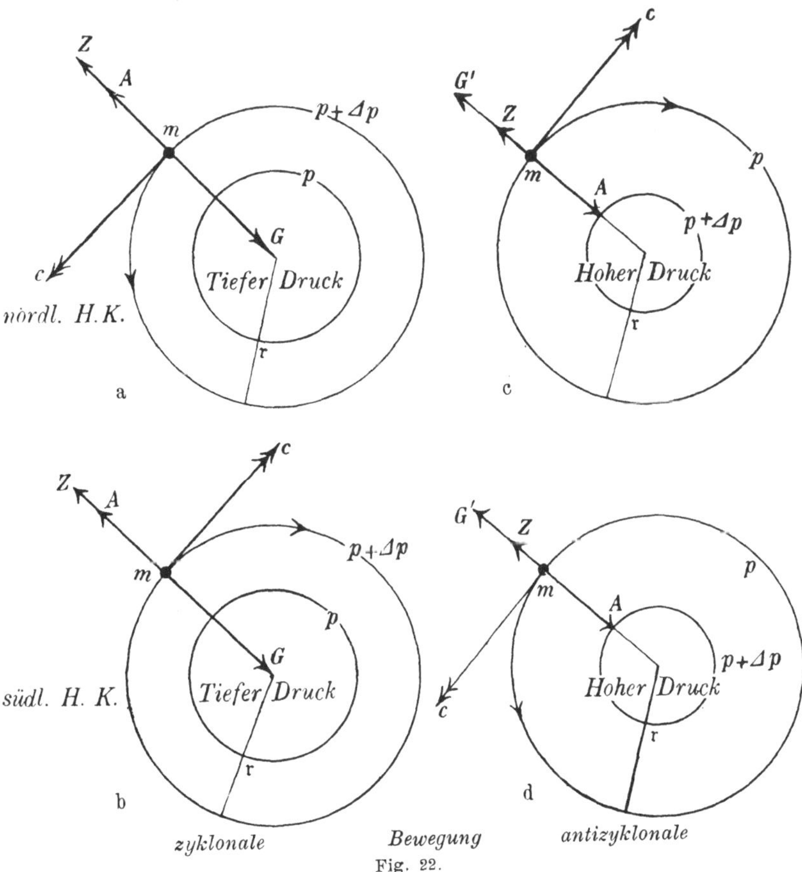

Fig. 22.

Man kann festhalten, daß die gleiche Windstärke in Zyklonen mit stärkerem Druckgefälle verbunden ist als in Antizyklonen. Die Wetterkarten zeigen dies im Durchschnitt recht deutlich, Zyklonen haben größere Druckgradienten als Antizyklonen. Die Windstärke bleibt beim Übergang einer Luftmasse vom antizyklonalen zum zyklonalen Bewegungsgebiet dabei annähernd gleich, schon infolge der Trägheit der Massen.

Die ablenkende Kraft der Erdrotation (Pfeil A) ist in der Figur größer gezeichnet als die Zentrifugalkraft (Pfeil Z), weil erstere tatsächlich meist größer ist. Mittelst der Ausdrücke für diese Kräfte $(A = 2\,\omega \sin \varphi\, r\,\dot\vartheta,\; Z = r\,\dot\vartheta^2$ oder, nach Einführung der Geschwindigkeit c, $A = 2\,\omega \sin \varphi\, c,\; Z = \dfrac{c^2}{r}\big)$ erhält man beispielsweise folgende Werte von A und Z bei der Geschwindigkeit c, dem Krümmungsradius r und der Breite φ:

c in m/sec	A in cm/sec²					Z in cm/sec²			
	$\varphi = 10^0$	20^0	40^0	60^0	80^0	$r = 100\,\mathrm{km}$	500	1000	2000
5	0·013	0·025	0·047	0·063	0·071	0·025	0·005	0·003	0·001
10	0·025	0·050	0·093	0·126	0·143	0·100	0·020	0·010	0·005
20	0·051	0·100	0·187	0·252	0·286	0·400	0·080	0·040	0·020
30	0·076	0·149	0·280	0·378	0·430	0·900	0·180	0·090	0·045
40	0·101	0·199	0·374	0·504	0·573	1·600	0·320	0·160	0·080

Aus der Bedingungsgleichung für beschleunigungslose Bewegung ist ist es auch leicht, sich ein Urteil über die Größe des Druckgradienten G zu bilden, welcher bei gegebener Windstärke vorkommt; so ist z. B. bei Bewegungen der Luft mit der Geschwindigkeit $c = 10$ m/sec längs einer Isobare, deren Krümmungsradius 500 km beträgt, die Zentrifugalkraft $Z = 0·020$, die ablenkende Kraft in 40^0 Breite $A = 0·093$ cm/sec².

Für zyklonale Bewegung gibt dies einen Gradienten pro Masseneinheit $$G = \frac{1}{\varrho}\,\frac{\partial p}{\partial r} = 0·113 \text{ cm/sec}^2,$$ für antizyklonale Bewegung $G' = 0·073$ cm/sec². Nehmen wir für ϱ die Dichte der Luft bei 760 mm Hg und 0^0 C an, also $1·293$ kg/m³, so wird im kg-m-sec-System das Druckgefälle $\varDelta p$ auf die Distanz $\varDelta r$ eines Meridiangrades, d. i. von 111 km (jene Distanz, auf welche der Druckgradient gewöhnlich bei meteorologischen Aufgaben bezogen wird): $\varDelta p = G\varrho\varDelta r = \dfrac{G \cdot 1·293}{100} \cdot 111 \cdot 10^3$; hier sind für G die obigen Zahlen einzusetzen.

Will man den Druck in mm Hg ausdrücken, so hat man diese Zahl durch 133 zu dividieren (vgl. S. 8) und erhält somit als Druckgradient für 1 Meridiangrad bei zyklonaler Bewegung $\varDelta p = 1·22$ mm Hg, bei antizyklonaler Bewegung $\varDelta p = 0·79$ mm[1]).

---

[1] Die praktische Bestimmung des Gradienten erfolgt am besten graphisch. Man braucht dazu nur die Druckangaben von drei Orten, die nicht in einer Geraden liegen. Unter der Annahme, daß innerhalb des von ihnen gebildeten Dreiecks der Gradient konstant ist, verfährt man dann folgendermaßen (vgl. H. Wolff, Met. Zeitschr. 1910, S. 79): Sei A der Ort mit dem höchsten Druck a; B, C die zwei anderen mit den Drucken b, c. Man trägt in beliebigem Maß die Komponente des Gradienten in der Richtung AB auf dieser Strecke von A aus gegen B hin auf; sie ist $\dfrac{a-b}{AB}$; ebenso trägt man von A aus die zweite Komponente $\dfrac{a-c}{AC}$

Die meteorologischen Beobachtungen haben die Ergebnisse der Theorie im allgemeinen bestätigt. Einerseits zeigten dieselben, daß der Druckgradient von 1 mm pro Meridiangrad schon ein relativ großer ist, der mit nicht unbedeutenden Winden einhergeht; andererseits, daß auf den synoptischen Wetterkarten ganz regelmäßig die zyklonalen Bewegungen mit stärkeren Gradienten verbunden sind als die antizyklonalen. Ein genauerer Vergleich zwischen Beobachtung und Theorie erfordert noch die Berücksichtigung der Luftreibung und erfolgt später.

Durch den Umstand, daß bei antizyklonaler Bewegung die ablenkende Kraft der Erdrotation und die Zentrifugalkraft einander entgegenwirken, wird es möglich, daß antizyklonale Winde ohne oder mit verkehrtem Druckgradienten unbeschleunigt vorkommen. Ein Blick auf die Gleichung auf S. 98 lehrt, daß der Gradient verschwindet, wenn ablenkende Kraft und Zentrifugalkraft einander gleich werden. Überwiegt die letztere, so kehrt sich das Gefälle um, die Luft bewegt sich auf der nördlichen Halbkugel um den tiefen Druck in der Richtung des Uhrzeigers herum. Beides geschieht am leichtesten in niedrigen Breiten und bei kleinem r (s. Tabelle S. 100). Ob solche Bewegungen wirklich vorkommen, ist bisher nicht bekannt; da man meist erst aus Barometerbeobachtungen auf den Zusammenhang der Luftströmungen verschiedener Stationen aufmerksam wird, so wäre es nicht zu verwundern, wenn man die besprochenen Erscheinungen übersehen hätte.

Am Äquator, wo die ablenkende Kraft fehlt, ist im unbeschleunigten Zustand der Druck stets auf der konkaven Seite der Isobaren niedrig, ob die Bewegung mit oder gegen den Uhrzeiger erfolgt. Dort gibt es demnach keine stationären Hochdruckgebiete über kleineren Teilen der Erdoberfläche, weil keine Kraft da ist, die dem auswärts gerichteten Druckgradienten entgegenwirken und das Gleichgewicht halten könnte. Das abgeschlossene Hochdruckgebiet ist als eine Eigentümlichkeit der höheren Breiten aufzufassen, solange es sich um wesentlich unbeschleunigte Bewegungen handelt. Tritt Beschleunigung hinzu, dann sind natürlich alle Bewegungen bei gegebenen Gradienten möglich.

Die einfachen Verhältnisse, die in diesem Abschnitt geschildert sind, werden durch Reibung verwickelter; deren Einfluß wird später behandelt.

37. Zwei Integrale der Bewegungsgleichungen für horizontale Luftströmungen ohne Reibung.

Die Gleichungen auf S. 96 stellen sehr bequeme und einfache Formeln vor, mit welchen die Luftbewegung in horizontalen Ebenen auf beschränkten Gebieten der Erdoberfläche (φ kon-

---

in der Richtung gegen C auf. Hierdurch gelangt man zu den Punkten B' und C'. In B' und C' errichtet man Senkrechte zu AB und AC, die sich in D schneiden. Die Strecke AD gibt dann die Größe und Richtung des totalen Gradienten an; denn AB' ist seine Komponente in der Richtung AB, AC' in der Richtung AC.

stant) unter Vernachlässigung der Luftreibung behandelt werden kann. Sie sind hier nochmals angeschrieben:

$$\frac{du}{dt} + 2\,\omega \sin\varphi\,v = -\frac{1}{\varrho}\frac{\partial p}{\partial x}, \quad \frac{dv}{dt} - 2\,\omega \sin\varphi\,u = -\frac{1}{\varrho}\frac{\partial p}{\partial y}.$$

Nach Bedarf können sie mit den in Polarkoordinaten ausgedrückten Formeln von S. 97 vertauscht werden. Wir haben schon früher (S. 26) ähnliche Gleichungen gefunden; sie bezogen sich auf die Bewegung eines festen Massenpunktes an der Erdoberfläche. Die neuen unterscheiden sich von jenen nur durch die Komponenten des Luftdruckgradienten auf der rechten Seite.

I. Um auch diese Formeln, wie die früheren, intergrieren zu können, wollen wir zunächst annehmen, daß durch die Luftbewegung die Druckverteilung nicht geändert wird, die Gradienten also zeitlich konstant sind. Einmalige Integration liefert die Geschwindigkeit, welche das Luftteilchen unter der Wirkung der Gradientkraft annimmt. Wird die erste der beiden Gleichungen mit u, die zweite mit v multipliziert und die totale horizontale Geschwindigkeit $\sqrt{u^2 + v^2} = c$ genannt, so ergibt sich durch Summation der beiden Gleichungen:

$$\frac{1}{2}\frac{dc^2}{dt} = -\frac{1}{\varrho}\left(\frac{\partial p}{\partial x}\frac{dx}{dt} + \frac{\partial p}{\partial y}\frac{dy}{dt}\right).$$

Allgemein ist bei zwei Dimensionen: $\dfrac{dp}{dt} = \dfrac{\partial p}{\partial t} + \dfrac{\partial p}{\partial x}\dfrac{dx}{dt} + \dfrac{\partial p}{\partial y}\dfrac{dy}{dt}.$ Nehmen wir, wie gesagt, stationäre Druckverteilung an $\left(\dfrac{\partial p}{\partial t} = 0\right)$, so ist zu setzen: $\frac{1}{2}dc^2 = -\dfrac{dp}{\varrho}$. Hier ist dp die Änderung des Druckes auf der horizontalen Strecke, auf welcher das Luftteilchen sich mit der Geschwindigkeit c bewegt. Die Dichte ϱ der bewegten Masse ist bei der Bewegung variabel. Man kann über diese Variabilität nach Margules[1] zwei einfache Annahmen machen: a) die, daß sich das Teilchen adiabatisch, b) die, daß es sich isotherm bewege. Die erste wird bei raschen Bewegungen, die zweite eher bei langsamen zutreffen. Demgemäß hat man im ersten Fall $T = T_0\left(\dfrac{p}{p_0}\right)^{\frac{AR}{c_p}}$, im zweiten $T = T_0$ zu setzen, wenn T_0, p_0 die Anfangswerte von Temperatur und Druck sind. Demnach ist die Dichte im Falle a): $\varrho = \dfrac{p^{1-\frac{AR}{c_p}}}{RT_0}\,p_0^{\frac{AR}{c_p}}$, im Falle b): $\varrho = \dfrac{p}{RT_0}$. Integrieren wir hiermit die Differentialgleichung $\frac{1}{2}dc^2 = -\dfrac{dp}{\varrho}$, so ergibt sich:

---

[1] Denkschr. d. Wiener Akad. d. Wiss., Bd. 73, 1901, S. 338.

a) bei adiabatischer Bewegung:

$$\frac{c^2 - c_0^2}{2} = \frac{c_p}{A}\, T_0 \left[1 - \left(\frac{p}{p_0}\right)^{\frac{A\,R}{c_p}} \right] = \frac{c_p}{A}\, (T_0' - T),$$

b) bei isothermer Bewegung: $\dfrac{c^2 - c_0^2}{2} = R\, T_0\, \lg \dfrac{p_0}{p}.$

Wenn die Druckänderung $p_0 - p$, welche das Luftteilchen durchmacht, nicht zu groß ist, so lassen sich beide Gleichungen vereinfachen. Setzt man $\dfrac{p_0 - p}{p_0} = \varepsilon$, so wird in beiden Fällen in erster Annäherung:

$$c^2 = c_0^2 + 2\,R\,T_0\,\varepsilon = c_0^2 + 2\,\frac{p_0 - p}{\varrho_0}.$$

Wir wollen annehmen, das Luftteilchen sei anfangs in Ruhe gewesen ($c_0 = 0$); dann ist c die Geschwindigkeit, welche dasselbe erlangt, wenn es sich unter der Wirkung des Druckgradienten von der Isobare p_0 bis zur Isobare p bewegt ($p_0 > p$). Ist $T_0 = 273^0$ und $p_0 = 760$ mm Hg, so ergeben sich nach Margules die folgenden Geschwindigkeiten c bei gewissen Druckänderungen $p_0 - p$:

für $p_0 - p =$	1	2	5	10	20	30	mm Hg
$c =$	14·4	20·3	32·1	45·4	64·2	78·6	m/sec.

Diese Größen sind wichtig, denn sie lassen beurteilen, wie stark die Luftbewegungen sind, welche aus Druckgradienten entspringen. Sie zeigen, wie Margules betont, zugleich auch an, wie weit sich eine Luftmasse kraft der Geschwindigkeit, die sie besitzt, gegen den Gradienten bewegen kann, um schließlich dieselbe einzubüßen. Ist ihre Geschwindigkeit z. B. 20 m/sec, so kann sie mit dieser von der Isobare 760 mm auf die Isobare 762 gelangen, ehe die Geschwindigkeit aufgezehrt ist. Wie weit diese Isobaren voneinander entfernt sind, ist, so lange wir von der Reibung absehen, gleichgültig.

Hann hat in seinem Lehrbuch diese durch Gradienten erzeugten Geschwindigkeiten in anderer Weise berechnet[1]). Nimmt man nämlich die dritte Dimension zu Hilfe, so kann man die Neigung der Flächen gleichen Druckes gegen den Horizont als Ausdruck des Gradienten verwenden. Ist x der Abstand der Punkte mit den Drucken p_0 und p voneinander, h die Höhe, in welcher die Fläche p über der Fläche p_0 verläuft, so ist angenähert $p_0 - p = h g \varrho_0$. Setzt man dies in die obige Gleichung ein, so wird für $c_0 = 0$ $c = \sqrt{2\,g\,h}$; d. h. die Geschwindigkeit, welche das Luftteilchen durch den Gradienten erlangt, ist dieselbe, als wäre es ohne Hindernis auf der isobaren Fläche p wie auf einer schiefen Ebene um die vertikale Strecke h, den Abstand von p_0 und p, herabgeglitten. Diese Ausdrucksform ist bequem, wenn man mit Flächen gleichen Druckes arbeitet;

---

[1]) Lehrbuch der Meteorologie, 3. Aufl., 1915, S. 427.

sie ist aber etwas irreführend. Denn die Bewegung in der dritten Dimension ist ebenso wie die Schwere für das Zustandekommen der Erscheinung ganz unnötig, und so wird in diese Sache eine Vorstellung hineingetragen, die nicht notwendig in sie hineingehört.

Wenn die in den Gleichungen von S. 102 enthaltenen Glieder der ablenkenden Kraft bei der Bildung der Geschwindigkeit keine Rolle spielen, so rührt dies daher, daß jene Kraft stets senkrecht auf der Bewegung steht, somit niemals die Bewegung beschleunigen oder verzögern kann.

II. Eine ganz allgemeine Integration der Bewegungsgleichungen ist nicht möglich. Wir wollen daher einen speziellen Fall herausgreifen, der sich näher behandeln läßt, die **Strömung der Flüssigkeit** verbunden **mit Oszillationen.** Diese können horizontal oder auch vertikal vor sich gehen. Auch hier ist aber die Integration nur unter Vereinfachungen durchführbar.

Für die Strömung der Flüssigkeit ist neben den Bewegungsgleichungen nun auch die Kontinuitätsgleichung von Belang. Zur Vereinfachung sei die Bewegung stationär angenommen, so daß an jedem Orte $\frac{\partial u}{\partial t} = \frac{\partial v}{\partial t} = 0$ ist.

Die allgemeine Lösung dieser Aufgabe ist schwierig; es handelt sich um die Integration des Gleichungssystems:

$$\frac{du}{dt} + 2\,\omega \sin\varphi\, v = -\frac{1}{\varrho}\frac{\partial p}{\partial x},$$
$$\frac{dv}{dt} - 2\,\omega \sin\varphi\, u = -\frac{1}{\varrho}\frac{\partial p}{\partial y},$$
$$\frac{\partial \varrho}{\partial t} + \frac{\partial(\varrho u)}{\partial x} + \frac{\partial(\varrho v)}{\partial y} = 0, \quad \text{wobei } p = \varrho R T.$$

Wir wollen daher Vereinfachungen vornehmen und zunächst die Luft wie eine inkompressible Flüssigkeit behandeln und die Erdrotation vernachlässigen.

Dann wird im stationären Zustand:

$$u\frac{\partial u}{\partial x} + v\frac{\partial u}{\partial y} = -\frac{1}{\varrho}\frac{\partial p}{\partial x},$$
$$u\frac{\partial v}{\partial x} + v\frac{\partial v}{\partial y} = -\frac{1}{\varrho}\frac{\partial p}{\partial y},$$
$$\frac{\partial u}{\partial x} + \frac{\partial v}{\partial y} = 0.$$

Bei wirbelloser Bewegung existiert ein Geschwindigkeitspotential φ, wobei $\frac{\partial \varphi}{\partial x} = u, \frac{\partial \varphi}{\partial y} = v$. Man erhält statt der drei obigen Gleichungen die folgenden zwei:

$$p = P - \frac{\varrho}{2}\left[\left(\frac{\partial \varphi}{\partial x}\right)^2 + \left(\frac{\partial \varphi}{\partial y}\right)^2\right], \quad \frac{\partial^2 \varphi}{\partial x^2} + \frac{\partial^2 \varphi}{\partial y^2} = 0,$$

wo P eine Konstante ist.

Wir wählen für φ eine Lösung[1]), die als Hauptbestandteil eine Strömung nach der positiven x-Achse, daneben aber eine Oszillation quer zu dieser Richtung gibt, nämlich:

$$\varphi = Ax - B\cos\alpha x\left[e^{\alpha(b-y)} + e^{-\alpha(b-y)}\right]\text{[2])}.$$

Die Geschwindigkeitskomponenten werden:

$$u = A + B\alpha\sin\alpha x\left[e^{\alpha(b-y)} + e^{-\alpha(b-y)}\right],$$
$$v = B\alpha\cos\alpha x\left[e^{\alpha(b-y)} - e^{-\alpha(b-y)}\right].$$

Für $y = b$ wird $v = 0$, dort ist die Strömung geradlinig längs der x-Richtung; für $y \lessgtr b$ ist v von null verschieden, und zwar um so mehr, je weiter von $y = b$ wir uns entfernen. Es handelt sich also um eine oszillierende Strömung; sie hat (bei wirbelfreier Bewegung) die Eigenschaft, daß die Oszillationen nach einer Richtung quer zur Strömung wachsen müssen. Sonst wäre keine Kontinuität vorhanden.

Die Stromlinie ist durch die Funktion ψ gegeben, wo $\dfrac{\partial\psi}{\partial x} = -\dfrac{\partial\varphi}{\partial y}$, $\dfrac{\partial\psi}{\partial y} = \dfrac{\partial\varphi}{\partial x}$. Man findet leicht:

$$\psi = Ay - B\sin\alpha x\left[e^{\alpha(b-y)} - e^{-\alpha(b-y)}\right] = K.$$

Für eine bestimmte Stromlinie ist K eine Konstante, A und B bestimmen sich aus der Geschwindigkeit u_0, v_0 im Anfangspunkt des Koordinatensystems. Führt man diese Größen ein, so wird die Gleichung der Stromlinie:

$$y = \frac{K}{u_0} + \frac{v_0}{\alpha u_0}\sin\alpha x \cdot \frac{e^{\alpha(b-y)} - e^{-\alpha(b-y)}}{e^{\alpha b} - e^{-\alpha b}}.$$

Dieses unter vielen Vereinfachungen gewonnene Integral zeigt uns eine stationäre Flüssigkeitsströmung, die nur in dem Fall geradlinig ist, daß $v_0 = 0$. Trifft dies nicht zu, so ist eine Wellenbewegung in der Flüssigkeit vorhanden, deren Wellenlänge und Amplitude von den beiden Größen α und b abhängen. Diese Wellen sind keine einfachen Sinuswellen, sondern solche, in welchen der Wellenberg stets weiter von der Mittellage entfernt ist als das Wellental. Nach einer Seite wachsen die Elongationen immer mehr.

Eine Darstellung dieser Wellenform gibt Fig. 23, wo $\dfrac{v_0}{u_0} = \tfrac{1}{2}$ und $\alpha b = 1$ angenommmn wurde. Die Bewegung erfolgt längs der Kurven, z. B. von links nach rechts.

---

[1]) F. M. Exner, Annal. d. Hydrogr. u. marit. Meteorologie, 1919, S. 155.
[2]) Siehe z. B. Lambs Hydrodynamik, deutsch von Friedel.

Man kann sich vorstellen, daß die xy-Ebene horizontal liegt; dann sind auch die Oszillationen horizontal. Natürlich können sie de facto nach einer Seite nicht dauernd wachsen; es würde also irgendwo eine andere Bewegungsform an die gegebene wirbelfrei anschließen müssen. Es kann aber auch die y-Richtung vertikal stehen. Dann erhalten wir Oszillationen in vertikalen Ebenen, die den Wellen auf einem Flusse entsprechen. Die obere Grenze des Wassers (oder auch einer kälteren Luftmasse unter einer wärmeren) kann durch eine Stromlinie gegeben sein.

Bezieht man die Oszillationen auf die Horizontalebene, so sollte man die Erdrotation berücksichtigen. Dabei ergeben sich Schwierigkeiten; die Bewegung bleibt nicht wirbelfrei. Man kann aber eine Vereinfachung machen, indem man annimmt, daß die ablenkende Kraft der Erdrotation wesentlich durch die Strömung in der x-Richtung bedingt sei, während die Oszillationen in der y-Richtung von geringerer Intensität bleiben. In diesem Falle kann man die ablenkende Kraft der Erdrotation als äußere Kraft von der Stärke

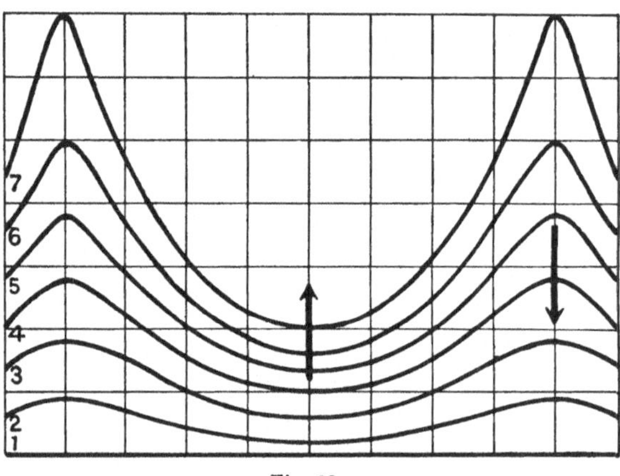

Fig. 23.

$2\,\omega \sin\varphi\,A = l\,A$ in die zweite Bewegungsgleichung einführen; A ist dabei die mittlere Stromgeschwindigkeit in der x-Richtung.

Man hat also, wieder bei stationärer Bewegung:

$$u\,\frac{\partial u}{\partial x} + v\,\frac{\partial u}{\partial y} = -\frac{1}{\varrho}\,\frac{\partial p}{\partial x}\,,$$
$$u\,\frac{\partial v}{\partial x} + v\,\frac{\partial v}{\partial y} = A\,l - \frac{1}{\varrho}\,\frac{\partial p}{\partial y}\,,$$
$$\frac{\partial u}{\partial x} + \frac{\partial v}{\partial y} = 0.$$

Die Druckgleichung wird nun:

$$p = P + \varrho\,A\,l\,y - \frac{\varrho}{2}\left[\left(\frac{\partial \varphi}{\partial x}\right)^2 + \left(\frac{\partial \varphi}{\partial y}\right)^2\right].$$

Das Geschwindigkeitspotential φ wird durch genau den gleichen Ausdruck gegeben wie oben, und auch die Stromlinien ψ sind dieselben, nur die Druckverteilung ist nun eine andere, der Druckgradient ist dauernd nach der negativen y-Achse gerichtet und wird nur der Größe nach von der örtlichen Geschwindigkeit beeinflußt; er ist groß, wo die Geschwindigkeit groß ist, klein, wo sie klein ist, wie wir dies von den Wetterkarten kennen. In gekürzter Form wird der Druck gegeben durch $p = P + \varrho\, A\, l\, y - \varrho\, C \sin \alpha\, x$, wo C eine Konstante.

Die Flüssigkeit in Fig. 23 ist nach der y-Achse hin beiderseits unbegrenzt. Nehmen wir zwei der Stromlinien als Grenzlinien an, so kann angenähert die zwischen ihnen strömende Masse als oszillierend betrachtet werden, während rechts und links von ihr andere Bewegung oder auch Ruhe herrscht. Genau ist dies freilich nicht, es müssen vielmehr an jenen Grenzlinien kleine Wirbelbewegungen entstehen, sobald die Nachbarbewegungen nicht die durch die Gleichungen vorgeschriebenen sind.

Die oszillierende Bewegung einer unter dem Einflusse eines konstanten Druckgradienten stehenden Luftmasse scheint vor kurzem I. W. Sandström[1]) tatsächlich nachgewiesen zu haben, indem er auf europäischen Wetterkarten nach der oben (Abschnitt 29) beschriebenen Methode Stromlinien konstruierte.

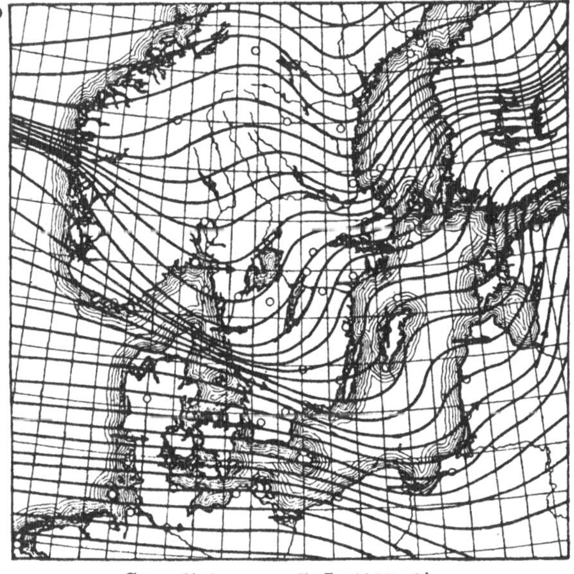

Stromlinien vom 7./I. 1902, 9^{h}p.

Fig. 24.

Ein Beispiel solcher oszillierender Stromlinien gibt Fig. 24, welche der genannten Abhandlung Sandströms entnommen ist. Die Isobaren über Nordeuropa verliefen an jenem Tage fast genau geradlinig von Nordwest nach Südost; nur an der russischen Ostseeküste bogen sie gegen Osten ab. Die Stromlinien dagegen zeigen deutliche Wellen.

Wenn wir auf obige Stromliniengleichung für y zurückgehen, so ist leicht zu sehen, daß die Bewegnng für $v_0 = 0$ geradlinig wird. Dies ist

---

[1]) Kungl. Svens. Vet. Akad. Handl., Bd. 45, Nr. 10, 1910 oder Bull. Mt. Weath. Obs. Vol. III, part 5.

die einfachste Strömungsform, aber sie braucht deswegen durchaus nicht die häufigste zu sein. Denn kleine Unregelmäßigkeiten, wie sie die Reibung am Boden und die später zu besprechende Turbulenz der Luft liefert, oder große Unregelmäßigkeiten infolge der Land- und Meer-Verteilung, die vermutlich bei den Oszillationen der Fig. 24 mitspielen, werden v_0, die Bewegungskomponete senkrecht zur Stromrichtung, niemals genau null sein lassen. Wenn auch vielleicht Reibung und Dämpfung[1] häufig die Oszillationen zu verkleinern bestrebt sind, so können wir doch sagen, daß die Tendenz zu einer oszillierenden Bewegung der Luft stets vorhanden ist. Nur unter gewissen seltenen Voraussetzungen stellt die geradlinige Bewegung den bei geradlinigen Isobaren zu erwartenden Bewegungszustand dar. Es scheint hier wie auch in anderen Fällen das Pendeln um eine mittlere Bewegungsrichtung der wahrscheinlichere und stabilere Zustand zu sein, als diese Bewegung selbst.

Weitere Versuche zur Integration der Bewegungsgleichungen unter gewissen Voraussetzungen folgen in späteren Kapiteln.

38. Reibung der Luft an der Erdoberfläche.

Von Guldberg und Mohn[2] rührt die Annahme her, daß die Luft beim Strömen über die Erdoberfläche von dieser einen der Geschwindigkeit proportionalen Widerstand erleide, dessen Richtung der der Bewegung entgegengesetzt ist. Bedeutet c die Geschwindigkeit, so kann die Reibungskraft demnach $- k\,c$ gesetzt werden. Man nennt k den Reibungskoeffizienten. Schon Guldberg und Mohn hielten ihn nicht für eine eigentliche Konstante; insbesondere war es von vornherein klar, daß die Reibungskraft, welche der Boden ausübt, von der Konfiguration desselben abhängen muß. Sie ist im Bergland groß, auf dem Meere gering.

Später hat I. W. Sandström gezeigt, daß die Annahme, die Reibung wirke der Windrichtung gerade entgegen, nicht genau zutrifft. Infolge der Mitwirkung der oberen Luftschichten (vgl. den nächsten Abschnitt) ist die Reibungskraft, die auf die untersten, der Erde aufliegenden Luftmassen wirkt, nach rechts rückwärts vom Winde gerichtet (nördliche Halbkugel).

Th. Hesselberg[3] hat diese Art der Bewegung in mathematischer Form wiedergegeben; sie ist nur wenig komplizierter als die alte Ausdrucksform von Guldberg und Mohn. Wir wollen im folgenden beide Darstellungen bringen, da die alte in der Literatur sehr viel benützt wird, die neue aber genauer ist.

Die folgende Betrachtung der Reibungskraft kann mit einer gewissen Berechtigung demnach nur die unterste Luftschichte betreffen. Wenn wir

---

[1] Vgl. Gold, Proc. Roy. Soc. A, Vol. 80, 1908, S. 436.
[2] Zeitschr. d. öst. Ges. f. Met., 1877, S. 51.
[3] Veröff. d. geophys. Inst. der Universität Leipzig, zweite Serie, Heft 7, 1915.

die Ergebnisse der Rechnung durch Wind- und Luftdruckbeobachtungen an der Erdoberfläche kontrollieren wollen, so haben wir bei Bestimmung von k als unterste Luftschichte jene aufzufassen, auf welche sich die Windmessungen beziehen, also eine Schichte, deren Dicke von der Größenordnung 10 m ist. Wir kommen später hierauf zurück und wenden zunächst die neu definierte Kraft auf diese unterste Luftschichte an.

I. Reibung nach Guldberg-Mohn. Bei Luftbewegungen über kleinen Gebieten der Erde dürfen wir wie oben die geographische Breite als konstant ansehen. Die Gleichungen für horizontale Bewegungen, welche hier gelten, werden nach S. 96 nunmehr, wenn die Reibungskraft in eine X- und eine Y-Komponente zerlegt wird:

$$\frac{du}{dt} + 2\omega \sin\varphi\, v + ku = -\frac{1}{\varrho}\frac{\partial p}{\partial x},$$

$$\frac{dv}{dt} - 2\omega \sin\varphi\, u + kv = -\frac{1}{\varrho}\frac{\partial p}{\partial y}.$$

a) Geradlinige Isobaren. Wir behandeln zunächst wieder die geradlinige beschleunigungslose Bewegung, bei der $\frac{du}{dt} = \frac{dv}{dt} = 0$, und setzen $2\omega \sin\varphi = l$.

Es wird: $lv + ku = -\frac{1}{\varrho}\frac{\partial p}{\partial x}$, $-lu + kv = -\frac{1}{\varrho}\frac{\partial p}{\partial y}$. Wie früher ist der totale Gradient $\frac{\partial p}{\partial n} = \sqrt{\left(\frac{\partial p}{\partial x}\right)^2 + \left(\frac{\partial p}{\partial y}\right)^2}$. Man erhält, da $c = \sqrt{u^2 + v^2}$, nun $c\sqrt{l^2 + k^2} = -\frac{1}{\varrho}\frac{\partial p}{\partial n}$, eine Beziehung zwischen Gradient und Windgeschwindigkeit. Der Reibungskoeffizient k läßt sich hiernach aus gleichzeitigen Beobachtungen von Windstärke und Gradient ausrechnen.

Die einem gegebenen Gradienten entsprechende Geschwindigkeit c ist nun kleiner als früher ohne Reibung. Wichtiger ist aber ein anderer Unterschied gegen früher, daß nämlich die Geschwindigkeit c jetzt nicht mehr senkrecht auf dem Gradienten steht. Der Winkel ψ zwischen diesen beiden Richtungen kann folgendermaßen gefunden werden: Ist α der Winkel, welchen die Geschwindigkeit, β der Winkel, welchen der Gradient mit der X-Achse einschließt, so ist $\psi = \alpha - \beta$ und ferner:

$$u = c\cos\alpha, \quad v = c\sin\alpha,$$

$$\frac{\partial p}{\partial x} = \frac{\partial p}{\partial n}\cos\beta, \quad \frac{\partial p}{\partial y} = \frac{\partial p}{\partial n}\sin\beta.$$

Setzt man diese vier Größen in die obigen Gleichungen ein, so erhält man die zwei neuen: $lc = -\frac{1}{\varrho}\frac{\partial p}{\partial n}\sin\psi$, $kc = -\frac{1}{\varrho}\frac{\partial p}{\partial n}\cos\psi$. Hieraus wird $\operatorname{tg}\psi = \frac{l}{k}$. Der so gegebene Winkel ψ zwischen Gradient und Windrichtung wurde von Guldberg und Mohn (a. a. O.) der „normale Ablenkungswinkel" genannt.

Die Einführung des Ausdrucks für die Reibung hat den großen Vorteil, daß die Bewegungen, welche die Theorie ergibt, nun direkt mit den beobachteten verglichen werden können. Die Ausmessungen auf den synoptischen Wetterkarten haben gezeigt, daß der Wind zwar, wie im Abschnitt 36 berechnet, von der Richtung des Gradienten auf der nördlichen Halbkugel nach rechts, auf der südlichen nach links abgelenkt ist, daß aber der Winkel ψ nicht 90^0, sondern weniger beträgt. Da die Größe l bekannt ist, so läßt sich nun k, der Reibungskoeffizient, aus den Beobachtungen von ψ ableiten.

Wie oben bemerkt wurde, kann derselbe aber auch aus Gradient und Windstärke berechnet werden. Es ist somit die Möglichkeit gegeben, nicht nur k zu finden, sondern auch die Brauchbarkeit der Theorie zu kontrollieren.

Die Bestimmung von k aus den beobachteten Ablenkungswinkeln ergab durchschnittlich folgende Resultate[1]):

	Breite	ψ	k	
Nordamerika	37^0	42^0	$8{\cdot}03 \cdot 10^{-5}\,\mathrm{sec}^{-1}$	
Norwegen	61^0	56^0	$8{\cdot}45$	„
Westeuropa, Kontinent .	51^0	61^0	$6{\cdot}37$	„
„ , Küste . .	51^0	77^0	$2{\cdot}58$	„
Atlant. Ozean	$15{-}50^0$		$3{\cdot}51$	„
„ . . . . nahe Äquator			$2{\cdot}00$	„

Der Ablenkungswinkel ist in mittleren Breiten meist größer als 45^0, in flachen Gebieten, namentlich am Meer, größer als in unebenem oder gebirgigem Terrain. Dies rührt daher, daß in unebenen Gegenden die Reibung der Luft stärker ist als in flachen, wie die Zahlen unter k zeigen. Guldberg und Mohn nahmen als Grenzwerte von k für sehr unebene Binnenländer den Wert $12 \cdot 10^{-5}$, für nicht stark bewegte Meeresflächen den Wert $2 \cdot 10^{-5}\,\mathrm{sec}^{-1}$ an.

Versucht man, die Beziehung zwischen Druckgradient und Windstärke aus der Gleichung $c\sqrt{l^2 + k^2} = -\dfrac{1}{\varrho}\dfrac{\partial p}{\partial n}$ zu verifizieren, so gelangt man mit dem oben berechneten Reibungskoeffizienten nur zu recht unbefriedigenden Ergebnissen. Beobachtungen in Kew ergaben das Verhältnis zwischen Windstärke und Gradient etwa halb so groß, als es die Theorie verlangt. Die beobachtete Windstärke war viel kleiner, als man erwartet hatte.

Margules[2]) verglich die Windregistrierungen von Wien mit den Isobaren, welche ihm mehrere rund um Wien in geringer Entfernung aufgestellte Barographen lieferten, und kam zu dem Ergebnis, daß die Wind-

---

[1]) Nach Sprungs Lehrbuch der Meteorologie, S. 121.
[2]) Met. Zeitschr. 1897, S. 241.

geschwindigkeit sich auch nicht annähernd proportional dem Gradienten ändert. Insbesondere hing das Verhältnis der beiden sehr stark von der Windrichtung ab. Diese Resultate stehen zweifellos mit der Störung der Winde durch die Erdoberfläche und dem mangelhaften Ausdruck für die Reibung, vielleicht auch mit der „Turbulenz" der Luftbewegungen (Abschnitt 40) im Zusammenhang. Die Aufstellung eines Anemometers unterliegt so großen lokalen Einflüssen, daß man kaum erwarten kann, die aufgezeichnete Windstärke entspreche gerade jenem Reibungskoeffizienten, der aus der Windrichtung daselbst abgeleitet wird. Hätte man z. B. das Anemometer 5 m höher oder auf einem anderen Sockel aufgestellt, so wäre die aufgezeichnete Windstärke eine andere gewesen, die Richtung aber kaum so sehr verändert worden.

Die Guldberg-Mohnschen Gleichungen scheinen somit nur zu einer qualitativen Erklärung der Erscheinungen wirklich brauchbar zu sein; durch sie findet die auf den täglichen Wetterkarten stets auftretende Beziehung zwischen Isobaren und Winden ihre Begründung.

Will man die Dynamik der Luftströmungen möglichst genau behandeln, so muß man entweder statt des Guldberg-Mohnschen Reibungsausdrucks für die unteren Schichten einen anderen einführen oder die untersten Schichten ganz außer Betracht lassen und die Bewegungen in Höhen studieren, in welche der verzögernde Einfluß der Erdoberfläche nicht mehr hinaufreicht. Hierauf kommen wir später zurück.

Der hier benützte Reibungsausdruck ist hingegen äußerst bequem, um ein angenähertes schematisches Bild der Luftströmungen und der sie bedingenden Kräfte zn erhalten. Bei geradlinigen Isobaren ist die Kräfteverteilung im stationären Zustand für die nördliche Halbkugel in Fig. 25a, für die südliche in Fig. 25b dargestellt. Die Resultierende aus ablenkender Kraft A und Reibung R hält dem Druckgradienten

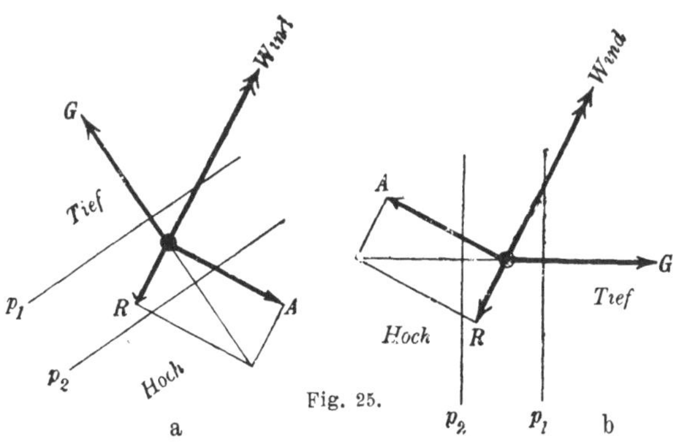

G das Gleichgewicht (vgl. Fig. 21 für reibungslose Bewegung).

Ist die Bewegung nicht mehr beschleunigungslos, dann ist leicht zu erkennen, daß die Reibung im allgemeinen dahin wirkt, die Geschwindigkeiten nach dem Faktor e^{-kt} zu verkleinern. Indem wir die Gleichungen von S. 109 mit der Kontinuitätsgleichung für inkompressible Flüssigkeiten kombinieren, können wir verschiedene Integrationen versuchen (die Vernachlässigung der Kompressibilität der Luft spielt hier, wo es sich um horizontale Bewegungen handelt, keine besondere Rolle).

Wir wollen zunächst den Druck p aus den beiden Bewegungsgleichungen eliminieren, indem wir die erste nach y, die zweite nach x differenzieren. So erhalten wir:

$$\frac{\partial}{\partial y}(\dot u + lv + ku) = \frac{\partial}{\partial x}(\dot v - lu + kv)^1).$$

Da nun $\dfrac{\partial u}{\partial x} + \dfrac{\partial v}{\partial y} = 0$, fallen die Glieder mit l heraus und es wird

$$\frac{d\zeta}{dt} = -k\zeta, \text{ wo } \zeta = \frac{\partial u}{\partial y} - \frac{\partial v}{\partial x}$$

die Vertikalkomponente der Wirbelbewegung (um eine vertikale Achse) ist.

Man erhält durch Integration: $\zeta = Z_0 e^{-kt}$, wo Z_0 der Wert von ζ für $t = 0$ ist.

Ist also in einer Flüssigkeit, auf welche die ablenkende Kraft der Erdrotation und die Reibung wirkt, anfangs Wirbelbewegung vorhanden, so wird diese durch die angenommene Reibung des Bodens aufgezehrt. Die ablenkende Kraft ist an der Wirbelbewegung überhaupt nicht beteiligt.

Nach einiger Zeit ist $\dfrac{\partial u}{\partial y} - \dfrac{\partial v}{\partial x} = 0$ zu setzen. Diese Gleichung gibt zusammen mit der Kontinuitätsbedingung die folgenden zwei:

$$\frac{\partial^2 u}{\partial x^2} + \frac{\partial^2 u}{\partial y^2} = 0, \quad \frac{\partial^2 v}{\partial x^2} + \frac{\partial^2 v}{\partial y^2} = 0.$$

Aus diesen Beziehungen folgt für jede der Geschwindigkeitskomponenten eine Lösung von Wellenform:

$$u = f(x + iy) + F(x - iy).$$

Bei weiterer Integration müßten Annahmen über den Druckgradienten gemacht werden.

Multiplizieren wir von den zwei Bewegungsgleichungen auf S. 109 die erste mit u, die zweite mit v und addieren, so erhalten wir:

$$\frac{1}{2}\frac{d(u^2 + v^2)}{dt} + k(u^2 + v^2) = -\frac{1}{\varrho}\left[u\frac{\partial p}{\partial x} + v\frac{\partial p}{\partial y}\right].$$

Hiefür kann bei stationären Verhältnissen gesetzt werden:

$$\frac{1}{2}\frac{dc^2}{dt} + kc^2 = -\frac{1}{\varrho}\frac{dp}{dt}.$$

Bewegt sich eine Luftmasse längs einer Isobare, so ist $\dfrac{dp}{dt} = 0$ und man erhält $c^2 = C_0^2 e^{-2kt}$ oder $c = C_0 e^{-kt}$, also dieselbe Abnahme der Geschwindigkeit wie früher bei Wirbelbewegung.

Fragen wir, in welcher Zeit die Bewegungen auf 1 Zehntel ihres Betrages abgenommen haben, so findet sich aus $e^{-kt} = 0{\cdot}1$ für $k = 2{\cdot}10^{-5}$

---

1) Hier steht $\dot u$ für $\dfrac{du}{dt}$.

die Größe $\tau = 32{\cdot}0$ Stunden, für $k = 12{\cdot}10^{-5}$ $\tau = 5{\cdot}3$ Stunden. Über dem Meere oder in einiger Höhe, wo k klein ist, wird also die Trägheitsbewegung nicht gar rasch verschwinden, über unebenen Binnenländern hingegen muß durch Reibung recht bald ein Minimum an Bewegung zustande kommen.

b) **Gekrümmte Isobaren.** Sind die Isobaren gekrümmt, so verwenden wir besser wieder Polarkoordinaten. Die Formeln von S. 97 werden durch Beifügung der Reibungskomponenten:

$$\ddot{\mathfrak{r}} - \mathfrak{r}\,\dot{\vartheta}^2 + 2\,\omega\,\sin\varphi\,\mathfrak{r}\,\dot{\vartheta} + k\,\dot{\mathfrak{r}} = -\frac{1}{\varrho}\frac{\partial p}{\partial \mathfrak{r}}.$$

$$\mathfrak{r}\,\ddot{\vartheta} + 2\,\dot{\mathfrak{r}}\,\dot{\vartheta} - 2\,\omega\,\sin\varphi\,\dot{\mathfrak{r}} + k\,\mathfrak{r}\,\dot{\vartheta} = -\frac{1}{\varrho\,\mathfrak{r}}\frac{\partial p}{\partial \vartheta}.$$

α) Nehmen wir hier zunächst eine **Bewegung der Luft in Kreisbahnen** an, so ist $\dot{\mathfrak{r}} = 0$ zu setzen; die ganze Geschwindigkeit c wird $\mathfrak{r}\,\dot{\vartheta}$. Weiter sei $\ddot{\vartheta} = 0$, also die Rotationsbewegung gleichförmig. Bezeichnet nun wie früher ψ den Winkel zwischen Gradient $-\frac{\partial p}{\partial n}$ und Windrichtung, so können die beiden Gleichungen $l\,\mathfrak{r}\,\dot{\vartheta} - \mathfrak{r}\,\dot{\vartheta}^2 = -\frac{1}{\varrho}\frac{\partial p}{\partial \mathfrak{r}}$, $k\,\mathfrak{r}\,\dot{\vartheta} = -\frac{1}{\varrho\,\mathfrak{r}}\frac{\partial p}{\partial \vartheta}$ auch geschrieben werden:

$$l\,c - \frac{c^2}{\mathfrak{r}} = -\frac{1}{\varrho}\frac{\partial p}{\partial n}\sin\psi,$$

$$k\,c = -\frac{1}{\varrho}\frac{\partial p}{\partial n}\cos\psi.$$

Das sind die beiden Formeln von Guldberg und Mohn[1]). Sie sagen aus, in welcher Weise die Kräfte einander im stationären Zustande das Gleichgewicht halten müssen.

Auf der nördlichen Halbkugel ist c ebenso wie $\dot{\vartheta}$ bei zyklonaler Bewegung negativ, bei antizyklonaler positiv zu rechnen. Hiernach wird die Kräfteverteilung für die beiden Drehungsrichtungen auf der nördlichen Halbkugel durch folgende Figuren dargestellt (Fig. 26).

Man vergleiche hiermit Fig. 22 für reibungslose Bewegung; wie dort ist der Gradient $-\frac{1}{\varrho}\frac{\partial p}{\partial n}$ mit G, die ablenkende Kraft der Erdrotation $l\,c$ mit A, die Zentrifugalkraft $\frac{c^2}{\mathfrak{r}}$ mit Z, der Krümmungsradius der Bewegung mit $\mathfrak{r}$ be-

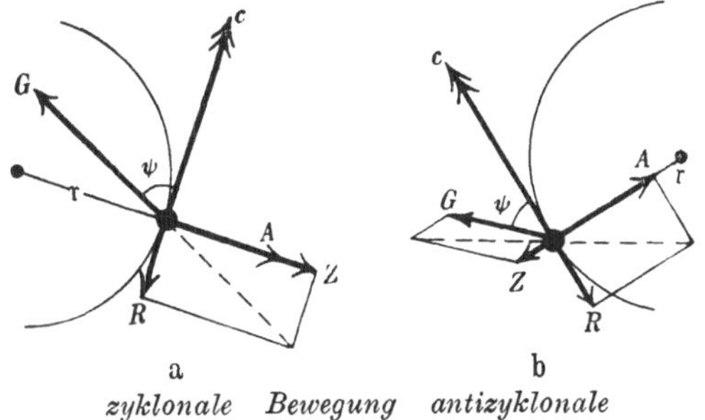

zyklonale Bewegung antizyklonale
Fig. 26.

---

[1]) Österr. Zeitschr. f. Meteor. 1877, S. 177.

zeichnet, während nun R die Reibungskraft kc bedeutet. Der tiefe Druck liegt jetzt in der Richtung des Pfeiles G, die Isobaren sind nicht gezeichnet, die Kreisbögen geben die Luftbahnen an.

Aus den beiden Gleichungen oben ergibt sich dasselbe wie aus der Konstruktion (Fig. 26); es ist $\operatorname{tg} \psi = \dfrac{l - \dfrac{c}{r}}{k}$ und

$$-\frac{1}{\varrho}\frac{\partial p}{\partial n} = c\sqrt{\left(l - \frac{c}{r}\right)^2 + k^2} = \frac{c}{\sin \psi}\left(l - \frac{c}{r}\right).$$

Folgt der Wind der Bahn in Fig. 26a, wie in einer Zyklone der nördlichen Halbkugel, so ist c negativ, folglich ψ größer als der „normale Ablenkungswinkel" ψ_1 bei geradliniger Bewegung $\left(\operatorname{tg}\psi_1 = \dfrac{l}{k}\right)$; der Gradient ist dann gleichfalls größer als bei jener Bewegung $\Big(- \dfrac{1}{\varrho}\dfrac{\partial p}{\partial n} = = c\sqrt{l^2 + k^2}$, S. 96$\Big)$. Bei antizyklonaler Bewegung ist umgekehrt (Fig. 26b) Ablenkungswinkel wie Gradient kleiner, weil die Zentrifugalkraft nun von der ablenkenden Kraft in Abzug kommt. Wir haben also bei Winden aus Hochdruckgebieten kleinere Ablenkungswinkel zu erwarten als bei Winden, welche in Tiefdruckgebiete hineinwehen, was mit den Beobachtungen auch im Einklang steht.

β) Selbstverständlich gelten diese Beziehungen für jede gekrümmte Luftbahn, nicht etwa nur für einen Kreis; dabei ist aber unter r stets der Krümmungsradius der Bahn an der betreffenden Stelle zu verstehen. Diese Größe ist nun selten bekannt; viel leichter ist es, die Krümmung der Isobaren auf einer Wetterkarte festzustellen. Daher wird es meist bequemer sein, ein Stück einer Isobare als Kreisbogen aufzufassen, in dessen Krümmungsmittelpunkt den Anfang des Polarkoordinatensystems zu verlegen und $\dfrac{\partial p}{\partial \vartheta}$ in den Gleichungen auf S. 113 null zu setzen. Nehmen wir dann noch an, daß die Beschleunigung $\ddot{r}$ und $\ddot{\vartheta}$ null sei, so wird:

$$-r\dot{\vartheta}^2 + lr\dot{\vartheta} + k\dot{r} = -\frac{1}{\varrho}\frac{\partial p}{\partial r},$$
$$2\dot{r}\dot{\vartheta} - l\dot{r} + kr\dot{\vartheta} = 0.$$

Daraus folgt $\dot{r} = \dfrac{kr\dot{\vartheta}}{l - 2\dot{\vartheta}}\cdot$ Die zu den Isobaren radiale Bewegung ist also eine einströmende $(\dot{r} < 0)$ bei zyklonaler $(\dot{\vartheta} < 0)$, eine ausströmende bei antizyklonaler Bewegung; letzteres allerdings nur, so lange $l > 2\dot{\vartheta}$; dies wird in höheren Breiten stets erfüllt sein. Nahe dem Äquator ist die antizyklonale Bewegung, wie wir schon oben sahen, unmöglich.

Wenn $\ddot{\vartheta} = 0$, so ist $\dot{\vartheta}$ auf der ganzen Bahn konstant. Der Ablenkungswinkel, d. i. der Winkel zwischen Gradient und Windrichtung, ist nun leicht zu finden, da der Gradient die Richtung von $\dot{r}$ hat. Es wird daher bei dieser Art der Bewegung $\operatorname{tg} \psi = \dfrac{r\,\dot{\vartheta}}{\dot{r}} = \dfrac{l - 2\,\dot{\vartheta}}{k}$. Dieser Winkel ist auf der ganzen Bahn derselbe, das Luftteilchen beschreibt demnach eine logarithmische Spirale, indem es sich bei zyklonaler Bewegung dem Mittelpunkt der kreisförmigen Isobaren nähert, bei antizyklonaler aber sich von ihm entfernt. Natürlich ergibt sich auch hier wieder, daß ψ bei der ersten Bewegung größer ist als bei der zweiten.

Aus den Gleichungen oben läßt sich der Gradient als Funktion der Windstärke ausdrücken. Man erhält:

$$-\frac{1}{\varrho}\frac{\partial p}{\partial r} = \frac{l\,c}{\sin\psi} - \frac{c^2}{r}(1 + \cos^2\psi)^{1)}.$$

Diese Gleichung eignet sich wieder zur Prüfung der Theorie an den Beobachtungen. Loomis hat für verschiedene Antizyklonen und Zyklonen in Europa und auf dem atlantischen Ozean die mittleren Gradienten, die Windstärken, die Ablenkungswinkel und Krümmungsradien zusammengestellt[2]. Berechnet man den Gradienten nach obiger Formel und vergleicht ihn mit dem beobachteten, so erhält man wieder 2- bis 3 mal zu kleine Werte, also eine Abweichung wie bei geradliniger Bewegung (S. 110), während die Veränderung des Gradienten beim Übergang von der Antizyklone zur Zyklone nicht schlecht mit den Tatsachen übereinstimmt (Zunahme auf etwa den doppelten Wert).

Der Guldberg-Mohnsche Reibungsansatz läßt zwar quantitativ viel zu wünschen übrig, vermittelt aber doch einen sehr brauchbaren Überblick über die wirksamen Kräfte[3].

II. Reibung nach Hesselberg und Sverdrup. Neben anderen hat in letzter Zeit auch I. W. Sandström[4] die Guldberg-Mohnschen Gleichungen für geradlinige Bewegungen mit Hilfe der Daten auf den synoptischen Wetterkarten zu prüfen gesucht. Er hat hierzu die drei Kräfte: Gradient, ablenkende Kraft der Erdrotation und Reibung, letztere aus dem Ablenkungswinkel berechnet, den Beobachtungen entnommen und sie zusammengesetzt. Bei Wettersituationen, die sich von einem Tag zum nächsten kaum verändern, muß die Luft angenähert in stationärer Bewegung sein, die drei Kräfte müssen sich das Gleichgewicht halten, d. h. zu null ergänzen. Das war bei Sandströms Untersuchungen nicht der Fall; er erhielt Restkräfte, welche große Veränderungen hervorgebracht hätten,

---

[1] Hier ist, wie gesagt, unter r der Krümmungsradius der Isobare verstanden, während in der analogen Gleichung auf S. 114 r den Krümmungsradius der Luftbahn bedeutet.

[2] Siehe Hann, Lehrbuch der Met., 3. Aufl., S. 543.

[3] Vgl. auch M. Gorodensky, Met. Zeitschr. 1907, S. 25.

[4] Kungl. Svensk. Vet. Akad. Handl., Bd. 45, Nr. 10, 1910, oder Bull. Mt. Weath. Obs., Vol. 3, part 5, 1911.

wenn sie wirklich vorhanden gewesen wären. In der Vermutung, daß die Ursache dieses Fehlers in der Annahme über die Reibung liege, kehrte er daher die Frage um und konstruierte für den stationären Zustand jene neue Reibungskraft, welche den anderen beiden gegebenen Kräften das Gleichgewicht hielt. Sie war nicht nur numerisch größer als die Guldberg-Mohnsche, sondern hatte vor allem auch eine andere Richtung als jene. Die neue Reibungskraft war nämlich nicht der Bewegung gerade entgegengesetzt, sondern wich von dieser Richtung etwa 38⁰ nach links ab, lag also rechts rückwärts vom Winde.

Diese neuen Erfahrungen haben Th. Hesselberg und H. U. Sverdrup[1]) in einfachen Gleichungen dargestellt, die sich von den Guldberg-Mohnschen nur wenig unterscheiden und in Hinkunft an deren Stelle treten sollten.

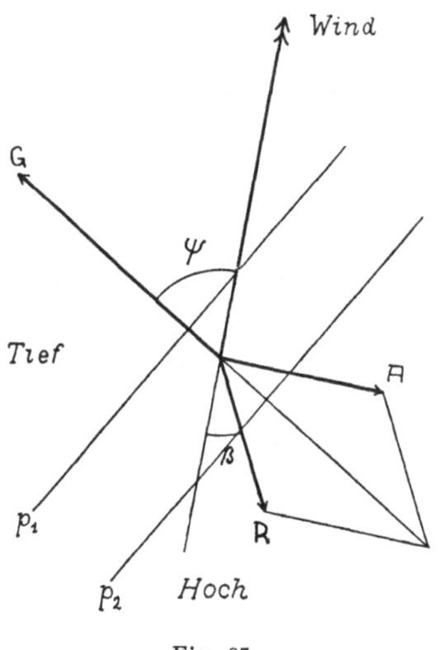

Fig. 27.

Wir stellen das Sandströmsche Ergebnis über die Lage der Reibungskraft zunächst in Fig. 27 analog zu Fig. 25 für geradlinige Isobaren dar (nördliche Halbkugel).

Die Resultierende aus Reibungskraft R und ablenkender Kraft A der Erdrotation hält dem Gradienten G das Gleichgewicht. Die Reibungskraft bildet mit der dem Winde entgegengesetzten Richtung einen Winkel β, der Gradient mit dem Wind einen Winkel ψ.

Bei dieser Kräfteverteilung und geradliniger Luftströmung (fehlender Zentrifugalkraft) läßt sich für die Windrichtung schreiben:

$$-\frac{1}{\varrho}\frac{\partial p}{\partial n}\cos\psi = kw\cos\beta,$$

für die Richtung senkrecht dazu:

$$-\frac{1}{\varrho}\frac{\partial p}{\partial n}\sin\psi = 2\,\omega\sin\varphi\,w + kw\sin\beta.$$

Hier ist mit w die totale Windstärke, mit $-\dfrac{\partial p}{\partial n}$ der totale Gradient bezeichnet. Der Ablenkungswinkel ist nun: $tg\,\psi = \dfrac{2\omega\sin\varphi + k\sin\beta}{k\cos\beta}$, die Windstärke in Abhängigkeit vom Gradienten:

$$w = -\frac{1}{\varrho}\frac{\partial p}{\partial n}\frac{1}{k^2 + l^2 + 2kl\sin\beta},\ \text{wo } l = 2\,\omega\sin\varphi.$$

Die Formeln sind den Guldberg-Mohnschen ganz ähnlich gebaut.

---

[1]) Veröffentl. d. geophys. Instituts, Leipzig, Serie 2, Heft 10, 1515, und Sverdrup in Annal. d. Hydrogr. u. mar. Meteor., August 1916.

Will man die Hesselbergschen Ausdrücke als Bewegungsgleichungen für die X- und Y-Achse schreiben, so hat man zu setzen:

$$\frac{du}{dt} + \lambda v + cu = -\frac{1}{\varrho}\frac{\partial p}{\partial x},$$
$$\frac{dv}{dt} - \lambda u + cv = -\frac{1}{\varrho}\frac{\partial p}{\partial y},$$

wo $\lambda = l + k\sin\beta,\; c = k\cos\beta$.

Die neuen Gleichungen sind also in der Form den alten vollkommen gleich, nur bedeuten die Konstanten etwas anderes.

Auch die auf S. 113 für gekrümmte Isobaren angeschriebenen Gleichungen lassen sich sofort für den Hesselbergschen Reibungsansatz verwenden. Es ist in ihnen nur l und k durch λ und c zu ersetzen.

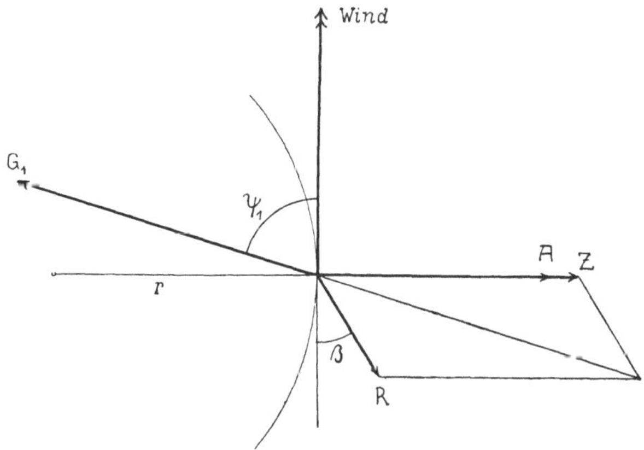

zyklonale Bewegung.
Fig. 28a.

Fig. 28a und b gibt die Kräfteverteilung für zyklonale und antizyklonale Bewegung unter der Voraussetzung, daß sich die Kräfte das Gleichgewicht halten, daß also $\ddot{r}$ und $\ddot{\vartheta}$ null sind. Die Kreisbogen bedeuten die Krümmung der Luftbahnen, wie in Fig. 26. Der Winkel β zwischen Reibung und dem Wind entgegengesetzter Richtung ist nach Sandström zu 38^0 gewählt. Bei gleicher Windstärke und Krümmung der Luftbahn sind in der Zyklone der Gradient G_1 und der Ablenkungswinkel ψ_1 größer als in der Antizyklone (G_2 und ψ_2).

39. Innere Reibung der Luft. Will man die Frage der Luftreibung vom physikalischen Standpunkt aus angreifen, so muß man jene Reibung in Betracht ziehen, welche eine Luftschichte von der über und von der unter ihr liegenden erfährt. Der Einfluß der Erdoberfläche kommt dadurch zum Ausdruck, daß die alleruntersté Schichte, die direkt dem

Boden aufliegt, durch ihn in Ruhe gehalten wird (hierbei ist angenommen, daß keine „Gleitung" stattfindet, was wohl meist erlaubt ist; bei einer solchen wäre ein Sprung, eine Diskontinuität der Geschwindigkeit in vertikaler Richtung vorhanden). Man gelangt auf diese Weise zur Benützung der Gleichungen für die innere Reibung der Luft (S. 32)[1].

Wir betrachten die horizontale Bewegung auf der rotierenden Erdoberfläche und haben zu setzen:

$$\frac{du}{dt} + lv - \frac{\mu}{\varrho}\left(\frac{\partial^2 u}{\partial x^2} + \frac{\partial^2 u}{\partial y^2} + \frac{\partial^2 u}{\partial z^2}\right) = -\frac{1}{\varrho}\frac{\partial p}{\partial x},$$

$$\frac{dv}{dt} - lu - \frac{\mu}{\varrho}\left(\frac{\partial^2 v}{\partial x^2} + \frac{\partial^2 v}{\partial y^2} + \frac{\partial^2 v}{\partial z^2}\right) = -\frac{1}{\varrho}\frac{\partial p}{\partial y}.$$

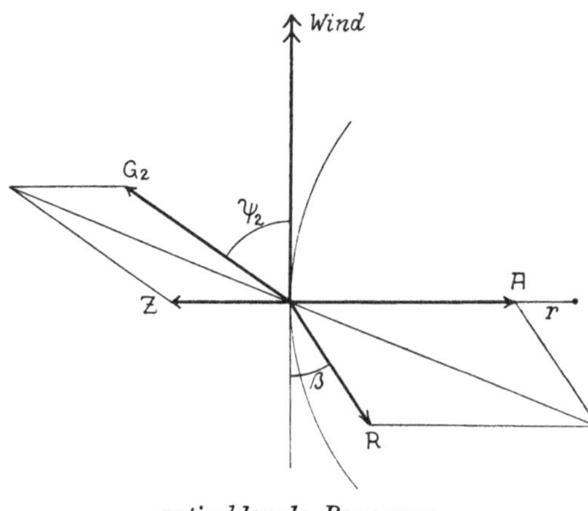

antizyklonale Bewegung.
Fig. 28 b.

Hier ist wie früher $l = 2\omega \sin\varphi$ und als Reibungskonstante μ verwendet. Wir wollen, um diese Gleichungen integrieren zu können, annehmen, daß die Bewegung geradlinig und frei von Beschleunigung sei und nur in der Vertikalen variiere, also von z abhänge; auch sollen Gradient und Dichte konstant sein. Die letztere Annahme ist nur erlaubt, wenn wir die Rechnung auf die alleruntersten Atmosphärenschichten beschränken. Dann läßt sich setzen:

$$lv - \frac{\mu}{\varrho}\frac{d^2 u}{dz^2} = -\frac{1}{\varrho}\frac{\partial p}{\partial x}, \qquad -lu - \frac{\mu}{\varrho}\frac{d^2 v}{dz^2} = -\frac{1}{\varrho}\frac{\partial p}{dy};$$

und durch Integration erhält man:

$$u = -C_1 e^{az}\cos(az + c_1) + C_2 e^{-az}\cos(az + c_2) + \frac{1}{l\varrho}\frac{\partial p}{\partial y},$$

$$v = C_1 e^{az}\sin(az + c_1) + C_2 e^{-az}\sin(az + c_2) - \frac{1}{l\varrho}\frac{\partial p}{\partial x}.$$

Hier ist $a = \sqrt{\dfrac{\varrho l}{2\mu}} = \sqrt{\dfrac{\varrho\omega\sin\varphi}{\mu}}$ gesetzt. Damit die Windgeschwindigkeit nicht nach aufwärts ins Unbegrenzte wachse, muß $C_1 = 0$ sein. Ferner

---

[1] F. Akerblom, Nova Acta Reg. Soc. Sc. Upsal., Serie IV, Vol. 2, Nr. 2, 1908; F. M. Exner, Ann. d. Hydrogr. u. marit. Meteor., 1912, S. 226 und Th. Hesselberg u. H. U. Sverdrup, Veröff. d. geophys. Instituts Leipzig, 2. Serie, Heft 10, 1915.

soll an der Erdoberfläche $u = v = 0$ sein, woraus C_2 und c_2 folgen. Orientiert man das Koordinatensystem so, daß $\frac{\partial p}{\partial y} = 0$ wird, so folgt weiter:

$$u = -\frac{1}{l\varrho}\frac{\partial p}{\partial x} e^{-az} \sin az, \quad v = -\frac{1}{l\varrho}\frac{\partial p}{\partial x}(1 - e^{-az}\cos az).$$

Daraus wird die totale Windgeschwindigkeit

$$w = w_0 \sqrt{1 - 2 e^{-az}\cos az + e^{-2az}},$$

wenn w_0 dieselbe in sehr großer Höhe bedeutet. Der Winkel α, welchen der Wind mit dem Gradienten einschließt, wird bestimmt aus:

$$\operatorname{tg}\alpha = \frac{v}{u} = \frac{1 - e^{-az}\cos az}{e^{-az}\sin az}.$$

Wir erhalten nunmehr eine eigentümliche Abhängigkeit des Windes, seiner Größe und Richtung nach, von der Höhe z. Um sie kennen zu lernen, ist die empirische Bestimmung der Größe a erforderlich. Hierzu eignen sich die Beobachtungen vom Eiffelturm, die schon Akerblom (a. a. O.) verwendet hat. Durch seine geringe Masse beeinflußt dieser Turm die freie Entwicklung der Luftströmungen fast gar nicht; er lieferte lange Zeit die einzigen genauen Daten über die Luftbewegungen in den untersten 300 m. Nach Angot[1] ist im Durchschnitt die Windstärke auf der obersten Station des Eiffelturmes in 305 m Höhe 4·05 mal so groß, wie in 21 m über Paris. Der obere Wind ist dabei gegenüber dem unteren um 25^0 nach rechts gedreht.

Berechnet man aus der ersten Beobachtungstatsache nach der Formel für die Änderung der Windgeschwindigkeit mit der Höhe die Größe a, so erhält man durch graphische Interpolation $a = 0{\cdot}00955$ m^{-1}. Für Breiten von nahe 45^0 und eine Luftdichte von 10^{-3} g pro cm^3 folgt daraus die Reibungsgröße $\mu = 6{\cdot}3$ cm^{-1} g sec^{-1} [2].

Die physikalisch bestimmte innere Reibung (Zähigkeit) der Luft beträgt hingegen etwa $18 \cdot 10^{-5}$ in diesen Einheiten. Nennen wir zum Unterschied von dieser wahren den obigen Wert die „virtuelle" innere Reibung, so ist diese also etwa 25.000 mal so groß wie jene. Der Ausdruck „virtuell" rührt von W. Ekman[3] her, welcher für die innere Reibung der Meeresströmungen eine dieser ganz analoge Rechnung durchgeführt hat.

---

[1] Hann, Lehrbuch der Met., 3. Aufl., S. 393.

[2] Der Ausdruck $\mu = 4{\cdot}5$ der ersten Auflage, war, wie mich Herr H. Bongards aufmerksam machte, durch einen Rechenfehler etwas zu klein ausgefallen. Köppen gibt (Met. Zeitschr. 1911, S. 162) die Windstärke in 500 m Höhe als etwa doppelt so groß an, wie die in 20 m. Nach den aerologischen Ergebnissen nimmt danach die Windstärke viel langsamer mit der Höhe zu, als für den Eiffelturm gefunden wurde. Rechnet man mit dieser Zunahme, so erhält man einen um mehr als das vierfache kleineren Wert von μ.

[3] Arkiv för Math., Astr. och Fysik, Stockholm 1905, Bd. 2, Heft 1—2; das Verhältnis der wahren und virtuellen inneren Reibung des Meerwassers ist beiläufig das gleiche, wie in Luft (bei F. M. Exner, a. a. O.).

Die Bedeutung der virtuellen inneren Reibung ist jedenfalls recht verwickelt. Sie drückt die von einer Luftschicht auf die andere übertragene Bewegung aus. Da wohl fast immer Vermischungen der Schichten durch kleine Wirbel (Turbulenz) und durch vertikale Luftströme stattfinden, so ist durch solche ein Ausgleich der Bewegung (der Geschwindigkeit) viel rascher möglich als durch bloßen Austausch der einzelnen Moleküle, wie bei der wahren inneren Reibung[1]). Infolgedessen ist die „virtuelle" innere Reibung ganz ungleich viel größer als die wahre (vgl. Abschnitt 40); sie ist ferner auch offenbar nicht wirklich eine Konstante, sondern ein mittlerer Ausdruck der gerade herrschenden Bewegungsverhältnisse (wie dies übrigens auch die wahre innere Reibung für sehr kleine Zeitintervalle sein muß). Bei starkem vertikalen Luftaustausch, wie bei Tag, wo die untersten Luftschichten an der Erdoberfläche erwärmt werden und aufsteigen, wird μ vermutlich größer sein als bei Nacht, wo die kalten unteren Schichten getrennt von den oberen verharren.

Wir müssen darum auch erwarten, daß die Zunahme der Windstärke nach aufwärts bei Tag viel geringer ist als bei Nacht. Und dies haben ja auch die Beobachtungen bestätigt[2]). Espy und Köppen erklärten den Gegensatz im täglichen Gang der Windstärke nahe und fern vom Boden in dieser Weise[3]). Da das Verhältnis der Windstärken auf dem Eiffelturm und in 21 m Höhe zwischen $2{\cdot}8$ um $2^h p$ und $4{\cdot}8$ um $4-6^h a$ schwankt, so kann man nicht erwarten, mit dem hier benützten Mittelwerte $4{\cdot}05$ eine Größe μ zu finden, die dem mittleren Winkel zwischen den Windrichtungen dieser beiden Orte genau entspricht. Wir kommen auf diese Verhältnisse noch im nächsten Abschnitt zurück.

Wir wollen nun noch die Ergebnisse der Theorie über die Art der Luftbewegungen kurz besprechen. Die Formeln auf S. 118 für Windstärke und Ablenkungswinkel enthalten eine periodische Funktion der Höhe, $\cos az$, die stets mit dem Faktor e^{-az} vorkommt. Es ist also eine periodische Veränderung mit der Höhe vorhanden, die nach aufwärts immer kleiner wird. Da $a = 0{\cdot}00955$ m^{-1}, so ist die Höhe H, innerhalb welcher die ganze Periode liegt, ungefähr 600 m. Dort ist $e^{-az} = 0{\cdot}002$, also schon sehr gering, so daß über jene Höhe hinaus die periodischen Glieder keine Rolle mehr spielen und nur die erste, unterste Periode, bzw. ein Teil derselben, in Betracht kommt.

---

[1]) M. Margules ist (Denkschr. d. Wien. Akad., Bd. 73, 1901) durch eine Überschlagsrechnung zu dem Resultat gelangt, daß die wahre innere Reibung nur sehr langsam zum Verbrauch der lebendigen Kräfte von Luftströmungen führen kann. Er bedient sich hierzu der von Stokes abgeleiteten Gleichung für den Energieverlust durch innere Reibung. Vgl. auch Abschnitt 35, S. 94.

[2]) Hann, Lehrbuch der Met., 3. Aufl., S. 406.

[3]) Annal. d. Hydrogr., 1883, S. 625; ferner bei Hann, a. a. O., S. 407.

Die Auswertung liefert, wenn für sehr große Höhen $w_0 = 20$ m/sec angenommen wird, folgende Verteilung der Windstärke w und des Ablenkungswinkels α vom Gradienten:

$z =$	$w =$	$\alpha =$
5 m	1·5 m/sec	$46\frac{1}{2}^0$
10	2·9	48^0
20	5·7	51^0
50	11·7	59^0
100	17·9	$70\frac{1}{2}^0$
200	21·4	85^0
400	20·1	91^0
600	20·0	90^0
1000	20·0	90^0

Hieraus ersehen wir zunächst eine rasche Zunahme der Windstärke mit Entfernung vom Boden und gleichzeitig eine Zunahme des Ablenkungswinkels; über erstere wurde schon oben gesprochen, die letztere wird gewöhnlich als „Rechtsdrehen des Windes mit der Höhe" bezeichnet und ist eine normale Erscheinung auf der nördlichen Halbkugel. Die modernen aerologischen Untersuchungen haben gezeigt, daß diese Rechtsdrehung meist in etwa 1 km Höhe ihren vollen Wert erreicht hat; dabei ist ihr Betrag über verschiedenen Gebieten (Kontinent, Insel) recht ungleich.

Die obige Rechnung hat den Vorzug der Übersichtlichkeit, sie gibt ein einfaches Bild der Bewegungsformen der Luft, dagegen den Nachteil einiger Vernachlässigungen. Schon Akerblom hat die Annahme gemacht, der Druckgradient sei mit der Höhe nicht konstant; und Th. Hesselberg und H. U. Sverdrup[1]) sind ihm in ihrer ausführlichen Arbeit über die Reibung in der Atmosphäre hierin gefolgt. Während Akerbloms Rechnungen sich der Beobachtungen vom Eiffelturm bedienten und zu einem etwa 20mal größeren Wert der virtuellen inneren Reibung führten, als der von mir oben abgeleitete ist, haben Hesselberg und Sverdrup die Ergebnisse der Pilotballonaufstiege in Lindenberg verwendet und sind zu einem Wert von μ gekommen, der etwa die Hälfte des Akerblomschen ist. Die letzteren Autoren haben auch die Möglichkeit bedacht, der Koeffizient μ könne in verschiedenen Höhenlagen verschieden groß sein.

Die Prüfung der Beobachtungsergebnisse der Lindenberger Pilotaufstiege hat dies aber nicht ergeben; in der freien Atmosphäre beträgt der Koeffizient μ nach ihnen bis zu einer Höhe von etwa 3 km rund 50 cm^{-1} g sec^{-1}.

Interessant ist noch, daß nach Windbeobachtungen in den alleruntersten Luftschichten (bis 25 m) der Reibungskoeffizient daselbst sehr gering ist. Hesselberg und Sverdrup fanden für die unterste 9m-Schichte

[1]) Veröff. d. geophys. Instituts, Leipzig, Serie 2, Heft 10, 1915.

einen Wert von etwa $0{\cdot}9\,\mathrm{cm}^{-1}\,\mathrm{g\,sec}^{-1}$, der also etwa 7 mal kleiner ist, als der von mir oben gefundene Wert. Es muß mithin der Koeffizient der virtuellen Reibung nach abwärts nahe der Erdoberfläche rasch abnehmen. Diese rasche Abnahme ist ein Ergebnis der Tatsache, daß der Wind in den alleruntersten Luftschichten nach aufwärts sehr rasch zuzunehmen pflegt.

Hesselberg und Sverdrup haben die durch die virtuelle innere Reibung verursachte Drehung und Stärkeveränderung des Windes nach aufwärts graphisch dargestellt. Fig. 29 zeigt diese Verteilung für den vereinfachten, oben theoretisch berechneten Fall eines konstanten Druckgradienten. G gibt die Richtung des letzteren. Die Strecken von 0 bis zur Kurve $v_0 \ldots v_{5h}$ geben dann den Windvektor nach Größe und Richtung. v_0 ist derselbe am Boden, v_h in der Höhe h, v_{2h} in der doppelten Höhe usw.

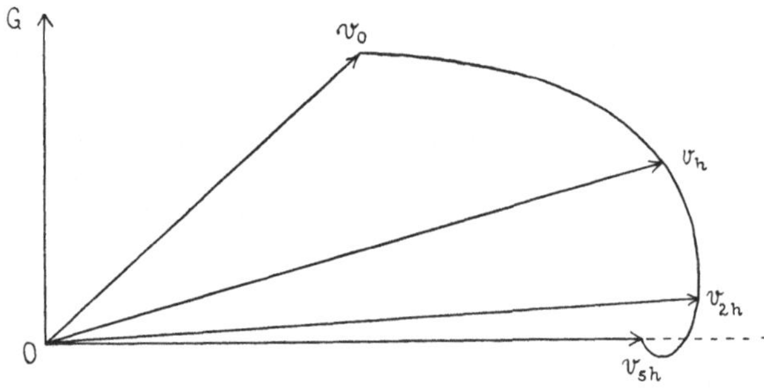

Fig. 29.

Für England und Lindenberg hat Gold[1]) folgende Mittelwerte des Winkels gebildet, welchen der obere Wind mit dem unteren nahe der Erde einschließt:

	0·5	1·0	1·5	2·0	2·5	3·0 km
England:	10°	17°	18°	20°	21°	20°
Lindenberg:	23	29	31	32	34	33

Vergleicht man diese Ergebnisse mit den oben berechneten Winkeln α, so erkennt man, daß es sehr darauf ankommt, in welchen Höhen man die untere Windrichtung mißt.

Wie man sieht, läßt sich im allgemeinen annehmen, daß der Wind in etwa 200 m Höhe schon seine normale Stärke erreicht hat und daß seine Richtung von hier ab auf dem Gradienten senkrecht steht. Man kann also in dieser Höhe schon die Luftströmungen behandeln, als würde keine Reibung (Abschnitt 36) vorhanden sein, was für viele meteorologische Aufgaben von Bedeutung ist.

---

[1]) Geophysical Memoirs des Met. Office, London 1913, Nr. 5.

Eine Eigentümlichkeit der Gleichungen ist es, daß sie größere Windstärke (21·4 m/sec) in 200 m angeben, als in 1000 m, und daß der Ablenkungswinkel über den Wert von 90° hinauswächst. Praktisch spielen diese Differenzen wegen ihrer Kleinheit keine Rolle, sie sind aber von Interesse wegen der Kraftverteilung, die ihnen zugrunde liegt (vgl. Fig. 29 u. 30).

Dieser sei noch eine kurze Betrachtung gewidmet. Die Komponenten der Reibungskraft in der x- und y-Richtung waren: $R_x = \dfrac{\mu}{\varrho} \dfrac{d^2 u}{d z^2}$, $R_y = \dfrac{\mu}{\varrho} \dfrac{d^2 v}{d z^2}$; sie lassen sich aus den Integralen berechnen und geben für die totale Reibungskraft den Wert $R = \dfrac{2 \mu v_0 a^2}{\varrho} e^{-az}$. Der Winkel β, welchen letztere mit der positiven x-Achse einschließt, ist bestimmt durch $\operatorname{tg} \beta = \dfrac{\dfrac{d^2 v}{d z^2}}{\dfrac{d^2 u}{d z^2}} = \operatorname{tg} az$. Die Lösung ist $\beta = \pi + az$. R nimmt also nach aufwärts ab und rotiert außerdem mit zunehmender Höhe in der Richtung des Uhrzeigers. Die Reibung, von welcher Guldberg und Mohn annahmen, sie wirke stets der Windrichtung entgegen, schließt nun mit der Windrichtung den Winkel $\delta = \beta - \alpha$ ein. Die Berechnung liefert für

$$z = \quad 5\,\text{m} \qquad 10\,\text{m} \qquad 20\,\text{m} \qquad 50\,\text{m} \qquad 100\,\text{m} \qquad 150\,\text{m} \qquad 200\,\text{m}$$
$$\delta = 136{\cdot}5^0 \quad 138^0 \quad 141{\cdot}5^0 \quad 152^0 \quad 171{\cdot}5^0 \quad 194^0 \quad 219^0$$

In kleinen Höhen über dem Boden, wo gewöhnlich die Windstärke beobachtet wird, also in 10 bis 20 m, liegt die Reibungskraft demnach rechts rückwärts von der Geschwindigkeit, ganz in Übereinstimmung mit dem oben erwähnten Ergebnis von Sandström; dieser fand den Winkel zwischen Reibungskraft und dem Wind entgegengesetzter Richtung zu 38°. Fast genau den gleichen Wert $(180 - 141{\cdot}5 = 38{\cdot}5^0)$ erhalten wir aus der Theorie für 20 m Höhe während dieser Winkel näher dem Boden größer ist, in einiger Höhe aber durch Null hindurchgeht und nun mit anderem Vorzeichen wieder zunimmt. Doch wird zugleich die Reibungskraft so klein, daß sie keine Rolle mehr spielt.

Die folgenden zwei Figuren (30) versinnlichen im Anschluß an Fig. 27 die Kräfteverteilung bei geradliniger Bewegung für verschiedene Höhen, und zwar für 10 m und 50 m. Der Gradient ist für beide Höhen gleich angenommen worden.

In 10 m Höhe ist die Reibungskraft groß, der Wind und mit ihm auch die ablenkende Kraft klein. In 50 m ist der Wind stärker, die Reibung geringer. Die gezeichneten Winkel α und δ sind den Gleichungen entnommen.

Man kann noch fragen, wie sich nun, bei virtueller innerer Reibung, das Verhältnis zwischen Windstärke und Gradient stellt; ob man dasselbe noch immer, wie beim Guldberg-Mohnschen Reibungsansatz, zu groß findet. Dieses Verhältnis war nach Guldberg-Mohn (S. 109) $\dfrac{1}{\sqrt{l^2 + k^2}}$; nun ist es $\dfrac{1}{l}\sqrt{1 - 2e^{-az}\cos az + e^{-2az}}$. Mit unserem Wert für a wird der Wurzelausdruck für $z = 10$ m : 0.15, für $z = 20$ m : 0.29. Nehmen wir die Reibung von flachem Festland (Paris) zu $k = 6 \cdot 10^{-5}$ an (S. 110), so erhalten wir für φ nahe 50^0, also $l = 10^{-4}$, die Größe $\dfrac{1}{\sqrt{l^2 + k^2}} = 0.86 \cdot 10^4$, die Größe $\dfrac{1}{l}\sqrt{1 - 2e^{-az}\cos az + e^{-2az}}$ für 10 m Höhe zu $0.15 \cdot 10^4$, für 20 m Höhe zu $0.29 \cdot 10^4$. Das besagte Verhältnis ist also jetzt wirklich

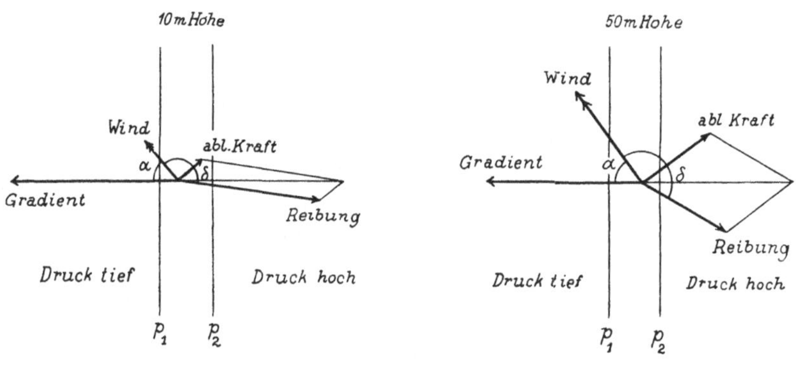

Fig. 30.

kleiner und dürfte durchschnittlich für den Wind in 20 m Höhe dem wirklich beobachteten entsprechen.

Aus den letzten Zahlen sieht man, daß es keinen Sinn hat, die Windstärke schlechtweg in ihrem Verhältnis zum Gradienten zu untersuchen; man muß bei solchen Fragen genau angeben, in welcher Höhe die Windstärke gemessen ist, da sie mit der Entfernung von der Erdoberfläche in den untersten 50 m sehr rasch zunimmt.

40. Austausch und Turbulenz. Eine interessante Anwendung des im vorigen berechneten Koeffizienten der virtuellen inneren Reibung haben W. Schmidt[1] und G. J. Taylor[2] gemacht. Da die Reibungskraft, die

<hr>

[1] Sitzungsber. d. Wiener Akad. d. Wiss., Abt. II a, Bd. 126, S. 757 (1917) und Annal. d. Hydrogr. u. marit. Meteorologie Okt.-Nov. 1917, ferner Sitzungsber. der Akad. d. Wiss., Bd. 127, S. 1889 (1918).

[2] Philos. Trans. A. 215, p. 1, 1915, Proc. Roy. Soc. London, A. Vol. 94, 1917; vgl. auch L. F. Richardson, Proc. Roy. Soc. A. Vol. 96, 1919, und „Weather

eine Luftschichte auf die andere ausübt, wesentlich im oben erwähnten Austausch der Massen durch kleine Strömchen besteht, so muß nach dem oben abgeleiteten Gesetz nicht nur die Bewegung der Luft, sondern auch jede andere Eigenschaft derselben, die an der Masse haftet, übertragen werden, wie z. B. der Wärmegehalt (die potentielle Temperatur), der Dampfgehalt oder irgendeine andere Beimischung zur atmosphärischen Luft. Es wird sohin möglich, aus Messungen der Windverteilung auf den Reibungskoeffizienten und von diesem auf die Verteilung und den Transport gewisser anderer Größen zu schließen.

Ist s der Betrag einer Größe oder Eigenschaft, welche der Masseneinheit der Luft zukommt, und $\frac{ds}{dh}$ dessen Gefälle in vertikaler Richtung, so werden bei einem durch Wind hervorgerufenen Massenaustausch durch eine horizontale Fläche von unten nach oben Massen hindurchtreten, welche die Größe $s - \frac{ds}{dh} h$ mitbringen, wo s die Größe an der Fläche und h der ursprüngliche Abstand der Massen von der Fläche ist; ebenso werden von oben nach unten Massen durchtreten, die die Größe $s + \frac{ds}{dh} h$ mitbringen. Es geht also ein Strom der Größe s von unten nach oben (S_1), ein anderer von oben nach unten (S_2). Die pro Flächen- und Zeiteinheit transportierte Menge ist proportional der Zahl der transportierten Massenteilchen m, verkehrt proportional der Fläche f und der Zeit t. Man hat also

$$S_1 = \frac{\sigma}{ft} \Sigma m \left(s - \frac{ds}{dh} h\right) \quad \text{und} \quad S_2 = \frac{\sigma}{ft} \Sigma m \left(s + \frac{ds}{dh} h\right),$$

wo σ ein Proportionalitätsfaktor und das Summenzeichen über alle nach aufwärts, bzw. nach abwärts bewegten Teilchen zu erstrecken ist. Nimmt s nach oben zu, so wird der Effekt der Austauschbewegung ein Transport S der Größe s nach abwärts sein; es wird $S = S_2 - S_1 = \frac{\sigma}{ft} \frac{ds}{dh} \Sigma m h$, wo nun das Summenzeichen über die nach auf- und nach abwärts transportierten Massenteilchen zu erstrecken ist. Man hat somit

$$S = \sigma \cdot \frac{ds}{dh} \cdot \frac{\Sigma m h}{ft} = A \sigma \frac{ds}{dh}, \quad \text{wo} \quad A = \frac{\Sigma m t}{ft}$$

der „Austausch" ist. Seine Dimensionen sind $\text{cm}^{-1} \text{ g sec}^{-1}$, dieselben wie die des Koeffizienten μ. A ist in der Tat identisch mit μ.

Prediction by numerical process", Cambridge Univ. Press, 1922, wo eine vollständige Darstellung dieser Fragen samt Literaturübersicht gegeben ist.

Anm. b. d. Korr: Eben ist eine neue, sehr eingehende Untersuchung von Th. Hesselberg „Über Reibung and Dissipation in der Atmosphäre" erschienen (Geofys. Publik.: Vol. III Nr. 5, Kristiania, 1924). Hier wird u. a. auch auf die Stabilität beim Austausch Rücksicht genommen, die ungeordnete Bewegung einer genauen Betrachtung unterzogen und der Energieverlust durch Reibung behandelt.

Handelt es sich um den Austausch von Bewegungen (Reibung), so ist der Faktor $\sigma = 1$. Ist S die die Fläche passierende Wärmemenge, s aber die potentielle Temperatur, so ist jener Faktor die spezifische Wärme, die mit der potentiellen Temperatur multipliziert den Gehalt an innerer Energie ergibt. Verstehen wir unter S die Wasserdampfmenge, so gibt uns dasselbe A, mit dem Gefälle der spezifischen Feuchtigkeit $\dfrac{ds}{dh}$ multipliziert, die Dampfmenge, die in der Zeiteinheit die Flächeneinheit in vertikaler Richtung passiert. Ist der vertikale Strom von S konstant, so ist daraus die in längeren Zeiträumen vom Erdboden aufwärts transportierte Feuchtigkeitsmenge berechenbar $\left(\text{wenn } \dfrac{ds}{dh} < 0\right)$.

Man kann somit aus der gemessenen virtuellen Reibung auf den Wärme- oder Wassertransport bei dem gleichen Bewegungszustand schließen.

Wirklich berechnet wurde A nur aus der horizontalen Geschwindigkeit (virtuelle Reibung). Nach Messungen verschiedener Autoren gibt Schmidt für A im Mittel die Zahl 50 cm^{-1} g sec^{-1} am Boden. Im Winter ist der Wert kleiner (44), im Sommer größer (59).

Ist in dieser Weise die Konvektion der Größe S durch die Luft zahlenmäßig erfaßt, so können Schlüsse auf die in gewissen Zeitintervallen transportierten Mengen gezogen werden. Schmidt tat dies bezüglich der Verdunstung sowie der Wärmezufuhr von der Luft an den Erdboden infolge der Zunahme der potentiellen Temperatur nach aufwärts. Im letzteren Fall fand er, daß täglich etwa 50 g-Kalorien dem Boden durch den Luftaustausch zugeführt werden. Dieses Resultat ist insofern erstaunlich, als man gewohnt ist, den Wärmegehalt der Luft als von der Erde herrühreud anzusehen. Wie soll dann die Luft wieder die Erde erwärmen? Die Sache klärt sich dahin auf, daß wir zwischen dem Luftaustausch infolge von „Reibung“ und jenem infolge von Erhitzung der Erdoberfläche unterscheiden müssen. Letztere ist die Ursache der Konvektion der Wärme nach aufwärts. Soll diese stattfinden, dann muß die potentielle Temperatur nach oben abnehmen (labiler Zustand). Wir können somit Schmidts Resultat nur für die horizontalen Winde gelten lassen, nicht aber für die Konvektion der erwärmten Bodenluft. Die normale Zunahme der potentiellen Temperatur nach aufwärts ist ein Effekt der Kondensationswärme; somit bedeutet Schmidts Wärmeabgabe der Luft an die Erde bei horizontalen Winden einen teilweisen Rückfluß der Kondensationswärme aus der Höhe zum Erdboden.

Nach dem Gesagten ist der Austausch daher von der Temperaturverteilung in vertikaler Richtung sehr abhängig. Ist Auftrieb vorhanden (warme Tages- oder Jahreszeit), so ist der Austausch vom Boden nach aufwärts groß, sonst viel geringer. Eine Behandlung des jährlichen oder täglichen Ganges verschiedener Lufteigenschaften auf dieser Grundlage ist daher nicht empfehlenswert. Die Größe A ist keine Konstante, sondern macht bei periodischen Vorgängen an der Erdoberfläche auch periodische Veränderungen durch, wodurch die Fortpflanzung der Periode vom Boden nach aufwärts sehr verändert werden kann.

Die Größe S, die oben benützt wurde, bedeutet die durch eine horizontale Fläche in der Zeiteinheit durchtretende Quantität der Eigenschaft s. In ein Volumelement tritt von oben her jene Quantität ein, zugleich nach unten eine ähnliche aus, so daß die Differenz dieser beiden Mengen eine zeitliche Veränderung der Eigenschaft s im Volumelement zur Folge haben muß. Aus einer Rechnung, die ganz analog jener der Wärmeleitung oder der Diffusion gebaut ist, folgt auf diese Weise die Beziehung:

$$\frac{\partial s}{\partial t} = \frac{A}{\varrho} \frac{\partial^2 s}{\partial z^2},$$

die Differentialgleichung des Austausches. Solange A konstant angenommen werden darf, sind die Vorgänge den bekannten Formen der Wärmeleitung vollkommen analog[1]) (Verzögerung der Phase und Abnahme der Amplitude im Fortschreiten nach aufwärts). Schmidt benützt die Gleichung, die bei konstantem A integrierbar ist, um die Ausbreitung verschiedener der Luft anhaftender Eigenschaften in zeitlicher und räumlicher Beziehung zu verfolgen (z. B. Abkühlung der über einen See hinstreichenden Luftströmung, Dampfdruckverteilung an Küsten, Einfluß der Stadtwärme auf Winde, Verbreitung von Blütensamen usw.).

L. F. Richardson[2]) hat die Gleichung allgemeiner gefaßt, indem er die Austauschgröße als mit der Höhe variabel annahm. Ist, wie oben, $S = A \frac{\partial s}{\partial z}$ die Quantität einer der Luft anhaftenden Größe, die in der Zeiteinheit in vertikaler Richtung die Flächeneinheit infolge der virtuellen inneren Reibung (Turbulenz) passiert, so ist die zeitliche Veränderung von s durch $\frac{\partial s}{\partial t} = \frac{\partial}{\partial z}\left(A \cdot \frac{\partial s}{\partial z}\right)$ gegeben. Richardson verwendet statt der z-Koordinate den Druck, wobei $\frac{\partial s}{\partial t} = \frac{\partial}{\partial p}\left(k \frac{\partial s}{\partial p}\right)$ wird und, wenn ϱ mit der Höhe konstant angenommen werden darf, $k = A \varrho^2 g^2$ ist.

Zum Studium der Turbulenz machte derselbe Experimente mit Rauch[3]), der sich, von einer Brandstelle ausgehend, im Winde umso rascher verbreitet, je größer der Austausch ist. Es würde zu weit führen, näher auf diese Untersuchungen einzugehen. Interessant ist es, wie der Austausch sich in den größeren Bewegungen strömender Flüssigkeiten geltend macht. Nicht nur der Wind, sondern auch das Wasser der Flüsse usw. bewegt

---

[1]) Vgl. z. B. Riemann-Hattendorf, Partielle Differentialgleichungen.
[2]) Proceed. Boy. Soc. London, A, Vol. 96, 1919.
[3]) Philos. Transact. Roy. Soc. London, A, Vol. 221, 1920.

sich im allgemeinen wesentlich anders, als die Gleichungen der theoretischen Hydrodynamik erwarten lassen; bei gleichmäßigen Kräften sollte man auch gleichmäßige Bewegungen vermuten, die sogenannten „laminaren" Strömungen; diese kommen aber nur im Fall sehr geringer Geschwindigkeit vor, bei größeren Geschwindigkeiten wird die Bewegung „turbulent", es tritt eine fortwährende Verschlingung der Stromlinien in unregelmäßiger Art und Weise ein, wodurch Energie verbraucht wird und die Strömungsgeschwindigkeit kleiner wird, als es die Kräfte nach der Theorie erwarten lassen.

A. Wegener[1]) hat hierauf besonders aufmerksam gemacht, nachdem M. P. Rudzki[2]) schon im Jahre 1892 ähnliche Ansichten geäußert hatte. Unsere bisherigen Kenntnisse dieser Verhältnisse sind noch mangelhaft. Man weiß, namentlich aus Aufzeichnungen von Winddruckmessern, daß der Winddruck und mit ihm die Windgeschwindigkeit fortwährenden starken Intensitätsschwankungen unterliegt. Was wir im vorigen stets als Windgeschwindigkeit bezeichneten und in die Rechnung einführten, ist nur ein Mittelwert, über eine mehr oder weniger lange Zeitspanne genommen, wie ihn etwa das Schalenkreuzanemometer vermöge seiner Trägheit liefert. In Wirklichkeit ist die Bewegung nahe der Erdoberfläche fast immer eine stoßweise, „pulsatorische". Nur bei sehr schwacher Luftbewegung scheint eine den hydrodynamischen Gleichungen entsprechende ungestörte Bewegung möglich zu sein. Bei Zunahme der Geschwindigkeit tritt plötzlich die Turbulenz ein, bei welcher die Strombahnen durcheinander laufen, kleine Wirbel sich bilden, die Geschwindigkeiten von Teilchen zu Teilchen stark wechseln und infolgedessen auch der Druck auf eine der Strömung entgegengestellte Fläche sehr variabel wird[3]).

Gelegentlich von Drachenaufstiegen hat Dines[4]) aus dem wechselnden Zug, welchen die Drachenleine erleidet, schließen können, daß der Wind mit zunehmendem Abstand von der Erdoberfläche gleichmäßiger wird. Als Maß der Zugschwankungen definierte er die Differenz zwischen maximalem und minimalem Zug in einer Minute, dividiert durch den Mittelwert des Zuges in dieser Zeit (Gustiness- oder Windstoß-Faktor). Dieser Faktor beträgt in 30 m Höhe nur mehr $75\,^0/_0$, in 1000 m Höhe gar nur mehr $27\,^0/_0$ vom Werte in 10 m Höhe über dem Erdboden. Man sieht daraus, daß der größte Teil der Turbulenz des Windes durch die Nähe der Erdoberfläche und ihre großen Unebenheiten zustande kommt. Doch ist auch in höheren Schichten bei starken Winden die „turbulente" Strömung die Regel, nicht aber die ideale Strömung der Bewegungsgleichungen.

<hr>

[1]) Met. Zeitschr. 1912, S. 49.
[2]) Ann. d. Hydr. u. mar. Met. 1892 und Met. Zeitschr. 1912, S. 343.
[3]) Vgl. Hann, Lehrb. d. Met., 3. Aufl., S. 389.
[4]) Met. Zeitschr. 1912, S. 37 und 1913, S. 313.

Rudzki hat (a. a. O.) betont, daß in den unregelmäßigen Strömungslinien durch die Vermischung der Luftpartikel und die Bildung von
kleinen Wirbeln große Energiemengen verloren gehen. Die den Bewegungsgleichungen entsprechende Geschwindigkeit wird nicht als mittlere,
meßbare Geschwindigkeit des Luftstroms erscheinen, da die einzelnen
Teilchen sich zum Teil auch quer zu der allgemeinen Strömungsrichtung
bewegen; infolgedessen muß die mittlere Geschwindigkeit kleiner werden
als jene. Zudem kann bei der Bildung von kleinen Wirbeln ein Teil
der lebendigen Kraft in Wärme übergehen. (Siehe Abschnitt 54.)

Natürlich sind die Wirkungen der Turbulenz in den empirischen
Reibungskoeffizienten enthalten; d. h. es wird sowohl der Guldberg-
Mohnsche Reibungskoeffizient wie auch der Koeffizient der virtuellen
Reibung und der „Austausch" so groß gefunden, weil nicht nur die
physikalisch definierte Reibung der Luft, sondern hauptsächlich die
Turbulenz mit Luftmischung und Wirbelbildung den Widerstand gegen
die Bewegungen verursacht. Somit ist auch bei Vorhandensein turbulenter
Bewegungen die Anwendung unserer Bewegungsgleichungen erlaubt,
bzw. das einzig mögliche; nur ist nicht zu vergessen, daß wir nur eine
mittlere Geschwindigkeit beobachten, die stets kleiner als die theoretische
sein wird.

**41. Ausfüllende, stationäre und gegen den Gradienten ge-
richtete Bewegungen.** Die Verwendung des Ausdrucks für die innere
Reibung in den Bewegungsgleichungen ist nur bei den einfachsten Strömungsverhältnissen durchführbar; die viel bequemeren Ausdrücke von
Guldberg und Mohn oder von Hesselberg und Sverdrup sind, wie
wir sahen, nicht immer genau genug. Es empfiehlt sich daher, wo immer
es möglich ist, von den Luftströmungen in den untersten Schichten ganz
abzusehen und die Bewegungen in Höhen zu betrachten, in welchen die
Reibung keine Rolle mehr spielt; dies ist schon in 500 m annähernd der
Fall. Hier ist nach Abschnitt 36 im stationären Zustand der Wind
parallel den Isobaren oder senkrecht zum Gradienten anzunehmen.

Gold[1] hat untersucht, ob die für geradlinige oder krummlinige
beschleunigungslose Bewegungen ohne Rücksicht auf die Reibung abgeleiteten Gleichungen (S. 96 u. 97) mit den Beobachtungen stimmen; er
benützte hierzu die Windmessungen in 1000 m Höhe, welche durch Ballon-
und Drachenaufstiege über Lindenberg gewonnen wurden. Das Ergebnis
war, daß die mittels der ausgemessenen Druckgradienten berechneten
Windstärken mit den beobachteten durchschnittlich auf $7{\cdot}5\,^0/_0$ stimmten;
doch waren die berechneten auch hier noch immer größer als die beobachteten.

---

[1] Barom. Grad. & Wind Force; Rep. to Dir. Met. Off., London, 1908.

Wir können daher obige Behauptung über die Richtung der Winde in der Höhe als bestätigt betrachten, solange die Bewegung frei von Beschleunigung ist.

Daß der Wind senkrecht zum Gradienten weht, hat zur Folge, daß Luftdruckunterschiede zwischen verschiedenen Orten durch Luftbewegungen verhältnismäßig langsam ausgeglichen werden können. Würde die ablenkende Kraft der Erdrotation fehlen, so würde jede Luftbewegung bald zur Ausfüllung des Gradienten führen. Tatsächlich wird eine solche Ausfüllung in einiger Höhe nur durch eine Komponente der Bewegung möglich, die bei nicht beschleunigungsfreien Bewegungen auftritt und fast stets recht klein ist. Denn bei den Vergleichen zwischen Windstärke und Gradienten, z. B. jenen Golds, zeigte sich, daß man im allgemeinen nicht weit fehlt, wenn man die Strömungen als beschleunigungsfrei betrachtet. Die Abweichungen von diesem Zustand sind immer recht klein, was Shaw[1]) geradezu als ein meteorologisches Gesetz angesehen wissen will.

Winde, welche infolge eines auftretenden Druckgradienten eben im Entstehen begriffen sind, werden natürlich einen geringen Ablenkungswinkel gegen den Gradienten besitzen, die Beschleunigung ist ja nahe der Richtung des Gradienten gelegen. Winde, die abflauen, haben großen Ablenkungswinkel, die Trägheit hält den Winkel noch eine Weile aufrecht, wenn auch die ablenkende Kraft der Erdrotation geringer wird. Die (negative) Beschleunigung liegt dann mehr in der Richtung des Windes als des Gradienten.

Aus diesem Grunde haben, wie schon Cl. Ley gezeigt hat, entstehende Winde (z. B. auf der SE-Seite einer Zyklone) kleine Ablenkungswinkel, absterbende Winde (auf der West- oder Rückseite) größere.

Köppen[2]) und Hesselberg[3]) haben die Bewegungsgleichungen so umgeschrieben, daß man den Einfluß der Beschleunigung auf Ablenkungswinkel und Windstärke leicht erkennt.

Ausgehend von den Hesselbergschen Gleichungen für horizontale Luftbewegungen,

$$\frac{d\,u}{d\,t} + \lambda v + c\,u = -\frac{1}{\varrho}\frac{\partial\,p}{\partial\,x}$$
$$\frac{d\,v}{d\,t} - \lambda u + c\,v = -\frac{1}{\varrho}\frac{\partial\,p}{\partial\,y},$$

wollen wir die vorhandene Geschwindigkeit in die Y-Achse legen, so daß $u = 0$.

Ferner ist $\frac{\partial\,p}{\partial\,x} = \frac{\partial\,p}{\partial\,n}\sin\psi$, $\frac{\partial\,p}{\partial\,y} = \frac{\partial\,p}{\partial\,n}\cos\psi$, wenn ψ der Winkel zwischen Geschwindigkeit v und Gradient.

<hr>

[1]) Im Vorwort zu der oben zitierten Arbeit Golds.
[2]) Zeitschr. d. öst. Ges. f. Met., Bd. 15, 1880, S. 41.
[3]) Veröff. d. geophys. Inst. Leipzig, 2. Serie, Heft 7, 1915.

Man erhält nun auf einfache Weise:

$$\operatorname{tg} \psi = \frac{\lambda v + \dot{u}}{c v + \dot{v}}, \quad v = \frac{\dfrac{1}{\varrho} \dfrac{\partial p}{\partial n}}{\sqrt{\left(\lambda + \dfrac{\dot{u}}{v}\right)^2 + \left(c + \dfrac{\dot{v}}{v}\right)^2}}.$$

Ist also die Beschleunigung $\dot{v}$ in der Windrichtung groß, so ist der Ablenkungswinkel klein, dabei aber bei gegebenem Gradienten auch die Geschwindigkeit klein. Bei Verzögerung des Windes ($\dot{v} < 0$) ohne Drehung ($\dot{u} = 0$) wird der Ablenkungswinkel groß und die Geschwindigkeit groß.

Man muß also auf die Beschleunigung Rücksicht nehmen, wenn es sich um nähere Untersuchungen dieser Größen handelt; sie werden von ihr nicht unerheblich beeinflußt.

Nach dem Gesagten kann die Beschleunigung zum tiefen oder zum hohen Druck gerichtet sein, je nachdem die Geschwindigkeit zu klein oder zu groß ist, um den Gradienten zu kompensieren. Ist die Beschleunigung zum tiefen Druck gerichtet, so wird allgemein der Gradient geschwächt, da Luft in die Gebiete befördert wird, in denen der tiefe Druck herrscht („ausfüllende Bewegung"). Ist sie zum hohen Druck gerichtet, so wird im allgemeinen der Gradient stärker; wir haben eine Bewegung, welche Druckunterschiede hervorruft, eine „Bewegung gegen den Gradienten"[1].

Eine solche Bewegung ist nicht die einzige, welche Gradienten erzeugen kann; sie darf somit auch nicht als notwendige Bedingung für die stets wieder neu auftretenden Druckunterschiede angesehen werden. Es scheint im Gegenteil, daß die Druckgradienten in einem Niveau meist durch „ausfüllende", also zum tiefen Druck gerichtete Bewegungen in höheren Niveaus entstehen; man kommt mit der Betrachtung einer horizontalen Luftschichte hier nicht aus. Ist in der Höhe z. B. ein Gradient von Süd nach Nord, so wird die Luft dort eine ausfüllende Bewegung gegen Norden ausführen können; hierdurch wird die Erdoberfläche im Süden entlastet, im Norden belastet, es kann also ein Gradient an der Erdoberfläche von Norden nach Süden die Folge sein.

Bewegungen gegen den Gradienten im obigen Sinn sahen wir (Abschnitt 37) bei den Oszillationen der Luft unter dem Einfluß eines konstanten Druckgefälles. Sie sind Erscheinungen der Trägheit der Luft-

---

[1] N. Ekholm hat darauf aufmerksam gemacht, daß die Windstärke bei Veränderungen des Gradienten größer ist, wenn der Gradient eben wächst, kleiner, wenn er eben abnimmt, wenn also Steig- bzw. Fallgebiete des Luftdrucks über einen Ort hinwegziehen; denn im ersten Fall tritt zur einwärts gerichteten Komponente der Geschwindigkeit die Beschleunigung hinzu, im zweiten Fall kommt sie in Abzug (Met. Zeitschr. 1907, S. 148; auch zitiert bei Sandström, Bull. Mt. Weath. Obs. Vol. III, S. 301).

massen und müssen bei sämtlichen Wellenbewegungen in der Luft vorkommen, ferner auch bei unperiodischen Veränderungen der Kräfte,
namentlich der Gradientkraft. Verändert sich die Verteilung des Luftdrucks, so kann sich die Luftbewegung nicht plötzlich der neuen Kraftverteilung anpassen, sondern nur allmählich. Hierbei wird es vorkommen,
daß die Trägheit der Luftmassen Gradienten verstärkt, wie auch, daß
sie solche abschwächt. Mit dem Ausdruck des „Anpassens der Luftströmungen an die vorhandenen Kräfte" ist hier die Annäherung an den
stationären Bewegungszustand gemeint, die unter dem Einfluß einer
Reibungskraft recht rasch vor sich geht (S. 112).

Beständige Luftströmungen, welche den Gradienten nicht ausfüllen,
sind nur in den höheren Luftschichten möglich; nahe der Erdoberfläche,
wo der Wind der Reibung wegen nicht senkrecht zum Gradienten, sondern
unter einem kleineren Winkel gegen ihn weht, werden die Bewegungen
fast immer ausfüllende sein. Die Erdoberfläche ist hierdurch als ein
Niveau gekennzeichnet, welches die Erhaltung eines bestehenden Bewegungszustandes verhindert. Sie ist tatsächlich das wichtigste
Störungs- bzw. Ausgleichsniveau der Luftströmungen und spielt
eine ganz hervorragende Rolle für dieselben. Dies äußert sich in Erscheinungen, auf die wir bei Besprechung der unperiodischen Luftdruckänderungen zurückkommen.

Während in einem höheren Niveau recht große horizontale Druckunterschiede bei geeigneten Windstärken stationär sein können, ist dies
an der Erdoberfläche nicht möglich, da die Windstärken hier fortwährend
durch Reibung verringert werden und gewisse Grenzen nicht überschreiten.
Infolgedessen nimmt auch die Veränderlichkeit des Luftdrucks von einem
Tage zum andern mit zunehmender Höhe zu, um erst in der Stratosphäre
geringer zu werden (vgl. Abschnitt 73).

Aus einem ähnlichen Grund ist die Jahreschwankung des Luftdrucks
(Differenz der extremen Monatswerte) an der Erdoberfläche viel geringer
als in der Höhe (z. B. Genf $3{\cdot}3$ mm, Sonnblickgipfel $10{\cdot}6$ mm)[1]). Der
Druck an der Erdoberfläche ist immer nahezu durch die Gesamtmasse der
Atmosphäre bestimmt, während der Druck in bestimmter Höhe bei gleicher
Masse der Atmosphäre je nach den herrschenden Temperaturverhältnissen
der Luftsäule darunter ganz verschieden ausfällt.

Die Erdoberfläche stellt sich somit nicht als das Niveau dar, in
welchem, als dem untersten, die Luftbewegungen und die damit verbundenen Druck- und Temperaturgradienten am intensivsten und aus-
gesprochensten auftreten, wie man vielleicht erwarten könnte, sondern als
ein Niveau, in welchem diese Erscheinungen nur verflachte und abge-

---

[1]) Nach Hann, Lehrb. d. Met., 3. Aufl., S. 199.

schwächte Abbilder jener in höheren Schichten sind. Für den an die Erdoberfläche gebundenen Beobachter ist diese Tatsache nicht günstig.

42. Das Zirkulationsprinzip. In der Atmosphäre begegnet man bei allen Bewegungen von regelmäßigem Charakter einer Zirkulation, d. h. einer Luftbewegung in Bahnen, die in sich selbst zurücklaufen. Es ist darum nicht überflüssig, hier einen physikalischen Begriff zu nennen, welcher gerade auf solche atmosphärische Zirkulationen besonders anwendbar ist, den Begriff der Zirkulationsgröße von Lord Kelvin, den vor allen V. Bjerknes[1]) in die Meteorologie eingeführt hat.

Es wird eine zusammenhängende Kette von Flüssigkeitspartikeln betrachtet, die eine geschlossene Kurve bilden. Jedes Partikel hat eine Geschwindigkeit U; die zur Kurve tangentielle Geschwindigkeitskomponente sei U_t. Durch Summation dieser Größen längs der Kurve ergibt sich $C = \int U_t\, ds$, wo ds ein Linienelement der Kurve ist. Die Summation wird über die ganze geschlossene Kurve erstreckt. Die Größe C heißt die „Zirkulation" der Kurve s. Wir können die zeitliche Änderung dieser Größe, $\dfrac{dC}{dt}$, berechnen, indem wir die Bewegungsgleichungen, z. B. in der im vorigen Paragraphen für rechtwinklige Koordinaten verwendeten Form, benützen.

Wird, bei Weglassung von Reibung und ablenkender Kraft der Erdrotation, gesetzt:

$$\frac{du}{dt} = X - \frac{1}{\varrho}\frac{\partial p}{\partial x}, \quad \frac{dv}{dt} = Y - \frac{1}{\varrho}\frac{\partial p}{\partial y}, \quad \frac{dw}{dt} = Z - \frac{1}{\varrho}\frac{\partial p}{\partial z},$$

so wird $\dfrac{dC}{dt} = \int\limits^{s} \dfrac{du}{dt}dx + \dfrac{dv}{dt}dy + \dfrac{dw}{dt}dz$, wenn das Integral rechts längs der Kurve gebildet wird; dies gibt: $\dfrac{dC}{dt} = \int\limits^{s} X\,dx + Y\,dy + Z\,dz - \int\limits^{s}\dfrac{1}{\varrho}\,dp.$

Die Integrale sind längs der geschlossenen Kurve s zu nehmen. Es ist dann klar, daß nur unter bestimmten Verhältnissen $\dfrac{dC}{dt}$ von null verschieden sein kann. Das erste Integral rechts über einer geschlossenen Kurve ist bei Kräften (X, Y, Z), die ein Potential besitzen, stets null; das zweite Integral rechts wird über einer geschlossenen Kurve null, sobald die Dichte ϱ konstant ist, weil unter dem Integralzeichen dann ein vollständiges Differential (dp) steht.

Da in der Atmosphäre im allgemeinen an äußeren Kräften nur die Schwerkraft wirkt, so wird das erste Integral auf der rechten Seite tatsächlich verschwinden und es bleibt für atmosphärische Luft

$$\frac{dC}{dt} = - \int\limits^{s}\frac{1}{\varrho}\,dp = - \int\limits^{s} v\,dp.$$

____

[1]) Met. Zeitschr. 1900, S. 97 u. S. 145 sowie 1902, S. 97.

Die nähere Bedeutung dieses Ausdrucks wird später noch behandelt werden; hier sei nur bemerkt, daß das Integral rechts die Arbeit der Druckkräfte längs der Kurve s vorstellt, wofür nach Bjerknes auch die Anzahl von Einheitssolenoiden gesetzt werden kann, die von den p- und v-Flächen gebildet und von der Kurve s umschlossen werden.

Eine Komplikation im Ausdruck für C tritt durch die Erdrotation hinzu. Die Gechwindigkeiten u, v, w in den Bewegungsgleichungen beziehen sich auf ein ruhendes System, ebenso auch die Größe C. Wenn nun aber die Winde relativ zur Erde gegeben sind, so muß die absolute Luftbewegung zerlegt werden, und zwar in die relativ zur Erde und in die der rotierenden Erde selbst. Tut man dies, so kann man auch die absolute Zirkulation C in zwei Teile zerlegen, in die relativ zur Erde C_r und in die der Erdoberfläche selbst, C_e. Letztere wird von Bjerknes berechnet und gefunden als die Projektion der Kurvenfläche auf die Äquatorebene, (S), multipliziert mit 2ω. Man hat daher $C = C_r + 2\omega S$, und die uns interessierende Veränderung der Zirkulation relativ zur Erde ist

$$\frac{dC_r}{dt} = -\int\limits^{s} v\, dp - 2\omega \frac{dS}{dt}.$$

In dem zweiten Glied auf der rechten Seite ist ausgedrückt, daß die Änderung des Projektionsareales der Kurve s wie eine zirkulationserzeugende Kraft wirkt. Wird das Areal kleiner, so nimmt die Zirkulation zu, wird es größer, so nimmt sie ab. Es ist dies nichts anderes, als ein Ausdruck für die ablenkende Wirkung der Erdrotation oder das Keplersche Gesetz von der Erhaltung des Rotationsmomentes, die wir früher schon kennen gelernt haben. Die Zirkulationsgröße C_r kann hier positiv oder negativ sein.

Auf die Verwendung des Begriffes Zirkulation im Studium der atmosphärischen Bewegungen kommen wir später zurück.

43. Vertikaler Druckgradient und vertikale Bewegung. Die erste der allgemeinen Bewegungsgleichungen von S. 33 lautete für die Richtung des Erdradius r:

$$\ddot{r} - r\dot{\varphi}^2 - r\cos^2\varphi\,\dot{\lambda}\,(\dot{\lambda} - 2\omega) = -g - \frac{1}{\varrho}\frac{\partial p}{\partial r}.$$

Von der Bedeutung des zweiten und dritten Gliedes auf der linken Seite, den vertikalen Komponenten der ablenkenden Kraft und der Zentrifugalkraft, ist schon oben (Abschnitt 16) die Rede gewesen, wo sich zeigte, daß diese Glieder gegenüber der Schwerkraft g stets sehr klein sind und in erster Näherung vernachlässigt werden können.

Es bleibt dann links noch die vertikale Beschleunigung $\ddot{r}$ übrig, welche in Analogie zur horizontalen Beschleunigung (Abschnitt 41) dann auftritt, wenn dem vertikalen Druckgradienten durch die Vertikalkraft, die Schwere, nicht das Gleichgewicht gehalten wird. Ein hierher gehöriger Fall, der Auftrieb warmer Luft in kälterer Umgebung, ist schon früher (Abschnitt 25) besprochen worden.

Die vertikale Beschleunigung ist im Verhältnis zur Schwere stets sehr gering. Trotzdem spielt sie eine Rolle; denn für die Witterung ist auch eine geringe vertikale Bewegung schon von Bedeutung. Nahe der Erdoberfläche beeinflußt die vertikale Beschleunigung die Druckverteilung stets so, als würde eine vermehrte Schwerkraft wirken[1]). Da nämlich an der Erdoberfläche die vertikale Bewegung null ist, so muß in geringer Höhe über derselben Aufwärtsbewegung eine Beschleunigung, Abwärtsbewegung eine Verzögerung erfahren; beide sind positiv zu zählen, so daß $\ddot{r}$ stets additiv zu g hinzutritt. Die Druckdifferenz zwischen zwei Orten in einer Vertikalen, welche den Abstand z voneinander haben, ist im Ruhezustande

$$p_0 - p = p \left(e^{\frac{gz}{RT}} - 1 \right).$$ Bei vermehrter Schwerkraft wächst sie; es entsteht somit durch vertikale Beschleunigung nahe der Erde eine Vergrößerung der vertikalen Druckdifferenz. Dort, wo man die Temperatur einer Luftsäule sehr genau bestimmen konnte, ist es auch gelungen, diese kleine Veränderung der Druckdifferenz nachzuweisen. Teisserenc de Bort[2]) hat dies mit den Beobachtungen auf dem Eiffelturm in Paris ausgeführt. Er berechnete den Druck am Fuß des Turmes aus dem Druck in der Höhe und den Temperaturen der Zwischenstationen und erhielt so einen der statischen Gleichung entsprechenden Wert p_0; andererseits wurde der Druck am Boden direkt gemessen (p_0'). Dabei ergab sich im Jahresmittel ein Unterschied zwischen beobachtetem und berechnetem Druck am Boden $p_0' - p_0 = 0.13$ mm, also ein dem statischen überlagerter negativer Druckgradient nach aufwärts (-0.13 mm); der Druck ist in der Höhe zu niedrig, auf die Luftmasse wirkt eine Beschleunigung nach aufwärts.

Teisserenc de Bort hat auch eine tägliche Periode dieses Gradienten nachgewiesen, die im Mittel der Monate Januar und Juli durch die folgenden Zahlen dargestellt wird:

$$
\begin{array}{cccccccc}
3^h\mathrm{a} & 6^h\mathrm{a} & 9^h\mathrm{a} & 12^h\mathrm{m} & 3^h\mathrm{p} & 6^h\mathrm{p} & 9^h\mathrm{p} & 12^h\mathrm{p} \\
-0.01 & -0.07 & -0.13 & -0.19 & -0.19 & -0.11 & -0.04 & -0.04\ \mathrm{mm}
\end{array}
$$

Die negativen Werte sind bei Tage größer als bei Nacht, was auf stärkere vertikale Bewegung bei Tage schließen läßt[3]).

---

[1]) F. M. Exner, Sitz.-Ber. Wien. Akad., Bd. 112, Abt. II a, 1903, S. 345.

[2]) Ann. Bur. Centr. Mét. de France, 1890 I, S. B 209 und Compt. Rend. Bd. 120, 1895, S. 846.

[3]) Fehler von 1^0 C in der Temperatur der Luftsäule von Eiffelturmhöhe würden den Druckgradient um 0.1 mm verändern; so große Temperaturfehler kann man aber bei Mittelwerten nicht annehmen, so daß die Deutung dieser Beobachtungen wohl einwandfrei ist.

Man kann die Gleichung für die vertikale Bewegung, in welcher die Komponenten der Zentrifugalkraft und ablenkenden Kraft weggelassen sind, unter gewissen Voraussetzungen integrieren. Ist w die vertikale Geschwindigkeit, so ist $\dfrac{dw}{dt} = -g - \dfrac{1}{\varrho}\dfrac{\partial p}{\partial z}$, wo z statt r gesetzt ist. Nun ist zunächst (vgl. S. 32): $\dfrac{dw}{dt} = \dfrac{\partial w}{\partial t} + u\dfrac{\partial w}{\partial x} + v\dfrac{\partial w}{\partial y} + w\dfrac{\partial w}{\partial z}$. Im stationären Zustand ist $\dfrac{\partial w}{\partial t} = 0$; nehmen wir ferner an, die Luftbewegung sei wirbelfrei[1]), so muß sein: $\dfrac{\partial w}{\partial x} = \dfrac{\partial u}{\partial z}$, $\dfrac{\partial w}{\partial y} = \dfrac{\partial v}{\partial z}$. Hiernach wird: $\dfrac{dw}{dt} = \tfrac{1}{2}\dfrac{\partial(u^2 + v^2 + w^2)}{\partial z} = \tfrac{1}{2}\dfrac{\partial c^2}{\partial z}$, wo c die totale Geschwindigkeit ist.

Man hat somit $\dfrac{1}{2}\dfrac{\partial c^2}{\partial z} + g + \dfrac{1}{\varrho}\dfrac{\partial p}{\partial z} = 0$. Ist noch die Temperatur T nach der Höhe z konstant, so folgt durch Integration:

$$\frac{c^2}{2} + gz + RT\,lg\,p = f(xy),$$

also eine Gleichung, welche die Druckverteilung nach der Höhe angibt[2]). Es hängt nun der Druck von der Bewegung der Luft ab (hydrodynamischer Druck) und die statische Gleichung (Abschnitt 19) gilt nur bei ruhender Luft, wo $c = 0$.

Wird der Druck am Erdboden ($z = 0$) p_0, die Geschwindigkeit daselbst c_0 genannt, so folgt $RT\,lg\,\dfrac{p_0}{p} = gz + \dfrac{c^2 - c_0^2}{2}$. Wir haben diese Ableitung gewählt, weil man nun unmittelbar sieht, daß der Effekt der Geschwindigkeitsunterschiede auf die Druckdifferenz eine direkte Folge der vertikalen Beschleunigung ist[3]). Unter c ist die totale Geschwindigkeit verstanden. Bei wirbelfreier Bewegung kann zwar die vertikale Komponente derselben nicht überall null sein; trotzdem ist sie meist so gering, daß c und c_0 hauptsächlich durch die horizontale Komponente, die Windgeschwindigkeit schlechthin, bestimmt sind.

Wir erhalten also eine Veränderung des vertikalen Druckgefälles durch einen Unterschied der Windstärken oben und unten. Die Druckdifferenz zwischen Basis und oberer Begrenzung der Luftsäule z wird vergrößert, wenn die Windgeschwindigkeit oben größer ist als unten. Nachdem dies das Normale ist, so folgt auch aus der Integralgleichung dieselbe Verstärkung des Gradienten gegenüber dem Ruhezustande, wie sie

---

[1]) Vgl. z. B. Christiansen, Theor. Physik, 1903, S. 149.

[2]) Vgl. die auf S. 103 abgeleitete Beziehung zwischen der Druckveränderung, die eine Luftmasse durchmacht, und der hierdurch erzeugten Windstärke.

[3]) Die gewöhnliche Ableitung dieser Formel aus allen drei Bewegungsgleichungen (vgl. S. 148) setzt die Vernachlässigung der scheinbaren Kräfte nicht voraus, sondern gilt ganz allgemein, wenn die Bewegung wirbelfrei ist.

oben bewiesen wurde. Anderkó[1]) hat den letzteren Weg gewählt, um den vertikalen Gradienten zu bestimmen.

Die obige Gleichung läßt rasch beurteilen, wieviel ein Unterschied in der Windstärke ausgibt. Ist z. B., wie auf dem Eiffelturm im Jahresmittel[2]), $c = 8\cdot7$ m/sec, $c_0 = 2\cdot2$ m/sec, so findet sich $\dfrac{c^2 - c_0^2}{2} = 35\cdot5$. Dieser Unterschied gibt für den Luftdruck soviel aus, als würde die Höhe der Säule um $\dfrac{1}{g}\dfrac{c^2 - c_0^2}{2}$, also um $3\cdot5$ m gewachsen sein. Der Druck soll also auf dem Eiffelturm durch diese Strömungsverhältnisse um etwa $0\cdot3$ mm Hg erniedrigt werden, einen Wert, der allerdings dreimal so groß ist, als der von Teisserenc de Bort empirisch gefundene[3]). Der Grund für den Unterschied kann zum Teil darin liegen, daß durch die Mittelbildung die Ergebnisse stets abgeschwächt werden, zum Teil darin, daß die Voraussetzung wirbelfreier Bewegung gewiß nicht erfüllt ist. Sobald die vertikale Bewegung, welche dieser entspricht, zum Teil fehlt, muß auch der fragliche Effekt auf den Luftdruck vermindert werden.

Im allgemeinen können wir trotzdem die statische Grundgleichung, aus der sich die Höhenformel ergibt, als sehr genau gültig ansehen; die vertikale Beschleunigung beeinflußt die Druckverteilung so wenig, daß sich dieser Effekt meist der Beobachtung entzieht.

Demzufolge ist dann allerdings auch die für das Wetter wichtige vertikale Bewegung aus der Bewegungsgleichung kaum bestimmbar. Besser ist hierfür die Kontinuitätsgleichung zu brauchen, womit wir nochmals in das Gebiet der Kinematik (5. Kapitel) kommen. Schon im Abschnitt 31 wurde bemerkt, daß eine Zunahme der Strömungsgeschwindigkeit in einer horizontalen Stromröhre in einer Luftsäule absteigende Bewegung verlangt, und umgekehrt. Da die Druckverteilung meist leichter und übersichtlicher dargestellt werden kann als die Geschwindigkeitsverteilung, so empfiehlt es sich, die horizontalen Geschwindigkeitskomponenten in der Kontinuitätsgleichung durch die Druckgradienten auszudrücken.

---

[1]) Met. Zeitschr. 1905, S. 547.

[2]) Hann, Lehrbuch d. Met., 3. Aufl., S. 393.

[3]) Unterschiede zwischen berechnetem und beobachtetem Druck von den angegebenen Größen und Vorzeichen haben Teisserenc de Bort (a. a. O.) zwischen Puy de Dôme und Clermont, Anderkó (a. a. O.) in Ungarn und neuerdings G. v. Elsner (Abh. preuß. Met. Inst. Bd. 4, Nr. 8, 1913) zwischen Schneekoppe und deren Fußstation gefunden. Wenn es auch günstig aussieht, daß sich hier überall das nach der Theorie zu erwartende Vorzeichen der Abweichungen ergeben hat, so sind doch diese Beobachtungen viel weniger beweisend als die vom Eiffelturm, da für höhere Luftsäulen Temperaturfehler viel mehr ausgeben als für niedrige und die Temperatur vom Eiffelturm mit Hilfe von zwei Zwischenstationen viel besser bekannt war, als die der anderen Luftsäulen.

Wir benützen dazu die Guldberg-Mohnschen Gleichungen für beschleunigungslose Strömung (S. 109) und erhalten aus ihnen, wenn $l^2 + k^2 = \sigma^2$ gesetzt wird:

$$\varrho u = -\frac{k\frac{\partial p}{\partial x} - l\frac{\partial p}{\partial y}}{\sigma^2}, \quad \varrho v = -\frac{l\frac{\partial p}{\partial x} + k\frac{\partial p}{\partial y}}{\sigma^2}.$$

Verbinden wir dies mit der Kontinuitätsgleichung für stationären Zustand (S. 67), so wird: $\frac{\partial(\varrho w)}{\partial z} = \frac{k}{\sigma^2}\left(\frac{\partial^2 p}{\partial x^2} + \frac{\partial^2 p}{\partial y^2}\right)$. Da die vertikale Geschwindigkeit an der Erdoberfläche selbst stets null ist, während aufsteigender Strom positiv gerechnet wird, so ist in der Nähe der Erd- oberfläche auch $\frac{\partial(\varrho w)}{\partial z}$ bei aufsteigendem Strom positiv, bei absteigendem negativ.

Ist daher die Verteilung der Isobaren derartig, daß der Klammeraus- druck rechts positiv wird, so haben wir daselbst aufsteigende Bewegung

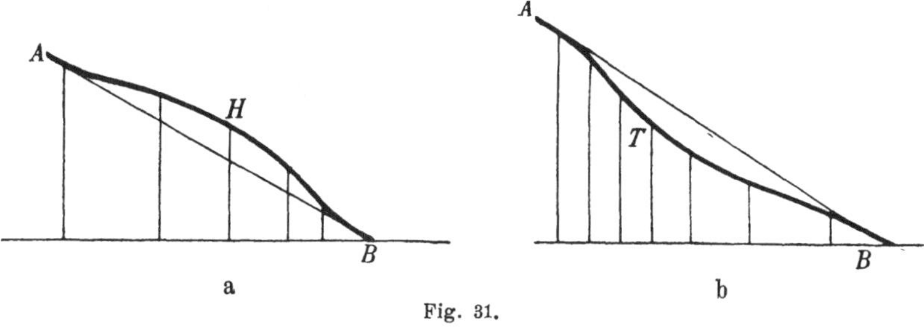

a   b

Fig. 31.

zu erwarten. Zur Vereinfachung sei $\frac{\partial p}{\partial y} = 0$, die Isobaren verlaufen parallel zur x-Achse. Dann läßt sich die Bedingung auch so formulieren: Nimmt der Gradient gegen den tiefen Druck hin ab, ist also $\frac{\partial^2 p}{\partial x^2} > 0$, so ist die Vertikalbewegung aufsteigend, anderenfalls absteigend. Die obigen Figuren 31 versinnlichen diese Druckverteilung. Der Druck ist als Ordinate aufgetragen, die Abschnitte auf der Abszissenachse deuten die Abstände der Isobaren voneinander an, wie sie auf den Wetterkarten erscheinen. In Fig. 31a ist Anlaß zu absteigender, in b zu aufsteigender Bewegung gegeben. Man kann diese Druckverteilungen auch so denken, daß dem konstanten Druckgradienten, welcher durch die schiefe Gerade AB angegeben wird, im ersten Falle ein relatives Hoch- druckgebiet AHB, im zweiten ein Tiefdruckgebiet ATB überlagert ist. Ersteres ist nahe dem Boden mit absteigender, letzteres mit aufsteigender Bewegung verbunden.

Die Erfahrung hat das Vorhandensein vertikaler Bewegungen unter solchen Umständen bestätigt. Betrachtet man viele Wettersituationen, bei welchen allen der gleiche Gradient und Wind herrscht, so kann man nachsehen, unter welchen Umständen diese Situationen schönes oder schlechtes Wetter haben. Bei Westwind in Wien z. B.[1]) verlaufen die Isobaren an dieser Station von NW nach SE. Stellt man nun jene Fälle zusammen, bei denen in Wien bei Westwind von gewisser Stärke schönes Wetter, und jene, bei denen Niederschlag beobachtet wurde, so erhält man zwei mittlere Isobarenkarten, die nur ganz wenig voneinander verschieden sind. Die Unterschiede ergeben sich am besten, wenn man die Abweichungen von ihrem gemeinsamen Mittel bildet und durch Kärtchen darstellt (Fig. 32). Der Fall von schönem Wetter in Wien gibt ein relatives Hochdruckgebiet (Fig. 32 a), der Fall von Niederschlag ein relatives Tiefdruckgebiet (Fig. 32 b); denselben ist der allgemeine, mit Westwind verbundene Gradient überlagert zu denken.

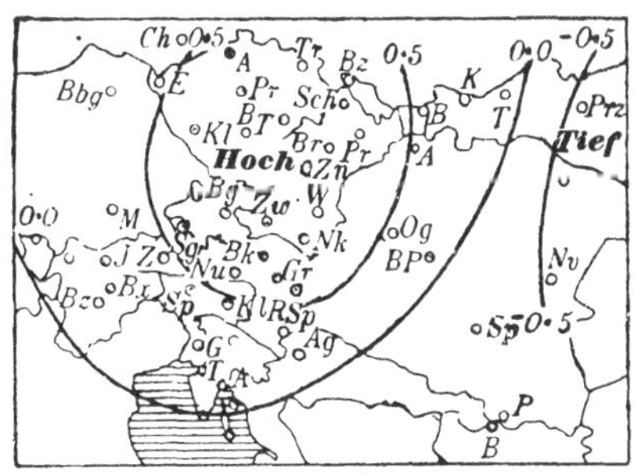
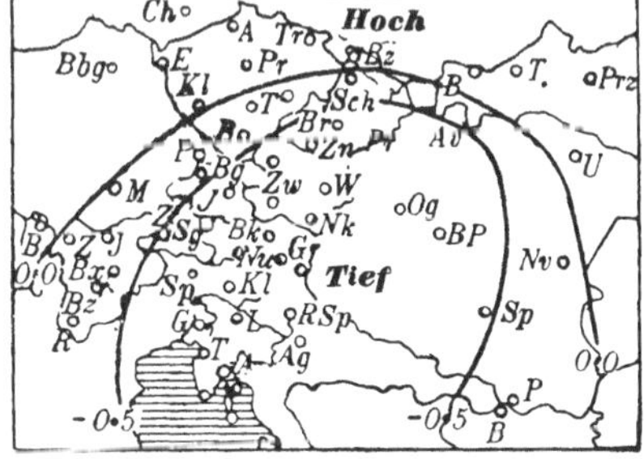

a) *W 5 od. W 6 u. Bew. 0—3*   b) *W 5 od. W 6 u. Niedsch.*

Fig. 32.

Es ist klar, daß diese Überlegungen nur zutreffen, solange der Wind nicht senkrecht zum Gradienten weht, sondern unter einem kleineren Winkel. Die vertikale Bewegung nahe der Erdoberfläche geht also bei stationären Bewegungen ohne Wärmezufuhr auf die Reibung an dieser zurück.

Das gleiche gilt von absoluten Hoch- und Tiefdruckgebieten. Hier ist das Vorhandensein von Abwärts-, bzw. Aufwärtsbewegung an der Erdoberfläche wegen der Divergenz und Konvergenz der Stromlinien eine selbstverständliche Forderung des stationären Zustands (S. 68). Der Luftersatz beim Hochdruckgebiet, die Fortschaffung der Luft beim Tiefdruckgebiet kann nahe der Oberfläche nur in der Richtung von oben, bzw. nach oben erfolgen. In höheren Schichten trifft dies nicht mehr zu, hier steht dem Lufttransport die Richtung nach auf- und nach abwärts zur Verfügung.

---

[1]) F. M. Exner, Sitz.-Ber. Wien. Akad., Bd. 112, Abt. II a, 1903.

Nehmen wir der Einfachheit wegen an, das Hoch- bzw. Tiefdruckgebiet sei durch konzentrische kreisförmige Isobaren dargestellt; dann können wir auf dasselbe die Bewegungsgleichungen von S. 114 und die Kontinuitätsgleichung von S. 97 anwenden. Ist rings um den Mittelpunkt alles symmetrisch (unabhängig von ϑ) und zudem die Bewegung beschleunigungslos und stationär, so läßt sich die Kontinuitätsgleichung schreiben:

$$\frac{\partial(\varrho\,\dot{\mathfrak{r}})}{\partial\,\mathfrak{r}} + \varrho\,\frac{\dot{\mathfrak{r}}}{\mathfrak{r}} = -\frac{\partial(\varrho\,w)}{\partial\,z},$$

die zweite Bewegungsgleichung aber: $\dot{\mathfrak{r}} = \dfrac{k\,\mathfrak{r}\,\dot{\vartheta}}{l - 2\,\dot{\vartheta}}$, wobei $\dot{\vartheta}$ konstant ist.

Man erhält: $\dfrac{\partial(\varrho\,w)}{\partial\,z} = -\dot{\mathfrak{r}}\left(\dfrac{\partial\,\varrho}{\partial\,\mathfrak{r}} + \dfrac{2\,\varrho}{\mathfrak{r}}\right).$

Im Zentrum überwiegt stets das Glied $\dfrac{2\,\varrho}{\mathfrak{r}}$, dort bewegt sich demnach die Luft von der Erdoberfläche nach aufwärts, wenn $\dot{\mathfrak{r}} < 0$, also in Zyklonen, nach abwärts, wenn $\dot{\mathfrak{r}} > 0$, also in Antizyklonen. Diese vertikalen Ströme sind zugleich die Ursache des überwiegenden Schlechtwetters in Tiefdruck-, des Schönwetters in Hochdruckgebieten. In höheren Schichten der Atmosphäre folgt aus dem Vorzeichen von $\dfrac{\partial(\varrho\,w)}{\partial\,z}$ nicht mehr eindeutig das von w, wie dies an der Erdoberfläche der Fall ist, folglich gelten diese Überlegungen dort nicht mehr[1]).

44. Wärmeaustausch zwischen Erde und bewegter Luft.

Eine Luftmasse, die sich bewegt, kann von der umgebenden Luft isoliert bleiben oder sich mit ihr vermischen. Im ersten Fall wird sie in nicht zu langen Zeiten einigermaßen ihren Wärmegehalt bewahren, wenn nicht Strahlungsvorgänge hinzutreten oder Niederschlag ausfällt. Sehen wir hiervon ab, so können wir die Bewegung der Luft ohne Mischung als adiabatisch ansehen. In der Nähe der Erdoberfläche ist dies nicht mehr der Fall, die Luft wird durch unmittelbare Berührung in einen Wärmeaustausch mit dem Boden oder der Meeresfläche treten, der ihre potentielle Temperatur wesentlich verändern kann.

Um diese Vorgänge zu untersuchen, läßt sich zunächst die einfache Annahme machen, daß die Temperatur einer über die Erde fließenden Luftmasse sich proportional der Temperaturdifferenz Erde—Luft ändere[2]). Die Unterlage wirkt je nach dem Vorzeichen dieser Differenz erwärmend

---

[1]) Trabert hat (Met. Zeitschr. 1903, S. 232) die Vermutung ausgesprochen, daß die antizyklonale Krümmung der Isobaren allein schon absteigende, die zyklonale aufsteigende Bewegung bedinge, auch wenn nur kleine Isobarenstücke solche Krümmung haben. Dies läuft im wesentlichen wieder auf die Divergenz und Konvergenz der Stromlinien hinaus, von denen schon oben (S. 68) die Rede war.

[2]) F. M. Exner, Sitz.-Ber. Wien. Akad., Bd. 120, Abt. IIa, 1911, S. 181.

oder abkühlend. Ist T die Temperatur der Luft, U die der Unterlage und k ein konstanter Koeffizient, so wird also: $\dfrac{dT}{dt} = k(U - T)$.

Da die Wärmekapazität der Erde, noch mehr aber die des Wassers größer ist als die der Luft, so wird die Unterlage in ihrer Temperatur durch die Luft viel weniger beeinflußt als die Luft durch die Unterlage. Infolgedessen läßt sich angenähert U als konstante Funktion des Ortes auffassen, während T von Ort und Zeit abhängt.

Wir betrachten z. B. Luft, die sich an der Erdoberfläche in einer geraden Linie von N nach S bewegt. In dieser Richtung möge die Bodentemperatur linear zunehmen, so daß $U = G + Hx$. Ursprünglich war die Luft in Ruhe und hatte die Temperatur der Unterlage. Nun bewegt sie sich mit der konstanten Geschwindigkeit v und kommt dadurch über immer wärmere Gebiete. Es entsteht die Frage, welche Temperatur die Luft nach der Zeit t am Orte x haben wird.

Die Integration liefert $T = G + Hx - \dfrac{Hv}{k}\left(1 - e^{-kt}\right)$. Die Temperaturdifferenz zwischen Erdoberfläche und Luft ist somit

$$U - T = \frac{Hv}{k}\left(1 - e^{-kt}\right).$$

Sie nähert sich mit zunehmender Zeit dem konstanten Wert $\dfrac{Hv}{k}$; je größer der Erwärmungskoeffizient k ist, desto eher wird dieser Zustand erreicht.

Wir haben hier das schematische Beispiel eines Kälteeinbruches, wo Luft aus kälteren Gegenden in wärmere fließt und diesen Abkühlung bringt. Statt der unbekannten Bodentemperatur U können wir die vor dem Kälteeinbruch gemessene Lufttemperatur benützen; dann soll, so verlangt es die Rechnung, die Abkühlung an allen Orten ungefähr den gleichen Betrag erreichen. Die Untersuchung einiger nordamerikanischer Kältewellen ergab nun wirklich an verschiedenen Orten ihrer Bahn eine Abkühlung von nahezu gleicher Größe, ob diese nun in der Gegend der großen Seen oder des Golfs von Mexiko gemessen wurde. Aus dem Betrag der Abkühlung läßt sich der Erwärmungkoeffizient berechnen; er wurde für jene Kälteeinbrüche zu $k = 2 \cdot 10^{-5}\ \text{sec}^{-1}$ gefunden.

Die Temperatur einer bestimmten Luftmasse erhalten wir als Funktion der Zeit, wenn wir die eben gefundene Temperaturdifferenz $U - T = \dfrac{Hv}{k}$ in die ursprüngliche Differentialgleichung einsetzen und integrieren. Sie wird $T = T_0 + Hvt$. Eine bestimmte Luftmasse wird also auf dem Weg nach Süden proportional der Zeit wärmer. Bestimmt man die Temperatur der vordersten kalten Luftmassen bei jenen Kälteeinbrüchen, so erhält man tatsächlich sehr angenähert ein mit der Zeit lineares Ansteigen derselben, das um so größer ist, je schneller sich die Luft bewegt.

Strömt an einer Stelle der Erdoberfläche Luft dauernd aus nördlichen in südliche Gegenden, wie dies z. B. in der nördlichen Passatregion der Fall ist (NE nach SW), so erwärmt sie sich offenbar auf einer gewissen Strecke um so viel, als der mittlere Temperaturunterschied auf dieser Strecke beträgt. Denn nur in diesem Fall ist der Bewegungszustand stationär. Die tatsächliche Temperaturverteilung in der Passatregion ist also durch die Größe des Erwärmungskoeffizienten bedingt. Man kann denselben daher auch aus dieser Erscheinung berechnen und findet einen Wert von der gleichen Größenordnung wie oben.

In ähnlicher Weise wird auch bei anderen stationären Strömungen durch die Wärmeübertragung vom Boden an die Luft oder umgekehrt die Temperaturverteilung an der Erdoberfläche bestimmt. Als Beispiel sei nur der Temperaturgegensatz der Ost- und Westküsten der Kontinente erwähnt, welcher in höheren Breiten durch die allgemeinen Westwinde unterhalten wird. Die Fähigkeit der Luft, Wärme von der Erdoberfläche aufzunehmen und wo anders wieder an sie abzugeben, ist auch die Ursache des ausgleichenden und mäßigenden Einflusses, welchen Luftbewegungen im allgemeinen auf das Klima haben.

Shaw und Lempfert[1]) verfolgten eine Luftmasse, die sich über die Erde bewegt, auf ihrer Bahn und bemerkten, daß der Wärmeaustausch zwischen Erdoberfläche und Luft besonders rasch über dem Meere erfolgt. Die Luft nimmt, sobald sie auf den Ozean kommt, sehr rasch die Temperatur des Seewassers an. Über dem Kontinent glaubten die genannten Autoren eher eine Anpassung der Bodentemperatur an die Lufttemperatur zu finden. Unsere obige Annahme von der Konstanz der Temperatur der Unterlage wird also am Meere genauer erfüllt sein als am Kontinent. Die spezifische Wärme des Erdbodens beträgt rund 0·6 kg-Kal., ist also nur etwa dreimal größer als die der Luft; seine Dichte ist allerdings ungefähr 2000 mal größer. Doch nehmen am Wärmeaustausch viel ausgedehntere Volumina von der beweglichen Luft teil als vom festen Boden, der nur mit seiner obersten Schicht in Betracht kommt. Infolgedessen können die Temperaturänderungen von Luft und Boden trotz der großen Dichte des letzteren vielleicht weniger verschieden ausfallen, wie man erwarten möchte.

Dort, wo warme Luft über kälteren Boden strömt, also bei Wärmeeinbrüchen, ist darauf Rücksicht zu nehmen, daß die warme Luft sich leicht vom Boden abhebt und über kältere Luft darüberfließt. In diesem Fall wird die Berechnung des Koeffizienten k natürlich falsch. Hat die warme Luft eine Schneelage aufzutauen oder findet sie Wasser zum Ver-

---

[1]) Met. Off. London, Nr. 174, 1906 oder Zitat, S. 72.

dampfen vor, dann wird der Koeffizient k kleiner sein müssen, und zwar ganz erheblich.

Bei dem später zu besprechenden Vordringen kalter Luft in wärmere Gebiete auf der Rückseite von Zyklonen entstehen häufig verschärfte Temperaturübergänge, die sich aus unserer Rechnung nicht ergeben haben. Dies rührt daher, daß bei starken Kälteeinbrüchen die kalte Luft die wärmere nicht einfach vor sich herschiebt, sondern sie in die Höhe drückt und beim weiteren Vordringen gegen Süden an immer wärmere Luftmassen angrenzt. Es werden aus den nach der Temperatur nebeneinander geordneten Massen also solche, die zwischen den kältesten und wärmsten Gebieten liegen, herausgehoben und dadurch sprunghafte Temperaturgradienten an der Erdoberfläche, sogenannte „Diskontinuitäten" erzeugt, die man bei den Zyklonen häufig beobachtet. In diesen Fällen ist natürlich unsere einfache Darstellung von oben nicht ausreichend.

Siebentes Kapitel

Energie der Luftbewegungen.

45. Vorgänge mit Wärmeaustausch und ohne solchen; Richtung derselben. Bei sämtlichen Bewegungen in der Atmosphäre wird Energie verbraucht; denn es gehen keine vor sich, ohne daß Reibung (virtuelle) und Turbulenz auftritt, die stets Energie in Wärme umzusetzen bestrebt sind. Es muß daher bei dauernden Bewegungen der Luft eine Energiequelle geben, welche, wie bei einer Dampfmaschine, den Bewegungsvorgang unterhält. Diese Energiequelle besteht stets aus zwei Teilen: aus der Zufuhr und Abfuhr der Energie, oder aus einer Wärme- und einer Kältequelle. Letztere ist ebenso nötig wie erstere, weil sonst die Temperaturen sich allmählich immer mehr ausgleichen würden.

Die Wärmequelle für die atmosphärischen Bewegungen ist die Sonnenstrahlung, bzw. die Wärmeübertragung vom Erdboden an die Luft und die Absorption, welche die Luft auf die Sonnenstrahlen ausübt. Die Kältequelle ist die Ausstrahlung der Erdoberfläche und der Luft gegen den Weltraum, bzw. die Abkühlung der Luft an dem unter ihr befindlichen Boden.

Bei einem atmosphärischen Bewegungsvorgang mit Wärmeaustausch muß stets eine Luftmasse den Weg von der Wärmequelle zur Kältequelle und von dieser wieder zu ersterer zurücklegen. Jede Luftmasse beschreibt also eine in sich geschlossene Bahn, weswegen man diese Bewegungen allgemein als „Zirkulationen" bezeichnet.

Sie stellen das Wesentliche in den atmosphärischen Bewegungen vor. Eigentlich ist jede Bewegung einer Luftmasse ein Teilvorgang einer solchen Zirkulation. Aber es ist nicht nötig, daß auf dem ganzen Zirkulationswege überall entweder Wärmezufuhr oder Wärmeentziehung erfolgt. Es kann auch Abschnitte in den Zirkulationen geben, wo die Bewegung adiabatisch ist. Solche Teilbewegungen können wir aus dem großen Zirkulationsvorgang herausgeschnitten denken, um sie für sich zu betrachten.

Sowohl bei adiabatischen wie auch bei vielen nichtadiabatischen Bewegungen zehrt die Bewegung von einem Vorrat an Energie (potentieller Energie), die früher aufgestapelt worden ist. Allerdings gibt es auch nichtadiabatische Vorgänge, bei welchen sich die Wärme direkt in Bewegung umsetzt, wie z. B. über erwärmtem Boden, wo die Luft aufsteigt.

Die Richtung, nach welcher sich irgend ein gegebener Anfangszustand in der Atmosphäre entwickelt, ist im letzten Falle, wo es sich um einfache Zirkulationen der Luft unter dem Einfluß der Schwerkraft handelt, leicht zu bestimmen. Die Stelle der Erwärmung wird durch Auftrieb, die der Abkühlung durch Abtrieb der Luftmassen charakterisiert. Es ist also an der ersteren im allgemeinen aufsteigende, an der letzteren absteigende Bewegung vorhanden; diese beiden vertikalen Äste der Zirkulation müssen sich durch horizontale zu einer Kurve schließen, welche von der Stelle der Erwärmung in der Höhe zu der der Abkühlung, von der Stelle der Abkühlung in der Tiefe zu der der Erwärmung führen. Liegt die Kältequelle an der unteren Grenze des verfügbaren Raumes, die Wärmequelle an dessen oberer Grenze, dann kann weder Abtrieb noch Auftrieb wesentliche Vertikalbewegung hervorrufen und die Zirkulation kommt nicht zustande. Am umfassendsten wird die Zirkulation in einem gegebenen Raume werden können, wenn die Kältequelle an der oberen, die Wärmequelle an der unteren Grenze desselben liegt[1]). Dies ist der Fall, wenn der Erdboden seine Wärme an die darüberliegende Luft abgibt (Land- und Seewinde, Berg- und Talwinde, Monsune, allgemeine Zirkulation der Atmosphäre).

Betrachten wir einen Teil eines Zirkulationsprozesses, der rein adiabatisch vor sich geht, so fehlt das einfache Kriterium des Auftriebs und Abtriebs an den Stellen der Wärme- und Kältezufuhr. Die Physik kennt zwei Prinzipe, welche beurteilen lassen, in welcher Richtung eine adiabatische Veränderung von selbst vor sich geht; das weitaus allgemeinere derselben ist das Entropieprinzip. Die molekularen Vorgänge, auf welche sich dasselbe bezieht, bewirken aber nur so langsame Veränderungen, daß wir von diesem Prinzip in der Meteorologie keinen Gebrauch machen können. So wird z. B. die Diffusion einen Ausgleich der Temperaturen in der Atmosphäre anstreben, doch braucht der Vorgang so lange Zeit, daß unterdessen Massenverlagerungen im Großen diese kleinen Vorgänge ganz überdecken.

Das zweite Prinzip sagt aus: von selbst eintretende oder natürliche Bewegungen geschehen so, daß hierdurch Arbeit geleistet und die potentielle Energie verringert wird. Der freigelassene Körper, welcher unter der Wirkung der Schwere fällt, oder das komprimierte Gas, das seinen Druck mit der Außenluft auszugleichen strebt, sind Beispiele dafür.

Dieses der Mechanik entnommene Prinzip findet auch auf die mechanischen Vorgänge der Luftbewegungen Anwendung. Eine ruhende Luftmasse setzt sich gegebenenfalls in dem Sinne in Bewegung, daß dadurch die potentielle Energie, also jene Energie, die Arbeit leisten kann, geringer

---

[1]) J. W. Sandström hat dies durch Versuche in Wasser direkt nachgewiesen, indem er an der Oberfläche eines Wassertroges ein Stück Eis, in der Tiefe eine Wärmequelle anbrachte. (The Hydrodynamics of Canadian Atlantic Waters, Can. Fischeries Expedition, 1914—15, Ottawa, 1918, S. 260.)

wird. Sich selbst überlassen sucht die Luftmasse jenen Zustand auf, bei welchem die potentielle Energie ein Minimum wird. Sie bleibt demnach in Ruhe, wenn diese Bedingung erfüllt ist. Da auf die Luftmassen, von Reibung abgesehen, nur zwei selbständige Kräfte wirken, die Schwere und der Druckgradient, so ist das Minimum der potentiellen Energie gegeben durch möglichst tiefe Lage des Schwerpunktes dieser Massen bei dem vorhandenen Wärmezustand derselben und durch Verschwinden der horizontalen Druckdifferenzen. Dies ist aber identisch mit den Bedingungen des stabilen Gleichgewichts (vgl. Abschnitt 25).

Um die Richtung zu beurteilen, nach welcher ein atmosphärischer Zustand sich verändern wird, hat man also die potentielle Energie heranzuziehen. Doch gilt dies, wie gesagt, nur für die von selbst eintretenden Veränderungen. Bei schon vorhandenen Bewegungen kann natürlich vorübergehend die potentielle Energie eben durch diese Bewegungen selbst vermehrt werden, wie z. B. bei Trägheitsbewegungen gegen den Druckgradienten. Außerdem kann durch äußere Einflüsse jede beliebige Änderung der potentiellen Energie bewirkt werden.

Hier ist namentlich die Wärmezufuhr und Wärmeentziehung durch Sonnenstrahlung und Ausstrahlung der Luft gegen den Weltraum wichtig. Die Wärmezufuhr in den äquatorialen Gegenden bewirkt eine Ausdehnung der Luftmassen daselbst, also eine Hebung des Schwerpunktes, eine Vermehrung der potentiellen Energie, außerdem auch eine Erzeugung von horizontalen Druckgradienten in der Höhe vom Äquator polwärts und eine Verdampfung von großen Mengen Wassers. Werden die Massen nach erfolgter Erwärmung sich selbst überlassen, so verändern sie ihre Lage dann in dem Sinn, daß die potentielle Energie abnimmt.

Wir wollen uns zunächst mit den einfachen adiabatischen Teilvorgängen beschäftigen und die Zirkulationsvorgänge später betrachten. Jene gehen oft in kleineren Dimensionen vor sich und treten vereinzelter auf als die Zirkulationen, spielen aber in den Witterungsvorgängen unserer Breiten eine sehr große Rolle.

46. Gleichung der lebendigen Kraft. Eine wichtige Frage in der Meteorologie ist die nach der Herkunft der Winde und ihrer lebendigen Kraft. Wie oben bemerkt, lassen sich die atmosphärischen Erscheinungen ganz allgemein in zwei Gruppen einteilen: Bei der ersten wird Wärme zugeführt oder entzogen (n i c h t adiabatische Vorgänge, vgl. Abschnitt 9), die sich günstigen Falles direkt in Bewegung umsetzen kann wie beim Aufsteigen der Luft über erwärmtem Boden, oder aber in irgendeiner Form aufgespeichert wird (potentielle Energie). Bei der zweiten Gruppe ist der Energieinhalt konstant (a d i a b a t i s c h e Vorgänge), hier können Umwandlungen der potentiellen und kinetischen Energie von selbst vor sich gehen, wodurch die erstere im Sinne des vorigen Abschnittes auf Kosten der zweiten kleiner wird und einem Minimum zustrebt.

Das häufige, plötzliche Auftreten stürmischer Winde deutet darauf hin, daß große lebendige Kräfte oft nicht direkt aus der zugeführten Wärme stammen, sondern aus einem aufgespeicherten Energievorrat schöpfen. Für die unmittelbare Entstehung der Luftströmungen ist in der Tat die zweite Gruppe von Erscheinungen wichtiger, wenngleich die Aufspeicherung von potentieller Energie ihre notwendige Vorbedingung ist.

Neben diesen beiden läßt sich analog zu den pseudoadiabatischen Prozessen (Abschnitt 10) noch eine dritte Gruppe unterscheiden, bei welcher in einer abgeschlossenen Luftmasse durch Niederschlag Kondensationswärme frei wird.

In der Atmosphäre spielen die wirbelförmigen Bewegungen der Zyklonen eine bedeutende Rolle. Hier ist es wahrscheinlich, daß die kinetische Energie nicht ganz aus aufgespeicherter innerer und potentieller Energie herstammt, sondern zum Teil aus der Bewegungsenergie schon vorhandener Luftströmungen, ganz ähnlich wie dies bei Wirbeln in fließendem Wasser der Fall ist, die sich am Rande eines Hindernisses (Brückenpfeiler) bilden. Dies ist eine rein dynamische Erscheinung, während die Entstehung lebendiger Kraft aus innerer und potentieller Energie thermodynamisch behandelt werden muß. Wir kommen auf jene Wirbelbildungen später zurück.

Zur Erklärung der großen kinetischen Energie der Luftströmungen hat man wesentlich drei Energiequellen herangezogen: die potentielle Energie der horizontalen Massenverteilung, die potentielle Energie der vertikalen Massenverteilung und die Kondensationswärme. Während früher Ferrel die Bedeutung der letzteren stark hervorhob, wurde später namentlich durch Bigelow und Margules die potentielle Energie der Massenverteilung in vertikaler Richtung in den Vordergrund gestellt. Bigelow[1] sieht den Ursprung der Zyklonen im Gegen- und Übereinanderfließen verschieden temperierter Luftmassen; die ungleichen Temperaturen stammen aus verschiedenen Breiten der Erde und suchen sich auszugleichen. Margules[2] untersucht die Herkunft der kinetischen Energie, die in den Zyklonen, Böen, Gewittern usw. zu Tage tritt, mittelst des Energieprinzips und bestätigt die Ansichten von Bigelow durch strikte mathematische Ableitungen.

---

[1] Monthly Weath. Rev. 1902, S. 251 und namentlich 1903, S. 72; ferner 1906, S. 9 und 16.

[2] Über den Arbeitswert einer Luftdruckverteilung; Denksch. Wien. Akad. d. Wiss., B. 73, 1901. Über die Energie der Stürme, Jahrb. k. k. Zentralanst. f. Met. und Geodyn., Wien, 1903, Anhang. Zur Sturmtheorie, Met. Zeitschr. 1906, S. 481.

Wir betrachten zuerst die Erscheinungen in trockener Luft und behandeln die dritte oben genannte Energiequelle, die Kondensationswärme, später.

Nach dem Gesetz von der Erhaltung der Kraft entsteht aus der vorhandenen potentiellen Energie die lebendige Kraft der Bewegung. Dieses Gesetz läßt sich auf feste Körper sehr einfach anwenden, da hier als potentielle Energie nur die der Lage in Betracht kommt. Bei Gasen wird die Anwendung verwickelter, weil zu jener noch die innere Energie (Wärmegehalt) und die potentielle Energie der Druckverteilung hinzutritt, die gleichfalls lebendige Kraft liefern können. An Kräften ist ja neben der Schwere auch noch der Druck vorhanden. Die Arbeit, welche die Druckkräfte leisten, stammt aus dem Wärmegehalt des Gases; ihr Umsatz wird durch den ersten Hauptsatz der mechanischen Wärmetheorie dargestellt.

Wir haben demnach zur Berechnung der Energieverhältnisse einer Luftmasse die Gesetze der Mechanik und Thermodynamik zu verbinden, behandeln aber an erster Stelle im folgenden den rein mechanischen Vorgang.

Wir multiplizieren zunächst die drei allgemeinen Bewegungsgleichungen von S. 33 der Reihe nach mit den Komponenten der linearen Geschwindigkeit nach der r-, φ- und λ-Richtung, d. i. mit $\dot{r}$, $r\dot{\varphi}$ und $r\cos\varphi\,\dot{\lambda}$, und addieren sie daraufhin. Auf der linken Seite fallen dann alle Glieder weg, welche von der Zentrifugalkraft und der ablenkenden Kraft der Erdrotation herrühren, und es bleiben dort nur die Glieder stehen, welche Beschleunigungen enthalten. Die letzteren kann man vereinigen und hiernach die Summe der drei Gleichungen schreiben:

$$\frac{1}{2}\frac{d}{dt}\left[\dot{r}^2 + r^2\dot{\varphi}^2 + r^2\cos^2\varphi\,\dot{\lambda}^2\right] = -g\dot{r} - \frac{1}{\varrho}\left(\frac{\partial p}{\partial r}\dot{r} + \frac{\partial p}{\partial \varphi}\dot{\varphi} + \frac{\partial p}{\partial \lambda}\dot{\lambda}\right).$$

Der Wert in der eckigen Klammer ist das Quadrat der totalen Geschwindigkeit c einer Luftmasse 1, $\frac{c^2}{2}$ die lebendige Kraft derselben. Somit wird: $\dfrac{d}{dt}\left(\dfrac{c^2}{2} + gr\right) + \dfrac{1}{\varrho}\left(\dfrac{\partial p}{\partial r}\dot{r} + \dfrac{\partial p}{\partial \varphi}\dot{\varphi} + \dfrac{\partial p}{\partial \lambda}\dot{\lambda}\right) = 0.$

Dies ist der Ausdruck für das Energieprinzip. Danach kann eine lebendige Kraft einerseits aus einer Abnahme der potentiellen Energie der Lage entstehen, als welche für die Masseneinheit gr erscheint, andererseits aus einem negativen Wert von $\dfrac{1}{\varrho}\dfrac{\partial p}{\partial s}\dfrac{ds}{dt} = \dfrac{1}{\varrho}\left(\dfrac{\partial p}{\partial r}\dot{r} + \dfrac{\partial p}{\partial \varphi}\dot{\varphi} + \dfrac{\partial p}{\partial \lambda}\dot{\lambda}\right),$ wenn ds die von der Luftmasse in der Zeit dt zurückgelegte Wegstrecke ist. Dieser von der Druckverteilung abhängige Ausdruck ist nichts anderes als die Arbeit der Druckkräfte in der Masse 1, geleistet bei der Verschiebung der Luft in der Zeiteinheit; denn $\dfrac{\partial p}{\partial s}$ ist die in die Richtung derselben fallende Kraft, $\dfrac{ds}{dt}$ der in der Zeiteinheit zurückgelegte Weg.

Es zeigt sich somit in der Arbeit der Druckkräfte eine zweite Quelle lebendiger Kraft.

Wir wollen zunächst die Arbeitsleistung der Druckkräfte umformen. Nach der Bemerkung auf S. 32 ist

$$\frac{1}{\varrho}\Big(\frac{\partial p}{\partial r}\dot r + \frac{\partial p}{\partial \varphi}\dot\varphi + \frac{\partial p}{\partial \lambda}\dot\lambda\Big) = \frac{1}{\varrho}\Big(\frac{dp}{dt} - \frac{\partial p}{\partial t}\Big).$$

Wie man ohneweiters sieht, ist dieser Ausdruck kein vollständiges Differenzial. Ein einzelnes Massenteilchen Luft leistet also bei seiner Bewegung Druckarbeit, die nicht allein vom Anfangs- und Endzustand abhängt, sondern auch von dem Weg, auf dem die Verschiebung vor sich ging. Es läßt sich somit aus Anfangs- und Endzustand nicht unmittelbar die durch Druckarbeit gewonnene lebendige Kraft angeben. Bei der potentiellen Energie der Lage ist dies hingegen der Fall, weil $g\,dr$ ein vollständiges Differenzial ist.

Margules hat gezeigt, daß die Arbeit der Druckkräfte sich unter Umständen in übersichtlicherer Weise darstellen läßt. In einem geschlossenen System, das von festen Wänden begrenzt wird, ist sie nämlich identisch mit der Ausdehnungsarbeit. Unter gewissen Voraussetzungen wird diese Arbeit von dem Weg, auf dem die Verschiebung vor sich geht, unabhängig, sie erhält den Charakter eines Potentials, aus dessen Anfangs- und Endwert sich die gewonnene lebendige Kraft berechnen läßt.

Um diesen Beweis zu führen, ist es bequemer, statt des Polarkoordinatensystems ein rechtwinkliges einzuführen. Die in der Zeiteinheit von den Druckkräften in der Masse 1 geleistete Arbeit kann man dann schreiben:

$$\frac{1}{\varrho}\frac{\partial p}{\partial s}\frac{ds}{dt} = \frac{1}{\varrho}\Big(\frac{\partial p}{\partial x}u + \frac{\partial p}{\partial y}v + \frac{\partial p}{\partial z}w\Big).$$

In der Masse vom Volumen k wird in der Zeiteinheit die Druckarbeit geleistet:

$$\int \frac{1}{\varrho}\frac{\partial p}{\partial s}\frac{ds}{dt}\varrho\,dk = \int\Big(\frac{\partial p}{\partial x}u + \frac{\partial p}{\partial y}v + \frac{\partial p}{\partial z}w\Big)dk.$$

Dabei ist das Volumelement $dk = dx\,dy\,dz$.

Im letzten Ausdruck läßt sich durch partielle Integration jedes Glied nach Art des folgenden umformen:

$$\int\!\!\int\!\!\int \frac{\partial p}{\partial x}u\,dx\,dy\,dz = \int\!\!\int pu\,dy\,dz - \int\!\!\int\!\!\int p\frac{\partial u}{\partial x}dx\,dy\,dz.$$

Ist $c = \frac{ds}{dt}$ die totale Geschwindigkeit und (cx) deren Winkel mit der x-Achse, ferner n die Normale auf ein Oberflächenelement dO der Begrenzung der geschlossenen Luftmasse und somit (nx) der Winkel dieser Normalen mit der x-Achse, so wird, weil $dy\,dz = dO \cos(nx)$ und $u = .c \cos(cx)$, auch:

$$\iiint \frac{\partial p}{\partial x} u\, dx\, dy\, dz = \int pc \cos(cx)\cos(nx)\, dO - \iiint p\,\frac{\partial u}{\partial x}\, dx\, dy\, dz.$$

Summiert man nun die drei Glieder dieser Art nach der obigen Gleichung, so wird:

$$\int \frac{\partial p}{\partial s}\,\frac{ds}{dt}\, dk = \int pc \cos(nc)\, dO - \int p\left(\frac{\partial u}{\partial x} + \frac{\partial v}{\partial y} + \frac{\partial w}{\partial z}\right) dk;$$

denn es ist

$$\cos(nc) = \cos(cx)\cos(nx) + \cos(cy)\cos(ny) + \cos(cz)\cos(nz).$$

Da aber die Bewegung der geschlossenen Luftmasse an ihrer Oberfläche stets parallel zu ihrer Begrenzung sein muß, so ist an der Oberfläche $\cos(nc) = 0$ und das Oberflächenintegral verschwindet.

Der Ausdruck $\dfrac{\partial u}{\partial x} + \dfrac{\partial v}{\partial y} + \dfrac{\partial w}{\partial z}$ im zweiten Integral kann nun mit Zuhilfenahme der Kontinuitätsgleichung auf S. 33 durch $-\dfrac{1}{\varrho}\dfrac{d\varrho}{dt}$ ersetzt werden. Es wird somit: $\displaystyle\int \frac{\partial p}{\partial s}\frac{ds}{dt}\,dk = \int \frac{p}{\varrho}\frac{d\varrho}{dt}\,dk = \int \frac{p}{\varrho^2}\frac{d\varrho}{dt}\,dm$, wo $dm = \varrho\,dk$ ein Massendifferenzial bedeutet. Dies ist die von den Druckkräften in der Zeiteinheit geleistete Arbeit. Integriert man über die Zeit, so wird die gesamte Arbeitsleistung $\mathfrak{A} = \displaystyle\int dm \int_{\varrho_0}^{\varrho} \frac{p}{\varrho^2}\, d\varrho$. Dabei beziehen sich ϱ_0 und ϱ auf den Anfangs- und Endzustand der Luftmasse.

Das spezifische Volumen der Luft ist $v = \dfrac{1}{\varrho}$; somit wird auch $\mathfrak{A} = -\displaystyle\int dm \int_{v_0}^{v} p\, dv$. Dies ist die negativ genommene Ausdehnungsarbeit der Luftmasse, die nötig ist, um das Volumen von v_0 auf v zu bringen. Sie kann auch als potentielle Energie der Druckverteilung aufgefaßt werden, welche verschwindet, sobald das Gas, sich selbst überlassen, seine Dichteunterschiede ausgleicht. Hier liegt also die zweite oben erwähnte Quelle kinetischer Energie; sie entsteht aus der potentiellen Energie der Druckverteilung.

Es ist nun leicht einzusehen, daß die Größe $\mathfrak{A}$ ein vollständiges Differenzial wird, sobald zwischen den Variabeln Druck und Dichte eine eindeutige Beziehung besteht, so daß die eine als vollständige Funktion der anderen erscheint. Hiefür lassen sich zwei einfache Annahmen machen:

a) Die Bewegungen der Luft seien isotherm; da nach der Gasgleichung $p = \varrho R T$, so ist in diesem Fall p proportional ϱ und es wird

$$\mathfrak{A} = \int p \, \lg \left(\frac{p}{p_0} \right) dk.$$

b) Die Bewegungen der Luft gehen adiabatisch vor sich; dann ist (vgl. S. 12): $p = C \varrho^{\frac{c_p}{c_v}} = C \varrho^{\nu}$ und es wird

$$\mathfrak{A} = C \int \varrho \, dk \, \frac{\varrho^{\nu-1} - \varrho_0^{\nu-1}}{\nu - 1} = \frac{1}{\nu - 1} \int \left(p - p_0 \frac{\varrho}{\varrho_0} \right) dk.$$

Die lebendige Kraft, welche in einer größeren Luftmasse, etwa dem Luftkörper einer Depression, entsteht, stammt, soweit sie nicht in den zuströmenden Luftmassen bereits vorhanden ist, entweder aus der potentiellen Energie der Lage oder aus der potentiellen Energie der Druckverteilung. Im ersten Falle entsteht sie aus der Arbeitsleistung der Schwerkraft, dem Sinken des Schwerpunktes der Massen, im zweiten Falle aus der Arbeitsleistung der Druckkräfte, dem Ausgleich der Druckgradienten.

Die Gleichung auf S. 148 ermöglicht es, diese Herkunft der lebendigen Kraft für eine geschlossene Luftmasse zu formulieren[1]). Sie lautete:

$$\frac{1}{2} \frac{d c^2}{d t} + \frac{d}{d t} (g r) + \frac{1}{\varrho} \frac{\partial p}{\partial s} c = 0.$$

Der Ausdruck bezieht sich auf die Veränderungen der Masseneinheit in der Zeiteinheit. Multiplizieren wir mit dem Massenelement $\varrho \, dk$ und integrieren über die Masse, so wird:

$$\frac{\partial}{\partial t} \int \frac{\varrho \, c^2}{2} \, dk + \frac{\partial}{\partial t} \int g r \varrho \, dk + \int \frac{\partial p}{\partial s} c \, dk = 0.$$

Da sich die Differentiation nach der Zeit hier auf die ganze geschlossene Masse bezieht, so sind die partiellen Differenzialzeichen gewählt worden. Das letzte Glied ersetzen wir durch das oben gefundene und erhalten:

$$\frac{\partial}{\partial t} \int \frac{\varrho \, c^2}{2} \, dk + \frac{\partial}{\partial t} \int g r \varrho \, dk + \int \frac{p}{\varrho} \frac{d \varrho}{d t} \, dk = 0.$$

Nun bedeutet $\int \frac{\varrho \, c^2}{2} \, dk = K$ die lebendige Kraft, $\int g r \varrho \, dk = \mathfrak{P}$ die potentielle Energie der Lage (r Abstand vom Erdmittelpunkt); $\int \frac{p}{\varrho} \frac{d \varrho}{d t} \, dk$ ist die in der Zeiteinheit geleistete Ausdehnungsarbeit oder Arbeit der Druckkräfte. In der Zeit t, während welcher die betrachteten Veränderungen vor sich gehen, ist dieselbe $\int d t \int \frac{p}{\varrho} \frac{d \varrho}{d t} \, dk = \mathfrak{A} - \mathfrak{A}' = \delta \mathfrak{A}$, d. i. nach der früheren Bemerkung ein vollständiges Differenzial, sobald die

---

[1]) Margules, Über die Energie der Stürme, a. a. O.

Art der Zustandsänderung (isotherm oder adiabatisch) bestimmt ist. In dieser Zeit verändere sich die lebendige Kraft um δK, die potentielle Energie der Lage um $\delta \mathfrak{P}$; dann gilt nach der obigen Gleichung

$$\delta (K + \mathfrak{P} + \mathfrak{A}) = 0.$$

Diese Beziehung nennt Margules die Gleichung der lebendigen Kraft im geschlossenen System[1]).

47. Potentielle Energie der horizontalen Druckverteilung.

Man hat lange Zeit die in den synoptischen Wetterkarten erscheinenden horizontalen Druckunterschiede als die eigentliche Quelle der Winde (d. h. der lebendigen Kräfte) angesehen. Die Beschleunigung der Luft zum tiefen Druck sollte die Bewegung verursachen. Margules hat (a. a. O.) bewiesen, daß die potentielle Energie der horizontalen Druckgradienten in einem abgeschlossenen System im Durchschnitt nur sehr geringe Windgeschwindigkeiten zu erzeugen imstande ist und daß daher weitaus die meiste lebendige Kraft aus der übrigen potentiellen Energie stammen muß. Im Falle, daß wir kein abgeschlossenes System vor uns haben, kann trotzdem die Energie der Druckverteilung für einzelne Gebiete eine bedeutende Rolle spielen. Wir behandeln die beiden Fälle getrennt.

A. Abgeschlossenes System. Mit Hilfe der auf S. 151 abgeleiteten Gleichungen kann die potentielle Energie der horizontalen Druckverteilung berechnet und mit der lebendigen Kraft der Winde verglichen werden. Wir führen die Rechnung hier nur für die Bedingung isothermer Luftbewegung durch, der Fall adiabatischer Bewegung kann mit Rücksicht auf das frühere in ähnlicher Weise behandelt werden (vgl. Margules a. a. O.).

Es sei eine abgeschlossene Luftmasse gegeben, in welcher durch bloß horizontale Verschiebung der Massen aus ihrer Gleichgewichtslage eine Störung in Druck und Dichte entstanden sei; diese Störung betreffe nur einen kleinen Teil der Masse wesentlich, der übrige, weitaus größere Teil sei nur insofern ein wenig verändert, als die in dem kleinen Teil z. B. fehlende Masse (wie bei einer Depression) dort als Überschuß erscheint. Sei ϱ die Dichte im gestörten Teil, ϱ' die in dem fast ungestörten, so muß die ganze abgeschlossene Luftmasse $\int \varrho \, dk + \int \varrho' \, dk' =$ konst. sein, wobei die Integrale über die stark und schwach gestörten Volumina (k und k') zu erstrecken sind.

Die Störung des Druckes im Volumen k sei $p_0 \, \varepsilon$, so daß $p = p_0 (1 + \varepsilon)$, die Störung der Dichte $\varrho_0 \, \sigma$, so daß $\varrho = \varrho_0 (1 + \sigma)$; die Größen ε und σ sind echte Brüche. Aus der Gasgleichung $p = \varrho R T$ folgt für isotherme Störungen $\varepsilon = \sigma$. Im Volumen k' werden die analogen aber kleineren

---

[1]) Margules hat hier noch die Energieverluste durch Reibung berücksichtigt; sie vermindern natürlich die lebendige Kraft, welche aus der Änderung der potentiellen Energie $\mathfrak{P}$ und der Arbeit $\mathfrak{A}$ entsteht.

Störungen mit ε' und σ' bezeichnet. Die Bedingung für Konstanz der Masse wird nun $\int \sigma\,dk + \int \sigma'\,dk' = 0$.

Die potentielle Energie der gestörten Druckverteilung können wir aus jener im stark und jener im schwach gestörten Volumen zusammensetzen. Erstere ist $\mathfrak{A}_1 = \int p\,\lg\left(\dfrac{p}{p_0}\right)\,dk$ (vgl. S. 151), letztere

$$\mathfrak{A}_2 = \int p\,\lg\left(\frac{p}{p_0}\right)\,dk' = \int p_0\,(1 + \varepsilon')\,\lg\,(1 + \varepsilon')\,dk'.$$

Da ε' klein ist, kann man setzen: $\lg\,(1 + \varepsilon') = \varepsilon' - \dfrac{\varepsilon'^{\,2}}{2} + \cdots.$

Behalten wir nur die erste Potenz von ε' bei, so wird

$$\mathfrak{A}_2 = \int p_0\,\varepsilon'\,dk' = \int p_0\,\sigma'\,dk' = -\int p_0\,\sigma\,dk = -\int (p - p_0)\,dk.$$

Die gesamte potentielle Energie der Druckverteilung in der abgeschlossenen Luftmasse ist also:

$$\mathfrak{A} = \mathfrak{A}_1 + \mathfrak{A}_2 = \int \left[p\,\lg\left(\frac{p}{p_0}\right) + p_0 - p\right]\,dk;$$

dieser Ausdruck ist über das stark gestörte Volumen zu integrieren oder auch über das gesamte Volumen $k + k'$; denn k' liefert keinen Beitrag zu demselben.

Wir wenden dieses Resultat nun auf einen Teil der Atmosphäre an, in welchem überall die gleiche Mitteltemperatur T herrschen soll. Dann ist $p = P e^{-\frac{gz}{RT}}$, wo P der Druck am Boden ist; analog ist $p_0 = P_0\,e^{-\frac{gz}{RT}}$. Auch ist $P = P_0\,(1 + \varepsilon)$.

Das Volumen dk kann in $dz\,dS$ zerlegt werden, wo dS ein Element der Erdoberfläche ist. Die potentielle Energie wird sonach:

$$\mathfrak{A} = \int_0^\infty dz\, e^{-\frac{gz}{RT}} \int \left[P\,\lg\left(\frac{P}{P_0}\right) + P_0 - P\right]\,dS = \frac{P_0\,R\,T}{g} \int \frac{\varepsilon^2}{2}\,dS;$$

hier wurde in der Entwicklung von $\lg\,(1 + \varepsilon)$ auch das zweite Glied beibehalten. Ist S die Basisfläche des betrachteten Zylinders der Atmosphäre und $[\varepsilon^2]$ der Mittelwert für diese Fläche, so läßt sich auch schreiben: $\mathfrak{A} = M\,R\,T\,\dfrac{[\varepsilon^2]}{2}$. Hier ist $M = \dfrac{P_0\,S}{g}$ die über S lagernde Luftmasse.

Zum Vergleich mit dieser potentiellen Energie der horizontalen Druckverteilung, welche später zahlenmäßig ausgewertet wird, berechnen wir schätzungsweise die kinetische Energie, die erfahrungsgemäß mit solchen Druckstörungen auftritt.

Als Beispiel sei eine kreisförmige Zyklone vom Radius r_1 gewählt; die Geschwindigkeit c des Windes stehe senkrecht zum Gradienten und sei durch die auf S. 98 abgeleitete Formel dargestellt, nämlich:

$$\frac{1}{\varrho}\,\frac{\partial p}{\partial r} = \frac{c^2}{r} - l\,c\ ^1).$$

---

[1] $l = 2\,\omega \sin \varphi.$

Wie früher ist $p = p_0 (1 + \varepsilon)$, also $\frac{\partial p}{\partial r} = p_0 \frac{\partial \varepsilon}{\partial r}$. Man erhält:

$$r R T \frac{\partial \varepsilon}{\partial r} = c^2 - l c r, \quad c = \frac{r l}{2} - \sqrt{\frac{r^2 l^2}{4} + r R T \frac{\partial \varepsilon}{\partial r}}.$$

Die lebendige Kraft der Zyklone ist:

$$K = \int \frac{c^2}{2} dm = \int_0^\infty dz \int_0^{r_1} \varrho \frac{c^2}{2} 2 \pi r \, dr;$$

daraus wird, weil $\varrho = \frac{P e^{-\frac{g z}{R T}}}{R T}$ ist, $K = \frac{\pi}{g} \int_0^{r_1} P c^2 r \, dr.$

Wir machen nun eine Annahme über die Verteilung der Druck-
störung ε längs des Radius: es sei $\varepsilon = - C \left(1 - \frac{r^2}{r_1^2}\right)$, so daß die Störung
im Zentrum der Zyklone ein Maximum, für $r = r_1$ aber null ist; dann wird

$$c^2 = R T r^2 \left[\frac{2 C}{r_1^2} + \frac{l^2}{2 R T} \left(1 - \sqrt{1 + \frac{8 C R T}{r_1^2 l^2}}\right)\right].$$

Setzt man diesen Ausdruck, sowie $P = P_0 (1 + \varepsilon)$ in die Formel für
K ein, so wird schließlich:

$$K = M R T C \left[1 + \frac{l^2 r_1^2}{4 C R T} \left(1 - \sqrt{1 + \frac{8 C R T}{l^2 r_1^2}}\right)\right] \frac{3 - C}{3 (2 - C)} \ ^{1)}.$$

Die Masse der Luft ist

$$M = \int_0^\infty dz \int_0^{r_1} 2 \varrho \pi r \, dr = \frac{2 \pi}{g} \int_0^{r_1} P r \, dr = \frac{r_1^2 \pi P_0}{g} \left(1 - \frac{C}{2}\right).$$

Margules berechnet nun ein Zahlenbeispiel. Es sei eine Zyklone von
1080 km Radius mit dem Barometerstande 730 mm im Zentrum bei 45^0
Breite gegeben. Der ungestörte Druck war am Boden $P_0 = 760$ mm,
so daß $C = \frac{30}{760}$. Dann wird $K = 0\cdot134 . M R T C.$

Zum Vergleich berechnen wir für dieselbe Störung die potentielle
Energie der Druckverteilung $\mathfrak{A} = \frac{M R T}{2 r_1^2 \pi} \int_0^{r_1} \varepsilon^2 2 r \pi \, dr$. Man erhält

$$\mathfrak{A} = M R T \frac{C^2}{6}.$$

Das Verhältnis dieser potentiellen Energie $\mathfrak{A}$ zur kinetischen Energie K
ist als $\frac{\mathfrak{A}}{K} = 0\cdot05$. K ist in diesem Beispiel 20 mal größer als $\mathfrak{A}$, so
daß es nicht angeht, die Windgeschwindigkeit als Effekt der horizontalen

---

$^{1})$ Bei Margules ist statt des letzten Faktors $\frac{3 - C}{3 (2 - C)}$ einfach $\cdot\frac{1}{2}$ gesetzt, da C ein kleiner echter Bruch ist.

Druckverteilung zu betrachten. Die beiden Erscheinungen gehen parallel, stehen aber nicht in ursächlicher Beziehung zueinander. Dieses Resultat fällt bei anderen Beispielen ähnlich aus, weswegen der Schluß berechtigt ist, daß die wirklich vorkommenden horizontalen Verschiebungen der Luftmassen aus ihrer Ruhelage eine potentielle Energie besitzen, die sehr gering ist im Verhältnis zu der gleichzeitig auftretenden kinetischen Energie. Margules bezeichnet die horizontale Druckverteilung daher nur als „Übersetzung im Getriebe des Sturmes"[1].

Für die hier angenommenen Störungen der Druckverteilung war deren Unabhängigkeit von der Höhenlage charakteristisch. Wir setzten in allen Höhen die gleiche Druckverteilung voraus, die Verschiebung der Luft aus ihrer Gleichgewichtslage sollte nur durch Ausdehnung (oder Kompression) in der Horizontalen erfolgt sein. Nur für diesen Fall ist die Ausdehnungsarbeit, d. i. die potentielle Energie der horizontalen Druckverteilung, so klein gegenüber der kinetischen Energie. Wenn die Luft sich nach der Vertikalen hin gleichfalls ausdehnt, wie etwa infolge von Wärmezufuhr, so haben wir es wohl auch mit Ausdehnungsarbeit zu tun, doch ist darauf unser Schluß aus dem früheren Beispiel nicht anwendbar.

B. Nicht abgeschlossenes System. Margules betrachtete im obigen eine Zyklone als abgeschlossene Luftmasse. R. Emden[2] und A. Schmauss[3], und früher schon J. v. Hann in seinem Lehrbuch, haben daran gedacht, ob nicht das Gebiet starker Winde, wie etwa die Zyklone, die kinetische Energie, die dortselbst in bedeutendem Maße auftritt, aus der Umgebung beziehen könnte.

Strömt eine Luftmasse aus einem weiten Rohr in ein engeres, so erhöht sich ihre Geschwindigkeit entsprechend der Kontinuitätsgleichung. Zugleich wird der Druck, den sie auf die Wände ausübt, dabei ein geringerer, entsprechend der Gleichung $\dfrac{1}{2}\dfrac{d c^2}{d t} + \dfrac{1}{\varrho}\dfrac{\partial p}{\partial s} c = 0$ (siehe S. 102, wobei die vertikale Bewegung $\dfrac{d r}{d t}$ ausgeschlossen wurde). Die Steigerung der Geschwindigkeit, die Zunahme der kinetischen Energie, ist mit einem Druckgefälle verbunden, es liegt also hier genau wie oben bei Margules die Produktion kinetischer Energie in der Arbeitsleistung der horizontalen Druckkraft. Nur soll jetzt das Gebiet gesteigerter kinetischer Energie nicht für sich betrachtet werden, sondern die Konstanz der Energie soll auf dieses Gebiet zusammen mit dem angrenzenden großen Gebiet geringer Geschwindigkeit bezogen werden. So hat Hann

---

[1] Energie der Stürme, a. a. O., S. 26.
[2] Met. Zeitschr. 1917, S. 393.
[3] Met. Zeitschr. 1917, S. 95 und 1919, S. 15.

die Meinung geäußert, die tropischen Wirbelstürme könnten durch das Zusammenströmen von Luftmassen aus weiten Gebieten zustande kommen.

Die Hauptschwierigkeit in dieser Auffassung liegt darin, daß in der Atmosphäre im allgemeinen keine Grenzen für die Luftbewegung bestehen, also die Einengung der Stromröhren nicht von vornherein gegeben ist. Über diese Schwierigkeit ist man bisher nicht hinweg gekommen. Es scheint aber, daß diese Einengung durch die Schwerkraft und die Bewegungskräfte selbst erfolgen kann. A. Wegener hat seinerzeit die Vorstellung geäußert, eine Zyklone könnte in ähnlicher Weise entstehen wie ein Wasserwirbel an einem Brückenpfeiler. Auf Grund von Experimenten habe ich nachzuweisen versucht, daß die Rolle der Bewegungsgrenze in der Atmosphäre (des Pfeilers) bei der Zyklonenbildung in höheren Breiten die kalte Polarluft spielt (vgl. Abschnitt 85).

Denken wir uns der Einfachheit halber zwei Luftströme gleicher Temperatur in entgegengesetzter Richtung aneinander vorbeiziehen, so wird bei Wirkung der Erddrehung, wenn z. B. der linke Strom aus Norden, der rechte aus Süden kommt, an der Grenze der beiden eine Rinne tiefen Druckes parallel zur Strömung verlaufen. Durch starke virtuelle innere Reibung (Turbulenz) kann an einer Stelle dieser Rinne ein Wirbel entstehen, der durch Zentrifugalkraft den Druckgradienten daselbst wie die Bewegung kreisförmig, zyklonenhaft gestaltet. Dadurch werden die meridionalen Druckgradienten nord- und südwärts der Zyklone nahe der Rinne verkleinert werden, weil die zyklonale Querbewegung zur Rinne die allgemeine Strömungsgeschwindigkeit bremst. Auf diese Weise könnte also die Druckarbeit aus einem größeren Gebiet an einem Orte konzentriert werden und sich in gesteigerter kinetischer Energie äußern.

Eine analytische Behandlung dieses Problems, die erlauben würde, die anfängliche kinetische und potentielle Energie mit der späteren zu vergleichen, steht noch aus. Doch wäre das Problem vielleicht lösbar und könnte interessante Aufklärungen über die Konzentration kinetischer Energie an einem Orte liefern.

48. Energiegleichung der abgeschlossenen Luftmasse. Die Ausdehnungsarbeit, welche in der Gleichung der lebendigen Kraft vorkommt (S. 150), ist auch schon früher (Abschnitt 8, S. 11) in der Gleichung für die zugeführte Wärme aufgetreten. Durch die Vereinigung der mechanischen mit der thermischen Gleichung bietet sich die Möglichkeit, eine Beziehung zwischen Wärmezufuhr, Temperatur und lebendiger Kraft aufzustellen, in welcher die Ausdehnungsarbeit nicht mehr vorkommt.

Für die Massen- und Zeiteinheit lautete die Gleichung der zugeführten Wärme: $\dfrac{dQ}{dt} = c_v \dfrac{dT}{dt} + A p \dfrac{dv}{dt} = c_v \dfrac{dT}{dt} - \dfrac{A p}{\varrho^2} \dfrac{d\varrho}{dt}$, wo $v = \dfrac{1}{\varrho}$.

Bezogen auf die im Volumen k vorhandene Luftmasse wird daraus:

$$\int \frac{dQ}{dt}\,\varrho\,dk = c_v\,\frac{\partial}{\partial t}\int T\varrho\,dk - A\int \frac{p}{\varrho}\,\frac{d\varrho}{dt}\,dk,$$

und für die Zeit t:

$$\int dt\int \frac{dQ}{dt}\,\varrho\,dk = c_v\,\delta\int T\varrho\,dk - A\int dt\int \frac{p}{\varrho}\,\frac{d\varrho}{dt}\,dk.$$

$J = c_v\int T\varrho\,dk$ ist die **innere Energie**, welche das Gas vermöge seiner Molekularbewegung besitzt. Das Glied auf der linken Seite obiger Gleichung ist die dem Gase in der Zeit t zugeführte Wärme (Q). Mit Rücksicht auf S. 152 läßt sich also schreiben: $(Q) = \delta J - A\delta\mathfrak{A}$.

Die Änderung der inneren Energie ist wie die der lebendigen Kraft und die der potentiellen Energie der Lage durch Anfangs- und Endzustand vollständig bestimmt. Wenn $(Q) = 0$, das Gas also in eine adiabatische Hülle eingeschlossen ist, dann ist auch $\delta\mathfrak{A}$ durch Anfangs- und Endzustand gegeben, weil dann $\delta J = A\delta\mathfrak{A}$.

In diesem einfachen Falle, der uns näher beschäftigen soll, läßt sich also die Ausdehnungsarbeit durch die innere Energie ersetzen.

In der Gleichung der lebendigen Kraft (S. 152) ist $\mathfrak{A}$ mit $\mathfrak{P}$, der potentiellen Energie der Lage, verbunden. Durch die Elimination von $\mathfrak{A}$ aus dieser und der Gleichung für die zugeführte Wärme ergibt sich die **folgende Energiegleichung der Luft im geschlossenen System** (Margules):

$$(Q) = \delta(J + AK + A\mathfrak{P}).$$

Bei adiabatischen Vorgängen ist nun

$$\delta K = -\delta\left(\frac{1}{A}J + \mathfrak{P}\right) = -\delta(J' + \mathfrak{P}),$$

wo J' in Arbeitseinheiten auszudrücken ist. $J' + \mathfrak{P}$ ist die ganze potentielle Energie. Wird sie geringer, so wächst die lebendige Kraft um den gleichen Betrag.

Befindet sich eine abgeschlossene Luftmasse in Ruhe, aber nicht im stabilen Gleichgewicht, so strebt sie, durch einen geringfügigen Anlaß in Bewegung versetzt (vgl. Abschnitt 45), einem Zustand zu, bei welchem die potentielle Energie ein Minimum wird; dies ist der stabile Gleichgewichtszustand. Der Verlust an potentieller Energie erscheint als lebendige Kraft. Margules stellte sich die Aufgabe, Zustände von so großer potentieller Energie zu suchen, daß sich aus ihrem Übergang in den stabilen Zustand die lebendigen Kräfte erklären lassen, welche in den Depressionen und Böen tatsächlich vorkommen.

Daß bloß horizontale Verschiebungen der Luft aus ihrem Gleichgewicht hiefür nicht ausreichen, wurde schon oben (Abschnitt 47) gezeigt. Es müssen also vertikale Verlagerungen hinzutreten. Und tatsächlich liefern solche auch die gesuchte potentielle Energie in ausreichendem Maße. Hiebei kommen namentlich zwei Arten von anfänglichen, unstabilen Massenverteilungen in Betracht: Erstens kann die Massenverteilung in einer auf dem Erdboden auflagernden Luftmasse über jedem Element ihrer Grundfläche gleich, also von den Koordinaten in der Horizontalen (x, y) unabhängig sein; dann muß die Verteilung in der Vertikalen unstabil sein und ein Platzwechsel der Schichten eintreten, so daß die unteren wärmeren nach oben, die oberen kälteren nach unten kommen, wodurch das Gleichgewicht stabil wird. Zweitens kann in jeder einzelnen vertikalen Säule die Verteilung stabil sein, dafür aber eine Asymmetrie in jeder Horizontalebene bestehen, so daß kalte neben warmen Massen liegen; auch dann tritt eine Umlagerung ein, bei der die kältesten Massen zu unterst, die wärmsten zu oberst kommen. In der Natur werden beide Arten zugleich auftreten, wodurch die Sache äußerst verwickelt wird. Die Rechnung wird schon bei verhältnismäßig einfachen Voraussetzungen über die anfängliche Massenverteilung sehr mühsam, weswegen wir uns hier auf zwei einfache Beispiele beschränken wollen[1]).

Die Energiegleichung $\delta K = - \delta (J' + \mathfrak{P})$ kann geschrieben werden:

$$\frac{Mc^2}{2} = (J' + \mathfrak{P})_a - (J' + \mathfrak{P})_e.$$

Hier ist M die gesamte Luftmasse und c^2 das mittlere Geschwindigkeitsquadrat, das sich für sie durch die Umlagerung ergibt. Über die Verteilung der Geschwindigkeit auf die einzelnen Teile der Masse kann unsere Energiebetrachtung nichts aussagen, wir müssen uns auf die Berechnung der mittleren Geschwindigkeit c beschränken. $(J' + \mathfrak{P})_a$ ist die gesamte potentielle Energie im Anfangszustand, $(J' + \mathfrak{P})_e$ im (stabilen) Endzustand.

Nun ist $J' + \mathfrak{P} = \frac{c_v}{A} \int T \varrho \, dk + \int g r \varrho \, dk$ (vgl. S. 151). Da uns nur die Differenz zweier Größen beschäftigt, können wir eine Konstante weglassen und statt des Abstandes der Masse vom Erdmittelpunkt r ihre Seehöhe z setzen.

Nach der statischen Grundgleichung ist $\frac{\partial p}{\partial z} = - \varrho g$, folglich

$$\mathfrak{P} = - \int z \frac{\partial p}{\partial z} \, dk.$$

Die hier betrachtete Luftmasse erfülle eine vertikale Säule von der Grundfläche **1** und der Höhe unendlich. Es ist dann:

$$\mathfrak{P} = - \int\limits_0^\infty z \frac{\partial p}{\partial z} \, dz = - [zp]_0^\infty + \int\limits_0^\infty p \, dz = \int\limits_0^\infty p \, dz.$$

---

[1]) Margules, Energie der Stürme, a. a. O.; dort sind auch verwickeltere Fälle berechnet.

Setzen wir $p = \varrho R T$, so wird auch weiter $\mathfrak{P} = \int R T\, dm$, wo $dm = \varrho\, dz$ ein Massendifferenzial. Erstreckt sich die Verschiebung der Massen, wie dies wohl stets der Fall sein wird, nur auf einen bestimmten unteren Teil der unendlich hohen Luftsäule, so genügt es, das $\mathfrak{P}$ für diesen Teil zu berechnen, d. h. das letzte Massenintegral nur über ihn auszudehnen, weil die Masse darüber wie ein fester Stempel über der unteren hin- und hergehen wird, ohne ihre Temperatur zu verändern, so daß auch bei der Umlegung das Integral für sie den gleichen Wert behält.

Wir erhalten also nun

$$J' + \mathfrak{P} = \frac{c_v}{A}\int T\, dm + R\int T\, dm = \frac{c_p}{A}\int T\, dm,$$

einen sehr einfachen Ausdruck für die gesamte potentielle Energie; das Integral ist nur über die Masse zu erstrecken, welche sich umlagert.

Man sieht aus obiger Nebeneinanderstellung, daß die potentielle Energie der Lage weitaus kleiner ist als die innere Energie; sie verhalten sich zueinander wie AR zu c_v, also für Luft wie 0.069 zu 0.169 oder wie 2 zu 5, worauf auch Emden hingewiesen hat[1]).

Bezeichnet man mit T die Temperatur der Luftmasse in ihrem Anfangszustand, mit T' in ihrem Endzustand, so ist die durch Umlagerung erzeugte lebendige Kraft: $\dfrac{Mc^2}{2} = \dfrac{c_p}{A}\int (T - T')\, dm.$

Es wird also kinetische Energie erzeugt, wenn durch Umlegung der Massen die mittlere Temperatur derselben sinkt.

49. Beispiele für vertikale Umlagerungen der Luftmassen nach Margules.

In den folgenden Beispielen werden Luftsäulen betrachtet, welche unten von der Erdoberfläche, seitlich von fixen vertikalen Wänden begrenzt werden und nach oben offen sind. Die Verlagerung erfolgt in dem unteren Teil dieser Säulen bis zur Höhe h, der obere Teil derselben bewegt sich dabei bloß auf oder ab wie ein fester Stempel vom Gewicht Bp_h, wo p_h der Druck am oberen Ende der verlagerten Masse, B die Basis der Säule ist. Es genügt dann, wie gesagt, das letzte Integral im vorigen Abschnitt über die verlagerte Masse allein zu erstrecken.

1. Beispiel: In der Luftsäule Fig. 33a, wo p_0 der Druck am Boden, liegen die mit 2 und 1 bezeichneten Massen übereinander. An der oberen Grenze von 1 herrscht der Druck p_h. Die Masse 2 ist potentiell wärmer als die Masse 1; infolgedessen tritt eine Umlagerung ein und im End-

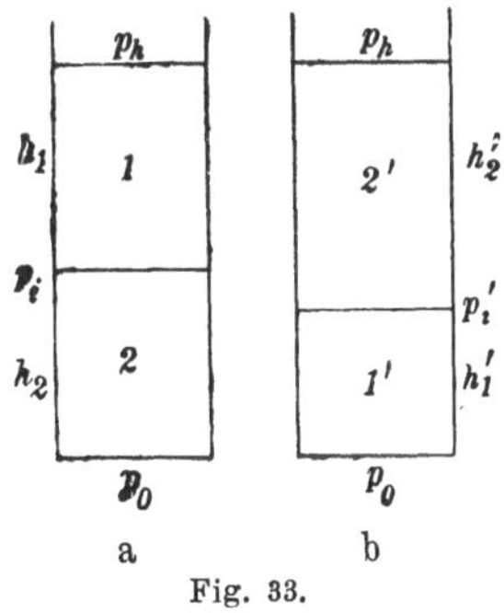

Fig. 33.

---

[1]) Gaskugeln, S. 376.

zustand (Fig. 33b) liegt die Masse 1 unter der Masse 2 (1′ und 2′). Hiebei ändert sich die Höhe der beiden Schichten von h_1 in h_1', von h_2 in h_2', der Druck an ihrer Grenzfläche von p_i in p_i' und auch die Höhenlage des Druckes p_h wird eine andere.

Wir nehmen an, daß jede einzelne Masse zu Anfang im indifferenten Gleichgewicht sei; d. h. 1 und 2 haben für sich überall die gleiche potentielle Temperatur und behalten diese, weil die Umlagerung adiabatisch erfolgt, auch bei. An der Grenze i besteht zu Anfang ein Sprung der Temperatur von T_{i_2} auf T_{i_1}; gegeben ist p_0, T_{02}, h_2, h_1, T_{i_1}[1]).

Für eine Luftsäule von der Höhe h, in welcher indifferentes Gleichgewicht herrscht, können wir das Temperaturmassenintegral, das die potentielle Energie ausdrückt, ein für allemal berechnen; es war (vgl. S. 159):

$$\int_0^h T\,dm = \frac{1}{R}\int_0^h p\,dz.$$ Indifferentes Gleichgewicht setzt lineare Abnahme der Temperatur im Betrag von $\dfrac{Ag}{c_p}$ voraus (vgl. S. 48). Auf S. 37 wurde die Druckverteilung für lineare Temperaturabnahme berechnet. Setzen wir für α in die dortige Formel $\dfrac{Ag}{c_p}=\gamma$ ein, so wird $p=p_0\left(\dfrac{T_0-\gamma z}{T_0}\right)^{\frac{c_p}{AR}}$. Somit wird das gesuchte Integral:

$$\frac{1}{R}\int_0^h p\,dz = \frac{1}{g}\,\frac{1}{1+\varkappa}\,(p_0\,T_0 - p_h\,T_h).\,{}^2)$$

Hier ist $T_h = T_0 - \gamma h$. Unsere Aufgabe beschränkt sich also darauf, jenen Ausdruck für den Anfangs- und Endzustand zu bilden, wozu die Kenntnis der Drucke und Temperaturen an den Grenzen erforderlich ist.

Für den Anfangszustand folgt zunächst aus den gegebenen Werten: $T_{i_2} = T_{02} - \gamma h_2$, $T_{h_1} = T_{i_1} - \gamma h_1$; weiter mit Benützung der eben gebrauchten Formel für den Druck: $p_i = p_0\left(\dfrac{T_{i_2}}{T_{02}}\right)^{\frac{1}{\varkappa}}$, $p_h = p_i\left(\dfrac{T_{h_1}}{T_{i_1}}\right)^{\frac{1}{\varkappa}}$.

Die potentielle Energie des Anfangsstadiums wird bis auf eine Konstante: $(J'+\mathfrak{P})_a = \dfrac{c_p}{Ag}\,\dfrac{1}{1+\varkappa}\,(p_0\,T_{02} - p_i\,T_{i_2} + p_i\,T_{i_1} - p_h\,T_{h_1})$. Die oben gefundenen Werte sind hier einzusetzen.

Im Endzustand, nach dem Platzwechsel der Schichten 1 und 2, wird der Druck an der Grenzfläche $p_i' = p_h + p_0 - p_i$. Die Drucke an der oberen und unteren Begrenzung der Säule sind gleich geblieben. Aus

---

[1]) p_0 Druck am Boden, T_{02} Temperatur am Boden, d. i. an der unteren Grenze der Masse 2 im Anfangszustand.

[2]) $\varkappa = \dfrac{AR}{c_p}$; vgl. Abschnitt 8.

ihnen erhält man mit Benützung der Poissonschen Formel die folgenden Grenzwerte der Temperaturen: $T'_{01} = T_{h1} \left(\dfrac{p_0}{p_h}\right)^{\varkappa}$ (würde die Luft der Masse 1 aus der Höhe h adiabatisch herabsteigen, so würde sie die Temperatur T'_{01} annehmen); ferner

$$T'_{i_1} = T_{h1} \left(\frac{p'_i}{p_h}\right)^{\varkappa}, \; T'_{i_2} = T_{02} \left(\frac{p'_i}{p_0}\right)^{\varkappa}, \; T'_{h_2} = T_{02} \left(\frac{p_h}{p_0}\right)^{\varkappa}.$$

Die potentielle Energie des Endzustandes ist:

$$(J' + \mathfrak{P})_e = \frac{c_p}{A g} \frac{1}{1 + \varkappa} (p_0 \, T'_{01} - p'_i \, T'_{i_1} + p'_i \, T'_{i_2} - p_h \, T'_{h_2}).$$

Da die lineare Temperaturabnahme in jeder Masse erhalten blieb, so ist auch $T'_{i_1} = T'_{01} - \gamma h'_1$ und $T'_{h_2} = T'_{i_2} - \gamma h'_2$, woraus die neuen Höhen der Schichten und ihre Grenzlage zu finden sind.

Die Masse M beider Schichten ist im Ganzen $\dfrac{p_0 - p_h}{g}$ pro Flächeneinheit der Basis. Infolgedessen wird das mittlere Geschwindigkeitsquadrat

$$c^2 = \frac{2 g}{p_0 - p_h} [(J' + \mathfrak{P})_a - (J' + \mathfrak{P})_e].$$

Margules berechnet das folgende Zahlenbeispiel: zu Anfang sei $h_1 = h_2 = 2000$ m, $p_0 = 760$ mm, $T_{02} = 283^0$; an der Grenze i soll die Temperatur plötzlich nach oben um 3^0 abnehmen (unstabiler Zustand).

Man erhält:

$$T_{i_2} = 263 \cdot 13^0, \; p_i = 591 \cdot 69 \text{ mm}, \; T_{h1} = 240 \cdot 26^0, \; p_h = 450 \cdot 22 \text{ mm}.$$

Im Endzustand ist $p'_i = 618 \cdot 53$ mm, die Grenzfläche der beiden Schichten liegt niedriger als früher, es ist $h'_1 = 1637 \cdot 17$ m, $h'_2 = 2366 \cdot 97$ m. Die ganze am Umsturz beteiligte Säule $h_1 + h_2$ ist also um $4 \cdot 14$ m höher geworden. An der Grenzfläche nimmt die Temperatur plötzlich um $3 \cdot 04^0$ nach oben zu.

Die Berechnung der mittleren Geschwindigkeit aus obiger Formel liefert den sehr bedeutenden Wert $c = 14 \cdot 85$ m/sec. Wenn die ganze Masse bis 4000 m Höhe eine derartige mittlere Geschwindigkeit erlangt, so werden Teile derselben eine noch größere, andere eine kleinere Geschwindigkeit haben; in einzelnen Partien können intensive Stürme auftreten. Die beobachtete kinetische Energie von Stürmen kann demnach gewiß aus dem Umsturz solcher Luftschichten herrühren.

2. Beispiel: Auf der Erde ruhen zwei Luftmassen nebeneinander (Fig. 34a), die Massen 1 und 2; sie haben gleiche Basis $\dfrac{B}{2}$ und gleiche Höhe h und seien seitlich von vertikalen Wänden, oben von einer im stabilen Gleichgewicht befindlichen Luftsäule (Druck p_h) begrenzt, die

sich wie ein fester Stempel auf- und abbewegen kann. 1 sei potentiell
kälter als 2. Im Anfangszustand herrsche Ruhe, man denkt sich eine
feste Wand zwischen 1 und 2 eben weggezogen. Es tritt nun Umlagerung ein, die kältere Schicht 1 breitet sich unter die wärmere 2 aus
(Fig. 34b).

Wieder seien die Schichten zu Anfang im indifferenten Gleichgewicht;
sie sind es jede für sich dann auch nach der adiabatischen Umlegung.
Außer p_h und h sind die Anfangstemperaturen T_{h1} und T_{h2} gegeben.
Im Anfangszustand ist zunächst (vgl. das frühere Beispiel):

$$T_{01} = T_{h1} + \gamma h, \quad T_{02} = T_{h2} + \gamma h,$$

$$p_{01} = p_h \left(\frac{T_{01}}{T_{h1}}\right)^{\frac{1}{\varkappa}}, \quad p_{02} = p_h \left(\frac{T_{02}}{T_{h2}}\right)^{\frac{1}{\varkappa}}.$$

Die potentielle Energie in der Anfangslage ist demnach (vgl. S. 160):

$$(J' + \mathfrak{P})_a = \frac{c_p}{Ag} \frac{1}{1+\varkappa} \frac{B}{2} [T_{01} p_{01} - T_{h1} p_h + T_{02} p_{02} - T_{h2} p_h].$$

Im Endzustand geht an der Trennungsfläche i der beiden Massen
die Temperatur sprunghaft vom niedrigeren T'_{i1} zum höheren T'_{i2} über.

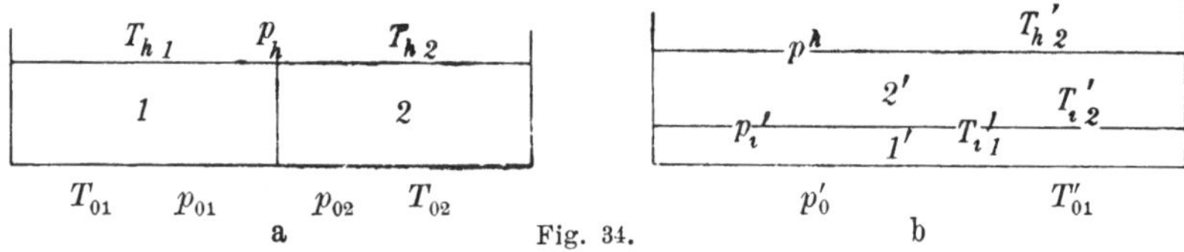

Fig. 34.

Die oberste Schichte von 2 bleibt unter dem gleichen Druck p_h, es ist
also $T'_{h2} = T_{h2}$. Die Trennungsfläche ist dadurch bestimmt, daß in ihr
der Druck $p'_i = p_h + \frac{1}{2}(p_{02} - p_h)$ herrschen muß, da die Masse 2 sich auf
den doppelten Querschnitt ausgebreitet hat. Daraus folgt $T'_{i2} = T_{h2} \left(\frac{p'_i}{p_h}\right)^{\varkappa}$
als unterste Temperatur der Masse 2 und $T'_{i1} = T_{h1} \left(\frac{p'_i}{p_h}\right)^{\varkappa}$ als oberste
Temperatur der Masse 1. Der Druck am Boden ist nun $p'_0 = \frac{p_{01} + p_{02}}{2}$,
die Temperatur am Boden aber $T'_{01} = T_{h1} \left(\frac{p'_0}{p_h}\right)^{\varkappa}$.

Die potentielle Energie wird im Endzustand:

$$(J' + \mathfrak{P})_e = \frac{c_p}{Ag} \frac{1}{1+\varkappa} B [T'_{01} p'_0 - T'_{i1} p'_i + T'_{i2} p'_i - T_{h2} p_h].$$

Die Masse abgegrenzter Luft ist $M = \frac{B}{g}(p'_0 - p_h)$. Margules berechnet das folgende Zahlenbeispiel: Gegeben sei $h = 3000\,\text{m}$, $p_h = 510\,\text{mm}$,
$T_{h1} = 243^0$, $T_{h2} = 248^0$ C. Der Temperaturunterschied der Massen 1 und
2 betrage also 5^0 C.

Man erhält für den Anfangszustand:

$$T_{01} = 272\cdot80^0, \; p_{01} = 759\cdot20 \text{ mm}, \; T_{02} = 277\cdot80^0, \; p_{02} = 753\cdot46 \text{ mm}.$$

Es besteht also am Boden ein Druckunterschied von $5\cdot74$ mm, um welchen die kalte Masse schwerer ist als die leichte. Beim Wegziehen der Trennungswand ist es dieser Druckgradient, der die Umsturzbewegung einleitet.

Im Endzustand ist: $p_i' = 631\cdot73$ mm, $p_0' = 756\cdot33$ mm, $T_{i2}' = 263\cdot93^0$, $T_{i1}' = 258\cdot61^0$, $T_{01}' = 272\cdot50^0$; ferner $h_1' = 1398\cdot9$ m, $h_2' = 1603\cdot2$ m.

Die Summe $h_1' + h_2' = 3002\cdot1$ m ist etwas größer als das frühere h, nach dem Umsturz nimmt die hervorgehobene Masse also ein etwas größeres Volumen ein als früher; der Stempel der oberen Luftschichten ist gehoben worden wie im ersten Beispiel. Die mittlere Geschwindigkeit der Massen berechnet Margules zu $c = 12\cdot2$ m/sec, also wieder eine recht bedeutende Windstärke. Betrüge die Temperaturdifferenz zwischen 1 und 2 nicht 5^0, sondern 10^0, so erhielte man $c = 17\cdot3$ m/sec; wäre zugleich die ursprüngliche Höhe der Kammern die doppelte, also $h = 6000$ m, so erhielte man $c = 25\cdot8$ m/sec.

Bei diesen Rechnungen ist es nötig, die Anfangs- und Endwerte der potentiellen Energie sehr genau zu bestimmen, da die lebendige Kraft am Schlusse als kleine Differenz zweier großer Zahlen erscheint. Margules hat in seiner Arbeit auch ein Näherungsverfahren zur Berechnung von c angegeben, welches diesen Übelstand umgeht.

Auch hat er noch verschiedene ähnliche Beispiele berechnet, die zum Teil recht verwickelt sind; so den Fall, daß zwei Massen verschiedener Temperatur ähnlich wie im letzten Beispiel anfangs nebeneinanderliegen, daß aber jede von ihnen im stabilen Gleichgewicht ist. Die Schichten ordnen sich nach dem Umsturz stets so an, daß ihre potentielle Temperatur nach oben zunimmt.

Ein weiterer Fall besteht darin, daß die Temperatur sich in der Horizontalen nicht sprungweise, sondern stetig ändert, z. B. nach einer Seite hin zunimmt. Wir haben dann nicht zwei Massen verschiedener Temperatur, sondern deren unendlich viele. Jede mag sich im indifferenten Gleichgewicht befinden. Es besteht anfänglich ein Druckgefälle von der kälteren zur wärmeren Seite. Die Säulen fallen jede für sich um und liegen im Endzustand nicht neben-, sondern übereinander, die potentiell kälteste zu unterst.

Bei diesen und anderen Beispielen ergeben sich aus der vertikalen Umlagerung stets lebendige Kräfte, welche groß genug sind, um die vorkommenden Stürme zu erklären. Man kann es daher als sehr wahrscheinlich ansehen, daß die kinetische Energie der Stürme aus vertikalen Verlagerungen der Luftmassen stammt, bei welchen die potentiell kälteren Massen sinken, die wärmeren steigen; gewiß rührt sie, wie oben gezeigt

wurde, nicht von der potentiellen Energie horizontaler Druckverteilungen
her, die sich durch rein horizontale Bewegungen ausgleichen können.

Jene Umlagerungen geschehen in der Natur wohl meist eher nach
dem Schema des zweiten als nach dem des ersten Beispiels; denn Unterschiede der Temperatur in horizontaler Richtung sind sehr gewöhnlich,
überadiabatische Temperaturgradienten in der Vertikalen selten. Bigelow
hat (a. a. O.) das Neben- und Gegeneinanderfließen kalter und warmer
Luft in den unteren Schichten der Atmosphäre über Nordamerika als
die Bedingung für das Entstehen der dortigen Zyklonen angegeben. Sandström[1]) schildert eine ähnliche Entstehung intensiver Stürme an der
Westküste der skandinavischen Halbinsel, die er direkt beobachten konnte.
Auf der westlichen Abdachung zum Meere hin herrscht dort im Winter
ein horizontaler Temperaturgradient von etwa 1^0 auf 10 km. Die im
Osten befindliche kalte Luft bleibt dort nicht liegen, sondern strömt am
Gebirgshang herab zum Meere, die warme Luft des Golfstroms erhebt
sich über sie und fließt ostwärts. Man kann diese entgegengesetzten Windrichtungen am Meere beobachten, wo ein boraartiger kalter Wind nur
wenig über die Küste hinausweht, während draußen der warme Wind
landwärts bläst. Auf dem Gebirge ist unten kalter Ostwind, darüber
warmer Westwind. Sandström vergleicht die kalte Fallluft mit einem
Wasserfall und berechnet deren Energie. Eine Steigerung ihres spezifischen
Gewichtes erfährt sie nach seiner Angabe noch durch das Gewicht des
emporgewirbelten Schnees.

Noch eine interessante Beobachtung Sandströms verdient hier Er-
wähnung. Aus der Struktur der Schneeoberfläche konnte derselbe nämlich die Richtung der starken Stürme im norwegischen Gebirge erkennen
und fand, daß dieselben immer talabwärts wehen. Etwas ähnliches
bemerkte Trabert[2]) beim Studium der niederösterreichischen Gewitter.
Sie pflanzen sich wesentlich talabwärts fort. Es ist die schwere kalte
Luft, welche den Sturm erzeugt, indem sie abwärts fließt und dabei den
Bodensenkungen folgt wie ein Wasserlauf.

Das Nebeneinander kalter und warmer Luft, aus dem eine Ausbreitung der kalten Luft unten, der warmen oben hervorgeht, ist, seitdem
Margules und Bigelow darauf aufmerksam machten, vielfach in die
Augen gefallen, sowohl bei der allgemeinen Bewegung der Atmosphäre
als auch namentlich bei Depressionen, Gewittern, Böen usw. Während
man früher hauptsächlich die Luftdruckverteilung an der Erdoberfläche
betrachtete und die bezüglich des Luftdrucks am Boden symmetrischen
Gebilde, wie z. B. kreisförmige Zyklonen, auch überhaupt als symmetrisch

---

[1]) Kungl. Svens. Vet. Akad. Handl., Bd. 47, Nr. 9, 1212 und Arkiv f. Mat.,
Astr. och Fys., Bd. 7, Nr. 30, 1912.

[2]) Jahrb. d. Wien. Met. Zentralanstalt, Jahrgang 1901, Anhang.

ansah, haben diese Arbeiten dazu geführt, auf die durch Temperaturunterschiede bedingte Asymmetrie ein erhöhtes Augenmerk zu lenken. Es hat sich hierdurch ein wesentlicher Umschwung in der dynamischen Meteorologie vollzogen, worauf wir noch später zurückkommen.

50. Bedeutung der Kondensationswärme für die lebendige Kraft. In der allgemeinen Gleichung auf S. 157 erscheint die Summe der Änderungen von innerer Energie, potentieller Energie und lebendiger Kraft der Wärmezufuhr gleichgesetzt. Wir wollen nun unter der zugeführten Wärme nur jene verstehen, welche bei aufsteigender feuchter Luft durch Kondensation frei wird, betrachten also pseudoadiabatische Vorgänge und fragen nach der lebendigen Kraft, welche diese Wärme hervorzubringen vermag.

Ihre Bedeutung für die Energie der Luftbewegungen ist oft behauptet und bestritten worden. Margules hat sich (a. a. O.) eingehender mit ihr beschäftigt und ist zu dem Resultat gekommen, daß die Kondensationswärme nur unter gewissen Umständen zur lebendigen Kraft der Luftmassen beizutragen vermag. Es würde zu weit führen, dessen diesbezügliche Untersuchungen hier ausführlich zu besprechen; auch ist ja die Kondensationswärme in den gemäßigten Zonen der Erde, welche uns hier hauptsächlich beschäftigen, wegen des hier viel kleineren Wasserdampfgehaltes der Luft von geringerer Bedeutung als etwa in den Tropen; wir verweisen darum auf die Abhandlung über die Energie der Stürme von Margules und geben hier nur eine Übersicht über die Resultate.

Die „Kondensationstheorie der Zyklonen" (Ferrel) nahm an, daß die beim Aufsteigen feuchter Luft frei werdende Kondensationswärme die adiabatische Abkühlung der Luft vermindere und dadurch den fortgesetzten Auftrieb dieser Luft bewirke. Wenn nämlich trockene Luft in einer stabil geschichteten Atmosphäre aufsteigt, weil sie anfangs wärmer war als die Umgebung, so wird dieser Auftrieb bald verbraucht, weil sie sich adiabatisch um 1^0 pro $100\,\mathrm{m}$ abkühlt (vgl. S. 49). Beim Aufsteigen feuchter Luft drückt die Kondensation die adiabatische Temperaturabnahme auf einen kleineren Betrag herab (vgl. S. 57). Infolgedessen hält der Auftrieb feuchter Luft nun tatsächlich länger an. Jene Theorie sagte weiter, daß durch den Aufwärtstransport feuchter Luft unten Platz für immer neue Massen werde, welche seitlich dem Ort des Aufsteigens zuströmen müssen, um die Kontinuität zu erhalten. Hierdurch entstehen Winde, welche mithin ihre Energie der beim Aufsteigen frei werdenden Kondensationswärme verdanken sollen.

Der Gedankengang ist zweifellos richtig; es frägt sich nur, ob solche warme aufsteigende Luftmassen tatsächlich vorkommen. Seitdem man weiß, daß die Depressionen unserer Breiten in den unteren $10\,\mathrm{km}$ kälter sind als ihre Umgebung, entfällt zunächst die Möglichkeit, diese Gebilde auf die angedeutete Art zu erklären. Dies schließt aber nicht aus, daß die Kondensationstheorie anderswo, vielleicht bei den tropischen Zyklonen, anwendbar ist, wie Helmholtz annimmt.

Um die Bedingungen festzustellen, unter denen die Kondensationswärme sich tatsächlich in Bewegungsenergie umsetzen kann, hat Margules wieder eine abgeschlossene Luftmasse betrachtet und auf sie die Gleichung von S. 157 angewendet.

Die erste Rechnung geht von der folgenden Vorstellung aus: Eine trockene und eine feuchte Luftmasse liegen in zwei ursprünglich durch eine Wand getrennten Kammern nebeneinander, so wie im zweiten Beispiel auf S. 162 eine kalte und eine warme Masse. Beide sind im indifferenten Gleichgewicht, d. h. die Temperatur nimmt in der feuchten Luft nach oben langsamer ab als in der trockenen. Oben herrsche beiderseits der gleiche Druck, hervorgerufen durch die oberen Schichten, welche an der Umlegung wie früher unbeteiligt bleiben. Der Druck ist unter der trockenen Luftmasse höher, nach Wegziehung der Wand breitet sie sich unter die feuchte aus, die feuchte lagert sich über die trockene. Dabei steigt die letztere auf, kühlt sich ab, Wasser wird kondensiert und die Kondensationswärme wird frei. Doch ist die Abkühlung jetzt geringer als in trockener Luft.

Die kinetische Energie, welche bei dieser Umlagerung gewonnen wird, ist nun nach der Rechnung fast genau jener gleich, die im Beispiel 2 (S. 162), d. i. mit trockener Luft in beiden Kammern, berechnet wird, sobald hier und dort die gleichen Mitteltemperaturen angenommen werden. Die Kondensationswärme trägt also zur kinetischen Energie nichts bei. Es erklärt sich dies daraus, daß der Wärmezufuhr durch Kondensation hier eine geringere Abnahme der potentiellen Energie gegenübersteht als bei trockener Luft. Diese Abnahme ist nämlich durch $\int (T - T')\, dm$ gegeben, wo sich T auf den Anfangs-, T' auf den Endzustand bezieht; da nun infolge der Kondensation die Temperaturerniedrigung beim Aufsteigen geringer ist, so wird auch obiges Integral kleiner als früher, und zwar, wie eben die Rechnung ergibt, um so viel, als die Kondensationswärme beträgt.

Eine wesentliche Bedingung dieser Rechnung ist, daß die oberen Luftschichten an der Umlagerung nicht beteiligt sind und von der aufsteigenden feuchten Luft nicht durchbrochen werden. Sobald dies geschieht, ändern sich die Verhältnisse, die Kondensationswärme kann dann, wie Margules zeigte, einen Beitrag zur kinetischen Energie liefern.

Wenn nämlich die Annahme fallen gelassen wird, daß die oberen Schichten das System der zwei Kammern wie ein fester Stempel abschließen, dann kommt es nach dem Umsturz zunächst darauf an, ob die oberen Schichten dick genug sind, um das weitere Emporsteigen der wenig abgekühlten feuchten Massen zu verhindern. Sind sie dies imstande, dann gilt das früher Gesagte; wenn nicht, so erfolgt ein Platzwechsel der unteren feuchten Luft mit der darüber liegenden trockenen, analog wie im Beispiel 1 oben.

Diesen wesentlich anderen Fall, den Durchbruch feuchter Luft durch darüber liegende trockene, behandelt Margules, indem er wieder ein geschlossenes Quantum Luft betrachtet. Hier ist es nun nicht nötig, wie im Beispiel 1 (S. 159), daß die gesamte feuchte Luft nach oben kommt. Wie viel von ihr die trockene Schicht durchbricht und wie viel liegen bleibt, hängt von dem Sättigungsgrad und den Anfangstemperaturen ab. Im allgemeinen wird ein Teil der feuchten Luft in die Höhe steigen und hiefür ein Teil der trockenen herabsinken. Es kann dann Ruhe eintreten, auch wenn zu unterst noch ein Teil der feuchten, in der Mitte die trockene, darüber der andere Teil der feuchten Luft liegt[1]).

Nach der Rechnung setzt sich nun diese Kondensationswärme tatsächlich zum Teil in kinetische Energie um, zum Teil kommt sie in der relativ hohen Temperatur der aufgestiegenen Luft zum Ausdruck. Die mittlere Geschwindigkeit, welche so entsteht, berechnet Margules in einem Falle zu 10 m/sec.

Trotzdem schreibt er der Kondensationswärme eine weitaus geringere Bedeutung für die Entstehung der Winde zu als der potentiellen Energie. Unter den in der Natur tatsächlich vorkommenden Anfangsbedingungen findet man leicht solche, die aus der potentiellen Energie bedeutend größere Windstärken liefern als jene obige, die aus der Kondensationswärme stammt.

Die Rolle dieser Wärme für die Bewegung der Luftmassen hat Helmholtz[2]) bei der Darlegung seiner Theorie der tropischen Wirbelstürme behandelt; hier wird eine ausgedehnte Masse mit Feuchtigkeit gesättigter Luft angenommen, über welcher trockene liegt; es herrscht stabiles Gleichgewicht, bis durch einen kleinen Impuls die feuchte Luft an einer Stelle aufsteigt; hierdurch erhält sie einen Auftrieb in der trockenen Luft, von unten strömen neue Massen feuchter Luft nach, bis schließlich die feuchten Massen entweder in die Höhe geschafft sind oder ihren Auftrieb allmählich verlieren. Das Endstadium ist ähnlich dem oben angeführten von Margules.

51. Wärmezufuhr als Energiequelle stationärer Bewegungen. Wir haben bisher adiabatische und pseudoadiabatische Vorgänge betrachtet. Bei beiden entwickelte sich auf Kosten potentieller

---

[1]) Margules bedient sich bei der Rechnung eines fiktiven Gases, welches mit Wärmezufuhr expandiert und die Stelle der feuchten Luft vertritt. Statt der Poissonschen Gleichung kann man für ein solches eine analog gebaute mit einem kleineren Zahlenkoeffizienten schreiben. Vgl. Abschnitt 19, S. 37.

[2]) Vorträge und Reden, 5. Aufl., Bd. II, S. 155.

Energie eine lebendige Kraft der Luft, die allmählich durch Reibung aufgezehrt und in Wärme verwandelt werden muß. Von diesen Vorgängen unterscheiden sich wesentlich solche, bei welchen Luftbewegungen durch Wärmezufuhr dauernd erhalten werden. Hier können stationäre Bewegungen herrschen, während früher alle Bewegungen dem Endziel des minimalen Wertes der potentiellen Energie zustrebten.

Diese Bewegungen sind dann in sich geschlossen, es sind Zirkulationen, wie sie in allen möglichen Formen in der Atmosphäre auftreten.

Zur Erhaltung jeder stationären Bewegung ist ein Arbeitsaufwand nötig, da die Reibung die Bewegung stets zu schwächen strebt. Diese Arbeit kann durch Wärmezufuhr gewonnen werden. Da aber die Luft nicht dauernd wärmer werden kann, muß außerdem an einer anderen Stelle Wärmeentziehung stattfinden. Eine bestimmte Wärmezufuhr führt allmählich zu einer bestimmten Bewegung und Temperaturverteilung, bei der der Wärmeentzug sich schließlich so einstellt, daß stationäre Verhältnisse herrschen. Bei diesem Umsatz wird im allgemeinen dauernd Arbeit geleistet, wie bei einer Dampfmaschine. Sie geht auf Kosten der Differenz von Wärmezufuhr und Wärmeentzug. Man benützt schon lange ein Schema solcher stationärer Bewegungen, das in der Natur in dieser Einfachheit gewiß nie auftritt, aber doch einen Begriff von den prinzipiellen Verhältnissen gibt.

In den Tropen wird der in den Passatwinden herbeiströmenden Luft durch Leitung und Strahlung Wärme zugeführt; diese erwärmte Luft steigt über den äquatorialen Gebieten auf und breitet sich oben gegen die höheren Breiten aus, um in den Hochdruckgürteln, offenbar unter Wärmeausstrahlung, wieder zu sinken und die Passatströmung zu nähren. Ein ähnliches Schema einer stationären Zirkulationsbewegung müssen wir in den Monsunwinden, also zwischen Kontinent und Ozean annehmen; die täglichen Land- und Seewinde, die Berg- und Talwinde unterliegen dem gleichen.

Man kann den Vorgang im Wasser leicht nachahmen, wenn man in einem länglichen Trog auf der einen Seite das Wasser erwärmt, auf der anderen Seite, z. B. durch ein Stück Eis, abkühlt. Die Strömung geht dann in der Höhe von warm zu kalt, unten von kalt zu warm.

Margules[1]) hat berechnet, welche Wärmezufuhr nötig ist, um gewisse Druckunterschiede stationär zu erhalten. Wir nehmen hierzu an, die Luft beschreibe in der Vertikalebene einen rechteckigen Weg $ABCD$ (Fig. 35). In A sei der Druck (P_1) höher als in B (P_2), die Luft strömt daher in einem Niveau von A nach B und zwar, wie wir annehmen, adiabatisch. In B werde sie durch Wärmezufuhr von der Temperatur T_1'

---

[1]) a. a. O. Denkschr. Wien. Akad. Nils Ekholm hat eine ähnliche Auffassung geäußert, ohne sie aber näher auszuführen; Met. Zeitschr. 1891, S. 366.

auf T_2 gebracht. Dadurch erhält sie einen Auftrieb und steigt adiabatisch bis C. Nun sei sie gezwungen, von hier adiabatisch nach D zu strömen, wo der Druck p_1 tiefer ist als p_2 in C. Mit der Temperatur τ_2' in D angekommen, wird ihr dort Wärme entzogen, sie kühlt sich auf die Temperatur τ_1 ab und sinkt adiabatisch vermöge ihrer Kälte nach A. Der Vorgang kann stationär sein. Die Druckgradienten $P_1 - P_2$ und $p_2 - p_1$ erhalten die Massen in Bewegung, sie leisten Arbeit[1]), die sich in Reibungswärme umsetzt; von der letzteren nehmen wir an, daß sie fortwährend nach außen abgegeben wird. Der Unterschied der

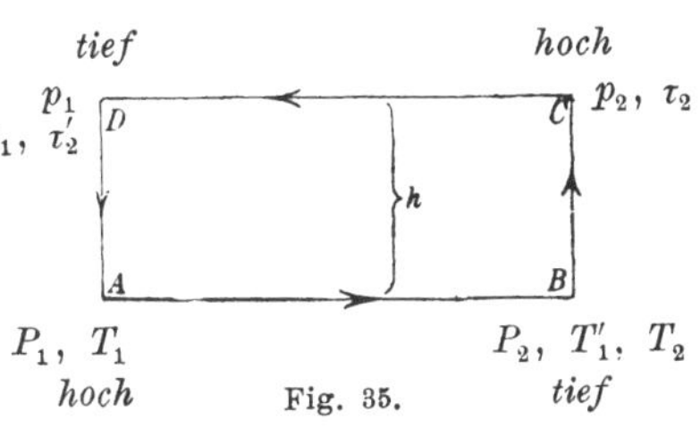

in B zugeführten und in D entzogenen Wärme muß der geleisteten Arbeit äquivalent sein. Rechnet man dies aus, so kann man auch beurteilen, wieviel von der in B zugeführten Wärme (Q) in Arbeit umgesetzt, wieviel wieder abgegeben wird (Q').

In der Thermodynamik heißt der prozentuelle Teil der Wärme, welcher in Arbeit umgewandelt wird, der Nutzeffekt $\left(\dfrac{Q - Q'}{Q}\right)$. In der Tat haben wir hier jenen Vorgang vor uns, dessentwegen man mitunter die von der Sonne bestrahlte Atmosphäre als Wärmemaschine bezeichnet hat. Es handelt sich hier wie dort um die teilweise Umsetzung von Wärme in Arbeit. Daß man die in der Atmosphäre geleistete Arbeit fast gar nicht verwendet, sondern sich in Reibungswärme umsetzen läßt, tut natürlich nichts zur Sache. Die Entziehung der Wärme im Punkte D entspricht der Rolle des Kondensators bei der Dampfmaschine, die Zufuhr in B der Rolle des Dampfkessels.

Wir betrachten nun 1 kg Luft, welches den Kreisprozeß durchmacht. Um es in B von der Temperatur T_1' auf T_2 zu erwärmen, ist die Wärmezufuhr $Q = c_p (T_2 - T_1')$ nötig; hier ist c_p zu setzen, da der Druck in B konstant bleibt. Zur Abkühlung von τ_2' auf τ_1 in D wird umgekehrt die Wärmeentziehung $Q' = c_p (\tau_2' - \tau_1)$ gebraucht.

Um alle diese Temperaturen zu finden, benützen wir die Gleichungen, welche die adiabatische Bewegung trockener Luft betreffen; es muß sein:

$$\tau_1 = T_1 - \frac{A g}{c_p} h, \quad \tau_2 = T_2 - \frac{A g}{c_p} h, \quad \text{wenn } h \text{ die vertikale Wegstrecke;}$$

ferner nach der Gleichung von Poisson: $T_1' = T_1 \left(\dfrac{P_2}{P_1}\right)^{\varkappa}$, $\tau_2' = \tau_2 \left(\dfrac{p_1}{p_2}\right)^{\varkappa}$.

Mit Hilfe dieser Ausdrücke berechnet man die in Arbeit umgesetzte Wärme $Q - Q' = c_p (T_2 - T_1' + \tau_2' - \tau_1)$.

---

[1]) Die Arbeit der Druckkräfte auf den vertikalen Wegstrecken wird von Margules vernachlässigt.

Das folgende Zahlenbeispiel hat Margules angegeben; es ist:
$h = 6000$ m, $P_1 = 770$ mm, $P_2 = 740$ mm, $T_1 = 273^0$, $T_2 = 288^0$.
Man erhält $\tau_1 = 213\cdot4^0$, $\tau_2 = 228\cdot4^0$, $p_1 = 330\cdot07$ mm, $p_2 = 333\cdot38$ mm,
$T_1' = 269\cdot87^0$, $\tau_2' = 227\cdot74^0$. Daraus folgt: $Q = 4\cdot31$, $Q' = 3\cdot41$ kg-Kal.
Es werden also $0\cdot90$ kg-Kal. in Arbeit verwandelt, der Nutzeffekt ist $0\cdot21$.

Die vorgeschriebene Art der Zirkulation erfolgt natürlich nur dann, wenn die Luftsäulen so hoch gewählt werden, daß das Druckgefälle seine Richtung infolge der ungleichen Temperaturen in der Höhe umkehrt. Zwischen AB und CD muß in gewisser Höhe eine Fläche gleichen Druckes horizontal verlaufen. Oberhalb ist eine Strömung von rechts nach links, unterhalb von links nach rechts. In unserem Beispiel liegt diese Grenzfläche in 4900 m Höhe, wie sich aus der barometrischen Höhenformel berechnen läßt.

Mit der Frage der atmosphärischen Zirkulationen als Wärmemaschinen hat sich kürzlich auch V. Bjerknes beschäftigt[1]). Der Nutzeffekt einer solchen Maschine kann angenähert auch durch die Differenz der Temperaturen von Wärme- und Kältequelle, dividiert durch die Temperatur der ersteren, angegeben werden. Er läßt sich in unserem Beispiel (Fig. 35) also auch durch $\dfrac{T_2 - \tau_1}{T_2}$ ausdrücken[2]); denn die zirkulierende Luft nimmt hintereinander die Temperatur der Wärme- und Kältequelle an, dazwischen bewegt sie sich adiabatisch. Nun ist die Differenz $T_2 - \tau_1$ umso größer, je größer die vertikale Distanz der beiden Quellen ist. Der Nutzeffekt steigt also mit dieser Distanz. Die Kältequelle muß höher liegen als die Wärmequelle; denn die adiabatische Temperaturabnahme beim Aufsteigen erwärmter Luft bedingt eine Abkühlung von $\dfrac{z}{100}^0$, und tiefer als diese erreichte Temperatur muß die Temperatur der Kältequelle sein. Ist dieser Unterschied sehr gering, so hat man bei $T_2 = 273^0$ und 1 m Vertikaldistanz $\tau_1 = 272\cdot99$ und der Nutzeffekt wird $\dfrac{1}{27300}$. Bei 1000 m Distanz wird er $\dfrac{1}{27\cdot3}$ usw.

Margules behandelt auch noch ein Beispiel mit feuchter Luft, die beim Aufsteigen in der Säule BC Kondensation liefert. Diese Säule wird hier wärmer als bei trockener Luft, infolgedessen wird die Druckdifferenz im oberen Niveau größer, wenn unten derselbe Druck angenommen wird wie früher. Es wird dann mehr Wärme in Arbeit verwandelt, entsprechend der größeren Arbeitsleistung oben. Der Nutzeffekt

---

[1]) Abh. d. math.-phys. Klasse der k. sächs. Gesellsch. d. Wissenschaften in Leipzig, Bd. XXXV, Nr. 1, 1916.
[2]) Die Annahme gilt nur dann genau, wenn der Temperaturunterschied zwischen Wärmequelle und Luftmasse verschwindend klein ist.

ist trotzdem geringer, weil ein Teil der zuzuführenden Wärmemenge von der Kondensationswärme bestritten wird.

Das in Fig. 35 dargestellte Schema einer vertikalen Zirkulation trifft natürlich in der Atmosphäre nicht genau zu. Ein Nutzeffekt des Kreisprozesses kann sich bei stationärer Luftbewegung nur darin äußern, daß der Wind an seinen Grenzgebieten, vor allem an der Erdoberfläche, Arbeit leistet, indem er Reibungswirkungen hervorbringt, die Oberfläche der Erde verändert, seine kinetische Energie auf feste Gegenstände der Erde oder auf die Meeresfläche überträgt usw. Dieser Nutzeffekt ist wohl stets sehr klein, die Differenz zwischen Wärmeaufnahme und Wärmeverlust ist sehr gering. Wir können fragen, wie sich auf einer ideal glatten Erdoberfläche die Bewegung eines reibungslosen Gases gestalten würde, wenn Wärmezufuhr und Wärmeabgabe so wirkten, wie dies tatsächlich geschieht. Diese Annahme wäre für die theoretische Behandlung atmosphärischer Kreisläufe am nächstliegenden. Wenn keine Reibungskräfte wirken, so müßte der Kreislauf mit dem Nutzeffekt Null arbeiten, damit die aus der Wärmezufuhr entstehende lebendige Kraft nicht stetig wachse. Nun läßt sich leicht zeigen, daß eine derartige Konvektionsströmung mit dem Nutzeffekt Null nicht möglich ist, es sei denn, daß die Wärmezufuhr auf Null herabsinkt.

Der Nutzeffekt des Kreisprozesses ist $\dfrac{Q-Q'}{Q}$; dieser Wert wird Null für $Q = Q'$, also nach S. 169 für $T_2 - T_1' = \tau_2' - \tau_1$. Ersetzen wir T_1' und τ_2' durch die oben angegebenen Ausdrücke, so wird:

$$T_2 - T_1 \left(\frac{P_2}{P_1}\right)^\varkappa = \tau_2 \left(\frac{p_1}{p_2}\right)^\varkappa - \tau_1.$$

In den Säulen mit adiabatischer Temperaturabnahme ist $\tau_1 = T_1 - \gamma h$, $\tau_2 = T_2 - \gamma h$ zu setzen, wo $\gamma = \dfrac{Ag}{c_p}$. Drücken wir noch h nach der barometrischen Höhenformel, die in solchen gilt, aus (vgl. S. 160), so ergibt sich $\dfrac{T_1}{T_2} = \left(\dfrac{P_1}{P_2}\right)^\varkappa$; es ist also $T_2 = T_1'$, d. h. es hat keine Wärme-zufuhr im Punkt B, Fig. 35, stattgefunden.

Das bedeutet also: Damit der Nutzeffekt des Kreisprozesses verschwinde, muß auch die Wärmezufuhr verschwinden. Dieses Resultat hätte auch durch eine Darstellung des Kreisprozesses im Clapeyronschen Koordinatensystem unmittelbar erzielt werden können.

Wir müssen daraus folgern, daß es nicht möglich ist, unter den obengenannten Verhältnissen eine Konvektionsströmung von endlicher Stärke zu erhalten; die Wärmezufuhr ist niemals gleich der Wärmeabgabe, außer wenn beide auf Null herabsinken. Jede noch so kleine Wârmezufuhr würde auf einer ideal glatten Erde bei reibungsloser Luft allmählich zur Entwicklung von unendlich großer Zirkulationsgeschwindigkeit führen.

Die tatsächlichen Bewegungen der Atmosphäre im stationären Zustand sind also. offenbar gerade so stark, daß die Verluste, welche die lebendige Kraft durch Reibung im weitesten Sinne des Wortes erleidet, genau dem Nutzeffekt des Kreisprozesses gleichkommen. Für die Betrachtung der tatsächlichen Zirkulationen folgt daraus, daß wir zur Erklärung der jetzt wirklich bestehenden Bewegungen Wärmezufuhr wie Reibung als vorhanden ansehen müssen, d. h. sie nicht vernachlässigen dürfen. Bei Konstanz dieser beiden wird sich allmählich ein stationärer Bewegungszustand herausbilden, dessen Intensität von jenen beiden Faktoren wesentlich abhängt. Ist dieser Zustand einmal erreicht, so können wir für die weitere Betrachtung eine ideale Erdoberfläche und ein reibungsloses Gas annehmen, welches sich ohne Wärmezufuhr in sehr ähnlicher Weise bewegt.

Es ist bisher allerdings noch nicht gelungen, den skizzierten Weg zurückzulegen. Ein Anfang dazu findet sich im Abschnitt 64, wo zum ersten Male versucht ist, die Größe der Wärmezufuhr mit der meridionalen Zirkulation rechnerisch in Verbindung zu bringen.

52. Zirkulation und Wirbelbildung; Energieleistung derselben. Am wertvollsten wird der Zirkulationsbegriff, wenn man ihn auf die Bildung von Wirbelbewegungen in der Atmosphäre anwendet.

V. Bjerknes hat gezeigt, daß die Helmholtzsche Lehre von der Konstanz der Wirbelbewegung nur unter gewissen Bedingungen gilt. Tatsächlich beobachten wir in der Atmosphäre und auch im fließenden Wasser fortwährend die Entstehung und die Auflösung von Wirbeln. Der von Lord Kelvin aufgestellte Begriff der Zirkulation (vgl. V. Bjerknes, Abschnitt 42) ist ein besonders bequemer Ausdruck zur Beurteilung der Wirbelbewegungen.

Der Zusammenhang zwischen Zirkulation und Wirbelbewegung läßt sich auf folgende Weise sehr einfach ableiten: Wir suchen die Zirkulation um ein kleines in der Flüssigkeit ausgeschnittenes Rechteck von den Seitenlängen dx und dy. Die Geschwindigkeit längs dx sei u, die längs dy sei v. Gehen wir in der Richtung des Uhrzeigers um das Rechteck herum, dann ist die Zirkulation:

$$C\,dx\,dy = -u\,dx + v\,dy + \left(u + \frac{\partial u}{\partial y}\,dy\right)dx -$$
$$- \left(v + \frac{\partial v}{\partial x}\,dx\right)dy = \left(\frac{\partial u}{\partial y} - \frac{\partial v}{\partial x}\right)dx\,dy.$$

Für die Flächeneinheit ist somit $C = \dfrac{\partial u}{\partial y} - \dfrac{\partial v}{\partial x}$. Der Ausdruck rechts ist die bekannte Form der Wirbelgeschwindigkeit um die zur x- und y-Achse senkrechte z-Achse. Ist also die Wirbelgeschwindigkeit Null, so ist auch die Zirkulation Null. Aus $\dfrac{\partial u}{\partial y} - \dfrac{\partial v}{\partial x} = 0$ folgt im Zusammenhang mit der Kontinuitätsgleichung für inkompressible Flüssigkeiten bei Bewegung in der xy-Ebene $\left(\frac{\partial u}{\partial x} + \frac{\partial v}{\partial y} = 0\right)$ sogleich $\frac{\partial^2 u}{\partial x^2} + \frac{\partial^2 u}{\partial y^2} = 0$ und dieselbe Gleichung für v. Im Falle des Fehlens der Zirkulation ist Potentialbewegung vorhanden $\left(u = \frac{\partial \varphi}{\partial x},\ v = \frac{\partial \varphi}{\partial y}\right)$.

Für horizontale Bewegung von Gasen lassen sich mit Beiziehung der Erdrotation die beiden Bewegungsgleichungen ohne Reibung schreiben (S. 102):

$$\frac{du}{dt} = -lv - \frac{1}{\varrho}\frac{\partial p}{\partial x}, \quad \frac{dv}{dt} = lu - \frac{1}{\varrho}\frac{\partial p}{\partial y}.$$

Wir differenzieren die erste partiell nach y, die zweite nach x, subtrahieren die zweite von der ersten und erhalten, wenn wir die Dichte ϱ nach der Gasgleichung als abhängig von Druck und Temperatur betrachten:

$$\frac{d}{dt}\left(\frac{\partial u}{\partial y} - \frac{\partial v}{\partial x}\right) = -l\left(\frac{\partial u}{\partial x} + \frac{\partial v}{\partial y}\right) - \frac{R}{p}\left(\frac{\partial T}{\partial x}\frac{\partial p}{\partial y} - \frac{\partial p}{\partial x}\frac{\partial T}{\partial y}\right).$$

Diese Gleichung drückt die Bedingung zur Bildung oder Verstärkung eines Wirbels um die z-Achse oder einer Zirkulation um eine horizontale Kurve aus. Beim Fehlen von Reibung gibt es zwei Ursachen für die Entstehung von Wirbeln. Das erste Glied rechts sagt, daß zyklonale Wirbel sich unter dem Einfluß der ablenkenden Kraft der Erdrotation bilden oder verstärkt werden, wenn eine Konvergenz der Stromlinien stattfindet; dies ist nur möglich in Gasen, wo ϱ variabel ist[1]).

Die Ursache dieser Wirbelveränderung ist leicht zu verstehen, wenn wir die Konvergenz von zwei Stromlinien (Fig. 36 a) betrachten. Die Stromlinien $A\,A'$ und $B\,B'$ konvergieren. Die ablenkende Kraft der Erdrotation trachtet dabei, die Luftmassen in der gestrichelten Kurve, die senkrecht zu den Stromlinien verläuft, zu bewegen, so daß die Tendenz zu einer zyklonalen Wirbelbewegung durch die Konvergenz erzeugt wird. Umgekehrt ist es bei Divergenz der Stromlinien; sie schaffen antizyklonale Bewegung (Fig. 36 b).

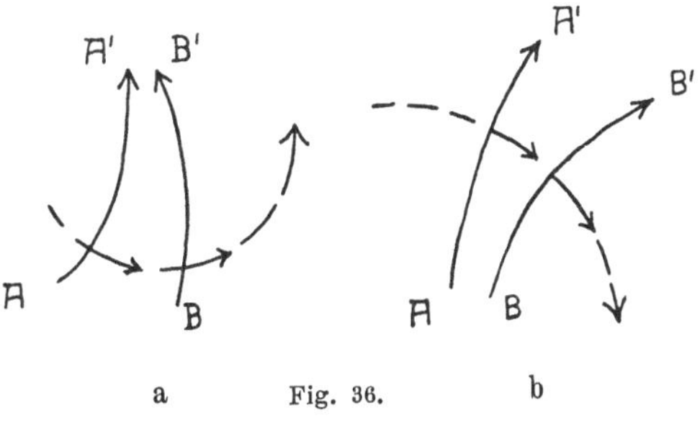

Das zweite Glied auf der rechten Seite obiger Gleichung gibt ein reziprokes Maß für die Schnittfläche, welche von zwei benachbarten

---

[1]) Dieses Prinzip wurde von Bjerknes auch auf die Bewegungsrichtung der Zyklonen angewendet. Met. Zeitschr. 1917, S. 345.

Isobaren und zwei benachbarten Isothermen gebildet wird[1]). Je steiler diese beiden Kurvenschaaren aufeinander stehen, desto kleiner ist die Schnittfläche, desto größer also das wirbelbildende Glied. Liegen Isobaren und Isothermen parallel zu einander, so wird die Schnittfläche unendlich, das wirbelbildende Glied null. Wir kommen später auf diesen Ausdruck noch zurück. Er gibt die Arbeit der Druckkräfte wieder, die nur in kompressiblen Flüssigkeiten von Null verschieden ist. Sobald man ϱ konstant setzt, fällt das zweite Glied fort (Konstanz der Wirbel in inkompressiblen Flüssigkeiten nach Helmholtz).

Dieselbe Arbeit der Druckkräfte wird im folgenden etwas anders behandelt.

I. W. Sandström hat die Energieleistung von Wirbeln berechnet[2]), die den Zirkulationen durch Wärmezufuhr entsprechen. Die Theorie steht in engem Zusammenhang mit der des vorigen Abschnittes. Sie bildet eine sehr wichtige Ergänzung zur Margulesschen Theorie der Stürme. Denn dort wird ein Vorrat an potentieller und innerer Energie berechnet, der in kinetische Energie der Stürme umgewandelt werden kann, hier wird die fortwährende Energieproduktion von Wirbeln aus Wärme in allgemeinerer Weise als im letzten Abschnitt dargestellt. Zugleich ist diese Behandlung interessant, weil sie die Bedingung zur Bildung echter Wirbel in der Atmosphäre klarlegt (vgl. Abschnitt 42).

Wir betrachten nochmals einen Kreisprozeß, wie den in Fig. 35; eine Luftmasse wird Zustandsänderungen und Ortsveränderungen unterworfen, und zwar in solcher Weise, daß sie schließlich wieder im anfänglichen Zustand an ihrem Ausgangsort anlangt.

In der Physik wird ein solcher Kreisprozeß einer Gasmasse im Clapeyronschen Koordinatensystem dargestellt, wo die eine Achse den Druck p, die andere das spezifische Volumen v bedeutet. Das Produkt $p\,dv$ ist die Arbeitsleistung der Masseneinheit bei Vergrößerung des Volumens um dv. In Fig. 37 sei eine Luftmasse vom Zustand A gegeben (Druck p_0). Ihr werde Wärme zugeführt, wodurch sie in den Zustand B kommt. Hierdurch erlangt sie einen Auftrieb und bewegt sich längs der Adiabate BC so lange, bis sie unter dem Druck p_1 die

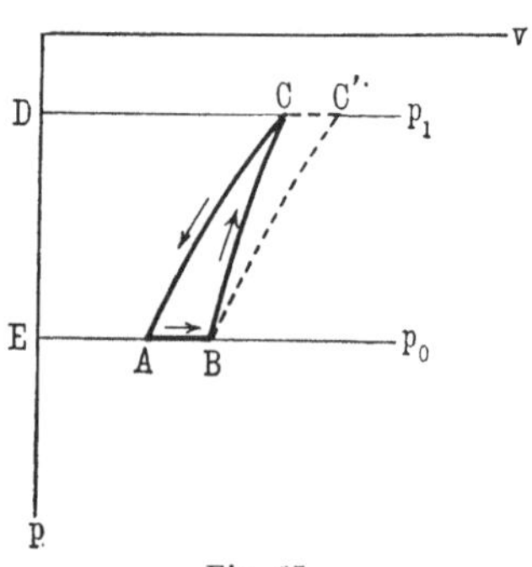

Fig. 37.

1) F. M. Exner, Sitz. Ber. d. Wien. Akad. d. Wiss., Bd. 115, Abt. IIa, 1906.
2) „Über die Energieumwandlungen in der Atmosphäre"; K. Sv. Vet. Ak. Handl., Bd. 47, Nr. 9 und „Über die Wirbelbildungen in der Atmosphäre", Ark. f. Mat., Astr. och Fysik, Bd. 7, Nr. 30.

Temperatur der äußeren ruhenden Luftmasse, die stabil geschichtet sei, erlangt. Diese stabile Verteilung außen wird durch AC dargestellt. Um den Kreisprozeß zu schließen, verschieben wir die in C zur Ruhe gelangte Masse unter Wärmeentziehung längs der Kurve CA nach A zurück. Hierbei wird keine Arbeit geleistet, da die Masse überall die Dichte der Umgebung hat.

Nach dem ersten thermodynamischen Prinzip ist $\int p\,dv$, genommen von A über B und C bis A zurück, die aus der Wärme gewonnene Arbeit. Sie ist der von den drei Kurven eingeschlossenen Fläche proportional. Diese Fläche kann aber auch als $\int v\,dp$ aufgefaßt werden. Letztere Größe ist die negative Arbeit der Druckkraft im Kreisprozeß. Denn $-\dfrac{1}{\varrho}\dfrac{dp}{ds}$ ist der Gradient pro Masseneinheit; wird diese Kraft mit ds multipliziert, so ergibt sich die Arbeitsleistung auf dem Wege ds. Daß Ausdehnungsarbeit und Arbeit der Druckkräfte einander im Kreisprozeß numerisch gleich sind, folgt auch folgendermaßen: Wird die Gasgleichung $pv = RT$ differenziert, so ist $p\,dv + v\,dp = R\,dT$. Bei Integration über eine geschlossene Zustandskurve wird $\int dT = 0$, also ist $\int p\,dv = -\int v\,dp$.

Um $\int p\,dv$ zu berechnen, wird $dp = -\varrho g\,dz$ gesetzt. Man hat zunächst

$$\int p\,dv = -\int_B^C v\,dp + \int_A^C v\,dp,$$

da die Dreiecksfläche die Differenz der zwei Vierecke $BCDE$ und $ACDE$ ist. Es folgt also:

$$\int p\,dv = g\int_B^C dz - g\int_A^C dz.$$

Die Integrale rechts bedeuten die vertikale Entfernung der Isobaren p_0 und p_1, und zwar das erste die im aufsteigenden Luftstrom, das zweite die in der umgebenden Atmosphäre. Ist ersteres Integral h_1, letzteres h_2, so wird $\int p\,dv = g(h_1 - h_2)$. Für die Masse m ist die Energieleistung somit $E = mg(h_1 - h_2)$.

Dieser äußerst einfache Ausdruck zeigt, daß ein vertikaler Luftstrom mit einem Wasserfall verglichen werden kann, der vom Niveau h_1 auf h_2 hinabstürzt. Bei einem aufsteigenden warmen Luftstrom senkt sich unten die Isobare nach dem Strome hin, oben, wo der aufsteigende Strom sich seitlich ausbreitet, liegt die Isobare über ihm höher als im Umkreis. Also hat $h_1 - h_2$ einen bestimmten positiven Wert. Im absteigenden Luftstrom geht der Kreisprozeß längs einer Kurve $CBC'C$; das Vorzeichen der Integrale kehrt sich um, die Energieleistung wird $mg(h_2 - h_1)$. Hier, im kalten sinkenden Ast, ist der vertikale Isobarenabstand h_1 kleiner als h_2 in der Umgebung, somit wird das Vorzeichen von E das gleiche wie beim steigenden Strom. Stets wird, wenn in Fig. 37 der Kreisprozeß im Sinne gegen den Uhrzeiger stattfindet, Wärme in Bewegung umgesetzt, also kinetische Energie erzeugt; dazu ist, wie man aus der Figur erkennt, entweder eine Wärmequelle in der Tiefe oder eine Kältequelle in der Höhe nötig. Ob warme Luft steigt oder kalte Luft sinkt, ist für die Energieleistung gleichgültig.

Bei einem Kreisprozeß, der in Fig. 37 mit dem Uhrzeiger ginge, würde abgekühlte Luft gehoben oder erwärmte herabgepreßt werden. Hier würde also auf Kosten von Bewegung innere Energie aufgespeichert werden. Dies tritt nicht von selbst, sondern nur zwangsweise als Nebenergebnis größerer Vorgänge auf (z. B. warme Antizyklone).

In der Atmosphäre ist nun der thermodynamische Kreisprozeß zugleich ein wirklicher Kreislauf von Luftmassen. Dies gibt ihm noch besondere Bedeutung und verbindet ihn in eigentümlicher Weise mit dem Prozeß der Wirbelbildung.

Sehen wir von der ablenkenden Kraft der Erdrotation ab, so ist, wie in Abschnitt 42 gezeigt wurde, die Zirkulationsänderung $\dfrac{dC}{dt} = -\int\limits^{s} v\,dp$. Man sieht also, daß die zeitliche Änderung der Zirkulation gleich der oben berechneten Arbeit der Druckkräfte in einem Kreisprozeß ist. Bei inkompressiblen Flüssigkeiten ist v konstant, somit wird das Integral im Kreisprozeß verschwinden (Konstanz der Wirbel). Anders in dem Falle, daß $\varrho = \dfrac{p}{R\,T}$; solange T nicht als Funktion von p gegeben ist, wird $\dfrac{dp}{\varrho}$ kein vollständiges Differenzial sein; das Integral, über eine geschlossene Kurve genommen, behält also einen endlichen Wert. Wäre T durch die Bedingung der Isothermie oder der adiabatischen Zustandsänderung gegeben, dann wäre auch für Luft das Integral null, die Zirkulation konstant. Das entspräche dem Fall, daß sich der Kreisprozeß auf einer Isotherme oder einer Adiabate abspielte, also der eine Ast der Kurve in Fig. 37 mit dem anderen zusammenfiele. Bjerknes bezeichnet diese Bedingung als „barotrope" Massenverteilung, die allgemeinere, daß T keine Funktion von p, als „barokline". Bei ersterer gibt es keine, bei letzterer gibt es Änderungen der Zirkulation.

Beziehen wir, wie oben auf S. 173 das Integral auf eine von zwei Isobaren und zwei Isothermen eingeschlossene Fläche, dann wird bei der Umkreisung dieser Fläche der Ausdruck $\displaystyle\int \frac{dp}{\varrho} = R\int \frac{T}{p}\,dp$ nur auf den Isothermen einen von Null verschiedenen Wert haben, auf den Isobaren ist $dp = 0$. Die Integration über die genannte Fläche gibt dann $R\,lg\,\dfrac{p_1}{p}\,(T_1 - T)$, wenn p_1 und p die Druckwerte auf den beiden Isobaren,

T_1 und T die Temperaturwerte auf den beiden Isothermen sind. Ist $p_1 = p + \varDelta p$, $T_1 = T + \varDelta T$, so wird $\int \frac{dp}{\varrho} = R\, \frac{\varDelta p\, \varDelta T}{p}$. Dieser Ausdruck läßt sich in den Ausdruck umwandeln, den wir aus den Bewegungsgleichungen für die Bedingung der Wirbelbildung abgeleitet haben (zweites Glied der Gleichung auf S. 173).

Die Massenverteilung ist also „barotrop", wenn Isobaren und Isotheremen parallel verlaufen, sonst „baroklin".

Wir erkennen nunmehr die Bedingung zur Änderung der Zirkulation, also zur Wirbelbildung oder Wirbelauflösung darin, daß die D r u c k k r a f t a u f d e r g e s c h l o s s e n e n K u r v e A r b e i t l e i s t e t. Ist die Massenverteilung in der Luft so beschaffen, daß die potentielle Energie der Druckverteilung durch eine Zirkulationsbewegung geringer werden kann, dann entsteht diese Bewegung. Dies ist der Fall, wenn die warme Masse nach dem tieferen Druck hinfliessen kann.

Da im allgemeinen der Druck nur in vertikaler Richtung stark variiert, so bilden sich diese Zirkulationen hauptsächlich in vertikalen Ebenen. Es sind u. a. die gewöhnlichen Kreisläufe zwischen Äquator und Hochdruckgürteln, zwischen Berg und Tal oder Land und Meer, also Wirbel mit nahe horizontaler Achse. Aus der obigen Gleichung läßt sich nun die Arbeitsleistung eines Wirbelsturmes berechnen.

S a n d s t r ö m s Beobachtungen im schwedischen Hochgebirge haben ihn die Unterscheidung in k r e i s e n d e und g l e i t e n d e Luftwirbel gelehrt. Die ersteren haben ziemlich vertikale Wirbelfäden, die letzteren nahezu horizontale; sie sind sehr flach, die Luftmassen gleiten aneinander vorüber. Er beobachtete, daß gleitende sich in kreisende verwandeln, aber nicht umgekehrt.

Nun stehen gleitende Wirbel in enger Beziehung zum Geschwindigkeitsunterschied auf den beiden Seiten einer G l e i t f l ä c h e. Es seien diese Geschwindigkeiten der Einfachheit halber von genau entgegengesetzter Richtung, v_1 oberhalb, v_2 unterhalb der Gleitfläche. Man kann dann die Zirkulation einer vertikalen Kurve bestimmen, welche die Gleitfläche in der Ebene umschließt, in der die Luft sich bewegt. Ist L die Länge der Gleitfläche in dieser Ebene, so ist $C = L(v_1 + v_2)$. Bezeichnet $\varDelta v$ den Geschwindigkeitsunterschied beiderseits der Gleitfläche, so ist auch $C = L\varDelta v$ und auf die Längeneinheit der Gleitfläche entfällt die Zirkulation $\varDelta v$.

Wichtige Beobachtungen hat nun S a n d s t r ö m über die Veränderungen der Gleitwirbel gemacht. Er fand, daß die Wirbelbewegung sich verstärkt, wenn die relative Geschwindigkeit oberhalb der Gleitfläche aufwärts gerichtet ist; bei abwärts gerichteter Komponente nimmt sie ab. Fig. 38 stellt eine schiefe Gleitfläche bei zunehmender Wirbelintensität dar.

Sandströms Beobachtung erklärt sich aus der Temperaturverteilung. Oben ist die Luft wärmer als unterhalb der Grenzfläche. Die ungleiche

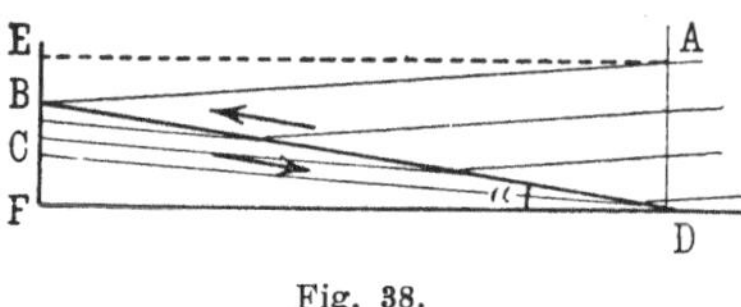

Fig. 38.

Temperatur bedingt die eigentümliche Brechung der Isobaren an der Grenzfläche, die in Fig. 38 angedeutet ist. Da nun die kältere Luft in den spitzen Winkel einströmt, so wird die Gleitfläche immer horizontaler, d. h. die potentielle Energie nimmt ab, sie setzt sich in kinetische um, wir finden also Zunahme der Wirbelbewegung. Strömt die Luft umgekehrt als in Fig. 38, also die warme herab, die kalte hinauf, so wird die Gleitfläche aufgestellt, die potentielle Energie auf Kosten der kinetischen vergrößert (Abnahme des Wirbels).

Die Tendenz der Bewegung gegen die Gleitfläche von beiden Seiten her verschärft die letztere, so daß sie trotz Reibung lange erhalten bleiben kann.

Man kann die Entstehung, bzw. Vernichtung der Gleitwirbel auf einfache Weise berechnen. In Fig. 38 betrachten wir die Änderung der Zirkulation pro Zeiteinheit auf der geschlossenen Kurve $ABCD$. AB ist eine Isobare p_1, CD eine andere p_0, BD ist die Gleitfläche. Da die Isobaren p_1 und p_0 nicht horizontal liegen, wirken auf ihnen Komponenten der Schwerkraft, die einer Luftmasse auf AB eine Beschleunigung gegen B, einer auf CD eine solche gegen D erteilen. Diese Schwerkraftskomponenten sind $\frac{g\,a}{l}$ und $\frac{g\,b}{l}$, wenn $a = BE$, $b = CF$ der Fall der Isobaren auf der Strecke $DF = l$ ist.

Die Integration der Beschleunigung über die ganze Kurve gibt die Wirbelbildung pro Sekunde. Für die vertikalen Strecken braucht man die Integrale nicht in Betracht zu ziehen. Es bleibt also für die Strecke AB das Integral $\frac{g\,a}{l} \cdot l = g\,a$, für die Strecke CD der Wert $g\,b$ und für die Kurve $ABCD$: $\frac{dC}{dt} = g\,(a + b)$. Nun ist $AD = h_1$ der Abstand der Isobaren p_0 und p_1 über der Gleitfläche, $BC = h_2$ derselbe unter der Gleitfläche und $a + b = h_1 - h_2$; folglich wird $\frac{dC}{dt} = g\,(h_1 - h_2)$. Dies ist die Zahl der Einheitswirbel, die pro Sekunde an der Gleitfläche gebildet oder vernichtet werden.

Statt der Höhendifferenzen der Isobaren h_1 und h_2 kann man auch die Temperaturen der oberen und unteren Luftschichten einführen, da angenähert $\frac{h_1}{h_2} = \frac{T_1}{T_2}$; daraus wird $h_1 - h_2 = h_2\,\frac{T_1 - T_2}{T_2}$ und, wenn $h = BF$, die Erhebung der Gleitfläche, $T_1 - T_2 = \varDelta\,T$ und T die Mitteltemperatur der beiden Schichten, angenähert $h_1 - h_2 = h \dfrac{\varDelta T}{T}$. Somit wird

$$\frac{dC}{dt} = gh\frac{\varDelta T}{T}.$$

Auf der Längeneinheit der Gleitfläche bilden sich, wenn α der Neigungswinkel derselben, somit $a = g \sin \alpha \dfrac{\varDelta T}{T}$ Einheitswirbel pro Sekunde.

Oben war gefunden worden, daß die Zahl der Einheitswirbel auf der Längeneinheit der Gleitfläche $\varDelta v$ ist. Verändert sich diese Zahl und ist im ersten Zeitpunkt die Geschwindigkeitsdifferenz $\varDelta v_0$, im zweiten $\varDelta v_1$, so muß nun auch sein: $\varDelta v_1 - \varDelta v_0 = g \sin \alpha \dfrac{\varDelta T}{T}$. Diese Beziehung erlaubt, aus der Neigung der Gleitfläche und der Temperaturdifferenz die zeitliche Änderung der Geschwindigkeiten zu berechnen, oder umgekehrt. Hat man beispielsweise anfangs eine Neigung der Gleitfläche von 10^0 und eine Temperaturdifferenz von 2^0, so ist für $T = 280^0$ $\varDelta v_1 - \varDelta v_0 = 1\cdot21$ cm/sec; aus einer anfänglichen Geschwindigkeitsdifferenz von $\varDelta v_0 = 5$ m/sec wird im Laufe einer Stunde $\varDelta v_1 = 48$ m/sec, also sehr groß.

Ist die Neigung der Gleitfläche umgekehrt, so daß die kalte Luft aufwärts strömt, dann vermindert sich $\varDelta v$ um den gleichen Betrag.

Die Energiemenge, welche durch den Gleitwirbel umgewandelt wird, läßt sich nach der zu Anfang gegebenen Formel sehr leicht berechnen. Es war dort für einen vertikalen Luftstrom $E = mg\,(h_1 - h_2)$. Wie man sieht, ist dies $m\dfrac{dC}{dt}$; die Energieumwandlung ist also durch die Zahl der gebildeten Wirbel bestimmt.

Bezeichnet e_1 die Energie, die im oberen, e_2 jene, die im unteren Luftstrom an der Gleitfläche umgewandelt wird, ferner m_1 und m_2 die an derselben pro Sekunde hervorströmenden Massen, so ist $E_1 = m_1 \dfrac{dC}{dt}$, $E_2 = m_2 \dfrac{dC}{dt}$ und die gesamte durch den Gleitwirbel umgewandelte Energie in der Sekunde $E = (m_1 + m_2)\dfrac{dC}{dt} = (m_1 + m_2)\,gh\,.\,\dfrac{\varDelta T}{T}$. Diese Formel verwendet Sandström, um die Energieleistung jenes Gleitwirbels zu berechnen, der an der Grenze der warmen Golfstrom- und der kalten Kontinentalluft längs der norwegischen Nordwestküste im Winter besteht. Auf einer Längenerstreckung von 500 km weht dort ein etwa 1000 m hoher kalter Luftstrom seewärts, darüber ein etwa ebenso hoher warmer landwärts. Die Temperaturdifferenz ist etwa 25^0. Die Geschwindigkeit des kalten Stromes beträgt 20 m/sec aus Osten, die des warmen 5 m/sec aus Westen; es entstehen in dieser Gleitfläche pro Sekunde $13\cdot8$ Millionen Einheitswirbel, was bei der geförderten Luftmenge einer Leistung von insgesamt 22.500 Millionen Pferdekräften gleichkommt; diese Energie wird pro Sekunde aus Wärme in Wind verwandelt.

Aus Sandströms Arbeit geht hervor, daß die Diskontinuitätsflächen auch dann noch eine nähere Behandlung zulassen, wenn sie nicht mehr im Gleichgewicht sind. In dieser Richtung scheint eine Weiterarbeit sehr wünschenswert.

53. Temperaturverteilung in Zirkulationen mit Wärmeumsatz.

Wie zum Schlusse des Abschnittes 51 bemerkt wurde, darf man eine stationäre Zirkulation in erster Annäherung bei Gleichheit von Wärmezufuhr und Wärmeentziehung annehmen, wenn man auf den Nutzeffekt der Zirkulation, der in Reibungswirkungen liegt, keine Rücksicht nimmt.

Offenbar hängt die Zirkulationsbewegung, welche sich bei bestimmter Wärmezufuhr und -abfuhr entwickelt, ganz von der Verteilung dieser Größen ab. Würde man die Gleichung für die zugeführte Wärme mit den allgemeinen Bewegungsgleichungen in Zusammenhang bringen, so müßten sich die Stromlinien der Zirkulationsbewegung berechnen lassen.

Leider ist dies noch nicht gelungen, so wichtig es auch für die Erkenntnis der Luftströmungen wäre. Nun hat schon Bigelow[1]) seinerzeit die Ansicht geäußert, die Tatsache, daß man in der Atmosphäre fast immer Temperaturgradienten findet, die geringer sind, als dem adiabatischen Wert entspricht, rühre daher, daß Wärmezufuhr im aufsteigenden Zirkulationsaste oben erwärmend, Wärmeabfuhr in der Tiefe des absteigenden aber abkühlend wirke.

Man kann sich im Anschlusse an die kinematische Betrachtung von Stromlinien des Abschnittes 34 (S. 87) von solchen Wirkungen der Wärmezufuhr auf die Temperaturverteilung in vertikalen Zirkulationen leicht ein Bild machen, wenn man bestimmte Stromlinien als gegeben annimmt. Zur Vereinfachung betrachten wir wieder nur Bewegungen in zwei Dimensionen, und zwar in vertikalen Ebenen. Dabei wird stets die Verschiebung der Luft in horizontaler Richtung viel größer anzunehmen sein als die in vertikaler, da ja die Atmosphäre die Erde nur wie eine dünne Hülle umgibt.

Die Gleichung für die zugeführte Wärme lautet:

$$(Q) = c_p \frac{dT}{dt} - \frac{ART}{p} \frac{dp}{dt}$$

Sie bezieht sich auf die Masseneinheit.

Wenn sich nun eine bestimmte Luftmasse längs einer gegebenen Stromlinie bewegt, verändern sich Druck und Temperatur. Bezeichnen wir mit Q die Wärmezufuhr, die die Luftmasse während ihrer Bewegung

---

[1]) Monthly Weather Review, 1906, S. 563.

auf der Längeneinheit ihres Weges längs der Stromlinie erfährt, so läßt sich auch schreiben:

$$Q = c_p \frac{dT}{ds} - \frac{ART}{p} \frac{dp}{ds},$$

wo, wie im Abschnitt 34, ds ein Element der Stromlinie ist.

Wir wollen zur Vereinfachung annehmen, die Bewegung der Luft sowohl wie ihr Druck und ihre Temperatur seien stationär. Dann hängen alle variablen Größen, d. i. Wärmezufuhr, Druck, Temperatur und Wegelement nur vom Orte ab. Ist x die horizontale, z die vertikale Ordinate, so folgt:

$$Q = c_p \left(\frac{\partial T}{\partial x} \frac{dx}{ds} + \frac{\partial T}{\partial z} \frac{dz}{ds} \right) - \frac{ART}{p} \left(\frac{\partial p}{\partial x} \frac{dx}{ds} + \frac{\partial p}{\partial z} \frac{dz}{ds} \right).$$

Wie oben vernachlässigen wir den horizontalen Druckgradienten und setzen für den vertikalen $- \varrho\, g$ ein; dann wird

$$Q = c_p \left(\frac{\partial T}{\partial x} \frac{dx}{ds} + \frac{\partial T}{\partial z} \frac{dz}{ds} \right) + A g \frac{dz}{ds}.$$

Wir wollen zuerst den Fall betrachten, daß die Luft ohne Kondensation zirkuliert und dabei bei der Bewegung längs der Erdoberfläche Wärme aufnimmt, die sie im gleichen Betrage bei der Rückbewegung in der Höhe wieder abgeben muß. Das entspräche dem Fall der Land- und Seewind-Zirkulation.

Die Größe der Wärmezufuhr pro Längeneinheit auf einer Stromlinie wollen wir

$$Q = - c z^2 \frac{dx}{ds}$$

setzen.

Ist der Anfangspunkt des Koordinatensystems in der Mitte der Zirkulation gelegen, so ist für $\frac{dx}{ds} < 0$ Q positiv, für $\frac{dx}{ds} > 0$ Q negativ.

Die Bewegung erfolgt also an der Erdoberfläche mit Wärmezufuhr in der negativen X-Richtung, in der Höhe bei Wärmeentzug in der positiven, Q wird mit Entfernung vom Mittelpunkt der Zirkulation nach auf- und abwärts immer größer. c ist eine Konstante.

Wir haben also

$$\frac{\partial T}{\partial x} \frac{dx}{ds} + \frac{\partial T}{\partial z} \frac{dz}{ds} + \gamma \frac{dz}{ds} + \varepsilon z^2 \frac{dx}{ds} = 0,$$

wo $\gamma = \dfrac{Ag}{cp}$ und $\varepsilon = \dfrac{c}{c_p}$, oder auch

$$\frac{\partial T}{\partial x} + \varepsilon z^2 + \left(\frac{\partial T}{\partial z} + \gamma \right) \frac{dz}{dx} = 0.$$

Die Integration dieser Gleichung ist möglich, sobald wir bestimmte Stromlinien wählen.

Wir wollen hier annehmen, die Luft bewege sich in Ellipsen, deren für alle gleiche Längsachse parallel zur Erdoberfläche liegt. Sie seien sehr flach, so daß die horizontalen Dimensionen die vertikalen stark überwiegen; das gemeinsame Zentrum aller ellipsenförmigen Stromlinien liege in der Höhe n über der Erde. Die die Erde berührende größte Ellipse hat dann als kleine Achse n, als große m.

Dann ist die Gleichung der Stromlinien:

$$\frac{x^2}{a^2} + \frac{z^2}{b^2} = 1,$$

wobei $a:b = m:n$, und somit $\dfrac{x^2}{m^2} + \dfrac{z^2}{n^2} = \dfrac{a^2}{m^2}$. a tritt als Parameter der Stromlinie auf.

Wir bilden aus dieser Gleichung

$$\frac{dz}{dx} = -q^2 \frac{x}{z},$$

wobei $q = \dfrac{n}{m}$. Aus der obigen Differentialgleichung wird:

$$\frac{\partial T}{\partial x} - q^2 \frac{x}{n} \frac{\partial T}{\partial z} = -\varepsilon z^2 + \gamma q^2 \frac{x}{z}.$$

Die Integration ergibt:

$$T = \varphi\,[q^2 x^2 + z^2] - \gamma z - \frac{\varepsilon x}{3}\,[2 q^2 x^2 + 3 z^2].$$

Die Temperatur setzt sich aus drei Gliedern zusammen, von denen das erste wie im Abschnitt 34 für jede Stromlinie konstant ist, das zweite die abiabatische Temperaturveränderung in vertikaler Richtung gibt, während das dritte den Einfluß von Wärmezufuhr und Wärmeentziehung darstellt. Dieses Glied hat verschiedenes Vorzeichen, je nachdem x positiv oder negativ ist. Auf diese Weise kommt eine Unsymmetrie in die horizontale Temperaturverteilung, die sich deutlich ausprägt, wenn der Wärmezufuhrkoeffizient ε nicht zu klein ist.

Um die Gleichung für ein schematisches Beispiel auszuwerten, wollen wir annehmen, daß für $x = 0$, d. h. in der vertikalen Symmetrieachse der Ellipsen, die Temperatur adiabatisch nach oben abnehme. Dann muß die beliebige Funktion φ konstant sein und es ist:

$$T = K - \gamma z - \frac{\varepsilon x}{3}\,[2 q^2 x^2 + 3 z^2].$$

Die Annahme enthält die Auffassung, daß ohne Wärmezufuhr in jeder Stromlinie die gleiche potentielle Temperatur wäre.

Um ein Zahlenbeispiel durchzunehmen, wollen wir die Gleichung auf eine Zirkulation von den Dimensionen des Land- und Seewindes anwenden. Sei darum $m = 100\,\mathrm{km} = 10^5\,\mathrm{m}$, $n = 1000\,\mathrm{m}$ gesetzt, so daß die Zirkulation sich in einem Bereich von $200\,\mathrm{km}$ Horizontaldistanz und $2\,\mathrm{km}$ Höhe abspielt.

Um ε, die Größe der Wärmezufuhr, festzulegen, wollen wir annehmen, daß die Temperaturdifferenz an der Erdoberfläche auf 200 km Distanz (vom Meer aufs Land) 25° C betrage. Der Wert wird absichtlich so groß gewählt, um die Wirkung der Wärmezufuhr in der Temperaturverteilung deutlich hervortreten zu lassen.

Man erhält damit $\varepsilon = 7{\cdot}5 . 10^{-11}$.

Ist schließlich z. B. in 1 km Höhe bei $x = m$ und $z = 0$ die Temperatur 0° C, so wird $K = 5°$.

Eine Berechnung der Temperatur mit diesen Konstanten liefert die Temperaturverteilung, die (neben den punktierten Stromlinien) in Fig. 39 dargestellt ist[1]).

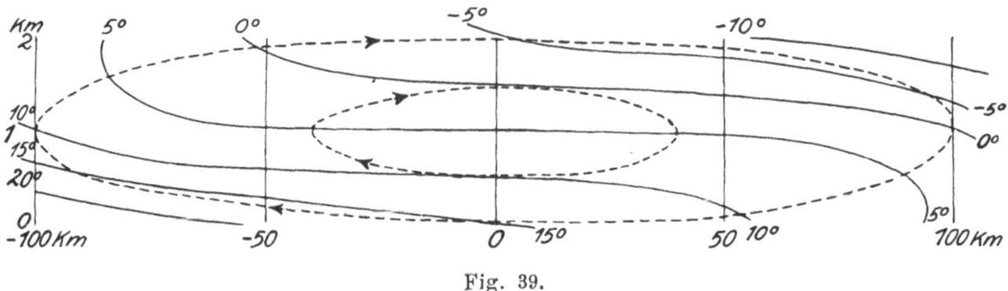

Fig. 39.

Aus den Isothermen ersieht man, daß links, im aufsteigenden Ast der Zirkulation, der vertikale Temperaturgradient unten überadiabatisch ist, während darüber Isothermie und an den Eckpunkten auch Inversion eintritt. Der überadiabatische Gradient ist eine Bedingung des Aufstieges, die Inversion bzw. Isothermie eine Erscheinung, welche das weitere Aufsteigen verhindert. Umgekehrt haben wir im absteigenden Ast der Stromlinien oben überadiabatische Gradienten, unten Isothermie und Inversion.

Um die Kondensationswärme, welche im aufsteigenden Luftstrome der Zyklonen eine große Rolle spielt, zu berücksichtigen, kann man auch eine andere Annahme für die Wärmezufuhr machen, und zwar im aufsteigenden Luftstrom Wärmezufuhr, im absteigenden Wärmeverlust annehmen, oder man kann auch diese und die frühere Annahme kombinieren[2]) und so zu einer Annäherung an die wirkliche Temperaturverteilung zu kommen trachten.

54. Energieverbrauch in der Atmosphäre durch virtuelle innere Reibung (Austausch).
Im Abschnitt 39 sind die Bewegungsgleichungen für Luft angeschrieben, die der inneren Reibung unterliegt.

---

[1]) Die horizontalen Dimensionen sind gegenüber den vertikalen im Verhältnis 1 : 20 verkürzt.

[2]) Vgl. F. M. Exner, Beiträge zur Physik der freien Atmosphäre, Bd. XI, S. 101, 1924.

Durch den „Austausch", die vielen turbulenten Bewegungen der Luft, wird ein großer Teil der lebendigen Kraft des Windes verbraucht, die Windstärken, die man beobachtet, sind stets kleiner als man nach dem Gradienten vermuten möchte. Diesen Verbrauch von Energie haben H. U. Sverdrup[1] und W. Schmidt[2] berechnet; eine allgemeinere Darstellung[3] wird hier im Anschluß an Abschnitt 39 gegeben:

Setzen wir
$$\frac{d\,u}{d\,t} = -\,l\,v + \frac{\mu}{\varrho}\frac{\partial^2 u}{\partial z^2} - \frac{1}{\varrho}\frac{\partial p}{\partial x},$$

$$\frac{d\,v}{d\,t} = l\,u + \frac{\mu}{\varrho}\frac{\partial^2 v}{\partial z^2} - \frac{1}{\varrho}\frac{\partial p}{\partial y},$$

multiplizieren die erste Gleichung mit $\varrho\,u$, die zweite mit $\varrho\,v$ und addieren, so wird:
$$\frac{\varrho}{2}\frac{d}{d\,t}(u^2 + v^2) = \mu\left(u\frac{\partial^2 u}{\partial z^2} + v\frac{\partial^2 v}{\partial z^2}\right) - \left(\frac{\partial p}{\partial x}u + \frac{\partial p}{\partial y}v\right).$$

Wenn wir noch über die Höhe z integrieren, erhalten wir:

$$\frac{\partial K}{\partial t} = R + P, \quad \text{wo}\quad K = \int_0^z \varrho\cdot\frac{u^2 + v^2}{2}\,dz, \quad \text{die lebendige Kraft,}$$

$$R = \int_0^z \mu\left(u\frac{\partial^2 u}{\partial z^2} + v\frac{\partial^2 v}{\partial z^2}\right)dz, \quad \text{die Arbeit der Reibungskräfte,}$$

$$P = -\int_0^z \left(\frac{\partial p}{\partial x}u + \frac{\partial p}{\partial y}v\right)dz, \quad \text{die Druckarbeit,}$$

beide letztere pro Zeiteinheit im Raum bis zur Höhe z über der Flächeneinheit.

Die Bewegung sei stationär; dann ist $\dfrac{\partial K}{\partial t} = 0$ und somit $R + P = 0$. Man könnte nun glauben, die Arbeit der Druckkräfte werde im stationären Fall einfach zur Überwindung der Reibungskräfte verwendet, es sei also R die durch Reibung verlorene Energie, die gesucht wird. Nun ist aber die Reibungsarbeit im allgemeinen nicht identisch mit der durch Reibung verbrauchten (dissipierten) Energie. Um hierin Klarheit zu schaffen, integrieren wir den Ausdruck für R partiell, wobei wir μ konstant nehmen.

Es wird $R = \mu\left(u\dfrac{\partial u}{\partial z} + v\dfrac{\partial v}{\partial z}\right)\Big/_0^z - \mu\int_0^z\left[\left(\dfrac{\partial u}{\partial z}\right)^2 + \left(\dfrac{\partial v}{\partial z}\right)^2\right]dz$ oder

$R = R_1 - R_2$. Ist am Boden $u = v = 0$, so wird $R_1 = \mu\left(u\dfrac{\partial u}{\partial z} + v\dfrac{\partial v}{\partial z}\right)_z$.
Dies ist die Energie, welche die Luft an der oberen Grenze (in der

---

[1] Veröff. d. geophys. Instituts Leipzig, Bd. II, Heft 4, 1918.
[2] Annal. d. Hydrogr. u. marit. Meteorologie 1918, S. 324.
[3] F. M. Exner, Annal. d. Hydrogr. u. marit. Meteorologie 1920, S. 298.

Höhe z) durch Reibung auf die darunter liegende überträgt, während R_2 der eigentliche Energieverbrauch in Innern der Luftmasse ist, wie ihn auch Schmidt angab und wie er aus dem von Margules[1] benützten Dissipationstheorem von Stokes in unserem einfachen Falle folgt.

Noch klarer wird die Sache, wenn wir annehmen, der stationäre Bewegungszustand in der Schichte z werde nur durch die Reibung der oberhalb z strömenden Luftmassen erhalten, in der Säule z sei kein Druckgradient vorhanden. Dann folgt für die stationäre Bewegung $R = 0$, $R_1 = R_2$. Das heißt: die im Innern der Luftschichte z verbrauchte Energie wird von der oberen stärkeren Strömung im Wege der Reibung immer wieder ersetzt, die untere Bewegung wird durch die obere erhalten.

Wenn man die Integrale für die anfangs gegebenen Bewegungsgleichungen etwa so wählt, wie sie im Abschnitt 39 angegeben sind, so lassen sich die Größen P, R_1, R_2 leicht bilden. Es sei:

$$u = v_0\, e^{-az} \sin az, \quad v = v_0\,(1 - e^{-az} \cos az), \quad \text{wo} \quad a = \sqrt{\frac{\varrho\, l}{2\,\mu}}.$$

v_0 ist die Geschwindigkeit für $z = \infty$, für $z = 0$ ist $u = v = 0$. Der Gradient soll konstant sein und in die x-Achse fallen $\left(\frac{\partial p}{\partial x} = -l\,\varrho\,v_0\right)$.

Unter diesen Umständen wird die Druckarbeit:

$$P = \frac{l\,\varrho\,v_0^2}{2\,a}\,[1 - e^{-az}\,(\sin az + \cos az)]; \quad \text{ferner wird}$$

$$R_1 = \mu\,a\,v_0^2\,e^{-az}\,(\sin az + \cos az - e^{-az}),$$
$$R_2 = \mu\,a\,v_0^2\,(1 - e^{-2az}).$$

Für $a = \sqrt{\frac{\varrho\, l}{2\,\mu}}$ folgt $R_2 = P + R_1$, für $z = \infty$ wird $R_1 = 0$, $R_2 = P = \mu\,v_0^2\,a$. Hier wird der Energieverlust im Innern allein durch die Arbeit der Druckkräfte gedeckt. Danach ist es selbstverständlich, daß der Energieverbrauch bei stationärer Strömung hauptsächlich auf die unteren Schichten beschränkt ist, wo eine wesentliche Bewegungskomponente in die Gradientrichtung fällt. Wo die Bewegung senkrecht zu den Isobaren erfolgt, ist $P = 0$, die Gradientkraft liefert dort keine Arbeitsleistung. Die zahlenmäßige Berechnung des Energieverbrauches durch Reibung hat nach den letzten Formeln keine Schwierigkeit.

Im Abschnitt 40 war davon die Rede, daß die Übertragung von Bewegung einer Luftschichte auf eine andere auch mit der Übertragung anderer Eigenschaften von Luft verbunden ist, z. B. mit der der potentiellen Temperatur. Im Zusammenhang damit hat L. F. Richardson[2]

---

[1] Über den Arbeitswert einer Luftdruckverteilung. Denkschr. d. Wiener Akad. d. Wiss., Bd. 73, S. 344, 1901.

[2] The Supply of Energy from and to Atmospheric Eddies; Proc. Roy. Soc. London, A, Vol. 97, 1920.

die Menge innerer Energie berechnet, welche einer Luftsäule durch den
Austausch verloren geht. Der Gedankengang ist dem oben eingeschlagenen
ganz analog, die Diffusionsgleichung ist auf die Temperatur an Stelle der

Bewegung bezogen. Da (vgl. S. 127) $\dfrac{\partial T}{\partial t} = \dfrac{\partial\left(k\,\dfrac{\partial T}{\partial p}\right)}{\partial p}$, so läßt sich

durch Integration über eine Luftsäule von der Höhe h die linke Seite dieser
Gleichung als zeitliche Änderung der inneren Energie $J = c_v \int T \varrho\, dk$
(vgl. S. 157) auffassen, während rechts das Integral über die vertikalen
Temperaturgradienten stehen bleibt. An deren Stelle lassen sich auch
die Gradienten der potentiellen Temperatur oder der Entropie nach der
Vertikalen setzen, so daß sich schließlich die zeitliche Änderung des
Gehalts an innerer Energie aus dem Raumintegral der vertikalen Entropie-
gradienten ergibt. Je größer die Zunahme der Entropie (oder der potentiellen Temperatur) nach oben ist, desto größer wird der bei Turbulenz-
bewegungen nach abwärts geführte Energiestrom.

Achtes Kapitel.

Stationäre Strömungen in der Atmosphäre.

55. Stationäre Bewegungen. Die Ergebnisse des vorigen Kapitels führen zu dem Schlusse, daß Temperaturunterschiede die allergrößte Rolle für die Bewegungen in der Atmosphäre spielen müssen. Durch sie kommen, wie wir sahen, Druckunterschiede zustande und die Bewegung wird eingeleitet. Freilich ist der Druck in einem Niveau nicht nur durch die Temperatur der Luft über demselben, sondern auch durch die Höhe der Atmosphäre bedingt.

Da diese keine scharfe Grenze besitzt, so kann man nur irgend eine isobare Fläche sehr niedrigen Druckes als Repräsentanten der Grenze ansehen. Es ist klar, daß diese Grenzfläche in verschiedenen Breiten verschiedenen Abstand vom Boden haben muß, wenn die Atmosphäre gegenüber der Erde von Westen nach Osten rotiert, wie dies in den mittleren Breiten der Erde zutrifft. Infolge der größeren Zentrifugalkraft ist die Abplattung der Atmosphäre stärker als die der Erde. Die Zunahme der Höhe der Atmosphäre gegen den Äquator ist also unzweifelhaft.

Der Druck am Boden wird nach der barometrischen Höhenformel bedingt durch den Druck in einer bestimmten Höhe (bzw. durch die Höhe der Atmosphäre) und die Mitteltemperatur der Luftsäule. Veränderungen des Bodendruckes können also Veränderungen des Druckes in der Höhe und solchen der Temperatur entstammen. Es ist bisher schwer zu sagen, welche Rolle die ersteren spielen. Wenn die Höhe der Atmosphäre äquatorwärts zunimmt, so folgt daraus noch nicht, daß diese Zunahme infolge meridionaler Verschiebungen der hohen Luftmassen auch zeitliche und lokale Veränderungen der Atmosphärenhöhe verursachen muß; es kann aber der Fall sein, daß südliche Strömungen z. B. auf unserer Halbkugel hohe Teile der Atmosphäre in ein Gebiet niedrigerer Schichtung hineintragen, so daß dann an einer Stelle die Atmosphäre in die Höhe gebauscht erscheint. In diesem Falle würde der Druck am Boden eine Steigerung zeigen, die nicht thermisch, sondern durch die Höhe der Atmosphäre verursacht ist. Es ist in letzter Zeit wahrscheinlicher geworden, daß es solche Aufbauschungen und analoge Einsenkungen der Atmosphäre gibt. Wir kommen bei Besprechung der hohen Antizyklonen und Zyklonen darauf zurück. Aber Bestimmtes ist darüber noch nicht bekannt, da man in der Höhe nicht nur starke Druckschwankungen, sondern auch starke Temperaturschwankungen findet, die immer wieder den thermischen Einfluß auf die Druckänderung am Boden hervorkehren; die hohen Steig- und Fallgebiete des Druckes andererseits deuten auf Erhöhungen und Einsenkungen der Atmosphäre hin, die sich wellenartig fortbewegen.

Wenn in einer Niveaufläche Druckunterschiede bestehen, so wirken diese auf die Luftmassen zwar wie beschleunigende Kräfte, sie sind stets mit Bewegungen verbunden. Doch müssen diese Bewegungen keine beschleunigten sein, sie können, wie im Abschnitt 36 gezeigt wurde, stationär bleiben, d. h. sie ändern sich mit der Zeit nicht.

Diese stationären Bewegungen sind von großer Wichtigkeit für das Verständnis der Winde. Bekanntlich besteht in den Tropen eine recht große Konstanz der Witterung; aber auch in höheren Breiten herrschen, trotzdem die Veränderlichkeit des Wetters hier sprichwörtlich geworden ist, gewisse allgemeine Windverhältnisse durch lange Zeiten vor, wie z. B. in den „Aktionszentren der Atmosphäre". Die häufigen Schwankungen hier erscheinen zum Teil nur als verhältnismäßig geringe Abweichungen von den stationären Verhältnissen, welche durch diese Aktionszentren bedingt werden.

Es empfiehlt sich aus diesem Grunde, die Untersuchungen stationärer atmosphärischer Bewegungen so weit als möglich zu treiben und die tatsächlich beobachteten Schwankungen als Abweichungen vom stationären Bewegungszustand aufzufassen, nicht aber, wie es ursprünglich näher liegen würde, als Abweichungen vom Ruhezustand.

In den Abschnitten 22 und 25 haben wir die Bedingung für den Ruhezustand der Luft festgestellt; sie besteht darin, daß die Flächen gleichen Druckes mit den Niveauflächen der Schwere zusammenfallen, oder, wenn der Druck als Temperatureffekt aufgefaßt wird, daß in vertikaler Richtung die potentielle Temperatur zunimmt, in allen horizontalen Lagen aber die Temperatur konstant ist. Diese zweite Bedingung für den bleibenden Ruhezustand ist bekanntlich auf der Erde niemals erfüllt; es muß daher stets Luftbewegungen geben.

Die Störung des Ruhezustandes entsteht nach Abschnitt 25, wenn warme Luft neben kalter liegt, aus dem ungleichen spezifischen Gewicht der Luftmassen. Da letzteres nicht allein von der Temperatur, sondern auch vom Dampfgehalt abhängt, so wäre genau genommen hier stets an die Stelle der Temperatur selbst die „virtuelle" Temperatur zu setzen gewesen (vgl. S. 11).

Für den stationären Bewegungszustand gelten nicht mehr dieselben einfachen Bedingungen wie oben für den Zustand der Ruhe. Jetzt sind ungleiche Temperaturen in einer Horizontalen möglich, ohne daß dabei Beschleunigungen entstehen und jener Umsturz der Massen eintritt, der im vorigen Kapitel behandelt wurde. Die potentielle Energie, aus der ein Sturm entstehen könnte, ist nun im stationären Bewegungszustand zwar vorhanden, doch kommt es zu keinem Sturm.

Die Bedingung für stationäre Bewegung von kalten und warmen Massen in einem Niveau besteht wesentlich darin, daß den aus Temperaturdifferenzen entstandenen horizontalen Druckgradienten durch die zwei Bewegungskräfte, die ablenkende Kraft der Erdrotation und die Zentrifugalkraft, das Gleichgewicht gehalten wird. Dann können kalte und warme Massen aneinander grenzen, ohne daß es zu einem Umsturz kommt.

In den folgenden Abschnitten werden Beispiele dieser einfachen Bedingung behandelt, welche für verschiedene Bewegungsformen der Atmosphäre von Bedeutung sind.

56. Horizontales Temperaturgefälle bei stationärer Bewegung.

Wir wollen zunächst annehmen, es sei ein horizontales Temperaturgefälle in der Atmosphäre gegeben; wir fragen nach der Bedingung, unter welcher mit demselben eine geradlinige horizontale Luftbewegung im stationären Zustand verbunden ist. In der Vertikalen herrscht das statische Gleichgewicht.

Die Frage hat Margules[1]) beantwortet und wir folgen hier seiner Ableitung. Die Gleichung für stationäre geradlinige Bewegung war (S. 96):

$$2\,\omega\sin\varphi\,v = -\frac{1}{\varrho}\frac{\partial p}{\partial x}.$$

Da wir das Koordinatensystem beliebig drehen können, ist sie auf jede geradlinige Bewegung anwendbar. Zu ihr kommt die statische Grundgleichung: $g = -\dfrac{1}{\varrho}\dfrac{\partial p}{\partial z}.$

Damit beide Beziehungen zu gleicher Zeit bestehen, ist nötig, daß:

$$\frac{\partial(2\,\omega\sin\varphi\,v\varrho)}{\partial z} = \frac{\partial(g\varrho)}{\partial x} = -\frac{\partial^2 p}{\partial x\,\partial z}.$$

Hieraus folgt für konstante Breite, wenn $2\,\omega\sin\varphi = l$: $l\dfrac{\partial(v\varrho)}{\partial z} = g\dfrac{\partial\varrho}{\partial x}$

und, da $\varrho = \dfrac{p}{R\,T}$, nach einigen Umformungen auch:

$$\frac{\partial v}{\partial z} = v\frac{\partial(\lg T)}{\partial z} - \frac{g}{l}\frac{\partial(\lg T)}{\partial x}.$$

Diese eigentümliche Gleichung stellt eine Bedingung für die stationäre Luftbewegung auf: Damit die Geschwindigkeit v bestehen bleibe, muß sie mit der Höhe zu- oder abnehmen in einem Ausmaße, das durch die horizontale und vertikale Temperaturverteilung bestimmt wird.

---

[1]) Über Temperaturschichtung in stationär bewegter und in ruhender Luft; Hann-Band der Met. Zeitschr., 1906, S. 243.

Um die Bedeutung der beiden Glieder rechts besser zu übersehen, führen wir an Stelle der absoluten die potentielle Temperatur ϑ ein (S. 12). Es ist $d(\lg \vartheta) = d(\lg T) - k\,d(\lg p)$.

Damit erhält man aus den obigen Gleichungen:

$$\frac{\partial v}{\partial z} = v\,\frac{\partial(\lg \vartheta)}{\partial z} - \frac{g}{l}\,\frac{\partial(\lg \vartheta)}{\partial x}.$$

Es gilt also genau die gleiche Bedingung wie für die absolute auch für die potentielle Temperatur.

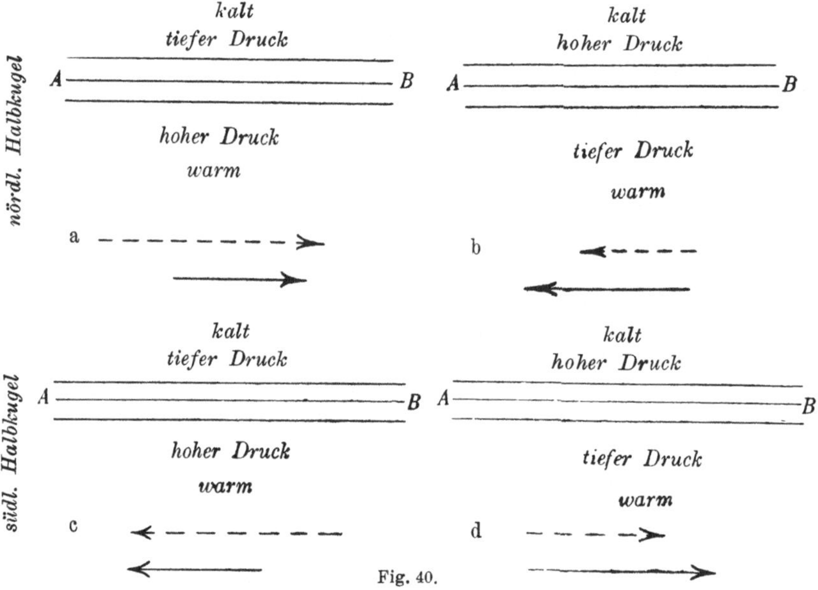

Fig. 40.

Nun können wir, um uns über den Sinn der Gleichung zu orientieren, indifferentes Gleichgewicht der Luftmassen annehmen und also $\frac{\partial \vartheta}{\partial z} = 0$ setzen; dann bleibt nur: $\frac{\partial v}{\partial z} = -\frac{g}{l}\,\frac{\partial(\lg \vartheta)}{\partial x}$.

In einer Horizontalebene ändert sich die potentielle Temperatur ganz ähnlich wie die absolute. Wir erhalten also die Bedingung: Nimmt bei indifferentem Gleichgewicht die Temperatur nach der positiven x-Achse zu, so nimmt die Geschwindigkeit v mit der Höhe ab. Hier kommt es nun noch auf das Vorzeichen von v an. Wir haben stets ein rechtsdrehendes Koordinatensystem vorausgesetzt. Ist z. B. x nach Süden positiv, so ist es y nach Westen. Demnach nimmt bei Zunahme der Temperatur gegen Süden Ostwind (v positiv) mit der Höhe ab, Westwind (v negativ) mit der Höhe zu. Welcher Wind weht, hängt von der Druckverteilung ab; die Temperatur kann in beiden Fällen gleich verteilt sein. Dies gilt für die nördliche Halbkugel, wo l und $\sin\varphi$ positiv sind.

Unter diesen einfachen Verhältnissen haben wir also zwei Fälle zu unterscheiden; im ersten hat das Temperaturgefälle die gleiche, im zweiten die entgegengesetzte Richtung wie das Druckgefälle. Auf der südlichen Halbkugel gibt es zwei gleiche Möglichkeiten mit der umgekehrten Windverteilung. Auf diese vier möglichen Gradienten von Temperatur und Druck bei stationärer geradliniger Bewegung beziehen sich die nebenstehenden Figuren 40a, b, c, d. Die Verteilung der Windgeschwindigkeit in verschiedenen Höhen ist durch zwei Pfeile ungleicher Länge dargestellt, von denen der ausgezogene die Windstärke in der unteren, der gestrichelte die in der oberen Schicht bedeutet. Die Linien AB stellen einander parallele Isobaren und Isothermen vor. Jede Figur kann beliebig im Horizont orientiert werden.

Die Darstellung gilt in dieser einfachen Weise nur für adiabatische Temperaturabnahme; normalerweise ist $\frac{\partial\vartheta}{\partial z}>0$, so daß auch das erste Glied rechts in der obigen Gleichung noch in Betracht kommt. Durch dieses wird der Geschwindigkeitsunterschied in Fig. 40a und c größer, in b und d kleiner.

Es ist nicht schwer, den Sinn unserer Rechnung auch unmittelbar einzusehen. Hat Druck- und Temperaturgefälle dieselbe Richtung (Fig. 40a und c), so wird bei gegebenem Druckgefälle unten das Gefälle oben immer größer, weil die Flächen gleichen Druckes auf der warmen Seite weiter voneinander abstehen, als auf der kalten. Es muß dann auch die dem Druckgefälle entsprechende Windstärke mit der Höhe zunehmen. Das umgekehrte ist der Fall, wenn die Seite mit höherem Druck die kältere ist.

Bei stationärer Bewegung sind die beschleunigenden Kräfte Null. Wenn daher z. B. längs eines warmen Gebietes mit hohem Druck die Winde nach oben hin an Stärke zunehmen, so wird der Auftrieb dieser warmen Masse fehlen, sie kann neben der kälteren liegen bleiben. Noch auffallender wird dies, wenn die Temperaturen zweier Massen sich um einen endlichen Betrag unterscheiden (vgl. Abschnitt 57).

Sind die Isobaren nicht geradlinig, sondern gekrümmt, so läßt sich die Rechnung in ganz ähnlicher Weise durchführen, indem die Gleichung für stationäre Bewegung in einer Kreisbahn (S. 98) benützt wird. Die Bedingung für die Wind- und Temperaturverteilung wird hier etwas verwickelter, da zur ablenkenden Kraft die Zentrifugalkraft hinzutritt, welche nun je nach der Rotation in zyklonaler oder antizyklonaler Richtung die erstere verstärkt oder abschwächt. Nahe dem Äquator, wo $\sin\varphi$ und damit l verschwindet, ändert sich die Bedingung der stationären Bewegung dann allerdings wesentlich. Die Rotationsbewegung um kalte

Gebiete muß hier bei zyklonaler wie antizyklonaler Richtung nach oben
zunehmen, um warme Gebiete nach oben abnehmen, weil der Druck im
Zentrum nun stets tiefer ist als außen, d. h. weil es keine Antizyklonen
gibt. Hier am Äquator gilt nämlich:

$$\frac{\partial \dot{\psi}^2}{\partial z} = \frac{g}{\mathfrak{r}}\frac{\partial (\lg T)}{\partial \mathfrak{r}} + \dot{\psi}^2\frac{\partial (\lg T)}{\partial z},$$

wo $\dot{\psi}$ die Rotationsgeschwindigkeit und $\mathfrak{r}$ der (konstante) Radiusvektor
ist. Auch hier kann statt der absoluten die potentielle Temperatur gesetzt
werden, wodurch das Resultat leichter verständlich wird.

57. Stabile Diskontinuitätsflächen in der Atmosphäre.

Helm-
holtz und später Margules haben untersucht, ob Luftmassen, deren
Temperatur sich um einen endlichen Wert unterscheidet, nebeneinander
in einem stationären Bewegungszustand sein können. Sie haben die Frage
bejaht und Bewegungszustände aufgefunden, die sowohl für das Verständnis der allgemeinen Zirkulation der Atmophäre wie der lokalen
Windsysteme von großer Bedeutung sind.

In der heutigen Meteorologie spielen die Diskontinuitätsflächen,
namentlich infolge der Untersuchungen von V. Bjerknes, eine ganz
besondere Rolle. Es handelt sich um diskontinuierliche Übergänge von
Temperatur, bezw. Luftdichte, und Wind.

Die Rechnungen, die Margules gegeben hat, führten zu einer
wichtigen Grundformel für die Neigung stabiler Grenzflächen. Wir wollen
hier einer eleganten und etwas allgemeineren Darstellung von V. Bjerknes
folgen, da in ihr auch die Lage der isobaren Flächen berechnet ist, was
zum Vergleich recht lehrreich ist[1]).

An einer Grenzfläche stoßen kalte und warme Massen zusammen; es
wird Form und Lage dieser Grenzfläche untersucht. Liegen die Massen
übereinander, so muß, damit stabiles Gleichgewicht bestehe, die wärmere
Luft oben sein. Im Falle der Ruhe verläuft die Trennungsfläche horizontal. Würde sie vertikal stehen, also warme und kalte Luft nicht
über-, sondern nebeneinander liegen, so könnte jede Masse für sich stabil
sein, die beiden zusammen aber wären es niemals, auch dann nicht, wenn
jede eine Bewegung für sich besäße. Denn wenn in einem Niveau durch
die Bewegungskraft (ablenkende Kraft der Erdrotation) der Druckgradient
kompensiert wird, so kann dies in einem anderen nicht zugleich der Fall
sein, da die Größe des Gradienten infolge des Temperaturunterschiedes
von der Höhe abhängig wird. Wenn daher dank den Bewegungskräften
ein stationärer Zustand überhaupt möglich ist, so muß die Grenzfläche
gegen den Horizont eine schiefe Lage einnehmen, bei der die kältere
Luft unten liegt. Die nähere Untersuchung zeigt, daß die Bewegung

---

[1]) Geofysiske Publikationer, Vol. II, Nr. 4, Kristiania 1921.

unter diesen Umständen tatsächlich stationär sein kann. Die ablenkende Kraft der Erdrotation und die Zentrifugalkraft halten dabei in jedem Niveau dem horizontalen Druckgradienten das Gleichgewicht.

Wir betrachten hier nur solche Diskontinuitätsflächen, die stabil liegen, also im Laufe der Zeit keine Veränderungen erfahren. In diesem Falle darf man den auf sie wirkenden Normaldruck von beiden Seiten her gleichsetzen.

Aus den allgemeinen Bewegungsgleichungen von der Form $\frac{du}{dt} = X - \frac{1}{\varrho}\frac{\partial p}{\partial x}$ erhält man leicht für stationäre Druckverteilung:

$$\left(X - \frac{du}{dt}\right)dx + \left(Y - \frac{dv}{dt}\right)dy + \left(Z - \frac{dw}{dt}\right)dz = dp.$$

Setzt man $dp = 0$, so ist obige Gleichung die Differentialgleichung einer isobaren Fläche.

Haben wir zwei Flüssigkeiten ungleicher Dichte, so soll an der Grenzfläche $p_1 = p_2$ oder $dp_1 = dp_2$ sein; man erhält daher als Gleichung ihrer Trennungsfläche, wenn die äußeren Kräfte, die auf die beiden Flüssigkeiten wirken, die gleichen sind, die anderen Größen aber für die erste Flüssigkeit mit dem Index 1, für die zweite mit dem Index 2 bezeichnet werden:

$$\varrho_1 \left[\left(X - \frac{du_1}{dt}\right)dx + \left(Y - \frac{dv_1}{dt}\right)dy + \left(Z - \frac{dw_1}{dt}\right)\right]dz =$$
$$= \varrho_2 \left[\left(X - \frac{du_2}{dt}\right)dx + \left(Y - \frac{dv_2}{dt}\right)dy + \left(Z - \frac{dw_2}{dt}\right)\right]dz,$$

oder wenn $\frac{du}{dt} = \dot{u} \ldots$ gesetzt wird, nach kurzer Umformung:

$$\left(X - \frac{\varrho_1\dot{u}_1 - \varrho_2\dot{u}_2}{\varrho_1 - \varrho_2}\right)dx + \left(Y - \frac{\varrho_1\dot{v}_1 - \varrho_2\dot{v}_2}{\varrho_1 - \varrho_2}\right)dy + \left(Z - \frac{\varrho_1\dot{w}_1 - \varrho_2\dot{w}_2}{\varrho_1 - \varrho_2}\right)dz = 0.$$

Uns interessiert hier vor allem der Neigungswinkel, welchen die Diskontinuitätsfläche mit dem Horizont bildet. Um ihn zu finden, denken wir uns die X-Achse so gelegt, daß $\frac{dz}{dx}$ die Tangente des Neigungswinkels wird; bei geradliniger Strömung oder bei zirkularer Wirbelbewegung ist das keine wesentliche Einschränkung. Der Neigungswinkel der isobaren Fläche wird nun bestimmt durch $\operatorname{tg}\alpha = \frac{dz}{dx} = -\frac{X - \dot{u}}{Z - \dot{w}}$,

der der Diskontinuitätsfläche durch $\operatorname{tg}\beta = \frac{dz}{dx} = -\dfrac{X - \dfrac{\varrho_1\dot{u}_1 - \varrho_2\dot{u}_2}{\varrho_1 - \varrho_2}}{Z - \dfrac{\varrho_1\dot{w}_1 - \varrho_2\dot{w}_2}{\varrho_1 - \varrho_2}}.$

Wir betrachten zunächst beschleunigungslose geradlinige Strömungen der beiden Luftmassen; da hier wesentlich nur die horizontale Komponente der Ablenkungskraft der Erdrotation und die Schwere wirken, können wir setzen:

$$lv = -\frac{1}{\varrho}\frac{\partial p}{\partial x}, \quad 0 = -g - \frac{1}{\varrho}\frac{\partial p}{\partial z}.$$

(Hier ist u nach Osten, v nach Süden positiv gezählt). Man hat somit einzusetzen: $\dot{u} = lv$, $\dot{w} = 0$, $X = 0$, $Z = -g$ und es wird:

$$\operatorname{tg} \alpha = -\frac{lv}{g}, \quad \operatorname{tg} \beta = -\frac{l\,(\varrho_1 v_1 - \varrho_2 v_2)}{g\,(\varrho_1 - \varrho_2)}.$$

Führt man für die Dichten die Temperaturen ein, so wird, da die Druckwerte beiderseits der Grenzfläche gleich sind: $\operatorname{tg} \beta = -\dfrac{l}{g}\dfrac{v_1 T_2 - v_2 T_1}{T_2 - T_1}$.

Die Neigung α der isobaren Flächen ist in jeder Masse umso größer, je größer die Geschwindigkeit; in ruhender Luft liegen die Isobaren horizontal. Um die Größenordnung des Winkels α zu erfahren, setzen wir z. B. $v = 10$ m/sec, $\varphi = 45^0$; es ist dann $l = 1{\cdot}03 \cdot 10^{-4}$ und

$$\alpha = 0^0\,0'\,21''.$$

Die Diskontinuitätsfläche der Temperatur kann mit einer isobaren Fläche zusammenfallen, wenn die Geschwindigkeiten der kalten und warmen Masse einander gleich sind; d. h. es liegt dann die warme auf der kalten darauf. Sonst ist die Grenzfläche stets gegen die isobaren Flächen geneigt.

Im allgemeinen Falle, wo die Geschwindigkeiten der kalten (1) und warmen (2) Masse ungleich sind, wird der Winkel β umso größer, je verschiedener die Geschwindigkeiten und je ähnlicher die Temperaturen der beiden Luftmassen sind. Liegt die kalte Luft ostwärts, so muß sich dieselbe weniger rasch gegen Süden oder rascher gegen Norden bewegen als die warme, damit die Grenzfläche im Gleichgewicht sei. Auf der südlichen Halbkugel gilt das Umgekehrte.

Beispielshalber sei $v_1 = 0$, $v_2 = 10$ m/sec, die warme Luft streiche an der nordwärts liegenden kalten mit 10 m/sec Westostgeschwindigkeit hin; es sei ferner $T_1 = 273^0$, $T_2 = 283^0$, $\varphi = 45^0$. Man erhält $\beta = 0^0\,9'\,45''$, also eine ebene Trennungsfläche, die noch immer sehr nahe dem Horizont verläuft; doch ist der Winkel β bedeutend größer als früher α. Die Diskontinuitätsfläche erhebt sich von der Erdoberfläche gegen Norden, u. zw. auf 1 km Distanz um $2{\cdot}86$ m. Die kalte Luft liegt als ein sehr spitzer Keil unter der warmen.

Würde die kalte Schichte als Ostwind von $v_1 = -10$ m/sec auftreten, die warme aber in Ruhe sein, so erhielte man fast die gleiche Neigung. Je näher dem Pole die Bewegungen stattfinden, desto steiler liegt unter sonst gleichen Umständen die Grenzfläche.

Es ist nicht ohne Interesse, die Verteilung des Luftdruckes im Gebiet der aneinander grenzenden kalten und warmen Luftmassen zu betrachten. An der Trennungfläche hat der Druck in der Masse 1 den gleichen Wert, wie in der Masse 2. In der Vertikalen nimmt der Druck nach der statischen Grundgleichung ab. In der Horizontalen gilt $lv = -\dfrac{1}{\varrho}\dfrac{\partial p}{\partial x}$; der horizontale Gradient hat also in den beiden Massen verschiedenen

Wert, die isobaren Flächen müssen in der Grenzfläche geknickt sein. Das Druckgefälle folgt der Buys-Ballotschen Regel, es ist aus der Richtung des Windes leicht zu entnehmen. Für die Daten des obigen Beispiels erhält man, wenn der Druck an der Erdoberfläche 740 mm gesetzt wird, einen Gradienten in der warmen Masse von 1·04 mm Hg auf den Meridiangrad (111 km). In der ruhenden kalten Masse besteht kein Gradient.

In Fig. 41 sind durch die stark ausgezogene Linie die Grenzfläche zwischen kalt und warm und durch die dünnen Linien die isobaren Flächen p_1, p_2 ... angedeutet, welche man erhält, wenn die warme Masse strömt, die kalte ruht; die warme Luft erscheint als Südwind, der Druck steigt von der Grenzfläche gegen Osten an.

Noch interessanter wird die Druckverteilung, wenn wir annehmen, daß auch die kalte Luft sich bewegt; damit Gleichgewicht sein kann, muß sie im Verhältnis zur warmen entweder als Nordwind oder als

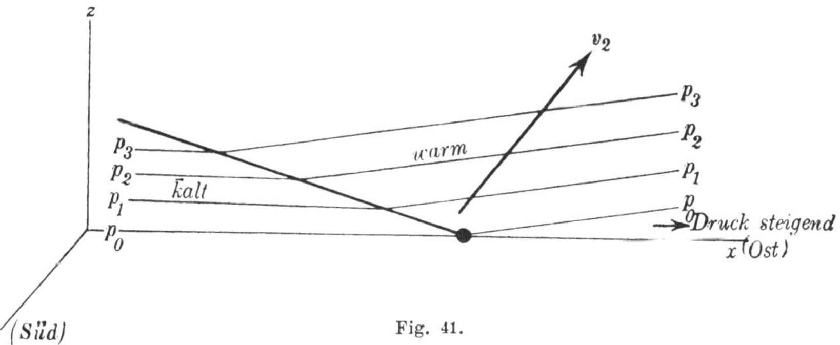

Fig. 41.

schwächerer Südwind erscheinen. Wir nehmen den ersten Fall an, der zweite entsteht aus dem ersten durch Hinzufügung eines allgemeinen Südwindes. Es bewege sich also kalte Luft gegen Süden, warme gegen Norden. Die Grenzfläche liegt im stationären Zustand ähnlich wie in Fig. 41, der Druck ist aber jetzt auch in der kalten Luft nicht mehr konstant, sondern nimmt dem Nordwinde gemäß gegen Osten ab. Die Druckverteilung ist schematisch in Fig. 42 dargestellt.

Der tiefste Druck liegt also in jedem Niveau in der Grenzfläche. Dort besteht eine förmliche Rinne tiefen Druckes, die von Norden nach Süden streicht. Sie verschiebt sich, wenn man in die Höhe geht, sehr stark nach Westen. Die Erscheinung erinnert lebhaft an die bekannte Tatsache, daß die sogenannte Achse der Zyklonen nach Westen oder Nordwesten geneigt ist. Es ist kein Zweifel, daß es sich hier um innere Zusammenhänge handelt. Denn in der Depression der nördlichen Halbkugel haben wir in der Regel kalten Nordwind im Westen, warmen Südwind im Osten. Auch die Böenlinie bei Frontgewittern und Kälteeinbrüchen, die „ligne des grains" von Durand-Gréville, stimmt mit unserem Schema überein. Wir kommen später hierauf zurück, doch sei schon hier bemerkt, wie diese Ähnlichkeit darauf hindeutet, daß die wirklichen Zyklonen meist nicht weit vom stationären Zustand entfernt sind.

Aus den bloßen Zeichnungen der Fig. 41 und 42 ergibt sich schon, daß der Abstand der isobaren Flächen voneinander rechts von der Trennungsfläche größer ist als links von ihr. Die Ursache ist die geringere Dichte der warmen Luftmasse.

In Wirklichkeit liegt die Grenzfläche viel weniger steil als die Figuren sie anzeigen. Die vertikale Dimension mußte im Interesse der Deutlichkeit gegenüber der horizontalen übertrieben werden.

Die hier abgeleiteten Verhältnisse entsprechen vollständig jenen, die sich im vorigen Abschnitt bei stetigem horizontalen Temperaturgefälle

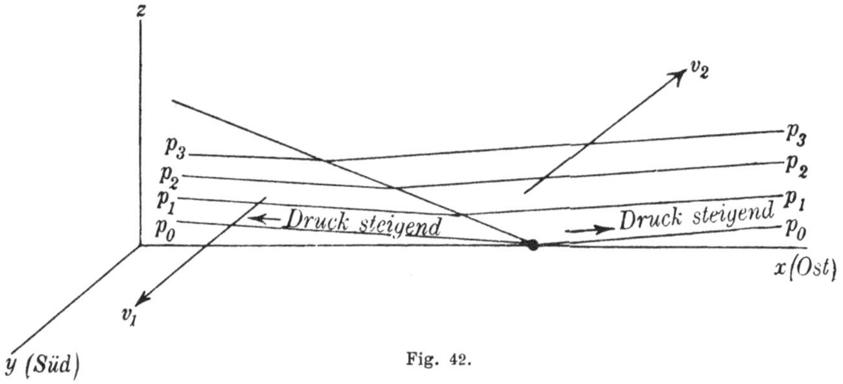

Fig. 42.

ergeben haben. Man kann die Lage der Grenzfläche, wie sie oben gefunden wurde, auch aus der Gleichgewichtsbedingung von S. 189 ableiten, welche lautete: $\dfrac{\partial v}{\partial z} = v\,\dfrac{\partial (\lg T)}{\partial z} - \dfrac{g}{l}\,\dfrac{\partial (\lg T)}{\partial x}$.

Hierzu denkt man sich eine unendliche Anzahl von Schichten, deren jede eine bestimmte Temperatur und Geschwindigkeit hat. Ist n die Normale auf diese Schichten, β der Winkel, welchen sie mit der x-Achse bilden, so ist:

$$\frac{\partial T}{\partial z} = \frac{\partial T}{\partial n}\cos\beta, \quad \frac{\partial T}{\partial x} = -\frac{\partial T}{\partial n}\sin\beta, \quad \frac{\partial v}{\partial z} = \frac{\partial v}{\partial n}\cos\beta.$$

Damit wird $\operatorname{tg}\beta = -\dfrac{l}{g}\,\dfrac{v\,\dfrac{\partial T}{\partial n} - T\,\dfrac{\partial v}{\partial n}}{\dfrac{\partial T}{\partial n}}$. Sind nun die Übergänge nicht

stetig, sondern sprunghaft, so kann man setzen $\dfrac{\partial T}{\partial n} = T_2 - T_1$, $\dfrac{\partial v}{\partial n} = v_2 - v_1$

und, da T und v Mittelwerte sind, $T = \dfrac{T_1 + T_2}{2}$, $v = \dfrac{v_1 + v_2}{2}$. Durch Einsetzen in die obige Gleichung findet sich dann $\operatorname{tg}\beta = -\dfrac{l}{g}\dfrac{v_1 T_2 - v_2 T_1}{T_2 - T_1}$, genau wie oben.

Die Masse 2 hat als Ganzes eine von der Masse 1 verschiedene Geschwindigkeit. Diese sprunghafte Änderung der Windstärke kann als ein deutliches Symptom für das Vorhandensein unserer Diskontinuitätsfläche aufgefaßt werden. Sie ist neben der plötzlichen Temperaturänderung leicht zu beobachten, während sich die Neigung der Grenzfläche wegen der Kleinheit des Winkels β natürlich der Beobachtung entzieht.

Fassen wir die für den stationären Bewegungszustand gefundenen Regeln der Abschnitte 56 und 57 zusammen, so können wir sagen: Aneinandergrenzende Luftmassen verschiedener Temperaturen bewegen sich im stationären Zustand so, daß die kältere Luft dabei keilförmig unter der wärmeren liegt. Blickt man von der kälteren zur wärmeren, so bewegt sich auf der nördlichen Halbkugel die erste relativ zur zweiten nach rechts, auf der südlichen nach links; diese relative Geschwindigkeit nimmt in einer Vertikalen nach aufwärts ab.

58. Fortsetzung: Stationäre Kälte- und Wärmegebiete. Im Anschluß an das vorige wollen wir nun feststellen, welche Form und Windverteilung Luftmassen, die in solche von anderer Temperatur eingelagert sind, besitzen müssen, damit sie keinen Auf- oder Abtrieb erleiden.

I. Wir denken uns hierzu zunächst streifenförmige Gebiete kalter oder warmer Luft, die in Ruhe sein sollen. Es läßt sich dann angeben, welche Windrichtungen rechts und links vom hervorgehobenen Streifen bestehen müssen und welche Neigung die Grenzflächen haben. Wir brauchen zur qualitativen Lösung dieser Frage nur auf die Verhältnisse in Fig. 42 zurückzugreifen.

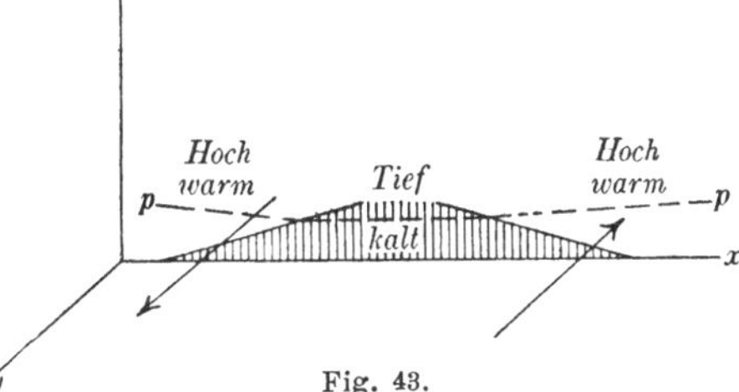

a) Ruhende kalte Luft, eingebettet in bewegte warme Luft. Fig. 43 gibt einen schematischen Querschnitt senkrecht zur Bewegung der warmen Luft. Die Verteilung ist unabhängig vom Azimut und gilt für die nördliche Halbkugel. Die kalte Masse ist schraffiert gezeichnet.

Aus der zur Erhaltung des stationären Zustandes nötigen Windverteilung folgt sogleich, daß im kalten Gebiet der Druck niedriger sein muß, als rechts und links davon. Dies ist durch eine isobare Fläche p (gestrichelt) angedeutet.

b) **Ruhende warme Luft, eingebettet in bewegte kalte Luft.**
Das zu dem vorigen analoge Schema zeigt Fig. 44, die warme Luft ist
schraffiert. Hier haben wir im warmen Gebiet tieferen Druck als
rechts und links. Die Querschnitte der warmen und kalten Luft-
streifen sind ganz verschieden
geformt; kalte Luft wird nach
oben schmäler, warme breiter.
Bei diesen (qualitativen) Form-
und Strömungsverhältnissen erfährt also ein Streifen warmer
Luft keinen Auftrieb, ein
solcher kalter Luft keinen Abtrieb.

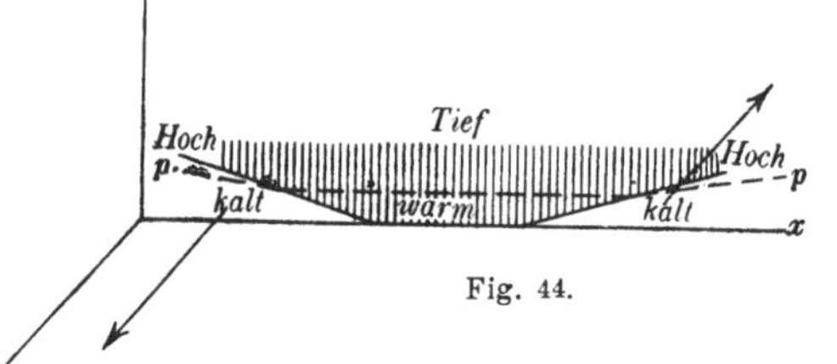

Fig. 44.

Lassen wir die Voraussetzung fallen, daß die Streifen kalter oder
warmer Luft ruhen, so haben wir zur Erhaltung des stationären Zustandes
den seitlich lagernden Luftmassen zu ihrer Bewegung noch die des herausgehobenen Streifens hinzuzufügen. Wir erhalten dann eine abgestufte
Windstärke, wie dies in der folgenden Fig. 45 durch die verschiedene

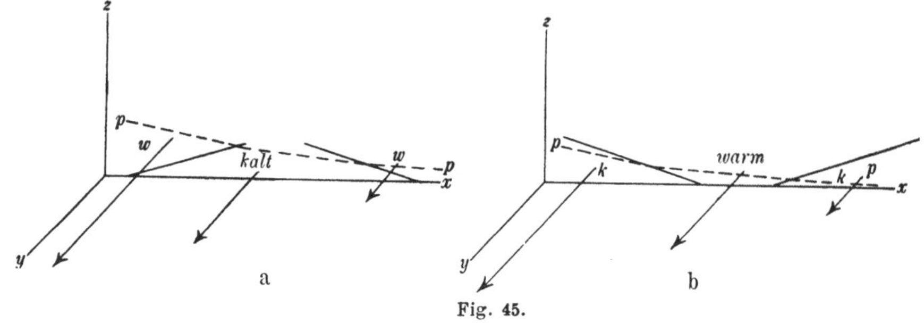

Fig. 45.

Länge der Pfeile angedeutet ist. Die Figuren können wieder beliebig
um die z-Achse gedreht werden (nördliche Halbkugel). Die Druckverteilung,
welche mit dieser Art der Bewegung verbunden ist, wird durch die
gestrichelte Linie pp angegeben.

II. Des weiteren wollen wir abgegrenzte Luftmassen betrachten, die
in Rotation begriffen sind, also zirkulare Wirbel. Sie sollen aus zwei
verschieden dichten Massen bestehen und sich in solcher Bewegung befinden, daß sie keinen Auf- oder Abtrieb erleiden. V. Bjerknes hat
diese Bewegung kürzlich eingehend studiert[1]). Wir beschränken uns hier
auf einfache Fälle, die auf die Zyklonen und Antizyklonen unserer Breiten
angewendet werden können.

---

[1]) On the Dynamics of the circular vortex etc.; Geofysiske Publik., Vol. II,
Nr. 4, Kristiania 1921. Eine einfache Darstellung findet sich bereits in der ersten
Auflage meiner Dynamischen Meteorologie.

Die allgemeinen Gleichungen der isobaren Fläche und der Diskontinuitätsfläche vom vorigen Abschnitt gelten hier wie oben. Rotieren zwei Luftmassen verschiedener Dichte um dieselbe vertikale Achse, so läßt sich bei konstanter Rotation für jede derselben die Bewegungsgleichung setzen: $l\,v - \dfrac{v^2}{r} = -\dfrac{1}{\varrho}\dfrac{\partial p}{\partial r}$, wo r der Abstand von der Achse. Hier ist v bei antizyklonaler Rotation positiv zu zählen.

Bei Annahme zirkularer Wirbel genügt es, die Schnittlinie der gesuchten Fläche mit der XZ-Ebene zu bestimmen. Für Punkte der X-Achse ist v die Rotationsgeschwindigkeit; sie steht zur X-Achse senkrecht. Man hat nun $\dot u = l\,v - \dfrac{v^2}{r}$, $\dot w = 0$, $X = 0$, $Z = -g$ einzuführen und erhält für die Neigung der isobaren Flächen in der XZ-Ebene

$$\operatorname{tg}\alpha = -\frac{l\,v - \dfrac{v^2}{r}}{g},$$

für die Neigung der Diskontinuitätsfläche

$$\operatorname{tg}\beta = -\frac{l}{g}\frac{\varrho_1 v_1 - \varrho_2 v_2}{\varrho_1 - \varrho_2} + \frac{1}{r\,g}\frac{\varrho_1 v_1^2 - \varrho_2 v_2^2}{\varrho_1 - \varrho_2}\,{}^{1}).$$

Bei zyklonaler Rotation ist $v < 0$ zu setzen; hier summieren sich ablenkende Kraft $l\,v$ und Zentrifugalkraft $\dfrac{v^2}{r}$, bei antizyklonaler ist die Differenz maßgebend. In der Atmosphäre gibt es wohl nur antizyklonale Wirbel mit hohem Druck im Innern; es überwiegt also hier stets die ablenkende Kraft über die Zentrifugalkraft.

Setzt man wie früher statt der Dichten die Temperaturen der Luft ein, so wird:

$$\operatorname{tg}\beta = -\frac{l}{g}\frac{T_2 v_1 - T_1 v_2}{T_2 - T_1} + \frac{1}{r\,g}\frac{T_2 v_1^2 - T_1 v_2^2}{T_2 - T_1}.$$

Wir wollen diesen Neigungswinkel für ein Beispiel berechnen, bei dem wir annehmen, daß die Rotationsbewegung in jeder Flüssigkeit für sich wirbelfrei sei; dies ist der Fall, wenn das Rotationsmoment konstant, also (vgl. Abschnitt 69) $v = \dfrac{a}{r}$ ist, was allerdings im innersten Teil der Zyklone und Antizyklone nicht gelten kann. Ist ferner $T_1 = 280^0$, $T_2 = 290^0$ abs., die geographische Breite $\varphi = 45^0$, somit $l = 1{\cdot}03,\ 10^{-4}$, so kann man für verschiedene Geschwindigkeiten der beiden Massen die Lage der Isobaren und der Grenzfläche berechnen.

Wir legen zwei Fälle zugrunde: a) wenn die warme Luft die größere, b) wenn die kalte die größere Rotationsgeschwindigkeit besitzt;

${}^{1})$ Die Größen mit dem Index 1 gelten für die kalte, die mit dem Index 2 für die warme Luftmasse.

und zwar nehmen wir an, die größere Geschwindigkeit betrage in beiden Fällen in 200 km Abstand von der Achse z. B. 20 m/sec, die kleinere 10 m/sec.

Die die Geschwindigkeitsverteilung regelnde Konstante a wird dann in den beiden Massen:

$$\text{im Falle a) zu } a_1 = 2 \cdot 10^6 \text{ und } a_2 = 4 \cdot 10^6$$
$$\text{„ „ b) „ } a_1 = 4 \cdot 10^6 \text{ „ } a_2 = 2 \cdot 10^6;$$

alle Längen sind in Metern zu nehmen. Setzen wir noch der Abkürzung halber rund $l = 10^{-4}$, $g = 10$, so ergibt sich folgende Tabelle für α und β bei verschiedenem Abstand vom Zentrum und verschiedener Rotationsrichtung:

1. Zyklone, $v_2 > v_1$

Distanz (in 10^5 m)	v_1	v_2 in m/sec	Isobare (tg $a \cdot 10^6$) im kalten Gebiet	warmen Gebiet	Grenzfläche tg $\beta \cdot 10^6$
$r = 2$	10	20	150	400	− 6850
5	4	8	43	93	− 1346
10	1	2	21	44	− 573
20	0·5	1	10·1	20·2	− 274

3. Antizyklone, $v_2 > v_1$

Isobare (tg $a \cdot 10^6$) im kalten Gebiet	warmen Gebiet	Grenzfläche tg $\beta \cdot 10^6$
− 50	0	− 1450
− 37	− 67	814
− 19·2	− 36	507
− 10·0	− 19·8	266

2. Zyklone, $v_2 < v_1$

Distanz	v_1	v_2	kalten	warmen	Grenzfläche
$r = 2$	20	10	400	150	7400
5	8	4	93	43	1482
10	4	2	44	21	635
20	2	1	20·2	10·1	404

4. Antizyklone, $v_2 < v_1$

kalten	warmen	Grenzfläche
0	− 50	1400
− 67	− 37	− 918
− 36	− 19·2	− 565
− 19·8	− 10·0	− 396

Die Neigung der Isobaren gegen den Horizont, α, ist sehr gering, die der Diskontinuitätsfläche β wesentlich größer, aber immer noch sehr klein. Die vier verschiedenen Fälle obiger Tabelle sind daher nur qualitativ in der folgenden Fig. 46 dargestellt. Dabei wurde für den innersten Teil der Zyklone und Antizyklone, wo unsere einfache Rechnungsannahme $r = \dfrac{a}{r}$ nicht ausreicht, eine Abrundung der Kurven vorgenommen. In den Tabellen erscheint bei den Antizyklonen für $r = 2 \cdot 10^5$ m die Neigung β umgekehrt als für größere Distanzen, und zwar so, als würde die Rotation auch in antizyklonaler Richtung eine Druckerniedrigung im Zentrum hervorrufen. Dies ist gleichfalls eine Folge der einfachen Annahme über die Geschwindigkeitsverteilung; die betreffenden Werte werden in der Kurve nicht berücksichtigt.

Die beiden Zyklonen (Fig. 46, 1 und 2) sind von V. Bjerknes (l. c.) berechnet und dargestellt. Im ersten Fall rotiert die warme Masse, im zweiten die kalte stärker, so daß wir die erste als warme, die zweite als kalte Zyklone bezeichnen können. Die Diskontinuitätsfläche wird bei der Zyklone stets von der stärker rotierenden Masse im Zentrum angesaugt.

Die beiden Antizyklonen (Fig. 46, 3 und 4) sind in der ersten Auflage dieses Buches qualitativ schon dargestellt. Im Fall 3 rotiert die warme, im Fall 4 die kalte Masse stärker, so daß erstere als warme, letztere als kalte Antizyklone zu bezeichnen ist. Die Diskontinuitätsfläche wird in den Antizyklonen stets von der stärker rotierenden Masse im Zentrum abgestoßen.

Es ist festzuhalten, daß bei den Zyklonen wie bei den Antizyklonen hohe Lagen der kalten und tiefe Lagen der warmen Luft vorkommen können,

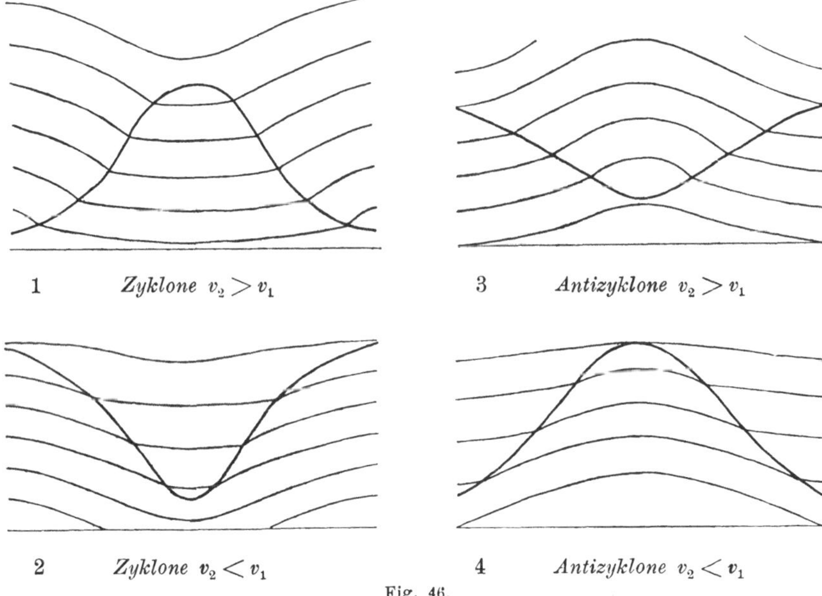

Fig. 46.

die durch die Rotationsbewegung stationär erhalten werden; ohne sie müßte die kalte Luft sinken, die warme steigen. Doch kann die kalte Luft im Zentrum der Zyklone (Fig. 46, 1) und der Antizyklone (Fig. 46, 4) nicht hoch hinauf reichen, weil die Neigungswinkel β der Diskontinuitätsfläche äußerst klein sind. Die warme Luft im Fall 2 und 3 kann größere Höhen aufweisen, weil die Erdoberfläche sie nicht abgrenzt[1]).

Zyklonen sind im allgemeinen so wenig stationär, daß eine Anwendung der Schemata von Fig. 46 auf die wirklichen Zyklonen selten möglich sein wird, umsomehr als sie sehr unsymmetrisch gebaut sind.

---

[1]) Die Neigung der Diskontinitätsfläche ist in den Zeichnungen ungeheuer übertrieben dargestellt, weil sonst der Knick in den Isobaren nicht sichtbar wird.

Im allgemeinen findet man, daß in Europa die Zyklonen relativ kalt, die Antizyklonen relativ warm sind.

Die im antizyklonalen Sinne stationär rotierende warme Masse (Fig. 46, 3) erinnert an die von Hann[1]) beschriebenen stationären Luftdruckmaxima, deren Eigentümlichkeit namentlich darin besteht, daß die Luft im Hochdruckgebiet bis in große Höhen hinauf relativ zur Umgebung warm ist. Zwar ist bisher bei diesen warmen Antizyklonen durch Beobachtung nicht gezeigt worden, daß eine Grenzfläche zwischen kalter und warmer Luft besteht, wie in Fig. 46, 3, doch ist es bekannt, daß Temperaturinversionen in der Vertikalen bei solchen Antizyklonen häufig auftreten. Ein näheres Studium derselben wäre gewiß von Interesse.

Die kalte Antizyklone von Fig. 46, 4, ist nichts Seltenes; wir finden sie bei winterlichem Strahlungswetter. Auch hier ist die Grenzfläche noch nicht näher bekannt. Eine andere kalte Antizyklone von viel größerer Bedeutung ist die auf den Polarkalotten lagernde; wir kommen auf sie später zurück.

III. Bei Luftmassen, in denen die Temperaturübergänge nicht sprungweise, sondern allmählich erfolgen, kommt es auf die Richtung des Temperaturgefälles an; aus ihr läßt sich beurteilen, wie im stationären Zustand bei gegebenem Unterwind der Wind in den oberen Schichten beschaffen sein muß. Hiefür ist die im Abschnitt 56 abgeleitete Gleichung oder auch die Betrachtung des vorigen Abschnittes maßgebend. Bei einer europäischen Depression z. B. finden wir in der Regel gewisse Richtungen des Temperaturgefälles in den verschiedenen Quadranten, u. a. Zunahme der Temperatur vom Zentrum gegen die Ostseite. Ist nun daselbst am Boden Südwind gegeben, so folgt, damit diese Temperaturverteilung erhalten bleibe, daß in der Höhe darüber stärkerer Südwind wehen muß. Auf diese Weise läßt sich aus der normalen Verteilung von Temperatur und Wind am Boden jener Oberwind im Gebiete von Zyklonen

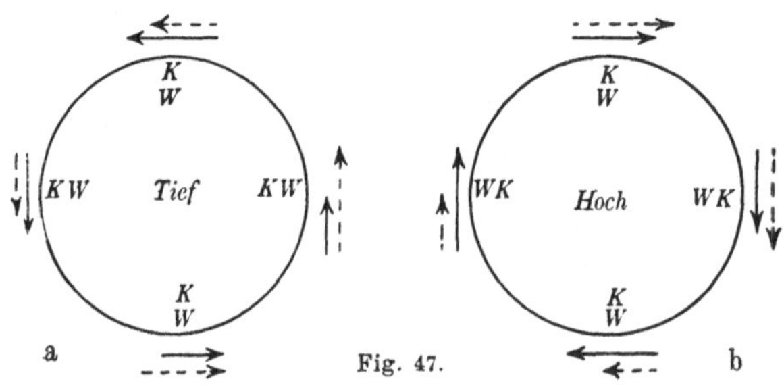

Fig. 47.

und Antizyklonen ableiten, der zur Erhaltung des stationären Zustandes (qualitativ) erforderlich ist. Derselbe ist in den Figuren 47 durch gestrichelte Pfeile angedeutet, die entweder größer oder kleiner sind als die den Unterwind bezeichnenden ausgezogenen Pfeile. Die Temperatur-

---

[1]) Namentlich in der Abhandlung: Das Luftdruckmaximum vom November 1889; Wien. Akad. Sitz.-Ber. 1890, Ref. Met. Zeitschr. 1890, S. 226.

gradienten sind durch die Temperaturverteilung w (warm) und k (kalt) gekennzeichnet.

Diese für die stationäre Bewegung charakteristische Verteilung wird man in vielen Fällen antreffen. Namentlich ist das Zunehmen des Westwindes, das Abnehmen des Ostwindes mit der Höhe eine bekannte Erscheinung. Auch der schwache Oberwind aus Norden, der starke aus Süden sind für die West- und Ostseite der Depression recht charakteristisch.

In der stationären Antizyklone (Fig. 47b) soll der Nordwind auf der Ostseite mit der Höhe zunehmen. Auch dies, sowie das umgekehrte Verhalten des Südwindes auf der Westseite dürfte mit den Beobachtungen stimmen. Da das Zentrum des hohen Druckes sich ähnlich mit der Höhe nach Westen verschiebt wie das des tiefen Druckes, so haben wir auf der Vorderseite beider Windsysteme in den höheren Schichten stärkere Winde als auf deren Rückseite. Natürlich treten zu diesen Rotationsbewegungen noch die radialen Komponenten dazu, die in dieses Schema nicht aufgenommen sind.

59. Stationäre Zirkulationen der Luft um die Erde. Während wir bisher ungleich temperierte Luftmassen in kleineren Dimensionen betrachteten, soll nun untersucht werden, welche stationären Bewegungen die Atmosphäre als Ganzes auszuführen vermag. Die diesbezüglichen Betrachtungen stammen von Helmholtz[1]) und sind älter als die oben angeführten von Margules. Das Verständnis der allgemeinen Zirkulation der Atmosphäre wird durch sie wesentlich erleichtert. Es ergeben sich die Bedingungen für Luftbewegungen längs der Breitenkreise, die trotz der Temperaturunterschiede zwischen Äquator und Pol stationär bleiben können.

Daß es solche Bewegungen überhaupt geben kann, erkennt man leicht aus der Fig. 44 (S. 198), wo warme Luft in kalter eingebettet ist. Die erstere liegt in den Tropen zu beiden Seiten des Äquators. Die an sie grenzende kalte Luft muß eine mit der Höhe an Stärke abnehmende Ostwestbewegung besitzen, damit die Forderung von S. 197 erfüllt werde, und zwar sowohl auf der nördlichen wie auf der südlichen Halbkugel. Wenn also am Äquator Ruhe, nördlich und südlich aber Ostwind herrscht, so ist qualitativ die Möglichkeit für den stationären Zustand gegeben. Die Passatwinde auf beiden Halbkugeln erfüllen diese Forderung mit ihrer Ostkomponente. Um der Sache näher zu kommen, folgen wir der Betrachtung von Helmholtz.

Wir machen die Annahme, daß die Luftbewegungen auf einem Breitenkreise überall die gleichen, also alle Größen unabhängig von der geographischen Länge sind (zonale Verteilung). Hiedurch werden natür

---

[1]) Sitz.-Ber. preuß. Akad. Wiss., 1888; auch Met. Zeitschr. 1888.

lich die Einflüsse von Land und Meer aus der Betrachtung ausgeschaltet und auf der gleichmäßig glatten Erdoberfläche zunächst auch die Reibungseinflüsse vernachlässigt. Diese Vereinfachung erlaubt es, an die Stelle eines einzelnen Massenelementes einen längs eines Parallelkreises um die Erde herum liegenden Luftring zu setzen und die Bewegungsgleichungen auf solche einzelne Luftringe zu beziehen. Wir verwenden hiezu die allgemeinen Gleichungen auf S. 33. Die letzte derselben geht durch Annahme der zonalen Bewegung $\left(\frac{\partial p}{\partial \lambda} = 0\right)$ in die Gleichung von S. 22 über, welche die Erhaltung des Rotationsmomentes Ω ausspricht. Eine Masse, die sich der Rotationsachse nähert, wird nach diesem Prinzip die Westostgeschwindigkeit vergrößern und umgekehrt. Ein Luftring, der auf der Erdoberfläche gegen den Pol gleitet, erleidet demnach auf seinem Wege eine Ablenkung nach Osten. Das Prinzip von der Erhaltung des Rotationsmomentes stellt die Wirkung der ablenkenden Kraft der Erdrotation bei nordsüdlichen Bewegungen also in anderer Weise dar; gegenüber den früher benützten Gleichungen ist hier nun auch die Zentrifugalkraft nicht mehr vernachlässigt.

Die zweite Gleichung von S. 33 vereinfacht sich stark, wenn nur Bewegung längs der Breitenkreise besteht, die erste können wir gleichfalls kürzen, indem wir die vertikalen Beschleunigungen gegen die Schwere vernachlässigen, also die statische Massenverteilung in der Vertikalen annehmen; dann erhalten die drei Gleichungen die Form, in der wir sie zunächst verwenden wollen:

$$g = -\frac{1}{\varrho}\frac{\partial p}{\partial r},$$
$$r \sin \varphi \, \cos \varphi \, \dot\lambda \, (\dot\lambda - 2\,\omega) = -\frac{1}{\varrho\, r}\frac{\partial p}{\partial \varphi},$$
$$\Omega = r^2 \cos^2 \varphi \, (\dot\lambda - \omega) = \text{konst.}\,^{[1]}$$

Die zweite Gleichung gibt die Abhängigkeit der Druckverteilung von der geographischen Breite bei stationärer Bewegung. Wir haben nach ihr an der Erdoberfläche Extreme des Druckes $\left(\frac{\partial p}{\partial \varphi} = 0\right)$ für $\varphi = 0^0$, $\varphi = 90^0$, $\dot\lambda = 0$ und $\dot\lambda = 2\,\omega$ zu erwarten; also am Äquator, wo tatsächlich ein Minimum des Druckes vorhanden ist, dann an den Polen, ferner an der Stelle, wo Windstille herrscht (dort ist in der Tat ein Maximum des Druckes zu finden, Zone der Roßbreiten), und dort, wo die Geschwindigkeit $\dot\lambda = 2\,\omega$ ist; dieser Fall kann nur in höheren Breiten auftreten, wo die lineare Geschwindigkeit der Erdoberfläche klein ist.

Das Rotationsmoment wird natürlich nur so lange konstant bleiben, als auf die Masse keine hier nicht in Betracht gezogenen Kräfte wirken.

---

[1] r Abstand vom Erdmittelpunkt, φ geographische Breite, λ geographische Länge, letztere nach Westen wachsend.

Durch Reibung, ferner durch Mischung der hervorgehobenen Masse mit anderen wird das Rotationsmoment tatsächlich verändert, doch sehen wir von solchen Einflüssen hier ab und betrachten die Masse als frei beweglich und isoliert.

Wir nehmen ferner noch an, daß die Masse sich adiabatisch bewege, so daß ihre potentielle Temperatur ϑ konstant bleibe. Dies kann nur gelten, solange sie sich mit anderen Massen nicht mischt und keine Wärme durch Leitung oder Strahlung aufnimmt oder abgibt. Auch die letzte Annahme betrifft nur einen Idealfall. Unter diesen Umständen ist die Masse eines Luftringes durch zwei konstante Größen, ϑ und Ω, charakterisiert.

Bei adiabatischen Bewegungen gilt $\dfrac{\varrho}{\varrho_0} = \left(\dfrac{p}{p_0}\right)^{\frac{c_v}{c_p}}$ (vgl. S. 12); wenn $p_0 = P$ (760 mm Hg), kann man auch setzen:

$$\varrho = \frac{p_0}{R\,T_0}\left(\frac{p}{p_0}\right)^{\frac{c_v}{c_p}} = \frac{p^{\frac{c_v}{c_p}}}{R\,\vartheta}\,P^k, \text{ wobei } k = \frac{A\,R}{c_p}.$$

Die Größe $\dfrac{1}{\varrho}\dfrac{\partial p}{\partial \varphi}$ in der zweiten Bewegungsgleichung wird somit $\dfrac{R\,\vartheta}{k\,P^k}\dfrac{\partial p^k}{\partial \varphi}$, und ein analoger Ausdruck ergibt sich für $\dfrac{1}{\varrho}\dfrac{\partial p}{\partial r}$. Ist ϑ konstant, so ist dieser Ausdruck nur mehr von $p^k = \mathfrak{p}$ abhängig, einer Größe, die in der dynamischen Meteorologie öfters erscheint; $\dfrac{R}{k\,P^k} = q$ ist konstant.

In der zweiten Gleichung kann man für $\dot{\lambda}$ die Größe Ω einführen und erhält demnach aus den ersten zwei Gleichungen die folgenden:

$$g = -\,q\,\vartheta\,\frac{\partial \mathfrak{p}}{\partial r},$$

$$\sin\varphi\,\frac{\Omega^2}{r^2\cos^3\varphi} - r^2\sin\varphi\cos\varphi\,\omega^2 = -\,q\,\vartheta\,\frac{\partial \mathfrak{p}}{\partial \varphi}.$$

Behandelt man hier Ω und ϑ als Konstante, so ergibt sich durch Integration über φ und r:

$$q\,\vartheta\,\mathfrak{p} = -\,g\,r - \frac{\Omega^2}{2\,r^2\cos^2\varphi} - \frac{r^2\,\omega^2\cos^2\varphi}{2} + C.$$

Die Konstante C ist für Massen mit verschiedenem ϑ und Ω natürlich verschieden.

Diese eigentümliche Gleichung liefert den Druck, unter welchem in verschiedenen Breiten (φ) und Abständen von der Erdmitte (r) jener Luftring steht, der durch ϑ und Ω charakterisiert ist. Bei konstantem φ ist die Gleichung nichts anderes als die barometrische Höhenformel, gültig für eine gewisse Westostbewegung $(\dot{\lambda})$ und konstante potentielle Temperatur ϑ in der Vertikalen. Bei variablem φ und konstantem r erhalten wir den Druck, unter welchem unser Luftring steht, wenn wir ihn an der Erdoberfläche verschieben. So betrachtet gibt die Gleichung dieselben Extreme des Druckes, wie sie oben bestimmt wurden. Sie gelten hier für einen Luftring (1), der bei seiner Verschiebung unter verschiedenen Druck kommt.

Wir wollen nun annehmen, es sei ein zweiter ähnlicher Luftring (2) mit anderer potentieller Temperatur und anderem Rotationsmoment gegeben. Die beiden Ringe sollen nebeneinander liegen. Wie ist ihre Grenzfläche beschaffen, damit die Bewegung stationär sei?

Die Frage ist sehr ähnlich der oben im Abschnitt 57 behandelten. Wir schreiben dem einen Ring die Werte ϑ_1, Ω_1, dem zweiten die Werte ϑ_2, Ω_2 zu. An der Grenzfläche muß wie früher der Druck des einen Ringes in den des anderen übergehen, so daß dort $p_1 = p_2$ und hiernach auch $\mathfrak{p}_1 = \mathfrak{p}_2$. Versieht man in der Gleichung für $\mathfrak{p}$ oben die Größen mit den Indizes 1 und 2, so hat man zwei Gleichungen, für $\mathfrak{p}_1$ und $\mathfrak{p}_2$, und daraus an der Grenzfläche:

$$q\,(\mathfrak{p}_2 - \mathfrak{p}_1) = g\,r\left(\frac{1}{\vartheta_1} - \frac{1}{\vartheta_2}\right) + \left(\frac{\Omega_1^2}{\vartheta_1} - \frac{\Omega_2^2}{\vartheta_2}\right)\frac{1}{2\,\mathfrak{r}^2} + \frac{\mathfrak{r}^2\,\omega^2}{2}\left(\frac{1}{\vartheta_1} - \frac{1}{\vartheta_2}\right) - \frac{C_1}{\vartheta_1} + \frac{C_2}{\vartheta_2} = 0.$$

Indem wir hier $\mathfrak{r} = r\cos\varphi$ einführten, wurde die Koordinate φ durch die neue $\mathfrak{r}$ ersetzt, die den Abstand eines Punktes von der Erdachse bedeutet.

Diese Formel ist die Gleichung der Grenzfläche der beiden Luftringe. Ihre Neigung gegen den Horizont (Winkel β) findet man, indem man $\operatorname{tg}\beta = \dfrac{d\,r}{r\,d\varphi}$ bildet. Durch Differentiation nach r und $\mathfrak{r}$ ergibt sich:

$$\operatorname{tg}\beta = \frac{\sin\varphi\;\mathfrak{r}\,[\vartheta_2\,\lambda_1\,(\lambda_1 - 2\,\omega) - \vartheta_1\,\lambda_2\,(\lambda_2 - 2\omega)]}{g\,(\vartheta_2 - \vartheta_1) - \cos\varphi\;\mathfrak{r}\,[\vartheta_2\,\lambda_1\,(\lambda_1 - 2\,\omega) - \vartheta_1\,\lambda_2\,(\lambda_2 - 2\,\omega)]}.$$

Läßt man hier die Glieder weg, welche das Quadrat der Geschwindigkeit enthalten (was in großer Annäherung erlaubt ist, da die Zentrifugalkraft gegen die ablenkende Kraft fast immer klein ist), so erhält man eine Gleichung, die mit der auf S. 194 fast identisch ist; nur im Nenner tritt hier ein kleines Glied zur Schwere hinzu. Angenähert behalten die Grenzflächen also die im Abschnitt 57 angegebene Lage. Je mehr sie sich dem Äquator nähern, desto flacher liegen sie, um schließlich über dem Äquator horizontal zu werden.

Helmholtz hat die Bedingung aufgesucht, unter welcher solche Grenzflächen stabil sind. Die Stabilität verlangt, daß bei einer kleinen Ausbuchtung der Fläche nach einer Seite hin ein Überdruck entsteht, welcher sie in ihre frühere Lage zurückdrängt. Bei einer derartigen Ausbuchtung der Fläche vom Ring 1 gegen den Ring 2 soll also $\dfrac{d\,(\mathfrak{p}_2 - \mathfrak{p}_1)}{d\,n} > 0$ sein, wo n die Normale zur Fläche in der Richtung von 1 zu 2. Damit diese Bedingung erfüllt ist, genügt es auch, wenn $\mathfrak{p}_2 - \mathfrak{p}_1$ in zwei beliebigen Richtungen, die von 1 zu 2 weisen, wächst; also z. B. in der Richtung der beiden Koordinaten r und $\mathfrak{r}$. Damit die Grenzfläche stabil sei, müssen also die beiden folgenden Ungleichungen gelten:

$$\frac{\partial\,(\mathfrak{p}_2 - \mathfrak{p}_1)}{\partial\,r} > 0, \qquad \frac{\partial\,(\mathfrak{p}_2 - \mathfrak{p}_1)}{\partial\,\mathfrak{r}} > 0.$$

Man findet aus der Gleichung für die Grenzfläche:

$$q\,\frac{\partial\,(\mathfrak{p}_2 - \mathfrak{p}_1)}{\partial\,r} = g\left(\frac{1}{\vartheta_1} - \frac{1}{\vartheta_2}\right) > 0 \quad \text{und}$$

$$q\,\frac{\partial\,(\mathfrak{p}_2 - \mathfrak{p}_1)}{\partial\,\mathfrak{r}} = -\frac{1}{\mathfrak{r}^3}\left(\frac{\Omega_1^2}{\vartheta_1} - \frac{\Omega_2^2}{\vartheta_2}\right) + \mathfrak{r}\,\omega^2\left(\frac{1}{\vartheta_1} - \frac{1}{\vartheta_2}\right) > 0.$$

Hierbei ist zu bedenken, daß wir voraussetzten, wir kämen mit wachsendem r und wachsendem $\mathfrak{r}$ aus der Schichte 1 in die Schichte 2.

Es ergeben sich also die zwei folgenden Stabilitätsbedingungen: a): mit wachsender Entfernung vom Erdmittelpunkt ($d\,r$ positiv) und bei konstanter Entfernung von der Erdachse ($\mathfrak{r}$ konstant), d. h. also bei Bewegung gegen den Himmelspol (vgl. Fig. 48) müssen wir aus der potentiell kälteren in die potentiell wärmere Masse kommen $\left(\text{damit } \dfrac{1}{\vartheta_1} > \dfrac{1}{\vartheta_2}\right)$, die kältere Schicht liegt also in dieser Richtung näher der Erde als die wärmere. b): bei konstanter Entfernung vom Erdmittelpunkt, d. h. in einem Meridian, muß mit zunehmender Entfernung von der Erdachse, d. h. gegen den Äquator hin, die Größe auf der rechten Seite der zweiten Gleichung wachsen. Da gegen den Äquator hin in der Troposphäre normalerweise die potentielle Temperatur wächst, also das zweite Glied positiv ist, so wird die Bedingung erfüllt, wenn noch $\dfrac{\Omega_2^2}{\vartheta_2} > \dfrac{\Omega_1^2}{\vartheta_1}$, wenn also der Ausdruck $\dfrac{\Omega^2}{\vartheta}$ längs eines Meridians gegen den Äquator hin zunimmt. Die abweichenden Verhältnisse, die in der Stratosphäre vorkommen, sind in Abschnitt 63 behandelt.

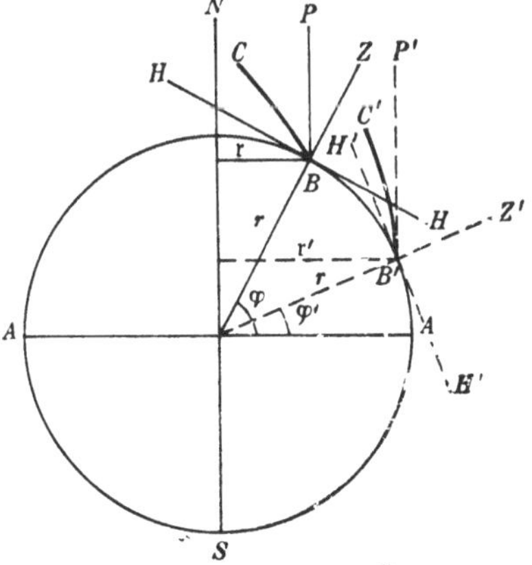

$N\,S$ = Erdachse, $A\,A$ = Äquator, $H\,B\,H$ = Horizont in B, $B\,Z$ = Vertikale in B, $B\,P$ = Richtung zum Himmelspol in B, $\measuredangle\,H\,B\,P$ = Polhöhe.

Fig. 48.

Damit die potentielle Temperatur nun sowohl gegen den Himmelspol als gegen den Äquator zunehme, ist es not-wendig, daß die Grenzfläche einen Winkel mit dem Horizont bilde, der kleiner ist als die Polhöhe; nahe dem Äquator muß dieser Winkel sehr klein werden. Die kältere Schicht liegt in einem gegen den Äquator spitz zulaufenden Keil unter der wärmeren, wie dies in Fig. 48 angedeutet ist.

Die gestrichelten Geraden beziehen sich auf den dem Äquator näher gelegenen Punkt B' mit gleichem Abstand r vom Erdmittelpunkt. Die Grenzflächen BC und $B'C'$ erfüllen die Bedingungen bezüglich der Verteilung der Temperatur. Im Raum HBC (bzw. $H'B'C'$) ist die Luft potentiell kälter zu denken als im Raum CBZ (bzw. $C'B'Z'$). Wir haben also eine ähnliche Grenzfläche wie im Abschnitt 57.

Sind mehrere Luftringe ungleicher Temperatur vorhanden, so müssen sie durch Grenzflächen voneinander getrennt sein, welche den Flächen BC, $B'C'$ ähnlich sind; diese Flächen sind dann zugleich Orte gleicher potentieller Temperatur, sie stellen die Verteilung derselben im stationären Zustand vor. Wir werden im nächsten Kapitel zeigen, daß in der Atmosphäre die potentielle Temperatur tatsächlich in der für den stationären Zustand geforderten Weise verteilt ist.

Die zweite Bedingung der Stabilität verlangte, daß $\dfrac{\Omega^2}{\vartheta}$ gegen den Äquator hin zunehme. Da ϑ gegen den Äquator hin zunimmt, so muß Ω^2 in einem noch stärkeren Verhältnis wachsen als jenes. Demnach muß im stationären Zustand ein näher dem Äquator gelegener Luftring ein größeres Rotationsmoment haben als ein entfernter liegender. Daß dies der Fall ist, lehrt die Erfahrung; denn am Pol ist das Rotationsmoment nahezu null, in den Kalmengürteln ungefähr das eines Erdteilchens bei 30^0 und am Äquator wieder angenähert das eines solchen in 0^0 Breite, da auch hier die Luft nahezu in Ruhe ist. Das Rotationsmoment der Erde ist in verschiedenen Breiten sehr ungleich, wie ein Blick auf die kleine Tabelle S. 24 lehrt. Es beträgt an der Erdoberfläche in

$$90^0 \ \text{Br.} : 0,$$
$$30^0 \quad \text{„} \quad : 0{\cdot}76 \cdot R^2\omega = R.\ 350\,\text{m}^2\,\text{sec}^{-1},$$
$$0^0 \quad \text{„} \quad : \quad\quad R^2\omega = R.\ 463 \quad\quad \text{„} \ ,$$

wo R der Erdradius in Metern.

Ein Luftring, welcher z. B. in 30^0 Breite relativ zur Erde in Ruhe war, müßte bei Erhaltung seines Rotationsmomentes am Äquator als Ostwind von der Geschwindigkeit $463 - 350 = 113\,\text{m/sec}$ erscheinen. Solche Ostwinde treten an der Erde nie auf, die Rotationsmomente wachsen also tatsächlich gegen den Äquator.

Daß diese Zunahme von Ω gegen den Äquator eine Bedingung des stabilen Bewegungszustandes ist, kann man leicht durch folgende Überlegung einsehen: Es herrsche stabiler Bewegungszustand. Wir betrachten einen Luftring, der relativ zur Erde in Ruhe ist, und denken uns ihn ein Stückchen gegen den Äquator verschoben; er erscheint dann vermöge der Konstanz seines Rotationsmomentes dort als Ostwind von bestimmter Stärke. Im stationären Zustand müßte mit diesem Ostwind ein Druckgefälle gegen den Äquator von bestimmter Größe verbunden sein. Tatsächlich ist das vorhandene Druckgefälle kleiner als jenes; es ist von einer Größe, wie sie der dort bestehenden schwächeren Ostwestbewegung, dem größeren Rotationsmoment dieser Breite entspricht. Infolge dieses geringeren Gradienten, der nicht imstande ist, die Bewegungskräfte zu kompensieren, kehrt der Luftring, den wir aus seiner Anfangslage verschoben hatten, wenn frei gelassen, wieder in dieselbe zurück. Dieses automatische Zurückkehren ist für das stabile Gleichgewicht charakteristisch; die Bedingung für dasselbe besteht also darin, daß das Rotationsmoment gegen den Äquator wächst.

Wäre das wirkliche Druckgefälle größer, als es dem durch Verschiebung des Luftringes entstehenden Ostwinde entspricht, so würde der Luftring weiter zum Äquator gezogen werden und sich immer mehr von seiner Anfangslage entfernen. Damit ein derartig großes Druckgefälle erhalten werde, wäre eine stärkere Zunahme des Ostwindes gegen den Äquator nötig, als sie der Konstanz des Rotationsmomentes entspricht; dieses Moment müßte also gegen den Aquator abnehmen, wie es die Rechnung für den Fall des labilen Zustandes annehmen ließ.

Es ist von großer Wichtigkeit, sich diese Rotationsbewegung der Luftringe, verbunden mit der Druckverteilung[1]) längs der Meridiane als ein stabiles Bewegungssystem vorzustellen. Sehen wir einen Augenblick von den Temperaturunterschieden ab und denken wir uns einen Luftring (oder auch ein „einfach zusammenhängendes" Luftteilchen) mit beliebigem Rotationsmoment in dieses System irgendwo hineingebracht; dann muß sich derselbe vermöge der dargelegten Kräfteverteilung in jene Breite bewegen, in der sich ein Ring mit dem gleichen Rotationsmoment befindet. Dort wird er bleiben und mit diesem Ring in einen verschmelzen.

Das Rotationsmoment ähnelt in dieser Beziehung ganz jener anderen Größe, die ein Luftteilchen charakterisiert, der potentiellen Temperatur. Bringen wir in eine Luftsäule von stabiler Schichtung eine Masse von bestimmter potentieller Temperatur, so bewegt sich dieselbe dorthin, wo Masse von der gleichen potentiellen Temperatur liegt, und vereinigt sich dort mit dieser. Das liegt in der Definition des stabilen Gleichgewichtes.

Würde bei überall gleicher Temperatur das Rotationsmoment gegen den Äquator hin konstant sein, so hätten wir indifferentes Gleichgewicht, analog wie bei konstanter potentieller Temperatur in der Vertikalen. Ein Luftring, der verschoben wird, könnte in jeder Breite liegen bleiben. Daß bei ungleicher potentieller Temperatur nicht die Zunahme von Ω gegen den Äquator für den stabilen Zustand genügt, sondern $\dfrac{\Omega^2}{\vartheta}$ dahin wachsen muß, kommt daher, daß die kalte Luft bei gleicher Geschwindigkeit wie

---

[1]) Mit der Bedingung der Stabilität ist schon ein gewisser Anhaltspunkt für die meridionale Druckverteilung gegeben, was zu beachten ist.

die warme unter diese darunterfließen und dabei sich immer mehr aus ihrer Anfangslage entfernen würde (vgl. Abschnitt 57).

Sind Rotationsmoment und potentielle Temperatur verschieden, dabei die Bewegung stabil, und bringen wir in unser System einen Luftring mit bestimmtem ϑ und Ω, so sucht derselbe jenen Ort auf, wo er das gleiche ϑ und Ω vorfindet. Wir können uns vorstellen, daß er zunächst jener Fläche gleicher potentieller Temperatur zustrebt, die der seinigen entspricht (Fläche BC, Fig. 48) und sodann in dieser jene Höhenlage aufsucht, in welcher die Luft sein Rotationsmoment besitzt. Denn dieses hat natürlich in der Fläche BC nicht überall den gleichen Wert.

Wir werden der Verteilung von potentieller Temperatur und Rotationsmoment bei Besprechung der allgemeinen Bewegungen auf der Erdoberfläche noch begegnen. Hier sei wiederholt, daß ungleiche Temperaturen auf der Erde dann dauernd bestehen können, ohne zu Umstürzen der Luft im Sinne des 7. Kapitels, Abschnitt 49, Veranlassung zu geben, wenn 1. die kalten Schichten von den Polen her keilförmig unter den warmen liegen, wie dies in Fig. 48 angedeutet ist, 2. die Rotationsmomente, genauer die Größen $\dfrac{\Omega^2}{\vartheta}$, gegen den Äquator zunehmen. Da Ostwinde ein geringeres Moment haben als die ruhende Erde darunter, diese wieder ein geringeres als Westwinde, so erkennt man, daß die Einbettung der warmen Tropenluft zwischen die kälteren Ostwinde der Passate und ebenso die der kalten Ostwinde an den Polen in die wärmeren Westwinde der höheren Breiten den obigen Bedingungen wenigstens qualitativ entspricht.

Neuntes Kapitel

Allgemeiner Kreislauf der Atmosphäre.

60. Übersicht über die vorhandenen Bewegungen. Die Atmosphäre ist als Ganzes jahraus jahrein in einem gewissen mittleren Bewegungszustand, der trotz vielfacher Abweichungen zeitlicher und örtlicher Art durch einige Worte charakterisiert werden kann. An der Erdoberfläche zunächst wehen nördlich und südlich des Äquators Ostwinde mit einer Komponente gegen den Äquator, die Passate; nahe dem Äquator, ferner in Breiten von etwa 30^0 herrschen Windstillen, polwärts von hier wesentlich westliche Winde, meist mit einer Komponente zum Pol. Jenseits der Polarkreise scheinen wieder östliche Winde vorzuwiegen. In mittleren Höhen finden wir über den Passatwinden eine Schichte unregelmäßiger Winde, darauf aber mitunter eine Schichte mit Winden, die vom Äquator polwärts wehen (Antipassate); diese drehen sich polwärts immer mehr nach Osten und treten unter etwa 30^0 Breite schon als Westwinde auf. In höheren Breiten herrschen auch in der Höhe westliche Winde, deren Intensität polwärts abnimmt. Über dem Äquator selbst wird starker Ostwind bis in große Höhe beobachtet. In sehr hohen Niveaus scheint sich über dem Antipassat ein neuer Passat auszubreiten. Welche Windverhältnisse jenseits der Polarkreise in der Höhe herrschen, ist noch nicht recht bekannt[1]).

Es mag sein, daß in dieser Übersicht noch irrtümliche Verallgemeinerungen enthalten sind, da die Expeditionen zur Durchforschung der höheren Luftschichten bisher gewisse Gebiete der Erde begünstigten, andere ganz beiseite lassen mußten. Dies könnte namentlich die Bewegungen in der Zone der Roßbreiten betreffen, in welchen hauptsächlich das Gebiet über dem nordatlantischen Ozean untersucht wurde.

Durch die Verteilung von Land und Meer (Gebirge) wird die Bewegung der Luft besonders in den unteren Schichten sehr stark beeinflußt.

---

[1]) An neueren Übersichten über den allgemeinen Kreislauf der Atmosphäre seien erwähnt: H. H. Hildebrandsson im Hann-Bd. d. Met. Zeitschr. 1906, S. 117; Teisserenc de Bort u. L. A. Rotch in Comptes Rend. 144, auch in Met. Zeitschr. 1907. S. 162; außerdem R. Süring in Zeitschr. d. Ges. f. Erdkunde, Berlin 1913, Nr. 8.

Sie hängt infolgedessen nicht nur von der geographischen Breite, sondern auch von der geographischen Länge ab, was in der obigen Übersicht nicht zum Ausdruck kam.

Bei der rein theoretischen Behandlung der atmosphärischen Zirkulation mußte man notgedrungen stets zur Voraussetzung einer idealen Erdoberfläche greifen. Die Erfolge dieser Behandlung, welche später kurz besprochen werden, waren bald erschöpft. Die aerologischen Forschungen der letzten Zeit haben jene Theorien nur zum Teil bestätigt. Wenn wir im folgenden die atmosphärischen Bewegungen an der Hand der Beobachtungen und mit Benützung von nur wenigen der theoretischen Hilfsmittel darzustellen versuchen, werden wir gleichfalls zunächst die ideale Erdoberfläche voraussetzen. Sobald wir die schematische Zirkulation auf einer solchen einmal kennen, ist es möglich, die Störungen, welche durch ungleiche Land- und Meerverteilung bedingt werden, über jene darüberzulegen und auf diese Weise den tatsächlichen Verhältnissen näherzukommen.

Die vorhandenen Luftbewegungen werden fortwährend durch Reibung im weitesten Sinne des Wortes geschwächt. Es ist also zu ihrer Erhaltung dauernd Arbeitsleistung nötig, die von der Sonnenwärme geliefert wird. In den Tropen erfolgt im Jahresdurchschnitt die stärkste Wärmezufuhr; da die Erde nicht dauernd wärmer wird, so muß auch wieder Wärme in ungefähr dem gleichen Maß abgegeben werden. Diese Abgabe erfolgt auf der ganzen Erdoberfläche, am stärksten vermutlich dort, wo der geringste Wasserdampfgehalt der Luft und die geringste Himmelsbedeckung zu finden ist. Dies dürfte in den Polargegenden und in den Roßbreiten der Fall sein. Infolge von Wärmezufuhr und Wärmeabgabe an verschiedenen Orten entstehen Konvektionsströmungen, welche die Luft in der Tiefe von der Kälte zur Wärmequelle, in der Höhe in umgekehrter Richtung befördern, wie dies im Abschnitt 51 ausgeführt ist.

Im ganzen arbeitet die atmosphärische Wärmemaschine ohne wesentlichen Nutzeffekt. Die meiste Arbeitsleistung dürfte sich in Reibungswärme umsetzen, wobei wir nicht nur die Reibung im Inneren der Atmosphäre und am Boden, sondern auch die Reibung im Inneren des Meerwassers zu berücksichtigen haben, das durch den Wind an der Meeresoberfläche kinetische Energie empfängt. Dieser Nutzeffekt, die Reibungswärme, wird allmählich wieder durch Ausstrahlung abgegeben, so daß wir in einem kurzen Zeitintervall wohl von einer Wärmezufuhr sprechen dürfen, die in einer bestimmten Zirkulationsströmung größer sein kann als die Wärmeabgabe, wie dies bei thermodynamischen Maschinen der Fall ist. Der Nutzeffekt geht aber, wenn auch abseits von dieser Strömung, zum Teil doch wieder durch Ausstrahlung verloren, so daß die gesamte Atmosphäre samt den Meeren nur mit geringem Nutzeffekt arbeitet.

Das erste, was wir infolge des Wärmeumsatzes auf der Erde zu erwarten haben, ist eine Strömung in den Meridianen, und zwar äquatorwärts am Boden, polwärts in der Höhe. Diese meridionale Konvektionsströmung erhält sich durch Wärmezufuhr und Wärmeabgabe als Zirkulationsbewegung. Sie ist dadurch gekennzeichnet, daß auf der idealen Erde durch jeden senkrecht zum Meridian gelegten und die ganze Höhe der Atmosphäre einnehmenden Querschnitt gleich viel Luft polwärts wie äquatorwärts fließen muß.

Die auf der ruhenden Erde zu erwartende Konvektionsströmung wird nun infolge der Erdrotation auf dem Wege zum Äquator, also in der Nähe der Erdoberfläche, gegen Westen, auf dem Wege zum Pol, in der Höhe aber gegen Osten abgelenkt und der einfache Kreislauf zwischen niedrigen und hohen Breiten dadurch gestört. Die dabei auftretenden Bewegungskomponenten längs der Parallelkreise (zonale Bewegungen) sind, wie die Erfahrung lehrt, nicht gering, sondern im allgemeinen größer als die meridionale Konvektionsströmung. Auch ihre Bewegungsenergie muß durch die Wärmezufuhr erhalten werden; aber wir haben es bei ihnen mit einer ganz anderen Art von Strömung zu tun. Sie finden nämlich keine Grenze, sondern sind prinzipiell fähig, die Erde parallel den Breitenkreisen zu umziehen, indem sie in sich selbst zurücklaufen. Zur Erhaltung der Kontinuität ist es bei ihnen nicht nötig, daß durch einen senkrecht zum Parallelkreis geführten Querschnitt der Atmosphäre gleich viel Luft gegen Westen wie Osten ströme, es kann der Wind in der ganzen Höhe nach einer Richtung wehen.

Die Trägheit dieser zonalen Strömungen ist zweifellos größer als die der meridionalen Konvektionsbewegungen. Denn sie sind intensiver und verlaufen ohne starke Krümmungen, wie sie die letzteren an den Umkehrpunkten besitzen. Es ist daher wahrscheinlich, daß jene Strömungen längs der Parallelkreise auch lange Zeit ohne Nahrung durch Wärmezufuhr bestehen könnten und darum vom stationären Gleichgewichtszustand nicht weit entfernt sind. Wie Helmholtz[1]) gezeigt hat, ist es sehr vorteilhaft, die Bewegungen längs der Parallelkreise für sich zu betrachten; die meridionalen Bewegungen erhalten dann fast den Charakter von Störungen, hervorgebracht durch Wärmezufuhr und durch Bewegungshindernisse an der Erdoberfläche.

In der Tat wäre es, wenn diese beiden Faktoren fehlten, durchaus denkbar, daß die gegebenen Luftmassen ungleicher Temperatur sich mit gewissen Geschwindigkeiten in der Richtung der Breitenkreise stationär bewegten, wenn sie einmal in Bewegung gesetzt sind (vgl. Abschnitt 59).

61. Qualitative Erklärung des großen Kreislaufes[2]). Wäre die Erde in Ruhe, so würde infolge der bestehenden Bestrahlungs- und

---

[1]) A. a. O.

[2]) Die Ausführungen dieses und des nächsten Abschnittes beruhen zum Teil auf Ferrels Anschauungen, zum Teil auf jenen anderer Autoren, wie namentlich

Temperaturverhältnisse auf dem Erdboden der höchste Druck an den Polen, der niedrigste am Äquator herrschen, in der Höhe aber umgekehrt der niedrigste an den Polen und der höchste am Äquator. Wir hätten auf beiden Halbkugeln Konvektionsströmungen wie in Fig. 35, S. 169, mit Äquatorwind (d. h. Wind vom Äquator) in der Höhe und Polwind am Boden.

Sobald die Erde rotiert, wird der obere Äquatorwind zunächst nach Osten abgelenkt. Er könnte hier eine Geschwindigkeit erlangen, welche dem ursprünglichen polwärts gerichteten Gradienten im stationären Zustand entspricht, wie sie durch die Gleichung von S. 204 gegeben ist; diese lautete: $r \sin \varphi \cos \varphi \, \dot{\lambda} \, (\dot{\lambda} - 2\,\omega) = -\dfrac{1}{\varrho r} \dfrac{\partial p}{\partial \varphi}$.

Diese Geschwindigkeit wäre gewiß recht klein. Durch die Wärmezufuhr in niedrigen Breiten werden nun aber immer neue Massen in der Höhe vom Äquator weggedrängt und gezwungen, polwärts zu strömen; dabei kommen sie in Breiten, in denen sie vermöge der Erhaltung des Rotationsmomentes (vgl. Abschnitt 13) bald recht große Geschwindigkeiten in westöstlicher Richtung annehmen müssen, Geschwindigkeiten, die größer sind, als dem anfänglichen Gradienten gegen den Pol entspricht. Diese Geschwindigkeiten erzeugen Zentrifugalkräfte, welche die Luft solange verhindern, polwärts weiter zu fließen, als nicht durch Sinken der Luftmassen an den Polen, infolge des Lufttransportes gegen den Äquator im unteren Zweige, ein bedeutend stärkerer Gradient in der Höhe dahin entstanden ist. Dieser neue Gradient wird nun angenähert nach der obigen Gleichung den westöstlichen Bewegungen der Höhe entsprechen. Er muß nach dem vorigen umso größer sein, je stärker der Luftnachschub vom Äquator, je größer somit die Wärmezufuhr dort ist. Auch wird der Westwind oben solange durch Wärmezufuhr anwachsen, bis die Reibungsverluste der ganzen Strömung endlich einen stationären Zustand herbeiführen; der Gradient in der Höhe wird dabei umso größer ausfallen, je geringer die Hemmnisse für den Abtransport der Luft von den Polen sind, und nach ihm wird sich auch die Stärke des Westwindes in der Höhe richten. Es ist nicht möglich, die tatsächlichen Gradienten in der Höhe ihrer Größe nach zu erklären; wir müßten dazu die Reibungs- und Wärmezufuhrverhältnisse der Erde viel besser übersehen können, als dies bisher der Fall ist[1]).

Hat sich für die vom Äquator abfließende Luft einmal ein Gradient in der Höhe eingestellt, welcher es ihr ermöglicht, trotz Erhaltung ihres

---

von Helmholtz. Aus dem Lehrbuch der Meteorologie von Sprung wurde manches wieder aufgenommen. Ein Nachweis der geschichtlichen Entwicklung der Lehre vom allgemeinen Kreislauf war hier nicht beabsichtigt.

[1]) Die Zentrifugalkraft als die Ursache des starken oberen Druckgradienten gegen die Pole nachgewiesen zu haben ist das Verdient Ferrels.

Rotationsmomentes ein größeres Stück polwärts zu fließen, so erlangt sie bei dieser Bewegung immer größere Geschwindigkeit nach Osten; namentlich in höheren Breiten gibt ein geringer Breitenzuwachs schon sehr viel aus, wie aus der Tabelle S. 24 zu ersehen ist. Die Luft brauchte nun in der Höhe immer größere polwärts gerichtete Gradienten, um bei Erhaltung ihres Rotationsmomentes noch in höhere Breiten hinaufzurücken. Je weiter polwärts die Luft käme, desto stärkere Winde entstünden und die Gradienten müßten ganz unsinnige Werte annehmen, um die Luft trotzdem noch immer weiter polwärts ziehen zu können.

Würde z. B. die Luft mit Erhaltung ihres Momentes von 10^0 bis 50^0 Breite fließen, so erhielte sie (vgl. Abschnitt 13) eine Geschwindigkeit von 402 m/sec gegen Osten. Um der obigen Gleichung zu entsprechen, müßte dabei der Druck im Niveau von 10 km von 200 mm in 10^0 Breite auf 20 mm in 50^0 Breite abnehmen.

Für die Entstehung derartig tiefen. Druckes in der Höhe über den Polen ist kein Grund vorhanden. Es müßte dazu die Luft an der Erdoberfläche aus den Polargegenden durch ähnlich große Gradienten abgesaugt werden, und an der Erde können derartige Windstärken nicht bestehen.

Der Ersatz für die am Äquator aufsteigenden Massen kann daher nicht vom Pole aus stattfinden, sondern die Luft muß aus dem oberen Zweig schon früher herabsteigen, um den Konvektionsstrom zu speisen, u. z. in einer Breite, bis zu der sie trotz ihrer Westostbewegung unter dem Einfluß des in der Höhe polwärts wirkenden Gradienten gerade noch vorstoßen kann.

Wie die Beobachtungen des Wolkenzuges zeigten, biegen die Äquatorwinde schon in 20^0 oder höchstens 30^0 Breite vollständig in die Westostrichtung ein.

Es ist daher kein allgemeiner Kreislauf zwischen Äquator und Pol vorhanden, wie ihn Ferrel und Oberbeck noch angenommen haben. Die Luft fließt vom Äquator polwärts, aber in gleichmäßiger Weise nicht gar weit. Schon Möller[1] hat dies betont mit der Begründung, daß keine Kraft vorhanden ist, welche die Luftmasse weiter befördern kann, zum mindesten nicht, solange sie nicht durch Mischung mit anderen Massen ihr Rotationsmoment verkleinert[2].

Für das Verständnis der allgemeinen Zirkulation der Atmosphäre hat man lange Zeit eine gleichmäßig gestaltete Erdoberfläche als einfacheres Schema vorausgesetzt. Man hat gemeint, daß unter dieser vereinfachten Annahme die Zirkulation zonal verteilt, d. h. auf allen Meridianen der Erde gleich sein müsse, der Ausdruck für die Bewegungen

---

[1] Met. Zeitschr. 1892, S. 220; hier ist schon ausgesprochen, daß der Kreislauf auf Breiten zwischen etwa 0^0 und 30^0 beschränkt sein muß.

[2] Auf die Mischung von Luft in den Zyklonen und Antizyklonen hat Bigelow besonderes Gewicht gelegt (Month. Weath. Rev. 1902, S. 167 und 250).

also nicht von der geographischen Länge, sondern nur von der Breite und Seehöhe abhänge. In Wirklichkeit kann die Zirkulation auf der Erde wegen der verschiedenen Oberflächengestaltung nicht zonal verteilt sein; wissen wir doch, wie z. B. die Land- und Meerverteilung die Monsunwinde bedingt, welche die regelmäßige zonale Bewegung unterbrechen.

Die obige Überlegung betreffs einer konvektiven Zirkulation zwischen den kalten Gebieten an den Polen und den warmen am Äquator führt aber allein schon zu Schwierigkeiten betreffs zonaler Bewegungen, auch wenn wir eine vollkommen gleichmäßig gestaltete Erde voraussetzen. Denn wenn zwischen den Breiten, bis zu welchen der warme obere Äquatorwind vordringen kann, und den Polen Temperaturdifferenzen bestehen, wie dies der Fall ist, wenn in jenen Breiten Wärmezufuhr, an den Polen Wärmeabfuhr erfolgt, dann müssen konvektive Zirkulationsbewegungen auch in diesen Gebieten bestehen, und doch sind sie bei zonal gleichmäßiger Verteilung und Erhaltung der Rotationsmomente nicht möglich, weil dann ganz ungeheure Geschwindigkeiten und Luftdruckgradienten auftreten müßten.

Es folgt daraus, daß auf einer vollkommen einheitlichen Erdoberfläche zwischen jenen Breiten, bis zu welchen die Äquatorwinde vordringen können, und den Polen keine einheitlich zonale Zirkulation bei Erhaltung der Rotationsmomente möglich ist. Es müssen die Rotationsmomente bei der Bewegung gegen die Pole verkleinert, bei solchen gegen den Äquator vergrößert werden. Dies wäre für die unteren Polwinde durch Reibung an der Erdoberfläche möglich, für die oberen Äquatorwinde durch turbulente Mischungsvorgänge mit den unteren Polwinden. Aber es ist sehr unwahrscheinlich, daß diese Vorgänge der Reibung und Mischung ausreichen, um die Rotationsmomente genügend auszugleichen. Viel wahrscheinlicher ist es, daß auch auf einer gleichmäßig gestalteten Erdoberfläche Druckgradienten in der Richtung der Breitenkreise auftreten würden, welche die Rotationsmomente verändern. Ein Äquatorwind kann z. B. unter der Einwirkung eines nach Westen gerichteten Druckgradienten sein Rotationsmoment verkleinern und dadurch bis zum Pole vordringen, ein Polwind unter der Einwirkung eines nach Osten gerichteten Gradienten sein Moment vergrößern und äquatorwärts vorstoßen. Nun ist es nicht möglich, daß in der Höhe der Äquatorwinde überall ein Gradient gegen Westen besteht, denn der Druck muß auf dem ganzen Parallelkreis kontinuierlich verteilt sein; das gleiche gilt für den unteren Gradienten gegen Osten. Es ist also für solche Bewegungen nötig, daß über verschiedenen Meridianen verschiedene Druckgradienten bestehen, hier gegen Osten, dort gegen Westen. Hiedurch löst sich die allgemeine Zirkulation höherer Breiten in eine Reihe von längs der Meridiane nebeneinanderliegenden Zirkulationen auf, wie wir dies in den Zyklonen und Antizyklonen tatsächlich beobachten.

Während bei einer gleichmäßig gestalteten Erdoberfläche diese streifenförmigen Zirkulationen zwischen den Tropen und den Polen ganz zufällig verteilt sein müßten, wird auf unserer Erde deren Lage von der tatsächlichen Land- und Meerverteilung einigermaßen reguliert. Es ist daher eher leichter, diese streifenförmigen Zirkulationen auf der wirklichen Erdoberfläche zu studieren als im Schema der gleichmäßig gestalteten Erde. Für das weitere Studium dieser außertropischen Zirkulationen hat daher die Annahme einer gleichmäßigen Erdoberfläche keinen Wert.

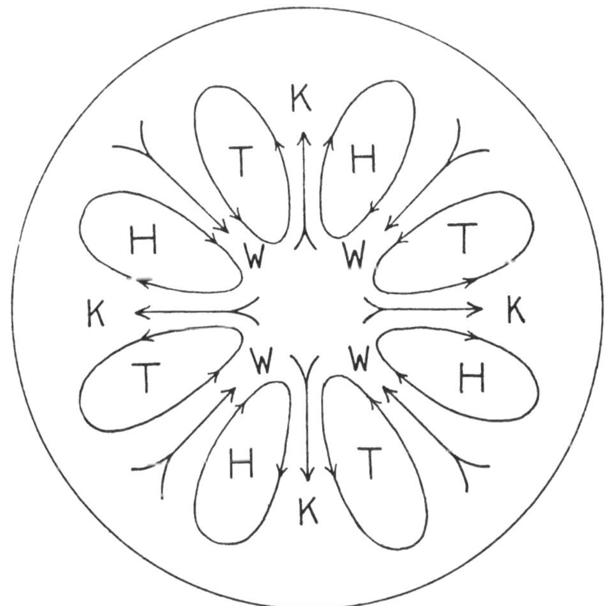

Schema mehrerer Zirkulationen zwischen den Tropen und dem Polargebiet.
(Die Linien sind Stromlinien: *H* = hoher, *T* = tiefer Druck, *K* = Kalt, *W* = Warm. Die Buchstaben *K*, *W* beziehen sich auf die Pfeile, bei welchen sie stehen.)
Fig. 49.

Die streifenförmigen außertropischen konvektiven Zirkulationen gehören zu den allerwichtigsten Erscheinungen der Meteorologie.

In Fig. 49 ist eine schematische Darstellung derselben gegeben, wobei beispielshalber angenommen ist, daß vier Ströme aus Norden und vier Ströme aus Süden vorhanden sind. Jeder teilt sich in zwei Zweige und so entstehen je vier mit dem Uhrzeiger und vier gegen ihn laufende Zirkulationen, vier Antizyklonen und vier Zyklonen. Die Linien in Fig. 49 deuten nur die Stromrichtung an, Druck- und Temperaturverteilung ist nicht gezeichnet. Das Hauptgewicht wird hier darauf gelegt, daß durch die Wärmezufuhr in niedrigen Breiten, den Wärmeverlust in hohen, eine Luftmasse eine in sich geschlossene Bahn durchläuft, eine Zirkulation ausführt und dabei Wärme bzw. Kälte transportiert. Daß die Bahnen genau in Horizontalebenen liegen, ist nicht anzunehmen; aber noch ungenauer wäre es, sie sich in vertikalen Ebenen vorzustellen. Tatsächlich zeigen die zahlreichen Beobachtungen ein Nebeneinander kalter und warmer Strömungen sehr deutlich.

Wir kommen später ausführlich auf diese zyklonalen und antizyklonalen Zirkulationen zu sprechen.

Gürtel hohen Druckes. Hat sich in der Höhe entsprechend der Stärke des äquatorialen Luftnachschubes eine annähernd stationäre West-ostbewegung mit bestimmten polwärts gerichteten Gradienten ausgebildet, so muß sich dieses obere Luftdruckgefälle auch auf dem Boden bemerkbar machen.

Die Druckverteilung am Boden läßt sich, wenn einmal die der Höhe gegeben ist, leicht aus dieser und der Temperaturverteilung längs eines Meridians konstruieren. Die Temperatur nimmt polwärts ab. Wir können den Druck am Boden $p_0 = p\, e^{\frac{gh}{RT}}$ zusammensetzen aus dem Druck p in der Höhe h und dem Gewicht der darunter liegenden Säule $p_0 - p = p\,(e^{\frac{gh}{RT}} - 1)$. Der erste Summand, der Druck in der Höhe, nimmt infolge der Westost-bewegung polwärts ab, der zweite, das Gewicht $p_0 - p$, wegen der allgemeinen Temperaturverteilung aber äquatorwärts. Das als Effekt dieser letzteren Verteilung an den Polen zu erwartende Druckmaximum verschiebt sich infolge der Westostbewegung gegen den Äquator. Wir werden demnach zwei Ringe hohen Druckes finden, welche die Erde umziehen, den einen auf der nördlichen, den anderen auf der südlichen Halbkugel. Ihre geographische Breite muß an der Erdoberfläche selbst am größten sein, mit zunehmender Höhe aber wegen der abnehmenden Bedeutung des Summanden $p_0 - p$ kleiner werden, so daß in gewisser Höhe die beiden Ringe über dem Äquator in einen einzigen zusammenschmelzen.

Teisserenc de Bort[1]) hat zuerst die tatsächlich vorhandenen Hochdruckgürtel der Roßbreiten in dieser Weise begründet. Doch ist die Entwicklung des oberen Druckgefälles vom Äquator zum Pol und der damit verbundenen Westwinde nicht erklärlich, wenn man nicht den erzwungenen Nachschub der Luft am Äquator in Betracht zieht, wie oben geschehen. Die wirkliche Lage der Hochdruckgürtel erscheint dadurch von der Größe der Wärmezufuhr und der Reibung abhängig, in einer Weise allerdings, die sich derzeit noch nicht näher verfolgen läßt.

Die Art, wie die meridionale Verteilung des Luftdruckes an der Erdoberfläche durch die oben genannten zwei Einflüsse zustande kommt, läßt sich aus den allerdings noch recht spärlichen Ergebnissen der Aerologie

---

[1]) Met. Zeitschr. 1894, Litt. S. 20; Original: Rep. on pres. state of knowledge resp. general circulation, London, E. Stanford, 1893.

ungefähr beurteilen. A. Peppler[1]) gibt für den Sommer mittlere Druckwerte in verschiedenen Höhenlagen für drei verschiedene Breitenzonen der
Erde an. Wir benützen hier die Werte von der Erdoberfläche, von 4 und
von 10 km Höhe:

| Breite | Luftdruck (mm) in der Höhe von | | | Druckdifferenzen | |
	0 km (p_0)	4 km (p_1)	10 km (p)	$p_0 - p$	$p_1 - p$
$2^1/_2{}^0 s - 22^1/_2{}^0 n.$	760	473	217	543	256
$22^1/_2{}^0 n - 37^1/_2{}^0 n.$	766	473	212	554	261
Europa	761	465	203	558	262

Mit diesen wenigen Daten konstruieren wir zunächst die meridionale
Verteilung des Bodendrucks aus dem Druck in 10 km Höhe (p) und dem
Luftgewicht darunter ($p_0 - p$), wobei wir für die erste Zone im Mittel
die Breite 10^0, für die zweite 30^0, für die dritte 50^0 einsetzen. In Fig. 50
sind jene beiden Summanden
aufgetragen und dann ist
deren Summe gebildet (ausgezogene Kurven). Die
unterste ausgezogene Kurve
($p_0 - p$) läßt sich ebenso
wie die mittlere (p) ungezwungen trotz nur dreier
Beobachtungen vom Äqua-
tor bis zu 70^0 Breite
ziehen. Sie stellt den Einfluß
der Lufttemperatur vor, der
allerdings nicht rein auftritt, sondern mit dem
Druck in der Höhe ver-
quickt ist, da das Gewicht

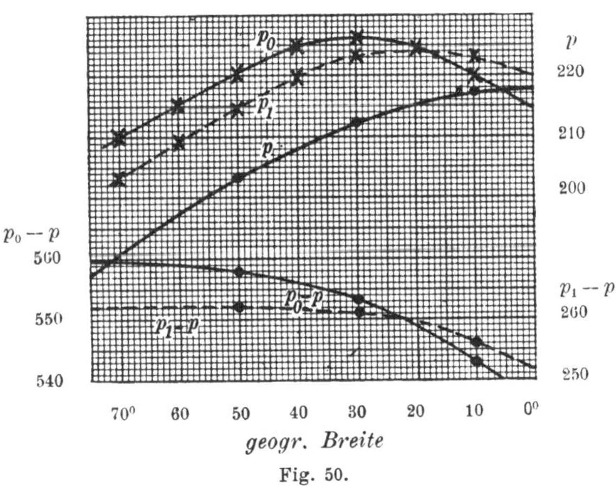

geogr. Breite

Fig. 50.

der Säule auch von p abhängt. Die mittlere Kurve stellt das Druckgefälle
in 10 km Höhe vor, die oberste, als Summe der beiden, die Druckverteilung am Boden.

In 4 km Höhe kommt in den Werten p_1 der Tabelle ein Hochdruckgürtel nicht mehr direkt zum Ausdruck. Wir finden ihn aber, wenn wir,
ähnlich wie früher, das Gewicht der Säulen von 4 bis 10 km (Kurve
$p_1 - p$, gestrichelt) und den Druck in 10 km (Kurve p) addieren. Das
Resultat ist die gestrichelte Kurve p_1, welche nun das Maximum des
Druckes im Niveau von 4 km bei etwa 20^0 Breite zeigt, ähnlich wie
oben erwartet wurde.

---

1) Beitr. z. Physik d. freien Atmosphäre, Bd. IV, S. 222.

Nach einer neuen Bearbeitung der Cirrusbewegung durch van Bemmelen[1]) liegen in 11 km Höhe die Kerne der Hochdruckgürtel auf der nördlichen Halbkugel in etwa 20^0 Breite, auf der südlichen in etwa 15^0 Breite. Die Kerne liegen dabei hauptsächlich über den Kontinenten, die Gürtel hohen Druckes sind, wie ja auch an der Erdoberfläche, unterbrochen.

Wenn in der Höhe Luft unter 10^0 Breite relativ zur Erde ruht, so erhält sie, nach 20^0 Breite bewegt, schon hier eine Geschwindigkeit von 43 m/sec gegen Osten (vgl. die Tabelle S. 24). Viel größere Geschwindigkeiten scheinen tatsächlich nicht aufzutreten und es ist daher wahrscheinlich, daß die Luft schon in dieser Breite beginnen wird, abzusteigen[2]), um den Konvektionsstrom gegen den Äquator am Boden zu speisen. Wenn teilweise Vermischung mit anderen Massen eintritt, so ist die Bewegung eines Teiles derselben bis in höhere Breiten noch möglich. Die absteigende Luft steht dabei in der Höhe unter dem Einfluß eines polwärts gerichteten Gradienten, dann kommt sie nahe der Erdoberfläche in das Gebiet des Druckmaximums und an dieser selbst in das umgekehrte Gefälle gegen den Äquator. Jene Hochdruckgürtel sind die notwendige Bedingung für die Unterhaltung eines stationären Luftzuflusses zum Äquator am Boden ähnlich wie es bei der ruhenden Atmosphäre der hohe Druck der Polarzonen wäre.

Ist einmal die Druckverteilung längs eines Meridianschnittes gegeben, so läßt sich leicht mittels der oben angeführten Gleichung die ihr im stationären Zustand entsprechende zonale Bewegung berechnen. An der Erdoberfläche erhalten wir polwärts von den Hochdruckgürteln Westwinde, äquatorwärts Ostwinde, dazwischen muß ein windstilles Gebiet liegen.

Bewegung in mittleren Breiten. Wir haben bisher die Erhaltung des Rotationsmomentes der Luftmassen vorausgesetzt. Dies ist erlaubt, solange eine Luftmasse nicht mit Massen von anderem Moment vermischt wird[3]) und so lange auf unsere Masse keine äußeren Kräfte längs der Parallelkreise wirken. Als solche kommen nach den Gleichungen von S. 33 nur die Reibung und der Druckgradient in westöstlicher

---

[1]) Nature, 9. Februar 1922 und Met. Zeitschr. 1924 (Maiheft).

[2]) Die Vertikalbewegung ist zur Erhaltung der Kontinuität nötig und wird durch ganz geringe Gradienten erzeugt; vgl. das Schema der Konvektionsbewegung Abschnitt 51 und die Bemerkungen auf S. 212.

[3]) Welche Geschwindigkeiten zwei Luftmassen durch Mischung annehmen, wenn sie getrennt verschiedene Geschwindigkeiten hatten, hängt von ihrer Relativbewegung ab, d. h. auch von der Richtung der Geschwindigkeit. Nach Möller (Met. Zeitschr. 1887, S. 322) geht die Endgeschwindigkeit nicht aus der Erhaltung der gesamten lebendigen Kraft, sondern aus der Erhaltung der Bewegungsgröße (Masse $\times$ Geschwindigkeit) hervor, wie beim Stoß fester Körper. Ein Teil der lebendigen Kraft wird dabei in Wärme verwandelt.

Richtung in Betracht. Die virtuelle innere Reibung der Luft zunächst hat namentlich dann starke Vermischungen zur Folge, wenn ungleiche Geschwindigkeiten und Temperaturen sprunghaft aneinander grenzen (Helmholtz a. a. O.). Die äußere Reibung, welche durch die Bodenerhebungen auf die untersten Schichten der Atmosphäre ausgeübt wird, sucht stets das Rotationsmoment der Luft mit dem der Erde unter ihr auszugleichen.

Auf der Erde können also die Luftmassen ihr Rotationsmoment wohl verändern, doch kann dasselbe, wenn wir von zonalen Druckunterschieden absehen, niemals größer werden als das größte Moment der Erdoberfläche; infolgedessen ist das Rotationsmoment des Äquators der Maximalwert der Momente, welche unter obiger Voraussetzung in der Luft angetroffen werden können.

Durch die Hindernisse, welche die untersten Schichten bei ihrer Bewegung an der Erde zu überwinden haben, wird das Rotationsmoment der Westwinde verkleinert, das der Ostwinde vergrößert; erstere passen ihre Bewegung der polwärts, letztere der äquatorwärts gelegenen Erdoberfläche an. Daher werden durch Reibung die unteren Westwinde befähigt, polwärts, die Ostwinde äquatorwärts zu wandern. Die Passatwinde treten somit als Ostwinde mit einer Komponente gegen den Äquator auf, die Westwinde auf der Polseite der Hochdruckgürtel mit einer Komponente gegen den Pol. In diesen Gebieten wird also unten Masse gegen höhere Breiten geschafft, die oben wieder zurückfließen muß. Solange man an eine zonal gleichmäßige Bewegung dachte, versuchte man, diesen Rückfluß aus hohen Breiten allgemein nachzuweisen und zu erklären. Die Beobachtungen schienen anzuzeigen, daß in den hohen Schichten tatsächlich im Durchschnitt Westwinde mit einer kleinen Komponente gegen den Äquator vorherrschen[1]).

Es war dabei nicht leicht, sich in höheren Breiten ein Zurückströmen der Luft gegen den Äquator vorzustellen, da doch der Gradient auch in der Höhe gegen den Pol gerichtet ist, wenn er auch polwärts bedeutend schwächer wird; und in der Tat haben diese gegen den Gradienten mit einer Komponente zum Äquator gedachten Westwinde Anlaß zu vielen Erörterungen gegeben.

Eine Bewegung gegen den Gradienten ist nur als Trägheitsbewegung denkbar: sobald Luft an einem Orte mit einer Westostgeschwindigkeit ankommt, die größer ist, als sie der vorhandene Gradient gegen den Pol im stationären Zustand verlangt, so wird sie vermöge dieser zu großen Geschwindigkeit durch die Bewegungskräfte äquatorwärts getrieben[2]) (vgl. die Gleichungen S. 33).

____

[1]) Hann, Lehrbuch der Meteorologie, 3. Aufl., S. 480.
[2]) Davis und Köppen haben (Annal. d. Hydrographie und marit. Meteor. 1892, S. 375 und 1899, S. 563) diese Möglichkeit in dem folgenden Umstande zu

Doch kann sich eine derartige Trägheitsbewegung nur auf geringe horizontale Distanzen erstrecken. Denn sie wird rasch aufgezehrt, wie man aus der Erhaltung des Rotationsmomentes schließen kann. Wäre z. B. an einem Orte ein Westwind von der enormen Stärke von 100 m/sec ohne jedweden Gradienten gegeben, so würde sich derselbe bei Erhaltung seines Rotationsmomentes äquatorwärts bewegen. Von 50^0 Breite ausgehend würde er dann doch schon in 40^0 Breite Windstille machen (vgl. die Tabelle S. 24).

Wir können demnach einer solchen Trägheitsbewegung keine wesentliche Rolle bei der Zirkulation in höheren Breiten zuerkennen. Das Zurückströmen der Luft von den Polen in die Roßbreiten muß in anderer Weise vor sich gehen. Eine Erhaltung des Rotationsmomentes der Luft ist dabei ausgeschlossen. Man muß, wie oben schon gesagt, annehmen, daß an Stelle einer einzigen Zirkulationsbewegung zwischen den Hochdruckgürteln und den Polen eine Reihe von kleineren Zirkulationen nebeneinander bestehen, welche eine fortwährende Vermischung der Luftmassen zur Folge haben; dabei werden die Rotationsmomente verändert, da zonale Druckgradienten mitwirken; sie ermöglichen den Transport der Luft aus höheren in niedrige Breiten und umgekehrt.

Die Zirkulationsbewegung polwärts von den Roßbreiten ist also ohne Zweifel sehr verwickelt. Die zahlreichen einzelnen Kreisläufe werden viele Berührungsflächen ungleicher Winde zur Folge haben, an welchen Umlagerungen von Massen verschiedener Temperatur und Wirbelbildungen auftreten müssen. Tatsächlich gibt es in höheren Breiten viel häufiger atmosphärische Störungen als in niedrigen, wo eine einfache Zirkulation bestehen kann. Die sogenannten „Störungen" werden somit zu einem integrierenden Bestandteil der allgemeinen Zirkulation der Atmosphäre (vgl. S. 215, Bigelow).

Auf der Erde mit ihrer ungleichen Temperaturverteilung erfolgt der Transport der Luft von niedrigen in hohe Breiten und der Rücktransport zum größten Teil nahe der Erdoberfläche selbst. Wir haben genügend

---

finden geglaubt: Wenn in höheren Breiten Luft in der Höhe ihre Westostgeschwindigkeit dem dort bestehenden Gradienten angepaßt hat und sich nun senkt, so kommt sie meist in Gebiete mit kleinerem Gradienten; denn die Flächen gleichen Druckes fallen in der Höhe rascher gegen die Pole als nach dem Boden. In dieser neuen Höhenlage hat sie daher eine zu große Geschwindigkeit, um sich stationär bewegen zu können, und strömt gegen den Gradienten, äquatorwärts.

Diese eigentümliche Zirkulation könnte nur durch die Luft in mittleren und hohen Schichten zustande kommen. Von den letzteren glaubte man früher, sie hätten gleichfalls eine Komponente gegen den Pol. Die untersten wirken auf den Rücktransport in der mittleren Lage nur hemmend, da ihre Geschwindigkeit die geringste ist.

Beispiele von ostwestlichen Gradienten, welche eine meridionale Bewegung gegen den Äquator bzw. den Pol als mehr oder weniger stationäre Strömung erlauben. Tatsächlich ist bei den mannigfachen Zyklonen und Antizyklonen deutlicher ein Nebeneinander der nördlichen und südlichen Bewegungen wahrnehmbar als ein Übereinander, worüber später näher zu berichten ist.

Polargebiete. Die Beobachtungen an der Erdoberfläche zeigen von etwa 70^0 Breite an eine neuerliche Druckzunahme gegen den Pol, der mithin als Kältereservoir mit den niedrigeren Breiten an einer Art Konvektionsströmung teilnimmt, welche freilich nur bei einer fortwährenden Vermischung der kalten und warmen Massen untereinander bestehen kann, somit sehr unregelmäßig vor sich gehen muß. Denn wenn sich Luft von 70^0 nach 80^0 Breite bewegte, ohne ihr Rotationsmoment zu verändern, würde sie dort als Westwind von 235 m/sec auftreten. Die kalte Luft, die von den Polen abfließt, würde rasch zum Ostwind; steht sie aber unter dem Einflusse eines gegen Osten gerichteten Druckgradienten, so kann sie verhältnismäßig sehr weit unvermischt gegen den Äquator strömen. Tatsächlich ist im Polargebiet der Nordostwind recht häufig.

Das so entstehende Nebeneinander ungleich temperierter und gerichteter Winde hat schon Dove gekannt, als er von äquatorialen und polaren Strömungen sprach, welche die Störungen im Wetter der hohen Breiten verursachen.

Äquatoriale Winde. Die Entfernung der Luft von der Erdachse ändert sich nicht nur infolge von meridionaler Verschiebung in einem Niveau, sondern auch infolge von Vertikalbewegungen. Auch durch solche entsteht somit bei Erhaltung des Rotationsmomentes zonale Bewegung. Diese ist jedoch nicht groß; selbst, wenn eine Luftmasse um 10 km auf- bzw. absteigt, erlangt sie am Äquator, wo der Effekt am größten ist, nur eine Geschwindigkeit von 1·46 m/sec. Aufsteigen macht östliche, Absteigen westliche Winde (vgl. Abschnitt 13, S. 24).

Wenn daher über dem Äquator starke Ostwinde von 30 bis 40 m/sec beobachtet werden, wie dies namentlich gelegentlich des Krakatoaausbruches geschah, so kann man dafür nicht das Aufsteigen der Luft von der Erdoberfläche verantwortlich machen. Jener Ostwind, der über dem Äquator bis zu etwa 16 km Höhe dauernd vorkommt, muß mit seinem Rotationsmoment aus anderen Breiten dahin geflossen sein. Zur Entstehung eines Ostwindes von der angegebenen Stärke braucht es nur eine meridionale Verschiebung der Luft aus etwa 15^0 Breite bis zum Äquator. Solche Bewegungen können in höheren Schichten namentlich dann leicht vorkommen, wenn im Wechsel der Jahreszeiten Luft von einer Halbkugel auf die andere übergeht[1]). Bei jeder derartigen Luft-

---

[1]) Ferrel und Möller; vgl. Hanns Lehrbuch, 3. Aufl., S. 494.

übertragung müssen in der größten Entfernung von der Erdachse Ostwinde auftreten. Es kann überhaupt in den hohen Schichten über dem Äquator bei zonaler Druckverteilung keine andere Bewegung geben. Denn wie auf S. 221 ausgeführt wurde, besitzt keine Luftmasse ein größeres Rotationsmoment als der Äquator selbst, so daß jede dorthin kommende Luftmasse als Ostwind auftreten muß, wenn auch dessen Stärke hiedurch nicht gegeben ist.

Die in letzter Zeit in Afrika und Batavia beobachteten Westwinde in 18—20 km Höhe können hienach nur als Effekte von zonalen Druckgradienten erklärt werden, welche es ermöglichen, daß einzelne Massen der Atmosphäre ein Rotationsmoment erhalten, das größer ist, als das des Erdäquators[1]).

Wie Teisserenc de Bort bemerkt[2]), ist der Ostwind über dem Äquator ein Wind ohne Gradient. Über dem Äquator haben wir in der Höhe relativ hohen Druck (im Jahresmittel) anzunehmen, mit symmetrischem Abfall nach beiden Halbkugeln hin. Dieser Wind würde durch Reibung allmählich geschwächt werden, wenn nicht der Nachschub der Luft aus den Passatzonen stets neuerdings zur Bildung von östlichen Winden beitragen würde. Auf den beiden Seiten des äquatorialen Ostwindes erfolgt in der Höhe ein Abströmen gegen die Pole, das zunächst als Südostwind auf der nördlichen, als Nordostwind auf der südlichen Halbkugel erscheint, sich dann direkt polwärts dreht und schließlich in westlichen Wind übergeht, wie es die Erhaltung des Rotationsmomentes leicht voraussehen läßt; dies ist der Antipassat. Er tritt aber, wie es scheint, nicht regelmäßig auf, wird auch durchschnittlich viel schwächer sein als der Passat, da ihm ein vertikal viel größerer Raum zur Verfügung steht als dem Passatwind nahe dem Boden. Fließt die Luft z. B. mit 30 m/sec Ostgeschwindigkeit vom Äquator ab, so wird die Ostkomponente null in $14^0\,43'$ Breite, und polwärts von hier tritt bereits die Westkomponente auf. Die Beobachtungen widersprechen nicht dieser Schätzung.

Verfolgen wir die Luft weiter, wie sie unter dem Einfluß des polwärts gerichteten Gradienten strömt, so können wir mit Hilfe der Bewegungsgleichung für die stationäre zonale Bewegung auch leicht berechnen, in welcher Breite der vorhandene Gradient von der vereinigten Zentrifugalkraft und Ablenkungskraft des Westwindes gerade kompensiert wird. Wir wollen hiefür beispielshalber die oben benützten Pepplerschen Zahlen für den Luftdruck in 10^0 und 30^0 Breite bei 10 km Höhe benützen.

---

[1]) Beobachtungen vgl. bei R. Süring, Zeitschr. d. Ges. f. Erdkunde in Berlin, 1913, und Hanns Lehrbuch, 3. Aufl., S. 473, Anmerkg.

[2]) Met. Zeitschr. 1894, Litt. S. 20, Referat von Sprung.

Aus der Konstanz des Rotationsmomentes findet sich die Winkelgeschwindigkeit der Westostbewegung zu $\dot\lambda = \omega\left(1 - \dfrac{\cos^2\varphi_0}{\cos^2\varphi}\right)$, wo wir für φ_0 die Breite einzusetzen haben, in welcher die westöstliche Komponente null ist. Aus der Gleichung für die stationäre Bewegung

$$r \sin\varphi \cos\varphi\, \dot\lambda\,(\dot\lambda - 2\,\omega) = -\frac{1}{\varrho\, r}\frac{\partial p}{\partial\varphi}\ \text{(vgl. S. 214)}$$

folgt:

$$r \sin\varphi \cos\varphi\,\omega^2\left(1 - \frac{\cos^4\varphi_0}{\cos^4\varphi}\right) = \frac{1}{\varrho\, r}\frac{\partial p}{\partial\varphi}.$$

Nach Einsetzen der beobachteten Gradienten und der Dichte der Luft kann man hieraus durch Interpolation die Breite φ finden, in welcher die polwärts gerichtete Bewegung zu bestehen aufhört. Man erhält so kaum 20^0; freilich ist im Sommer, für welchen Pepplers Zahlen gelten, das Druckgefälle auch geringer als im Winter[1]).

Eine Erklärung der allerhöchsten bisher beobachteten Strömungen wird später an der Hand der Temperaturbeobachtungen versucht.

62. Verteilung von Temperatur, Druck und Windstärke nach den Beobachtungen.

Die tatsächliche Verteilung der Winde in der Atmosphäre wird durch die Asymmetrie der Erdoberfläche, d. h. durch die ungleiche Verteilung von Land und Meer, sehr stark beeinflußt. Die sogenannten Aktionszentren der Atmosphäre, z. B. der tiefe Druck über Island, der hohe über den Azoren sind hierfür genügende Anzeichen. Seitdem die Erforschung der höheren Luftschichten zeigte, daß die Stratosphäre über Land vermutlich tiefer liegt als über dem Ozean, wenigstens in höheren Breiten, müssen wir annehmen, daß sich der Einfluß von Land und Meer auf die Winde bis in sehr große Höhen erstreckt; denn die Temperaturunterschiede zeigen Unterschiede in der Massenverteilung an, die sich in den Luftströmungen äußern. Ohne genaue Kenntnis der Temperaturverteilung in der ganzen Atmosphäre können wir uns daher nur ein sehr schematisches Bild von den wirklichen Luftströmungen machen.

Nehmen wir wie früher an, daß die Erde ungegliedert sei, dann kommen hauptsächlich die zonalen Winde in Betracht, welche den meridionalen Druckgradienten entsprechen. Um wenigstens von diesen ein Schema zu erhalten, können wir die bisherigen Ergebnisse der Temperaturbeobachtungen aus verschiedenen Breiten mit den mittleren Druckwerten der Breitenkreise am Boden verbinden und so die Massenverteilung in einem idealen Meridianschnitt der Atmosphäre festzustellen suchen.

---

[1]) Eine derartige Rechnung hat schon L. Steiner gegeben (Met. Zeitschr. 1902, S. 562). Er weist auch darauf hin, daß die Bewegung in verschiedenen Höhenlagen ungleich weit reichen kann.

Dieser Weg ist schon öfters beschritten worden, so von Ferrel und Bigelow. Aber gerade die jüngsten aerologischen Forschungen haben ganz neues Licht in die Sache gebracht und die früheren Anschauungen zum großen Teil über den Haufen geworfen. Dies geschah durch die Entdeckung, daß die obere Grenze der Troposphäre von den Polen gegen den Äquator bedeutend ansteigt und zugleich die Stratosphäre in dieser Richtung wesentlich kälter wird. Die Folge hiervon ist, daß sich von gewissen Höhen an das am Boden polwärts gerichtete Temperaturgefälle umkehrt; die Luft über den Polen ist in der Höhe wärmer als über dem Äquator.

Aus dem Bodendruck in einem Meridiane und der Temperatur darüber fanden wir oben ein in der Höhe vom Äquator gegen die Pole gerichtetes Druckgefälle, welches mit den Westwinden in der Höhe in Einklang steht. Gehen wir nun in größere Höhen, so muß nach der eben angegebenen Eigenschaft der Stratosphäre dieses Gefälle kleiner werden, der Westwind also abnehmen; ja es ist, wenn die Isothermie hoch genug reicht, denkbar, daß in gewissen Lagen das Gefälle sich sogar umkehrt und äquatorwärts gerichtet ist (vgl. S. 228). Auch das mehrfach beobachtete Abnehmen der Windstärke beim Übergang in die Stratosphäre läßt auf ein Abnehmen der polwärts gerichteten Gradienten dort oben schließen[1]).

Unsere Kenntnis von der tatsächlichen Temperaturverteilung in der Atmosphäre ist noch sehr mangelhaft; wir müssen uns daher hier mit einigen wenigen Mittelwerten begnügen, die keinen Anspruch auf volle Verläßlichkeit machen können.

Die Höhe der Stratosphärengrenze liegt im Sommerhalbjahr in Lappland bei etwa 9 km, in Mitteleuropa bei 11, in den Tropen bei 16 km[2]). Die Temperaturen der Stratosphäre daselbst sind: Lappland etwa -45^0 bis -50^0 (?), Mitteleuropa -55^0, Tropen -75^0 bis -80^0 C.

Humphreys[3]) findet, daß die Temperaturdifferenz zwischen Erdoberfläche und Stratosphäre ungefähr folgende Werte hat:

$$\text{Äquator}\quad 38^0\quad 49^0\quad 60^0\quad 68^0 \text{ n. B.}$$
$$(96^0)\quad 74^0\quad 67^0\quad 60^0\quad 51^0 \text{ C.}$$

Daraus ergibt sich, wenn die Stratosphärengrenze in diesen Breiten durchschnittlich zu 16, 13, 11, 10 und 9 km angenommen wird, fast überall ein mittlerer Temperaturgradient von 6^0 auf 1 km.

---

[1]) A. Wegener denkt an ein Zurückbleiben der obersten Atmosphärenschichten hinter der rotierenden Erde (Met. Zeitschr. 1911, S. 271).

[2]) R. Süring in Hanns Lehrbuch, 3. Aufl., S. 155.

[3]) Bull. Mount Weather, II, S. 292.

Dieser Wert kann daher für rohe Schätzungen verwendet werden, wenn man auch weiß, daß der Gradient etwas mit der Höhe zunimmt[1]).

A. Peppler[2]) hat aus den bisherigen Sommerbeobachtungen eine interessante Übersicht über die Verteilung der Temperatur in drei Zonen der nördlichen Hemisphäre zusammengestellt und für sie auch die Druckverteilung berechnet. Angesichts der Wichtigkeit dieser Daten geben wir im folgenden einen Auszug, indem wir die Werte, welche eigentlich aus breiteren Zonen stammen, auf die mittleren Breiten von 10⁰, 30⁰ und 50⁰ beziehen. Der Umstand, daß die Beobachtungen im Sommerhalbjahr gemacht wurden, läßt eine weitere Verallgemeinerung bisher nicht zu. Auch sei ausdrücklich bemerkt, daß die Daten nur als vorläufige zu betrachten sind und hier nur zur Darstellung des ungefähren Verlaufes der Isothermen und Isobaren verwendet werden[3]).

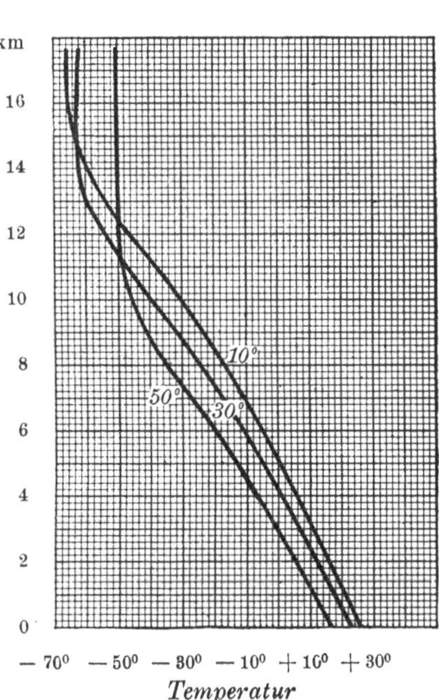

Fig. 51.

Mittlere Sommertemperatur in ⁰ C.

unter	in 0	2	4	6	8	10	12	14	16 km Höhe
10⁰ n. B.	26·0	15·3	6·0	− 3·6	− 15·7	− 30·6	− 45·4	− 60·5	(− 66)
30⁰ „	22·3	11·6	0·9	− 11·1	− 24·6	− 39·8	− 55·5	− 63·1	− 64
50⁰ „	15·4	4·8	− 6·0	− 18·8	− 33·0	− 46·0	− 51·1	− 51·2	− 51

Die Art des Temperaturverlaufes mit der Höhe ist sehr charakteristisch und wird in Fig. 51 für die 3 Breitenkreise dargestellt.

Aus dem mittleren Druck am Boden und diesen Temperaturen läßt sich nun leicht die Druck- und damit die Massenverteilung berechnen. Peppler fand (a. a. O.) die folgenden Werte (wobei die letzte Kolonne

---

[1]) Genauere Werte der Gradienten in verschiedenen Höhen vgl. bei Hann-Süring a. a. O.

[2]) Beitr. zur Phys. d. freien Atmos., Bd. IV, S. 224.

[3]) Herr Prof. Süring war so freundlich, mir, allerdings erst nach Fertigstellung dieser und der folgenden Übersichten, eine von ihm berechnete Tabelle von Druck und Temperatur zur Verfügung zu stellen. Dieselbe unterscheidet sich von der Pepplers hauptsächlich für die mittlere Breitenzone, wo sie höhere Temperaturen angibt. Mit Rücksicht darauf, daß die Rechnung doch nur als vorläufige gelten kann, wurde von einer Neuberechnung mit Sürings Werten abgesehen.

für 20 km Höhe mit Benützung der Temperatur der obersten isothermen Schichte extrapoliert wurde):

Mittlerer Sommer-Luftdruck in mm

unter	in 0	2	4	6	8	10	12	14	20 km
10^0 n. Br.	760	601·8	473·3	369·0	285·0	217·2	163·1	120·5	46·5
30^0 „	766	605·5	473·4	367·0	281·3	212·3	157·7	115·6	44·7
50^0 „	761	597·8	465·3	358·1	272·0	203·4	151·8	111·7	45·0

Mittels der angegebenen zwei Tabellen läßt sich die Temperatur- und Druckverteilung in einem Meridianschnitt darstellen. Statt des Druckes geben wir aber hier die Druckdifferenzen zwischen 10^0 und 30^0, bzw.

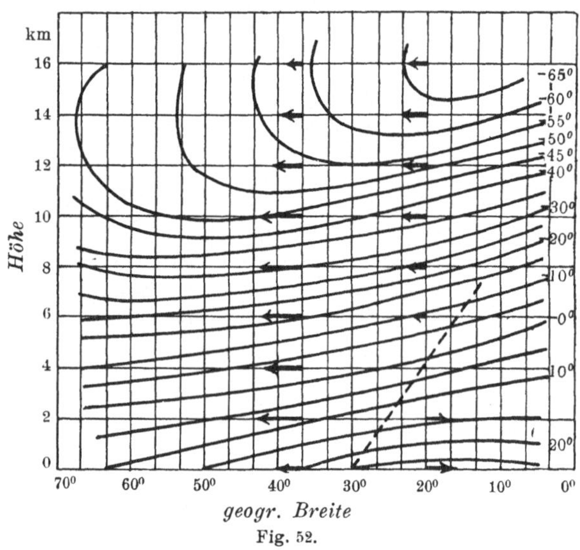

Fig. 52.

zwischen 30^0 und 50^0 Breite wieder, welche annähernd als meridionale Gradienten der Breiten von 20^0 und 40^0 aufzufassen sind. Diese Gradienten sind in Fig. 52 durch Pfeile verschiedener Größe angegeben. Die Isothermen sind von 5 zu 5 Grad gezogen.

Aus der Darstellung in Fig. 52 sieht man unmittelbar, daß die Westwinde bis zu 16 km Höhe vorherrschen. Die Windstille (Druckgradient null) verschiebt sich aus 30^0 Breite am Boden nach 20^0 Breite in 4 km. Das äquatorwärts von der gestrichelten Linie liegende Gebiet hat Ostwinde, das polwärts liegende Westwinde. Aus den wenigen Daten läßt sich freilich der Verlauf dieser Linie nicht näher festlegen.

Die Isothermen zeigen deutlich, wie das Temperaturgefälle sich mit zunehmender Höhe umkehrt. Der Umkehrpunkt liegt polwärts niedriger als in den Tropen. In jedem Niveau von etwa 8 km aufwärts gibt es daher ein Temperaturminimum, das mit zunehmender Höhe gegen den Äquator rückt; hierauf wird später noch hingewiesen.

Infolge des Temperaturgefälles in der Stratosphäre gegen den Äquator werden die in der Höhe polwärts gerichteten Gradienten immer geringer; dies bemerkt man schon deutlich in 12 km Höhe. Bei weiter anhaltender Isothermie muß sich das Gefälle des Druckes dann umkehren, worauf

Peppler[1]) hinweist. Es ist derzeit noch nicht möglich, diese Höhe genau zu bestimmen. Sobald sie erreicht ist, kann der obere Passatwind (Oberpassat)· Platz greifen, der in neuester Zeit mehrfach beobachtet wurde[2]). In den gemäßigten Breiten kann eine derartige Umkehr in 20 km Höhe beginnen (vgl. Pepplers extrapolierte Werte in obiger Tabelle); doch ist darüber noch nichts Genaues bekannt.

Ob der Druckausgleich über einem Meridian, wenn er in 20 km schon nahe erreicht ist, nach oben zu weiter anhält, ist fraglich. Es kann sein, daß die Atmosphäre verschieden hoch ist, z. B. durch Zentrifugalkraft abgeplattet ist, wenn auch in sehr großen Höhen noch Westwinde wehen (vgl. dazu Abschnitt 23, S. 45).

Im Gebiete der Stratosphäre nimmt die Temperatur vom Äquator gegen den Pol hin zu. Wäre die Stratosphäre genau isotherm, so würden dort vertikale Säulen ungleicher Temperatur (d. h. mit polwärts kontinuierlich zunehmender Temperatur) nebeneinander liegen. Soll ein Bewegungs-Gleichgewicht bestehen, so müssen die kalten Massen keilförmig unter die warmen greifen, die Isothermen dürfen dann in der Stratosphäre nicht vertikal verlaufen, sondern müssen oben äquatorwärts umbiegen, wie dies in Fig. 52 auch angedeutet ist. Über einem Orte ist daher in der Stratosphäre nicht Isothermie, sondern Inversion der Temperatur als Regel zu erwarten. Das scheint von den Beobachtungen bestätigt zu werden. Zu dieser Temperaturverteilung gehört dann noch eine gewisse zonale Geschwindigkeitsverteilung, um den Zustand stationär zu machen.

Trotzdem ist es kaum glaublich, daß die Stratosphäre sich in stationärer Bewegung befindet; die Inversion der Temperatur müßte dazu recht stark, die Keilwinkel der kalten Massen recht klein sein. Es ist eher zu erwarten, daß die auf der Äquatorseite der Stratosphäre durch Strahlung stets wieder neu erzeugten kalten Massen sich in einzelnen polwärts gerichteten Vorstößen unter die warmen Massen ausbreiten und so in der Stratosphäre ähnlichen Anlaß zu Störungen geben, wie in der Troposphäre (vgl. S. 222).

Es entsteht noch die Frage, ob die oben berechneten Luftdruckgradienten nun auch mit Winden verbunden sind, die der Stärke nach angenähert der Gleichung für stationäre Bewegung entsprechen. Wir können dies prüfen, indem wir die gleichfalls von Peppler (a. a. O.) veröffentlichte vorläufige Übersicht über die Windbeobachtungen in zwei Breitenzonen zugrunde legen. Nach ihr ist:

Mittlere Windgeschwindigkeit in m/sec

unter	0	2	4	6	8	10	12 km
$10^0 - 15^0$ n. Br.	6·7	8·4	10·0	8·2	6·7	8·2	8·5
$25^0 - 30^0$ „	5·4	6·0	7·3	9·9	13·7	15·9	15·9

---

[1]) Beitr. zur Phys. d. freien Atm., Bd. IV, S. 13.
[2]) Van Bemmelen in Batavia, Ref. v. Hann in Met. Zeitschr. 1912, S. 145; Hann, Met. Zeitschr. 1911, S. 583 und Lehrbuch, 3. Aufl., S. 477.

Die Berechnung der Windstärke aus den Luftdruckgradienten erfolgt nach der Formel für stationäre Strömung von S. 214:

$$r \sin \varphi \cos \varphi \, \dot{\lambda} (\dot{\lambda} - 2\omega) = -\frac{1}{\varrho r} \frac{\partial p}{\partial \varphi}.$$

Da $\dot{\lambda}$ hier klein gegen ω ist, genügt es zur Schätzung, diese Größe in der Klammer zu vernachlässigen. Die lineare Geschwindigkeit längs der Parallelkreise wird dann:

$$v = r \cos \varphi \, \dot{\lambda} = \frac{1}{2 \varrho r \omega \sin \varphi} \frac{\partial p}{\partial \varphi}.$$

Durch Einsetzen der Dichte ϱ aus der Gasgleichung macht man sich von der Einheit, in welcher der Luftdruck gemessen wird, unabhängig. Man erhält:

$$v = \frac{RT}{2 r \omega \sin \varphi} \frac{1}{p} \frac{\partial p}{\partial \varphi} = \frac{R}{2 \omega \log e} \frac{T}{\sin \varphi} \frac{\partial (\log p)}{r \partial \varphi} \; [1].$$

Für die Größe $\dfrac{\partial (\log p)}{r \partial \varphi}$ schreiben wir die Differenz der Logarithmen des Druckes in 30^0 und 50^0 Breite, dividiert durch $r \varDelta \varphi = 20.111\,000$ m. So wird für die Zahlenrechnung: $v = \dfrac{R}{2 \omega \log e \, . \, 20 \, . \, 111\,000} \dfrac{T}{\sin \varphi} \varDelta (\log p).$

Aus den gegebenen Druckwerten lassen sich die Geschwindigkeiten nur für zwei mittlere Breiten, für 20^0 und 40^0 berechnen; mit Hilfe der oben angegebenen Zahlenwerte findet sich:

Berechneter Ostwestwind in m/sec

Breite	0	2	4	6	8	10	12	14 km
$\varphi = 20^0$	6·1	4·6	0·1	−3·8	− 8·6	−14·4	−19·6	−22·9
$= 40^0$	−2·7	−5·0	−6·5	−8·8	−11·4	−16·9	−11·6	−10·3

Negative Werte bedeuten Westwind, positive Ostwind. Die Übereinstimmung der berechneten Werte mit den mittleren beobachteten Windstärken ist der Größenordnung nach gut. Da die beobachteten Werte ohne Rücksicht auf die Richtung zusammengeworfen sind, erscheint der Übergang des Passates in den Antipassat in der Beobachtungstabelle überhaupt nicht.

Würde die Druck- und Temperaturverteilung in der Atmosphäre in genauen Mittelwerten für alle Teile der Erde vorliegen, so ließe sich leicht die zugehörige zonale Bewegung in ähnlicher Weise wie hier berechnen, und damit wäre die wichtigste Übersicht über die Bewegungen gewonnen. Unterdessen müssen wir uns mit der Feststellung benügen, daß die mittleren zonalen Bewegungen den Gradienten der stationären Strömung ungefähr zu entsprechen scheinen.

---

[1] Unter log ist hier der Briggsche Logarithmus verstanden; log e ist 0·43429.

Vor kurzem hat W. H. Dines[1]) eine wertvolle Zusammenstellung des Druckes (p), der Temperatur (T) und der Dichte (ϱ) über Europa, Canada und dem Äquator bis zu 20 km Höhe gegeben. Die Mittel dieser Größen enthält folgende Tabelle, wobei die Temperatur in Celsiusgraden, der Druck in Millibar ($^3/_4$ mm Hg), die Dichte in Gramm pro Kubikmeter ausgedrückt ist:

Höhe in km	Europa			Canada			Äquator[2])		
	T	p	ϱ	T	p	ϱ	T	p	ϱ
20	-54	55	87	-59	54	88	-80	53	91
19	-54	64	102	-58	63	102	-80	63	113
18	-54	75	119	-59	74	121	-80	75	135
17	-54	88	139	-62	87	144	-80	90	162
16	-54	102	162	-62	102	169	-78	107	191
15	-54	120	191	-62	120	198	-75	128	225
14	-54	140	223	-61	142	233	-70	152	261
13	-54	164	261	-59	167	268	-62	178	294
12	-55	192	307	-57	195	314	-54	209	331
11	-54	225	358	-54	228	365	-46	244	374
10	-51	262	411	-50	266	415	-38	283	419
9	-46	305	467	-44	309	470	-30	327	469
8	-40	353	528	-37	358	528	-22	376	522
7	-32	408	590	-30	413	592	-15	430	581
6	-25	470	661	-22	475	662	-8	491	645
5	-18	538	735	-15	543	733	-1	558	714
4	-12	614	819	-9	618	815	6	632	789
3	-6	699	913	-3	703	905	12	713	871
2	-1	794	1017	2	798	1011	17	803	968
1	4	899	1128	5	903	1134	22	903	1067
0	8	1014	1258	9	1017	1258	27	1012	1174

Aus diesen Daten geht hervor, daß der Druck über dem Äquator von etwa 2 km an bis zu 18 km Höhe stets höher ist als in mittleren Breiten, somit der normale atmosphärische Wirbel aus Westen gegen Osten diesen Raum der Atmosphäre einnimmt. Die Luftdichte ist von den größten Höhen an bis zu etwa 9 km Höhe herab über dem Äquator größer als in höheren Breiten, darunter ist das Verhältnis umgekehrt. Es ist also unten die Tendenz zum Steigen der Luft am Äquator, zum Sinken in höheren Breiten gegeben, oben aber die umgekehrte. Der

---

1) Meteor. Office, Geophysical Memoirs, Nr. 13, London 1919.
2) Nach einzelnen sehr hohen Aufstiegen in Batavia (van Bemmelen, Verhandel. Nr. 4, kgl. magn. en met. Obs., Batavia 1916) scheint die Temperatur in den allerhöchsten Schichten (bis zu 25 km) wieder etwas zuzunehmen, so daß vielleicht nur die Substratosphäre über dem Äquator so hervorragend kalt ist.

größte Dichteunterschied zwischen Äquator und Europa im letzten Sinne liegt in 14 km Höhe, im ersten Sinne an der Erdoberfläche.

Nebst diesen in der Zukunft gewiß sehr wertvollen Daten wollen wir hier noch nach Dines eine Übersicht über die jährliche Veränderung des Druckes oberhalb von England geben, und zwar nur durch Angabe der Monate, in welchen die Extremwerte des Druckes eintreten, und der Differenz dieser Werte.

Höhe	1	2	3	4	5	6	7	8 km
p Max.	VII, VIII	VII, VIII	VIII	VIII	VIII	VIII	VIII	VIII
p Min.	II, III	II	I—III	I, II	I, II	I, II	I, II	I, II
$\varDelta$ in millib.	6	11	14	16	17	17	17	18

Höhe	9	10	11	12	13	14	15 km
p Max.	VII, VIII	VIII	VII, VIII	VIII	VII, VIII	VII, VIII	VII, VIII
p Min.	II	II	I—III	II	II	II	I, II
$\varDelta$ in millib.	18	17	14	13	12	11	9

63. Verteilung von potentieller Temperatur und Rotationsmoment.

Im Anschluß an die Helmholtzschen Betrachtungen im Abschnitt 59, welche die Bedingungen der stationären Bewegung ganzer Luftringe zum Gegenstande hatten, ist es vorteilhaft, nun auch aus den Beobachtungen die ungefähre Verteilung von potentieller Temperatur und Rotationsmoment zu bestimmen, jener beiden Größen, die dort eine Rolle spielten. Freilich stehen wie im vorigen Abschnitt auch hierfür nur dieselben spärlichen Beobachtungen zur Verfügung, so daß auch die folgenden Ergebnisse nur vorläufigen Wert haben können.

Aus Pepplers oben angegebenen Mittelwerten für Temperatur und Druck läßt sich zunächst die potentielle Temperatur in den drei Breitenzonen von 10°, 30° und 50° bis zu 14 km Höhe für den Sommer bestimmen. Diese Werte enthält die folgende Tabelle:

Potentielle Temperatur in absoluten Graden (Sommer)

Breite	0	2	4	6	8	10	12	14 km
10°	299	308	320	332	341	348	355	361
30°	295	304	315	323	331	337	342	361
50°	288	298	308	316	323	332	353	385

Diese Zahlen sind zur Zeichnung der Kurven gleicher potentieller Temperatur in Fig. 53 verwendet; dabei sind einige Temperaturwerte von der Erdoberfläche zu Hilfe genommen und die Kurven graphisch bis zum Pol extrapoliert worden.

Die potentielle Temperatur nimmt nach aufwärts stets zu, in den unteren Schichten langsam, beim Eintritt in die Stratosphäre sehr rasch. Dieser Eintritt erfolgt polwärts früher als in niedrigen Breiten. Gegen den Äquator hin nimmt die potentielle Temperatur in einem Niveau unter-

halb 6 km stets zu. In größerer Höhe erfolgt vom Pol aus zuerst Abnahme, dann Zunahme; so kommt es, daß sich in jedem Niveau oberhalb
6 oder 7 km eine potentiell kälteste Schichte befindet, mit relativ
warmen Massen sowohl auf der Polar- wie auf der Äquatorialseite. Die
gestrichelte Kurve in Fig. 53 verbindet diese kältesten Orte. Im Niveau von 8 km dürfte die kälteste Masse ungefähr unter 50^0, in 10 km unter 35^0, in 12 km unter 30^0 Breite zu finden sein. Nach den Ausführungen des Abschnittes 59 ist es zur Stabilität dieser Schichte nötig, daß sie sich relativ zur benachbarten

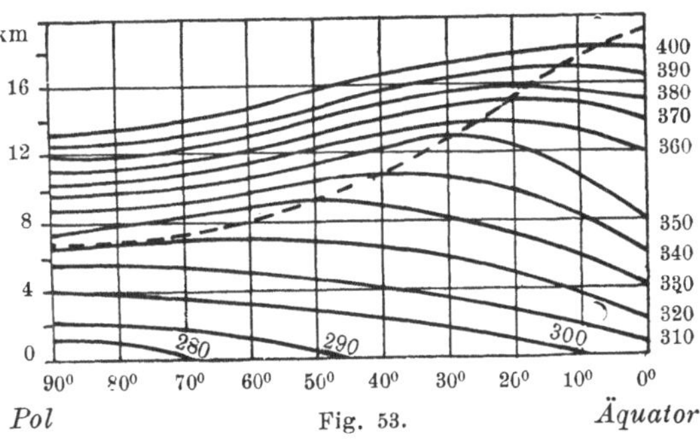

Fig. 53.

wärmeren des gleichen Niveaus auf der nördlichen Halbkugel nach rechts
bewegt. Diese Windverteilung kommt auch wirklich durch die Abnahme
des polwärts gerichteten Gradienten bei Entfernung vom Äquator in der
Höhe zustande. Auch sieht man, daß die relativ kalte Masse sich über
jedes Niveau mit einem Querschnitt erhebt, welcher dem in Fig. 43,
S. 197, dargestellten Querschnitt der kalten Masse entspricht: ein doppelter
flacher Keil oder eine nach oben konvexe Wölbung.

Die Keilform der potentiell kälteren Luft, welche zur Erhaltung der
Stabilität der isothermen Grenzflächen nötig ist, sieht man auch in der
Form der Kurven nahe dem Erdboden (Fig. 53) deutlich ausgeprägt.
Die kalten Polarkappen (Istherme 280^0 in der Figur) werden uns noch
später beschäftigen; die Kurve der potentiellen Temperatur 300^0 weist
die obere Grenze nach, welche den relativ kalten Passatwindmassen zu-
kommen muß, damit sie ungefähr stationär bleiben. Die Passate müssen
dazu an Höhe gegen den Äquator hin abnehmen. Tatsächlich scheinen
die Beobachtungen dies zu erweisen; denn der Passat hat in 20^0 bis
35^0 Breite angeblich eine mittlere Höhe von etwa 3000 m, in 5^0 bis
20^0 Breite von 1500 m [1]).

Die Rechnung von Helmholtz hatte für die Stabilität der ungleich
temperierten Luftschichten verlangt, daß die Flächen gleicher potentieller
Temperatur über dem Horizont gegen den Pol hin ansteigen, aber stets
unter der Höhe des Himmelspols bleiben (vgl. Fig. 48, S. 207). In
Fig. 54 sind diese Isothermen über der gekrümmten Erde gezeichnet,
freilich in einem sehr übertriebenen Maßstab. Der nicht schraffierte Teil

---

[1]) A. Peppler, Beitr. zur Phys. d. freien Atm., Bd. IV, S. 35; vgl. auch
R. Wenger, dass. Bd. III, S. 173.

stellt die Atmosphäre von 0 bis 15 km Höhe dar, die meridional verlaufenden Isothermen sind mit den gleichen Daten gezeichnet, wie in
Fig. 53. Man sieht hier deutlich, daß vom Pol aus die Kurven äquatorwärts unten gegen die Erde hin sinken, oben aber ansteigen, also divergieren; dies ist für die Verteilung der potentiellen Temperatur der Atmosphäre charakteristisch.

Die zweite in Fig. 54 eingezeichnete Kurvenschar, welche die Isothermenschar schneidet, stellt in vorläufiger schematischer Weise die ungefähre Verteilung des Rotationsmomentes in mittleren und niedrigen Breiten vor.

Dieses Moment wurde (vgl. Abschnitt 59, S. 204) aus berechneten mittleren Windstärken (Tabelle S. 230) ausgewertet. Für 20^0 und 40^0 Breite ergibt sich:

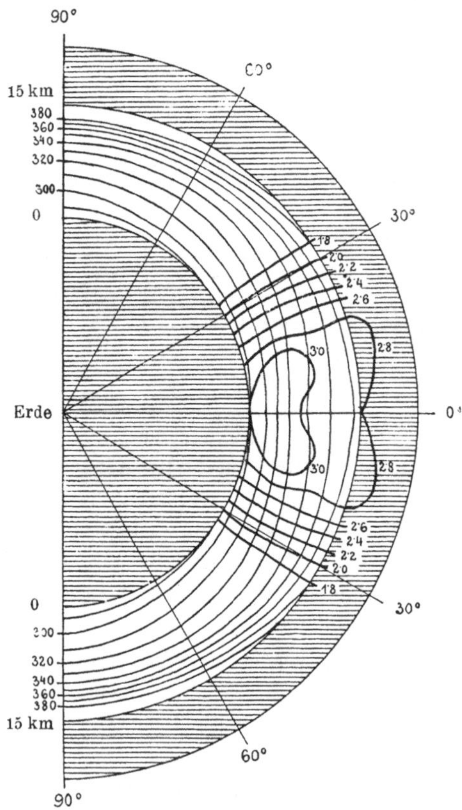

Fig. 54.

Rotationsmoment $\Omega = -10^9 \cdot a$

Breite	0	2	4	6 km
20^0 $a=$	2·58	2·59	2·62	2·64
40^0 $a=$	1·75	1·76	1·77	1·78

Breite	8	10	12	14 km
20^0 $a=$	2·67	2·71	2·74	2·76
40^0 $a=$	1·80	1·82	1·80	1·80

Außerdem ist für

30^0 Breite und Windstille am Boden $a = 2\cdot22$,
0^0 „ „ „ „ „ $a = 2\cdot96$,
0^0 „ „ Ostwind 30 m/sec in 16 km Höhe $a = 2\cdot78$.

Nehmen wir diese Werte hinzu, so lassen sich die mit 1·8 bis 3·0 bezeichneten Kurven in Fig. 54 angenähert konstruieren.

Die zweite Helmholtzsche Forderung für Stabilität lautete (vgl. Abschnitt 59), es solle $\dfrac{\Omega^2}{\vartheta}$ gegen den Äquator überall dort zunehmen, wo ϑ gegen denselben zunimmt. In der Troposphäre wird diese Forderung erfüllt. Ein Blick auf die Kurven des Rotationsmomentes (Fig. 54) zeigt die rasche Zunahme von Ω gegen den Äquator in den unteren

Schichten. Wo die potentielle Temperatur äquatorwärts abnimmt, wie in der Stratosphäre, muß die auf S. 207 formulierte Stabilitätsbedingung noch näher ins Auge gefaßt werden. Nach ihr soll allgemein sein:

$$ - \frac{1}{\mathrm{r}^3} \left(\frac{\Omega_1^2}{\vartheta_1} - \frac{\Omega_2^2}{\vartheta_2} \right) + \mathrm{r}\,\omega^2 \left(\frac{1}{\vartheta_1} - \frac{1}{\vartheta_2} \right) > 0. $$

Ersetzt man Ω durch $\mathrm{r}^2(\dot\lambda - \omega)$, so wird daraus:

$$ \frac{\dot\lambda_1\,(2\,\omega - \dot\lambda_1)}{\vartheta_1} > \frac{\dot\lambda_2\,(2\,\omega - \dot\lambda_2)}{\vartheta_2}. $$

Da wir äquatorwärts von der Schichte 1 zur Schichte 2 schreiten, so ist die Bedingung dafür, daß diese Ungleichung in der Stratosphäre erfüllt werde: $\dfrac{\dot\lambda_1}{\vartheta_1} > \dfrac{\dot\lambda_2}{\vartheta_2}$, d. h. es muß $\dot\lambda$ in jenem Gebiete gegen den Äquator hin abnehmen. Da Ostwind positiv, Westwind negativ gezählt wird, so muß demnach dort, wo die potentielle Temperatur in einem Niveau äquatorwärts abnimmt, der Ostwind in der gleichen Richtung abnehmen, der Westwind zunehmen. Es ergibt sich also die oben schon angeführte Bedingung der relativen Rechtsbewegung der kalten Schichten auf unserer Halbkugel.

Diese Verteilung der Windstärke muß sich auch im Luftdruck aussprechen. Die kalte Schichte, welche durch die gestrichelte Kurve in Fig. 53 bezeichnet ist, muß stets unter relativ niedrigem Druck stehen (wobei $\dfrac{\partial^2 p}{\partial \varphi^2}$ positiv, vgl. Fig. 43).

Durch jene gestrichelte Kurve zerfällt die Atmosphäre in zwei Teile. Im unteren liegen die kalten Keile mit ihrer Kante gegen den Äquator, im oberen mit ihrer Kante gegen den Pol. Mit diesem Unterschied ist ein gleichzeitiger des Windregimes verbunden, dessen Bedeutung wohl erst die Beobachtungen der kommenden Jahre erkennen lassen werden.

Die Bedingungen der stabilen Schichtung der Atmosphäre sind zweifellos durch die zonalen Luftströmungen sehr nahe erfüllt. Es erübrigt noch, die meridionalen Komponenten der Bewegung an der Hand der Fig. 54 einer kurzen Betrachtung (nach Helmholtz) zu unterziehen.

Hierzu ist das auf S. 210 besprochene Prinzip verwendbar, daß sich eine Luftmasse bei stabiler Schichtung stets dort in die anderen einzulagern strebt, wo sie gleiche potentielle Temperatur und gleiches Rotationsmoment findet.

Die Erdoberfläche übt auf die über sie hinstreichenden Winde stets die Wirkung aus, daß sie dieselben verzögert. Da Ostwinde ein kleineres, Westwinde ein größeres Rotationsmoment haben als die rotierende Erdoberfläche unter ihnen, so wird das Rotationsmoment der Ostwinde durch die Hemmungen am Boden vergrößert, das der Westwinde verkleinert. Luftmassen, welche an der Erde als Westwinde auftreten, suchen daher

in der Fläche ihrer potentiellen Temperatur einen Platz auf, der ihrem
verminderten Rotationsmoment entspricht (vgl. die beiden Kurvenscharen
ϑ und Ω in Fig. 54) und bewegen sich also von der Erdoberfläche polwärts und zugleich aufwärts. Hierdurch wird die Reibungswirkung der
Erde auf Westwinde allmählich in hohe Schichten der Atmosphäre hin-
aufgetragen, zum Unterschied von dieser Wirkung auf Ostwinde. Solche
vergrößern ihr Rotationsmoment durch Berührung mit der Erdoberfläche
und streben daher in der Schichte ihrer potentiellen Temperatur äquatorwärts. Da sie sich schon an der Erdoberfläche befinden, so können sie
erst dann diesem Antrieb folgen, wenn auch ihre potentielle Temperatur
durch Wärmeaufnahme gestiegen ist. Sie erscheinen nun auf der nördlichen Halbkugel als NE-Winde, und zwar in den polaren Breiten und
in den Tropen (hier als Passate).

Allmählich wird durch Reibung das Rotationsmoment der Passate so
groß, daß sie sich, wie Helmholtz sagt, in die äquatorialen Kalmen
einschieben können. Nun kommt infolge des Aufhörens der Ostbewegung
der Auftrieb zur Wirkung. Da die Ostwinde bei der Hemmung an der
Erdoberfläche nicht aufsteigen, sondern an dieser verbleiben, so ist die
Hemmung auf die untersten Schichten beschränkt.

Die von der Kalmenzone aus in der Höhe polwärts abfließende Luft
kann nicht knapp an den unteren Passat angrenzen. Denn es würde,
wenn ein solcher Zustand einmal vorhanden wäre, an der Grenze dieser
ungleichen Bewegungen und Temperaturen bald zu Wellenbildungen,
Wirbeln und Vermischungen der beiden Schichten kommen. Eine solche
Mischungszone über den Passaten ist daher auch die Regel und wird in
der Form von Temperaturinversionen und unregelmäßigen Winden tatsächlich beobachtet[1]).

Da bei diesen Mischungen auch die Rotationsmomente der Luftströme
ausgeglichen werden, so tragen solche Grenzflächen stets dazu bei, die
Bildung sehr großer Geschwindigkeiten zu verhindern; Helmholtz sieht
in denselben den Hauptgrund dafür, daß nicht viel stärkere Winde vorkommen, als dies tatsächlich der Fall ist. Eine andere solche Mischungszone muß auch über den polaren Ostwinden erwartet werden. Hier ist
bekanntlich der Sitz der häufigen atmosphärischen Störungen höherer
Breiten, welche wohl nichts anderes darstellen als die Ausgleichung von
Temperatur- und Bewegungsunterschieden.

64. Wärmetransport von niedrigen in höhere Breiten. Wie
schon oben erwähnt wurde, ist die Stärke der allgemeinen Zirkulation der
Atmosphäre wesentlich vom Wärmenachschub in niedrigen Breiten abhängig
und nicht allein durch die Druck- und Temperaturverteilung gegeben. Über
diesen Wärmenachschub ist noch recht wenig bekannt. Vor kurzem hat

---

[1]) Vgl. Hann, Lehrbuch, 3. Aufl., S. 477.

A. Defant[1]) im Anschluß an W. Schmidts Theorie des Austausches (vgl. Abschnitt 40, S. 124) eine Berechnung dieser Größe versucht, indem er sich vorstellte, durch die abwechselnde, einmal nord-südlich, einmal süd-nördlich gerichtete Luftbewegung in höheren Breiten im Laufe eines längeren Zeitraumes sei eine Analogie zu der Turbulenz der Luftbewegungen kleineren Maßstabes gegeben und auf Grund der Austauschtheorie lasse sich daher der Wärmetransport berechnen. Aus Beobachtungen der nach Süden und nach Norden gerichteten Windwege in Potsdam hat Defant die Größe des horizontalen Bewegungsaustausches in meridionaler Richtung im Jahresmittel berechnet, ganz entsprechend dem Vorgehen Schmidts für vertikalen Austausch.

Er fand hiefür den Wert $A = 10^8 \, \mathrm{cm}^{-1} \mathrm{g} \, \mathrm{sec}^{-1}$, also eine Zahl, die etwa 2 Millionen mal größer ist als der vertikale Luftaustausch im Mittel. Dieser Austausch der Bewegung muß auch für die Wärmeübertragung in meridionaler Richtung durch Konvektion gelten. Es ist also der Wärmetransport durch die vertikal stehende Flächeneinheit $Q = A \cdot c_p \dfrac{dT}{dy}$, wenn y die Richtung zum Pole bezeichnet. Den Temperaturgradienten zwischen 40^0 und 50^0 Breite bestimmte Defant auf 7.7^0 C für 10 Breitengrade. Hieraus folgt für Q der angenäherte Wert von 100 gr Cal/cm², min. als durchschnittlicher Wärmetransport gegen den Pol in unseren Breiten.

Diese Zahl ist überraschend groß; eine nähere Kontrolle derselben wäre gewiß wertvoll.

Wir wollen im Anschlusse an dieses Resultat Defants noch eine Überlegung anstellen, die vorläufig — mangels näherer Kenntnisse über Ein- und Ausstrahlung — nur als sehr schematisch angesehen werden darf. Es ist zunächst gewiß, daß infolge der allgemeinen Zirkulation der Atmosphäre die Erde in höheren Breiten, nahe den Polen, wärmer ist, als sie ohne dieselbe wäre. Denn die Strömung der Luft bringt den höheren Breiten Wärme mit. Ist die Atmosphäre in durchschnittlich stationärem Zustand, so daß von Jahr zu Jahr keine fortschreitenden Temperaturänderungen auftreten, dann muß eine Beziehung bestehen zwischen Ein- und Ausstrahlung einerseits und dem Wärmetransport in meridionaler Richtung andererseits.

Der Äquator sei, so wollen wir annehmen, bezüglich des Wärmetransportes symmetrisch gelegen. Dann wird die Energie der Sonnenstrahlung, welche einen Abschnitt der Erdoberfläche zwischen dem Äquator und der Breite φ trifft, vermindert um die Ausstrahlung dieses Abschnittes, durch eine Parallelkreisebene in der Breite φ nach höheren Breiten durchwandern müssen; wäre dies nicht der Fall, dann wäre der Zustand nicht stationär.

---

[1]) Geografiska Annaler 1921, Heft 3, S. 209.

Diese Bedingung kann dazu verwendet werden, die Größe der meridionalen Wärmetransporte in verschiedenen Breiten aus Ein- und Ausstrahlung abzuschätzen. Sodann kann aus diesen Transportgrößen auf die Austauschgröße in verschiedenen Breiten geschlossen und so ein Zusammenhang zwischen der Wärmezufuhr und der Lebhaftigkeit der Zirkulation gefunden werden. Freilich ist die folgende Rechnung mangels der nötigen Kenntnisse über Ein- und Ausstrahlung nur eine sehr angenäherte. Sie soll mehr dazu dienen, für die Zukunft einen Weg zum Studium dieser Zusammenhänge anzugeben, als jetzt quantitative Ergebnisse zu liefern.

Auf einen schmalen Parallelkreisstreifen der Erdoberfläche, zwischen den Breiten φ und $\varphi + d\varphi$, fällt die Sonnenstrahlung $dQ = 2\,\varrho\,\pi\,r\,d\varphi \cdot J$ ein, wo $\varrho = r\cos\varphi$, r der Erdradius und J der mittlere Strahlungswert für die Breite φ im Durchschnitt von 24 Stunden ist. Die ausgestrahlte Menge ist ähnlich $dR = 2\,\varrho\,\pi\,r\,d\varphi \cdot a$, wo a den Ausstrahlungswert in der Breite φ bedeutet.

Es ist also
$$Q = 2\,r^2\,\pi \int\limits_0^\varphi J \cos\varphi\,d\varphi,$$
$$R = 2\,r^2\,\pi \int\limits_0^\varphi a \cos\varphi\,d\varphi$$

die Summe der Ein-, bzw. Ausstrahlung zwischen Äquator und dem Parallelkreis von der Breite φ. Die Differenz $Q - R = S$ muß im stationären Zustand über den Parallelkreis φ hinüberwandern.

Wir wollen nun ganz schematisch rechnen und $J = i\cos\varphi$ setzen, wo i der Strahlungswert bei Zenitstand der Sonne sei. Diese Größe ist (vgl. Abschnitt 28), weil 43 Prozent der Strahlung, die im Durchschnitt von 24 Stunden die Erdoberfläche trifft, reflektiert werden, etwa $i = 0{\cdot}3\,\dfrac{\text{gr Cal}}{\text{min, cm}^2}$. Die Ausstrahlung a ist in ihrer Verteilung längs eines Meridians noch recht unbekannt. Sie wird in den Tropen größer sein als in höheren Breiten, wir nehmen daher an, es sei $a = \alpha + \beta\cos\varphi$, wo α und β Konstante sind.

Unter diesen ziemlich groben Voraussetzungen wird die Wärmemenge, die in einer Minute über den Parallelkreis φ wandert,
$$S = 2r^2\pi\left[(i - \beta)\int\limits_0^\varphi \cos^2\varphi\,d\varphi - \alpha\int\limits_0^\varphi \cos\varphi\,d\varphi\right] =$$
$$= 2r^2\pi\left[(i - \beta)\left(\frac{\varphi}{2} + \frac{\sin 2\varphi}{4}\right) - \alpha\sin\varphi\right].$$

Für den Pol $\left(\varphi = \dfrac{\pi}{2}\right)$ muß naturgemäß $S = 0$ sein; dann ist $(i - \beta)\dfrac{\pi}{4} = \alpha$. Wir wollen, freilich recht willkürlich, β schätzungsweise zu $0{\cdot}1 \; \dfrac{\text{gr Cal}}{\text{min, cm}^2}$ annehmen. Dann folgt mit dem obigen Wert von i:

$$i - \beta = 0{\cdot}2 \quad \text{und} \quad \alpha = 0{\cdot}157 \; \frac{\text{gr Cal}}{\text{min, cm}^2}.$$

Eine Auswertung der Größen J, a und $\dfrac{S}{2\,r^2\,\pi}$ gibt:

	J	a	$\dfrac{S}{2\,r^2\,\pi}$
für $\varphi = \;\;0^0$	0·3	0·257	0
10^0	0·296	0·256	0·008
30^0	0·260	0·244	0·018
50^0	0·193	0·221	0·017
70^0	0·103	0·191	0·007
90^0	0	0·157	0

Man kann aus diesen Zahlen, obwohl sie nur vorläufige sind, entnehmen, daß, wenn auch in höheren Breiten die Ausstrahlung a die Einstrahlung J überwiegt, doch noch ein Wärmefluß polwärts stattfindet, der, da der Zufluß größer ist als der Abfluß, die hohen Breiten vor einer fortschreitenden Abkühlung bewahrt. Für $\varphi_1 = 38^0$ würde hier $J = a$ werden. Polwärts von dieser Breite herrscht also Wärmezufuhr aus niedrigeren Breiten, welche die Abgabe von Wärme durch Strahlung ersetzt, äquatorwärts von 38^0 wird der Überschuß an Strahlungswärme durch Konvektion an höhere Breiten abgegeben.

Der Querschnitt, durch welchen der Wärmefluß S stattfindet, ist $2\,\varrho\,\pi\,H$, wenn H die Höhe ist, bis zu welcher die Austauschbewegung bei der atmosphärischen Zirkulation reicht.

Den ganzen Wärmefluß kann man setzen: $S = -\dfrac{2\,\varrho\,\pi\,H\,c_p\,A}{r}\dfrac{d\,T}{d\,\varphi}$ (vgl. S. 125), wenn T die Temperatur der Breitenkreise ist. Aus dieser Gleichung läßt sich mit den oben angegebenen Zahlen leicht die Austauschgröße A berechnen, wenn man für H eine Annahme macht und für den Temperaturgradienten längs des Meridians einen empirischen Wert einsetzt. In Hanns Lehrbuch der Meteorologie (3. Aufl., S. 149) ist eine solche Formel angegeben. Setzen wir, wieder angenähert, $T = m + n \cos^2 \varphi$, so wird $A = \dfrac{S}{2\,r^2\,\pi} \cdot \dfrac{r^2}{2\,c_p\,n\,H \sin \varphi \cos^2 \varphi}$. Bei einer Höhe $H = 10\,\text{km} = 10^6\,\text{cm}$, dem Erdradius $6 \cdot 10^8$ cm, $n = 50^0$ (nach Hann angenähert) findet sich

$$\begin{array}{lll}
\text{für } \varphi = 30^0 & A = 7{\cdot}2 \cdot 10^8 \; \text{cm}^{-1} \; \text{gr sec}^{-1} \\
\qquad\quad 50^0 & \; 8{\cdot}1 \cdot 10^8 & \text{,,} \quad \text{,,} \quad \text{,,} \\
\qquad\quad 70^0 & \; 9{\cdot}6 \cdot 10^8 & \text{,,} \quad \text{,,} \quad \text{,,} \, ,
\end{array}$$

also Werte, die der Größenordnung nach mit den von Defant mittels der Luftbewegung in Potsdam berechneten halbwegs übereinstimmen. Auch erkennt man aus diesen Zahlen die Zunahme der Austauschbewegung gegen den Pol. Setzt man für H den doppelten Wert, so wird A halb so groß.

Mit dieser Überschlagsrechnung dürfte wohl zum ersten Mal der Versuch gemacht sein, die Größe der atmosphärischen Zirkulation zwischen niedrigen und höheren Breiten quantitativ zur Wärmezufuhr in Beziehung zu setzen und damit die Hauptfrage der atmosphärischen Zirkulation wenigstens anzuschneiden.

65. Einfluß von Land und Meer auf den allgemeinen Kreislauf. Die wirklich vorkommenden Winde und Gradienten an der Erdoberfläche stimmen nur zum Teil mit den in den früheren Abschnitten angenommenen überein. Durch die ungleiche Verteilung von Land und Meer entstehen Unterschiede des Luftdrucks auf einem Breitenkreise, welche die normalen Unterschiede auf einem Meridian übertreffen können. So bemerkt Teisserenc de Bort[1]), daß auf einem Breitenkreise mittlere Druckunterschiede bis zu 34 mm vorkommen, während sie auf einem Meridian der nördlichen Halbkugel 20 mm nicht überschreiten.

Trotzdem war es vorteilhaft, die Einflüsse der ungleichen Oberflächenbedeckung der Erde als Störungen im schematischen Kreislaufe zu betrachten. Reduziert man nach Teisserenc de Bort[2]) die tatsächliche mittlere Luftdruckverteilung auf der nördlichen Halbkugel vom Meeresniveau auf ein höheres Niveau, etwa 4 km, so findet man in dieser Höhe schon eine gewisse Ausgeglichenheit der an der Oberfläche bestehenden zonalen Druckunterschiede. Allerdings wird erst eine genauere Kenntnis der Temperaturverteilung über den verschiedenen Meeren und Kontinenten ein Urteil darüber erlauben, wie rasch sich die Verhältnisse mit zunehmender Höhe vereinfachen. Wenn, wie es scheint, die Höhe der Stratosphäre über Meer und Land verschieden ist, dann wird die Oberflächengestaltung der Erde auch noch in großen Höhen ihren Einfluß haben.

Dieser besteht im ungleichen Wärmeaustausch der Luft mit Land und mit Meer und in ungleicher Reibung. Neben der Temperatur der Oberfläche wird auch der ungleiche Wasserdampfgehalt der Luft eine Rolle spielen (vgl. Abschnitt 28). Durch den Wärmeaustausch ergeben sich, abgesehen von der großen Konvektionsströmung der Atmosphäre, noch viele kleinere zwischen Kontinent und Ozean (Monsune); unter höheren Breiten entspricht im Winter der Ozean der Wärmequelle, im Sommer der Kontinent, in niedrigen Breiten scheint das Land stets die Wärmequelle zu sein. Dementsprechend lagert sich über die allgemeine Druckverteilung des großen Kreislaufes in höheren Breiten im Winter

---

[1]) Met. Zeitschr. 1894, Litt. S. 20, Ref. v. Sprung.
[2]) Hann-Band der Met. Zeitschr. 1906, S. 216.

der höhere Druck der Kontinente, der tiefere der Meere, im Sommer der umgekehrte; in niedrigen Breiten unterbrechen die Kontinente durch Erniedrigung des Druckes meist die beiden Hochdruckgürtel der Roßbreiten. Teisserenc de Bort hat (a. a. O.) schon vor langem bemerkt, daß die Isanomalen der Temperatur mit den Isobaren große Ähnlichkeit haben; relativ kalte Gebiete eines Breitenkreises zeigen hohen, relativ warme tiefen Druck an der Erdoberfläche. Die ungleiche Höhe der Kontinente anderseits und die geringe Reibung der Luft auf dem Meere bewirkt Ablenkungen der Luftströmungen; Gebirge wirken wie Dämme, lange Küstenstrecken gleichfalls. Wir erhalten so zonale Gradienten, welche sich mit den meridionalen kombinieren und hierdurch in der Erdoberfläche gekrümmte Isobaren liefern, u. a. in höheren Breiten eine Ausbuchtung der winterlichen Isobaren über den Meeren gegen den Äquator, über den Kontinenten gegen den Pol. Dabei tritt eine in der Erdoberfläche gelegene Zentrifugalkraft auf, worauf wir später zurückkommen. Es entstehen Gebilde hohen und tiefen Druckes, die sogenannten Aktionszentren der Atmosphäre[1]), die vermöge der ungleichen Lage und Temperatur der Stratosphäre vermutlich noch in großen Höhen ihren Einfluß äußern.

Bezüglich der Verteilung des Luftdruckes und Windes sowie der Temperatur an der Erdoberfläche müssen wir auf die in zahlreichen Lehrbüchern und auch in Atlanten abgedruckten Isobaren- und Isothermenkarten der Erde verweisen.

Es ist eine Aufgabe der Zukunft, die lokale Massenverteilung oberhalb der Erdoberfläche zu untersuchen und daraus die wirklichen mittleren Bewegungen der Luft in der Höhe abzuleiten; derartige Kenntnisse wären für das Verständnis der atmosphärischen Störungen von großer Bedeutung. Denn es gibt keine stationäre Bewegung, wenn über einem Orte in verschiedenen Höhen verschieden gerichtete Gradienten herrschen. Solche sind aber infolge der ungleichen Temperaturverteilung über Land und Meer notwendig vorhanden und müssen also Anlaß zu fortwährenden Veränderungen der Zirkulationen geben; dies sind zum Teil jene Störungen, welche das wechselnde Wetter höherer Breiten ausmachen.

Daß die mittlere Verteilung von Luftdruck und Temperatur auf der Erdoberfläche nicht stationär sein kann, ist leicht einzusehen. Bedenken wir, daß die Winde in geringer Höhe schon nahezu parallel zu den Isobaren wehen, so wird überall dort, wo Isobaren und Isothermen sich schneiden, eine zeitliche Druckänderung Platz greifen. Denn die den Isobaren parallel wehenden Winde transportieren, wenn sie die Isothermen schneiden, Luft von gewisser Temperatur von einem Orte

---

[1]) Bigelow, Bull. Mount Weather Obs., Vol. III, S. 156.

weg und bringen zugleich Luft von anderer Temperatur an diesen Ort
hin. Tritt warme Luft an Stelle von kälterer, so wird unter sonst gleichen
Umständen der Druck am Boden fallen, im umgekehrten Falle steigen.
Wie sich leicht zeigen läßt, ist die zeitliche Druckänderung, die so entsteht, der Fläche, die von zwei benachbarten Isothermen und zwei benachbarten Isobaren gebildet wird, verkehrt proportional[1]) (vgl. hiezu
Abschnitt 75, wo die betreffende Differenzialgleichung abgeleitet ist).

Legt man die mittleren Isobaren und Isothermen der Erde übereinander, so sind die Gebiete der Erde, in welchen die Schnittflächen solcher
Kurven deutlich und klein sind, leicht zu finden. Es gibt Gegenden, wo
die mittleren Isothermen geradezu senkrecht auf den Isobaren stehen.
In Fig. 55 sind diese Gebiete für die nördliche Halbkugel und den
Monat Jänner auf einer Karte eingezeichnet, und zwar sind durch Schraffen
von N nach S jene Gebiete angegeben, wo ein Steigen ($+$) des Druckes
aus der Normalverteilung heraus zu erwarten ist, durch Schraffen von
W nach E jene, wo ein Fallen ($-$) zu erwarten ist.

Diese Gebiete liegen auf der West- und Ostseite von Nordamerika,
in NW- und Nord-Europa, dann von Nowaja-Semlja aus gegen Südosten in
Asien und an der Küste des Stillen Ozeans nahe China und Japan. Die
Westseiten der Kontinente zeigen — Gebiete, die Ostseiten $+$ Gebiete.
Wie wir später sehen werden, sind die schraffierten Teile der nördlichen
Hemisphäre durch besonders häufige Entstehung und Bewegung von
Zyklonen ausgezeichnet.

Die Karte soll zunächst nur zeigen, daß die mittlere Luftbewegung auf der Erde bestimmt nicht stationär sein kann, daß also
Schwankungen, Veränderungen in der Zirkulation in sich selbst bedingt
sind, und zwar in erster Linie durch die Verteilung von Land und
Meer, welche die Temperaturverhältnisse der Erdoberfläche ganz unsymmetrisch gestaltet. Natürlich gelten die Verhältnisse von Fig. 55 nur
für den Winter, im Sommer herrschen andere.

66. Länger andauernde Anomalien der Zirkulation.

Außer
den Störungen der Zirkulation, die von Tag zu Tag in mittleren Breiten
auftreten und später ausführlich behandelt werden, gibt es auch noch
Anomalien derselben, welche längere Zeit, Monate, vielleicht selbst Jahre
andauern und vom mittleren Bild des atmosphärischen Kreislaufes erhebliche Abweichungen zeigen. Sehr einfach wird man auf sie aufmerksam,
wenn man z. B. die mittleren Druck- oder Temperaturdifferenzen zweier
entfernter Beobachtungsorte für einzelne Monate oder Jahre berechnet
und miteinander vergleicht, oder wenn man den durch ein registrierendes
Anemometer an einem Orte aufgezeichneten Windweg feststellt. So schwankt

---

[1]) F. M. Exner, Sitz.-Ber. d. Wiener Akad. d. Wiss., Bd. 115, Abt. II a,
S. 1171 (1906).

JSOBAREN u. JSOTHERMEN JM JANUAR
KALT
HOCH
TIEF
KALT
HOCH
TIEF
TIEF
Ost v. Green.
West v. Green.

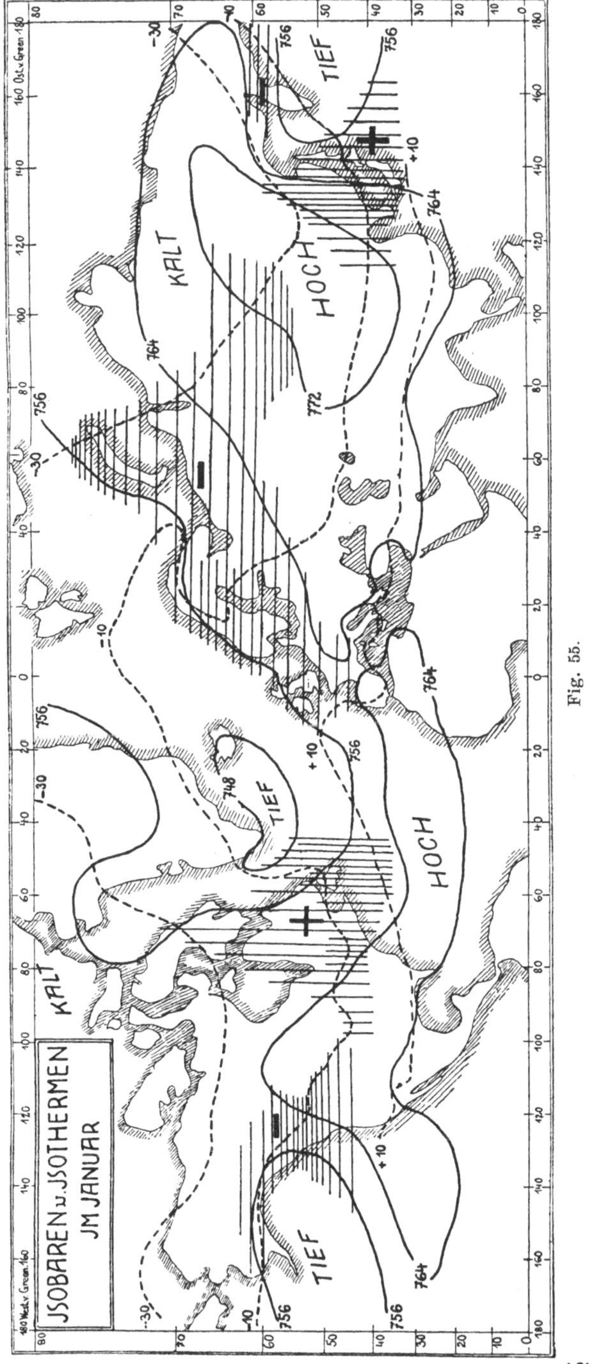

Fig. 55.

16*

z. B. der Jahreswert des Windweges über Wien, vektoriell zusammengesetzt, in dem Zeitraum 1889 bis 1904 zwischen 107.600 km (1893) und 70.600 km (1900)[1]. Die Gesamtbewegung der Luft, die über Wien im Jahr hinweggeht, unterliegt also Veränderungen von 30 %. Der Gradient der Jahrestemperatur zwischen Wien und Christiania schwankt in diesem Zeitraum zwischen $2 \cdot 2^0$ und $4 \cdot 1^0$ C. Eine im Jahresdurchschnitt konstante Zirkulation der Atmosphäre vorauszusetzen ist also nicht berechtigt.

Es ist heute noch nicht möglich, zu entscheiden, ob diese langsamen Veränderungen der Zirkulation in sich selbst ihren Grund haben, ob es sich also bei den atmosphärischen Bewegungen um Vorgänge handelt, die auf Grund ihrer komplizierten Gestaltung niemals auch nur angenähert wiederkehren, oder ob die Ursache der Veränderungen außerhalb der Erde liegt. Neuere Untersuchungen von C. G. Abbot und H. H. Clayton stellen die Behauptung auf, daß die Strahlung der Sonne nicht konstant ist und deren Schwankungen sich in der Zirkulation der Erdatmosphäre geltend machen[2]. Es kann auch sein, daß die Durchlässigkeit der Erdatmosphäre die Wärmewirkung der Sonne in schwankender Weise beeinflußt. Eine gewisse Rolle schreibt man u. a. seit langem den Sonnenflecken zu, auch ein Einfluß der Mondstellung wurde vielfach in Frage gezogen.

Sieht man von diesen noch unsicheren Erklärungsversuchen ab, so bieten statistische Untersuchungen der vorkommenden Zirkulationsanomalien ein sicheres Mittel, um Zusammenhänge zwischen den atmosphärischen Vorgängen in verschiedenen Gebieten der Erde zu erfassen. Zugleich geben solche Untersuchungen eine quantitative Erklärung vieler klimatischer Erscheinungen.

Die Abweichungen der Luftströmungen von ihrer schematischen Bahn infolge der Land- und Meerverteilung müssen auf der ganzen Erde in einem gewissen Zusammenhang stehen, ähnlich wie die Strömungen des Wassers in den verschiedenen Teilen eines unregelmäßig geformten Gefäßes; die Kontinuität muß erhalten werden. Infolgedessen stehen Anomalien der Zirkulation an einem Orte mit solchen an anderen auch weit entfernten Orten der Erde in Verbindung. Solche Beziehungen sind in den letzten Jahren tatsächlich mehrfach nachgewiesen worden, doch sind die Ergebnisse noch nicht erschöpfend.

Bei der statistischen Untersuchung der Anomalien der allgemeinen Zirkulation kommen hauptsächlich drei meteorologische Elemente in Betracht: der Wind, der Luftdruck und die Temperatur, in zweiter Linie wohl auch der Niederschlag. Der Zusammenhang der ersten drei Größen ist ein sehr enger, so daß es vielfach möglich ist, von der Anomalie der einen Größe auf die der anderen zu schließen.

---

[1] F. M. Exner, Hann-Band d. Met. Zeitschr. 1906, S. 260.
[2] Vgl. Claytons Buch: World Weather, Macm. Comp., New-York 1923.

Im folgenden werden beispielshalber einige Ergebnisse solcher Untersuchungen mitgeteilt, die sich hauptsächlich auf die Zunahme oder Abnahme der allgemeinen Westostdrift der Atmosphäre in außertropischen Breiten der nördlichen Halbkugel beziehen[1]). Sie sind physikalisch meist ziemlich einfach und verständlich, während manche anderen Ergebnisse solcher Untersuchungen (so auch von Hildebrandsson, Walker) zwar praktisch wichtiger sein können, aber noch nicht erklärlich sind. Die Beziehungen sind durch Korrelationsfaktoren gegeben und gelten für Monatsanomalien im Winter.

Im allgemeinen läßt sich sagen: 1. Die allgemeine Zirkulation der Atmosphäre macht Intensitätsschwankungen durch, die ganz bestimmte Druck- und Temperaturanomalien an verschiedenen Orten der Erde auslösen. Im allgemeinen zeigen sich Druckgegensätze zwischen Nord und Süd, also eine zonale Verteilung; im speziellen treten intensive derartige Gegensätze zwischen den polaren Gegenden und den Mittelmeerländern auf. 2. Bei konstantem Druck im Polargebiet der nördlichen Halbkugel ergeben sich Gegensätze der Druckanomalien auf jedem Breitenkreise für sich, so daß positive und negative Anomalien etwa 180 Längengrade voneinander abstehen. 3. Die Druckanomalien in der näheren Umgebung eines Ortes sind naturgemäß in Übereinstimmung mit jenen an dem betreffenden Orte selbst. Es kommt aber vor, daß solche positive Korrelationen in gewissen Richtungen auch noch sehr weit entfernt von dem Orte anzutreffen sind. Hier scheint es sich um ganz bestimmt geformte und an gewisse Gegenden der Erde gebundene größere Gebiete gleicher Druckanomalien zu handeln. 4. Die Temperaturanomalien sind derart beschaffen, als würde um Gebiete mit positiven oder negativen Druckanomalien die Luft sich wie um Hoch- und Tiefdruckgebiete bewegen und ihre Temperatur an andere Orte tragen. Die Lage der Isothermen in jener Gegend gibt die Richtung an, in welcher sich, von der Mitte der Druckanomalie aus gesehen, die Temperaturanomalien befinden.

Hohem Druck in den Polargegenden entspricht naturgemäß im allgemeinen niedriger in den Tropen, da die dortigen Massenüberschüsse wo anders fehlen müssen. Die Rechnung liefert einen Korrelationsfaktor $r = -0{\cdot}74$ zwischen den Druckanomalien der Polargebiete und jenen in 20^0 Breite.

Im Innern von Asien (Sibirien) entspricht einer positiven Druckanomalie eine negative Temperaturanomalie, der Luftdruck ist ein thermischer Effekt. Anders ist dies in den Polargegenden, hier ist positive Druckanomalie mit positiver Temperaturanomalie verbunden; je tiefer die Temperatur in den polaren Gegenden, desto stärker ist die Druckernie-

---

[1]) F. M. Exner, Sitz.-Ber. d. Wiener Akad. d. Wiss., Bd. 122, Abt. IIa, 1913, S. 1165.

drigung dortselbst und mit ihr die allgemeine Zirkulation auf der nördlichen Halbkugel. Die Korrelationsfaktoren (r) zwischen der Druckanomalie ($\varDelta p$) und der Temperaturanomalie ($\varDelta t$) sind: in Sibirien $r = - 0{\cdot}74$, in den Polargegenden $r = 0{\cdot}43$.

Daß negatives $\varDelta p$ in den Polargegenden wirklich einer besonders starken allgemeinen Zirkulation der Atmosphäre entspricht, ergibt sich aus einem Vergleich dieses $\varDelta p$ mit den gleichzeitigen West-Ostkomponenten der Windwege in Potsdam; es ist für diese Anomalien $r = - 0{\cdot}57$. Einer

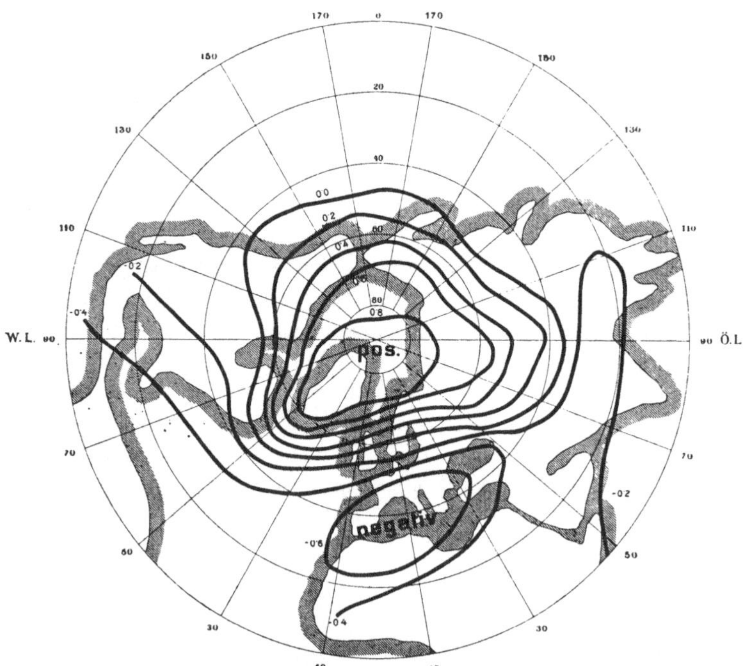

Korrelationen des Polardruckes mit dem der übrigen nördlichen
Halbkugel im Winter.

Fig. 56.

Abnahme des Polardruckes um 1 mm entspricht eine Zunahme jener Westkomponente um 90 km bei einem Mittelwerte derselben von 500 km im Monat.

Von ganz wesentlichem Einfluß auf die Gestaltung des Bildes der gleichzeitigen Anomalien auf der nördlichen Halbkugel erwies sich die Polardruckanomalie, wie dies ja natürlich ist, wenn sie ein Maß der allgemeinen Zirkulation vorstellt. In den Fig. 56 und 57 ist die Korrelation dieser Polardruckanomalie (Mittelwert von 3 Stationen in polaren Breiten) mit den Druck- bzw. Temperaturanomalien anderer Orte der nördlichen Halbkugel dargestellt.

Aus der Fig. 56 ersieht man folgendes:

Die nächste Umgebung der Polargegenden hat positive Druckkorrelationen mit ihnen; gegen Süden werden diese geringer und nähern sich dem Werte Null. Dann springt ein Gebiet mit negativer Druckkorrelation in Europa und Nordafrika in die Augen, in welchem r Beträge von -0.6 und -0.7 erreicht (Algier, Mittelmeer, Italien). Etwas Ähnliches findet sich im Golf von Mexiko.

Die größten Druckabnahmen bei abnehmender Zirkulation finden sich in Mitteleuropa und dem westlichen Mittelmeerbecken (0.6 bis 0.8 mm

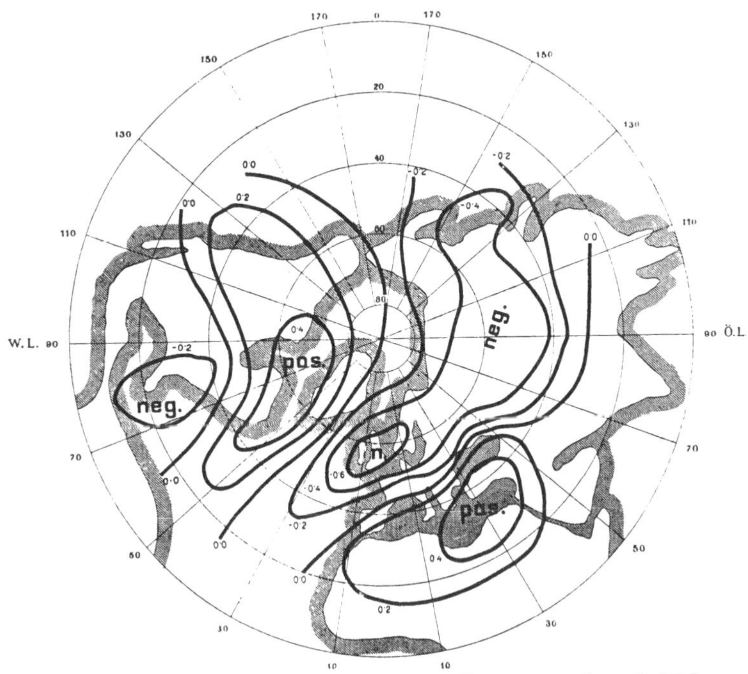

Korrelationen des Polardruckes mit der Temperatur der nördlichen Halbkugel im Winter.

Fig. 57.

pro 1 mm Druckzunahme im Polgebiet). Der im Winter daselbst ohnedies relativ niedrige Druck ist also ein Temperatureffekt des warmen Meeres und wird durch die zunehmende Zirkulation verringert, und zwar in beträchtlichem Umfange. In Punta Delgada ist der Druck relativ hoch (Azorenmaximum); eine Verringerung der Zirkulation gibt eine Abnahme dieses Hochdruckgebietes, das also dynamisch, durch die allgemeine Zirkulation, verursacht ist.

Die stärksten Drucksteigerungen durch ein Nachlassen der allgemeinen Zirkulation treten in der Gegend von Grönland und Island auf (1.1 bis

1·4 mm pro 1 mm Polardruckzunahme), ferner im Norden von Sibirien (Odborsk 1·1 mm). Das isländische Minimum ist also wie das Azorenmaximum durch die allgemeine Zirkulation dynamisch verursacht, während der hohe Druck Nordasiens im Winter trotz der allgemeinen Zirkulation besteht.

Aus Fig. 57 lassen sich Schlüsse auf die Temperaturwirkung einer erhöhten Zirkulation ziehen; so zeigt sich, daß Europa durch die Zirkulation der Atmosphäre erwärmt wird, ebenso auch Sibirien und das kontinentale Rußland; Sibirien wäre ohne dieselbe noch kälter (thermischer Effekt). Umgekehrt ist die Westküste Grönlands und die Ostküste Nordamerikas aus dynamischen Gründen so kalt. Eine Verringerung der Zirkulation bewirkte hier eine Erwärmung (bei 1 mm Zunahme des Polardruckes um durchschnittlich 0·4⁰ bis 0·6⁰, während die entsprechende Abkühlung Sibiriens in Barnaul 0·6⁰ bis 0·7⁰ betrüge). Die Mittelmeerländer werden gleichfalls durch die Zirkulation abgekühlt, namentlich im Osten. Die Zirkulation erwärmt also den nordwestlichen und mittleren Teil Europas, während sie den südöstlichen abkühlt.

In Nordamerika wird der nordwestliche und westliche Teil durch verringerte Zirkulation erwärmt, der östliche (südöstliche) abgekühlt; die Beträge sind zwar gering, aber recht regelmäßig. Diese Erscheinung rührt daher, daß ohne die allgemeine Zirkulation der amerikanische Kontinent im Norden zur Winterszeit von einem Hochdruckgebiet bedeckt wäre; es hätte dann der Westen warme südliche, der Osten kalte nördliche Winde; die zunehmende Zirkulation gleicht diese Unterschiede aus, anstatt sie zu verursachen.

Betrachten wir den einen Fall der negativen Temperaturkorrelation über Labrador-Grönland etwas näher, so geht aus dem Kärtchen deutlich hervor, daß dieses Gebiet in ganz besonderer Weise vor anderen ausgezeichnet ist. Zunehmende Zirkulation steht im Zusammenhange mit Temperaturabnahme auf der Rückseite des isländischen Minimums, das, wie Fig. 56 zeigt, sich zugleich mit dem Polardruck vertieft.

Wir können die Sache auch so auffassen: Das Gebiet von Westgrönland und Labrador ist eine ausgezeichnete Einbruchstelle kalter Polarluft in wärmere Luft mittlerer Breiten. Wenn auch dort wie bei uns die Windrichtungen sehr wechselnd sind, so fließt doch durchschnittlich an dieser Stelle viel kalte Luft aus der Polarkalotte südwärts. Von Symmetrie in der Zirkulation auf der nördlichen Halbkugel kann somit keine Rede sein, Land und Meer beeinflussen die Zirkulation in ihrer Gestalt sehr wesentlich; das einfache Schema einer allgemeinen Zirkulation wird hinfällig, sobald man sich den Tatsachen der Strömungsverhältnisse in Einzelgebieten der Erdoberfläche zuwendet. Hierin liegt ein Übergang von der allgemeinen Zirkulation im großen zu den mehr lokalen Vorgängen, den wechselnden Erscheinungen des Wetters in höheren

Breiten, den Zyklonen und Antizyklonen. Es ist kein Zweifel, daß wir die letzteren als in engem Zusammenhange mit allgemeinen atmosphärischen Strömungen auffassen müssen, freilich in einem Zusammenhange, der von der Gliederung der Erdoberfläche, der Verteilung von Land und Meer, aufs kräftigste beeinflußt wird.

Auf diese Verhältnisse kommen wir später näher zurück (Kapitel 12).

67. Ältere Theorien über den Kreislauf der Atmosphäre.

Zur theoretischen Behandlung der allgemeinen Zirkulation stehen wesentlich fünf Gleichungen zur Verfügung, die drei Bewegungsgleichungen, die Kontinuitätsgleichung und die Gleichung für die zugeführte Wärme (erster Hauptsatz). Aus ihnen lassen sich prinzipiell fünf Unbekannte ableiten, nämlich die drei Bewegungskomponenten, der Luftdruck und die Lufttemperatur, sämtlich als Funktionen von Ort und Zeit. Hierzu würde man die Kenntnis der tatsächlichen Wärmezufuhr oder Wärmeabgabe in jedem Punkte der Atmosphäre benötigen. Da diese vollständig fehlt, haben die älteren Theorien der atmosphärischen Zirkulation durchwegs die Gleichung für die Wärmezufuhr unbenützt gelassen, die Lufttemperatur als gegeben angenommen und mit den ersten vier Gleichungen die ersten vier Unbekannten zu berechnen versucht.

In dieser Vernachlässigung liegt ein prinzipieller Irrtum, der alle diese Theorien mehr oder weniger wertlos macht. Denn die Festsetzung der Temperatur führt noch nicht zu einer eindeutigen Geschwindigkeitsverteilung. Wir haben oben (S. 214) darauf hingewiesen, daß die Frage, welche Druckverteilung in großen Höhen zwischen Äquator und Pol herrscht, von der Größe des Luftnachschubes und daher mittelbar wieder von der Wärmezufuhr am Äquator abhängt. Ist die Temperaturverteilung gegeben, so muß neben ihr noch die Druckverteilung am Boden oder in einer beliebigen Höhe bekannt sein, damit der Druck überall bestimmbar ist (vgl. Fig. 50).

Man muß daher neben der Temperatur auch noch den Druck in einem Niveau als gegeben ansehen, um das Problem zu lösen. Statt den Druck in einer großen Höhe anzunehmen und dadurch den Schein einer Deduktion zu erwecken, der nur irreführt, ist es dann am einfachsten, gleich von der Druckverteilung am Boden, wie sie beobachtet wird, auszugehen und aus ihr und der Temperaturverteilung die zonale Bewegung in allen Höhen zu berechnen.

Die meisten Theorien hatten im Gegensatz hiezu das Bestreben, die tatsächliche Verteilung des Bodendrucks theoretisch abzuleiten. Die Berechnung der Geschwindigkeiten, welche mit den Gradienten verbunden sind, erfolgte nach den Bewegungsgleichungen unter Rücksicht auf die Reibung an der Erdoberfläche. Jene Gleichungen hat Ferrel[1]) in die

---

[1]) Zusammenfassend in Recent Advances in Meteorology, Ann. Rep. Chief Sign. Officer, 1885, part 2; Washington 1885.

Meteorologie eingeführt und damit den Grund zu einer rationellen Beurteilung der Winde und der ihnen zugrunde liegenden Kräfte gelegt. Dieses große Verdienst bleibt bestehen, wenn auch den einzelnen Resultaten seiner Arbeiten jetzt keine sehr große Bedeutung mehr zukommt, nachdem seine Annahmen über die Verteilung der Temperatur in der Höhe von den Beobachtungen überholt sind und manche Vorstellungen, namentlich die von der ungestörten Bewegung einer Luftmasse vom Äquator bis in die Gegend des Poles, sich als unhaltbar erwiesen haben [1]).

Die Erscheinung der Hochdruckgürtel in den Roßbreiten ist mehrfach der Gegenstand theoretischer Untersuchungen gewesen. Ferrel hat bei dieser Gelegenheit zum ersten Male das für die atmosphärische Zirkulation so wichtige Rotationsmoment und den Satz von dessen Konstanz aufgestellt. Seine Versuche, mit Hilfe desselben die Lage der Hochdruckgürtel zu berechnen, werden hierdurch wertvoller als durch das eigentliche Resultat seiner Rechnung.

Der Gedankengang der letzteren war kurz folgender: Ursprünglich sei die Atmosphäre relativ zur Erde in Ruhe; jedes Teilchen Luft hat dann ein gewisses leicht feststellbares Rotationsmoment. Nun gerate die Atmosphäre in Bewegung; durch Mischung sollen allmählich alle Massen das gleiche Moment erhalten. Dieses muß dann wegen der Konstanz der Rotationsmomente der Mittelwert Ω_m aller früheren sein. Man findet leicht: $\Omega_m = -\dfrac{2\,R^2\,\omega}{3} = R^2 \cos^2 \varphi\,(\lambda - \omega)$. Daraus läßt sich die zonale Geschwindigkeit als Funktion der Breite berechnen: $v = R\,\omega\left(\dfrac{2}{3\cos\varphi} - \cos\varphi\right)$. Sie verschwindet in den Hochdruckgürteln; für $v = 0$ ergibt sich deren Breite demnach zu $\varphi = 35^0\,16'$ $\left(\text{aus } \cos^2\varphi = \dfrac{2}{3}\right)$.

Die Rechnung ist nicht einwandfrei, da kein Grund vorhanden ist, daß die Atmosphäre jemals in Ruhe war. Auch ist tatsächlich das Rotationsmoment in unserer Atmosphäre nicht überall das gleiche, es nimmt im Gegenteil, wie wir sahen, gegen den Äquator sehr stark zu. Man erhielte sonst für den Pol eine unendliche Geschwindigkeit. Auch ist das Rotationsmoment einer Luftmasse tatsächlich nicht konstant.

Später hat Ferrel die Lage der Hochdruckgürtel aus dem Prinzip [2]) erklärt, daß die Erde durch die Reibung der Winde an ihrer Oberfläche keine Veränderung ihrer Rotationsgeschwindigkeit erleiden könne; denn ohne Kraft, die von außen wirkt, sei eine solche Veränderung nicht möglich. Freilich ist die Erde von der Außenwelt nicht abgeschlossen, vielmehr ist die Sonnenstrahlung gerade die Ursache der Bewegungen;

---

[1]) Ferrels Berechnung der Windgeschwindigkeit ist in Sprungs Lehrbuch der Meteorologie, S. 205 eingehend dargestellt.
[2]) A popular treatise on the winds, London 1889.

also ist Ferrels Voraussetzung nicht ganz streng. Der weitere Gedankengang ist der folgende: Das Reibungsmoment der Ostwinde in den Tropen muß jenem der Westwinde in den höheren Breiten gleich sein. Da der Hebelarm der Reibungskräfte, mit welchem die Westwinde angreifen, bedeutend kleiner ist als der der Ostwinde (die ersteren liegen der Erdachse näher), so sollte der größere Teil der Erdoberfläche von Westwinden, der kleinere von Ostwinden bedeckt sein. Die halbe Erdoberfläche liegt aber bekanntlich zwischen 30^0 nördlicher und südlicher Breite eingeschlossen. Wenn die Ostwinde schwächer sind als die Westwinde, so kann demnach die Kalmenzone nahe bei 30^0 Breite liegen. Diese Folgerung ist richtig; man müßte aber ganz bestimmte mittlere Windstärken annehmen, um aus ihnen die Lage der Kalmengürtel berechnen zu können.

Auch Siemens machte einen Versuch[1]) zur Berechnung der Lage der Hochdruckgürtel[2]). Nach ihm sollte die ursprünglich relativ zur Erde ruhende Luft ihre lebendige Kraft konstant erhalten, wenn sie durchmischt wird. Außerdem sollte sie nach der Mischung überall die gleiche absolute Rotationsgeschwindigkeit im Raume haben. Aus diesen Annahmen ergab sich für die Kalmengürtel dieselbe Breite von $35^0\,16'$, wie bei Ferrel. Die Deduktion von Siemens ist nicht berechtigt, weil für die Gleichheit der absoluten Rotationsgeschwindigkeit kein Grund vorhanden ist; sie widerspricht geradezu dem Satz von der Konstanz des Rotationsmomentes. Die Rechnung ist nur mehr von historischem Interesse.

Größere Bedeutung kommt den Rechnungen von A. Oberbeck[3]) zu, welcher zum ersten Male eine strikte Integration der Bewegungsgleichungen versuchte. Er war dabei freilich gezwungen, eine Annahme über die Temperaturverteilung in der Atmosphäre zu machen (vgl. S. 249); sie sollte dem Wärmeleitungsgleichgewicht entsprechen. Die Luft wurde von Oberbeck mit der Kontinuitätsgleichung wie eine inkompressible Flüssigkeit behandelt; dagegen wurden die Ausdrücke für die innere Reibung in die Gleichungen eingeführt. Hiedurch kommen meridionale Bewegungen zustande, welche sonst bei Weglassung der Wärmezufuhr ganz fehlen könnten.

Oberbeck gelangte zu drei Integralen der Bewegungsgleichungen, welche die drei Komponenten der Bewegung als Funktionen der Polhöhe darstellen, während unbestimmte Funktionen die Abhängigkeit von der Seehöhe enthalten. Sie liefern Stromlinien, die der Form nach zum Teil

---

[1]) Sitz.-Ber. Berl. Akad. 1886, S. 261.

[2]) Vgl. die klare Übersicht und Kritik von A. Sprung in Met. Zeitschr. 1890, S. 161; daselbst findet sich auch eine Berechnung der Veränderungen der lebendigen Kraft einer Luftmasse infolge der Erhaltung ihres Rotationsmomentes (S. 172, Anhang).

[3]) Sitz.-Ber. Berl. Akad. 1888, S. 383 und Met. Zeitschr. 1888, S. 305; auch Naturw. Rundschau, 9. Juni 1888; ferner Sitz.-Ber. Berl. Akad. 1888, S. 1129.

den tatsächlichen Bewegungen entsprechen, die aber auch ohne mathematische Theorie aus der Konvektionsströmung folgen (vgl. Abschnitt 60),
namentlich die Passate und Antipassate, aber auch die NW-Winde in den
unteren Schichten der höheren Breiten. Dabei sollte der Kreislauf vom
Äquator bis zum Pol reichen, was ungeheure Geschwindigkeiten und
Gradienten liefern würde. In der zweiten der oben genannten Arbeiten
hat Oberbeck die tatsächliche Verteilung des Bodendrucks längs eines
Meridians der südlichen Halbkugel als gegeben angenommen und hieraus
die Größe der zonalen Bewegung abgeleitet, indem er noch die Winkelgeschwindigkeit derselben in allen Höhen gleichsetzte.

Den rein analytischen Weg zur Darstellung des allgemeinen Kreislaufes der Atmosphäre hat nach Oberbeck noch Marchi[1]) beschritten,
aber kaum mit besserem Erfolge. Marchi fand über dem Äquator Windstille, während bei Oberbeck der Ostwind mit den Beobachtungen über-
einstimmte. Die Kalmenzone mußte auch Marchi bei etwa 35^0 Breite
annehmen, um eine gewisse Ähnlichkeit der theoretischen mit den tatsächlichen Winden zu erhalten, usw.

Wir verweisen bezüglich aller derartigen theoretischen Arbeiten auf
die Originaluntersuchungen und auf das Lehrbuch von Sprung. Heute
scheint keine Aussicht zu sein, auf dem Wege der Analysis allein im
Verständnis der Frage wesentlich weiterzukommen. Wie im Abschnitt 64
gezeigt, bildet die Kenntnis des Wärmeumsatzes hiefür eine unumgängliche
Vorbedingung, dessen Erforschung in Zukunft besonders wichtig wäre.

---

[1]) Atti d. R. Accad. d. Lincei, Vol. XIII, S. 460 und 619, 1904.

Zehntes Kapitel.

Dynamik zyklonaler Bewegungen.

68. Bildung und Wachstum einfacher Wirbel in Flüssigkeiten. Im Abschnitt 52 wurde die Bildung von Wirbeln in Gasen erstens durch die ablenkende Kraft der Erdrotation bei Konvergenz der Stromlinien, zweitens durch die Arbeit der Druckkräfte bei Zirkulationen kurz besprochen. Die in der Atmospäre auftretenden Wirbel, welche als Windhosen, Wirbelstürme, Zyklonen und Depressionen bekannt sind, sind im wesentlichen horizontale Luftbewegungen, so daß die Rotationsachse vertikal steht; infolgedessen spielt bei ihrer Entstehung vermutlich die Druckarbeit eine geringere Rolle. Sie tritt hauptsächlich bei den Zirkulationen in Vertikalebenen in Erscheinung. Die ablenkende Kraft der Erdrotation kann bei den Wirbeln mit Vertikalachsen schon mehr in Betracht kommen.

Da wir aber in der Natur die Bildung von solchen Wirbeln nicht nur in der Luft, sondern auch im inkompressiblen Wasser finden, wo der letzte Gesichtspunkt so gut wie gar nicht, der erste wegen der geringen Ausdehnungsfähigkeit des Wassers auch kaum in Betracht kommt, so müssen noch andere Ursachen bei der Wirbelbildung mitspielen. Wir finden sie in der inneren Reibung der Flüssigkeiten. Das Helmholtzsche Gesetz von der Konstanz der Wirbel gilt nur für reibungslose inkompressible Flüssigkeiten. Sobald die innere Reibung (Turbulenz) zur Wirkung kommt, entstehen und vergehen Wirbel auch im Wasser, wie wir dies in jedem Flußlauf beliebig oft beobachten können.

Wo immer wir durch eine ruhende Flüssigkeit einen Flüssigkeitsstrom durchleiten, bilden sich rechts und links von ihm Wirbelbewegungen infolge der Scherkräfte, welche die bewegten Teilchen auf die angrenzenden ruhenden ausüben. Im allgemeinen können wir die Bildung von Wirbeln an jeder Diskontinuitätsfläche der Bewegung erwarten. Eine analytische Behandlung dieser Vorgänge steht noch aus.

Wie die Beobachtungen an einem Flußlauf zeigen, treten größere Wirbel am häufigsten dort auf, wo die Begrenzungen des Wassers, das Flußbett, scharfe Unregelmäßigkeiten in ihrem Verlauf besitzen, z. B. an einer vom Ufer einspringenden Ecke oder an einem Brückenpfeiler. In der

Atmosphäre, wo die Begrenzung der Luftbewegung hauptsächlich durch die Erdoberfläche gegeben ist, werden solche Wirbel am ehesten bei Bodenerhebungen, hinter Gebirgen vorkommen. Sie müssen aber auch dann entstehen, wenn an die Stelle der ruhenden festen Begrenzung eine Luftmasse anderer Bewegungsrichtung tritt. Wie später näher auszuführen sein wird, ist die Gelegenheit dazu hauptsächlich dann geboten, wenn die das Bewegungshindernis bildende Luftmasse auch eine andere, größere Dichte besitzt.

Sehen wir zunächst von Dichteunterschieden ab, so können wir die Bildung von Wirbeln mit vertikalen Achsen hauptsächlich auf die Reibungswirkung an Bewegungsdiskontinuitäten zurückführen. Bewegen sich zwei Luftströme aneinander vorüber, dann ist ein Aufrollen der vertikalen oder schiefen Grenzfläche die Regel. Solche Wirbel in kleinem Maßstab beobachtet man z. B. wenn der Wind um eine Hausecke bläst. Der Rotationssinn kann hier ein zyklonaler und ein antizyklonaler sein. Die verschiedenen kleinen, hintereinander längs der Grenzfläche auftretenden Wirbel scheinen die Fähigkeit zu haben, sich zu einem größeren Wirbel zu vereinigen. Die bei der Rotation auftretenden Zentrifugalkräfte verdünnen die Luft an der Grenze, werfen die Luftmassen von innen nach außen und führen zu einer kreisförmig zentrierten Wirbelbewegung in größerer Dimension. Die Dynamik dieses Vorganges ist, wie gesagt, noch nicht genügend erforscht.

Sobald es sich um Wirbel größerer Dimensionen handelt, die auch länger bestehen, beginnt die horizontale Komponente der ablenkenden Kraft der Erdrotation mitzuspielen. Sie wirkt bei antizyklonalem Rotationssinn der Zentrifugalkraft entgegen, während sie dieselbe bei zyklonalem Rotationssinn unterstützt. Infolgedessen werden sich auf die Dauer nur zyklonale Wirbel dieser Art halten, antizyklonale aber über ein gewisses Maß hinaus gar nicht zustande kommen. Tatsächlich scheinen nicht nur die Zyklonen unserer Breiten, sondern auch die kleineren Wirbelstürme in den Tropen alle zyklonalen Rotationssinn zu haben.

Die Bildung größerer Wirbel aus kleineren läßt sich in der Atmosphäre nicht recht verfolgen. Vor kurzem hat S. Fujiwhara[1]) Versuche über Wirbelbildung und Wirbelbewegung in einem Wassertrog gemacht. Durch kleine künstlich getriebene Flügelräder mit vertikaler Achse wurden kleine Wirbel erzeugt und deren Verhalten beobachtet. Es zeigte sich dabei, daß — entgegen der Theorie der hydrodynamischen Fernkräfte — Wirbel mit gleichem Rotationssinn die Tendenz hatten, sich anzuziehen, solche mit umgekehrtem Rotationssinn die Tendenz, sich voneinander zu entfernen. Kleinere Wirbel wurden von größeren mit gleichem Drehungssinn aufgesaugt und verstärkten den großen. Starke Wirbel schienen

---

[1]) Bulletin of the Centr. Meteor. Observat. of Japan, Vol. III, Nr. 5, 1923.

sich so auf Kosten kleinerer auszubilden, indem die Wirbelgrößen der kleinen sich summierten. Wirbel mit entgegengesetztem Rotationssinn schwächten einander; der kleinere konnte vom größeren ganz zerstört werden. Anderseits lösten sich größere Wirbel wieder auf, indem sie in kleinere zerfielen, diese in noch kleinere, bis sich schließlich die ganze lebendige Kraft in kleinsten Turbulenzwirbeln in Reibungswärme umsetzte.

Fujiwhara hat an diese Beobachtungen eine Theorie des Wachstums und des Absterbens der Wirbel angeschlossen. Ein bestehender Wirbel kann entweder aus dem umgebenden Flüssigkeitsfeld neue Wirbelenergie aufnehmen (Wachstum) oder er löst sich in kleinere Wirbel auf und verstreut seine Wirbelenergie auf eine immer größere Masse (Abnahme).

Ist E die Energie eines Wirbels[1]), so nimmt Fujiwhara an, der zeitliche Zuwachs an Energie sei erstens E proportional; ein großer Wirbel kann sich auf Kosten der Umgebung um mehr verstärken als ein kleiner. Zweitens muß diese Zunahme der in der Umgebung vorhandenen Wirbelenergie proportional sein. Ist W die gesamte in der Flüssigkeit enthaltene Wirbelenergie, so ist also

$$\frac{dE}{dt} = a\,E\,(W - E), \quad \text{woraus folgt}$$

$$E = \frac{W\,E_0\,e^{a\,W\,t}}{W - E_0\,(1 - e^{a\,W\,t})}.$$

Hier ist E_0 die Energie des betrachteten Wirbels zur Zeit $t = 0$. Der Wirbel wächst nach dieser Gleichung anfangs langsam, dann stärker, schließlich wieder langsamer und erreicht endlich den Wert W, d. h. er absorbiert die ganze vorhandene Wirbelenergie. Dies stellt das Wachstum vor. In ähnlicher, etwas verwickelterer Weise wird die Abnahme behandelt, die Dissipation der Energie, die Zerstreuung auf eine Generation von kleineren Wirbeln, von diesen weiter auf noch kleinere usf.

Ist z. B. neben einem oder mehreren größeren Wirbeln, deren kinetische Energie E ist, noch eine zweite Generation von kleineren Wirbeln vorhanden, in welche die größeren zerfallen, und ist deren Energie C, so gilt für diese in ähnlicher Weise wie früher $\frac{dC}{dt} = b\,E\,C$, weil E der für sie verfügbare Vorrat an Energie ist. Für die erste, größere Generation ist aber $\frac{dE}{dt}$ gegen den früheren Ansatz um $\frac{dC}{dt}$ zu vermindern, weil die großen Wirbel sich nicht allein aus dem Vorrat

---

[1]) E ist die kinetische Energie der Wirbelbewegung. Eine Ableitung der folgenden Gleichung aus den Bewegungsgleichungen wurde von Fujiwhara nicht gegeben; es ist auch sehr fraglich, ob sie exakt durchführbar wäre.

$W - E$ vergrößern, sondern zugleich in die kleineren Wirbel zerfallen. Man hat daher $\frac{dE}{dt} = aE(W-E) - bEC$ und $\frac{dC}{dt} = bEC$. Die beiden Gleichungen geben, angenähert integriert, für C ein ähnliches Wachstum wie früher für E, für die großen Wirbel E aber nur anfangs eine Zunahme, der dann eine Abnahme und ein vollständiges Verschwinden folgt.

Diese Gleichungen des Wachstums und Absterbens sind nicht auf Wirbel allein anwendbar, sondern recht allgemeiner Art. Bezüglich der atmosphärischen Wirbel stellen sie eine Hypothese vor, die erst noch näherer Bestätigung bedarf.

Fujiwhara sieht in der Atmosphäre überall dort den für die Zyklonenbildung nötigen Vorrat an Wirbelenergie, wo der Wind rechts von seiner Richtung stärker ist als links; denn dort ist nach der Formel $\xi = \frac{\partial u}{\partial y} - \frac{\partial v}{\partial x}$ zyklonale Wirbelgeschwindigkeit gegeben. Die Untersuchung der synoptischen Windverhältnisse hierauf hat noch keine endgültigen Resultate gezeitigt, doch scheint Fujiwharas Theorie des Wachstums der Wirbel einer weiteren Bearbeitung wert. Seine Beobachtungen über Annäherung und Abstoßung von Wasserwirbeln bei gleichem bzw. entgegengesetztem Drehungssinn werden durch die Regel Okadas bestätigt, wonach in Japan Zyklonen sich einander zu nähern pflegen, eine Zyklone sich hingegen von einer Antizyklone zu entfernen sucht.

69. Rotationsbewegung bei symmetrischer Temperaturverteilung.
Wir betrachten im folgenden Luftmassen über kleineren Gebieten der Erdoberfläche, welche um eine vertikale Achse rotieren[1]). Ihre Ausdehnung soll dabei so gering sein, daß wir für ihre Lage auf der Erde die gleiche mittlere Breite annehmen können. Auch wollen wir voraussetzen, daß die Temperatur von jener Achse aus nach allen Azimuten symmetrisch verteilt sei.

Ob es derartige Rotationsbewegungen von meteorologisch in Betracht kommenden Dimensionen wirklich gibt, ist fraglich. Nicht nur ist es unwahrscheinlich, daß eine derartige Temperatursymmetrie zufällig einmal vorkommt, es ist auch fraglich, ob die wirklich vorkommenden Rotationen nicht an Temperaturasymmetrien gebunden sind. Wie wir oben (Abschnitt 50) sahen, sind die tropischen Zyklonen vielleicht solche Rotationen mit symmetrischer Temperaturverteilung um die Achse; doch sprechen einige Beobachtungen auch für das Gegenteil. Es kann sein, daß die Asymmetrie bei ihnen ebenso vorkommt, wie bei den Depressionen und Antizyklonen der höheren Breiten, bei denen sie nach den Ausführungen des 7. Kapitels eine wichtige Bedingung zu sein scheint.

---

[1]) Wir verstehen unter Rotation zunächst nur eine Bewegung in Kreisen um ein Zentrum.

Wenn wir demnach symmetrische Temperaturverteilung annehmen, so können die Ergebnisse unserer Betrachtung besten Falles auf tropische Zyklonen direkte Anwendung finden; sie tragen jedoch jedenfalls dazu bei, die Bedeutung der Rotationsbewegungen auch bei den anderen atmosphärischen Störungen besser zu überblicken.

In der Meteorologie wird für rotierende Luftmassen meist der Ausdruck „Wirbel" angewendet. Die theoretische Hydrodynamik versteht hierunter eine ganz bestimmte Art von Bewegung, bei welcher kein Geschwindigkeitspotential existiert; der Begriff ist also hier ein viel engerer. Es wird sich zeigen, daß die atmosphärischen Rotationsbewegungen zum Teil wahre Wirbel, zum Teil aber wirbelfrei sind, so daß es besser wäre, von „Zyklonen" zu sprechen als von „Wirbelstürmen".

Zur Darstellung der Rotationsbewegung um eine vertikale Achse benützen wir die beiden auf S. 113 gegebenen Gleichungen, welche lauteten:

$$\ddot{r} - r\dot{\vartheta}^2 + 2\,\omega \sin\varphi\, r\dot{\vartheta} + k\dot{r} = -\frac{1}{\varrho}\frac{\partial p}{\partial r},$$

$$r\ddot{\vartheta} + 2\dot{r}\dot{\vartheta} - 2\,\omega \sin\varphi\,\dot{r} + k r\dot{\vartheta} = -\frac{1}{\varrho r}\frac{\partial p}{\partial \vartheta}\,{}^{1}).$$

Sie gelten wegen des Reibungsausdruckes (k) nur für die Nähe der Erdoberfläche.

Wir beschränken uns hier auf Bewegungen bei kreisförmigen Isobaren $\left(\frac{\partial p}{\partial \vartheta} = 0\right)$ und vernachlässigen zunächst auch die Reibung. Dann folgt aus der zweiten Bewegungsgleichung:

$$r\ddot{\vartheta} + 2\dot{r}\dot{\vartheta} - 2\,\omega \sin\varphi\,\dot{r} = 0.$$

Betrachten wir stark rotierende Massen von nicht zu großer horizontaler Ausdehnung in niedrigen Breiten, wie sie etwa in den tropischen Zyklonen vorkommen, so können wir in erster Annäherung $\omega \sin\varphi$ gegen $\dot{\vartheta}$ vernachlässigen. Wir erhalten dann $r\ddot{\vartheta} + 2\dot{r}\dot{\vartheta} = 0$ oder $r^2\dot{\vartheta} = a$.

Die Gleichung drückt die Konstanz der Flächengeschwindigkeit aus. Die lineare Rotationsgeschwindigkeit $r\dot{\vartheta} = \frac{a}{r}$ nimmt gegen das Zentrum hin zu. Da sie dort unendlich groß würde, kann man die Gleichung nur in endlicher Distanz vom Zentrum verwenden. Setzt man unter diesen Umständen außerdem die radiale Geschwindigkeit $\dot{r} = 0$, so hat man eine mit der Geschwindigkeit $\dot{\vartheta} = \frac{a}{r^2}$ um die vertikale Achse rotierende Luftmasse.

---

¹) Hier ist r der Abstand von der Rotationsachse, ϑ der Winkel des Radiusvektors mit der x-Achse; dieser wächst mit dem Uhrzeiger.

Diese Gleichung stellt die einzige Verteilung der Rotationsgeschwindigkeit dar, die wirbelfrei im Sinne der Hydrodynamik ist, worauf R. Emden[1]) hinwies. Die Bedingung für wirbelfreie Bewegung lautet ja bekanntlich: $\frac{\partial u}{\partial y} = \frac{\partial v}{\partial x}$. Wenn man nun $x = \mathfrak{r}\cos\vartheta$, $y = \mathfrak{r}\sin\vartheta$ setzt, so wird zunächst $u = \frac{dx}{dt} = -y\,\dot\vartheta$, $v = \frac{dy}{dt} = x\,\dot\vartheta$, somit $\frac{\partial u}{\partial y} = -\dot\vartheta - y\frac{\partial\dot\vartheta}{\partial y}$, $\frac{\partial v}{\partial x} = \dot\vartheta + x\frac{\partial\dot\vartheta}{\partial x}$. Für die Bedingung der Wirbelfreiheit erhält man also

$$2\,\dot\vartheta + x\frac{\partial\dot\vartheta}{\partial x} + y\frac{\partial\dot\vartheta}{\partial y} = 0 \quad \text{oder} \quad 2\,\dot\vartheta + \mathfrak{r}\frac{\partial\dot\vartheta}{\partial\mathfrak{r}} = 0.$$

Durch Integration ergibt sich hieraus $\mathfrak{r}^2\,\dot\vartheta = a$; das ist aber die oben angenommene Verteilung der Geschwindigkeit.

Emden hat gezeigt, daß die Annahme $\mathfrak{r}^2\,\dot\vartheta = a$ zu einer Geschwindigkeits- und Druckverteilung führt, welche mit Beobachtungen an Zyklonen in guter Übereinstimmung ist (vgl. S. 261). Allerdings kann diese Annahme nur im äußeren Teil der Zyklone gelten, nicht im inneren. Aber an Raum scheint tatsächlich dieser so definierte äußere Teil viel mehr einzunehmen als der innere Teil, der ein wahrer Wirbel sein muß. Hier muß die Geschwindigkeit gegen das Zentrum hin abnehmen, da sie im Zentrum Null wird.

Es ist nach den Ausführungen des vorigen Abschnittes wahrscheinlich, daß der innere Wirbelteil der Zyklone der dynamisch wichtigere ist; er ist der Kern der ganzen Bewegung. Für die meteorologischen Erscheinungen aber, die sich im Umkreis einer Zyklone ereignen, ist der äußere Teil, eben schon wegen seiner Größe, bedeutungsvoller. Auch ist es unwahrscheinlich, daß die virtuelle innere Reibung, die Turbulenz, in so großen Dimensionen, wie sie der äußere Teil der Zyklonen bietet, allgemeine Wirbelbewegung erzeugt. Glaubhafter erscheint es, daß die in inkompressiblen Flüssigkeiten bestehende Tendenz (Helmholtz) zur Konstanz der Wirbelbewegung bei großen Dimensionen auch in Gasen noch eine Rolle spielt; denn nach den Ähnlichkeitssätzen (Abschnitt 35) ist zu erwarten, daß sich die Atmosphäre in ihren großen Bewegungen von tropfbar flüssigen Massen nicht allzusehr unterscheidet.

Auch würde, wie Emden sagt, ein reiner Wirbel, aus beständig den gleichen Massen bestehend, sich in kurzer Zeit „ausgeregnet" haben, während die Luftmassen einer Zyklone immer wieder durch Zufuhr und Abfuhr erneuert zu werden scheinen.

Schließlich ist die wirbelfreie Geschwindigkeitsverteilung im äußeren Gebiet einer Zyklone auch aus den Strömungsverhältnissen schon wahrscheinlich. Das Zuströmen der Luft gegen ein Gebiet, in welchem auf-

---

[1]) Gaskugeln, Leipzig 1907, S. 372.

steigende Bewegung eingeleitet ist (vgl. Abschnitt 50, S. 167), geschieht ja unter Erhaltung der Flächengeschwindigkeit, und diese Konstanz wird eben durch die obige Formel ausgedrückt. Dabei ist von Interesse, daß Zyklonen stets unter mindestens 10^0 Breite entstehen; in niedrigeren Breiten würde das Zuströmen der Luft gegen ein Zentrum noch ohne Bildung von Rotation erfolgen, da die ablenkende Kraft der Erdrotation dort keine Rolle spielt. Hier mag an das Experiment von Helmholtz[1]) erinnert sein, bei welchem Wasser in einem zylindrischen Gefäß rotiert; sobald in dessen Mitte ein Abfluß geöffnet wird, strömt das Wasser der Mitte zu und erlangt bei Erhaltung des Rotationsmomentes stets größere Rotationsgeschwindigkeit; zugleich bildet sich eine trichterförmige Vertiefung, der Druck im Innern wird erniedrigt, das Ausfließen aber durch die Zentrifugalkraft stark verzögert. Schließlich entsteht ein Luftschlauch, analog einer Wasserhose, der von der Oberfläche in die Ausflußöffnung hinabreicht.

Die Annahme $r^2 \dot\vartheta = a$ haben schon Guldberg und Mohn für den äußeren Teil der Zyklone gemacht. Bei allmählicher Entfernung vom Zentrum wird die lineare Rotationsgeschwindigkeit $v = r\dot\vartheta = \dfrac{a}{r}$ immer kleiner und kann allmählich in das ungestörte Feld übergehen. Auch Oberbeck[2]) hat diese Annahme übernommen, sie scheint derzeit die beste zu sein.

Der radiale Druckgradient ergibt sich, wenn wieder das Glied mit $\omega \sin\varphi$ gegen jenes mit $\dot\vartheta$ vernachlässigt wird, aus der ersten Bewegungsgleichung von S. 257 zu: $\dfrac{a^2}{r^3} = \dfrac{1}{\varrho}\dfrac{\partial p}{\partial r}$.

Der Gradient nimmt also einwärts (gegen das Zentrum) sehr rasch zu, der Druck ist im Innern tief, wir haben eine Zyklone.

Wir wollen bei dieser Gelegenheit noch die Frage der Stabilität kurz erwähnen. Sie ergibt ähnliches wie bei der allgemeinen Zirkulation (Helmholtz). Sei ein Wirbel von konstanter Temperatur gegeben, sei aber das Rotationsmoment nicht konstant, sondern nehme z. B. bei zyklonaler Bewegung nach dem Zentrum hin ab, dann wird eine Luftmasse, die wir unter Erhaltung des Rotationsmomentes einwärts schieben, eine größere Geschwindigkeit annehmen, als ihre Umgebung besitzt, somit durch die Ablenkungskraft, welche durch den Druckgradienten nur zum Teil, nicht ganz, kompensiert werden kann, wieder auswärts getrieben. Die Masse kehrt in ihren Ausgangsabstand vom Zentrum zurück. In stabilen zyklonalen Wirbeln muß also das Rotationsmoment nach außen zunehmen. Umgekehrt ist es in antizyklonalen. Hier wird, wenn das Rotationsmoment auswärts

---

[1]) Vorträge und Reden, 5. Aufl., Bd. II, S. 160.
[2]) Ann. d. Physik, Bd. 17 (1882), S. 128 und Sprungs Lehrbuch, 2. Kapitel.

abnimmt, bei einer Verschiebung einer Masse nach außen die Geschwindigkeit größer als in der Umgebung, der vorhandene Druckgradient reicht nicht zur Festhaltung der Masse in ihrer neuen Lage aus, sie strömt zurück. Also ist die Bedingung der Stabilität bei antizyklonalen Wirbeln die Zunahme des Rotationsmomentes nach innen.

Allgemein kann man sagen, daß bei atmosphärischen Wirbeln die Stabilität eine Zunahme des Rotationsmomentes in der Richtung der Druckzunahme verlangt, solange die Ablenkungskraft der Erdrotation die Zentrifugalkraft überwiegt. Die Konstanz des Rotationsmomentes würde indifferentes Bewegungsgleichgewicht bedeuten, eine Abnahme des Rotationsmomentes in der Richtung der Druckzunahme aber Labilität. Die normale Bewegungsverteilung wird natürlich jene sein, die der Stabilitätsbedingung entspricht.

Man kann die Druckerniedrigung im Innern der rotierenden Masse als Effekt der Geschwindigkeit auffassen, wenn man sich vorstellt, daß dieselbe so, wie bei dem Helmholtzschen Beispiel durch die Zentrifugalkraft, durch das Aussaugen zustande kommt. Es liegt am nächsten, dieses Aussaugen als einen adiabatischen Prozeß aufzufassen. Beim Zuströmen der Luft gegen ein zentrales Gebiet entsteht die große Rotationsgeschwindigkeit, durch sie wird Druck und Dichte erniedrigt und zugleich erfolgt eine Abkühlung. Zur Berechnung der Druckerniedrigung aus der Geschwindigkeit der Luftmasse steht uns die Gleichung der lebendigen Kraft von Abschnitt 46, S. 148 zur Verfügung. Dort war:

$$\frac{d}{dt}\left(\frac{c^2}{2}+g\,r\right)+\frac{1}{\varrho}\left(\frac{dp}{dt}-\frac{\partial p}{\partial t}\right)=0.$$

Wir wollen annehmen, daß die Annäherung an das Zentrum in einem Niveau erfolge, so daß sich r nicht ändert; auch sei die Bewegung stationär, so daß an jedem Punkte $\frac{\partial p}{\partial t}=0$. Dann ist $\frac{d}{dt}\left(\frac{c^2}{2}\right)+\frac{1}{\varrho}\frac{dp}{dt}=0$. c ist die totale Geschwindigkeit. Dehnt sich die Luft adiabatisch aus, so ist (vgl. S. 12): $\varrho=\varrho_0\left(\frac{p}{p_0}\right)^{1-k}$, wo $k=\frac{AR}{c_p}$.

Die Integration ergibt:

$$\frac{c^2}{2}+\frac{1}{k}\frac{p_0^{1-k}}{\varrho_0}\,p^k=\frac{c^2}{2}+\frac{1}{k}RT=\text{konst.}$$

Diese Gleichung hat Emden[1]) für trockene Luft ausgewertet, indem er als Druck der ruhenden Luft 760 mm, als Temperatur 0^0 C annahm. Wir teilen hier einige Zahlen mit, die zeigen, welche Geschwindigkeiten

---

[1]) Gaskugeln, S. 367.

und welche Temperaturen bei bestimmten adiabatischen Druckveränderungen in der Zyklone entstehen.

p in mm	c in m/sec	t in ^{0} C
760	0	0
758	20·3	— 0·205
755	32·1	— 0·51
750	45·5	— 1·03
740	64·5	— 2·07
730	79·2	— 3·13
710	103	— 5·26

Emden hat die Manila-Zyklone[1]) vom 20. Oktober 1882 näher untersucht und gefunden, daß die Beobachtungen mit diesen Windgeschwindigkeiten und Drucken gut übereinstimmen. Die Größe $a = r^2 \dot\vartheta$, die „Zyklonenkonstante", betrug dort etwa 1600, wo $r\,\dot\vartheta$ in m/sec, r in km gemessen war. Man erhält in 20 km vom Zentrum bei der beobachteten Druckerniedrigung von 30 mm eine Windstärke von 80 m/sec. Die entsprechenden Temperaturbeobachtungen fehlen zum Vergleiche.

Der zentrale Kern der Zyklone hat häufig Windstille, wie auch in diesem Fall. Emden hat sich nicht weiter mit demselben beschäftigt, während sowohl Guldberg und Mohn wie Oberbeck den Versuch machten, für ihn eine Formel der Geschwindigkeitsverteilung aufzustellen. Letzterer war bestrebt, einen Ausdruck für stetigen Übergang der Geschwindigkeit vom äußeren zum inneren Gebiet zu finden (vgl. S. 263).

W. Wien hat[2]) die reibungslose Rotationsbewegung einer inkompressiblen Flüssigkeit studiert und hierbei den inneren Teil nahe der Achse als rotationslos angenommen. Dies würde auch am besten der Kalmenzone im Innern einer Zyklone entsprechen. Für den äußeren Teil fand derselbe unter den einfachsten Bedingungen die gleiche Lösung wie Emden und Oberbeck.

So wie bei dem Helmholtzschen Wasserwirbel wird auch bei einer zirkularen Zyklone die Rotationsbewegung durch Reibung an der Erdoberfläche verzögert. Hierdurch bleibt auch bei ausgebildeter Zyklone eine radiale Bewegung bestehen, zum mindesten am Boden; die dem Zentrum zugeführte Luft muß nach aufwärts entweichen und sich dann in der Höhe wieder ausbreiten.

Diese einströmende Bewegung am Boden, die ausströmende in der Höhe hat zu manchen Diskussionen Anlaß gegeben. Wenn die Zyklonen relativ kalt sind, dann müssen die an der Erdoberfläche einwärts gerichteten Gradienten in der Höhe umsomehr diese Richtung haben. Nur über warmen Zyklonen kann der Gradient in der Höhe allenfalls nach auswärts gerichtet sein. Über kalten Zyklonen müßte also das Ausfließen in der Höhe gegen

---

[1]) Vgl. auch die ausführliche Diskussion Bigelows über eine Wasserhose in Cottage City; Monthly Weath. Rev. 1907, S. 464.

[2]) Met. Zeitschr. 1897, S. 416.

den Gradienten erfolgen[1]). Damit dies möglich werde, wären dort Geschwindigkeiten von solcher Größe notwendig, daß die Zentrifugalkräfte den Gradienten überwinden können. Dies könnte der Fall sein, da die beren Massen, die durch Reibung nicht gebremst werden, stärker rotieren als die an der Erdoberfläche[2]). Wenn in der Höhe der Gradient und die Zentrifugalkraft einmal miteinander im Gleichgewicht sind und dann von unten Masse emporsteigt, welche den Drucü in der Mitte nur wenig erhöht, so muß dies zu einer Auswärtsbewegung gegen den Gradienten führen.

Von besonderer Wichtigkeit ist die ganze Frage aus dem Grunde nicht, weil die bekannten Zyklonen in der Atmosphäre stets asymmetrisch gebaut sind; somit kann über einem Teil der Zyklone der Abtransport in der Höhe erfolgen, ohne daß deswegen diese Bewegung allgemein zu sein braucht. Die Temperaturasymmetrie eröffnet eine Unzahl neuer Möglichkeiten.

Auch die Massen, welche die obere Grenze einer Zyklone bilden und langsamer rotieren als diese, müssen in den luftverdünnten Innenraum derselben hineingezogen werden. Sie bewegen sich also im Gegensatz zu den unteren Begrenzungsmassen nach abwärts, ganz so wie im Helmholtzschen Wasserwirbel, wo die Luft durch die Wasserbewegung hinabgerissen wird; dabei erzeugen sie vermutlich das sogenannte „Auge des Sturmes“, das Aufklaren im Zentrum, das auf eine Abwärtsbewegung im Kondensationsniveau zurückgeführt werden muß. Man vergleiche hierzu die in Fig. 46 dargestellte Lage der Diskontinuitätsflächen nach Bjerknes.

Eine direkte Beobachtung dieser Abwärtsbewegung liegt allerdings noch nicht vor, während die Aufwärtsbewegung der Luft im unteren Teil der Zyklone oft bemerkt wurde. Ebenso wie die von unten aufsteigende muß auch die von oben herabsinkende Luft im mittleren Teil der Zyklone seitlich herausgeworfen werden.

Bei Vernachlässigung der ablenkenden Kraft der Erdrotation könnte man erwarten, daß tropische Zyklonen mit zyklonaler und antizyklonaler Rotation vorkommen. Doch ist dies nicht der Fall, die Rotation erfolgt

---

[1]) v. Bezold, Met. Zeitschr. 1891, S. 241.

[2]) Wien behandelt in der oben genannten Abhandlung die Rotation von inkompressiblen Flüssigkeiten auf der ruhenden Erde. Nimmt man an, daß die Rotationsgeschwindigkeit nach aufwärts zunimmt, wie dies ja infolge der Reibung zutrifft, so ergibt sich am Boden Einströmung, in der Mitte Aufwärtsbewegung und an der oberen Grenze dieser Zyklone Ausströmung. An beiden Grenzen ist die Rotation null, in der Mitte aber am stärksten. Die Auswärtsbewegung in der Höhe erfolgt hier mit dem Gradienten, nicht gegen denselben. Dabei ist diese Bewegung ein echter Wirbel mit konstanter Rotationsgeschwindigkeit in jedem Niveau. Daher ist diese Wiensche Lösung nicht verwendbar, auch hat die Annahme der Inkompressibilität zu große Abweichungen von den Verhältnissen in der Atmosphäre zur Folge; zur Integration der Gleichungen war aber diese Voraussetzung nötig gewesen.

stets im Sinne der ablenkenden Kraft. Dies ist begreiflich, da die Weglassung dieser Kraft neben der Fliehkraft nur erlaubt ist, wenn schon starke Rotation sich gebildet hat. Der Beginn der Bewegung erfolgt unter dem Einfluß der Ablenkungskraft, die daher auch den Rotationssinn beherrscht.

70. Lösungen von Oberbeck, Ferrel und Ryd. Oberbeck[1] unterscheidet, wie oben bemerkt, den äußeren Teil der Zyklone und den inneren; im äußeren soll die Bewegung wirbelfrei sein, im inneren soll ein Wirbel bestehen. Echte Wirbel nimmt u. a. auch A. Wegener[2] bei den Tromben (Wasserhosen) an. Sie könnten durch innere Reibung an Diskontinuitätsflächen der Bewegung zustande kommen. Die Vehemenz und Seltenheit dieser Art von Naturerscheinungen hat es bisher verhindert, durch direkte Messung der Windgeschwindigkeit in verschiedenen Distanzen von der Achse die Frage nach dem Vorhandensein oder Fehlen von Wirbelbewegung zu beantworten.

Oberbeck hat bei seiner analytischen Behandlung des Zyklonenproblems die Voraussetzung gemacht, daß der äußere Teil nur horizontale Bewegung habe; erst im inneren sollte auch vertikale Bewegung auftreten. Für die horizontale Bewegung an der Erdoberfläche gab er die folgende Lösung:

a) äußerer Teil:
$$\mathfrak{r}\,\dot{\vartheta} = -\frac{l}{k} \cdot \frac{b}{2}\,\frac{\mathfrak{r}_1{}^2}{\mathfrak{r}},$$
$$\dot{\mathfrak{r}} = -\frac{b}{2} \cdot \frac{\mathfrak{r}_1^2}{\mathfrak{r}}.$$

b) innerer Teil:
$$\mathfrak{r}\,\dot{\vartheta} = -\frac{l}{k-b} \cdot \frac{b}{2}\,\mathfrak{r}f(\mathfrak{r}),$$
$$\dot{\mathfrak{r}} = -\frac{\mathfrak{r}\,b}{2}.$$

Hierbei ist
$$f(\mathfrak{r}) = 1 - \frac{b}{k}\left(\frac{\mathfrak{r}}{\mathfrak{r}_1}\right)^{2 \cdot \frac{k-b}{b}}.$$

Wie früher ist $l = 2\,\omega \sin\varphi$; $\mathfrak{r}_1$ ist der Grenzradius des inneren Gebietes, b eine Konstante[3]. Für $\mathfrak{r} = \mathfrak{r}_1$, an der Grenze beider Gebiete, werden die Lösungen identisch. Man überzeugt sich leicht, das die Ansätze a und b der zweiten Bewegungsgleichung von S. 257 für kreisförmige Isobaren entsprechen. In die erste dortige Gleichung eingesetzt geben sie auch die radialen Druckgradienten.

---

[1] Vgl. bei Sprung, Lehrbuch der Meteorologie.
[2] Met. Zeitschr. 1911, S. 201.
[3] Die Konstanten sind nicht sehr klar gewählt; in der Größe b ist k als Faktor enthalten, so daß man besser $b = c\,k$ setzen würde. Dies folgt aus einem Übergang auf $k = 0$, wo $\mathfrak{r}\,\dot{\vartheta}$ endlich bleiben, $\dot{\mathfrak{r}}$ aber null werden muß.

Aus der Kontinuitätsgleichung von S. 97 erhält man bei stationärer Bewegung $\left(\dfrac{\partial \varrho}{\partial t} = 0\right)$ Anhaltspunkte über die vertikale Bewegung[1]; für die beiden Teile der Zyklone ergibt sich nämlich:

$$\text{a) } \frac{\partial (\varrho\,w)}{\partial z} = \frac{b}{2}\,\frac{r_1^2}{r}\,\frac{\partial \varrho}{\partial r}, \qquad \text{b) } \frac{\partial (\varrho\,w)}{\partial z} = \varrho\,b + \frac{r\,b}{2}\,\frac{\partial \varrho}{\partial r}.$$

Die Größe $\dfrac{\partial (\varrho\,w)}{\partial z}$ ist bei Zyklonen also stets positiv, es muß $\varrho\,w$ mit der Höhe zunehmen, wenigstens nahe dem Boden, wo die Oberbeckschen Ansätze gelten. Da w hier positiv ist, so erhalten wir eine Zunahme der Aufwärtsbewegung mit der Höhe von gewisser Größe.

Der Ablenkungswinkel der Luftströmung vom Gradienten ist durch $\operatorname{tg} \alpha = \dfrac{r\,\dot\vartheta}{\dot r}$ bestimmt. Dies gibt im äußeren Teil der Zyklone $\operatorname{tg} \alpha = \dfrac{l}{k}$, die Luft beschreibt, indem sie sich dem Zentrum nähert, eine logarithmische Spirale; im inneren Gebiet ist $\operatorname{tg} \alpha = \dfrac{l}{k-b} \cdot f(r)^2)$.

Eine ganz andere Lösung für die Zyklonenbewegung hat Ferrel[3] gegeben. Wir halten uns bei ihr nicht lange auf, da sie nur mehr von historischem Interesse ist. Ferrel geht von der Bewegungsgleichung für ϑ aus und findet bei kreisförmigen Isobaren die Gleichung von S. 257:

$$r\,\ddot\vartheta + 2\,\dot r\,\dot\vartheta - 2\,\omega \sin \varphi\,\dot r = 0.$$

Daraus folgt durch Integration $r^2(\dot\vartheta - \omega \sin \varphi) = a = \text{konst.}$; oben hatten wir $\omega \sin \varphi$ gegen $\dot\vartheta$ weggelassen.

Ähnlich nun, wie Ferrel bei dem allgemeinen Kreislauf der Atmosphäre die Erhaltung des Rotationsmomentes in die erste Linie gestellt und aus ihr die Lage der Hochdruckgürtel zu berechnen versucht hat, faßt er auch bei der Zyklone obige Gleichung als Ausdruck der Erhaltung eines Rotationsmomentes auf und schreibt nun allen Luftteilchen, welche eine Zyklone bilden, das gleiche mittlere Moment zu. Hieraus ergibt sich ein innerer Teil, in dem die Rotationsbewegung zyklonal, und ein äußerer Teil, in dem sie antizyklonal ist. An der Grenze ist die Rotation null. Demgemäß soll jede Zyklone mit Tiefdruck im Zentrum von einem Kalmengürtel und weiter von einer Antizyklone umlagert sein. Im inneren Gebiet besteht wieder spiralförmige Einströmung wie bei Oberbeck. Das Schema ist offenbar nach Analogie der allgemeinen

---

[1] Oberbeck benützte die korrekte Kontinuitätsgleichung nicht; vgl. Sprung, Lehrbuch, S. 146.

[2] Guldberg und Mohn hatten eine der Oberbeckschen ähnliche Lösung gegeben; bei ihnen war aber $f(r) = 1$, so daß kein stetiger Übergang an der Grenze des inneren und äußeren Teiles stattfand (vgl. Sprung, Lehrbuch, S. 139).

[3] Recent Advances in Meteorology, Washington, 1885.

Zirkulation konstruiert. Obwohl es den Tatsachen in keiner Weise entspricht, ist es doch wieder Ferrels Verdienst, die einzelnen Kräfte in ihrem Verhältnis zueinander als einer der ersten in klarer Weise dargestellt zu haben.

In allerletzter Zeit hat V. H. Ryd[1]) die Dynamik zirkularer Wirbel behandelt. Er gelangte zu folgendem Ausdruck für die Winkelgeschwindigkeit $\dot\vartheta$ um eine vertikale Achse: $\dot\vartheta = \dot\vartheta_0\, e^{-\frac{r}{r_1}}$. Hier ist $\dot\vartheta_0$ diese Größe im Zentrum der Zyklone. Die lineare Geschwindigkeit wird nun $v = \dot\vartheta_0\, r\, e^{-\frac{r}{r_1}}$. Sie nimmt anfangs nach außen zu, um ein Maximum für $r = r_1$ zu erreichen; dann nimmt sie wieder ab und nähert sich allmählich dem Werte Null. Ein Vergleich mit den Beobachtungen zeigt, daß die Formel im größeren Teil des Wirbels recht gut paßt; nur nach außen hin nimmt die zyklonale Geschwindigkeit langsamer ab, als dies in Wirklichkeit der Fall ist.

Es ist leicht, aus dieser Annahme über die Geschwindigkeitsverteilung die Verteilung des Luftdruckes um das Zyklonenzentrum zu berechnen. Auf diese Einzelheiten wollen wir aber hier nicht eingehen.

Ryd hat in seinem interessanten Werk über bewegte Zyklonen u. a. eine Kraft, die Dämpfungskraft, in die Dynamik der Wirbel eingeführt, welche die kleineren Abweichungen der momentanen Bewegungen vom stationären Zustand zu verwischen und auszugleichen bestimmt ist. Es ist damit ein Versuch gemacht, einen mathematischen Weg zu finden, um die zahlreichen Unregelmäßigkeiten der Luftbewegungen etwas in den Hintergrund zu drängen und die analytischen Ausdrücke dadurch zu kürzen. Denn eine wirkliche Dämpfungskraft existiert ja nicht, sie wird nur zur Vereinfachung als wirksam angenommen. Wenn es auch schwierig ist, zu beurteilen, welche Folgen die Einführung solcher Ausdrücke haben kann, so ist es doch nicht ausgeschlossen, daß man durch diese und ähnliche Hilfsmittel vielleicht dazu kommen wird, das wesentliche, grundlegende in den so verwickelten atmosphärischen Erscheinungen zum Ausdruck zu bringen und das unwesentliche zu unterdrücken.

71. Windbahnen und Druckverteilung in bewegten Zyklonen.

Die kreisförmigen Isobaren, welche zur Berechnung der schematischen Zyklone angenommen wurden, kommen in Wirklichkeit kaum vor. Die synoptischen Beobachtungen ergeben zumeist ovale Formen mit Gradienten ungleicher Stärke in verschiedenen Richtungen. Erfahrungsgemäß sind auf der rechten Seite der Zyklonenbahn (nördl. Halbkugel) die Isobaren meist gedrängter als im übrigen Gebiet der Zyklone.

---

[1]) Publikat. fra det Danske Meteor. Institut, Meddedelsen Nr. 5, Travelling Cyclones, Kopenhagen 1923.

Daß die Windbahnen logarithmische Spiralen seien, wie oben die Rechnung lieferte, wird von den Beobachtungen auch nicht bestätigt. Solange eine Luftmasse an der Erdoberfläche bleibt, ist es möglich, ihre Bewegung zu verfolgen und hierdurch diese Windbahnen tatsächlich festzustellen. Mit deren Untersuchung haben sich namentlich Shaw und Lempfert[1]) beschäftigt. Sie gelangten zum Ergebnis, daß nur vereinzelt spiralförmige Windbahnen — Shaw nennt die Bahnen „Trajektorien" (vgl. S. 72) — vorkommen; neben ihnen sind namentlich schlingenbildende Trajektorien auffallend, die einmal vor und einmal hinter dem Zentrum den Weg der wandernden Zyklone kreuzen. Ferner kommen häufig sehr lange Bahnen vor, bei welchen die Luft die vorüberziehende Zyklone weite Strecken hindurch begleitet. Daß die Bahnen, die aus dem Süden (auf der nördl. Halbkugel) stammen, meist früher endigen als die übrigen, ist durch die Asymmetrie der Temperatur bedingt, welche die warmen Massen über die kalten aufsteigen läßt, wodurch ihre Verfolgung am Boden abgebrochen wird.

Ein guter Teil der merkwürdigen Formen dieser Windbahnen wird aber auch ohne die asymmetrische Temperaturverteilung bloß durch die Bewegung der Zyklone als Ganzes erklärlich. Mit der theoretischen Untersuchung dieses Einflusses haben sich u. a. Meinardus[2]) und Kiewel[3]) befaßt. Die Ergebnisse hängen allerdings sehr von den Annahmen ab.

Wir wollen hier eine schematische Zyklone betrachten, welche bei wirbelfreier Bewegung dem äußeren Teil der Oberbeckschen Zyklone entspricht. Wenn hier die Trajektorien nur bis zur Grenze des äußern und inneren Gebietes verfolgt werden können, so schadet das nicht viel, da die Luft sich in der Nähe des Zentrums durch die Bewegung nach aufwärts ohnedies der Beobachtung entziehen würde.

Die Zyklone soll sich mit einer konstanten Geschwindigkeit in einer Richtung verschieben. Die Trajektorie entsteht dann durch die Zusammensetzung dieser translatorischen mit der zyklonalen Bewegung. Es ist einleuchtend, daß hierdurch eine Asymmetrie sowohl in die Bewegung als auch in die Druckverteilung kommen muß.

Denn die translatorische Bewegung ist mit einem einseitigen, linearen Druckgefälle verbunden. Dieses kommt zum zyklonalen Gradienten hinzu, die Isobaren werden keine Kreise mehr sein, sondern auf einer Seite der Bahn zusammenrücken (dort wo die beiden Gradienten gleiche Rich

---

[1]) Quart. Journ. Roy. Met. Soc., Vol. 29, 1903, S. 233, oder Monthly Weath. Rev. 1903, S. 318; besonders aber: Life history of surface air currents, London, 1906, referiert in Met. Zeitschr. 1907, S. 520; vgl. auch W. Köppen in Met. Zeitschr. 1911, S. 159.

[2]) Met. Zeitschr. 1903, S. 529.

[3]) Ver. d. preuß. Met. Inst.; Abh. Bd. IV, Nr. 2, 1911.

tung haben), auf der anderen auseinandertreten[1]). Auch ist der Winkel zwischen Gradient und Wind nun nicht mehr überall der gleiche.

Um zunächst eine Vorstellung vom Verlauf der Trajektorien und Isobaren zu erhalten, kann man eine graphische Konstruktion derselben machen. In Fig. 58 [sind Trajektorien dargestellt. Die gestrichelten Spiralen bedeuten die Windbahnen in der ruhenden Zyklone; dabei ist der Ablenkungswinkel derselben vom Gradienten zu 60⁰ angenommen.

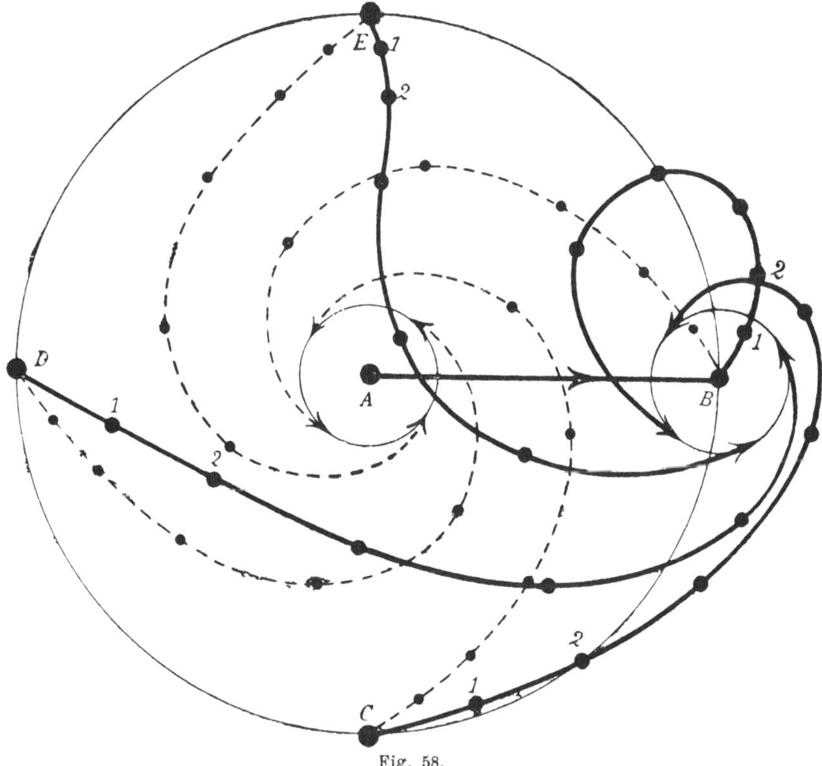

Fig. 58.

Auf einer Trajektorie dieser Art sind die in gleichen Zeiten zurückgelegten Wegstrecken durch Punkte abgegrenzt. Die Geschwindigkeit nimmt gegen das Zentrum rasch zu, weswegen die Abstände der Punkte immer größer werden. Die Trajektorien sind bis zu dem kleinen Kreise um das Zentrum A gezogen. Hier wird die Grenze zwischen äußerem und innerem Gebiet angenommen.

Es wird nun beispielsweise vorausgesetzt, daß sich das Zentrum mit der ganzen Zyklone in der gleichen Zeit von A nach B bewegt hat, in

---

[1]) Köppen, Met. Zeitschr. 1895, S. 223.

welcher ein Luftteilchen der ruhenden Zyklone vom äußeren zum inneren
Kreis gelangt wäre. Unter diesen Umständen geben die dick ausgezogenen
Kurven die Wege von vier Luftteilchen, welche zu Anfang in den Orten
B, C, D, E gelegen waren. Die Luft auf der Vorderseite beschreibt
fast eine ganze Schlinge, sie kreuzt die Zyklonenbahn einmal vor dem
Zentrum, dann hinter demselben. Die Luft von der rechten Seite in der
Richtung der Bahn (C) gelangt nach vorne und von hier auf die linke
Seite, die Luft von rückwärts (D) in einem langen Bogen auf die Vorder-
seite, die von der linken Seite (E) hinter dem Zentrum herum auf die
rechte. Dabei ist die Geschwindigkeit der Luft in den verschiedenen
Trajektorien ungleich. Natürlich hängt dieses Resultat von der Größe
der Reibung ab, welche den Ablenkungswinkel (hier 60^{0}) bestimmt.

Nach Ablauf der Zeit, die die Zyklone zur Bewegung von A nach
B braucht, liegen, wie man sieht, die Luftmassen aus B, C, D, E wieder
auf einem Kreise, dem kleinen Kreis um B. Ebenso liegen alle ersten
Punkte (1), alle zweiten (2) usw. auf Kreisen, deren Radius stets kleiner
wird und deren Zentrum sich gegen B bewegt. Dies ist auch ganz
natürlich: für einen Beobachter, welcher an der translatorischen Bewegung der Zyklone von A nach B beteiligt wäre, erschiene die Bewegung
ebenso symmetrisch wie die der ruhenden Zyklone dem Beobachter an
der Erdoberfläche.

Im folgenden ist die Druckverteilung und die Lage der Stromlinien
im Gebiete einer bewegten Zyklone berechnet[1]), und zwar wieder unter
der Annahme, daß das Rotationsmoment im äußeren Teile einer Zyklone
konstant sei. Die Rechnung gilt daher für den innersten Teil der Zyklone
nicht. Die so erzielten Resultate stimmen viel besser mit den Beobachtungen, als jene, die Hesselberg, Wenger und Shaw aus der Annahme
einer Konstanz der Rotationsgeschwindigkeit erreichten. Diese Autoren
fanden eine Verlagerung des „Druckzentrums" vom „Windzentrum" und
dabei stets kreisförmige Isobaren, worauf wir hier nicht näher eingehen.
Auch Ryd hat für seine Geschwindigkeitsverteilung (l. c.) die Trajektorien berechnet. Wir beschränken uns hier auf den Fall des konstanten
Rotationsmomentes und nehmen zur Vereinfachung Bewegungen einer
inkompressiblen Flüssigkeit (man könnte die Dichte auch variabel lassen) in
einer Horizontalebene mit Reibung am Boden an; die Hesselbergschen
Bewegungsgleichungen von Abschnitt 38 (S. 117) lauteten:

$$\frac{du}{dt} + \lambda v + cu = -\frac{1}{\varrho}\frac{\partial p}{\partial x}$$

$$\frac{dv}{dt} - \lambda u + cv = -\frac{1}{\varrho}\frac{\partial p}{\partial y}.$$

---

[1]) F. M. Exner, Annal. d. Hydrogr. u. marit. Meteor., November 1920.

Die Geschwindigkeit in der Flüssigkeit bestehe aus der zyklonalen Kreisbewegung $\mathfrak{r}\zeta$, der einströmenden $\dfrac{d\mathfrak{r}}{dt} = \dot{\mathfrak{r}}$ und der translatorischen in der x-Achse a. Die Winkelgeschwindigkeit ζ sei jene, welche konstantem Rotationsmoment entspricht; da letzteres $\mathfrak{r}^2\zeta$, wo $\mathfrak{r}$ der Abstand vom Zyklonenzentrum, so ist $\mathfrak{r}^2\zeta = b$ und $\mathfrak{r}\zeta = \dfrac{b}{\mathfrak{r}}$. Wir nehmen schließlich noch an, daß $\dfrac{\mathfrak{r}\zeta}{\dot{\mathfrak{r}}} = \operatorname{tg}\alpha = \text{konst.}$ Dann werden die Trajektorien der Luft in der ruhenden Zyklone die bekannten logarithmischen Spiralen mit konstantem Ablenkungswinkel.

Mittels einer Zerlegung der drei Geschwindigkeiten in ihre Komponenten nach x und y erhält man als Komponenten der Gesamtgeschwindigkeit zur Zeit $t = 0$, wo das Zentrum der Zyklonenbewegung mit dem Zentrum des Koordinatensystems zusammenfallen soll:

$$u_0 = \zeta y - \zeta A x + a,$$
$$v_0 = -\zeta x + \zeta A y, \text{ wo } A = \frac{1}{\operatorname{tg}\alpha}.$$

Da die Zyklone ohne Veränderung im Laufe der Zeit mit der Geschwindigkeit a nach der positiven x-Achse wandern soll, so ist für eine beliebige Zeit t:

$$u = \frac{b\,[y - A(x - at)]}{(x - at)^2 + y^2} + a,$$
$$v = -\frac{b\,[x - at + Ay]}{(x - at)^2 + y^2},$$

wo $\zeta = \dfrac{b}{(x - at)^2 + y^2}$ und $\mathfrak{r}^2 = (x - at)^2 + y^2$ eingesetzt wurde.

Aus letzterer Annahme folgt, daß unsere Rechnung für das Zentrum der Zyklone selbst nicht gilt. Wir müssen also das innerste Gebiet der Zyklone stets aus der Betrachtung ausschließen.

Obige Gleichungen geben uns die angenommene Geschwindigkeitsverteilung. Aus ihnen läßt sich zunächst die Gleichung der Strömungslinien

$$\psi\,(xyt) = C$$

finden. Es ist nämlich bekanntlich:

$$\frac{\partial\psi}{\partial x} = -v, \quad \frac{\partial\psi}{\partial y} = u,$$

woraus sich durch Integration ergibt:

$$\psi = \frac{a}{b}\,y + \lg\mathfrak{r} + A\,\operatorname{arc\,tg}\left(\frac{x - at}{y}\right) = C^1).$$

Für verschiedene C ergeben sich verschiedene Stromlinien.

------

1) Unter $\lg$ ist der natürliche Logarithmus zu verstehen.

Um die entsprechende Druckverteilung zu finden, haben wir u, v in die oben angeschriebenen Bewegungsgleichungen einzusetzen, indem wir auch die vollständigen Differentiale $\dfrac{du}{dt}$, $\dfrac{dv}{dt}$ bilden.

Es wird:

$$\frac{du}{dt} = -\frac{b^2}{\mathfrak{r}^4}(x - a\,t)\,(1 + A^2)$$

$$\frac{dv}{dt} = -\frac{b^2}{\mathfrak{r}^4}\,y\,(1 + A^2).$$

Fig. 59.

Durch Integration von $\dfrac{\partial p}{\partial x}$ nach x, $\dfrac{\partial p}{\partial y}$ nach y erhalten wir zwei Lösungen für p, die sich leicht zu einer vereinigen lassen; es ist

$$\frac{p}{b\varrho} = -\frac{b\,(1 + A^2)}{2\,\mathfrak{r}^2} + (\lambda + c\,A)\,\lg \mathfrak{r} - \frac{c\,a}{b}(x - a\,t) + \frac{\lambda\,a\,y}{b}.$$

Hier ist von der Beziehung $c = \lambda A$ Gebrauch gemacht, welche für eine kreisförmige Zyklone leicht abgeleitet werden kann.

Die Stromlinien und die Druckverteilung sind in Fig. 59 dargestellt, und zwar für die Annahmen, daß $\alpha = 60^0$ (der „Ablenkungswinkel"),

$\beta = 38^0$ (nach Sandströms Ergebnissen), $\frac{a}{b} = 0\cdot4$; die letztere Beziehung sagt: es soll die translatorische Geschwindigkeit a vier Zehntel von der Kreisgeschwindigkeit $r\,\zeta$ im Abstand 1 vom Mittelpunkt sein.

Ist x nach Osten gerichtet, bewegt sich also die Zyklone ostwärts, so liegt der tiefste Druck im Nordosten vom ruhenden Tiefdruckzentrum. Die Isobaren (dicke Linien) sind auf der rechten Seite der Depression zusammen-, auf der linken auseinandergerückt, entsprechend der allgemeinen Druckabnahme gegen Nordosten. Die Stromlinien (dünne Linien) sind ganz unsymmetrisch geworden. Rechts von der Bahn liegen sie nahe beisammen, entsprechend der größeren Geschwindigkeit, links weiter auseinander. Im Nordosten ist ein Punkt mit der Geschwindigkeit null gelegen.

Da die Rechnung für den innersten Teil der Zyklone nicht gilt, sind die Linien innerhalb eines Kreises vom Radius 1 nicht gezeichnet.

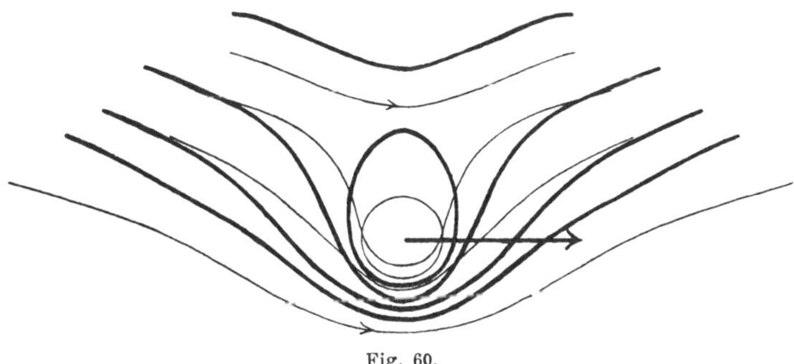

Fig. 60.

Einfacher werden die Verhältnisse, wenn die Reibung weggelassen wird, wie dies höheren Luftschichten annähernd entspricht. Dann ist in den obigen Gleichungen $A = c = 0$ zu setzen. Fig. 60 zeigt den Verlauf der ψ- und p-Kurven für diesen Fall. Beide Figuren gelten ohne Rücksicht auf die Zeit.

Hier finden wir jenen typischen Verlauf der Isobaren, der dem in die Weststrümung eingebetteten Minimum (Teilminimum) entspricht, wie wir ihn auf den Wetterkarten so oft beobachten. Die Stromlinien sind symmetrisch bezüglich der NS-Richtung, aber die Geschwindigkeiten sind es nicht, da die Luft auf der Vorderseite der Depression ausströmt, auf der Rückseite in sie einströmt.

Zum Schlusse sei noch eine Bemerkung über den Einfluß der Relativbewegung auf die Druckverteilung angefügt: Eine kreisförmige Zyklone, wie die der obigen Rechnung zugrunde gelegte, ruhe; dann sind die Isobaren Kreise. Sie bewege sich mit konstanter Geschwindigkeit, dann sind die Isobaren für den ruhenden Beobachter die dicken Kurven der Fig. 59 oder 60. Würde sie nun von einem nicht im Koordinatensystem ruhenden.

sondern mitbewegten Beobachter untersucht werden, so müßte sie für ihn wieder kreisförmig erscheinen. Dies folgt aus dem Prinzip der Relativität; denn würde sie für den mitbewegten die gleiche Form behalten wie für den ruhenden (nämlich die der Figuren), so hätte ja der mitbewegte Beobachter ein Mittel, seine Translationsgeschwindigkeit festzustellen, ohne irgendwie das ruhende System in Anspruch zu nehmen.

Die Erklärung, wieso für den ruhenden Beobachter die bewegte Zyklone die Form der Fig. 59 und 60, für den mitbewegten aber Kreisform hat, liegt darin, daß der mitbewegte Beobachter eine andere Horizontalebene (Niveaufläche) hat, als der ruhende, da sich mit der Schwere auf der Erde die seiner Bewegung entsprechende ablenkende Kraft der Erdrotation zusammensetzt. Bewegt sich der Beobachter samt der Zyklone der Fig. 60 mit der Geschwindigkeit a nach Osten, so liegt sein Horizont nordwärts tiefer als der der Erde, südwärts höher. Die isobaren Flächen, deren Schnittlinien mit dem Niveau der Erdoberfläche in Fig. 60 dargestellt sind, werden also jetzt von seinem Niveau nordwärts tiefer, südwärts höher als bisher geschnitten, und diese Schnittlinien müssen wiederum Kreise sein.

Ein mit der Zyklone mitbewegter Beobachter wird also kreisförmige Isobaren in seinem Niveau beobachten, während der ruhende Beobachter jene der Fig. 60 findet.

Man wird demnach die Isobaren der Fig. 59 und 60 auch dadurch konstruieren können, daß man die dreidimensionalen isobaren Flächen der ruhenden Zyklone schief gegen den Horizont durchschneidet.

Die asymmetrischen Trajektorien und Isobaren der bewegten Zyklone in Fig. 59 und 60 stimmen gut mit den Beobachtungen überein. Es läßt sich also zweifellos ein erheblicher Teil der Beobachtungen an asymmetrischen Zyklonen aus der Voraussetzung erklären, daß eine Zyklone von der allgemeinen Luftströmung mitgetragen wird, wie dies Ferrels Auffassung entspricht.

In jüngster Zeit hat V. H. Ryd (a. a. O.) diese Frage in eingehenderer Weise behandelt, als dies bisher geschehen ist. Er nimmt dazu an, daß in einer bestimmten Höhe der Atmosphäre der hauptsächliche Sitz der Westostbewegung sei und daß diese die Zyklone mit sich bewege, wobei in den unteren Teilen ein Nachschleppen der Zyklone stattfindet. Die Temperaturverteilung wird dabei so angenommen, daß die Translationsbewegung am Boden selbst verschwindet, sich hier also nur der zirkulare Wirbel in der Druckverteilung zeigt. In einem höheren Niveau erscheint bereits eine Translationsbewegung, sie ist aber noch geringer als die Geschwindigkeit, mit der sich der Wirbel tatsächlich verlagert. Dort tritt Dämpfung auf. In einer ganz bestimmten Höhe fallen jene beiden Geschwindigkeiten gleich aus: dieses Gebiet wird als „zentraler Teil" der Zyklone bezeichnet. Darüber ist die Translationsgeschwindigkeit größer als die Verschiebung des Wirbels, es tritt wieder Dämpfung auf.

In den vom Verfasser berechneten Beispielen liegt bei einer Fortpflanzung der Zyklone

mit 96 km/Std. der zentrale Teil in 8·25 km Höhe,
64 „ „ „ „ „ 5·5 „
40 „ „ „ „ „ 3·44 „

Ryd ist der Meinung, daß die fortbewegte Zyklone ihre Energie aus der oberen Translationsbewegung bezieht. Er stellt die Asymmetrie der Temperatur und die damit verbundene potentielle Energie in den Hintergrund und betrachtet die asymmetrische Temperaturverteilung als eine Folge der zyklonalen Strömungen, während sie als Ursache derselben angesehen werden muß, wenn die Energiequelle der Winde in der Aufspeicherung von Energie nach Margules gesucht wird.

In dem Falle einer funktionellen Beziehung zwischen Bewegung und Temperaturverteilung ist es wohl überhaupt nicht möglich zu bestimmen, was das Primäre, was das Sekundäre daran sei, wenn nicht außerhalb stehende Gründe für das eine oder andere sprechen. Die Geschwindigkeitsverteilung wird angenommen, dazu ein nordsüdlicher Temperaturgradient, welcher die Druckverteilung für die Translationsbewegung liefert. Natürlich müssen nun die nördlichen Winde kältere Luft nach Süden, die südlichen wärmere nach Norden bringen. Es kann aber auch umgekehrt sein: die kalten Massen strömen südwärts, die warmen nordwärts und an der Grenze entstehen die Zyklonen. Die Sache spitzt sich also zur Frage nach der Bildung der Zyklone zu. Und da wird man an der Vorstellung nicht vorüberkommen, die Zyklone mittlerer Breiten entstehe an der Gleitfläche zweier entgegengesetzter Luftströme[1]). Diese können jedenfalls die Energie für lange Dauer der Zyklonen liefern, ob sie nun stark verschieden temperiert sind oder nicht, während nicht einzusehen ist, wie sich die zyklonale Wirbelbewegung auf Kosten der Energie der oberen Translationsbewegung erhalten soll.

V. H. Ryd hat aus den Windbahnen seiner theoretischen Zyklone auch die Gebiete berechnet, in welchen bei Konvergenz und Divergenz Aufsteigen bzw. Absteigen der Luft nahe der Erdoberfläche stattfinden muß. Auch die Geschwindigkeit der Vertikalbewegung ist hier angebbar. Die aufsteigende Bewegung findet sich wesentlich im vorderen, die absteigende im rückwärtigen, aber überhaupt auch im äußeren Teil der Zyklone. Auf Einzelheiten einzugehen würde hier zu weit führen.

Ob bei den tropischen Zyklonen Asymmetrien in den ursprünglichen Strömungen oder in der Temperaturverteilung eine Rolle spielen, ist wohl

---

[1]) F. M. Exner, Sitz.-Ber. d. Wr. Akad. d. Wiss., Bd. 132, Abt. II a, 1923.

noch nicht recht aufgeklärt. Ihre Bahnen erinnern häufig an die im 9. Kapitel besprochene allgemeine Strömung der Luft aus niedrigen in höhere Breiten in den hohen Schichten, welche anfangs eine westliche, dann eine östliche Richtung hat. Doch scheint hier auch die Verteilung von Land und Meer eine Rolle zu spielen[1]).

Bei der Annahme symmetrischer Temperaturverteilung, die hier gemacht wurde, werden alle Druckunterschiede nur durch Bewegungskräfte erklärt, welche sie verursachen, nicht durch Gewichtsunterschiede, die von ungleicher Dichte der Luft in der Höhe herrühren. Wir haben also hier die rein dynamischen Vorgänge behandelt. Es ist kein Zweifel, daß im Gegensatz hierzu die allgemeine Bewegung, in die eine Zyklone eingebettet erscheint, ursprünglich mehr thermisch als dynamisch verursacht ist. Sind doch die Winde der allgemeinen Zirkulation in erster Linie alle Konvektionsströmungen.

Wir dürfen daher nicht erwarten, mittels der rein dynamischen Effekte die Bewegungen der Zyklonen vollständig zu erklären. Im nächsten Kapitel wird der thermische Einfluß behandelt.

Ein Überblick über die gesamten Verhältnisse in einer Zyklone oder Antizyklone ist nur möglich, wenn die dynamischen und thermischen Einflüsse vereinigt berücksichtigt werden (Kapitel 12).

---

[1]) Cordeiro hat (Met. Zeitschr. 1908, S. 201) angegeben, daß diese Biegung der Zyklonenbahn auch als Folge einer Kreiselbewegung aufgefaßt werden kann. Es ist aber doch mehr als fraglich, ob die Gleichungen der Kreiselbewegung auf eine zyklonale Luftbewegung unbedingt angewendet werden dürfen; wenn, wie dies den Anschein hat, die zyklonale Bewegung meist angenähert wirbelfrei ist, so ist der Unterschied gegen den Kreisel doch gar zu groß.

Elftes Kapitel

Unperiodische Veränderungen an einem Orte der Atmosphäre.

72. Die Massenverteilung in einer Luftsäule. Die Größen, welche den Zustand der Luft über einem Orte charakterisieren, insbesondere Luftdruck, Temperatur und Wind, erfahren im Laufe der Zeit mannigfache Veränderungen, die für die Witterungserscheinungen maßgebend sind.

Um diese Veränderungen zu verstehen, ist es zunächst nötig, das Zustandekommen jener Größen selbst ins Auge zu fassen, namentlich das Zustandekommen des Luftdruckes. Dieser ist dem Gewicht einer Luftsäule gleich und hängt infolgedessen von der Massenverteilung in der Atmosphäre ab. Wir müssen somit nunmehr die Atmosphäre in ihrer vertikalen Erstreckung in Betracht ziehen, während wir im vorigen Kapitel Vorgänge besprochen haben, die sich ebensogut zwischen zwei festen horizotalen Begrenzungsflächen hätten abspielen können. Die Druckunterschiede dort waren durch rein horizontale Verschiebungen der Luft entstanden und auch wieder ausgleichbar, während nun die Veränderungen des Druckes mit vertikalen Verschiebungen verbunden sind.

Es ist klar, daß der Luftdruck an einem Orte als Summe der Gewichte der darüber liegenden Schichten auf die verschiedenste Weise zustande kommen kann. Es gibt unendlich viele Massenverteilungen oberhalb eines Ortes, welche den gleichen Luftdruck an demselben hervorrufen.

Als Normaldruck im Meeresniveau wird meist 760 mm Hg angegeben. Der mittlere Luftdruck in diesem Niveau weicht allerdings von Ort zu Ort von jenem Werte ab; doch sind die Abweichungen gering und nur in hohen Breiten der südlichen Halbkugel erreichen sie bis zu vier Prozent.

Nun ist die Luft nahe dem Äquator erheblich wärmer als nahe den Polen, und doch ist der Druck am Boden überall angenähert der gleiche. Die Erklärung dieser eigentümlichen Tatsache war lange mangelhaft; man mußte bisher annehmen, daß die Atmosphäre in hohen Breiten

niedriger sei als am Äquator. Nach der barometrischen Höhenformel ist
$p_0 = p_H e^{\frac{g H}{R T_m}}$, wo p_H den Druck in der Höhe H bezeichnet. In niedrigen
Breiten, wo die Mitteltemperatur höher ist, müßte man also einen höheren
Wert p_H erwarten als in hohen, auch dann, wenn man sehr hohe Luftsäulen in Betracht zieht. Dann müßten also die meridionalen Druckgradienten mit der Höhe fortwährend zunehmen, die Atmosphäre würde
am Äquator am höchsten hinaufreichen.

Diese Annahme ist durch die neueren Ergebnisse der aerologischen
Forschung mehr als fraglich geworden. Es hat sich nämlich gezeigt, daß
der Druck in 20 km Höhe in verschiedenen Breiten nahezu derselbe ist
(Peppler, Dines, Abschnitt 62). Dies ist nur möglich, wenn die Mittel-
temperatur T_m der Säule in hohen und niedrigen Breiten ziemlich gleich ist,
und dazu ist erforderlich, daß die relative Wärme der unteren Schichten
nahe dem Äquator durch relative Kälte hoher Schichten kompensiert wird.
Die unteren Schichten sind in niedrigen Breiten wärmer als in hohen
Breiten, die oberen aber umgekehrt kälter; die Stratosphäre liegt am
Äquator höher und ist dabei kälter wie am Pol (vgl. die eigentümlichen
Temperaturbeziehungen von Troposphäre und Stratosphäre, Fig. 51, S. 227,
nach Peppler).

Um das Zustandekommen des Bodendruckes besser beurteilen zu
können, machen wir die schematische Annahme, die Temperatur nehme
linear bis zu einer gewissen Höhe h, der Höhe der Troposphäre, ab; von
hier an bleibe die Temperatur konstant, es erfolge also ein Knick in der
Temperaturkurve beim Eintritt in die Stratosphäre. Die lineare Abnahme
betrage 6^0 pro km ($\alpha = 0{\cdot}006^0$ pro m).

Der Luftdruck am Boden stellt sich dann nach der barometrischen
Höhenformel dar als:

$$p_0 = p_H e^{\frac{g}{R}\left[\frac{H-h}{T_0 - \alpha h} + \frac{2 h}{2 T_0 - \alpha h}\right]}, \quad \text{wo} \quad H > h.$$

Hier ist T_0 die (absolute) Temperatur an der Erdoberfläche. Dann
kann offenbar ein Druck p_0 durch verschiedene Werte des oberen Druckes p_H,
der Stratosphärengrenze h und der Bodentemperatur T_0 zustande kommen.
Nachdem der mittlere Luftdruck im Meeresniveau angenähert stets der
gleiche ist, so fragen wir, auf welche Arten derselbe unter den obigen
Voraussetzungen entstehen kann.

Die folgende Tabelle gibt die e-Potenz für verschiedene Werte von
T_0 und h an. Diese Zahlen zeigen zugleich, wie vielmal größer der Bodendruck ist als der Druck in 20 km Höhe.

Quotient $\dfrac{p_0}{p_H} = e^{\frac{gH}{RT_m}}$ für $H = 20$ km; hierbei $T_i = T_0 - a\,h$[1]).

Höhe der Troposphäre, h	Temperatur an der Erdoberfläche, T_0								
	-15^0	-10^0	-5^0	0^0	5^0	10^0	15^0	20^0	25^0
6 km	20·4	19·0	17·8	16·9	15·9	—	—	—	—
7 „	21·5	20·1	18·9	17·7	16·8	15·8	—	—	—
8 „	22·7	21·1	19·7	18·6	17·5	16·4	15·6	—	—
9 „	23·8	22 2	20·8	19·4	18 2	17·1	16·1	—	—
10 „	25·1	23 3	21·7	20·4	19·0	17·9	16·9	16·0	—
11 „	26·4	24·4	22·7	21·2	19·8	18·6	17·5	16·5	—
12 „	—	25·5	23·6	21·9	20 6	19 3	18·1	17·0	16 0
13 „	—	—	24·6	22·8	21·3	19·9	18·6	17·5	16·5
14 „	—	—	—	—	21·9	20·4	19·1	18·0	16·9
15 „	—	—	—	—	—	21·0	19·6	18·4	17·3

Setzt man nun für p_H verschiedene Werte ein, so erscheint der Druck an der Erdoberfläche als Funktion von p_H, h und T_0. Bei der Beurteilung von Verschiebungen einer Luftsäule in horizontaler Richtung, sei es der Stratosphäre oder der Troposphäre, ist es oft bequem, die Wirkung auf den unteren Druck quantitativ rasch beurteilen zu können. Zu diesem Zweck ist in der folgenden Fig. 61 (S. 278) die Abhängigkeit des p_0 von den drei Variablen graphisch dargestellt; da aber in einer Ebene nur eine Funktion zweier Variablen genau wiedergegeben werden kann, wurde p_0 als Funktion von p_H und h für vier verschiedene Werte der Temperatur an der Erdoberfläche dargestellt, und zwar für -10^0, 0^0, $+10^0$ und $+20^0$. Die Druckwerte vom Boden liegen im allgemeinen zwischen 720 und 780 mm Hg, so daß die Darstellung auf diesen Bereich beschränkt wurde.

Veränderungen des Druckes in 20 km Höhe geben am Boden bei statischem Gleichgewicht sehr viel aus. Leider ist es bisher noch recht unklar, wieweit solche Veränderungen wirklich vorkommen. Lokale Aufbauschungen und Einsenkungen der Atmosphäre können die hohen Drucke der Antizyklonen, die tiefen der Zyklonen bedingen. Unter sonst gleichen Verhältnissen gibt eine Druckschwankung von 1 mm Hg in 20 km Höhe unten rund 20 mm aus. Veränderungen in der unteren Temperatur sind gleichfalls sehr ausgiebig, ebenso Veränderungen in der Höhe der Troposphäre. Ceteris paribus bedeutet ein Anwachsen der Höhe der Troposphäre um 1 km eine Drucksteigerung am Boden von rund 30 mm. Dies gilt natürlich nur, solange die oben angegebene geknickte Temperaturkurve besteht.

Wenn man der obigen Tabelle oder der Fig. 61 die Werte bei einem gegebenen Druck oben und unten entnimmt, so kann man leicht die

---

[1]) T_i ist die Temperatur der Stratosphäre.

Zustandekommen des Druckes im Meeresniveau.

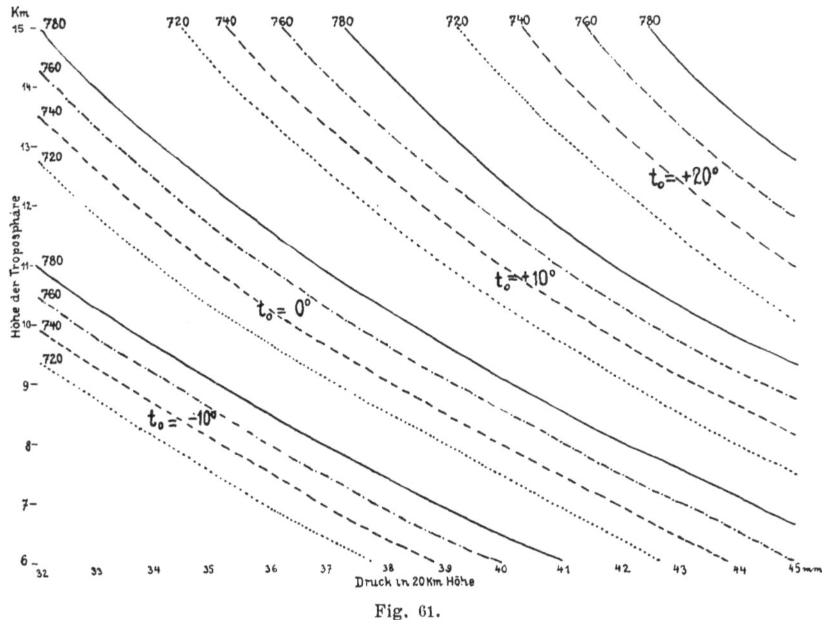

Fig. 61.

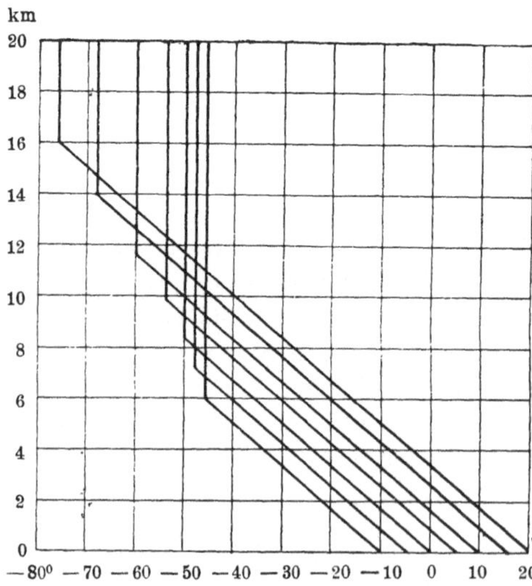

Temperaturverteilung, wenn $\dfrac{p_0}{p_H} = 19$

(für $p_H = 40\,mm$, $p_0 = 760\,mm$)

Fig. 62.

Temperaturverteilungen darstellen, welche alle den gleichen Druck am Boden ergeben. Ist z. B. $p_H = 40\,\text{mm}$ und soll $p_0 = 760$ mm sein, so ergeben sich die Temperaturverteilungen, welche in Fig. 62 für die Bodentemperaturen -10^0, -5^0, 0^0, 5^0, 10^0, 15^0, 20^0 dargestellt sind.

Sie erinnern so genau an die beobachteten Kurven der Fig. 51 (S. 227), daß der Schluß erlaubt ist, die Temperaturkompensation zwischen Strato- und Troposphäre in verschiedenen Breiten der Erde sei für das Zustandekommen annähernd gleichen Bodendruckes wichtiger als eine Kompensation der Troposphärentemperaturen durch ungleiche Höhen der Atmosphäre (wenn p_H verschieden). Freilich ist damit nicht gesagt, daß der Druckausgleich in 20 km Höhe tatsächlich immer erreicht ist, es sollte mit obigem nur ein Schema für die Temperaturkompensation aufgestellt werden.

Die Kurven mit kleinem h (6 — 10 km) entsprechen höheren Breiten, die Kurven mit großem h den Tropen. Die Temperatur der Stratosphäre nimmt äquatorwärts erst langsam, dann immer schneller ab, um die Kompensation zu bewirken. Die Grenzen dieser Temperatur ($- 46^0$ bis $- 76^0$) bei den zugehörigen Bodentemperaturen ($- 10^0$ bis $+ 20^0$) entsprechen in der Größenordnung den Beobachtungen, ebenso auch die Höhenlage der Stratosphärengrenze (zwischen 6 und 16 km).

Auf die angegebene Weise können nicht nur die Werte des Bodendruckes in verschiedenen Breiten der Erde erklärt werden, die ständig oder normalerweise vorherrschen, sondern auch manche Veränderungen von Druck und Temperatur an einem Orte, die auf meridionale Verschiebungen der Luft zurückzuführen sind. Es ist z. B. möglich, daß bei südlichen Winden in den unteren Schichten diese Bewegung auch auf höhere Schichten übergreift, womit dann unten in der Troposphäre Erwärmung, oben in der Stratophäre Abkühlung über einem Orte eintritt. Über solche Vorstöße der kalten und hohen Stratosphäre nach höheren Breiten oder der warmen niedrigen Stratosphäre gegen den Äquator ist ganz Bestimmtes noch nicht bekannt; es ist aber deren Möglichkeit in Erwägung zu ziehen.

Bewegt sich nicht die ganze Luftsäule bis in die größten Höhen in einer Richtung weiter, sondern nur die Troposphäre und die unteren Teile der Stratosphäre, was wohl noch häufiger zutreffen wird als die erste Annahme, so haben wir zunächst nach Temperaturverteilungen zu suchen, die bei gleichem Druck und gleicher Temperatur in der größten Höhe H den gleichen Druck am Boden bedingen, obwohl die Bodentemperatur und auch die Höhe der Troposphäre eine ungleiche ist. Wie früher sei die lineare Temperaturabnahme in der Troposphäre stets dieselbe. Dann muß die Temperaturkompensation zwar wieder in der Stratosphäre zustande kommen, doch kann nun in diesem Gebiet die Temperatur nicht überall die gleiche sein, sondern muß von dem unteren Wert auf den konstanten Wert der Höhe H zulaufen. Wir gelangen so zu einer doppelt geknickten Temperaturkurve; das Gebiet zwischen den beiden Knicken ist die Substratosphäre.

Um das Schema berechnen zu können, wird angenommen, daß auch in der Substratosphäre eine lineare Temperaturänderung (β) mit der Höhe bestehe[1]), die positiv oder negativ sein kann. Unter diesen Umständen läßt sich die barometrische Höhengleichung in die Form bringen:

$$p_0 = p_H e^{\frac{g}{R}\left[\frac{2\,h}{2\,T_0 - \alpha\,h} + \frac{2\,(H - h)}{T_0 - \alpha\,h + T_i}\right]}.$$

[1]) F. M. Exner, Wien, Sitz.-Ber., Bd. 119, Abt. IIa, 1910 (3. Mitteil.)

T_i ist die konstante Temperatur des oberen Teiles der Stratosphäre. Wird sie als gegeben angenommen, so ist β durch sie bestimmt:

$$\beta = \frac{T_0 - T_i - \alpha h}{H - h}.$$

h ist die Höhe der Troposphäre bis zum ersten Knick in der Temperaturkurve, $H - h$ ist die Höhe der Substratosphäre, innerhalb welcher die Temperaturänderung β besteht.

Wie früher wurde in obiger Formel die e-Potenz für verschiedene Annahmen von T_0 und h ausgewertet; die Quotienten $\frac{p_0}{p_H}$ sind in folgender Tabelle enthalten. T_i wurde für Mitteleuropa zu 218^0 abs. (-55^0 C) angenommen.

Quotient $\dfrac{p_0}{p_H} = e^{\frac{gH}{RT_m}}$ für $H = 20$ km; hiebei $t_i = -55^0$.

Höhe der Troposphäre	Temperatur an der Erdoberfläche								
	-15^0	-10^0	-5^0	0^0	5^0	10^0	15^0	20^0	25^0
6 km	20·6	19·8	19·0	18·3	17·6	—	—	—	—
7 „	21·2	20·3	19·4	18·6	17·9	17·2	—	—	—
8 „	21·8	20·9	19·8	19·0	18·3	17·5	16·9	—	—
9 „	22·5	21·5	20·3	19·4	18·6	17·9	17·1	—	—
10 „	23·2	21·9	20·9	19·9	18·9	18·2	17·3	16·7	—
11 „	23·8	22·5	21·3	20·3	19·4	18·5	17·6	16·9	—
12 „	—	23·2	21·9	20·7	19·8	18·8	17·9	17·1	16·4
13 „	—	—	22·5	21·2	20·1	19·2	18·2	17·3	16·6
14 „	—	—	—	—	20 6	19·5	18·5	17·6	16·8
15 „	—	—	—	—	—	19·9	18·8	17·8	16·9

Aus diesen Zahlen lassen sich nun wieder zusammengehörige Werte von T_0 und h entnehmen, welche für einen bestimmten Druck p_H einen bestimmten Druck p_0 liefern. Einige dieser Temperaturverteilungen sind in Fig. 63 dargestellt, und zwar für die Bodentemperaturen -5^0, 0^0, 5^0, 10^0 und 15^0, welche beim Druck $p_H = 40$ mm den Druck $p_0 = 760$ mm an der Erdoberfläche hervorrufen.

Je tiefer die Bodentemperatur, desto niedriger ist die Troposphäre. In der Substratosphäre nimmt die Temperatur bei tiefem T_0 nach oben ab, bei hohem nach oben wieder zu (Inversion). In 20 km Höhe wird überall die Isothermie (-55^0) erreicht.

Diese schematische Konstruktion hat den Zweck, zu zeigen, wie auch über einem Orte, wo in großer Höhe Druck und Temperatur konstant sind, der gleiche Bodendruck durch die Temperaturkompensation der Substratosphäre in verschiedener Weise zustande kommen kann. Sie würde gekünstelt erscheinen, wenn nicht die von Schmauß[1]) aufgestellten 4 Typen der Temperaturverteilung (Fig. 64) mit ihr ziemliche Ähnlichkeit hätten.

Die beiden hier besprochenen Schemata, jenes für die Temperaturverteilung in verschiedenen Breitenzonen der Erde und das letzte, geben einen Begriff davon, auf welche Arten der an der Erdoberfläche beobachtete Luftdruck entstehen kann, soweit er ein Temperatureffekt ist.

Es sei hier nochmals auf einen Umstand hingewiesen (vgl. auch Abschnitt 23), welcher bei Beurteilung der Veränderungen in der Massenverteilung einer Luftsäule in Betracht kommt, wenn die Mitteltemperatur die gleiche bleibt. Aus der barometrischen Grundgleichung $p_0 = p_h e^{\frac{g\,h}{R\,T_m}}$ folgt bei konstanter Mitteltemperatur: $\frac{\varDelta p_0}{p_0} = \frac{\varDelta p}{p}$.

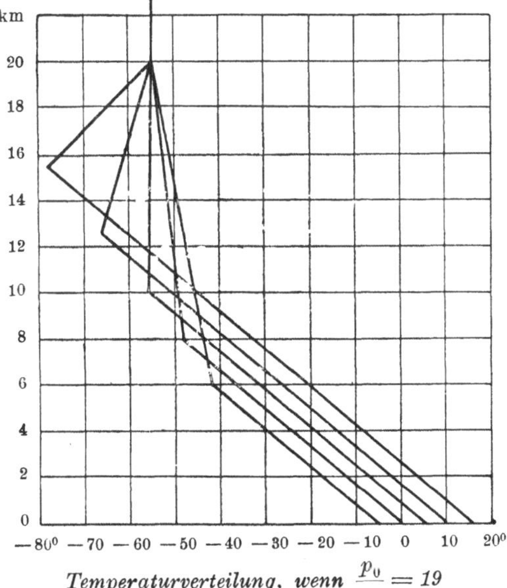

Temperaturverteilung, wenn $\dfrac{p_0}{p_H} = 19$

(für $p_H = 40\,mm$, $p_0 = 760\,mm$)

Fig. 63.

Dies heißt: Erhöht sich bei konstantem T_m der Druck am oberen Ende einer Luftsäule um $\varDelta p$ (z. B. durch Aufhäufung neuer Luftmassen über der Höhe h), so wächst derselbe unten im Verhältnis $\frac{p_0}{p}$[2]). Dabei ist vorausgesetzt, daß die Luftsäule vor und nach der Veränderung im Gleichgewicht sei, so daß die Höhenformel Anwendung findet. Ist z. B. der Druck in 9 km Höhe um 1 mm gewachsen, so muß der Druck am Boden um etwa 3 mm gestiegen sein, damit wieder Gleichgewicht herrscht. Die Erklärung dieser Eigentümlichkeit ist einfach: Durch Zusatz einer neuen Luftmasse

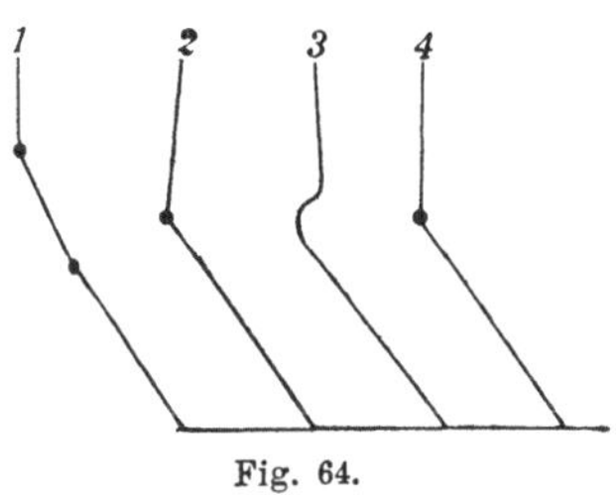

Fig. 64.

in der Höhe wird die ganze Säule zusammengedrückt, es sinkt also jene Masse, die ursprünglich in der Höhe h gelegen war, unter diese Höhe

---

[1]) Münchener aerologische Studien, Nr. 1; aus den Beob. d. met. Stat. d. Königr. Bayern, Bd. **34**, 1912.

[2]) F. M. Exner, Met. Zeitschr. 1913, S. 430.

herab. Der zur Drucksteigerung $\varDelta p$ erforderliche Luftzusatz ist bedeutend größer als jener, welcher auf einer in der Höhe h fest eingefügten Basis den Druck dort um den gleichen Betrag erhöhen würde. Dieser größere Zusatz sinkt zum einen Teil unter die Höhe h herab, und nur der andere bleibt über derselben liegen und vergrößert dort den Druck um $\varDelta p$. Erst am Boden kommt das Gewicht der ganzen zugesetzten Luftmasse in der Steigerung des Bodendruckes um

$$\varDelta p_0 = \varDelta p \, \frac{p_0}{p}$$

zum Ausdruck. In einer inkompressiblen Flüssigkeit tritt eine einfache Übertragung der Drucksteigerung von oben auf den Boden ein; dort ist $\varDelta p_0 = \varDelta p$.

Diese Tatsache ist für die Anwendung der statischen Grundgleichung bei großen Höhenunterschieden von Nachteil. Ein Fehler bei der Druckbestimmung in 20 km von $\varDelta p = 1$ mm Hg gibt ja am Boden schon 19 mm aus.

Wie weit Druckschwankungen in großer Höhe solche am Boden hervorrufen, wie weit es also Aufbauschungen und Einsenkungen der Atmosphäre oberhalb von kleineren Arealen der Erde gibt, darüber ist, wie schon oben gesagt, noch wenig Verläßliches bekannt. Man fand aus Registrierballonaufstiegen bis zu den größten erreichten Höhen noch wechselnden Luftdruck; doch ist es schwer zu sagen, wie weit die Schwankungen reell, wie weit durch Registrierfehler entstanden sind. Es muß vorläufig unentschieden bleiben, ob bei den Veränderungen des Luftdruckes an der Erdoberfläche neben den Veränderungen der Temperatur auch noch solche der Höhenerstreckung der Atmosphäre eine ausgiebige Rolle spielen.

Bei den Erscheinungen der Zyklonen und Antizyklonen kommen wir auf diese Frage noch zurück.

73. Das Zustandekommen von Luftdruckgradienten; Luftversetzung.
Da jeder Luftdruck an der Erdoberfläche bei sehr verschiedenen Temperaturen bestehen kann, möchte man zunächst glauben, daß über einem Orte mit besonders hohem oder tiefem Druck beliebige Temperaturen beobachtet werden. Dies ist im allgemeinen nicht der Fall. Würde z. B. über tiefem Druck die Temperatur niedriger sein als in der Umgebung, so würde der horizontale Druckgradient nach oben immer mehr zunehmen. Die Beobachtungen zeigen, daß er im wesentlichen konstant bleibt. Man wurde hierauf zuerst durch das Studium der beim Winde transportierten Luftmassen, der sogenannten „Luftversetzung", aufmerksam.

Beobachtungen des Wolkenzuges und der Windstärke in verschiedenen Höhen erlaubten, die in bestimmter Zeit durch die Querschnitteinheit strömende Luftmasse zu berechnen. Dabei haben H. H. Clayton und später

A. Egnell[1]) gefunden, daß über vielen Gegenden der Erde diese Luftmasse in allen Höhenlagen zu gleicher Zeit annähernd gleich groß ist. Damit dies möglich sei, ist es, wie Gold und Harwood[2]) ausführten, nötig, daß die Windgeschwindigkeit in bestimmter Weise mit der Höhe zunehme. In unseren Breiten ist eine Zunahme der Windstärke nach aufwärts das Gewöhnliche, in den Tropen, der Gegend der Ostwinde, hingegen nicht. Tatsächlich hat sich der Satz von Clayton und Egnell in Manila auch nicht bewahrheitet.

Eine kurze Rechnung läßt die Bedingung für das Eintreffen dieses Satzes erkennen. Es soll $\varrho\, v$ unabhängig von der Höhe sein. Nun ist angenähert (vgl. z. B. S. 96): $2\,\omega \sin \varphi\, v = -\dfrac{1}{\varrho}\dfrac{\partial p}{\partial x}$, wobei wir unter v den „Gradientwind"[3]), die totale Windstärke bei beschleunigungsloser Bewegung, unter $\dfrac{\partial p}{\partial x}$ den totalen Gradienten in der Horizontalen verstehen wollen. Die Bedingung lautet also: $\dfrac{\partial p}{\partial x} = $ konst. für alle Höhen.

Der Gradient hat somit erfahrungsgemäß in höheren Breiten in allen Niveaus der Troposphäre ungefähr denselben Wert. Damit dies möglich sei, ist eine ganz bestimmte Temperaturverteilung nötig.

Es sei an zwei benachbarten Orten der Erde der Bodendruck P_1, bzw. P_2, der Gradient wirke in ihrer Verbindungslinie, so daß $\delta P = P_2 - P_1$. Ist T_1, T_2 die Mitteltemperatur, p_1, p_2 der Druck in der Höhe h über den beiden Orten, so folgt, da $p_2 = P_2\, e^{-\frac{g\,h}{R\,T_2}}$, $p_1 = P_1\, e^{-\frac{g\,h}{R\,T_1}}$ und in erster Annäherung $e^{-\frac{g\,h}{R\,T}} = 1 - \dfrac{g\,h}{R\,T}$ gesetzt werden kann, aus dem Clayton-Egnellschen Satz:

$$p_2 - p_1 = P_2\left(1 - \frac{g\,h}{R\,T_2}\right) - P_1\left(1 - \frac{g\,h}{R\,T_1}\right) = P_2 - P_1;$$

also $\dfrac{P_2}{T_2} = \dfrac{P_1}{T_1}$ und, wenn $T_2 - T_1 = \delta\,T$, auch

$$\frac{\delta P}{P_1} = \frac{\delta T}{T_1}.$$

Es muß also über dem höheren Druck auch die höhere Temperatur herrschen, und zwar nach Maßgabe der letzten Gleichungen. Ist z. B. die Druckdifferenz $\delta P = 20$ mm, die Mitteltemperatur der Luftsäule bis etwa 10 km Höhe aber 250^0 abs., dagegen $P_1 = 760$ mm, so folgt $\delta T = 6{\cdot}5^0$.

Wenn die wärmere Luft über dem höheren Druck liegt und dabei die Windstärke mit der Höhe zunimmt (wie dies der Konstanz des Gra-

---

[1]) Clayton in Ann. Harvard Obs. Vol. XXX, P. III, 1892; Egnell in Compt. Rend. 1903; vgl. Hann, Met. Zeitschr. 1903, S. 135, wo über Egnell referiert wird.
[2]) Vgl. Ref. in Met. Zeitschr. 1910, S. 25; Brit. Associat., Winnipeg 1909.
[3]) Die Engländer gebrauchen dafür den Ausdruck: geostrophischer Wind.

dienten entspricht), so ist hiermit auch die Bedingung für einen stationären Bewegungszustand gegeben, wie im 8. Kapitel ausgeführt wurde (vgl. Fig. 40a und c, S. 190). Der Satz von Clayton-Egnell ist mithin nur ein anderer Ausdruck der Tatsache, daß die Luft sich angenähert stationär bewegt. Für Gebiete, wo die kältere Luft über dem höheren Druck liegt, sind die stationären Bewegungen durch Fig. 40 b und d dargestellt. Dort nimmt die Windstärke mit der Höhe ab (z. B. bei den Passatwinden), der Clayton-Egnellsche Satz kann also nicht gelten[1]). Würde dieser Satz irgendwo genau zutreffen und außerdem stationäre Bewegung gegeben sein, so ließe sich aus diesen Bedingungen eine Differentialgleichung ableiten, welcher die Temperaturverteilung in allen Höhen entsprechen müßte. Diese könnte aus der beobachteten Temperatur am Boden gefolgert werden, so daß die ganze Massenverteilung bekannt wäre, wenn Druck und Temperatur am Boden gegeben ist.

Eine direkte Messung der Luftdruckgradienten in größeren Höhen ist meist nicht möglich. Man kann statt der Gradienten aber die Veränderlichkeit des Luftdrucks an einem Orte von einem Tage zum nächsten benützen, die ja auch ein Maß der Druckdifferenzen in einem Niveau abgibt. Aus den internationalen Serienaufstiegen konnte A. Schedler[2]) die interdiurne mittlere Veränderlichkeit von Luftdruck und Temperatur ableiten; er fand die Werte der folgenden Tabelle.

Höhe km	Zahl der Fälle	Mittlere interdiurne Veränderlichkeit in verschiedenen Höhen			
		Luftdruck mm	Temperatur ^{0}C	$\dfrac{\varDelta p}{p} \cdot 10^2$	$\dfrac{\varDelta T}{T} \cdot 10^2$
1	77	2·9	2·2	0·43	0·79
2	68	2·7	2·7	0·46	0·99
3	71	2.7	2·4	0·53	0·89
4	74	2·6	2·7	0.56	1·03
5	74	2·8	2·9	0·69	1·14
6	77	3·0	3·2	0·83	1·28
7	74	3·4	3·3	1·07	1·37
8	72	3·1	3·4	1·11	1·45
9	75	3·1	3·4	1·26	1·49
10	75	3·0	3·8	1·38	1·71
11	67	2·7	4 6	1·41	2·08
12	62	2·7	4·7	1·59	2·14
13	50	2·3	4·2	1·53	1·93
14	33	2·1	2·8	1·59	1·28
15	22	1·2	1·8	1·03	0·84
16	8	1·1	1·3	1·07	0·59

---

[1]) Vgl. auch Archibald Douglas bei Hann, Lehrbuch, 3. Aufl., S. 393, oder Brit. Associat., Montreal 1884, der die Zunahme der Windstärke mit der Höhe durch die Formel $\dfrac{v}{v_0} = \left(\dfrac{h}{h_0}\right)^{1/4}$ darstellte.

[2]) Beitr. z. Physik d. freien Atmosphäre, Bd. VII, 1915, S. 88.

Die Luftdruckveränderlichkeit (dritte Kolonne) hat daher in den untersten 12 km der Atmosphäre nahezu den gleichen Wert und nimmt erst darüber allmählich ab. Auch diese Zahlen sprechen somit dafür, daß die Gradienten nach aufwärts bis zur Stratosphäre der Größenordnung nach in der Regel gleich bleiben. Wie oben ausgeführt, bedingt dies, daß in den unteren Schichten über abnorm hohem Luftdruck abnorm warme Luft liegt und umgekehrt.

Diese Tatsache ist von großer Wichtigkeit. Sie zeigt, daß die Bewegungen in der Atmosphäre nicht weit vom stationären Zustand entfernt sind. Um die Ursache der Erscheinung zu erkennen, gehen wir von den Verhältnissen in den höheren Schichten der Atmosphäre aus. Die Luftdruckgradienten daselbst schwanken innerhalb gewisser Grenzen. Allzugroße Abweichungen von den Mittelwerten kommen nicht vor. Nehmen wir nun an, wir hätten unter einem Punkte mit abnorm hohem Druck abnorm kalte Luftmassen liegen (und umgekehrt bei niedrigem Druck), so würden die Luftdruckgradienten am Erdboden bedeutend größer sein als in der Höhe; es würden dann auch die Windstärken nach abwärts zunehmen. Dies ist nicht der Fall, weil die Reibung der Luft an der Erdoberfläche die Winde stets verzögert, nie aber beschleunigt. Bei geringeren Windstärken können sich aber die großen Gradienten nicht halten, es entstehen unten ausfüllende Bewegungen. Dabei fließt an der Erdoberfläche die Luft vom hohen zum niedrigen Druck, es wird also nach unserer obigen Voraussetzung kalte Luft gegen den tiefen Druck hin befördert und der Druckgradient mehr oder weniger ausgeglichen[1]). Auf diese Weise entsteht die Verteilung, welche tatsächlich meist beobachtet wird: kalt unter tiefem Druck, warm unter hohem.

Der Regel in dieser Form hat W. H. Dines den deutlichsten Ausdruck verliehen[2]). Er leitete aus zahlreichen Ballonbeobachtungen einen Korrelationsfaktor von 0·90 bis 0·96 zwischen dem Druck in 9 km Höhe und der Mitteltemperatur der darunter liegenden Luftsäule ab. Ist der Luftdruck in der Höhe hoch, die Luft darunter warm, so folgt nun noch nicht, daß der Druck auch am Boden hoch ist; doch scheint dies in der Mehrzahl der Fälle so zu sein. Wir kommen auf diese Beziehungen später noch zurück.

Die Rolle, welche die Erdoberfläche nach obigen Ausführungen für die Luftbewegungen spielt, ist eine ganz besondere (vgl. S. 132). Nach dem auf S. 282 dargelegten Verhältnis, in welchem die Druckänderungen in der Höhe zu denen am Boden stehen, müßte man erwarten, daß auch die Druckgradienten von oben nach abwärts zunehmen. Dies geschieht nicht; während in der Höhe starke stationäre Winde wehen können, ist

---

[1]) F. M. Exner, Met. Zeitschr. 1913, S. 429.
[2]) Geophysical Memoirs, Brit. Met. Off., Heft 2, 1912.

der Entwicklung solcher Windstärken an der Erdoberfläche durch die Reibung ein Ziel gesetzt. Die ausfüllenden Bewegungen, welche entstehen, verringern die Gradienten, die Erdoberfläche wird zum Ausgleichsniveau der Atmosphäre (vgl. Abschnitt 41). Dies äußert sich auch in der Zunahme der interdiurnen Veränderlichkeit der Temperatur nach aufwärts (vgl. die Tabelle S. 284). Sie beträgt nahe der Erde rund 2^0, in 11 und 12 km $4 - 5^0$. Wir können diese Veränderlichkeit zum Teil als Folge von horizontalen Temperaturgradienten auffassen, wie oben jene des Druckes; die größten Veränderungen und Gradienten finden sich in der Substratosphäre.

Die ausgleichende Wirkung der Erdoberfläche auf Druck- und Temperaturunterschiede hat zur Folge, daß die Beurteilung der zu erwartenden Veränderungen dem an die Erdoberfläche gebundenen Beobachter sehr erschwert wird. Die Vorgänge nehmen zum Teil ihren Ausgang in höheren Schichten; die durch sie am Boden hervorgerufenen Ereignisse streben einem Ausgleich zu, stören dabei aber auch fortwährend stationäre Bewegungen, indem die Reibung dieselben hemmt; auf diese Weise geben sie selbst wieder den Anlaß zu neuen Veränderungen.

Aus dem Gesagten folgt, daß man bei Beurteilung der Temperaturgradienten und der aus ihrer Verteilung hervorgehenden zeitlichen Veränderung von Druck und Temperatur die Verhältnisse in höheren Schichten nicht vernachlässigen kann. Sie sind im Verhältnis zu jenen am Boden oft auffallender, namentlich im Gebiet der Substratosphäre, wo die Veränderlichkeit von Druck und Temperatur am größten ist. Freilich folgt daraus noch nicht, wie weit der Sitz der Veränderungen in höheren Schichten, wie weit er unten anzunehmen ist.

74. Unmittelbare Ursachen von Temperatur- und Druckveränderungen. Zeitliche Veränderungen von Druck und Temperatur spielen in der Wetterkunde eine große Rolle. Eine Voraussicht derselben ist heutzutage nur in sehr beschränktem Maße möglich. Doch kann man die physikalischen Bedingungen für solche Änderungen feststellen.

a) Wir fragen zunächst, aus welchen Ursachen sich die Temperatur einer bestimmten herausgehobenen Luftmasse verändern kann. Hier kommt die Wärmegleichung (erster Hauptsatz) von S. 11 in Betracht. Bedeutet t die Zeit, so ergibt sich aus ihr die zeitliche Temperaturänderung zu:

$$\frac{dT}{dt} = \frac{1}{c_p}\frac{dq}{dt} + \frac{AR}{c_p}\frac{T}{p}\frac{dp}{dt}.$$

Die Temperatur einer bestimmten Luftmasse ändert sich somit entweder durch Wärmezufuhr (Wärmeentziehung) oder durch Kompression (Ausdehnung).

Der erste Vorgang verlangt keine weitere Erklärung. Wenn wir den zweiten betrachten, so empfiehlt es sich, von der Wärmezufuhr abzusehen, also adiabatische Veränderungen anzunehmen. Für solche gilt dann: $\dfrac{dT}{dt} = \dfrac{AR}{c_p}\,\dfrac{T}{p}\,\dfrac{dp}{dt}$ oder die Gleichung von Poisson (vgl. S. 12). Bezeichnet ϑ die potentielle Temperatur, so kann man auch schreiben: $\dfrac{d\vartheta}{dt} = 0$.

Am häufigsten werden solche dynamische Temperaturänderungen bei vertikalen Bewegungen vorkommen, wie im 4. Kapitel ausgeführt ist. Doch sei hier angemerkt, daß vertikale Verschiebung einer Masse nur dann deren Temperatur verändert, wenn sich gleichzeitig der Druck ändert. Würde eine ganze Luftsäule eine Hebung oder Senkung erfahren, so könnte ihre Temperatur überall dieselbe bleiben. Voraussetzung der Druckänderung über einer Fläche ist ja, daß sich die über ihr lagernde Luftmasse durch seitlichen Massentransport verändert. Hierauf hat Trabert[1]) besonders hingewiesen. Fehlt ein solcher Massentransport, so erfolgt die Hebung oder Senkung unter konstantem Druck. Dies wäre eine Erklärung dafür, daß die Temperatur oberhalb der Substratosphäre auch bei verschiedener Höhenlage der letzteren in kürzeren Zeiträumen ziemlich unveränderlich zu sein scheint.

Temperaturänderungen einer hervorgehobenen Luftmasse durch adiabatische Kompression oder Dilatation werden selten direkt beobachtet, da bei Druckveränderungen die Luftmasse gewöhnlich nicht in Ruhe verharrt, die Beobachtung aber meist an einem und demselben Orte erfolgt. Die Temperaturänderung an einem Orte läßt sich aber mittels der Transformation von S. 32 ausdrücken; wir wenden diese hier auf die potentielle Temperatur ϑ an und schreiben für adiabatische Prozesse:

$$\frac{\partial \vartheta}{\partial t} = - u\,\frac{\partial \vartheta}{\partial x} - v\,\frac{\partial \vartheta}{\partial y} - w\,\frac{\partial \vartheta}{\partial z}.$$

Hiernach ist die Änderung der potentiellen Temperatur an einem Orte durch die Gradienten dieser Größe und die Geschwindigkeit der Luft daselbst gegeben, solange $dq = 0$. Aus ihr kann auch die Änderung der Temperatur T an einem Orte bestimmt werden, wenn die Druckänderung gegeben ist.

Wie man sieht, treten Änderungen der potentiellen Temperatur an einem Orte einerseits bei horizontalem Gradienten von ϑ und horizontaler Bewegung, andererseits bei vertikalem Gradienten und vertikaler Bewegung auf. Die potentielle Temperatur ändert sich einfach dann an einem Orte, wenn die Luft von der Seite oder aus vertikaler Richtung durch anders temperierte verdrängt wird. Dies ist zwar eine Selbstverständlichkeit, doch gibt die Gleichung jene Änderung quantitativ an.

Bei vertikaler adiabatischer Bewegung ohne Kondensation muß $\dfrac{\partial \vartheta}{\partial t}$ im allgemeinen das entgegengesetzte Vorzeichen der Vertikalgeschwindig-

---

[1]) Met. Zeitschr. 1910, S. 305.

keit w haben, da ϑ nach oben zunimmt; dies ist ja die Bedingung der Stabilität. Adiabatische Bewegung nach aufwärts erniedrigt also die potentielle Temperatur eines Ortes, Bewegung nach abwärts erhöht dieselbe (Föhn). Solange $\frac{\partial p}{\partial t} = 0$, gilt das nämliche von der Temperatur selbst. Mit Hilfe der obigen Gleichung läßt sich z. B. die vertikale Geschwindigkeit aus der zeitlichen Änderung und dem vertikalen Gradienten der potentiellen Temperatur berechnen. Steigt die Temperatur beispielsweise an einem Orte bei Föhnwind um 10^0 in einer Stunde und nahm die Temperatur vor Ausbruch des Föhns um 0.5^0 pro 100 m nach aufwärts ab, somit ϑ um ebensoviel nach oben zu, so ist

$$w = -\frac{\frac{\partial \vartheta}{\partial t}}{\frac{\partial \vartheta}{\partial z}} = -0.56 \text{ m/sec.}$$

Wie später gezeigt wird, lassen sich in unserer Gleichung die Geschwindigkeiten in der Horizontalen durch die Gradienten des Druckes ersetzen, wodurch die Gleichung eine Berechnung der zeitlichen Änderung des ϑ aus den Gradienten von p und ϑ ermöglicht.

b) Von besonderem Interesse ist die zeitliche Veränderung des horizontalen Temperaturgradienten, namentlich im Gebiet der Substratosphäre. Sie kann zunächst durch horizontalen Massentransport zustande kommen. Da die Stratosphäre in niedrigen Breiten höher liegt als in höheren und dabei kälter ist, so werden Luftverschiebungen in der Höhe gegen die Pole eine Erhöhung der Stratosphärengrenze zur Folge haben, es wird eine Temperaturverteilung entstehen, ähnlich dem 2. oder 3. Typus von Schmauß in Fig. 64. Luftverschiebungen gegen den Äquator werden umgekehrt eine Senkung der Stratosphärengrenze bewirken, die Temperaturverteilung wird dem Typus 1 von Schmauß ähnlich (vgl. auch Fig. 63)[1].

Eine zweite Ursache für Veränderungen des Temperaturgradienten liegt in der vertikalen Bewegung; auf sie hat namentlich A. Wegener Gewicht gelegt[2]), um die Temperaturverteilungen an der Grenze der Stratosphäre zu erklären. Wie auf S. 85 gezeigt, ändert sich der Temperaturgradient in einer Luftsäule, die unter anderen Druck und anderen Querschnitt kommt, nach der Formel:

$$\frac{dT'}{dz} = \frac{p'Q'}{pQ}\left(\frac{dT}{dz} + \frac{Ag}{c_p}\right) - \frac{Ag}{c_p}.$$

Wird z. B. eine isotherme Schicht von 8 auf 12 km gehoben, so sinkt der Druck dabei von etwa 280 auf 170 mm. Aus der Isothermie entsteht ein nach aufwärts gerichteter Temperaturgradient von 0.4^0 pro 100 m. Doch setzt dies natürlich voraus, daß die gehobene Schicht wirk-

---

[1]) F. M. Exner, Met. Zeitschr. 1913, S. 434.
[2]) Beitr. z. Physik der freien Atmos., Bd. IV, S. 55.

lich unter niedrigeren Druck kommt, daß also oberhalb von ihr während der Hebung seitlich Luft abströmt. Tritt diese seitliche Ausbreitung in der gehobenen Luftsäule selbst ein, wird also der Querschnitt derselben beim Aufsteigen größer, dann wird häufig das Verhältnis $\frac{Q'}{Q} > 1$ das andere $\frac{p'}{p} < 1$ überwiegen, dann wird also aus einer Isothermie eine Inversion $\left(\frac{dT}{dz} > 0\right)$.

Auf diese Weise kann eine Temperaturverteilung entstehen, welche dem Typus 3 von Schmauß (Fig. 64) entspricht; Wegener nennt sie „Schrumpfungsinversion". Umgekehrt kann eine Senkung der Stratosphäre bei seitlichem Zuströmen der Luft wohl mit Druckerhöhung $\left(\frac{p'}{p} > 1\right)$, aber mit Querschnittsverminderung $\left(\frac{Q'}{Q} < 1\right)$ verbunden sein, wobei die letztere die erstere überwiegt. Dann entsteht aus einer Isothermie ein nach oben gerichtetes Temperaturgefälle, entsprechend dem Schmaußschen Typus 1.

Es kommt bei diesen Fragen, wie man sieht, nur darauf an, ob die Querschnittsveränderung oder die Druckveränderung überwiegt. Im Gebiete der Stratosphäre kompensieren sich die beiden Quotienten $\frac{Q'}{Q}$ und $\frac{p'}{p}$ stets gegenseitig zum Teil, es ist hier Zunahme wie Abnahme des Gradienten nach aufwärts möglich. Anders ist dies nahe der Erdoberfläche, wo bei auf- wie absteigender Bewegung stets $\frac{p'}{p}$ durch den Faktor $\frac{Q'}{Q}$ in seinem Einfluß verstärkt wird. Darum findet man nahe der Erdoberfläche stets Zunahme des Temperaturgradienten nach aufwärts, sowohl im auf- wie im absteigenden Strom. Der geringe Wert des Temperaturgradienten in den untersten Schichten einer Zyklone wird seinen Grund in der Konvergenz der Stromlinien daselbst haben, ebenso wie die häufige antizyklonale Isothermie oder Inversion nahe dem Boden ihren Grund in der Divergenz des absteigenden Stromes hat (vgl. hiezu Abschnitt 34).

Die Bedeutung der vertikalen Bewegungen für die wirklichen Temperaturänderungen in der Substratosphäre ist zwar noch nicht geklärt, doch spricht gegen häufige vertikale Bewegungen dortselbst die Tatsache, daß die Isothermie ein sehr stabiler Zustand ist (vgl. Abschnitt 26). Man darf nicht vergessen, daß gerade die Häufigkeit scharf ausgeprägter Grenzen zwischen Strato- und Troposphäre für das Fehlen bedeutender vertikaler Bewegungen daselbst verantwortlich gemacht wird. Daher dürften bei den Veränderungen der Temperatur in der Höhe die vertikalen Verschiebungen eine geringere Rolle spielen als die horizontalen.

c) Die Änderungen des Luftdruckes an einem bestimmten Orte sind fast genau durch die Änderungen der Luftmasse oberhalb desselben bestimmt. Der Bodendruck kann sich daher nur infolge von horizontalen Massenverschiebungen ändern. Betrachten wir eine Luftsäule von der Höhe h, so erscheint die Druckänderung am Boden als Funktion der Temperaturänderung und der Druckänderung in der Höhe, also

$$\frac{\partial p_0}{\partial t} = \frac{p_0}{p_h} \frac{\partial p_h}{\partial t} - \frac{g\,h}{R\,T_m^2} p_0 \frac{\partial T_m}{\partial t}, \text{ weil } p_0 = p_h\, e^{\frac{g\,h}{R\,T_m}}.$$

Ist der Druck in der Höhe h konstant, so ist $\frac{\partial p_0}{\partial t}$ eine bloße Funktion der Änderung der Mitteltemperatur der Luftsäule; bei einem Kälteeinbruch, wo kalte Luft an der Erdoberfläche in wärmere Gebiete vordringt, kann man auch dementsprechend einen Anstieg des Bodendrucks beobachten, ja sogar bei gegebenem Temperaturabfall die Höhe h der einbrechenden kalten Masse berechnen. Oft kommen auch Druckänderungen am Boden zustande, wenn die Temperatur daselbst konstant ist; dann muß man deren Ursache in höheren Schichten suchen. Im allgemeinen aber wird sich T_m und p_h gleichzeitig ändern.

Es ist eine offene Frage, ob die tatsächlichen Druckänderungen am Boden bloß durch Temperaturänderungen, also thermisch, erklärt werden können oder nicht (dynamisch); d. h. ob man in sehr großen Höhen (z. B. 30 km) den Druck p_h konstant fände. Möglicherweise hat die Atmosphäre, wie schon oben S. 282 erwähnt, Ausbuchtungen und Einsenkungen, die dann freilich kein Gleichgewichts-, sondern ein wellenartiger Bewegungszustand wären; ein Defizit oder Überschuß an Masse würde über einem Orte durch eine niedrigere oder höhere Grenze der Atmosphäre erreicht. Dies wäre ein eigentlich dynamischer Effekt. Es ist aber auch möglich, wenn auch nicht sehr wahrscheinlich, daß in 30 km Höhe über einem Orte der Druck in einer Jahreszeit konstant ist und alle Schwankungen darunter, also auch die sehr bedeutenden in 10—15 km Höhe, durch Temperaturänderungen zustande kommen, also thermischer Natur sind.

In beiden Fällen müssen die Veränderungen in der Höhe, wenn sie Veränderungen des Bodendrucks zur Folge haben, von horizontalen Massenverschiebungen begleitet sein; eine vertikale Bewegung allein kann den Bodendruck niemals beeinflussen.

Anders ist dies bei Veränderungen des Druckes in der Höhe. Dieser kann sich sowohl durch horizontale als auch durch vertikale Massenverschiebung verändern. Sehen wir von ersterer ab, so steigt der Druck in der Höhe h, wenn die Mitteltemperatur der darunter liegenden Säule steigt, weil dabei Masse über das Niveau h gehoben wird, und umgekehrt.

Der Effekt ist nach der Formel hier oben leicht zu berechnen, wenn $\frac{\partial p_0}{\partial t} = 0$; dann ist $\frac{\partial p_h}{\partial t} = \frac{g\,h}{R\,T_m^2} p_h \frac{\partial T_m}{\partial t}$. Für $h = 12$ km ist ungefähr

$p_h = 150$ mm, $T_m = 218^0$, also $\dfrac{\partial p_h}{\partial t} = 1\cdot 03 \dfrac{\partial T_m}{\partial t}$, wo p_h in mm Hg ausgedrückt ist; für 1^0 Temperatursteigerung gibt dies 1 mm Druckerhöhung. Diese Druckänderungen in der Höhe äußern sich u. a. im täglichen und jährlichen Gang des Luftdrucks auf Berggipfeln.

Wagner[1]) hat untersucht, in welcher Höhe die Druckänderung infolge von Änderung der Mitteltemperatur darunter bei konstantem Bodendruck ein Maximum ist. Schreiben wir die obige Formel $\varDelta p = \dfrac{p g h}{R T_m^2} \varDelta T_m$

und bilden $\dfrac{\partial (\varDelta p)}{\partial h} = \dfrac{g \varDelta T_m}{R T_m^2} \left(p + h \dfrac{\partial p}{\partial h} \right)$, so wird der Wert $\varDelta p$ ein Maximum, wenn $p + h \dfrac{\partial p}{\partial h} = 0$; da $\dfrac{\partial p}{\partial h} = - \dfrac{p g}{R T}$, so folgt $h = \dfrac{R T}{g}$; für $T = 273^0$ ist diese Höhe maximaler Druckschwankung 7991 m, die Höhe der homogenen Atmosphäre. Bei annähernd gleichem Bodendruck im Laufe des Jahres findet Wagner tatsächlich die größten Jahresschwankungen des Luftdrucks in 8 und 9 km Höhe (16 mm Unterschied zwischen dem Maximum im August und dem Minimum im März), in 16 km sind sie nur etwa halb so groß.

75. Druck- und Temperaturveränderung durch Advektion.

Die Veränderungen, welche im Laufe der Zeit in der Atmosphäre vor sich gehen, sind von verschiedener Art. Die einen liefern Neuerscheinungen, die anderen nur Verschiebungen schon vorhandener Situationen. Um in das Gewirr dieser Vorkommnisse etwas Ordnung zu bringen, teilen wir dieselben in zwei Gruppen: die erste soll Veränderungen betreffen, die durch bloße horizontale Massenbewegung zustande kommen, die zweite solche, bei welchen die vertikale Verlagerung im Sinne des Umsatzes von potentieller in kinetische Energie die Hauptrolle spielt. Für Neubildungen von Zyklonen, Böen etc. ist zweifellos diese vertikale Umlagerung sehr wichtig. Aber wir können trotzdem die Frage stellen, wie weit der Einfluß der rein horizontalen Verschiebungen reicht. Damit wird ein Teil der Veränderungen erklärlich, aber man muß sich bewußt bleiben, daß man nur eine Seite der Frage damit beantwortet. Die Ergebnisse solcher Untersuchungen können bei der synoptischen Wettervorhersage nützlich sein, worauf wir im nächsten Kapitel noch zurückkommen. Die theoretischen Grundlagen sind sehr einfach: wo kalte Luft an Stelle von warmer tritt, steigt ceteris paribus der Druck, wo warme an Stelle von kalter tritt, fällt er. Die quantitative Berechnung dieser Veränderungen ist unter vereinfachenden Voraussetzungen möglich[2]).

---

[1]) Beitr. z. Physik d. freien Atmos. III, S. 98.

[2]) F. M. Exner, Sitz.-Ber. d. Wien. Akad. d. Wiss., Abt. IIa, Bd. 115, 1906, S. 1171; Bd. 116, 1907, S. 995; Bd. 119, 1910. S. 697 und Met. Zeitschr. 1908, S 57.

Bewegt sich die Luft adiabatisch, so ist die Rechnung besonders einfach; nimmt man Wärmezufuhr hinzu, so wird unter Umständen ein Vorteil erzielt, da man nun empirische Einflüsse der geographischen Lage mit in Rechnung stellen kann. Im folgenden sind diese Versuche skizziert. Wir nehmen an, daß sich die Luft horizontal bewege, und fragen, welche Änderungen in einer Luftsäule durch solche Massenverschiebungen entstehen. Man bezeichnet dieselben jetzt häufig als „Advektion". Sie sind bei den atmosphärischen Veränderungen eine alltägliche Erscheinung, so daß ihre gesonderte Betrachtung gerechtfertigt ist.

Bei adiabatischer Bewegung bleibt die potentielle Temperatur einer bestimmten Luftmasse konstant; für solche Bewegung empfiehlt es sich daher, ϑ an Stelle der absoluten Temperatur einzuführen. Bei statischem Gleichgewicht ist $\frac{\partial p}{\partial z} = -\frac{pg}{RT}$. Nach Einsetzung von $\vartheta = T\frac{P^k}{p^k}$ (wo $P = 760$ mm) wird daraus durch Integration:

$$p^k = -\frac{gk}{R}P^k \int \frac{dz}{\vartheta} + \text{konst.}$$

Dies ist eine Formel für die Druckabnahme mit der Höhe; sie vereinfacht sich, wenn in der Säule h die Größe ϑ konstant ist, also indifferentes Gleichgewicht herrscht; dann ist $p_0^k = p_h^k + \frac{kg}{R}\frac{P^k}{\vartheta}z$. Die Größe p^k nimmt dann linear mit der Höhe ab.

Die adiabatische horizontale Bewegung wird (vgl. S. 287) ausgedrückt durch $\frac{\partial \vartheta}{\partial t} = -u\frac{\partial \vartheta}{\partial x} - v\frac{\partial \vartheta}{\partial y}$. Die Windkomponenten u und v sind bei beschleunigungslosen Bewegungen und Abwesenheit von Reibung (Annahmen, die für höhere Schichten gelten) gegeben durch (S. 96):

$$2\omega\sin\varphi\, u = \frac{1}{\varrho}\frac{\partial p}{\partial y}, \qquad 2\omega\sin\varphi\, v = -\frac{1}{\varrho}\frac{\partial p}{\partial x}.$$

Wenn $2\omega\sin\varphi = l$ gesetzt und in den Ausdruck für die Dichte ϱ die potentielle Temperatur ϑ eingeführt wird, erhält man:

$$u = \frac{R}{l\,P^k}\vartheta\, p^{k-1}\frac{\partial p}{\partial y}, \qquad v = -\frac{R}{l\,P^k}\vartheta\, p^{k-1}\frac{\partial p}{\partial x}.$$

Es wird daher:

$$\frac{\partial \vartheta}{\partial t} = \frac{R}{l\,P^k}\vartheta\, p^{k-1}\left(\frac{\partial p}{\partial x}\frac{\partial \vartheta}{\partial y} - \frac{\partial \vartheta}{\partial x}\frac{\partial p}{\partial y}\right).$$

Denkt man sich in einem Niveau Linien gleichen Druckes und gleicher potentieller Temperatur gezeichnet, so erhält man ein Bild der Gradienten dieser beiden Größen; aus ihnen läßt sich die kommende Änderung der potentiellen Temperatur nach der letzten Gleichung berechnen.

Eine kurze Überlegung zeigt, daß der obige Klammerausdruck verkehrt proportional der Fläche ist, welche von zwei benachbarten Isobaren und zwei Isothermen (ϑ) eingeschlossen wird. Stehen die beiden Kurvenscharen aufeinander senkrecht, so ist die Änderung der potentiellen Temperatur ein Maximum, verlaufen sie parallel zueinander, so ist sie null. Als Bedingung dafür, daß die potentielle Temperatur an einem Orte konstant bleibt, erhalten wir, daß die Isobaren (p) und die Isothermen (ϑ) an der betrachteten Stelle einander parallel verlaufen.

Von dieser Tatsache ist schon oben (Abschnitt 65, S. 241) Gebrauch gemacht worden, um den Einfluß der Land- und Meerverteilung auf die Druck- und Temperaturveränderungen in der Atmosphäre festzustellen. In Fig. 55 (S. 243) sind die Gebiete gezeichnet, in welchen auf der Nordhemisphäre im Winter die Schnitte der mittleren Isobaren und Isothermen Zunahme und Abnahme des Druckes durch Advektion der Luft liefern müssen.

Für die Zyklone hat vor kurzem auch V. Bjerknes diese Bedingung abgeleitet und die Verteilung, welche die Unveränderlichkeit bewirkt, als „barotrop", die andere als „baroklin" bezeichnet.

Die zeitliche Druckänderung läßt sich finden, wenn man die Gleichung von S. 292 partiell nach der Zeit differenziert. Man kann diese Gleichung in der Form schreiben:

$$p^k - p_h^k = \frac{g\,k}{R}\,P^k\int_z^h \frac{d\,z}{\vartheta},$$

wo p_h der Druck in der Höhe h, p jener in der Höhe z ist. Es wird daher:

$$p^{k-1}\frac{\partial p}{\partial t} = p_h^{k-1}\frac{\partial p_h}{\partial t} + \frac{g\,P^k}{R}\int_z^h \frac{d\,z}{\vartheta^2}\frac{\partial \vartheta}{\partial t}.$$

Für $h = \infty$ ist $p_h = 0$ und auch $\dfrac{\partial p_h}{\partial t} = 0$.

Mit $\dfrac{\partial \vartheta}{\partial t}$ aus der früheren Gleichung kann nun auch $\dfrac{\partial p}{\partial t}$ ausgedrückt werden; man erhält die Änderung des Druckes am Boden als Summe der Beiträge der einzelnen Höhenschichten:

$$p^{k-1}\frac{\partial p}{\partial t} = -\frac{g}{l}\int_z^\infty \frac{d\,z}{\vartheta}\,p^{k-1}\left(\frac{\partial p}{\partial x}\frac{\partial \vartheta}{\partial y} - \frac{\partial \vartheta}{\partial x}\frac{\partial p}{\partial y}\right).$$

Diese Gleichung kann zu einer graphischen Berechnung der zeitlichen Druckänderung aus dem Verlauf der Isobaren und Isothermen in einer Wetterkarte verwendet werden. Da im allgemeinen die Verteilung von Druck und Temperatur nach der Höhe nicht bekannt ist, wird man im Integral für den Klammerausdruck einen Mittelwert einführen müssen, der aus den Kurven für p und ϑ an der Erdoberfläche entnommen ist. Die zeitliche Veränderung des Druckes läßt sich so pro Zeiteinheit aus den horizontalen Gradienten von Druck und Temperatur berechnen. Eine Integration über die Zeit ist nicht möglich, die Differentialgleichung kann daher mit Aussicht auf Erfolg nur auf ein kurzes Zeitintervall angewendet werden.

In meiner Arbeit aus dem Jahre 1906 ist ein Beispiel berechnet, das sich auf ein Zeitintervall von 4 Stunden bezieht. Die Lage der berechneten Fall- und Steiggebiete stimmt mit den Tatsachen, weniger gut wurde die Größe dieser Veränderungen bestimmt[1]).

Ein weiterer Versuch wurde gemacht, die horizontale Advektion kalter und warmer Luftmassen zur Vorausberechnung der Veränderungen zu verwenden, dabei aber die Bewegung nicht mehr als adiabatisch anzunehmen, sondern nun Wärmezufuhr zuzulassen. Die Gleichung für die Wärmezufuhr lautet:

$$\frac{dQ}{dt} = c_p \frac{dT}{dt} - \frac{ART}{p} \frac{dp}{dt}.$$

Wird hier $p = p_h\, e^{\frac{gh}{RT}}$ eingeführt, so wird

$$\frac{dQ}{dt} = -\frac{RT}{p} \frac{dp}{dt} \left(\frac{c_p T}{gh} + A \right) + \frac{c_p R T^2}{gh} \frac{1}{p_h} \frac{dp_h}{dt},$$

wenn nur horizontale Bewegung vorkommt $\left(\frac{dh}{dt} = 0 \right)$.

Indem man nun $\frac{dp}{dt} = \frac{\partial p}{\partial t} + u \frac{\partial p}{\partial x} + v \frac{\partial p}{\partial y}$ setzt und für u, v die normalen beschleunigungslosen Geschwindigkeiten einführt, erhält man einen Ausdruck, der freilich zunächst nur für ein Luftteilchen gilt. Macht man die vereinfachende Annahme, daß in allen Höhenschichten die Verhältnisse ähnliche seien, so kann man unter p den Druck am Boden verstehen. Denkt man sich weiter, daß in gewisser Höhe p_h nur eine Funktion der geographischen Breite sei (Abnahme gegen die Pole), so ergibt sich mit mannigfachen Vereinfachungen schließlich eine Beziehung[2]) $\frac{\partial p}{\partial t} = -m \frac{\partial p}{\partial x} - n \frac{dQ}{dt}$, wo x nach Osten gerichtet ist.

Die Koeffizienten m und n sind aus den Druck- und Temperaturwerten zu Anfang gegeben. Diese Gleichung bedeutet eine Verschiebung der Luftdrucksituation von Westen nach Osten, modifiziert durch eine unbekannte Wärmezufuhr. Es ist zu erwarten, daß z. B. beim Strömen der Luft im Winter vom warmen Meer auf den kalten Kontinent eine Wärme-

---

1) l. c., Kärtchen auf S. 1193.
2) F. M. Exner, Met. Zeitschr. 1908, S. 57.

entziehung eintritt, die nach obiger Gleichung ein Steigen des Druckes zur Folge hätte.

Setzt man demgemäß die Größe $\dfrac{dQ}{dt}$ als (zunächst unbekannte) Funktion des Ortes x, y ein, so wird die Gleichung

$$\frac{\partial p}{\partial t} + m\,\frac{\partial p}{\partial x} + n\,f(x\,y) = 0.$$

Die Integration liefert:

$$p\,(x, y, t) = F(x - m\,t, y) - \Phi(x, y) + \Phi(x - m\,t, y).$$

Hier ist $F(x\,y)$ die Druckverteilung zu Anfang und $\Phi(x\,y)$ eine unbekannte Funktion des Ortes, die von der Wärmezufuhr abhängt.

Man kann die unbekannte Funktion eliminieren, wenn man die Druckverteilung zu zwei Zeitpunkten als gegeben betrachtet und hieraus die Verteilung am dritten (äquidistanten) Zeitpunkt ableitet. Man erhält so:

$$p_2\,(x, y) = p_1\,(x - m\,t, y) + p_1\,(x, y) - p_0\,(x - m\,t, y).$$

p_2 ist der Druck zur Zeit $2\,t$, p_1 derselbe zur Zeit t, p_0 der Druck am Anfang der Zeitskala.

Die Gleichung sagt aus: Die Druckverteilung zur Zeit $2\,t$ (z. B. heute) ist gleich der zur Zeit t (gestern), vermehrt um die Änderung des Druckes, die von der Zeit o bis zur Zeit t (von vorgestern auf gestern) in bestimmter Distanz westlich des betreffenden Ortes stattgefunden hat. Diese Distanz ist aus $m\,t$ gegeben. m ist die Geschwindigkeit der West-ostbewegung; sie berechnet sich aus den Anfangsbedingungen zu zirka 15 Längengraden pro 24 Stunden im Winter, zu $7\frac{1}{2}$ im Sommer. In unseren Breiten (etwa 50^0) entspricht dies einer Geschwindigkeit von 12·4, bzw. 6·2 m/sec. Das sind Werte, die der Größenordnung nach sehr gut mit den Zuggeschwindigkeiten von Zyklonen, Kälteeinbrüchen und Gewittern übereinstimmen (siehe dort).

Wenn auch die hier gegebene Rechnung nur eine sehr vereinfachte Integration der Differentialgleichung ist, so paßt sie sich doch besser an die Tatsachen an, als die Differentialgleichung selbst. Ein Beispiel hiefür geben die Fig. 65 und 66[1]), deren erste die berechnete, deren zweite die beobachtete Druckveränderung in 4 Stunden bei der Wetterlage vom 3. Jänner 1895 in Nordamerika enthält.

Eine praktische Verwendung haben diese Rechnungen noch nicht gefunden; man kann sich aber aus ihnen doch ein Bild machen, welche Rolle die rein horizontale Advektion der Luftmassen und die Wärmezufuhr für die Druckveränderungen spielen.

---

[1]) Aus Met. Zeitschr. 1908, S. 63.

Es mag hier darauf hingewiesen werden, daß die in unserem Integral dargestellte Verschiebung der Drucksituationen mit der Geschwindigkeit m von West nach Ost hier als Folge des horizontalen Transportes kalter und warmer Luft erscheint, während im Abschnitt 71 die Bewegung der Zyklonen als

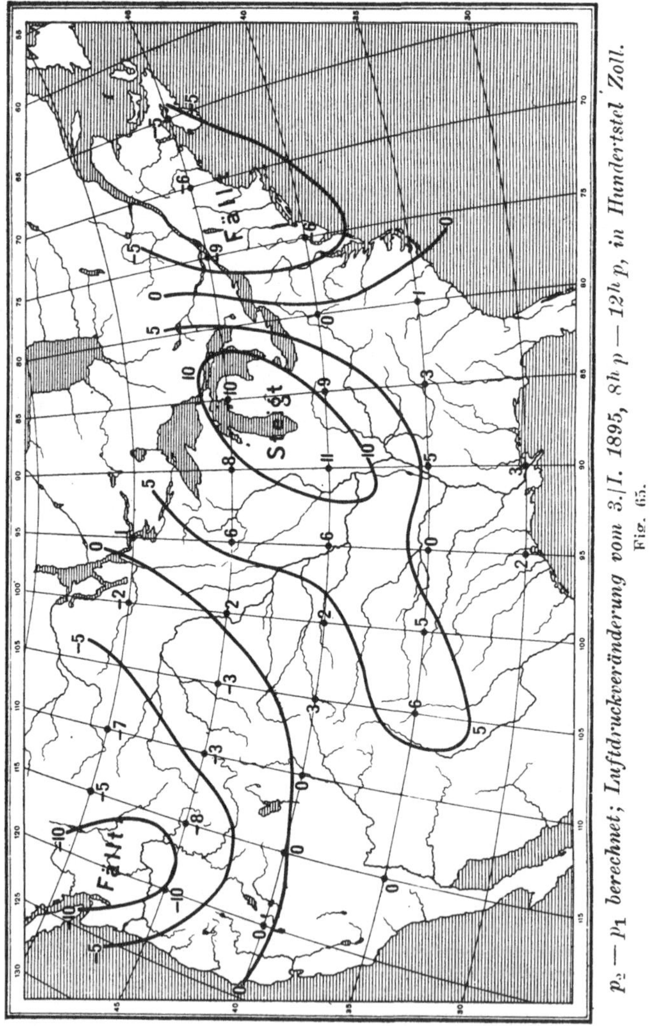

$p_2 - p_1$ berechnet; Luftdruckveränderung vom 3./I. 1895, 8^h p — 12^h p, in Hundertstel Zoll.

Fig. 65.

Folge der allgemeinen Westostströmung auftritt; die Zyklonen werden von ihr mitgetragen. Hierin liegt kein Widerspruch; denn diese allgemeine Strömung ist mit dem Temperaturgradienten gegen den Pol innig verknüpft und man kann die Geschwindigkeit dieser Strömung leicht aus demselben abschätzen.

Ist z. B. am Boden überall der gleiche Druck vorhanden, in der Höhe aber ein Gradient gegen den Pol, so ergibt sich eine nach oben wachsende Geschwindigkeit von Westen gegen Osten. Die Druckabnahme, die polwärts besteht, läßt sich aus der Temperaturabnahme polwärts ableiten.

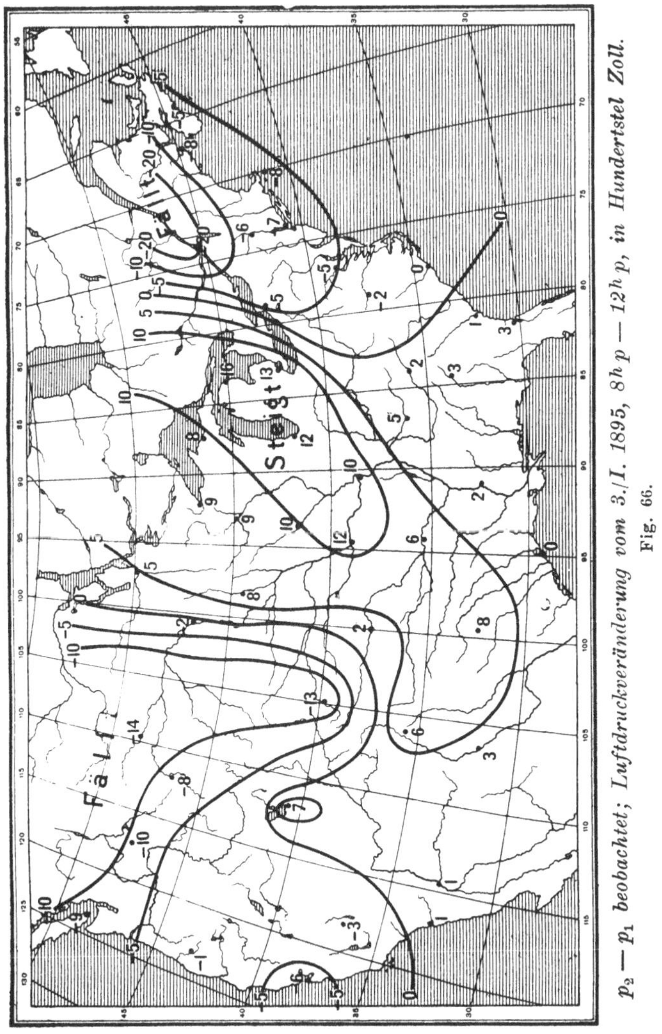

$p_2 - p_1$ beobachtet; Luftdruckveränderung vom 3./I. 1895, $8^h p - 12^h p$, in Hundertstel Zoll.

Fig. 66.

Die mittlere Geschwindigkeit einer Luftschichte von der Dichte h wird

$$\bar{u} = \frac{1}{h} \int_0^h u\, dz = \frac{1}{hl} \int_0^h \frac{1}{\varrho} \frac{\partial p}{\partial y}\, dz, \text{ wo } l = 2\,\omega \sin \varphi \text{ und } y \text{ in den Meridian fällt.}$$

Man hat $p = p_0\, e^{-\frac{gz}{RT}}$ und $\dfrac{1}{\varrho}\,\dfrac{\partial p}{\partial y} = \dfrac{gz}{T}\,\dfrac{\partial T}{\partial y}$. Indem wir die Mitteltemperatur T und deren Gradienten polwärts konstant setzen, erhalten wir $\bar{u} = \dfrac{g}{l}\,\dfrac{1}{T}\,\dfrac{\partial T}{\partial y}\cdot\dfrac{h}{2}$. In unseren Breiten nimmt die Temperatur im Winter ungefähr um $0{\cdot}6^0$ C auf einen Breitengrad polwärts ab. Setzen wir daher pro Meter $\dfrac{\partial T}{\partial y} = 5\cdot 10^{-6}$, setzen wir ferner für 45^0 Br. $l = 10^{-4}$, $T = 250^0$ und berechnen die mittlere Geschwindigkeit für die unteren 10 km bis zur Stratosphäre, so ergibt sich $\bar{u} = 10$ m/sec $= 36$ km/St. Das ist die normale Fortpflanzungsgeschwindigkeit der Böen und Zyklonen, der Größenordnung nach.

76. Differentialgleichung des Druckes bei adiabatischer Horizontalbewegung.

Im vorigen Abschnitt wurde die zeitliche Änderung der potentiellen Temperatur und des Druckes aus den horizontalen Gradienten dieser Größen abgeleitet.

Im folgenden wird noch eine Differentialgleichung aufgestellt, die statt zweier nur mehr eine Unbekannte enthält. Wir gehen hiezu auf die Gleichungen zu Anfang des vorigen Abschnittes zurück. Durch Elimination von ϑ gelingt es, eine Differentialgleichung des Druckes aufzustellen. Zu diesem Zwecke benützen wir die umgeformte statische Gleichung (S. 292) und setzen darin $p^k = \mathfrak{p}$. Sie ist: $\vartheta = -\dfrac{gk\,Pk}{R\,\dfrac{\partial \mathfrak{p}}{\partial z}}$. Indem wir sie nach t, x und y partiell differenzieren, erhalten wir $\dfrac{\partial \vartheta}{\partial t}$, $\dfrac{\partial \vartheta}{\partial x}$ und $\dfrac{\partial \vartheta}{\partial y}$. Setzen wir alle diese Werte sowie die oben angegebenen Größen u und v in die Gleichung der adiabatischen horizontalen Bewegung $\dfrac{\partial \vartheta}{\partial t} = -u\,\dfrac{\partial \vartheta}{\partial x} - v\,\dfrac{\partial \vartheta}{\partial y}$ ein, so erhalten wir:

$$\frac{\partial \mathfrak{p}}{\partial z}\,\frac{\partial^2 \mathfrak{p}}{\partial z\,\partial t} = \frac{g}{l}\left[\frac{\partial \mathfrak{p}}{\partial y}\,\frac{\partial^2 \mathfrak{p}}{\partial x\,\partial z} - \frac{\partial \mathfrak{p}}{\partial x}\,\frac{\partial^2 \mathfrak{p}}{\partial y\,\partial z}\right].$$

Dies ist eine Differentialgleichung des Druckes, bzw. der Größe $p^k = \mathfrak{p}$, welche unter der Bedingung adiabatischer Horizontalbewegung die zeitlichen Veränderungen aus den momentanen Gradienten zu berechnen gestattet. Die Integration der Gleichung würde einen guten Teil der synoptischen Druckveränderungen, die tagtäglich auftreten, erklären und voraussehen lassen; doch ist dieselbe nicht allgemein durchführbar.

Von Interesse ist die Bedingung für die Unveränderlichkeit des Druckes, d. h. für stationären Zustand, $\dfrac{\partial \mathfrak{p}}{\partial t} = 0$. Hierzu muß obiger Klammerausdruck verschwinden, was geschieht, wenn $\dfrac{\partial}{\partial z}\left[\dfrac{\dfrac{\partial \mathfrak{p}}{\partial x}}{\dfrac{\partial \mathfrak{p}}{\partial y}}\right] = 0$.

Nun ist $\dfrac{\dfrac{\partial p}{\partial x}}{\dfrac{\partial p}{\partial y}} = \dfrac{\dfrac{\partial p}{\partial x}}{\dfrac{\partial p}{\partial y}}$. Dieser Quotient ist aber die Tangente des Win-

kels α, welchen der Druckgradient mit der positiven y-Achse bildet. Die obige Bedingung für stationäre Druckverhältnisse bedeutet also einfach, daß die Gradienten und mithin auch die Isobaren oberhalb eines Ortes in jedem Niveau die gleiche Richtung haben müssen. Dies ist eine Massenverteilung, die voraussetzt, daß die Isothermen mit den Isobaren in jedem Niveau zusammenfallen. Die gleiche Bedingung für stationäre Bewegung wurde schon oben Abschnitt 57, S. 194 auf völlig anderem Wege gefunden (barotrope Verteilung, vgl. auch den vorigen Abschnitt).

Sobald die Isobaren nicht mehr derartig verlaufen, wird $\dfrac{\partial^2 p}{\partial z\, \partial t} \lessgtr 0$. Setzen wir auf der linken Seite unserer allgemeinen Differentialgleichung ϑ wieder ein, so ergibt sich:

$$\frac{1}{\vartheta}\frac{\partial \vartheta}{\partial t} = -\frac{g}{l}\left(\frac{\dfrac{\partial p}{\partial y}}{\dfrac{\partial p}{\partial z}}\right)^2 \frac{\partial\,(\operatorname{tg} \alpha)}{\partial z}.$$

Das heißt also: Drehen sich die Isobaren mit zunehmender Höhe an einer Stelle der Atmosphäre gegen den Uhrzeiger (wobei α zunimmt) oder nach links, so fällt daselbst die potentielle Temperatur, und umgekehrt (nördl. Halbkugel).

Würde in der ganzen Luftsäule eine derartige Drehung anhalten, so würde die potentielle Temperatur überall fallen und mithin jede Schichte zu einer Steigerung des Bodendruckes (nach der Gleichung auf S. 293) beitragen. Sind die Isobarendrehungen in verschiedenen Höhen verschieden gerichtet, so ist die Druckänderung das Resultat dieser sich zum Teil aufhebenden Schichteneinflüsse. Die Bodendruckänderung kann natürlich nur dann richtig hervorgehen, wenn die Druckänderung am oberen Ende der Säule gegeben ist.

Wenn für ein Gebiet der Erdoberfläche die Verteilung des Bodendruckes und außerdem die Temperaturverteilung im Raume bis zur Höhe h gegeben ist, so ist die ganze Massenverteilung bestimmt und die Deformation der Isobaren mit der Höhe festgelegt. Damit ist dann auch, von beschleunigten Bewegungen abgesehen, der Zustand der adiabatischen Bewegung im ganzen Raume gegeben. Nehmen wir an, daß sich die Druckverteilung in der Höhe h nicht ändert, so folgt aus diesem Bewegungszustand eine ganz bestimmte Umbildung in der Verteilung von Druck, Temperatur und Bewegung darunter. Diese Veränderung auszudrücken ist der Sinn unserer Differentialgleichung für p. Wir können aus ihr bisher freilich nur die momentane Veränderung eines Zustandes ableiten, da die Integration fehlt.

Es ist nicht zu vergessen, daß obige Drehungsregel mit der normalen Rechtsdrehung der Isobaren in den untersten Schichten, die durch die Bodenreibung veranlaßt ist (vgl. Abschnitt 38 und 39), nichts zu tun hat.

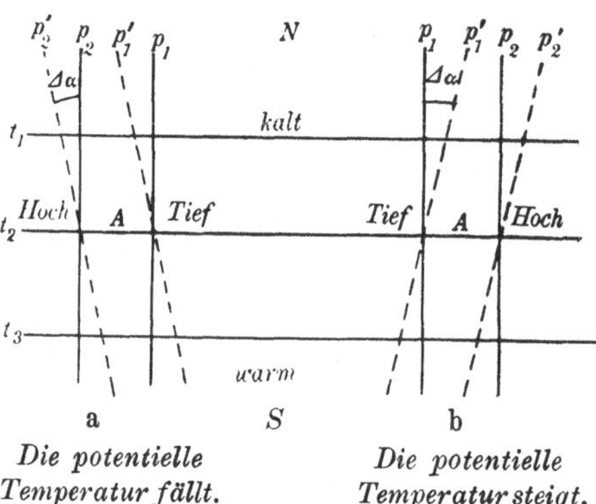

Die potentielle
Temperatur fällt.

Die potentielle
Temperatur steigt.

Fig. 67.

Jene Regel wird unmittelbar verständlich, wenn wir bedenken, daß bei reibungloser stationärer Bewegung die Luft den Isobaren entlang fließt. Es sollen z. B. an der Erdoberfläche zwei Isobaren p_1, p_2 geradlinig von Norden nach Süden verlaufen, der tiefe Druck liege im Westen (Fig. 67b). Im Norden sei die Luft kälter als im Süden; dann nimmt der Druck im Norden mit der Höhe rascher ab als im Süden. Wenn eine Isobare unten von S nach N verläuft, so muß eine andere in geringer Höhe darüber schon nach rechts gedreht sein, also einen Verlauf von S z. W gegen N z. E haben (p_1', p_2'). Da nun die angenommene Druckverteilung am Boden mit einer Luftbewegung von S nach N Hand in Hand geht, so muß diese Bewegung die wärmere Luft aus dem Süden an die Stelle der kälteren nördlichen befördern, die potentielle Temperatur steigt. Trifft dies in der Mehrzahl der Schichten zu, so sinkt der Druck am Boden.

Man kann demnach auch sagen: Strömt die Luft oberhalb eines Niveaus aus dem Tiefdruckgebiet dieses Niveaus heraus, so steigt die potentielle Temperatur daselbst, und umgekehrt. In Fig. 67 ist das Schema für diese Änderung dargestellt; die drei Geraden t_1, t_2, t_3 sind Isothermen, die ausgezogenen Geraden Isobaren im unteren Niveau; die gestrichelten Isobaren p_1' und p_2' im oberen Niveau ergeben sich aus der Temperaturverteilung. Hält die Linksdrehung der Isobaren gegen oben in a), die Rechtsdrehung in b) in höheren Niveaus an, so bedeutet ein Fallen, bzw. Steigen der potentiellen Temperatur ein Steigen, bzw. Fallen des Druckes am Boden.

Des weiteren werden dann die Isobaren p_1, p_2 in beiden Fällen (a und b) nach rechts wandern, also senkrecht zur Richtung des Temperaturgradienten, wobei sie allerdings keine Geraden mehr zu bleiben brauchen. Eine derartige allgemeine Verschiebung der Isobaren senkrecht zum Temperaturgefälle, also im allgemeinen von Westen nach Osten, wird von den synoptischen Wetterkarten bestätigt[1]). Je größer das Temperatur-

---

[1]) Vgl. auch H. Rotzoll: Zur Verwertung von Pilotballonen im Wetterdienst, Inaug.-Diss., Berlin, 1912.

gefälle, desto größer wird die Drehung der Isobaren mit der Höhe (der Winkel $\varDelta\alpha$), desto rascher verschieben sich daher auch die Druckgebilde.

Die häufige Bewegung der Isobaren von Westen nach Osten hat demnach den gleichen Grund wie der normale Westwind der höheren Breiten.

Dadurch, daß auf den Druck am Boden alle Höhenschichten von Einfluß sind und die Temperatur nicht zonal verteilt ist sondern auch in einem Breitenkreise bedeutende Unterschiede aufweist, wird die Veränderung der Bodenisobaren so verwickelt, wie man sie tatsächlich findet. Die allgemeine Westostbewegung bleibt zwar deutlich erkennbar, es treten aber Bewegungskomponenten in nördlicher oder südlicher Richtung hinzu, welche eine Voraussage der kommenden Druckveränderungen auf den synoptischen Wetterkarten sehr erschweren.

77. Ergebnisse der Statistik über die Beziehungen der Veränderlichen in der Atmosphäre zueinander.

Hätte die Atmosphäre eine konstante ungemein geringe Schichtdicke, so würde vermöge des verschiedenen spezifischen Gewichtes kalter und warmer Luft jede an einem Orte auftretende Erwärmung mit Erniedrigung, jede Abkühlung mit Erhöhung des Bodendruckes verbunden sein[1]. Tatsächlich beobachtet man auch nicht selten in der Niederung ein entgegengesetztes Verhalten von Luftdruck- und Temperaturänderungen, wenn auch nicht so regelmäßig, wie es unter der obigen Voraussetzung zu erwarten wäre. Doch ist namentlich bei Kälteeinbrüchen in Amerika und Asien das Steigen des Barometers eine normale Erscheinung[2] und Ekholm[3] hat die Ergebnisse seiner Untersuchungen dahin zusammengefaßt, daß das Barometer an der Erdoberfläche fällt, wenn die Temperatur in der Höhe steigt, und umgekehrt.

Der Grund dafür, daß die Änderung des Bodendruckes nicht genau der negativen Temperaturänderung an der Erdoberfläche proportional ist (vgl. S. 290), liegt offenbar darin, daß 1. der Luftdruck an der Erdoberfläche der Effekt aller Luftschichten zusammen ist, wobei die Temperaturänderungen in der Höhe anderes Vorzeichen haben können als die am Boden, 2. daß die Höhe der Atmosphäre Schwankungen unterliegen kann.

Während, wie gesagt, am Boden die gleichzeitigen Druck- und Temperaturschwankungen häufig entgegengesetzte Vorzeichen haben, hat namentlich Hann[4] nachgewiesen, daß auf Berggipfeln bei Druckerhöhung Erwärmung, bei Druckerniedrigung aber Abkühlung die Regel ist. In neuerer Zeit haben die zahlreichen Ballon- und Drachenaufstiege das Material zur Untersuchung dieser Verhältnisse auch in höheren Lagen

---

[1] Vgl. z. B. Dechevrens und Hanns Resultate bei Hann, Met. Zeitschr. 1888, S. 7.

[2] H. v. Ficker, Met. Zeitschr. 1912, S. 380.

[3] Met. Zeitschr. 1907, S. 1.

[4] Met. Zeitschr. 1888, S. 7 und neuerdings 1914, S. 474.

geliefert, aber keine einfachen Resultate gegeben. So hat Trabert[1]) statistisch die Sätze abgeleitet: Unter warmen Luftsäulen fällt der Druck, unter kalten steigt er. Weiter aber: Vom Tage der warmen Luftsäule zum Nachtage, also wenn die Temperatur bereits fällt, findet noch immer eine, allerdings schwächere, Luftdruckabnahme statt. Der erste Satz ist ein Beweis, daß am Tage der extremen Temperaturen die betrachteten Luftsäulen (sie reichten bis 5 km Höhe) für die Bodendruckänderung den Ausschlag gaben; der zweite, daß bis zum Nachtage die oberen Schichten die entgegengesetzte und stärkere Wirkung auf die Bodendruckschwankungen hatten als die unteren.

Der parallele Gang von Luftdruck und Temperatur, den Hann für Berggipfel nachgewiesen hat, scheint demnach auch an den Nachtagen der Temperaturextreme in höheren Schichten der freien Atmosphäre vorzukommen.

Der Widerspruch dieser Resultate, die aus verschiedenen Beobachtungen und auf sehr ungleiche Weise gewonnen wurden, kann zum größten Teil aufgeklärt werden (vgl. das nächste Kapitel). Doch sieht man aus ihnen schon so viel, daß die niedrigen und höheren Schichten für die Bodendruckänderungen von recht ungleicher und einander teilweise widersprechender Bedeutung sind.

Unter diesen Umständen war es sehr vorteilhaft, daß W. H. Dines[2]) die Atmosphäre in einen oberen und unteren Teil schied und diese beiden gesondert auf statistischem Wege untersuchte. Vermöge der Zweiteilung der Atmosphäre in Tropo- und Stratosphäre lag es nahe, als unteren Teil die erstere (bis zu 9 km Höhe), als oberen die letztere aufzufassen. Dines benützte hierbei die Ergebnisse einer großen Zahl von einzelnen europäischen Ballonaufstiegen. Aus ihnen leitete er nach der Korrelationsmethode Regeln über die Beziehungen der Veränderlichen zueinander ab. A. Schedler[3]) hat in ähnlicher Weise jene Aufstiege behandelt, welche an zwei aufeinanderfolgenden Tagen von demselben Ort aus stattfanden (Serienaufstiege). Aus diesen kann daher die wirkliche Variation der Größen von einem Tag zum anderen entnommen werden.

Dines betrachtete insbesondere die folgenden Größen:

1. Luftdruck am Boden,
2. Temperatur an der unteren Grenze der Stratosphäre,
3. Höhe der Troposphäre,
4. Luftdruck in 9 km Höhe,
5. Mitteltemperatur der untersten 9-km-Schichte.

---

[1]) Met. Zeitschr. 1910, S. 301, ausführlicher in Wien. Sitz.-Ber., Bd. 118, Ab. II a, 1909, S. 1609.

[2]) Brit. Met. Off., Geophys. Mem. Nr. 2, The vertical Distribution of Temperature in the Atmosphere over England. Später: The Characteristics of the free Atmosphere, Geophys. Mem. Nr. 13, 1919.

[3]) Beitr. z. Physik d. freien Atmosphäre, Bd. VII, S. 88.

Schedler hat die Änderungen dieser gleichen fünf Größen von einem Tag zum nächsten untersucht.

Später hat Dines noch Druck und Temperatur für verschiedene Kilometerstufen hinzugenommen, daneben noch die Komponenten des Windes usw.

Versteht man unter r_{35} z. B. den Korrelationsfaktor zwischen der 3. und 5. Größe, so geben folgende Zahlen einige Resultate der beiden Autoren:

	Dines	Schedler		Dines	Schedler
$r_{12} =$	$-0{\cdot}52$	$-0{\cdot}38$	$r_{23} =$	$-0{\cdot}68$	$-0{\cdot}47$
$r_{13} =$	$0{\cdot}68$	$0{\cdot}29$	$r_{24} =$	$-0{\cdot}47$	$-0{\cdot}33$
$r_{14} =$	$0{\cdot}68$	$0{\cdot}45$	$r_{34} =$	$0{\cdot}84$	$0{\cdot}73$
$r_{15} =$	$0{\cdot}47$	—	$r_{45} =$	$0{\cdot}95$	$0{\cdot}87.$

Die Sicherheit der durch diese Zahlen angegebenen Beziehungen wächst mit der Größe der Faktoren r und zugleich werden einfache Beziehungen durch große r ausgedrückt. Wir betrachten daher die Faktoren der Größe nach. Der größte Faktor r_{45} gibt eine Tatsache wieder, die schon früher (S. 285) besprochen wurde und deren Entdeckung eine sehr wichtige Errungenschaft der neueren Meteorologie ist.

Wenn fast immer unter hohem Druck in 9 km Höhe auch hohe Temperatur gefunden wird und umgekehrt, so läßt sich diese Regel auf verschiedene Ursachen zurückführen, die wir zunächst hier kurz zusammenstellen wollen.

a) Am nächsten liegt es, die Ausdehnung und Kontraktion einer Luftsäule durch Erwärmung, bzw. Abkühlung dafür verantwortlich zu machen. Bei gegebenem Druck am Boden werde einer Luftsäule Wärme zugeführt; sie dehnt sich aus, der Druck am Boden bleibt anfangs unverändert, in der Höhe steigt er. Bei dieser einfachsten Erklärungsweise der Erscheinung ist es fraglich, ob gleichartige Erwärmungen und Abkühlungen in einer Luftsäule von 9 km Höhe tatsächlich häufig genug vorkommen. Zieht man die Strahlung sowie den Einfluß der Bewölkung in Betracht, so ist die Sache gewiß möglich. Aber es ist zweifelhaft, ob sie ausgiebig genug ist. Die geringe tägliche Periode von Luftdruck und Temperatur in der freien Atmosphäre läßt kaum erwarten, daß die großen Veränderungen von Druck und Temperatur auf Wärmezufuhr und -abfuhr in einer gegebenen Luftmasse zurückzuführen sind.

b) Eine zweite Möglichkeit, die vorliegende Korrelation zu erklären, beruht auf der Tatsache, daß hoher Druck in der Höhe mit hoher Temperatur darunter in niedrigeren Breiten auftritt, tiefer Druck mit tiefer Temperatur in höheren Breiten. Zeitliche Veränderungen dieser Art können dann auf Advektion hoher Luftsäulen aus hohen in niedrige Breiten und umgekehrt zurückgeführt werden. Die interdiurne Veränderlichkeit der Temperatur wäre dann ein ziemlich genauer Abklatsch der

Fig. 51 und 62, welche die meridionale Verteilung derselben darstellen. Hier ist es noch etwas fraglich, ob eine meridionale Verschiebung so hoher Luftsäulen in halbwegs einheitlicher Weise tatsächlich vorkommt, ob also z. B. südliche oder nördliche Winde die ganze Höhe der Troposphäre samt der Substratosphäre häufig genug beherrschen, um jenes statistische Ergebnis zu liefern. Verschiedene Anzeichen, die später näher zu behandeln sein werden, sprechen dafür: insbesondere ist die stabile warme Antizyklone (Schema von J. Hann) kaum anders erklärbar als durch einen allgemeinen Vorstoß sehr hoch hinaufreichender Luftmassen aus niedrigen in höhere Breiten, bei welchem es unten wärmer, oben kälter wird und der Luftdruck in der Höhe steigt.

c) Eine dritte Erklärung der Korrelation r_{45} stammt von Bjerknes und Sandström. Diese Autoren fassen die tiefe Lage der Stratosphäre mit ihrer hohen Temperatur über der Zyklone, die hohe über der Antizyklone als einen dynamischen Saug- bzw. Druckeffekt auf, entsprechend der Lage, welche die Diskontinuitätsfläche bei stationärer Rotation einnimmt, wenn unter ihr die Wirbelbewegung stärker ist als über ihr (vgl. Fig. 46, 2 und 4). Gegen diese Erklärungsweise spricht nur das eine, daß die Dinessche Korrelation durchaus nicht nur aus zyklonalen und antizyklonalen Drucksituationen gewonnen wurde, sondern aus ganz beliebigen Fällen. Die dynamische Wirkung kann daher von Einfluß sein, aber wohl nicht in allen untersuchten Fällen.

d) Eine vierte Möglichkeit wurde von A. Wegener und M. Berek in Betracht gezogen und ist in Abschnitt 34 ausführlich behandelt. Sie besteht in der Bildung bzw. Auflösung der Isothermie in der Substratosphäre bei auf- bzw. absteigender Bewegung. Hier bleibt es allerdings noch ungeklärt, welche Druckveränderungen zugleich eintreten müssen.

Es ist zu vermuten, daß alle die erwähnten Einflüsse zusammenwirken, um die in den meteorologischen Vorgängen ganz seltene Regelmäßigkeit der Dinesschen Korrelation r_{45} zu erzeugen. Zu all diesen Vorgängen tritt dann noch die den Druck ausgleichende Wirkung der Erdoberfläche hinzu, welche, wie oben erwähnt, kalte Massen am Boden nach dem tiefen Druck zu strömen veranlaßt.

Mehrere der anderen, kleineren Korrelationen von Dines stehen mit den erwähnten vier Erklärungsweisen in engem Zusammenhang.

Der zweitgrößte Faktor r_{34} besagt, daß in der Regel der Luftdruck in 9 km um so höher ist, je höher in der Säule die Stratosphärengrenze liegt. Auch dies erinnert sehr an die durchschnittliche Verteilung von Luftdruck und Stratosphärengrenze längs eines Meridians. Während des Sommers ist nach Pepplers Berechnungen (vgl. S. 228) der Luftdruck in 10 km Höhe in den Tropen um etwa 14 mm höher als in den gemäßigten Breiten; dabei liegt die Stratosphäre dort bedeutend höher als hier. Wenn nun über einem Orte zu verschiedenen Zeiten ähnliche Beziehungen gefunden werden, so ließe sich dies damit erklären, daß eine ganze Luftsäule, bestehend aus Tropo- und Substratosphäre zusammen, sich aus niedrigen Breiten in höhere und umgekehrt verlagert.

Anderseits ist es auch möglich, daß wir es hier mit einem Strahlungseffekt lokaler Art zu tun haben, daß z. B. die hohe Stratosphärengrenze sich unter günstigen Umständen in höheren Breiten ausbildet; in diesem Falle müßte die gleichzeitige Drucksteigerung in 9 km durch Erwärmung und Ausdehnung der Troposphäre darunter zustande kommen. Beides würde durch warmes klares Wetter begünstigt, wie es in unseren Hochdruckgebieten herrscht. Auch die dynamische Erklärungsweise (c) kann hier mitunter zutreffen.

Dieselben Anschauungen können auch auf die Beziehung zwischen Temperatur und Höhengrenze der Stratosphäre angewendet werden (r_{23})[1]. In 12 bis 15 km Höhe beträgt das Temperaturgefälle gegen den Äquator etwa $1/2^0$ C auf den Meridiangrad[2]. Bei meridionalen Verschiebungen der Luft kann die Temperatur also dort oben bedeutende Veränderungen erleiden. Anderseits kann die Strahlung bewirken, daß bei zunehmendem Gehalt der Atmosphäre an Wasserdampf die Höhe der Troposphäre wächst, die Temperatur der Stratosphäre aber abnimmt, so wie es die Beobachtungen zeigen. Schließlich wird die Temperaturverteilung sowohl durch die dynamischen Wirkungen wie durch die Querschnittsänderung im gleichen Sinne beeinflußt.

Die Beziehung zwischen Temperatur der Stratosphäre und Luftdruck in 9 km Höhe (r_{24}) erklärt sich ungezwungen aus den Korrelationen r_{23} und r_{34}. Der Faktor r_{24} ist kleiner als die beiden anderen, weil diese Beziehung durch die beiden anderen vermittelt wird. Der Umstand, daß über hohem Druck die Stratosphäre kalt ist und umgekehrt, führt dazu, daß mit weiter zunehmender Höhe sich die Druckanomalien wieder allmählich ausgleichen. Die relativ größten Druckanomalien sind daher an der Grenze von Strato- und Troposphäre zu erwarten[3].

Es bleiben noch die Korrelationen zwischen den Veränderlichen in der Höhe und dem Bodendruck zu besprechen. Sie sind insgesamt nicht besonders groß, so daß die Veränderung des Luftdrucks am Erdboden von keiner der betrachteten Variablen allein in hohem Maße beeinflußt wird. Dieser Umstand erschwert natürlich ungemein das Verständnis der Bodendruckschwankungen.

---

[1] Vgl. auch Wagner a. a. O. und Wegener, Beitr. z. Physik d. freien Atmos., Bd. III, S. 206.

[2] F. M. Exner, Met. Zeitschr. 1913, S. 429.

[3] W. N. Shaw, Journ. Scot. Met. Soc., III Serie, Vol. 16, Nr. 30, 1913.

Differenziert man die barometrische Höhengleichung nach dem Luftdruck am oberen (p) und unteren Ende (P) der Säule und nach der Mitteltemperatur (T), so wird

$$\frac{\Delta P}{P} = \frac{\Delta p}{p} - \frac{g\,h}{R\,T^2}\,\Delta T.$$

Man sollte hiernach erwarten, daß der Luftdruck am Boden durchschnittlich sowohl mit zunehmendem Druck p, als mit abnehmender Temperatur T zunimmt. Doch ist nach den statistischen Ergebnissen nur das erste der Fall, wenn man ohne Rücksicht auf die eine Veränderliche die Abhängigkeit des P von der anderen untersucht. Nach Dines ist die Abhängigkeit des P von $p : r_{14} = 0.66$, die des P von T aber $r_{15} = 0.46$, nicht etwa negativ, wie man erwarten sollte. Im Durchschnitt ist danach die Luft bis zu 9 km Höhe, welche über hohem Druck liegt, in Europa relativ warm, ganz wie dies Hann für die europäischen Antizyklonen aus Gipfelbeobachtungen festgestellt hat. Der Druck am Boden ist relativ hoch, obwohl die Luft der untersten 9 km warm ist, der Druck in 9 km ist daher um so höher, wie ja oben schon mitgeteilt.

Wir müssen schließen: Es besteht zwar infolge der druckausgleichenden Wirkung der Erdoberfläche stets die Tendenz, daß unter hohem Druck in 9 km warme Luft liegt und umgekehrt. Da die Erdoberfläche aber nicht imstande ist, die Unterschiede des Bodendruckes völlig auszugleichen, so bleibt durchschnittlich ein Rest des hohen Druckes von 9 km auch noch am Boden erhalten, trotz der hohen Temperatur darüber: daher das positive r_{15}.

Die Temperaturänderungen der untersten 9 km haben daher keine entscheidende Bedeutung für das Vorzeichen der Bodendruckänderungen. Die Druckschwankungen in der Höhe sind für dasselbe bestimmender, wie man übrigens auch aus der Zunahme des Wertes $\frac{\Delta p}{p}$ mit der Höhe nach Schedlers Berechnungen erkennt (Tabelle S. 284).

Schreibt man nämlich die Druckänderung am Boden in der Form

$$\Delta P = \Delta p\,\frac{P}{p} - \frac{P g\,h}{R\,T^2}\,\Delta T$$

und berücksichtigt, daß die wirklich vorkommenden Δp nach oben bis 10 km nicht abnehmen (vgl. jene Tabelle), so folgt, daß das erste Glied rechts in obiger Gleichung bedeutend größer ist als ΔP; damit dies möglich sei, muß ΔT das Vorzeichen von Δp haben, das zweite Glied muß von dem ersten in Abzug kommen, ΔP erscheint als kleine Differenz zweier großer Zahlen, was für die Voraussicht der Bodendruckänderungen sehr ungünstig ist. Denn die Änderungen von Druck in der Höhe und Temperatur darunter kompensieren sich der

Hauptsache nach in ihrer Wirkung auf den Bodendruck; es scheint ziemlich zufällig zu sein, welche Wirkung im einzelnen Fall überwiegt, wenn auch die erstere häufiger ist.

Die Ursache der Druckschwankungen in 9 km Höhe liegt zweifellos zum Teil in Temperaturschwankungen darüber. Um zu erkennen, wie nun eigentlich ein hoher oder tiefer Druck am Boden zustande kommt, welche Schichten hiefür ausschlaggebend sind, hat A. Schedler (a. a. O.) den mittleren Einfluß der Temperaturveränderungen der Kilometerschichten bis zu 14 km berechnet. Die nebenstehenden Zahlen geben die Druckänderungen am Boden in mm Hg, hervorgebracht durch Schichten von je 1 km Dicke; ihre Summe gibt die Druckänderung am Boden, wie sie sich im Mittel aus einer größeren Zahl von Serienaufstiegen herausstellte.

Schichte	Beiträge der Schichten, wenn am Boden der Druck	
	steigt	fällt
Erde — 1 km	0·24 mm	— 0·34 mm
1— 2	0·12	— 0·26
2— 3	0·16	— 0·18
3— 4	0·01	0·04
4— 5	— 0·09	0·04
5— 6	— 0·12	0·11
6— 7	— 0·16	0·15
7— 8	— 0·24	0·04
8— 9	— 0·02	0·01
9—10	0·37	— 0·25
10—11	0·70	— 0·51
11—12	0·89	— 0·10
12—13	0·36	0·08
13—14	0·29	0·13
Restglied	2·77	— 2·17
Summe	5·28	— 3·21

Der recht regelmäßige Gegensatz im Vorzeichen der beiden Reihen läßt trotz der Kleinheit der Zahlen verläßlich erkennen, daß die Temperaturänderungen der untersten 3 km dem Vorzeichen nach die Änderungen des Bodendrucks unterstützen, daß die Schichten von hier bis zum Ende der Troposphäre (etwa 9 km) hingegen den Bodendruckänderungen direkt entgegenarbeiten, während im Gebiet der Stratosphäre die stärksten Temperaturänderungen erfolgen; und zwar liefert die Substratosphäre große Beiträge zu den Bodendruckschwankungen, die größten stammen aber aus der Höhe über 14 km; sie kommen durch die Restglieder zum Ausdruck, welche stets das Vorzeichen der Bodendruckänderungen besitzen. Ob diese Restglieder durch Temperaturschwankungen oberhalb 14 km entstehen oder durch lokale Luftaufhäufungen, ob sie also thermisch oder dynamisch verursacht sind, kann nicht entschieden werden. Auch ist es noch immer möglich, daß sich diese Restglieder zum Teil als Fehler in der Reduktion der Ballonregistrierungen herausstellen werden. Doch ist es auffallend, daß viele der europäischen Bodendruckschwankungen in der Stratosphäre am deutlichsten ausgeprägt sind und die Troposphäre im Durchschnitt einen ausgleichenden, mäßigenden Einfluß auf die Druckveränderungen dort oben besitzt. Ob eigentliche Ursachen der Veränderungen am Boden in großer Höhe liegen, das läßt sich statistisch allerdings nicht entscheiden. Die Ursachen können auch alle in den unteren Schichten bestehen und sich nur oben stärker äußern, wie z. B. bei der Jahresperiode.

Auch ist es wahrscheinlich, daß die obigen Ergebnisse, die für Europa gelten, nicht ohneweiters verallgemeinert werden dürfen. In Nordamerika dürften die höheren Schichten keine so starken täglichen Druckschwankungen erleiden wie hier. Die unperiodischen Veränderungen scheinen dort zum Teil in niedrigeren Schichten vor sich zu gehen, wie daraus erhellt, daß man häufiger als in Europa aus der gegenseitigen Lage von Isobaren und Isothermen an der Erdoberfläche einen richtigen Schluß auf die Druckveränderung ziehen kann (vgl. S. 296).

Das hier Gesagte ist ein Ergebnis der aerologischen Statistik. Geht man zu Einzelfällen besonders großer Druck- und Temperaturschwankungen über, so stellen sich die Verhältnisse meist wesentlich einfacher dar. Ihr Sitz liegt in den unteren Schichten der Atmosphäre. Diese Erscheinungen waren in der letzten Zeit besonders Gegenstand des Studiums; sie sind in physikalischer Beziehung das primäre und werden im folgenden Kapitel in synoptischer Darstellung behandelt. Wesentlich komplizierter als die horizontalen Luftverschiebungen sind sie aber dadurch, daß nun die vertikale Umlagerung von ausschlaggebender Bedeutung wird.

Zwölftes Kapitel

Unperiodische Veränderungen in synoptischer Darstellung.

78. Luftkörper und Gleitflächen. Es war lange üblich, die Atmosphäre als ein Kontinuum zu betrachten, in welchem stetige Übergänge des Druckes, der Temperatur und des Windes stattfinden. In den letzten zwei Jahrzehnten, insbesondere seitdem M. Margules seine Energiebetrachtungen anstellte, hat man allmählich begonnen, die Atmosphäre in einzelne Teile geteilt zu betrachten, die wir nach dem Vorgange des Observatoriums Lindenberg als „Luftkörper" bezeichnen wollen. Solche Teile sind dadurch charakterisiert, daß die einzelnen Massenteilchen, welche einen Luftkörper bilden, in beliebiger Weise gegeneinander vertauschbar sind, ohne daß sich dadurch nach außen hin etwas ändert. Hingegen sind Massenteilchen, die aus verschiedenen Luftkörpern stammen, nicht gegeneinander vertauschbar, ohne daß die Druckverhältnisse usw. geändert werden.

In trockener Luft sind alle jene Massenteilchen miteinander vertauschbar, die gleiche potentielle Temperatur besitzen. Sie tritt als Charakteristik in Gasen auf, wie die Dichte in tropfbaren Flüssigkeiten. Wir können daher alle miteinander in Berührung stehenden Luftmassen von gleicher potentieller Temperatur zusammen als einen Luftkörper auffassen. Tritt Wasserdampf hinzu, dann ist die Charakterisierung eines Luftkörpers schwieriger. Die spezifische Feuchtigkeit ist nun ebenso maßgebend wie die potentielle Temperatur in trockener Luft. In einem Luftkörper muß demnach die spezifische Feuchtigkeit konstant sein. Aber, sobald die Kondensation in Betracht kommt, hat die potentielle Temperatur nicht mehr die klare Bedeutung wie bei Fehlen des Wasserdampfes. Erhebt sich z. B. eine Luftmasse unter Kondensation und Ausfallen von Niederschlag, so wird die potentielle Temperatur ϑ größer, senkt sie sich, so bleibt ϑ konstant. Die potentielle Temperatur verliert also für den Luftkörper ihre beherrschende Bedeutung, sobald Niederschlag sich bildet. In gleicher Weise wird auch die spezifische Feuchtigkeit durch Niederschlagsbildung abgeändert. Wir haben somit nicht mehr die Möglichkeit, eine bestimmte Luftmasse als einheitlichen Luftkörper zu betrachten; sie bleibt es bei Abwärtsbewegung, bei Aufwärtsbewegung aber wird die Einheitlichkeit gestört.

Trotzdem hat es manchen Vorteil, die Atmosphäre, namentlich bei Betrachtung von Einzelfällen, sich in Luftkörper geteilt vorzustellen. Im großen und ganzen ist die potentielle Temperatur horizontal geordnet, d. h. sie nimmt nach oben zu. Die Luftkörper sind daher wesentlich horizontale Schichten, die Atmosphäre ist von blättriger Struktur. An den Grenzflächen der Luftkörper sind normalerweise Sprünge in der Temperatur und der Feuchtigkeit vorhanden. Erhebt man sich in der Atmosphäre, so begegnet man gewöhnlich einzelnen Temperaturinversionen; sie zeigen die Grenzflächen der Luftkörper an. Daß diese außerdem meist auch einen Sprung in der Bewegung aufweisen, ist eine Folge davon, daß die Atmosphäre überhaupt in Bewegung ist. Denn wie im 8. Kapitel gezeigt, ist im Falle ungleicher Dichte die Bewegung der Luft nur dann stationär, wenn die Luftkörper ungleicher Dichte auch verschiedene Geschwindigkeiten besitzen.

Für die Anschauung ist es wichtig, sich vor Augen zu halten, daß normaler Weise aus Gleichgewichtsgründen die potentielle Temperatur nach aufwärts zunehmen muß, somit Luftkörper oder Luftschichten mit stets höherer potentieller Temperatur übereinander liegen. Diese Anordnung läßt dann die Bewegung eines einzelnen Massenteilchens im allgemeinen nur innerhalb des Raumes seines eigenen Luftkörpers zu. Ein Durchbrechen der Grenzflächen ist ohne erhebliche Wärmezufuhr nicht möglich, da das Gleichgewicht im Gebiet von Isothermien oder gar Inversionen der Temperatur sehr stabil ist. Köppen hat daher eine Inversionsschichte als „Sperrschichte" bezeichnet und es ist nicht überflüssig darauf hinzuweisen (worauf u. a. Sir Napier Shaw wiederholt aufmerksam machte), daß die Bewegungsmöglichkeit der einzelnen Luftteilchen in der Atmosphäre recht beschränkt ist und nur durch Wärmezufuhr oder Wärmeverlust eine Luftmasse befähigt wird, ihren Luftkörper zu verlassen (auch durch Kondensation, welche Kondensationswärme liefert).

Die im 8. Kapitel besprochene stationäre Bewegung kalter und warmer Luft ist der erste Schritt zur Behandlung der „Luftkörper" gewesen. Die stationäre Grenzfläche lag auch dort sehr nahe horizontal. Von großer Wichtigkeit ist es nun, zu untersuchen, wie die Luftkörper sich gegen einander verlagern, wenn die Bedingungen stationärer Bewegung nicht erfüllt sind. Die folgenden Abschnitte dieses Kapitels fallen alle unter diese Frage. Aber eine allgemeine mechanische Lösung derselben ist noch nicht gegeben, wir sind heute noch sehr weit hievon entfernt.

Ehe die Behandlung der Grenzflächen zwischen Luftkörpern fortgesetzt wird, mag noch bemerkt sein, daß scharfe Diskontinuitäten an diesen Flächen natürlich niemals auftreten. Durch kleine Reibungswirbel wird immer der plötzliche Sprung der Temperatur oder des Windes verwischt werden, es müssen dünnere Übergangsschichten an die Stelle scharfer Grenzflächen treten.

Von besonderer Bedeutung für die praktische Meteorologie, das Wetter, ist die Frage, ob an den Grenzflächen sich Luftkörper (oder Luftschichten) auf- oder abwärts bewegen. Denn bei der Aufwärtsbewegung haben wir Kondensation und Schlechtwetter zu erwarten. Die aerologischen Untersuchungen in Lindenberg haben Dr. G. Stüve[1]) zu einer schematischen Einteilung der beobachteten Trennungsflächen der Luftkörper veranlaßt, die hier kurz erwähnt sein soll. Stüve unterscheidet im wesentlichen Auf- und Abgleitflächen. Längs der ersteren steigt die obere wärmere Luftmasse auf, längs der letzteren sinkt sie herab, und zwar infolge von Horizontalbewegung des unteren kälteren Luftkörpers. Die Aufwärtsbewegung kann verursacht sein durch selbständiges Aufsteigen wärmerer Luft über eine lagernde kalte (aktive Aufgleitfläche) oder auch durch Vorstoß einer kalten Masse in eine warme (Einbruchsfläche, Böenfläche). Über den Zusammenhang dieser Vorgänge an den Gleitflächen mit den Zyklonen usw. wird später näher zu sprechen sein. Hier sei nur noch bemerkt, daß die Aufgleitflächen sich stets durch eine Zunahme der spezifischen Feuchtigkeit und der potentiellen Temperatur in vertikaler Richtung kennzeichnen. Die aufsteigende warme Luft bringt die hohe spezifische Feuchtigkeit der unteren Schichten mit; umgekehrt zeigt Temperaturinversion und Abnahme der spezifischen Feuchtigkeit in vertikaler Richtung eine Abgleitfläche an. Die Neigung der Gleitflächen gegen den Horizont ist von ähnlicher Größenordnung, wie sie im 8. Kapitel für stationäre Bewegung berechnet wurde; am stärksten geneigt pflegt die Einbruchsfläche zu sein (z. B. $1:50$ oder $1:100$), weniger die aktive Aufgleitfläche ($1:125$ in einem Beispiel von Stüve), am wenigsten die Abgleitfläche (daselbst $1:800$).

79. Vorstoß und Rückzug von Luftkörpern. Wie im 8. Kapitel gezeigt, ist ein keilförmiges Nebeneinander kalter und warmer Luftmassen dann haltbar, wenn die Luft geeignete Bewegung quer zur Keilrichtung besitzt und sohin die Bewegungskräfte (ablenkende Kraft der Erdrotation und Zentrifugalkraft) die Schwerkraftskomponente kompensieren.

Ehe wir uns auf die meteorologischen Vorgänge näher einlassen, welche eine fortwährende Veränderlichkeit der Grenzflächen zwischen kalter und warmer Luft zeigen, wollen wir die theoretische Bedingung für einen Vorstoß oder Rückzug der keilförmigen kalten Masse feststellen. Hiezu können die Bewegungsgleichungen für eine horizontale und die vertikale Richtung verwendet werden. Wir nehmen die positive y-Achse

---

[1]) Wiss. Abh. d. preuß. aeronaut. Observat. Lindenberg. Bd. 14, 1922.

nach vorne gerichtet an wie in Fig. 41, S. 195. Beziehen sich die ungestrichelten Größen auf die warme Masse (I), die gestrichelten auf die kalte (II), so ist zu schreiben:

$$\frac{d\,u}{d\,t} = -\frac{1}{\varrho}\frac{\partial p}{\partial x} - 2\,\omega \sin \varphi\,.\,v, \qquad \frac{d\,u'}{d\,t} = -\frac{1}{\varrho'}\frac{\partial p'}{\partial x} - 2\,\omega \sin \varphi\,.\,v',$$

$$\frac{d\,w}{d\,t} = -\frac{1}{\varrho}\frac{\partial p}{\partial z} - g, \qquad \frac{d\,w'}{d\,t} = -\frac{1}{\varrho'}\frac{\partial p'}{\partial z} - g.$$

In Fig. 68 bedeutet OH den Horizont, OB die Trennungsfläche. Im Gebiete der kalten Masse II ist an der Grenzfläche der horizontale Druckgradient $\dfrac{\partial p'}{\partial x} = \dfrac{p'' - p}{d\,x}$ (Fig. 68). Wir können dafür auch $\dfrac{p_0 - p_0'}{d\,x}$ setzen und, da $p_0 = p + \varrho'\,g\,d\,z$, $p_0' = p' + \varrho\,g\,d\,z$:

$$\frac{\partial p'}{\partial x} = \frac{p - p'}{d\,x} + (\varrho' - \varrho)\,g\,\frac{d\,z}{d\,x}.$$

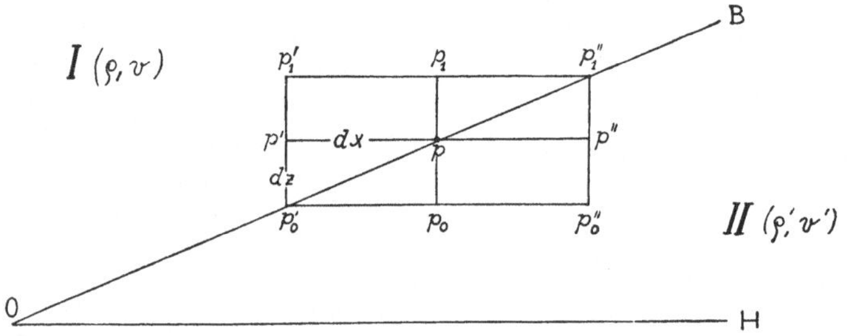

Fig. 68.

Der Gradient in der warmen Masse ist $\dfrac{\partial p}{\partial x} = \dfrac{p - p'}{d\,x}$, somit hat man:

$$\frac{\partial p'}{\partial x} = \frac{\partial p}{\partial x} + (\varrho' - \varrho)\,g\,\frac{d\,z}{d\,x}.$$

In vertikaler Richtung ist der Druckgradient in der kalten Masse $\dfrac{\partial p'}{\partial z} = \dfrac{p - p_0}{d\,z}$. Nun ist $p = p' - l\,\varrho\,v\,d\,x$[1]), (wo $l = 2\,\omega \sin \varphi$), und $p_0 = p_0' - l\,\varrho'\,v'\,d\,x$. Man hat also $\dfrac{\partial p'}{\partial z} = \dfrac{p' - p_0'}{d\,z} + l\,(\varrho'\,v' - \varrho\,v)\,\dfrac{d\,x}{d\,z}$. Analog ist in der wärmeren Masse $\dfrac{\partial p}{\partial z} = \dfrac{p_1 - p}{d\,z} = \dfrac{p' - p_0'}{d\,z}$, also:

$$\frac{\partial p'}{\partial z} = \frac{\partial p}{\partial z} + l\,(\varrho'\,v' - \varrho\,v)\,\frac{d\,x}{d\,z}.$$

Mit Hilfe dieser beiden Beziehungen lassen sich aus den vier Bewegungsgleichungen die **vier Druckgradienten** eliminieren und man erhält:

$$\varrho'\,\frac{d\,u'}{d\,t} - \varrho\,\frac{d\,u}{d\,t} = -l\,(\varrho'\,v' - \varrho\,v) - (\varrho' - \varrho)\,g\,\frac{d\,z}{d\,x},$$

$$\varrho'\,\frac{d\,w'}{d\,t} - \varrho\,\frac{d\,w}{d\,t} = -l\,(\varrho'\,v' - \varrho\,v)\,\frac{d\,x}{d\,z} - (\varrho' - \varrho)\,g.$$

---

[1]) Bei der Lage der Grenzfläche in Fig. 68 ist v negativ zu denken, die Bewegung nach **rückwärts** gerichtet, damit der Druck nach rechts ansteigt.

Diese Gleichungen[1]) geben uns über die Beschleunigung der Luft an der Grenzfläche Auskunft. Werden die Beschleunigungen null gesetzt, so gibt jede Gleichung für sich die Bedingung stabiler Lage der Grenzfläche, identisch mit der Margulesschen Formel (Abschnitt 57).

Es ist nun klar, daß bei einer Beschleunigung der schwereren Masse II an der Grenzfläche sich die leichtere Masse I in der entgegengesetzten Richtung wie jene in Bewegung setzen muß, um die Massenkontinuität aufrechtzuerhalten. Dringt z. B. die kalte Luft vor, indem der Keil in Fig. 68 sich streckt, so muß die warme an der Grenzfläche aufwärts streben. Wir können daher die Beschleunigung der warmen Masse von gleicher Größe aber entgegengesetzter Richtung annehmen, wie die der kalten; es ist

$$\frac{d\,u}{d\,t} = -\frac{d\,u'}{d\,t}, \quad \frac{d\,w}{d\,t} = -\frac{d\,w'}{d\,t}.$$

Auf diese Weise erhalten wir die folgenden Komponenten für die Beschleunigung der kalten Luftmasse an der Grenzfläche:

$$\frac{d\,u'}{d\,t} = -\frac{l\,(\varrho'\,v' - \varrho\,v)}{\varrho + \varrho'} - \frac{g\,(\varrho' - \varrho)}{\varrho + \varrho'}\,\frac{d\,z}{d\,x},$$

$$\frac{d\,w'}{d\,t} = -\frac{l\,(\varrho'\,v' - \varrho\,v)}{\varrho + \varrho'}\,\frac{d\,x}{d\,z} - \frac{g\,(\varrho' - \varrho)}{\varrho + \varrho'}.$$

Damit sind die Gleichungen gegeben, welche zur Beurteilung der Kälte- und Wärmeeinbrüche, bzw. ihrer Auslösung dienen können. Negative Werte von $\frac{d\,u'}{d\,t}$ bedeuten den Vorstoß kalter Luft (vgl. Fig. 68), positive deren Rückzug; negative Werte von $\frac{d\,w'}{d\,t}$ das Sinken, positive das Heben derselben. Es ist $\frac{d\,u'}{d\,t} = \frac{d\,w'}{d\,t} \cdot \frac{d\,z}{d\,x}$. Die Richtung der gesamten Beschleunigung bildet mit der Vertikalen den gleichen Winkel, wie die Grenzfläche mit der Horizontalen.

Die Frage, ob bei gegebener Temperatur (oder Dichte) und Geschwindigkeit der beiden Luftmassen sowie bei gegebener Neigung $\frac{d\,z}{d\,x}$ ein Vorstoß oder ein Rückzug der Kälte stattfindet, ob negative oder positive Beschleunigung $\frac{d\,u'}{d\,t}$ auftritt, läßt sich nach obigen Gleichungen leicht beurteilen. Hier sei nur bemerkt, daß der stärkste Vorstoß der kalten Luft dann erfolgen wird, wenn sowohl das Glied mit dem Faktor $\varrho'\,v'$, wie jenes mit dem Faktor $\varrho\,v$ negativ ist. Das letzte Glied hat ja stets negatives Vorzeichen, da $\varrho' > \varrho$. Jene Bedingung ist erfüllt, wenn bei der Schichtung in unserer Fig. 68 die kalte Masse nach vorne strömt (v' positiv), die warme nach rückwärts (v negativ). Die ablenkende

---

[1]) F. M. Exner, Sitz.-Ber. d. Wiener Akad. d. Wiss., Bd. 133, Abt. II a, S. 101, 1924.

Kraft der Erdrotation treibt dann die kalte Masse nach links unter die warme, die warme wird nach rechts aufwärts beschleunigt. Wenn diese entgegengesetzten Bewegungskräfte auf die beiden Massen wirken, dann ist der Fall des Kälteeinbruchs am stärksten. Bei der umgekehrten Geschwindigkeitsverteilung wird, solange die Neigung der Gleitfläche nicht zu groß ist, der Rückfluß der kalten Luft am leichtesten vor sich gehen. Wir werden später noch Beispiele für diese Fälle bringen. Hier sei noch erwähnt, daß eine scharfe Diskontinuität zwischen den Massen I und II zur besprochenen Wirkung nicht unbedingt erforderlich ist, es können auch allmähliche Übergänge der Temperatur und des Windes bestehen.

Bei gekrümmten Luftbahnen kann auch noch die Zentrifugalkraft zur Beschleunigung oder Verzögerung des Vorstoßes beitragen. Doch sind deren Wirkungen nicht bedeutend, da stets nur die Differenz der Zentrifugalkraft der unteren und oberen Masse in Betracht kommt (vgl. die zitierte Abhandlung).

Was für die kalte Masse den Vorstoß oder Rückzug, bedeutet naturgemäß für die warme am Erdboden die entgegengesetzte Ausbreitungstendenz.

80. Kälteeinbrüche und Gewitterböen. Das Eindringen kalter Luft in ein wärmeres Gebiet ist einer der wichtigsten meteorologischen Vorgänge. Vermöge ihres größeren spezifischen Gewichtes hat die kalte Masse das Bestreben, sich unter die wärmere auszubreiten. Dabei kommt sie entweder von der Seite oder von oben. Das Ergebnis ist in beiden Fällen ein Sinken der kalten, ein Steigen der warmen Luft, mithin ein Sinken des Schwerpunktes der gesamten Masse, ein Verlust potentieller Energie, aus dem sich nach Abschnitt 48 die Entstehung beträchtlicher lebendiger Kraft erklären läßt. Der Kälteeinbruch ist in diesem Sinn eine allgemeine Bedingung zur Entstehung von Stürmen überhaupt, und seine große Bedeutung ist damit schon gekennzeichnet.

Man bezeichnet den Vorgang auch häufig als „Böe"; der Wechsel der Windrichtung und die Zunahme der Windstärke bilden mit der Abkühlung zusammen die wichtigsten Merkmale der Erscheinung. Aus dem häufig gleichzeitig auftretenden Barometeranstieg (der Gewitternase) schloß man, daß die kalte Luft von der Seite her am Boden vordringt und die dort lagernde warme verdrängt[1]). Die ersten Beobachtungen dieser Art wurden im Gebirge gemacht. Indem die kalte Masse gegen einen Berghang strömt, erscheint sie anfangs am Fuß desselben, später erst in der Höhe, scheint sich also keilförmig unter die vorliegende warme Masse zu

---

[1]) Die ersten Untersuchungen über die Dynamik der Böen verdanken wir W. Köppen (Annal. d. Hydrogr. 1882) und M. Möller (Deutsche Met. Zeitschr. 1884). Eine neue Übersicht gibt Köppen in Annal. d. Hydrogr. 1914, S. 303.

schieben und dabei allmählich anzuschwellen. Die Drucksteigerung $\varDelta P$ am Boden entspricht einer Abnahme der Mitteltemperatur $\varDelta T$ der Luftsäule h; aus $\varDelta P$ und $\varDelta T$ kann man mittels der statischen Grundgleichung die Höhe des Kälteeinbruches berechnen, wenn man annimmt, daß oberhalb der kalten Masse der Druck der gleiche geblieben ist. So erhält man leicht:

$$h = -\frac{R T^2}{P g} \cdot \frac{\varDelta P}{\varDelta T}.$$

M. Margules[1]) und H. v. Ficker[2]) haben diese „statische Theorie der Druckstufen" näher studiert und u. a. gefunden, daß die kalte Luft bis über die Höhe der Alpen anschwellen kann, daß aber im Durchschnitt der Druck in der Höhe dabei nicht konstant bleibt, sondern abnimmt. Die Berechnung der Höhe des Kälteeinbruches aus der Druckstufe wird dann natürlich fehlerhaft. J. v. Hann hat hierüber eingehende Daten veröffentlicht[3]).

Neuerdings hat H. v. Ficker[4]) statistisch die Druckveränderung am Boden und auf Berggipfeln bei Kälte- und Wärmeeinbrüchen untersucht. Die Resultate sind sehr merkwürdig; es bedeutet im folgenden $\varDelta t$ die Temperaturänderung, $\varDelta b$ die Druckänderung in 24 Stunden. Die Statistik bezieht sich auf 51 Kälteeinbrüche und 30 Wärmeeinbrüche, die in München beobachtet wurden, gleichzeitig aber auch auf dem Peissenberg (rund 1000 m Seehöhe) und auf der Zugspitze (rund 3000 m) auftraten.

Ficker fand folgende Mittelwerte:

	Kälteeinbrüche			Wärmeeinbrüche		
	München	Peissenberg	Zugspitze	München	Peissenberg	Zugspitze
$\varDelta t$ (⁰ C)	−7·1	−7·8	−7·7	7·2	7·8	7·6
$\varDelta b$ (mm)	4·1	2·7	−1·8	−4·2	−2·8	1·4

Es ergibt sich daraus die Tatsache, daß schon in 3 km Höhe bei diesen Temperaturveränderungen eine Kompensationstendenz im Druck vorhanden ist, ein Gegensatz zwischen $\varDelta b$ oben und unten.

Eine Erklärung hiefür kann aus der Druckverteilung im Gebiet eines Kältekeiles, wie sie Fig. 42 (S. 196) darstellt, entnommen werden. Dort ist schematisch eine stationäre Gleitfläche zwischen kalter und warmer Luft gezeichnet; zur Erhaltung des Keilwinkels ist ein Druckanstieg in der kalten Masse nach links, in der warmen nach rechts er-

<hr>

1) Met. Zeitschr. 1898, S. 2.
2) Denkschr. Wien. Akad., Bd. 80, S. 132, 1906; nach Ficker ist die Stauung kalter Luft auch die Ursache der eigentümlichen Keile hohen Druckes an der Nordseite der Alpen.
3) Wiener Sitz.-Ber., Abt. IIa, Bd. 122, 1913.
4) Wiener Sitz.-Ber., Abt. IIa, Bd. 129, 1920.

forderlich. Damit verschiebt sich der Ort tiefsten Druckes in einem Niveau mit zunehmender Höhe von der warmen nach der kalten Seite.

Ist nun der Keilwinkel nicht stationär, sondern stößt die kalte Luft nach rechts vor, so wird bei gleichen Windrichtungen über einem Orte der Druck oben fallen, unten steigen, und umgekehrt bei einem Rückzug der Kälte, also bei Wärmeeinbruch an einem Orte. Die durchschnittliche Übereinstimmung der Statistik mit diesem Schema läßt darauf schließen, daß — wie dies sich schon vielfach bei anderen Gelegenheiten herausgestellt hat — die tatsächlichen atmosphärischen Bewegungen durchschnittlich nicht sehr weit von stationären Verhältnissen abweichen.

Aus dem Gesagten geht noch hervor, daß es nicht ausreicht, die Vorgänge bei solchen Kälte- und Wärmevorstössen in nur zwei Dimensionen zu betrachten. Es ist vielmehr nötig, auch die Bewegung der Luft quer zur Vorstoßrichtung in Betracht zu ziehen. Schemata solcher Vorgänge, wie sie jetzt mehrfach in zwei Dimensionen gegeben werden, sind daher nicht vollständig genug.

W. Schmidt[1]) hat durch Laboratoriumsversuche gezeigt, daß die kalte Luft nicht wirklich keilförmig unter die warme dringt, sondern an der Spitze eher höher ist, so daß ein „Kopf kalter Luft" vorstößt, hinter dem dann eine Einschnürung folgt. Der Kopf verdrängt die warme Luft seiner Begrenzung entlang nach oben und rückwärts, wodurch die häufigen Kondensationsvorgänge bei Gewitterböen erklärlich werden. Ein Querschnitt durch die Massen längs der Fortpflanzungsrichtung wird in Fig. 69 gegeben[2]). Die ausgezogene Linie ist die Begrenzung der kalten Masse. Die kleinen Striche geben

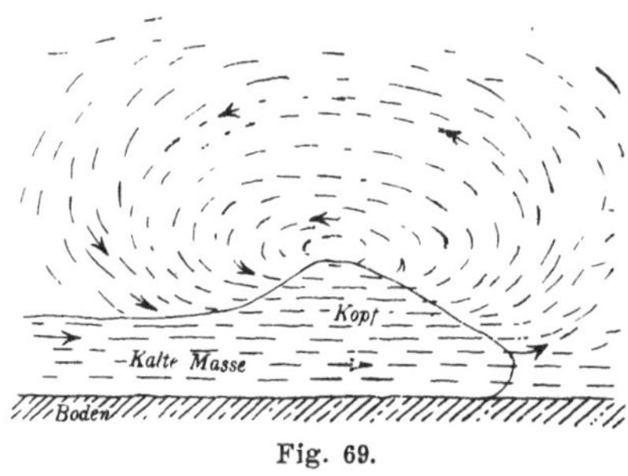

Fig. 69.

Richtung (Pfeile) und Größe der augenblicklichen Bewegung an. Die kalte Luft breitet sich von links nach rechts auf ebener Unterlage aus.

Bei dem Versuche von Schmidt wurde die leichtere Masse von der schwereren vor ihr hergeschoben, und erst ziemlich hoch über dem Kopf der schwereren Masse trat eine Gegenströmung ein. In der Atmosphäre dürfte nach den Ergebnissen Stüves (aus den Aufstiegen in Lindenberg, 1. c.), die Verteilung der Strömungen und damit auch der Gleitflächen komplizierter sein. Die vorstoßende schwerere Masse muß über sich eine Schichte der leichteren Masse mit sich ziehen, wie dies in Fig. 70 dargestellt ist. Aber im Größenverhältnis scheint diese mitgezogene

<hr>

[1]) Wien. Sitz.-Ber., Bd. 119, Abt. IIa, 1910, S. 1101.
[2]) Aus W. Schmidt, Met. Zeitschr. 1911, S. 357.

warme Masse eine ganz flache Schichte zu sein, ein Gleitwirbel[1]), der praktisch nur die Übergangsschichte von kalt zu warm ausfüllt. Darüber findet sich dann eine Gegenströmung, die auf der Rückseite der fortschreitenden schwereren Masse herabgleitet (Abgleitfläche K nach Stüve[2]), Fig. 70), während ober dieser Gegenströmung der normale allgemeine Westwind (W) weht, mit einer neuerlichen Diskontinuität dazwischen, einer Aufgleitfläche O. Auch vor der Einbruchsfläche der schwereren Masse, in der Höhe nach vorne gebogen, findet Stüve eine Grenzfläche zwischen der emporgetriebenen leichteren Masse und jener leichten Masse, die weiter vorne vor der Einbruchsfläche noch ungestört liegt (b). Besonders hervorzuheben ist noch, daß nach Stüves Ergebnissen der Einbruch der schwereren Masse nicht mit einer Diskontinuität erfolgt, sondern mit zweien (wie in Fig. 70 gezeichnet, B, B) oder mehreren. Die kalte Luft ist nicht ein einfacher Luftkörper, sondern häufig aus mehreren Luftkörpern zusammengesetzt, so daß eine staffelförmige, durch mehrere Böen

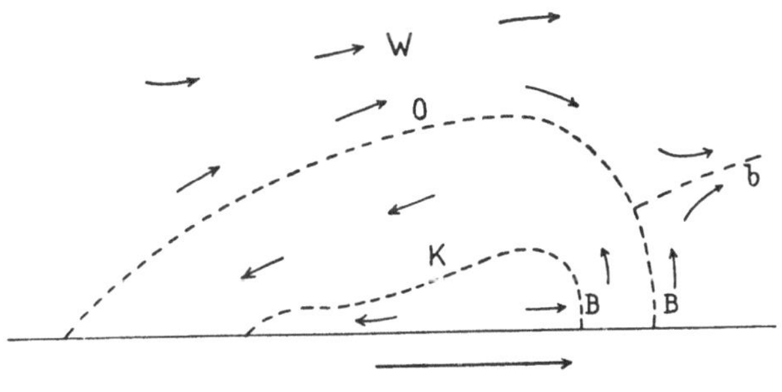

Fig. 70.

gekennzeichnete Temperaturerniedrigung beim Vorstoß der Kältewelle erfolgt. Diese Verhältnisse sind in einem Querschnitt, wie ihn Fig. 70 gibt, nur recht beschränkt darstellbar, auch ist deren nähere Kenntnis erst in der Entwicklung begriffen. Wir kommen auf diese Fragen noch bei den Zyklonen zurück.

J. W. Sandström[3]) hat sich mit den Energieverhältnissen an den Gleitflächen beschäftigt (vgl. Abschnitt 52). Nach ihm nimmt die Intensität der Erscheinung ab oder zu, je nachdem die kalte Masse sich der Grenzfläche entlang nach aufwärts oder abwärts bewegt (vgl. Fig. 71, wo nur die relativen Geschwindigkeiten im vertikalen Querschnitt gezeichnet sind). Nur im letzteren Falle sind Stürme zu erwarten, was in Überein-

---

[1]) Vgl. schon Helmholtz: Über diskontinuierliche Flüssigkeitsbewegungen; Abhandlungen, Bd. I, S. 146, 1882.

[2]) Vgl. Abschnitt 78.

[3]) Kungl. Svensk. Vet. Akad. Handl., Bd. 45, Nr. 10, 1910 und Arch. f. Mat. Astr. och Fysik, Bd. 7, Nr. 30, 1912.

stimmung mit Traberts[1]) Ergebnissen steht, nach welchen lokale Gewitter sich vorwiegend talabwärts bewegen.

Da bei der Ausbreitung der kalten Luft die potentielle Energie abnimmt, kann natürlich nur die Abwärtsbewegung der kalten Masse eine vehemente Böe zur Folge haben. Ist die Wirbelbildung von umgekehrter Beschaffenheit (Fig. 71b), so daß die kalte Masse an der Diskontinuitätsfläche ansteigt, so stellt sich dabei diese Fläche auf; im normalen Fall wird der Winkel mit dem Horizont von selbst kleiner (vgl. Abschnitt 79).

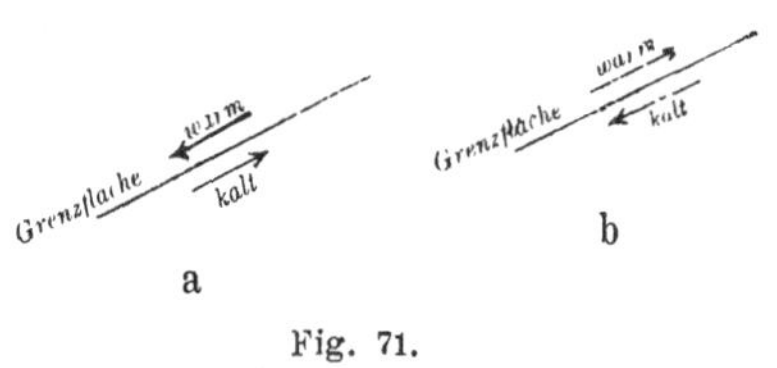

Fig. 71.

Wenn sich dem Kälteeinbruch ein Gebirgszug in den Weg stellt, kann dieser nur überschritten werden, falls die nachdringende kalte Masse genügend Bewegungsenergie hat oder hoch genug ist, um die vordersten Teile bis zum Kamm des Gebirges zu heben. Strömt dagegen die kalte Masse von einem Gebirge oder Plateau in die Tiefe, dann ist die frei werdende Bewegungsenergie umso größer, wie dies z. B. an der Bora beobachtet wird. Ein schönes Beispiel für eine solche Erscheinung hat Sandström (a. a. O.) gegeben. Es betrifft das Abstürzen kalter Luft an der norwegischen NW-Küste vom Gebirge zum Meere; als Ersatz strömt die warme Ozeanluft in der Höhe vom Meere nach dem Inneren des Landes. Dieser Vorgang wird geradezu mit einem Wasserfall verglichen[2]). Fig. 72 zeigt nach Sandström die schematische Verteilung der Geschwindigkeiten.

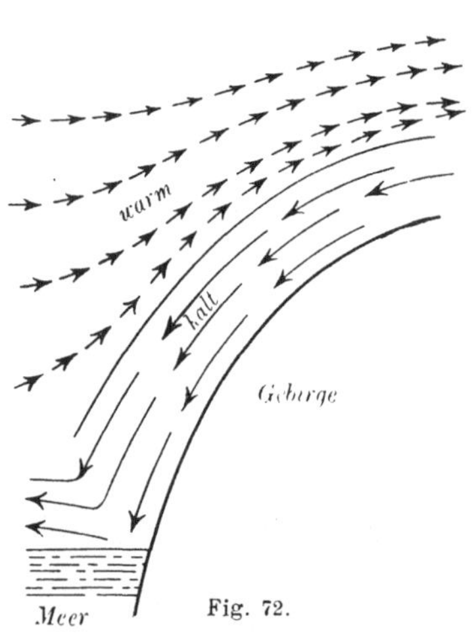

Fig. 72.

Bewegt sich die kalte Luft auf ebenem Boden, so schöpft sie ihre Bewegungsenergie aus dem Verlust an potentieller Energie beim Zusammensinken in sich selbst. Denn mit der Ausbreitung ist zugleich ein Niedrigerwerden der kalten Masse verbunden, was sich, wie Ficker[3]) zeigte, in einer allmählichen Abnahme der Druckstufe, welche meist den Kälteeinbruch begleitet, äußert. Dementsprechend ist auch die Ausbrei-

---

[1]) Met. Zeitschr. 1903, S. 575.

[2]) Durch die Beladung der kalten Masse mit Schnee wird die Intensität des Sturmes noch gesteigert.

[3]) Wien. Sitz.-Ber., Bd. 119, Abt. IIa, 1910, S. 1769.

tungsgeschwindigkeit der Kältewelle umso größer, je höher sie reicht. Sie beträgt bei Gewittern sowohl wie bei den von Ficker untersuchten großen Kälteeinbrüchen in Asien etwa 40 km/St.

Theoretisch läßt sie sich analog der Ausflußgeschwindigkeit von Flüssigkeiten berechnen[1]). An der vorderen Grenzfläche zwischen kalter und warmer Luft wird die kalte einen Abtrieb, die warme einen Auftrieb erfahren, welcher sich aus der Gleichung S. 47 finden läßt. Die Fallgeschwindigkeit der kalten Luft setzt sich in eine horizontal nach vorn gerichtete Bewegung um, in die Ausbreitungsgeschwindigkeit des Kälteeinbruches. Auf S. 47 war $\dfrac{d^2 z}{d t^2} = g \dfrac{T - T'}{T'}$; hier ist unter T die absolute Temperatur der kalten, unter T' die der warmen Masse zu verstehen. Sei zur Vereinfachung T und T' von z unabhängig und $T' - T = \tau$ die Abkühlung, welche der Einbruch der kalten Luft hervorbringt, so ergibt sich:

$$\frac{1}{2} \left(\frac{d z}{d t} \right)^2 = - \frac{g \tau z}{T'} + \text{konst.}$$

In der Höhe h, bis zu welcher die kalte Masse reicht, ist die vertikale Geschwindigkeit null, folglich wird $\dfrac{d z}{d t} = \sqrt{\dfrac{2 g \tau}{T'} (h - z)}$.

Die Ausbreitung nach vorne wird nun ungefähr mit jener Geschwindigkeit v erfolgen, welche die kalte Masse im Mittel an ihrer Vorderfläche besitzt: wir bilden somit $v = \dfrac{1}{h} \displaystyle\int_0^h \dfrac{d z}{d t} \, d z = \dfrac{2}{3} \sqrt{\dfrac{2 g \tau h}{T'}}$. Setzen wir hier statt der unbekannten Höhe h der kalten Masse den Ausdruck von S. 315 ein, wobei $\tau = - \varDelta T$, so wird $v = \dfrac{2}{3} \sqrt{\dfrac{2 R T^2}{P T'} \varDelta P}$. Somit läßt sich die Ausbreitungsgeschwindigkeit der Kältewelle aus der Druckstufe $\varDelta P$ berechnen. Wir vernachlässigen den Unterschied von T und T', setzen $T = 273^0$, $P = 760$ mm und erhalten, wenn die Druckstufe in mm Hg angegeben wird: $v = 9\cdot6 \sqrt{\varDelta P}$ m/sec $= 34\cdot5 \sqrt{\varDelta P}$ km/St.

Dies stimmt mit den Beobachtungen gut überein, wie Schmidt (a. a. O.) darlegte[2]). Freilich ist, wie oben erwähnt, in der Höhe oberhalb der kalten Masse meist die entgegengesetzte Druckänderung zu beobachten als unten, so daß der Effekt eher geringer ist als hier berechnet wurde.

81. Beobachtungen von Kältewellen. Über die Richtung, nach welcher die kalten Massen sich ausbreiten, ist man namentlich durch

---

[1]) F. M. Exner, Wien. Sitz.-Ber., Bd. 120, Abt. II a, 1911, S. 181 und W. Schmidt, Met. Zeitschr. 1912, S. 103; letzterer hat die Ausbreitungsgeschwindigkeit auch experimentell bestimmt (s. oben).

[2]) Vgl. auch Hanns Lehrbuch, 3. Aufl., S. 705.

Fickers Studien (a. a. O.) der Kälteeinbrüche in Rußland und Nordasien orientiert. Von vorneherein ist zu erwarten, daß die kalte Masse fächerförmig unter die warme fließt. Verschiedene Einflüsse wirken dann dahin, daß gewisse Richtungen für die Bewegung bevorzugt werden.

Der Ausgangspunkt der Kältewellen ist auf der nördlichen Halbkugel vorwiegend das Polarbecken (Eismeer). Von hier aus bricht die kalte Luft zunächst mit einer südlichen Komponente gegen den Nordrand von Europa-Asien oder Amerika ein. Zugleich wird sie durch die Erdrotation nach Westen abgelenkt; tatsächlich kommen viele Kälteeinbrüche aus NE, wie insbesondere in Mitteleuropa[1]). Von großem Einfluß auf die weitere Bewegung der kalten Massen ist nun einerseits die Bodengestaltung (Gebirge wirken abdämmend), anderseits die vorherrschende Luftbewegung in dem Gebiete, die ja zumeist von West nach Ost gerichtet ist. Durch diese allgemeine Zirkulation wird auch die kalte Masse schließlich gegen Osten getrieben. Ficker entdeckte diese Bewegungen kalter Massen von W gegen E durch ganz Asien bis zum Stillen Ozean. Zahlreiche Kälteeinbrüche, die Ficker untersuchte, beschreiben angenähert einen Bogen von NE gegen SW, dann S, SE und E, ganz ähnlich wie die Trajektorien der Luftmassen, welche aus dem Norden einer ostwärts wandernden Zyklone deren Zentrum zustreben (Fig. 58, S. 267).

In Fig. 73 ist ein solcher Fall dargestellt. Die Linien sind Isochronen, Linien gleicher Eintrittszeit der Abkühlung, wie sie im Intervall von je einem Tag beobachtet wurde. Fast identisch mit den Isochronen der Abkühlung fallen die Isochronen des Druckanstieges aus. Aus dem Abstand der Isochronen läßt sich auch die Ausbreitungsgeschwindigkeit entnehmen.

In Fig. 74 ist ein Fall von fächerförmiger Bewegung der kalten Luft von Nordwestasien her abgebildet[2]). Die gestrichelten Pfeile deuten die Stromlinien am 29. Jänner 1913 an, die ausgezogenen Linien die Lage der -10^0 C-Isotherme am 28., 29. und 30. Jänner.

Es ist eine sehr häufige Erscheinung, daß die kalte Luftmasse auf der rechten Seite ihrer Ausbreitungsrichtung (im Westen) trotz der fächerförmigen Winde nicht wesentlich vorzudringen vermag, nach der direkten Ausbreitungsrichtung (hier gegen SW) hingegen wohl, und am stärksten nach der linken Seite (gegen SE und E). Die Ursache dieser Erscheinung, die für die Voraussicht der Kältebewegung sehr wichtig ist, liegt zum Teil in der Wirkung der ablenkenden Kraft der Erdrotation. Wie im Abschnitt 79 gezeigt wurde, wird die gegen N ausströmende Masse gegen das Zentrum der Kälte zurückgedrängt, während die gegen E ausströmende Masse durch die ablenkende Kraft der Erdrotation aus dem Kältegebiet

---

[1]) Vgl. neben Ficker auch Feßler, Met. Zeitschr. 1910, S. 1.
[2]) F. M. Exner. Wiener Sitz.-Ber., Bd. 133, Abt. IIa, 1924.

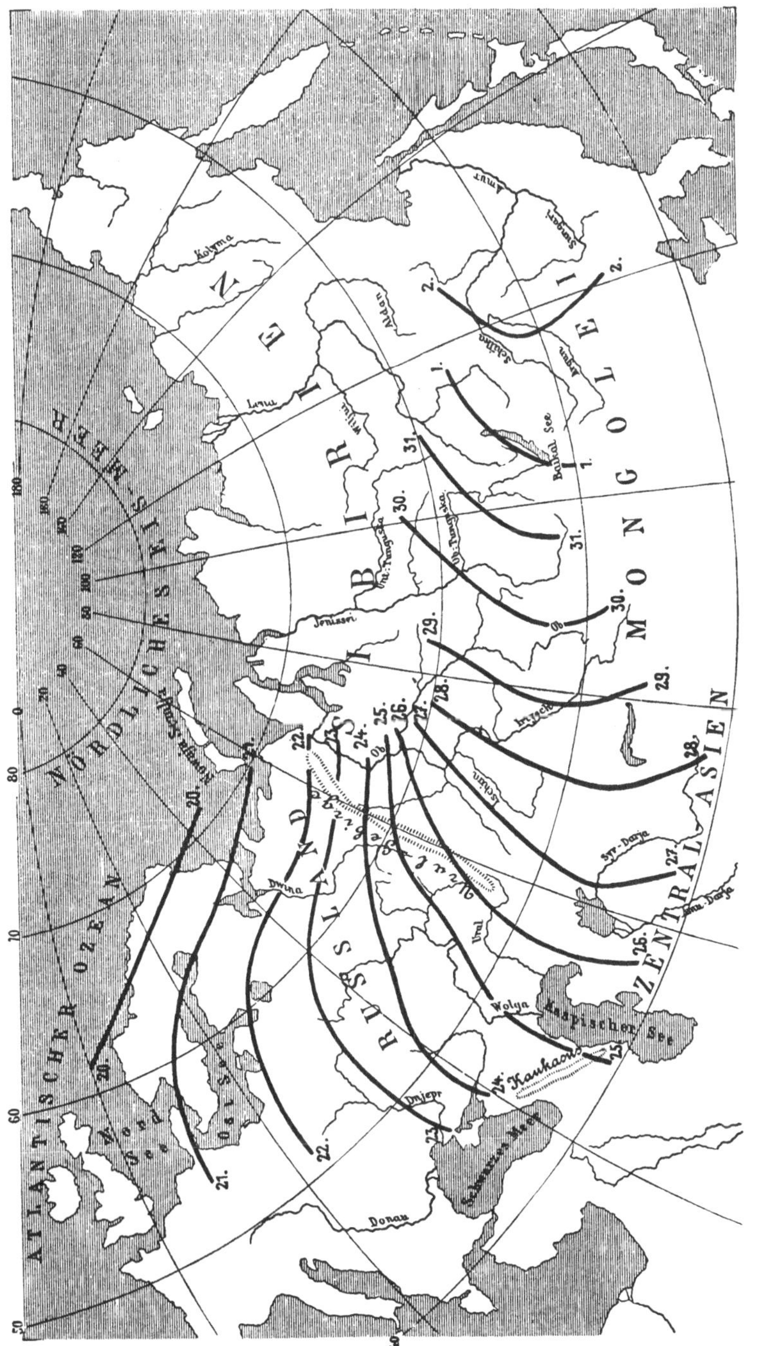

Ausbreitung einer Kältewelle in der Zeit vom 20. Mai bis 2. Juni 1899 (nach H. v. Ficker).

Fig. 73.

herausgedrängt wird. Daher kommt es, daß die kalten Massen sich im allgemeinen hauptsächlich gegen Osten bewegen. Der Vorstoß in Fig. 74 gegen SW ist ein einfaches Vordringen der Massen quer zu den Isothermen, eine Ausbreitungsbewegung durch Zusammensinken der schweren Massen in sich selbst. Neben diesen Vorgängen spielen auch noch rein dynamische

Isotherme von — 10° C vom 28., 29. und 30. Jänner 1913.
— — — —> Stromlinien vom 29. Jänner.   Druckverteilung vom 29. Jänner.

Fig. 74.

eine Rolle, die Entstehung von Wirbeln auf der Ostseite der Kältezunge, worauf wir bei der Bildung von Zyklonen näher zu sprechen kommen.

Die Ausbreitung der Kälte beginnt normaler Weise auf der Westseite eines Tiefdruckgebietes. Ein Beispiel für das Anfangsstadium gibt Fig. 75, wo die Lage der 0°-Isotherme von 5 aufeinander folgenden Tagen gezeichnet ist[1]). Die kalte Luft nimmt angenähert dieselben Formen an, wie in Fig. 74, man sieht aus Fig. 75 die Details der Wendung von SW gegen S und gegen SE. Die Ausbreitung erfolgt anfangs unter dem Einfluß des Tiefdruckgebietes ($T \times$ auf der Figur), später selbständiger, wie

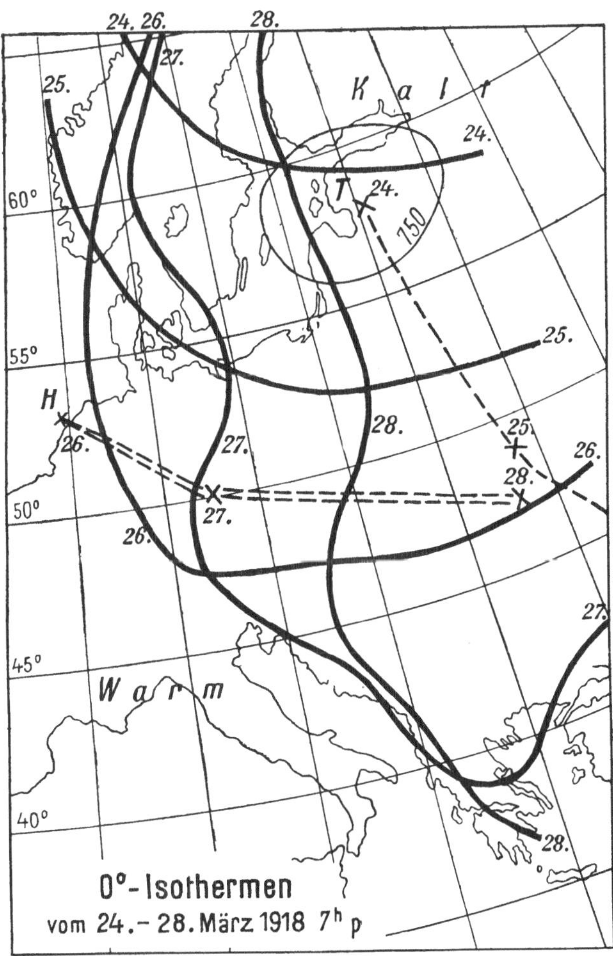

Ausbreitung kalter Luft auf der Rückseite einer Zyklone.

Fig. 75.

ja überhaupt die kalten, schweren Luftmassen sich an der Erdoberfläche ziemlich frei ausbreiten, ähnlich wie ein Brei auf einer festen Unterlage (T bedeutet das Zentrum des Tiefdrucks, H das des Hochdrucks an den beigesetzten Daten).

---

[1]) F. M. Exner, Geografiska. Annaler 1920, Heft 3, Stockholm.

82. Wärmewellen. Ähnlich wie an einem Orte kalte Luftmassen einbrechen, können dies auch warme Massen tun, so daß die Temperatur in kurzer Zeit um erhebliches steigt. Mit der Untersuchung derartiger Wärmeeinbrüche oder „Wärmewellen" hat sich gleichfalls v. Ficker[1]) beschäftigt. Seine aus den Beobachtungen in Nordeuropa und Asien abgeleiteten Resultate sind von grundlegender Bedeutung.

Zwischen der Ausbreitungsweise der kalten und der warmen Massen fand er einen ungemein wichtigen Unterschied. Wenn sich kalte Luft unter warme ausbreitet, so steht die Bewegungsrichtung der kalten Luft, d. i. der kalte Wind, im allgemeinen senkrecht auf diesen Isochronen; die Linien, welche den Weg des Kälteeinbruchs angeben, sind zugleich Strömungslinien der kalten Masse.

Bei den Wärmewellen ist dies nicht der Fall. Zwar pflanzen sich nach Ficker auch die Erwärmungen im allgemeinen von W nach E, oft von Rußland bis zum Stillen Ozean fort und die Isochronen sehen jenen eines Kälteeinbruchs ziemlich ähnlich. Aber der Wind weht nicht mehr senkrecht zu den Isochronen aus Westen, sondern wesentlich aus Süden und Südwesten, so daß es nicht eine und dieselbe warme Luftmasse ist, die von West nach Ost über den Boden hinweht; es bringen vielmehr stets neue Massen von Süden her den weiter östlich gelegenen Landstrichen die Erwärmung. Wir haben es also hier mit einem ganz anderen Vorgang zu tun als bei den Kälteeinbrüchen; er wird durch die Beobachtung Fickers verständlich, daß eine Wärmewelle nicht unabhängig von Kältewellen auftritt, sondern meist zwischen zwei kalte Gebiete im Osten und Westen eingebettet ist und sich zungenförmig gegen N oder NE erstreckt, im Süden aber mit einer großen warmen Masse zusammenhängt.

Die Wärmewellen bewegen sich durchschnittlich mit der gleichen Geschwindigkeit (33 km/St.) wie die Kältewellen; da letztere sich ostwärts bewegen, bleibt für den von kalter Luft ausgefüllten Zwischenraum nur die gleiche Bewegungsmöglichkeit übrig. Die mechanische Beziehung zwischen beiden wird noch näher erörtert.

Die nebenstehende Isothermenkarte (Fig. 76) gibt ein Beispiel für eine derartige Temperaturverteilung (aus Ficker, S. 791).

Von besonderem Interesse ist die Verteilung des Windes an der Erdoberfläche; sie wird schematisch durch Fig. 77 (nach Ficker) dargestellt. Die kalten Winde wehen aus dem kalten Gebiet an dessen Vorderseite (Ostseite) gegen SE, an der Rückseite gegen NNW, die warmen wehen gegen NE.

In der kalten Masse besteht somit ein antizyklonales Windsystem, während die warme Masse mit der westwärts liegenden kalten ein zyklonales System bildet.

---

[1]) Wiener Sitz.-Ber., Bd. 120, Abt. II a, S. 745, 1911.

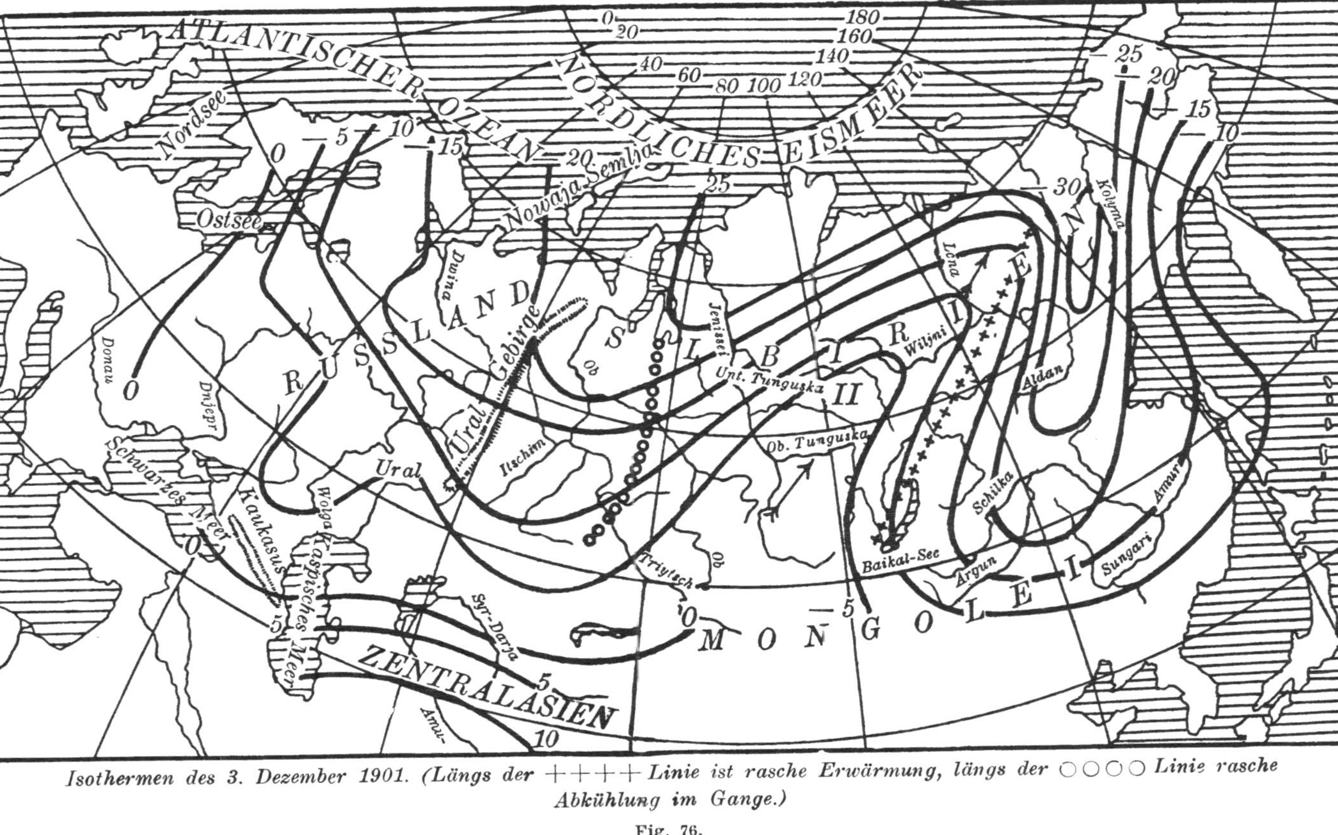

Isothermen des 3. Dezember 1901. (Längs der ++++ Linie ist rasche Erwärmung, längs der ○○○○ Linie rasche Abkühlung im Gange.)

Fig. 76.

Reicht eine Zunge kalter Luft von Norden nach Süden und breiten sich infolge des höheren spezifischen Gewichtes die kalten Massen am Boden aus, so folgt mittels der ablenkenden Kraft der Erdrotation bei Reibung sowohl der NW- wie der SE-Wind. Die Herkunft des warmen SW-Windes hingegen läßt sich aus gleichzeitigen Beobachtungen anderer Art einigermaßen erschließen. Ficker fand nämlich, daß der warme Wind ziemlich feucht ist; seine hohe Temperatur

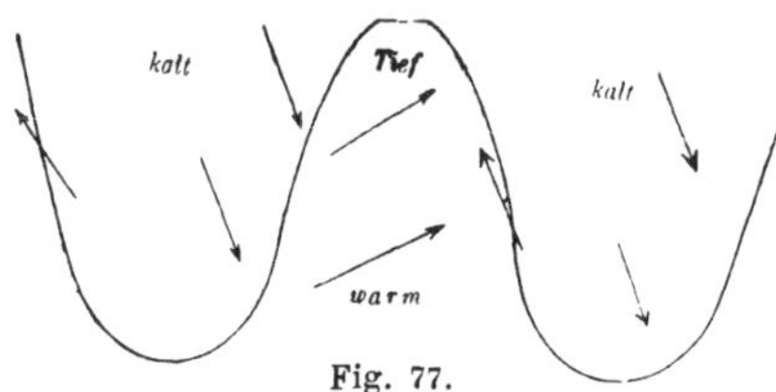

Fig. 77.

kann daher nicht etwa auf eine Föhnwirkung zurückgeführt werden. Auch war ein Wärmeeinbruch meist mit Zunahme, ein Kälteeinbruch mit Abnahme der Bewölkung verbunden, so daß bei ersterem eher aufsteigende, bei letzterem absteigende Bewegung anzunehmen ist.

Infolgedessen stammen vermutlich die warmen SW-Winde vom Ozean; es sind die normalen Winde der allgemeinen Zirkulation in höheren Breiten, die zwar stets vorhanden sind, aber zeitweise durch die eindringenden kalten Massen vom Boden abgehoben werden und dann über letztere hinwegfließen. Schon Ficker sah im Ineinandergreifen dieser warmen und kalten Massen ein Glied der allgemeinen Zirkulation der Atmosphäre, das den Luftaustausch zwischen polaren und niedrigeren Breiten vermittelt (vgl. S. 222).

Die Wärmewellen treten in der Mehrzahl der Fälle mit fallendem Luftdruck auf, die Kältewellen mit steigendem; dann sind offenbar die Druckschwankungen durch die untersten Schichten bedingt und die Vorgänge besonders einfach. Aus Beobachtungen im Gebirge fanden Margules und Ficker, wie oben erwähnt[1]), daß bei Kälteeinbrüchen der Druck in der Höhe häufig fällt. Vermutlich trifft dies auch bei den großen derartigen Vorgängen in Asien und Amerika zu; es wird wieder eine teilweise Kompensation der Drucksteigerung unten durch Druckabnahme oben stattfinden.

Wenn man auch in solchen Kompensationen die ausgleichende Wirkung der Erdoberfläche auf Druckunterschiede sehen muß (vgl. Abschnitt 77), so bleibt doch immer das gleichzeitige Auftreten besonders kalter neben besonders warmen Luftmassen, wie es aus Fickers Beobachtungen hervorgeht, eine sehr bemerkenswerte Erscheinung. Der Einbruch kalter Luft aus dem Norden wird, wie schon oben angemerkt, offenbar begünstigt oder ermöglicht, wenn die in niedrigeren Breiten vorliegenden Luftmassen besonders warm sind; dann ist der Auftrieb der letzteren besonders groß, die kalten können sich am leichtesten unter

---

[1]) S. 315.

die warmen ausbreiten, die Bewegung ist vom stationären Zustand am
weitesten entfernt. Je größer die Temperaturdifferenzen, desto größer ist
auch die bei der Umlagerung frei werdende kinetische Energie, desto
mächtiger also die ganze Erscheinung. Dieser ursächliche Zusammenhang
zwischen dem Auftreten besonders kalter und besonders warmer Massen
zur gleichen Zeit nahe beieinander ist von größter Bedeutung und wird
auch dort, wo es sich um bedeutend höhere Luftschichten handelt, seine
Rolle spielen; er sprach sich u. a. in den Korrelationen der Veränderlichen in Abschnitt 77 aus.

Auf den Zusammenhang der Wärme- und Kältewellen mit der Luftdruckverteilung kommen wir später zurück.

83. Bewegungsgleichung des Kälteschwalles. Für die Vor-
aussicht der atmosphärischen Erscheinungen unserer Breiten wäre es von
großer Bedeutung, die Art der Ausbreitung kalter Luft theoretisch berechnen zu können. Versuche in dieser Richtung liegen vor, konnten aber
nur bei bedeutenden Vereinfachungen durchgeführt werden. Allgemein sollte
bestimmt werden, welche Formen und Geschwindigkeiten eine schwere,
flüssige Masse aus sich heraus annimmt, wenn sie in leichterer von gegebener Geschwindigkeit eingebettet ist. Dieses Problem stößt auf mathematische Schwierigkeiten; es ist bisher nur für zwei Dimensionen gelöst
worden. Zieht man die ablenkende Kraft der Erdrotation neben der
Schwerkraft in Betracht, so wird das Problem noch schwieriger. Doch
lassen sich immerhin einige Fingerzeige über die Geschwindigkeit der
Ausbreitung, über deren Form, über die Wirkung der Erdrotation und der
Reibung gewinnen.

Im letzten Kapitel dieses Buches ist eine Berechnung von Wellen
an der Grenzfläche ungleich dichter Medien gegeben. Wenngleich der
Ausdruck „Kältewelle" nicht ganz zu dem Vorgang des Kälteeinbruchs
paßt, so läßt sich doch ein solcher Schwall kalter Luft am ehesten
mathematisch durch Wellen darstellen, von denen mehrere ungleicher Länge
und Amplitude übereinander gelegt die Form der anfänglichen Kältezunge
geben.

Da die Darstellung von Wellen an der Grenze ungleich dichter
Medien verhältnismäßig komplizierte Gleichungen erfordert, die nicht viel
praktisch Brauchbares bieten, wollen wir im folgenden ein angenähertes,
grobes Rechnungsverfahren[1]) anwenden, das die Ausbreitung eines Kälteschwalles in einer Richtung zu beurteilen gestattet.

Wir nehmen dazu an, die kalte Masse sei eine inkompressible
Flüssigkeit, deren Gewicht um das Gewicht der verdrängten warmen

---

[1]) F. M. Exner. Sitz.-Ber. d. Wiener Akad. d. Wiss., Abt. IIa, Bd. 131
S. 366, 1922. Eine genauere analytische Darstellung findet sich bei F. M. Exner,
Sitz.-Ber. d. Wiener Akad. d. Wiss.. Abt. IIa, Bd. 127, 1918.

Masse vermindert ist. Auf diese Weise läßt sich die Rechnung auf eine
Masse allein, die kalte, beschränken. Wir betrachten die Bewegung in der
x-Richtung, indem wir für die kalte
Masse nach ihrer Höhe einen Mittel-
wert der Geschwindigkeit, u, benützen.
Als Veränderliche treten dann die Ge-
schwindigkeit u und die Ordinate der
oberen Grenzfläche AB der kalten Masse,
η (Fig. 78), auf, als Unabhängige x und t
(die Zeit).

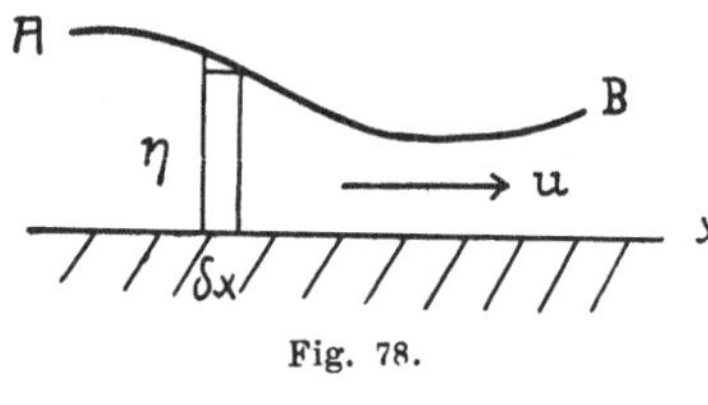

Fig. 78.

Die Kontinuitätsbedingung liefert $\dfrac{d(\eta\,\delta x)}{dt} = 0$. Da $u = \dfrac{dx}{dt}$, läßt
sich dafür schreiben:

$$\frac{d\eta}{dt} + \eta\frac{\partial u}{\partial x} = 0, \quad \text{oder } \frac{\partial \eta}{\partial t} + \eta\frac{\partial u}{\partial x} + u\frac{\partial \eta}{\partial x} = 0.$$

Daneben haben wir noch eine Bewegungsgleichung für die x-Richtung:
$\dfrac{du}{dt} = -\dfrac{1}{\varrho}\dfrac{\partial p}{\partial x}$. Der Druck, welcher auf einen Punkt des Massenquer-
schnitts innerhalb η wirkt, ist durch die Höhe η bestimmt; wir können
daher das Druckgefälle $\dfrac{\partial p}{\partial x} = \varrho\gamma\dfrac{\partial \eta}{\partial x}$ setzen.

Hier ist γ jener Anteil der Schwere, welcher auf ein Massenelement
der schwereren Masse wirkt, das in die leichtere eingebettet ist. Bezeichnen
wir mit ϱ' die Dichte der leichteren Masse, so ist zu setzen: $\gamma = g\cdot\dfrac{\varrho-\varrho'}{\varrho}$,
wo g die gesamte Schwere.

Man hat daher als zweite Gleichung

$$\frac{\partial u}{\partial t} + u\frac{\partial u}{\partial x} + \gamma\frac{\partial \eta}{\partial x} = 0.$$

Um diese zwei partiellen Differentialgleichungen einfach integrieren
zu können, nehmen wir die Koeffizienten angenähert als Konstante an,
indem wir für die Schwallhöhe η den Mittelwert b, für die Geschwindigkeit u den Mittelwert v einführen.

Es wird dann $\dfrac{\partial u}{\partial t} + v\dfrac{\partial u}{\partial x} + \gamma\dfrac{\partial \eta}{\partial x} = 0$,

$$\frac{\partial \eta}{\partial t} + b\frac{\partial u}{\partial x} + v\frac{\partial \eta}{\partial x} = 0.$$

Durch Differentiation lassen sich die Variabeln trennen und man
erhält:

$$\frac{\partial^2 u}{\partial t} + 2v\frac{\partial^2 u}{\partial x\,\partial t} + (v^2 - \gamma b)\frac{\partial^2 u}{\partial x^2} = 0,$$

$$\frac{\partial^2 \eta}{\partial t^2} + 2v\frac{\partial^2 \eta}{\partial x\,\partial t} + (v^2 - \gamma b)\frac{\partial^2 \eta}{\partial x^2} = 0.$$

Diesen Gleichungen genügen Funktionen von $x - t\,(v \pm \varepsilon)$, wo $\varepsilon = \sqrt{\gamma b}$. Sei zur Anfangszeit $(t = 0)\ \eta_0 = \varphi(x),\ u_0 = \psi(x)$, so sind die Integrale:

$$\eta = \frac{1}{2}\Big[\varphi(x - vt - \varepsilon t) + \varphi(x - vt + \varepsilon t) + \frac{b}{\varepsilon}\psi(x - vt - \varepsilon t) - \frac{b}{\varepsilon}\psi(x - vt + \varepsilon t)\Big],$$

$$u = \frac{1}{2}\Big[\frac{\varepsilon}{b}\varphi(x - vt - \varepsilon t) - \frac{\varepsilon}{b}\varphi(x - vt + \varepsilon t) + \psi(x - vt - \varepsilon t) + \psi(x - vt + \varepsilon t)\Big].$$

Die Fortbewegung des Kaltluftschwalles η hängt wesentlich von der Anfangsgeschwindigkeit ψ ab. Ist z. B. $\psi(x) = 0$, herrscht also anfangs Ruhe, wobei dann auch die mittlere Geschwindigkeit $v = 0$ sein muß, so wird $\eta = \frac{1}{2}\big[\varphi(x - \varepsilon t) + \varphi(x + \varepsilon t)\big]$, d. h. die anfängliche Schwallform zerfällt in zwei gleiche Teile von halber Höhe, aber der ursprünglichen Wellenlänge, die mit der Geschwindigkeit ε nach der positiven und negativen x-Richtung auseinandereilen. Die Geschwindigkeit dieser Bewegung (der Welle) ist $\varepsilon = \sqrt{\dfrac{g\,b\,(\varrho - \varrho')}{\varrho}}$, hängt also von der Höhe der kalten Luft und dem Dichtenunterschied gegen die warme ab. Führt man statt der Dichte die Temperatur ein, so wird $\varepsilon = \sqrt{\dfrac{g\,b\,(T' - T)}{T'}}$. Diese Geschwindigkeit ist der im Abschnitt 80 abgeleiteten sehr ähnlich. Die Größe b ist freilich nur ein angenäherter Wert und genau gültig nur bei unendlich geringen Amplituden.

Das Zerfallen des Kälteschwalles in zwei Teile, die sich auseinander bewegen, scheint mitunter vorzukommen. H. v. Ficker hat einige solche Fälle unter seinen asiatischen Kälteeinbrüchen gefunden[1]).

Ist die Anfangsgeschwindigkeit nicht null, sondern bewegt sich z. B. die kalte Masse mit einer gleichmäßigen Geschwindigkeit v, so hat man:

$$\eta = \frac{1}{2}\big[\varphi(x - vt - \varepsilon t) + \varphi(x - vt + \varepsilon t)\big].$$

Die Fortpflanzungsgeschwindigkeit des ersten Teiles nach der positiven x-Richtung ist $v + \varepsilon$, die des zweiten Teiles $v - \varepsilon$.

Ist die Anfangsgeschwindigkeit hingegen umso größer, je höher der Schwall an einer Stelle ist, also z. B. $\psi(x) = v + c \cdot \varphi(x)$, wo c eine positive Konstante (die ganze Masse hat eine Bewegung nach der x-Richtung hin), dann findet sich:

$$\eta = \frac{1}{2}\Big[\Big(1 + \frac{b\,c}{\varepsilon}\Big)\varphi(x - vt - \varepsilon t) + \Big(1 - \frac{b\,c}{\varepsilon}\Big)\varphi(x - vt + \varepsilon t)\Big].$$

---

[1]) Meteor. Zeitschrift 1921, S. 85.

Der erste Teil des Schwalles hat größere Amplitude und läuft schneller als der zweite. Ist $c = \frac{\varepsilon}{b}$, so fehlt der zweite überhaupt, es bleibt eine gleichmäßige Fortbewegung des ganzen Schwalles mit der Geschwindigkeit $v + \varepsilon$ übrig. Die Anfangsbewegung spielt also eine bedeutende Rolle.

Nehmen wir noch die Reibung der kalten Masse am Erdboden hinzu ($k\,u$), so müssen wir für die Bewegungsgleichung schreiben:

$$\frac{\partial u}{\partial t} + v\,\frac{\partial u}{\partial x} + \gamma\,\frac{\partial \eta}{\partial x} + k\,u = 0,$$

während die Kontinuitätsgleichung unverändert bleibt. Es wird dann durch Elimination von u aus den beiden Beziehungen:

$$\frac{\partial^2 \eta}{\partial t^2} + 2\,v\,\frac{\partial^2 \eta}{\partial x\,\partial t} + (v^2 - \gamma\,b)\,\frac{\partial^2 \eta}{\partial x^2} + k\,\frac{\partial \eta}{\partial t} + k\,v\,\frac{\partial \eta}{\partial x} = 0.$$

Wir benützen hier für den Anfangszustand eine Cosinusfunktion von x und können ein Integral anschreiben:

$$\eta = b + e^{-r\,t}\,[A\,\cos\,\alpha\,(x - \delta\,t - v\,t) + B\,\cos\,\alpha\,(x + \delta\,t - v\,t)].$$

Hier ist $r = \frac{k}{2}$, $\delta = \sqrt{\varepsilon^2 - \frac{r^2}{\alpha^2}}$; ε hat den früheren Wert. Jetzt nehmen die Amplituden mit der Zeit ab, die Fortpflanzungsgeschwindigkeit der Wellen δ ist kleiner als früher und hängt außerdem von der Wellenlänge ab; denn $\alpha = \frac{2\,\pi}{\lambda}$. Wenn wir (nach dem Satz von Fourier) einen Kälteschwall durch die Summe einer Reihe von Cosinusgliedern darstellen, deren Wellenlänge immer kleiner wird ($\cos\,\alpha\,x$, $\cos\,2\,\alpha\,x$ usw.), so wird sich dieser Rechnung gemäß das Profil des Kaltluftschwalles mit der Zeit verändern. Die Wellengeschwindigkeit wird nun größer, je kleiner die Wellenlänge ist; bewegt sich der Schwall als Ganzes wesentlich nach einer Seite, so werden die kleineren Wellen vorauseilen und die Vorderfront des Schwalles steiler machen. Die Erfahrung lehrt, daß tatsächlich die Grenzfläche zwischen kalt und warm an der Vorderseite (Einbruchsfläche) viel steiler steht als an der Rückseite (vgl. die Daten in Abschnitt 78 und Fig. 70).

Die hier verwendete Rechnungsweise mit dem Guldberg-Mohnschen Reibungsansatz ist freilich nicht genau; die Oberflächenreibung wirkt auf die untersten Schichten viel stärker als auf die oberen; infolgedessen werden sich bei sehr steiler Einbruchsfront schließlich die Massen überstürzen, es kann Brandung auftreten, wie dies bei Gewitterböen wohl tatsächlich der Fall ist.

Begründet man die Rechnung in genauerer Weise auf die beiden Flüssigkeiten von der Dichte ϱ und ϱ' und der mittleren Höhe h und h'[1]),

---

[1]) F. M. Exner, Wiener Sitz.-Ber., Abt. IIa, Bd. 127, S. 795, 1918 (vgl. auch das letzte Kapitel dieses Buches).

so erhält man für die Fortpflanzungsgeschwindigkeit der Wellen (allerdings auch nur für inkompressible Flüssigkeiten gerechnet):

$$c = \sqrt{\frac{g(\varrho - \varrho')}{\alpha(r + r')}}, \quad \text{wo} \quad \alpha = \frac{2\pi}{\lambda} \quad \text{und}$$

$$r = \varrho \, \text{cotgh} \, h = \varrho \, \frac{e^{\alpha h} + e^{-\alpha h}}{e^{\alpha h} - e^{-\alpha h}} \quad \text{und analog} \quad r' = \varrho' \, \text{cotgh} \, h'.$$

Ist h und h' klein gegen die Wellenlänge, wie dies in der Atmosphäre der Fall zu sein pflegt, so wird

$$c = \sqrt{\frac{g(\varrho - \varrho')}{\dfrac{\varrho}{h} + \dfrac{\varrho'}{h'}}}.$$

Ist h' groß gegen h, so geht diese Formel in die oben abgeleitete über.

Um die Erdrotation bei der Behandlung der Kälteausbreitung mit in Rücksicht zu ziehen, wäre es nötig, die Bewegung in drei Dimensionen zu betrachten. Vereinfacht läßt sich, wenn man die genauere Rechnung ausführt (l. c.), deren Einfluß aber auch abschätzen, wenn man annimmt, die kalte Zunge bewege sich südwärts, wodurch eine ablenkende Kraft nach Osten entsteht. Die ablenkende Kraft wirkt nun bei der Ausbreitung des Schwalles nach Osten und Westen mit.

Hier ergibt sich, daß die Geschwindigkeit der Wellen von ihrer Länge abhängt und als Folge der Erdrotation mit der Länge zunimmt. Wichtiger ist, daß durch Mitwirkung der ablenkenden Kraft nun die eine Teilwelle an Höhe zunimmt, die andere abnimmt, u. zw. wächst bei Vorbrechen der Kältezunge nach Süden jene Teilwelle, die nach Osten wandert, während jene, die nach Westen wandert, sich allmählich verliert. Allgemeiner läuft auf der nördlichen Halbkugel die stärkere Welle nach links von der Bewegungsrichtung der Kältezunge. Dieses Ergebnis wurde auch schon oben aus der Beschleunigung quer zur Grenzfläche gefunden (Abschnitt 79).

Weht gegen die nach Süden vordringende Kältezunge Westwind an, so wird die Geschwindigkeit der ostwärts laufenden Wellen verstärkt, die der westwärts laufenden vermindert oder gegen Osten verkehrt.

Aus diesen Einflüssen geht das umstehende Schema der Ausbreitung eines Rückens kalter Luft nach den beiden Seiten quer zum Rücken hervor. In Fig. 79 (S. 332) sind für vier Richtungen des warmen Windes (NW, SW, W und S) je drei Stadien der Kältewellen schematisch gezeichnet. Im ersten Stadium (0) ist ein Kälterücken angenommen. Im zweiten Stadium (1) ist derselbe schon in zwei Teile zerfallen, nach einem weiteren Zeitraum sind im dritten Stadium (2) die Teilwellen noch mehr auseinandergerückt. Diese schematische Darstellung gibt einen Überblick über das Zusammenwirken des durch die Schwere bedingten Auseinanderlaufens des Kaltluftschwalles, des Einflusses der Erdrotation und des Höhenwindes. Die vier Zeichnungen zeigen, wie für die Ausbreitung der kalten Masse nach Westen und Osten der in der wärmeren Masse vorherrschende Wind von Einfluß ist. Natürlich kann jede Zeichnung im Horizont beliebig gedreht werden.[1]).

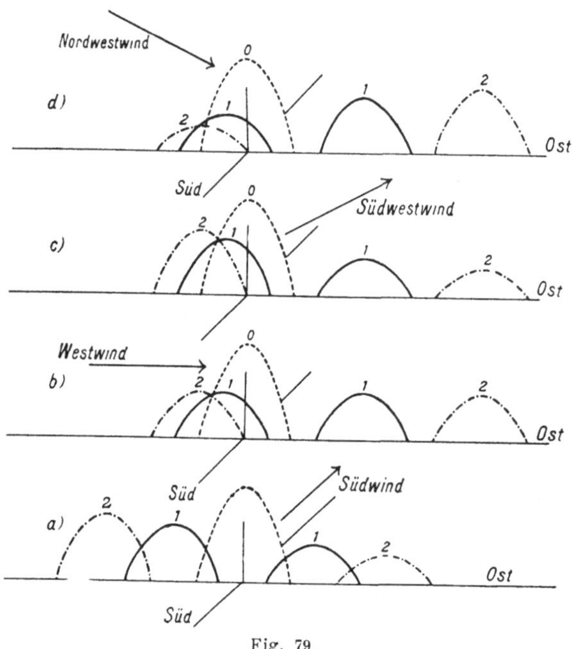

Fig. 79.

84. Örtlichkeit von Kälteeinbrüchen.

84. Örtlichkeit von Kälteeinbrüchen. Bei einem Kälteeinbruch handelt es sich nach Margules (Abschnitt 49) entweder um eine Umlagerung von Massen, die übereinander (Beispiel 1, S. 159), oder von Massen, die nebeneinander liegen (Beispiel 2, S. 161). Im ersten Fall ruht die Luft anfänglich, das Gleichgewicht der Massen in vertikaler Richtung ist labil; im zweiten Fall können die Massen in Bewegung sein, der Zustand an ihrer Grenzfläche ist aber nicht stationär (vgl. Abschnitt 79). Wir haben es also beim Eintreten der Kältewellen entweder mit einer Störung des Gleichgewichtes ruhender Luft oder mit einer des stationären Bewegungszustandes zu tun.

Bei labilem Gleichgewicht ruhender Luft genügt oft eine nur geringe vertikale Bewegung, um einen Umsturz der Massen hervorzurufen.

---

[1]) Eben hat A. Defant (Met. Zeitschr. Jänner 1924) eine kinematische Darstellung der Bewegung kalter Luft gegeben, die sich auf die Theorie der Gletscherbewegung durch Finsterwalder stützt.

Der Übergang von stabilem zu labilem Gleichgewicht liegt bei dem Temperaturgradienten von 1^0 pro 100 m. Sobald dieser wächst (vgl. S. 51), wird der Zustand labil. Eine Zunahme des Temperaturgradienten kann entweder durch Erwärmung der unteren oder durch Abkühlung der oberen Schicht zustande kommen. Die erste wird sehr oft durch die Sonnenstrahlung bewirkt, welche die bodennahen Luftschichten namentlich im Sommer erhitzt. Die Gewitterböen an heißen Sommertagen werden daher aus solchen labilen Zuständen hervorgehen. Wie Roschkott[1]) aus Beobachtungen in Tirol zeigte, werden durch die Sonnenstrahlung nicht nur die Luftmassen im Tal, sondern auch jene an den Berghängen erwärmt, so daß nicht nur die Temperatur in vertikaler Richtung überadiabatisch abnimmt, sondern auch horizontale Temperaturgradienten in der Höhe entstehen, welche den Umsturz der Masse begünstigen.

Die Abkühlung der oberen Schichten anderseits erfolgt vermutlich am meisten durch Zufuhr kalter Massen in horizontaler Richtung, wie ja auch die Erwärmung der unteren Schichten durch horizontalen Massentransport vor sich gehen kann.

Im allgemeinen scheinen die Störungen des vertikalen Gleichgewichts nur Anlaß zu kleineren lokalen Gewittern und Böen zu geben. Bei den Frontgewittern und Kälteeinbrüchen hingegen, wie letztere namentlich im Norden von Asien und Amerika auftreten, handelt es sich zumeist um Störungen des stationären Bewegungszustandes von horizontal aneinander grenzenden Massen verschiedener Temperatur. Hierfür spricht einerseits, daß labile Gleichgewichtsverhältnisse in der Atmosphäre schwer über großen Arealen der Erde zur Ausbildung gelangen können, da schon geringere Störungen zum Umsturz führen werden, anderseits, daß die großen Kältewellen, wie namentlich Ficker zeigte, stets in Verbindung mit Wärmewellen auftreten, was von vornherein erwarten läßt, daß das gemeinsame Erscheinen kalter und warmer Massen kein Zufall ist.

Im 8. Kapitel wurden die stationären Zirkulationen der Luft um die Erde betrachtet. Grenzschichten zwischen kalter und warmer Luft fanden wir dort nahe den Polen und an der Äquatorialgrenze der Passatwinde. In beiden Fällen liegt die kalte Luft im stationären Zustand keilförmig unter der warmen und besitzt relativ zu dieser eine Geschwindigkeit von Osten nach Westen. Von der Rolle der dabei auftretenden Grenzfläche in den Tropen wissen wir fast nichts; das folgende bezieht sich hauptsächlich auf die Grenzfläche in den Polargegenden, die gewiss auch die wichtigere ist.

Im Abschnitt 79 wurde gezeigt, wie sich die Beschleunigung berechnen läßt, welche die Masse an der Grenzfläche erfährt. Ein Kälteeinbruch erfolgt, wenn die relative Ostwestbewegung der kalten Luft

---

[1]) Wien. Sitz.-Ber., Bd. 121, Abt. IIa, 1912, S. 2635.

nachläßt oder wenn die Temperaturdifferenz der beiden aneinander grenzenden Massen sich verstärkt.

Helmholtz[1]) hat schon im Jahre 1888 die erste dieser Ursachen, die Verringerung der relativen Ostwestbewegung der kalten Luft, als die Ursache der Kälteeinbrüche, und, wie später näher ausgeführt wird, auch der Depressionen höherer Breiten hingestellt. Er schrieb damals: „Die kalten Schichten werden am Boden auseinanderzufließen streben und Ostwinde (beziehlich Antizyklone) bilden. Über ihnen werden die wärmeren oberen die Lücke ausfüllen müssen und sich als Westwinde (oder Zyklone) halten. Dadurch würde es zu einem Gleichgewicht kommen können, . . . wenn nicht die unteren kalten Schichten durch Reibung schnellere Rotationsbewegung gewännen und dadurch zu weiterem Vorrücken befähigt würden . . . Die Ausbreitung der polaren Ostwinde, wenn auch in den Hauptzügen erkennbar, geht verhältnismäßig sehr unregelmäßig vor sich, da die Kältepole nicht mit dem Rotationspol der Erde zusammenfallen und niedrige Gebirge großen Einfluß haben . . . Durch solche Unregelmäßigkeiten wird es bedingt sein, daß die antizyklonische Bewegung der unteren und der große allmählich wachsende Zyklon der oberen Schichten, die am Pole zu erwarten wären, sich in eine große Zahl unregelmäßig fortwandernder Zyklone und Antizyklone mit Übergewicht der ersteren auflösen.“

Die Polarforschungen haben tatsächlich eine große Häufigkeit der Ost- und Nordostwinde in jenen Gegenden ergeben. Regelmäßige östliche Winde sind nicht zu erwarten, da durch die häufigen sich gegen Osten fortbewegenden Kälteeinbrüche die Regelmäßigkeit stets gestört wird. Ebenso ist eine scharfe Grenzfläche zwischen Kalt und Warm nicht vorhanden, da an ihr eben stets Vermischungen eintreten; doch beweisen die großen Temperatursprünge, welche den Wechsel der Winde dort begleiten, daß sehr starke horizontale Temperaturgradienten bestehen. So steigt im Mittel in der Teplitzbai auf Franzjosefsland (81^0 $47.5'$ n. Br., 57^0 $56'$ ö. L.) die Temperatur um 6.2^0, wenn der Wind aus Nordosten in den Südquadranten dreht, sie fällt um 8.3^0, wenn der Wind aus Süden in den Nordquadranten umschlägt.

Obwohl wir demnach nie den stationären Zustand beobachten, sondern stets Störungen desselben, so prägt sich doch im Mittel jener Zustand in den Beobachtungen aus, allerdings recht verflacht. Fig. 80 stellt denselben schematisch im Gebiet der Polarkalotte dar; I bezeichnet die kalte, II die warme Masse, α den Keilwinkel des stationären Bewegungszustandes. Die Diskontinuitätsfläche, welche die Masse I und II voneinander trennt, ist später von V. Bjerknes mit dem Ausdruck „Polarfront“ bezeichnet worden. Sie wird, wenn sie an einer Stelle vorhanden ist, durch Sprünge in der Temperatur und in der Windrichtung nachgewiesen.

---

[1]) Berliner Sitz.-Ber. 1888 oder Met. Zeitschr. 1888.

Wir betrachten nun jene Störungen des stationären Bewegungszustandes, welche durch Hemmung der Luftbewegungen an der Erdoberfläche, durch Reibung im allgemeinsten Sinne entstehen. Solche Effekte müssen überall und stets auftreten, wo eine Grenzfläche die Erde berührt, wenn auch in beschränktem Maße, da die Bewegung stets durch den Boden verzögert wird; sie werden in verstärktem Maße dort stattfinden, wo die Hemmung der Luftbewegung durch die Konfiguration der Erdoberfläche, namentlich durch Gebirgszüge, besonders groß ist.

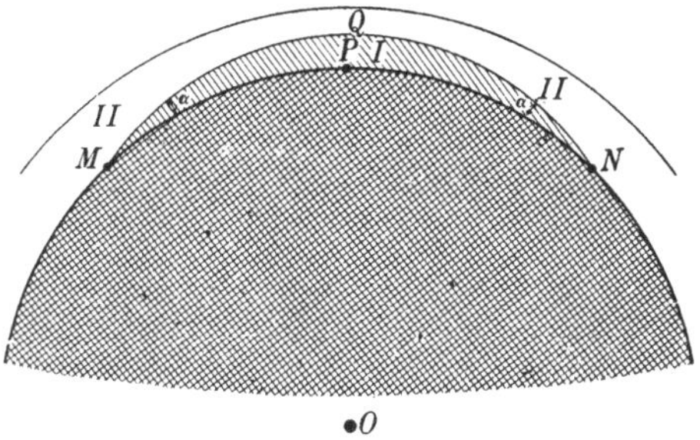

$O =$ Erdmittelpunkt; $P =$ Nordpol; $MPNO =$ Erdkörper.

Fig. 80.

Die Größe des Winkels α, welcher dem stationären Zustand entspricht, ist S. 194 abgeleitet. Man kann nun untersuchen[1]), um wie viel der Keilwinkel kleiner wird, wenn die Ostbewegung der kalten Masse I relativ zur Bewegung der Masse II infolge der Reibung abnimmt. Man findet durch Differentiation obiger Gleichung, da $dv = -kv\,dt$:

$$\varDelta\,(\mathrm{tg}\,\alpha) = -\frac{2\,\omega\sin\varphi}{g}\,T\,\frac{\beta}{\gamma}\,k\,\varDelta\,t,$$

wo T das Mittel aus der Temperatur beider Massen, β die Differenz ihrer Geschwindigkeiten und γ die ihrer Temperaturen ist; k ist der Reibungskoeffizient, t die Zeit. Die Trennungsfläche neigt sich also allmählich gegen die Horizontale, proportional der Größe der Reibung, die kalte Masse schiebt sich äquatorwärts vor.

Nun entsteht die Frage, um wie viel bei dieser Senkung die potentielle Energie der Massen abnimmt; ist die Abnahme groß genug, um die Entstehung jener Stürme zu erklären, welche Böen, Kälteeinbrüche und Depressionen begleiten? Die Frage ist an Hand der Untersuchungen von Margules zu beantworten (Abschnitt 48). Zur Orientierung darüber ziehen wir jene Masse in Betracht, welche längs des Breitenkreises von etwa 70^0 in einer vertikalen Dicke von 500 m und einer nordsüdlichen Erstreckung von 100 km der Erde aufliegt. Sie sei durch eine Trennungsfläche in eine untere kalte und eine obere warme Masse geteilt, deren Temperatur um 10^0 differiert; bei einer Geschwindigkeitsdifferenz der beiden Massen von 15 m/sec ergibt sich der Keilwinkel des stationären Zustandes zu $\alpha = 18'$.

Während der Veränderung der potentiellen Energie E durch Verkleinerung des Keilwinkels α bleiben die beiden Massen I und II konstant;

---

[1]) F. M. Exner, Wien. Sitz.-Ber., Bd. 120, Abt. II a, 1911, S. 1411.

das ist bei der Variation jener Größe zu berücksichtigen. Nun bilden wir: $\frac{dE}{d\alpha}\varDelta\alpha = -\frac{M}{2}\varDelta v^2$, wo M die gesamte Masse, $\varDelta v$ die mittlere Geschwindigkeit bedeutet, welche aus der freiwerdenden potentiellen Energie entsteht. Aus den beiden Gleichungen folgt dann diese Geschwindigkeit $\varDelta v$ als Funktion von $\beta k \varDelta t$, der auf die Bewegung wirkenden Reibung[1]).

Wird die potentielle Energie nach dem Vorgang von Margules wirklich berechnet und deren Variation nach α gebildet, so erhält man das gesuchte $\varDelta v$. Wir übergehen die Rechnung und geben hier nur das Resultat an: Setzt man im obigen Beispiel $k = 10^{-4}\,\mathrm{sec}^{-1}$, was (vgl. S. 110) der Reibung in recht unebenen Binnenländern entspricht, so erhält man eine mittlere freiwerdende Geschwindigkeit von 1 m/sec innerhalb einer Stunde. Die produzierte lebendige Kraft ist natürlich über die Masse nicht gleichmäßig verteilt, so daß stellenweise weit größere Geschwindigkeiten in einer Stunde erzeugt werden müssen.

Durch die Reibung der Luft am Boden ist also an dem unteren Ende von Grenzflächen stets Anlaß zur Enstehung von lebendiger Kraft gegeben. Die hemmende Wirkung eines Gebirgszuges oder eines aus dem Meere aufragenden Festlandes auf östliche kalte Winde fällt unter den gleichen Gesichtspunkt, nur wird dort die Reibung k bedeutend größer sein, wodurch auch die produzierte mittlere Geschwindigkeit dort größer wird, als sie oben gefunden wurde. Die Produktion der lebendigen Kraft der Stürme wird so eine Funktion der Oberflächengestaltung der Erde, die Entstehung der Kälteeinbrüche ist an lokale Verhältnisse gebunden. Beispielsweise wird die Ostküste Grönlands die kalten Ostwinde, welche sie treffen, stets nach Süden abstauen und unter die warme Golfstromluft treiben, wodurch die isländischen Stürme und Depressionen erzeugt werden. In ähnlicher Weise wirkt vermutlich das Felsengebirge im nordwestlichen Nordamerika, ferner die Küste von Labrador und die Gruppe der Inseln von Spitzbergen, Franzjosefsland und Nowaja Semlja; Fickers Untersuchungen zeigen, daß südlich von letzteren eine sehr häufig benützte Einbruchsstelle der kalten Massen nach Asien liegt[2]). Nach den Berichten C. G. Simpsons ist auch der antarktische Kontinent besonders reich an heftigen Kaltluftausbrüchen (Blizzards), die offenbar wie Wasserfälle aus dem hohen Kontinentalgebiet über die Eisbarriere aufs Meer herabstürzen.

Wie schon oben bemerkt und wie aus der Gleichung für den Keilwinkel hervorgeht, kann eine Störung des stationären Bewegungszustandes

---

[1]) Genauer ist $\frac{M}{2}\varDelta(v^2)$ die gewonnene lebendige Kraft, somit $\sqrt{\varDelta(v^2)}$ der mittlere Geschwindigkeitszuwachs.

[2]) Vgl. auch Margules, Energie der Stürme, a. a. O.; hier wird auf W. Blasius und W. M. Davis hingewiesen, welche die Bedeutung von Temperaturgegensätzen betonten.

auch durch Veränderung des Temperaturunterschiedes der beiden Luftmassen eintreten; und zwar bewirkt eine Vergrößerung desselben eine Verkleinerung des Keilwinkels. Wir können demnach auch dann Kälteeinbrüche erwarten, wenn an der Grenzfläche die obere Masse wärmer oder die untere kälter wird. Helmholtz schon hat (in den früher zitierten Sätzen) darauf aufmerksam gemacht, daß hier die asymmetrische Lage des Kältepoles der Erde eine Rolle spielen kann. Werden an einem Orte die von Osten wehenden kalten Winde durch noch kältere ersetzt, so können diese die Fähigkeit erlangen, in die südwärts liegenden warmen vorzudringen.

Die Eigenschaft gewisser Gebiete der Erde, der Kälte den Einbruch zu gestatten, muß zu einer mehr oder weniger periodischen Folge in den Kälteeinbrüchen führen. Sobald nämlich die an einer Einbruchsstelle nach Süden gedrungene Luft sich einigermaßen ausgebreitet hat, fehlt für die rückwärts gelegene Luft der Anlaß zum weiteren Nachfließen, die vorgeschobene kalte Masse aber beginnt unter der Einwirkung der darüber fließenden warmen Westwinde (vgl. den nächsten Abschnitt) eine Bewegung gegen Osten anzunehmen und entfernt sich so von ihrer Einbruchsstelle, wodurch sie der warmen Masse nun wieder den Platz an der Erdoberfläche räumt. Durch Mischung mit der kalten wird die letztere anfangs an der Einbruchsstelle abgekühlt und erst später werden die nachströmenden warmen Massen wieder starke Temperaturdifferenzen gegen die kalte Schichte aufweisen. Damit erhalten neue kalte Massen an jener Stelle die Möglichkeit, wieder gegen Süden vorzudringen, es entstehen angenähert periodische Kältewellen. (Tropfen kalter Luft.)

Es ist recht wahrscheinlich, daß die Entstehung der tropischen Zyklonen ähnlich wie die der polaren Kälteeinbrüche mit Störungen an der Grenzfläche der kalten Passatwinde und der warmen Tropenluft zusammenhängt. Daß diese tropischen Zyklonen sich in ganz bestimmten Gebieten, meist nahe von Inseln oder Küsten, bilden, läßt vermuten, daß es sich hier um ganz ähnliche Vorgänge handelt wie dort. Näheres ist darüber noch nicht bekannt.

Aus dem Obigen scheint deutlich hervorzugehen, daß für die Bildung der unperiodischen Druck- und Temperaturschwankungen sowie der Winde in den unteren Schichten die Ausbreitung der kalten Luft am Boden die erste Rolle spielt. Sie hat die größte Ähnlichkeit mit der Ausbreitung einer schweren tropfbaren Flüssigkeit unter eine leichtere; wie Helmholtz zeigte, gleicht die Bewegung der Gase um so mehr der von Flüssigkeiten, in je größeren Räumen sie vor sich geht (vgl. Abschnitt 35).

85. Bildung von Zyklonen. Zur Bildung von Zyklonen ist nach den Helmholtz'schen Versuchen in Wasser eine anfängliche Rotationsbewegung der Flüssigkeit erforderlich. In einer solchen rotierenden Masse genügt es, einen Anlaß zum Zuströmen von Massen gegen die Drehungsachse zu schaffen; dann wird infolge der Erhaltung des Rotationsmomentes die Winkelgeschwindigkeit nach der Achse zu gesteigert und es bildet sich in der Mitte eine starke Druckerniedrigung, eine Zyklone.

Man kann diesen Versuch in Luft machen, wenn man über einer rotierenden Wanne die Luft durch Erwärmung am Rande aufsteigen läßt. Sie muß dann oberhalb der Wanne nach der Achse zurückströmen und bildet einen sehr deutlichen Wirbelschlauch, der durch Rauch sichtbar

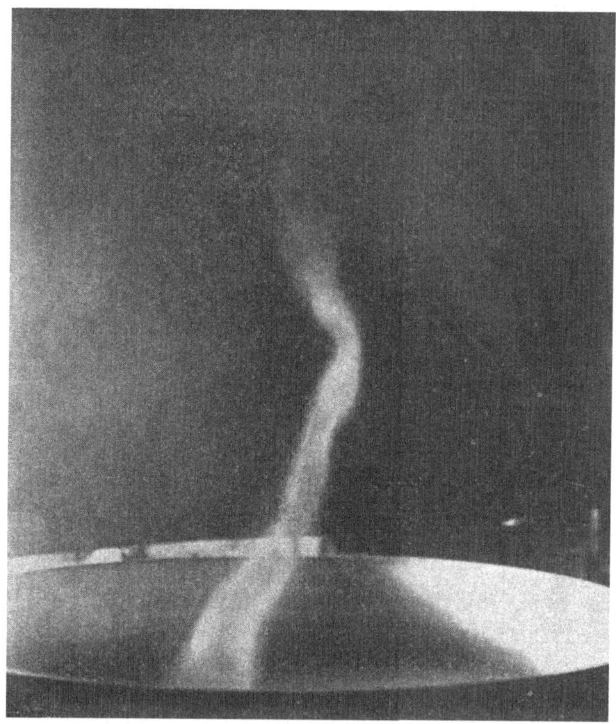

Künstliche Trombe.
Fig. 81.

wird und sich längere Zeit erhält[1]). Fig. 81 gibt eine Photographie einer solchen experimentellen Trombe. Sie hatte eine Höhe von zirka 1 m.

Es ist charakteristisch für diese Zyklonenbildung, daß sie über einem kalten Zentrum regelmäßig entsteht. Wir haben die gleiche Erscheinung in den großen Polarwirbeln der Atmosphäre, wo auch der Kältepol im Tiefdruckgebiet erscheint. Offenbar ist also die viel verbreitete Vorstellung, Zyklonen entstünden nur über warmen Gebieten, nicht stichhältig.

---

[1]) F. M. Exner, Über die Bildung von Windhosen und Zyklonen; Wien. Sitz.-Ber., Abt. IIa, Bd. 132, Heft 1/2, 1923.

Eine wesentlich häufigere Art der Zyklonenbildung kommt in Gebieten mit unsymmetrischer Bewegungs- und Temperaturverteilung vor. Sie spielt nicht nur bei den kleinen Wasserwirbeln, sondern auch bei den täglichen Zyklonen in der Atmosphäre die Hauptrolle.

Wenn in strömendes Wasser, etwa in einen Fluß, vom Ufer her ein Vorsprung hineinragt, so bildet sich hinter ihm regelmäßig ein Wirbel, wie wir dies z. B. auf den beiden Seiten hinter einem Brückenpfeiler sehen. In der Atmosphäre kann für die unteren Schichten das Festland am Rand des Meeres, insbesondere wenn es hoch hinaufreicht (Gebirge) eine ähnliche Rolle spielen. Damit wird es in Zusammenhang stehen, daß man so häufig im Osten von der südlichen Grönlandspitze einen atmosphärischen Wirbel findet, das isländische Minimum. Die Westwinde in den Breiten von Südgrönland werden hinter dem Festland eine Druckerniedrigung bewirken, die eine nach Norden gerichtete Ablenkung des Westwindes zur Folge hat, was durch die auftretenden Zentrifugalkräfte rsach zu einer Wirbelbewegung gegen den Uhrzeiger führt.

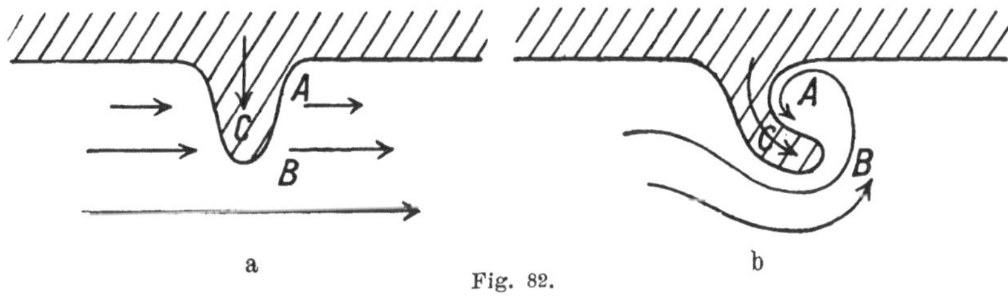

Fig. 82.

Die meisten Zyklonen entstehen aber wohl nicht an Hindernissen, die aus Kontinentalmassen gebildet sind, sondern an beweglichen Hindernissen, an **Kaltluftkörpern**. Wir betrachten dazu nochmals die Kälteeinbrüche aus den Polargegenden, die in das Gebiet der wärmeren Westwinde mittlerer Breiten vorstoßen. Die in das Gebiet stärkerer Rotation eindringende Luft schneidet der dort strömenden Luft den Weg ab, indem sie sich wie ein **Riegel** quer zu deren Bewegungsrichtung vorschiebt. Da infolge der Trägheit die rascher rotierende warme Luft links von der Kältezunge noch weiter strömt, so wird hinter ihr der Druck stark erniedrigt. Dieser rasch entstehende Tiefdruck zieht die im Abströmen begriffene Luft A (in Fig. 82 a) zurück, veranlaßt die ihr rechts benachbarte B zu einer Richtungsänderung gegen die einströmende kalte Luft und zieht schließlich die kalte Masse C auf der linken Seite gegen den Tiefdruck hin. In Fig. 82 a ist der Bewegungszustand der ungestört rotierenden Luft $A B$ gezeichnet. In ihn schiebt sich die Kältezunge C wie ein Riegel vor; in kurzer Zeit bildet sich dann eine Strömungsform, wie sie in Fig. 82 b schematisch dargestellt ist.

Im Gebiet A der Fig. 82b entwickelt sich nun sehr rasch ein Wirbel, in den auch die Zunge C der kalten Luft einbezogen wird. Unter diesen

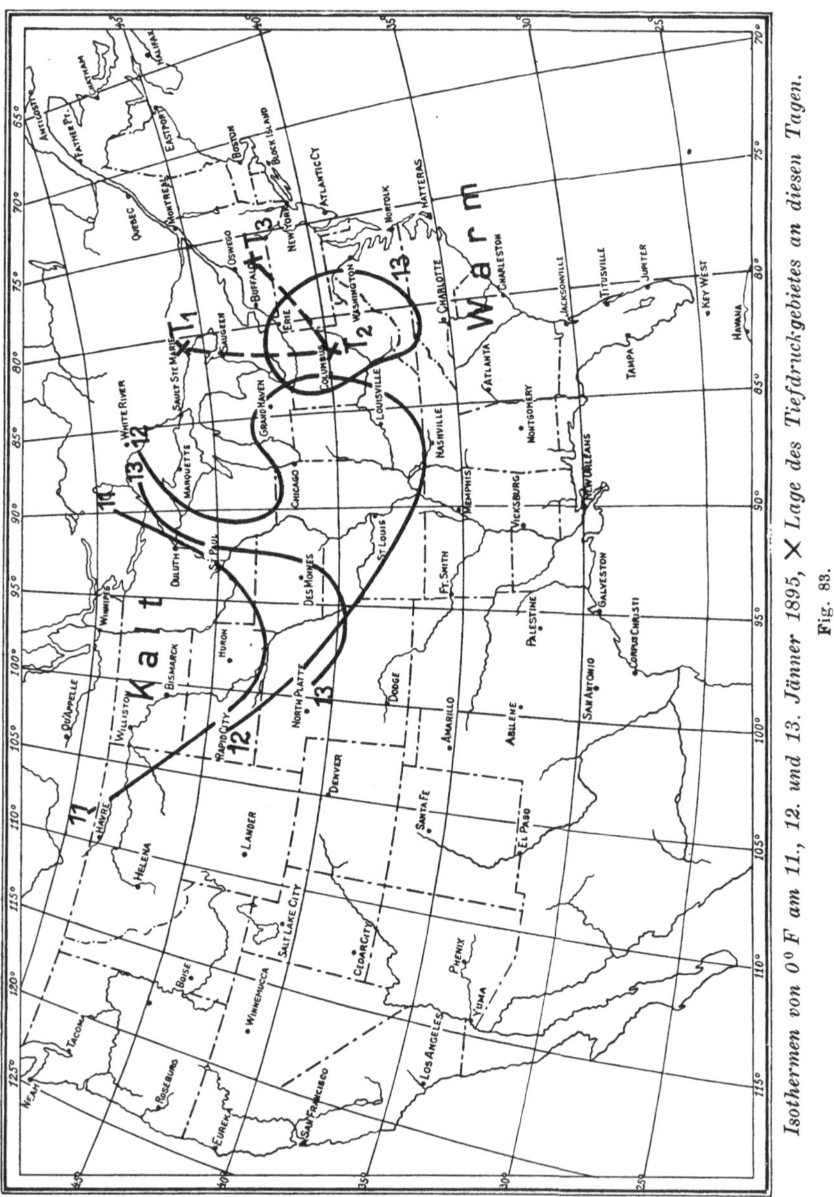

Isothermen von 0° F am 11., 12. und 13. Jänner 1895, × Lage des Tiefdruckgebietes an diesen Tagen.

Fig. 83.

Umständen ist es auch verständlich, daß der Kälteschwall, wenn er einmal südwärts eingebrochen ist, nun hauptsächlich ostwärts wandert.

Eine der obigen schematischen Fig. 82*b* sehr ähnliche Verteilung der kalten und warmen Luft ist in Fig. 83 dargestellt. Die Linien bedeuten Isothermen von 0° F., die am 11., 12. und 13. Jänner 1895, 8 Uhr abends, in Nordamerika lagen. Die Kreuze *T* bezeichnen die Lage des Zentrums einer Zyklone. Man erkennt an der Isotherme vom 12. die gleiche Form, wie sie die Zunge kalter Luft in Fig. 82b zeigt.

Laboratoriumsversuche mit kaltem und warmem Wasser führten gleichfalls zur Entstehung von Wirbelbewegungen, die sich im Bereich um den

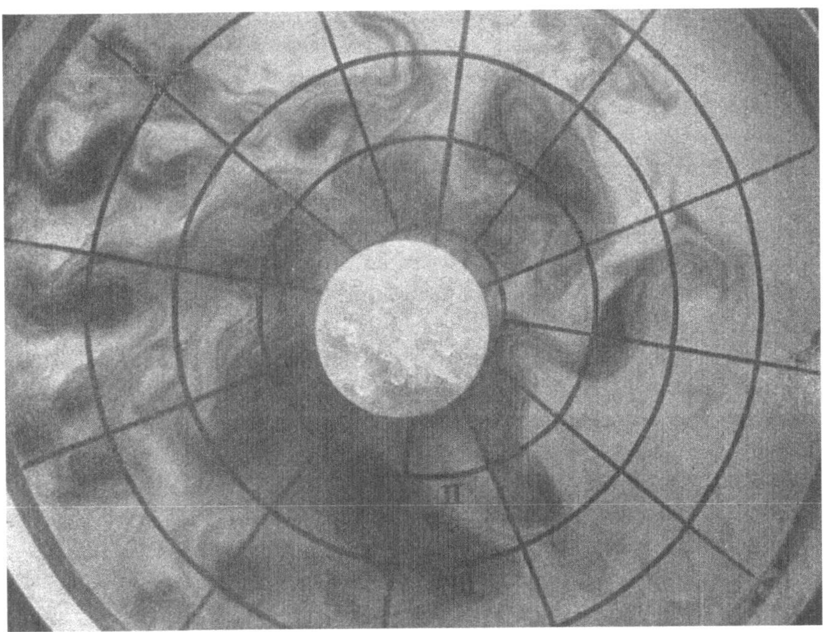

Strömung von kaltem Wasser nach auswärts, von warmem nach dem Zentrum der rotierenden Wanne.

Fig. 84.

Kältepol bildeten. In Fig. 84 ist ein solcher Versuch photographisch festgehalten. In der Mitte einer rotierenden mit Wasser gefüllten Wanne liegt ein zylindrisches Stück Eis, an den Rändern wird das Wasser erhitzt. Dann bilden sich Konvektionsströmungen zwischen Rand und Mitte aus, analog den Zirkulationen zwischen Tropen und Pol. Das von der Mitte abströmende Eiswasser wurde dunkel gefärbt. Fig. 84 zeigt die Stromverzweigungen, die vom kalten und warmen Wasser gebildet werden. Die Rotation der Wanne fand gegen den Uhrzeiger statt. Infolgedessen entstanden zyklonale Bewegungen, die große Ähnlichkeit mit dem Bewegungsschema der Fig. 82b und den atmosphärischen Erscheinungen von Fig. 83 haben. Man erkennt an vielen Stellen die Tendenz zu einer spiralförmigen Aufwicklung der dunklen Stromfäden gegen den Uhrzeiger (zyklonal); auch antizyklonale Bewegungen kommen vor.

Die Zyklone ist nach diesen Beobachtungen eine Erscheinung, die durch thermische und dynamische Einflüsse zugleich zustande kommt. Eine analytische Darstellung der dynamischen Vorgänge steht noch aus.

Die Erscheinung der Druckerniedrigung hinter der Kältezunge durch Abriegelung des warmen Westwindes ist von besonderer Wichtigkeit, wenn wir die allgemeine Zirkulation der Atmosphäre zwischen den Roßbreiten und Polen verstehen wollen. Die Zyklone zeigt sich hier als unentbehrliches Glied in dem Wärmeaustausch zwischen niedrigen und hohen Breiten; denn die Zirkulation auf große Breitenintervalle, welche ja die Energie der gesamten Luftbewegung dieser Breiten liefert, kann nur in zonal unsymmetrischer Weise vor sich gehen, wie im Abschnitt 61 gezeigt ist, d. h. über einem Breitenkreis findet auf einem Längengrad ein Transport polwärts, auf einem anderen ein solcher äquatorwärts statt. Dann wird nämlich das Rotationsmoment der versetzten Luftmasse nicht konstant bleiben, weil nun eine neue Kraft in der Richtung des Breitenkreises mitwirkt. Diese Kraft ist ein nach Osten oder Westen gerichteter Luftdruckgradient, der sich sofort bildet, wenn eine Zunge kalter Luft sich riegelartig in die wärmere Westströmung einschiebt. Dieser Gradient entsteht, wie wir gesehen haben, auf der Ostseite der kalten Zunge und ist von West nach Ost in der kalten, von Ost nach West in der warmen gerichtet. Wie dieser Gradient zum zyklonalen Wirbel in der Achselhöhle der kalten Zunge führt, wurde oben gezeigt.

Soll eine kalte Zunge sich südwärts vorschieben, so ist eine westöstliche Gradienkraft von bestimmter Größe nötig. Sie ist leicht aus der Bedingung stationärer Bewegung

$$-\frac{1}{\varrho}\frac{\partial p}{\partial x} = 2\,\omega\,\sin\varphi\,v$$

zu finden. Man sieht, daß bei gleichmäßiger Geschwindigkeit der kalten Masse gegen Süden (v) der westöstliche Gradient $\sin\varphi$ proportional, also in hohen Breiten größer als in niedrigen sein muß. Bei den in Nordamerika sehr häufigen Kälteeinbrüchen, die direkt südwärts ziehen, müssen daher die stärksten Gradienten im Norden liegen. Der Gradient in z. B. 70^0 Breite verhält sich zu dem in 40^0 Breite dann ungefähr wie $1\cdot5 : 1.$ Ganz dasselbe gilt von den Wärmezungen, die sich nordwärts ausbreiten. Sie bedürfen hiezu eines ostwestlichen Gradienten, der im Norden größer als im Süden ist.

Wenn zwischen der kalten Nordströmung, die aus dem nördlichen Kältereservoir kommt, und der warmen Südströmung, die östlich davon verläuft, diese Druckgradienten gegeneinander gerichtet sind, so ergibt sich hieraus die Lage des Tiefdruckzentrums im nördlichsten Gebiet dieser Diskontinuitätslinie, an der Südgrenze des Kältereservoirs, östlich der Kältezunge. Ohne diese Tiefdruckrinne, die sich dynamisch bildet, wäre weder Kälte- noch Wärmezunge möglich.

Die Zyklonenbildung ist also die Bedingung zum Luftaustausch zwischen hohen und niedrigen Breiten. Je unsymmetrischer die Verteilung von Land und Meer, um so einfacher vorausbestimmt werden die Einbruchstellen kalter Luft sein, so daß vermutlich die Voraussicht dieser „atmosphärischen Störungen" auf der nördlichen Halbkugel einfacher sein wird, als auf der weniger gegliederten Südhalbkugel der Erde.

Aus dem Gesagten geht auch hervor, welche Bedeutung man den thermischen Asymmetrien in einer Zyklone betreffs der Frage zuzuschreiben hat, woher die Energie der Zyklonen stammt. A. Wegener hat vor kurzem die sehr bemerkenswerte Ansicht geäußert[1]), man könnte die Zyklonen als Wellen oder Wirbel ähnlicher Art betrachten, wie diejenigen, welche sich an der Grenze zwischen ruhigem und bewegtem Wasser hinter einem Brückenpfeiler bilden. Es würde dann die Energie aus den Bewegungsunterschieden, nicht aber aus den Temperaturunterschieden stammen.

Nach den obigen Ergebnissen ist es klar, daß die kinetische Energie der Zyklonen ursprünglich aus der thermischen Energie der meridionalen Zirkulation der Atmosphäre stammt. Wir haben wie bei einer Wärmemaschine eine Wärmequelle und eine Kältequelle in niedrigen und hohen Breiten. Aus der Leistung dieser Maschine stammt die Zyklone. Zum Zustandekommen der Wirbelbewegung ist unmittelbar nur der Vorstoß einer Luftmasse (aus Norden) in eine andere bewegte Masse (aus Westen) nötig. Würde dieser Vorstoß durch irgendwelche mechanische Ursache zustandekommen, so würde er ebenso Wirbel erzeugen wie der durch thermische Ursachen tatsächlich bewirkte Vorstoß. Insofern ist also die Ähnlichkeit zwischen dem am Brückenpfeiler erzeugten Wasserwirbel und der Zyklone sehr groß. An Stelle des Brückenpfeilers, der im Strom steht, tritt hier die Kältezunge, die den Westwind abriegelt. Aber damit sich die Kältezunge bildet, ist eben eine thermische Ursache vonnöten, der Dichteunterschied zwischen kalter und warmer Luft. Die weitere Erhaltung der Zyklone hängt an der Fortdauer des Kältevorstoßes und des warmen Westwindes. Beide sind Erscheinungen der großen meridionalen Zirkulation zwischen Kälte- und Wärmereservoir.

Denkt man sich um eine Zyklone herum durch vertikale Wände eine Grenze gezogen und frägt sich, ob die in dem abgegrenzten Raum

---

[1]) Meteorolog. Zeitschrift 1921, S. 300 und Ergebnisse der aerologischen Tagung in Lindenberg, Sonderheft der Beiträge z. Physik d. freien Atmosph., 1922, S. 50.

enthaltene innere und potentielle Energie zur Erklärung der kinetischen Energie ausreicht, so wird man, nach den Untersuchungen von Margules, diese Frage für einen anfänglichen Zeitraum bejahen müssen. Durch die Mischung der Massen und durch die Reibung wird aber diese Energie verzehrt und die Zyklone würde rasch absterben, wenn nicht durch das Nachströmen kalter und warmer Luft in den abgegrenzten Raum und durch den Abschub der gemischten Luft stets wieder neue Energie zugeführt würde. Daraus geht hervor, daß die Zyklone eine Bewegungsform sein muß, die sich nicht dauernd auf die gleichen Luftmassen beschränkt, sondern von den einen auf andere Massen überträgt. Bei dem Wegenerschen Wasserwirbel am Brückenpfeiler ist in einem um den Wirbel abgegrenzten Gebiet nur kinetische Energie vorhanden; zur Erhaltung des Wirbels ist auch hier der Zufluß neuer Massen nötig, deren Bewegungsenergie aus dem Bergabfließen herrührt. Aber beim Strom kann diese Energie von weitab stammen, wo das Gefälle groß ist, bei der Zunge kalter Luft muß die Energie am Ort des Vorstoßes selbst gegeben sein, damit der Vorstoß stattfindet. Denn es gibt hier nicht wie beim Strom äußere Grenzen, Ufer, die die Flüssigkeit in einer bestimmten Richtung führen, sondern nur die jeweilige Dichteverteilung bedingt die Richtung und Stärke des Kältevorstoßes.

Die letzte Bildung des zyklonalen Wirbels ist also eine rein dynamische Erscheinung, wie die des Wasserwirbels. Aber zur Hervorbringung der für jene Bildung nötigen Luftströmungen, zur Abriegelung des warmen Westwindes, ist ein Dichteunterschied, also eine thermische Ursache nötig.

86. Niedrige Depressionen und Antizyklonen.

Bei Untersuchung der Kälte- und Wärmewellen in Nordasien (vgl. die vorigen Abschnitte) hat Ficker auch den dabei auftretenden Luftdruckverhältnissen sein Augenmerk zugewendet. In der Arbeit über die Wärmewellen ist er dabei zu folgenden Schlüssen gekommen:

„Die Untersuchung der allgemeinen Luftdruckverteilung bei Wärmewellen ergibt, daß die Wärmewellen auf der Vorderseite von Depressionen auftreten, deren Zentrum im allgemeinen nahe der Eismeerküste an der Polargrenze des Erwärmungsgebietes zu finden ist. Die Kältewellen entwickeln sich auf der Rückseite der Depressionen. Die Depressionen bestehen demnach aus zwei nebeneinanderfließenden, verschieden temperierten Luftströmen, einer Wärmewelle auf der Vorderseite, einer Kältewelle auf der Rückseite."

Der Satz, daß der Luftdruck im Gebiet der Wärmewelle tief ist oder zum mindesten fällt, sowie der analoge, daß er im Gebiet der Kältewelle hoch ist oder doch steigt, darf nicht umgekehrt werden; das heißt: nicht jede Depression und jede Antizyklone ist notwendig mit einer Wärme- bzw. Kältewelle an der Erdoberfläche verbunden. Es gilt dies vielmehr nur von einer Klasse dieser Luftdruckgebilde, welche sich, wie namentlich Hanzlik[1]) erwiesen hat, auf verhältnismäßig niedrige Luftschichten beschränkt; eine andere Klasse derselben erstreckt sich in viel größere Höhen und wird später behandelt.

Als erster hat wohl Bigelow[2]) die Rolle der warmen und kalten Strömungen für die Bildung der Gebiete mit abnorm hohem und tiefem Druck erkannt. Er schreibt im Jahre 1902: „Eine Schichte der Atmosphäre fließt stetig ostwärts über die Vereinigten Staaten (von Nordamerika) hinweg, in der Höhe von zwei Meilen aufwärts. Darunter fließen ganz unabhängig von der oberen Strömung eine Reihe von nord- und südwärts gerichteten Gegenströmungen, die warm, bzw. kalt sind. Das Zusammenwirken dieser beiden Ströme hat die antizyklonale und zyklonale Wirbelbewegung zur Folge, hauptsächlich auf dynamischem Wege, wobei die erste eine abwärts-, die zweite eine aufwärtsgerichtete Bewegungskomponente erzeugt."

Diese Ansicht, die große Ähnlichkeit mit der alten Doveschen Anschauung der Äquatorial- und Polarströmung besitzt, wurde lange Zeit durch die ihr widersprechenden Beobachtungen namentlich aus Europa in den Hintergrund gedrängt; tatsächlich ist sie in dieser einfachen Form auch nur auf die oben genannte Klasse der niedrigen Zyklonen und Antizyklonen anwendbar.

Bigelow hat auch die Meinung ausgesprochen, daß das Nebeneinander der kalten und warmen Massen die Vorbedingung zur Entstehung der Sturmenergie sei; er bemerkt[3]), daß die Energie der lokalen Windsysteme infolge dieser Gegenströme aus der Energie der Gesamtzirkulation der Atmosphäre (aus der Wärme verschiedener Breitenzonen der Erde) geschöpft wird, nicht aber unabhängig von dieser bestehe, wie Ferrel und Oberbeck annahmen. Durch die Untersuchungen von Margules (Abschnitt 46 u. ff.) ist diese Ansicht zu einer begründeten Theorie erhoben worden, bis schließlich ihre Bedeutung durch Hanzlik (a. a. O.) und durch die Übereinstimmung mit den Ergebnissen Fickers (a. a. O.) ins rechte Licht gerückt wurde.

Der Luftaustausch zwischen hohen und niedrigen Breiten erfolgt in der seichten Depression und Antizyklone demnach durch ein Nebeneinanderströmen kalter und warmer Luft, wobei freilich die warme nach oben, die kalte nach unten strebt, nicht aber durch ein direktes Übereinanderfließen, wie Ferrel angenommen hatte (Kanaltheorie mit Strömung polwärts in der Höhe, äquatorwärts am Boden, vgl. Abschn. 61).

Bigelow hat aus den Beobachtungen in Nordamerika die Verzweigung und das Ineinandergreifen der warmen und kalten Ströme ab-

---

[1]) Denkschr. d. Wien. Akad., Bd. 84, S. 163, 1908 und Bd. 88, S. 67, 1912.
[2]) Monthly Weath. Rev. 1902, S. 251.
[3]) a. a. O., S. 171.

geleitet und schematisch (Fig. 85) dargestellt. Die ausgezogenen Linien bedeuten die Strömung der warmen Massen aus dem Süden, die gestrichelten die der kalten aus dem Norden. Westlich von der kalten liegt der hohe Druck, östlich der tiefe[1]). Die Depression besteht somit aus einer warmen Strömung auf der Ostseite, einer kalten auf der West-

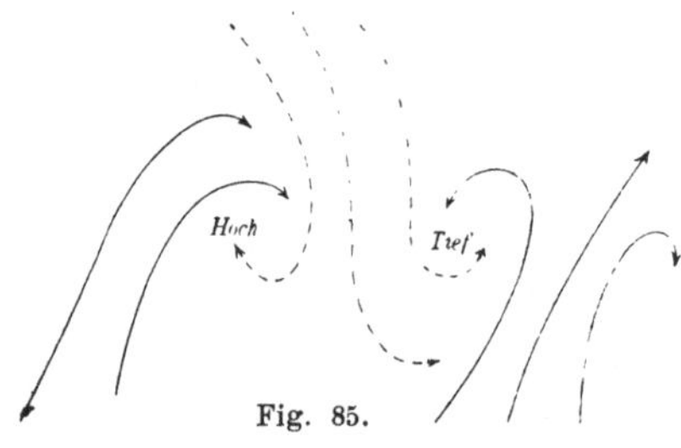

Fig. 85.

seite, die Antizyklone umgekehrt aus einer kalten auf der Ostseite und einer warmen auf der Westseite. Zu ganz demselben Resultat ist Ficker gekommen. Vergleicht man Fig. 85 mit Fig. 77, so erkennt man, daß die Kälte- und Wärmewellen von Ficker mit den niedrigen Zyklonen und Antizyklonen von Bigelow tatsächlich identisch sind. Bei den Tornados Nordamerikas fand Davis[2]) gleichfalls diese Doppelströmung; alle die rasch beweglichen Druckgebilde scheinen die gleiche Konstitution zu haben, die am einfachsten durch die Ausbreitung kalter Luft unter warme charakterisiert wird.

Wir haben in Fig. 42, S. 196, eine Darstellung der Druck- und Windverteilung im Gebiete einer sogenannten „Böenlinie" gegeben. Diese Diskontinuitätslinie ist meist südwärts vom Zentrum einer Zyklone gelegen und zeichnet sich dadurch aus, daß sie parallel zu sich selbst nach Osten fortwandert, und daß bei ihrem Eintritt an einem Orte die südlichen warmen Winde plötzlich in nordwestliche kalte umschlagen und Niederschlag fällt; die Böenlinie ist zugleich die vordere Grenze des Kälteschwalles, des Böenkopfes.

Nun war es ein großer Fortschritt für das Verständnis der Zyklonen, als V. Bjerknes im Jahre 1919[3]) ein Schema der Zyklonen aufstellte, welches in klarer Weise die räumliche Grenze zwischen kalter und warmer Luft angab. Die eine Grenze, die Böenfläche, war bekannt; aber die Abgrenzung der warmen Masse gegen Norden war bis dahin nur in einer Skizze von Shaw angedeutet worden.

In Fig. 86 ist dieses Schema von Bjerknes dargestellt; der warme Sektor ist gegen den kalten durch eine gebrochene Linie an der Erdoberfläche begrenzt, die „Böenlinie" (I) und an sie anschließend die Kurslinie (II). Letztere fällt ungefähr in die Richtung, in welcher die

---

[1]) Hanzlik kam (a. a. O.) zu fast dem gleichen Schema für die niedrigen Druckgebilde Europas.

[2]) Vgl. Hann, Lehrbuch, 3. Aufl., S. 732.

[3]) The structure of the atmosphere when rain is falling; Quart. Journ. Roy. Met. Soc. London, Vol. 46, Nr. 194.

Zyklone sich verlagert; daher der Name. Wichtig ist, daß an der Diskontinuitätsfläche I die kalte Luft sich unter die warme eindrängt, ganz so wie es Ficker aus seinen asiatischen Untersuchungen herausschälte (Einbruchsfläche von Stüve), während an der Diskontinuitätsfläche II die warme Luft über die kalte emporgleitet (Aufgleitfläche). Im ersten Fall strömt die kalte Luft auf die Diskontinuitätsfläche zu, schiebt also diese Fläche vor sich her, im zweiten strömt die kalte Luft längs der Fläche, die warme aber auf sie zu.

In Europa trifft man viele Depressionen ohne klare Diskontinuitäten, in Nordamerika sind letztere viel ausgeprägter. Nur die eigentlichen

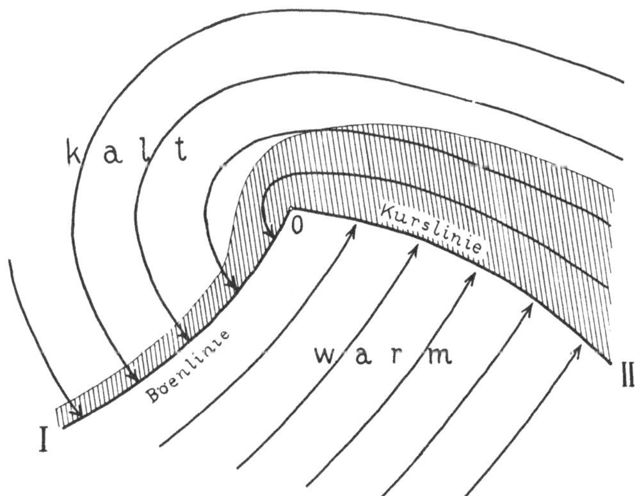

Zyklonenschema von V. Bjerknes.
Fig. 86.

niedrigen Zyklonen und Antizyklonen weisen starke Temperaturunterschiede an der Erdoberfläche auf.

An den Konvergenzlinien tritt stets aufsteigende Bewegung der warmen Luft ein, die zur Bildung von Niederschlag führt, dem „Kursregen" und dem „Böenregen". Es ist vielleicht der wichtigste Gesichtspunkt, der sich aus der Bjerknesschen Vorstellung ergibt, daß in der Zyklone zwei Gebiete durch Regenfälle besonders ausgezeichnet sind, die längs der Grenzflächen in Fig. 86 schraffiert gezeichneten Streifen. Systematische Untersuchungen der Zyklonen auf das Zutreffen dieser abgegrenzten Niederschlagsgebiete fehlen noch; man hatte bisher den Regen im ganzen Gebiet der Zyklone vermutet. Auch stören vielfach die Niederschläge an Bodenerhebungen (Geländeregen) das einfache Schema von oben. Es wäre wichtig, die Depressionen daraufhin näher zu untersuchen, was freilich nur möglich ist, wenn die Diskontinuitätslinien sich durch deutliche Unterschiede in Temperatur und Windrichtung zeigen.

Fig. 87 gibt einen Fall einer mitteleuropäischen Zyklone wieder, aus dem man entnehmen kann, daß das Bjerknessche Schema mitunter recht gut den Tatsachen entspricht. Die Niederschlagsgebiete sehen freilich etwas anders aus als in Fig. 86; das rührt teilweise vom „Geländeregen" an den Nordalpen (aufsteigende Luft am Gebirge), teilweise von der Breite des warmen Sektors her, die eine genaue Trennung zwischen Böen- und Kurslinie hindert. Eine scharfe Grenze verschiedener Temperaturen ist nicht vorhanden.

11. JUNI 1911, 8a

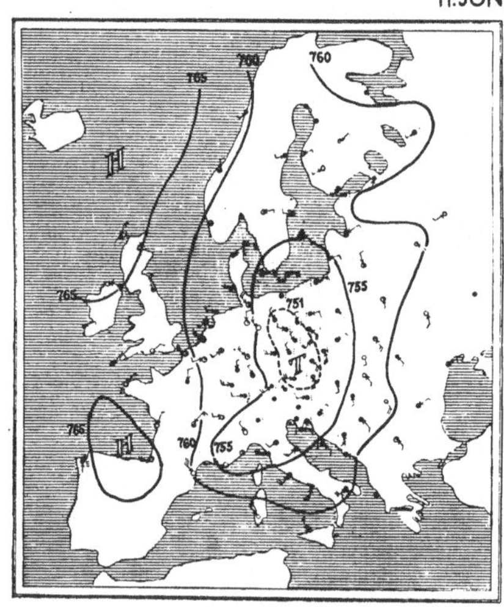

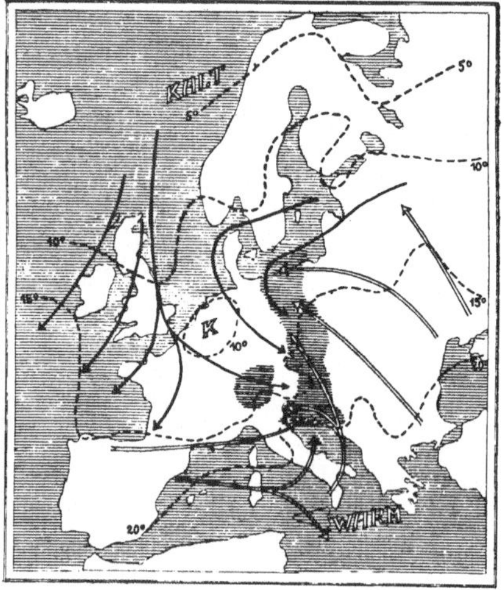

a) Isobaren.
b) Stromlinien, Isothermen und
Niederschlag.

Fig. 87.

Nach Ficker liegt das Zentrum der asiatischen Depression meist an der Polargrenze des Erwärmungsgebietes. Dies wird verständlich, wenn man bedenkt, daß die SW-Winde vermöge ihrer Trägheit an der Grenzfläche der westlich liegenden kalten Massen eine Druckerniedrigung erzeugen, die am größten dort sein muß, wo die kalten Massen noch ausgesprochene Ostwinde sind, also an der Polargrenze der Kältezungen, in der Achselhöhe derselben (vgl. Fig. 77, S. 326), wo die Kältezunge mit der kalten Masse der Polarkalotte zusammenhängt.

Indem die kalte Luft südwärts strömt und dabei auf der Ostseite in die Depressionslinie austreten kann, westwärts aber von der anwehenden warmen Luft gestaut bleibt, wird der Rücken des höchsten Druckes nicht symmetrisch auf der Kältezunge liegen, sondern auf ihrer Westseite.

Der warme Südwind westlich davon ist ja auch mit einem Anwachsen des Druckes gegen Osten verbunden. Da der Zustand an der Grenze (Westgrenze der Kältezunge) nicht stationär ist, strömt die kalte Masse gegen SW unter die warme, die warme gegen NE über die kalte. Es entsteht die antizyklonale Krümmung auf der linken Seite der Fig. 85. Wieder wird nun durch dynamische Vorgänge aus der Kammlinie höchsten Druckes im Westen der Kältewelle ein abgerundetes Gebiet hohen Druckes, die Antizyklone. Sie erscheint auch häufig nur als „Rückseite der Depression", wenn sich im Westen einer solchen eine Zunge hohen Druckes südwärts erstreckt und dabei mit einem größeren Hochdruckgebiet im Norden zusammenhängt.

In den niedrigen Depressionen und Antizyklonen ist demnach die asymmetrische Temperaturverteilung sehr wichtig. Die Ostseite der Depression ist warm, ihre Westseite kalt; letztere geht über in die kalte Ostseite der nachfolgenden Antizyklone; an deren Westseite ist die Temperatur wieder höher, ganz im Einklang mit den Richtungen, aus denen die Winde kommen. Der Effekt ist um so größer, je ausgesprochener die allgemeine Temperaturabnahme gegen die Pole ist (am größten im Winter über mittleren und höheren Breiten der Kontinente).

Gehen wir von einer Luftdruckverteilung am Boden mit elliptischen oder ähnlichen Isobaren aus, so müssen wir infolge der Temperaturasymmetrie schon in geringen Höhen wesentlich deformierte Isobaren finden. In kalten Luftsäulen nimmt ja der Druck rascher ab als in warmen. Demgemäß verschiebt sich das Gebiet tiefsten wie das höchsten Druckes mit zunehmender Höhe nach Westen, bzw. nach jener Seite, wo die Luft in der Depression am kältesten, in der Antizyklone am wärmsten ist.

Da die betrachteten Druckgebilde meist recht große horizontale Ausdehnung haben (z. B. 1000 bis 2000 km Durchmesser), so kommt in diesem Bereich außerdem schon das allgemeine Temperaturgefälle vom Äquator zum Pol sehr in Betracht. Es bewirkt, daß der Luftdruck auf der polaren Seite der Druckgebilde in der Höhe geringer ist als auf der äquatorialen. Die Isobaren, welche am Boden um ein Tiefdruckgebiet geschlossen verlaufen, öffnen sich in der Höhe und ordnen sich dort mehr und mehr den Breitenkreisen an. In einiger Höhe ist dann das Vorhandensein einer niedrigen Depression nur mehr an einer Ausbuchtung der normal von W nach E verlaufenden Isobaren gegen Süden zu erkennen. Bei der Antizyklone tritt in der Höhe in ähnlicher Weise eine Ausbuchtung nach Norden auf. Infolgedessen laufen in einem höheren Niveau die Isobaren über der Äquatorseite der Depression und über der Polseite der Antizyklone gedrängter aneinander, als auf der gegenüberliegenden Seite dieser Druckgebilde. Tatsächlich findet man auch die stärksten Winde auf der rechten Seite der Depression und auf der linken der Antizyklone (nördl. Halbkugel), beurteilt nach der Richtung der Fortpflanzung.

Die Berechnung der Druckverteilung in höheren Niveaus mittels der statischen Grundgleichung bietet keine Schwierigkeit, wenn die Temperaturverteilung bekannt ist. Eine schematische Darstellung der Transformation der Isobaren mit der Höhe infolge der Temperaturasymmetrie bietet Fig. 88 für drei verschiedene Niveaus. Die Isobaren der Depression und der Antizyklone am Boden sind der Einfachheit halber kreisförmig gezeichnet. Die Isobaren der ersteren öffnen sich nach aufwärts allmählich gegen Norden, die der letzteren gegen Süden. Im oberen Niveau deutet der wellenförmige Verlauf der punktierten Isobare an, daß Depression und Antizyklone dort nur mehr als Störungen des westöstlichen Verlaufes der Isobaren bemerkbar sind.

Die Verbindungslinie der Druckextreme in verschiedenen Höhen, die sogenannte „Achse“, ist sehr stark nach Westen geneigt. Im allgemeinen entspricht ihre Neigung jener der Grenzfläche kalter und warmer Massen, beträgt also der Größenordnung nach Bruchteile eines Winkelgrades.

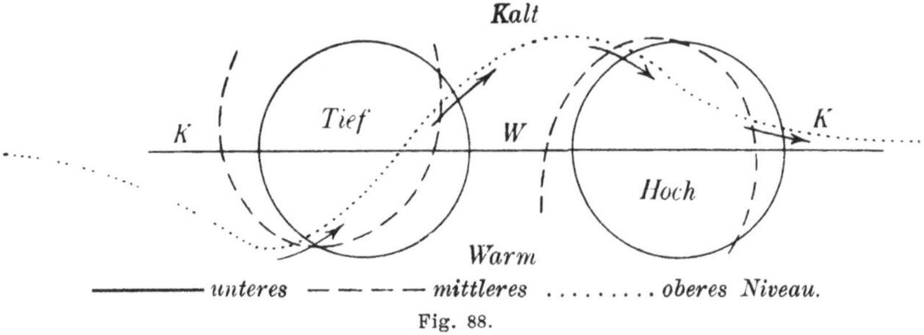

—————— unteres — — — — mittleres .... oberes Niveau.

Fig. 88.

Jene Bewegung, die man gewöhnlich „Wirbel“ nennt, ist nur auf dünne Schichten beschränkt, welche, blätterförmig nach Westen verschoben, übereinander liegen.

Aus der Veränderung der Isobaren mit der Höhe, also aus der Asymmetrie der Temperaturverteilung, ergibt sich die Ortsveränderung der Druckgebilde. Nach der auf S. 300 gegebenen Regel, wonach einem Ausströmen der Luft in der Höhe aus dem Gebiet tiefen Druckes ein Fallen, aus dem Gebiet hohen Druckes aber ein Steigen des Barometers entspricht, folgt sogleich, daß sich die beiden Druckgebilde in Fig. 88 nach Osten verlagern müssen. Denn die Luftströmungen gehen in der Höhe sehr angenähert den Isobaren parallel, so daß die Pfeile in Fig. 88 die Bewegung im obersten Niveau wiedergeben. Dies entspricht den zahlreichen Feststellungen, nach welchen die Depressionen sich meist in der Richtung der oberen (Cirrus-)Strömungen bewegen[1]).

---

[1]) Vgl. Clement Ley, Quart. Journ. Met. Soc. 1877; R. Forstén, Met. Zeitschr. 1888, S. 105; Bigelow, Monthly Weath. Rev. 1903, S. 79; Th. Hesselberg, Veröff. d. geophysikal. Inst. Leipzig, Heft 2, 1913.

Es ist auch klar, daß die Fortpflanzungsgeschwindigkeit um so größer ist, je stärker die Asymmetrie der Temperaturverteilung und je kleiner damit die Neigung der „Achse" gegen den Horizont ist; denn hiedurch werden die Ein- und Ausströmungswinkel vergrößert. Tatsächlich fand Hanzlik (a. a. O.), daß bei rasch beweglichen Druckgebilden der Winkel zwischen oberem Wind und unterer Isobare größer war als bei langsam beweglichen, die viel höher hinaufreichten.

Die Asymmetrie der Druckgebilde läßt sich direkt erkennen, wenn eine Höhenstation neben der Station in der Niederung zur Verfügung steht; die Eintrittszeit der Druckextreme verzögert sich mit der Höhe ganz merklich[1]).

Hann hat in seinem Lehrbuche[2]) zahlreiche Beobachtungen über Temperaturverteilung, Windverhältnisse, Isobarenformen usw. angeführt, mit welchen die obigen kurzen Betrachtungen vollständig harmonieren. Trotzdem ist die Dynamik dieser niedrigen, rasch ziehenden Druckgebilde noch lange nicht vollständig ausgebaut; dazu fehlen Beobachtungen in kurzen Zeitintervallen aus verschiedenen Sektoren, mittels derer sich ihre Entstehung und Bewegung verfolgen ließe.

Die große Rolle der Temperaturasymmetrie für Bildung und Veränderung von Depressionen und Antizyklonen läßt sich auch aus dem Umstand erschließen, daß abnorme Temperaturverteilungen dieselben wesentlich beeinflussen. So hat Trabert[3]) gefunden, daß eine Depression rückläufig wurde, d. h. sich von E gegen W bewegte, als in Europa einmal ein verkehrtes Temperaturgefälle herrschte (im N warm, in S kalt). Diese niedrigen Druckgebilde bewegen sich stets so, daß in der Richtung der Bewegung gesehen die warme Luft auf der nördlichen Halbkugel rechts, auf der südlichen aber links liegt. Dort, wo starke Temperaturgegensätze fehlen, wie polwärts von 80^0 Br., ist die Entstehung von Depressionen sehr selten oder, wenn solche vorkommen, doch ihre Dauer sehr beschränkt[4]).

Zwischen der Auffassung, daß die Temperaturasymmetrie die Ursache der Fortbewegung von Zyklonen und Antizyklonen sei, und jener, daß die oberen Luftströmungen sie mit sich führen, besteht kein Widerspruch. Wir haben im Abschnitt 71 die Windbahnen bei bewegten Zyklonen berechnet und mußten dazu eine allgemeine Westostströmung und — damit diese möglich wird — ein Temperaturgefälle gegen den Pol annehmen. Mit letzterem und nördlichen sowie südlichen Strömungen gelangt man sogleich zu der Anschauung, die in der Differentialgleichung des Abschnittes 76

---

[1]) Vgl. z. B. Loomis bei Hann, Lehrbuch, 3. Aufl., S. 565.
[2]) 3. Aufl., 5. Buch, 2. Kap.
[3]) Met. Zeitschr. 1910, S. 508.
[4]) Wie Vincent (Met. Zeitschr. 1911, S. 284) aus den Beobachtungen des Polarjahres nachgewiesen hat.

niedergelegt ist und die Rolle der Temperaturasymmetrie in bewegten Zyklonen und Antizyklonen darstellt.

Am klarsten wird die normale Westostbewegung dieser Erscheinungen, wenn wir sie in Zusammenhang mit den von West nach Ost fortschreitenden Kältewellen bringen. Das große Kältereservoir, das (nach Helmholtz' Anschauung) um die Pole gelagert und durch eine Diskontinuitätsfläche von der warmen Luft niedriger Breiten getrennt ist, erleidet an irgend einer Stelle einen Ausbruch, wie dies im Abschnitt 85 dargestellt ist, und dieser Ausbruch veranlaßt die Bildung einer Zyklone. Die Fortbewegung der kalten Masse bringt eine Bewegung der Grenzfläche (von V. Bjerknes später Polarfront genannt) mit sich, die schematisch in Fig. 89[1]) dargestellt ist. Die Grenzfläche wird

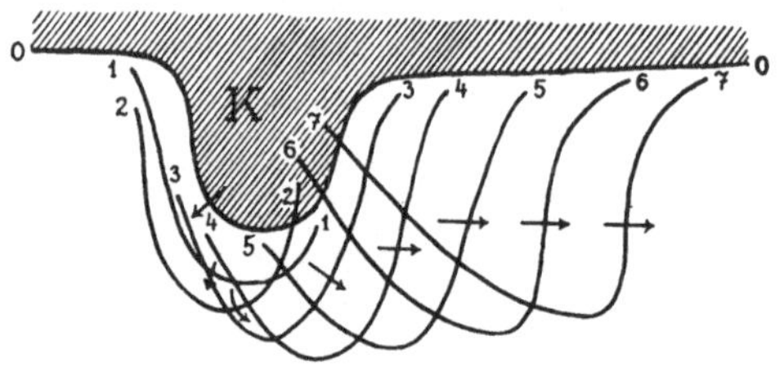

Ausbreitung der kalten Masse; die Linien sind Isochronen der Grenze zwischen Kalt und Warm.

Fig. 89.

durch die Wirbelbewegung aufgerollt, die Zyklone läuft die Grenzfläche entlang ostwärts. Die mit Nummern bezeichneten. Linien in Fig. 89 geben die allmähliche Fortbewegung der Grenzfläche an. Die Ausbruchstelle verpflanzt sich deswegen ostwärts, weil gerade östlich von der momentanen Lage derselben die wärmste Luft liegt, dort also die Ausbruchstendenz am größten ist.

87. Bjerknes' Polarfront. In Fig. 80 (S. 335) ist die schematische Grenzfläche zwischen kalter Ost- und warmer Westströmung nach der Bedingung stationärer Bewegung dargestellt. Es ist kein Zweifel, daß eine solche stationäre Grenzfläche nicht existiert, sie müßte allein schon durch Reibung zerstört werden. V. Bjerknes hat in seinem Zyklonenschema (Fig. 86) die Grenzfläche dargestellt, welche im Bereiche der Zyklone tatsächlich häufig beobachtet wird. Sie besteht aus der Böenfläche und der Kursfläche. Da nun fast immer in einem Umkreis um die Erde zu gleicher Zeit mehrere Zyklonen und Antizyklonen, abwechselnd nebeneinander liegend, beobachtet werden (vgl. das Schema Fig. 49, S. 217), so treten in jeder Zyklone Teile jener schematischen Grenzfläche (Fig. 80) tatsächlich auf. Bjerknes hat die Hypothese aufgestellt, daß die Kurslinie einer Zyklone mit der Böenlinie der nächsten, ostwärts gelegenen Zyklone in Verbindung steht, daß also, wenn auch weniger deutlich wie in den Zyklonen selbst, auch außerhalb derselben die besagte Grenzfläche wirklich existiert, wenn auch nicht im Gleichgewicht, wie im obigen Schema

---

[1]) F. M. Exner, Geografiska Annaler 1920, Heft 3, Stockholm.

angenommen war. Diese durch alle Zyklonen und Antizyklonen durchlaufende Grenzfläche hat Bjerknes „Polarfront" genannt. Indem an einer Stelle kalte Luft südwärts, daneben warme nordwärts vordringt, entstehen Ein- und Ausbuchtungen in der Polarfront, die die Lage der Zyklonen bezeichnen. Die Atmosphäre der höheren Breiten zerfiele danach in eine kalte Oststörmung (Polarluft) und in eine warme Weststörmung (Tropenluft), die nicht in stationärer Bewegung sind, sondern wellenartige Ein- und Ausbuchtungen in meridionaler Richtung vollführen. Die Zyklonen wären dann Wellen mit Wirbelbildung an dieser Polarfront[1]).

Fig. 90 gibt ein Schema dieser Wellen. Die schraffierten Gebiete bedeuten die Gebiete des Regens an der Kurs- und Böenlinie. Die einfachen Pfeile geben die kalten, die doppelten die warmen Strömungen. Die gestrichelte Kurve ist die Polarfront.

Es sind hier vier solcher Wellen gezeichnet, welche vier Zyklonen in verschiedenen Entwicklungsstadien darstellen. Im ersten Stadium (I) ist eben eine ganz geringe Welle an der Grenzfläche in Entstehung begriffen, im zweiten Stadium (II) ist die Welle schon ausgeprägter, die Winde gehen schon deutlicher gegeneinander, es bildet sich ein Knick in der Polarfront aus, das Zentrum der Zyklone, die warme Luft strömt rechts vom Zentrum über die kalte Masse und erzeugt deutlichen Niederschlag (Kursregen). Im dritten Stadium ist Zyklone III vollständig ausgebildet, wie sie das Bjerknessche Zyklonenschema Fig. 86 zeigt. Der sogenannte „warme Sektor" der Zyklone wird zusehends enger, je ausgebildeter die Zyklone ist, die Böenfront ist lang und durch den Böenregen deutlich gekennzeichnet. IV zeigt schließlich eine Zyklone im Absterben. Der warme Sektor ist von der in die Kurslinie einbrechenden Böenlinie abgeschnitten, die Zufuhr neuer warmer Luft aus dem Süden durch das Vorbrechen kalter Luft verhindert. Im weiteren Verlauf wird die eingeschlossene warme Luft ganz vom Erdboden abgehoben und die Zyklone verschwindet („Lebensgeschichte" der Zyklonen).

Eine besondere Absicht ist in dem Schema der Fig. 90 mit dem sukzessive südlicheren Auftreten der Zyklonen verbunden. Es wird die Hypothese aufgestellt, daß ein großer Kälteausbruch nicht nur eine Zyklone erzeugt, sondern daß die z. B. nördlich von IV vorüberfließenden kalten Luftmassen gegen SW strömen, und daher südwestlich von der Zyklone IV die Zyklone III entsteht usw. Der Kälteeinbruch erzeugt also hintereinander mehrere Zyklonen (etwa vier), die immer weiter südwärts auftreten. Ist die kalte Luft auf diese Weise sehr weit südwärts vorgedrungen, so hat sie sich so weit erwärmt, daß der Temperaturunterschied gegen die westliche Luft verschwindet und damit der weiteren Zyklonenbildung ein Ziel gesetzt ist. Dann entsteht weit davon im Nord-

---

[1]) V. Bjerknes, Geofysiske Publikationer, Vol. II, Nr. 4, Kristiania 1921; ferner J. Bjerknes u. H. Solberg, das., Vol. III, Nr. 1, 1922.

westen eine neue Kältewelle, die nun wieder eine Anzahl Zyklonen erzeugt. Die Serie der auf diese Weise zusammenhängenden etwa vier
Zyklonen wird von Bjerknes als „Zyklonenfamilie" bezeichnet.

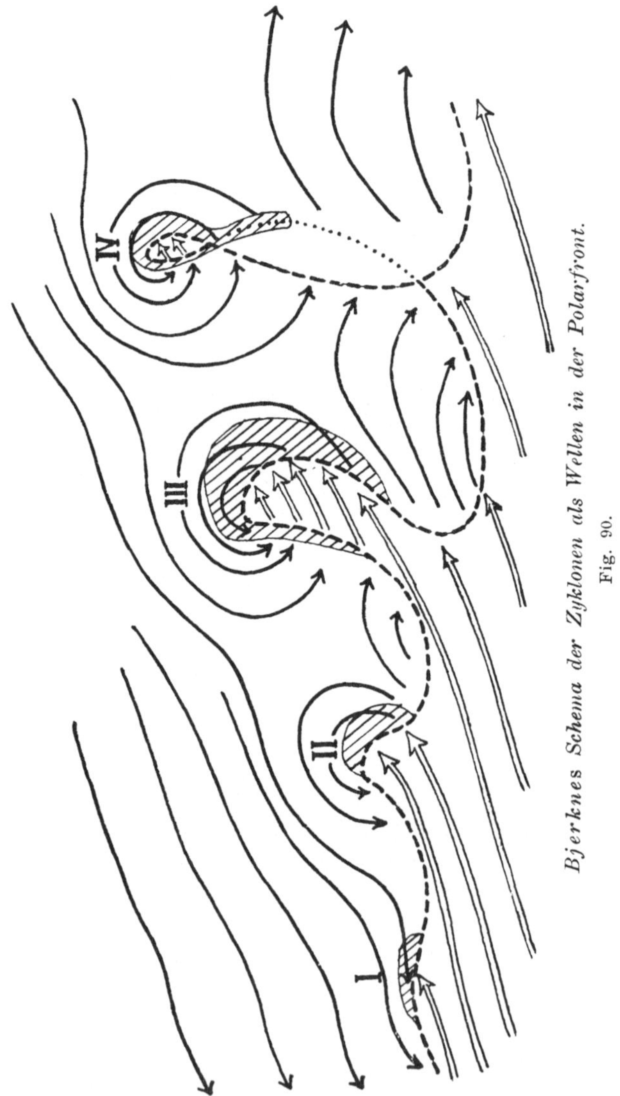

Bjerknes Schema der Zyklonen als Wellen in der Polarfront.

Fig. 90.

Diese Anschauungen sind vorläufig mehr als Arbeitshypothesen
denn als Tatsachen anzusehen. Es kommen gewiß Fälle vor, wo die Zyklonen-
serien wirklich beobachtet werden; aber regelmäßig ist die Erscheinung

nicht[1]). Ebensowenig kann die von einer Zyklone zur nächsten fortlaufende Diskontinuitätsfläche für Temperatur und Wind als empirisch bestätigt gelten; auch die Polarfront ist nur als schematische Hypothese zu betrachten. Diskontinuitäten oder wenigstens sehr rasche Übergänge zeigen sich nur in den Zyklonen selbst, und auch da nicht immer (vgl. die nächsten Abschnitte).

Die analytische Behandlung der Wellen an der gegen den Horizont sehr schwach geneigten Polarfront bietet große Schwierigkeiten, die bisher noch nicht überwunden sind. Da es sich wesentlich um Gravitationswellen an der Grenze ungleich dichter Medien handelt, ist es nicht wahrscheinlich, daß die Zyklonen als normale sich an solchen Grenzflächen einstellende Wellen gedeutet werden können[2]). Denn solche Wellen haben viel kleinere Längen als die Distanz der Zyklonen voneinander ist (man denke an die Helmholtzschen Wogenwolken).

Was aber hauptsächlich gegen die Wellentheorie der Zyklonen spricht, ist meines Erachtens der Umstand, daß die Grenzfläche, an der Wellen sich bilden, ziemlich stabil sein muß, während der große Energieverbrauch in den Zyklonen letzten Endes nur aus der atmosphärischen Wärmemaschine geschöpft werden kann, die eine geschlossene Zirkulation zwischen Kalt und Warm voraussetzt. Oben wurde näher ausgeführt, daß die Zyklonen notwendige Erscheinungen des Wärmeaustausches zwischen den Roßbreiten und den Polargegenden sind. Die Luft muß von Kalt zu Warm fließen, sich hier erwärmen, dann als warme Strömung von Warm zu Kalt zurückkehren und hier ihre Wärme abgeben. Mit der Vorstellung von Wellenbewegung scheint mir dieser Vorgang nicht vereinbar; wenn es auch angeht, die Diskontinuitätsfläche selbst als gewellt zu bezeichnen, so kann doch leicht durch die Benennung der Zyklonen als Wellen die allgemeine Anschauung von der Entstehung der Zyklonen, von ihrer Energie und ihrer Bedeutung im atmosphärischen Kräftehaushalt getrübt werden.

Da die ganze Polarfronttheorie noch in der Entwicklung begriffen ist, soll hier auf Details nicht weiter eingegangen werden. Der Hauptvorteil der Bjerknesschen Arbeitsweise liegt gewiß in der Feststellung der Diskontinuitäten von Temperatur, Bewegung und auch Feuchtigkeit der Luft, und in der Auffindung der Gebiete, in welchen an den Grenzflächen aufsteigende Luftbewegung und Niederschlag entsteht. Diese neuen Gesichtspunkte bedeuten zweifellos einen ungemein großen Fortschritt. Als Weg zu dieser neuen Anschauungsweise hat hauptsächlich die gleichfalls von Bjerknes eingeführte Zeichnung der Strömungslinien gedient.

88. Die Entstehung hoher Depressionen und Antizyklonen.

Zu den niedrigen Depressionen und Antizyklonen, welche als Störungen

---

[1]) Vgl. I. W. Sandström, Met. Zeitschr., 1922, S. 262 und 1923, S. 38.

[2]) Die letzte diesbezügliche Untersuchung von V. Bjerknes, welche die Kompressibilität der Luft berücksichtigt, ist eben erschienen (Geofysiske Publikationer, Vol. III, Nr. 3, Kristiania 1923).

in der mittleren Luftdruckverteilung nur bis in wenige Kilometer Höhe
nachweisbar sind, stehen jene Druckgebilde im Gegensatz, die sich bis in
die Stratosphäre hinauf erstrecken. Über ihre Konstitution sind wir nur
durch die internationalen Ballonaufstiege einigermaßen unterrichtet, viele
auf sie bezügliche Fragen sind noch unbeantwortet.

Vor der Einführung der Ballons war man auf die Beobachtungen
der Bergstationen angewiesen. Diese ergaben zusammen mit denen der
Niederung zwei Arten von Depressionen und Antizyklonen: einerseits Depressionen, welche abnorm warm, und Antizyklonen, welche abnorm kalt
sind, andererseits Depressionen, die abnorm kalt, und Antizyklonen, die
abnorm warm sind. Da das Gewicht warmer Säulen geringer ist als das
kalter, so erschienen seinerzeit die warmen Depressionen und die kalten
Antizyklonen als das normale. Man bezeichnete sie als thermische Effekte,
die anderen aber als dynamische, indem man damit betonte, daß z. B.
der hohe Druck in einer warmen Antizyklone durch Kräfte veranlaßt sei,
die den Auftrieb der warmen Luft nicht nur aufheben, sondern ins Gegenteil verwandeln. Heute ist erwiesen, daß die „thermischen“ Druckgebilde
den niedrigen Depressionen und Antizyklonen des Abschnitts 86 entsprechen, die „dynamischen“ aber den hochreichenden. Wie schon S. 290
bemerkt, ist es bisher nicht möglich, zu entscheiden, ob nicht auch die
sogenannten dynamischen Druckgebilde rein thermisch zustande kommen,
wo dann die Temperatur der hohen Schichten deren Ursache wäre. Daß
dies zum Teil der Fall ist, ist kein Zweifel; die ungemein starken
Temperaturschwankungen in der Substratosphäre sind ein Beweis dafür.
Andererseits handelt es sich wohl auch um Aufbauschungen und Einsenkungen der Atmosphäre. Die Luft reicht verschieden hoch und auch
dieser Umstand bewirkt Druckdifferenzen.

Hann[1]) ist schon im Jahre 1876 und ausführlicher 1890 der damals
üblichen Meinung entgegengetreten, daß die Hochdruckgebiete (in den
unteren Schichten) kalt, die Tiefdruckgebiete warm sein müssen. Er zeigte
aus den Bergbeobachtungen, daß in Europa die Antizyklonen meist bis
3 km hinauf wärmer sind als ihre Umgebung. Aber erst die Ballonbeobachtungen brachten eine Erklärung für diese auffallende Tatsache,
die dem statischen Grundgesetz zu widersprechen schien. Sie liegt in der
weiteren Tatsache, daß die Stratosphäre über warmen Hochdruckgebieten
besonders hoch liegt und kalt ist, über kalten Depressionen aber tief liegt
und warm ist. Zahlreiche Untersuchungen neueren Datums haben dies
festgestellt. Wir geben als Beweis hier nur die Temperaturkurven für
Winter und Sommer wieder, die Humphreys[2]) für die Antizyklone und
Depression Europas gezeichnet hat (Fig. 91).

---

[1]) Met. Zeitschr. 1876; Wien. Sitz.-Ber. 1890.
[2]) Bull. Mt. Weather Obs., Bd. II, S. 183.

Danach ist eine teilweise aber deutliche Kompensation in der Druckwirkung der oberen und unteren Schichten vorhanden. Die Wirkung der Troposphäre besteht bei der Antizyklone in einer Abschwächung des relativen Hochdrucks, der an der unteren Grenze der Stratosphäre herrscht, bei der Depression in einer Abschwächung des relativen Tiefdrucks daselbst. Der Sitz des hohen, bzw. tiefen Druckes, der an der Erdoberfläche zum Ausdruck kommt, ist also offenbar in der Stratosphäre gelegen. Diese Kompensation der oberen und unteren Schichten stimmt mit den Ergebnissen der Statistik (Abschnitt 77), die sich auf alle Schwankungen an einem Orte ohne Rücksicht auf die synoptische Druckverteilung be

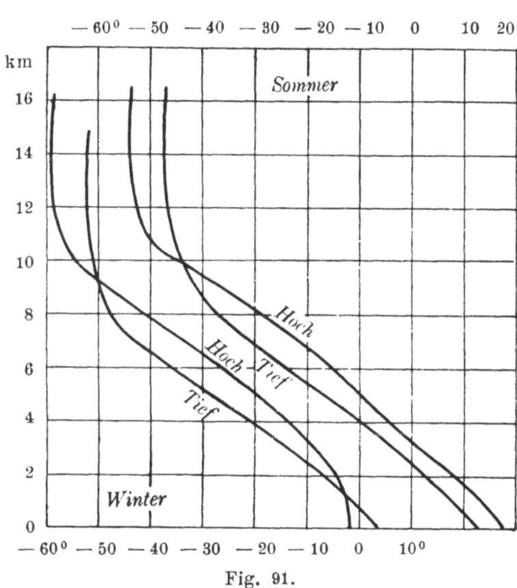

Fig. 91.

ziehen, vollständig überein. Auch erinnert sie sehr an die Verteilung der Temperatur in verschiedenen Breiten der Erde (Fig. 51, S. 227).

Hanzlik hat (a. a. O.) gezeigt, daß die hohen Depressionen und Antizyklonen meist aus den niedrigen entstehen und ein späteres Entwicklungsstadium derselben sind. In Europa treten viele Hochdruckgebiete als „kalte" auf und enden als „warme". Schon Hann hat auf die Rolle der vertikalen Bewegung bei diesen Umbildungen aufmerksam gemacht. Im absteigenden Luftstrom der Antizyklone besteht, wenigstens solange keine seitliche Ausbreitung der Massen stattfindet (vgl. Abschnitt 34) adiabatische Temperatursteigerung, welche die allmähliche Erwärmung der antizyklonalen Massen bedingt. Für die Umbildung der warmen in kalte Depressionen kann die vertikale Bewegung nicht in der gleichen Weise verantwortlich gemacht werden, da die starke Abkühlung nur bis zum Kondensationsniveau reicht. Hier wird hauptsächlich die Bewölkung eine Rolle spielen. Sie hält im aufsteigenden Ast die Sonnenstrahlung ab, wodurch namentlich im Sommer die unteren Gebiete der Depression relativ kalt werden.

Neben diesen Temperaturänderungen, die die Umwandlung der niedrigen Druckgebilde in hohe begleiten, gehen die eigentümlichen Veränderungen der Temperatur der Stratosphäre einher, die wir in Fig. 89 sahen. Offenbar sind diese Veränderungen in der Höhe die Ursache dafür, daß die hochreichenden Druckgebilde nun lebensfähiger und dauerhafter sind als die niedrigen, daß der abwärts gerichtete Strom der Antizyklone überhaupt bestehen bleibt, nachdem die Ursache dieser Bewegung, das größere spezifische Gewicht der antizyklonalen Luft, nun aufgehört hat, zu bestehen, und ebenso dafür, daß nun relativ kalte Luft sich in der Depression nach aufwärts bewegt. Diese oberen Veränderungen scheinen also von großer Bedeutung zu sein; trotzdem ist es heute noch nicht möglich, deren Ursache mit Sicherheit anzugeben.

Wenn ein Kälte- oder Wärmeeinbruch in bodennahen Schichten vor sich geht und längere Zeit andauert, so ist es leicht möglich, daß die Bewegung aus Norden, bzw. aus Süden allmählich in höhere Schichten hinaufgreift und dadurch schießlich auch die Substratosphäre in Mitleidenschaft gezogen wird. Ein z. B. 500 km breiter und 2000 km langer Strom warmer Luft kann, wenn er auch anfangs nur bis 5 km Höhe reicht, allmählich die Höhe von 10 bis 15 km erlangen, ohne dadurch seine Eigenschaft eines ganz flachen Luftkörpers zu verlieren. Wird nun die Substratosphäre in die z. B. aus Süden kommende untere Bewegung hineingezogen, dann stößt kalte Luft der Substratosphäre nordwärts, es tritt in der Höhe Abkühlung ein, und umgekehrt bei Bewegung aus Norden, da die Substratosphäre ja äquatorwärts an Höhe und Kälte zunimmt. Wir erhalten also durch meridionale Verschiebung eo ipso die Temperaturverteilungen der Fig. 91[1]).

Bei einer niedrigen Antizyklone liegt der hohe Druck im westlichen Teil des Kälteeinbruches; westlich von der kalten Masse findet sich die warme Strömung bei einem westwärts gerichteten Druckgradienten. Wird nun diese warme Strömung so weit in die Höhe reichen, daß sie kältere Stratosphärenluft über die Westseite der niedrigen Antizyklone bringt, so kann das Gebiet höchsten Druckes nicht über dem Kaltluftrücken liegen bleiben, sondern wird westwärts verschoben, über den warmen Südstrom. Hiermit entsteht für die bodennahen Schichten ein neuer Divergenzpunkt im Bereich der warmen Masse. Der Druck der kalten Stratosphärenschichten lastet nun dauernd auf den unteren Massen und preßt sie trotz ihrer relativ hohen Temperatur herab, wir erhalten die warme stationäre Antizyklone. Es ist dies, so viel ich sehe[2]), die einzige Erklärungsweise für diese Erscheinung. Ein dauerndes Herabsinken der warmen antizyklonalen Luft in Gebieten von 1000 bis 2000 km Durchmesser kann nur unter der Einwirkung eines dauernden Auffließens kalter Luft in der Höhe dieses Gebietes zustande kommen, und dies ist nur durch südliche Strömung mit Kältezufuhr in der Substratosphäre möglich. Die hohe warme Antizyklone ist kaum anders verständlich.

---

[1]) Vgl. Gold, Geophys. Mem., Met. Office, London, 1913, S. 124; Hann, Lehrbuch, 3. Aufl., S. 626.
[2]) Met. Zeitschr. 1921. S. 299.

Anders steht es mit der hohen kalten Zyklone. Solche Gebilde treten auf, ohne nahe der Erdoberfläche nennenswerte Temperaturasymmetrien zu besitzen; die Bjerknessche Anschauung, es sei ein „warmer Sektor" zur Erhaltung der Zyklone nötig, trifft nicht immer zu; auch kann der Sektor sich, von einem engen Stadium ausgehend, erweitern, die Schmalheit des Sektors bedeutet nicht immer das Absterben. Es scheint, daß hohe Zyklonen aus niedrigen entstehen können, und daß anderseits wieder hohe Zyklonen ohne Temperaturasymmetrien in geeigneten geographischen Lagen sich zu niedrigen zu entwickeln, besser gesagt Temperaturasymmetrien anzunehmen imstande sind.

Die Energiequelle für die zyklonale Bewegung, welche Margules angegeben hat, fehlt im Falle der Temperatursymmetrie. Es bleibt dann hiefür noch die kinetische Energie zweier Luftströme, die aneinander vorübergleiten, und die Energie der Kondensationswärme. Heute ist es wohl noch verfrüht, auf diese Fragen näher einzugehen; die tropischen Zyklonen könnten — falls sie wirklich bezüglich der Temperatur symmetrisch gebaut sind — zum genaueren Studium derselben dienen.

Was den Zusammenhang der stratosphärischen Erscheinungen mit den Druckverhältnissen am Boden anlangt, so ist die oben gegebene Erklärungsweise aus meridionaler Verschiebung der Substratosphäre nicht die einzige. Im Abschnitt 58 wurde gezeigt, wie bei stationären Rotationsbewegungen die Grenzflächen zwischen kalten und warmen Massen sich heben oder senken können. Nimmt man an, daß die Substratosphäre eine solche Grenzschichte sei, dann folgt aus Fig. 46 (S. 201), daß die Grenzfläche bei zyklonaler Rotation der unteren Schichten herabgezogen, bei antizyklonaler aber in die Höhe gedrückt wird. Es kann also die verschieden hohe Lage der Stratosphäre durch die vertikale Druck- und Saugwirkung der Wirbelbewegung erklärt werden, und diese verschieden hohe Lage kann dann auch verschiedene Temperatur zur Folge haben, hohe Temperatur der Stratosphäre in tiefer Lage, tiefe in hoher Lage. V. Bjerknes und I. W. Sandström schreiben die Verhältnisse in hohen Zyklonen und Antizyklonen hauptsächlich dieser Wirkung zu.

Auch die aufsteigende und absteigende Bewegung in Zyklonen und Antizyklonen ist, wenn sie hoch genug reicht, imstande, die Temperaturveränderungen in der Substratosphäre zu erklären (vgl. Abschnitt 34). Die tiefe Lage derselben über Zyklonen kann, wie Berek darlegte, eine Isothermie sein, hervorgerufen durch Ausbreitung der aufsteigenden Masse. Es ist am wahrscheinlichsten, daß die genannten drei Einflüsse, horizontale Advektion, Stauung und Saugwirkung durch Rotation und Hebung, bzw. Senkung alle in Betracht kommen; aber es ist heute nicht möglich, den Grad ihrer Wirkung auf das Zustandekommen der hohen Zyklonen und Antizyklonen zu beurteilen.

Schließlich kann eine Einwirkung der unteren Schichten auf die oberen im Wege der Strahlung stattfinden, worauf Humphreys (a. a. O.) hinwies. Da bei niedrigen Depressionen durch Aufwärtsbewegung häufig Wolken entstehen, die die Strahlung auf die oberen Schichten beschränken, so wäre es denkbar, daß diese verminderte Strahlungsmöglichkeit die Stratosphäre wärmer bleiben läßt als dies bei der starken Strahlung unter dem klaren Himmel der Antizyklone der Fall ist. Humphreys drückt dies anders aus: er meint, daß die feuchtere Luft der Depression sich durch Strahlung mehr abkühlt und die von ihr abgegebene Wärme der Stratosphäre zugute kommt. Es ist kaum zweifelhaft, daß im Wege der Strahlung ein Einfluß der unteren auf die oberen Schichten stattfindet, wenn sich auch heute noch nichts genaues darüber angeben läßt[1].

89. Steig- und Fallgebiete des Druckes.

Die Untersuchungen von Brounow, Sresnewsky und namentlich von Nils Ekholm[2] sprechen für eine mitunter vorkommende Unabhängigkeit der Temperatur- und Druckschwankungen in der Stratosphäre von den gleichzeitigen Schwankungen in den unteren Luftschichten. Die genannten Forscher haben die Veränderungen des Bodendruckes im Laufe bestimmter, meist 12- oder 24stündiger Zeitintervalle für größere Gebiete der Erde verfolgt. Die Linien gleicher Druckschwankungen, Isallobaren, umschließen, wie sich zeigte, stets in angenähert runder Form Gebiete mit maximalem Ansteigen oder Fallen des Druckes, ganz ähnlich wie die Isobaren Gebiete mit maximalem oder minimalem Druck selbst umgeben. Diese Steig- und Fallgebiete folgen einander meist in kurzen Zeitintervallen auf einer durchschnittlich westöstlichen Bahn und bewegen sich häufig schneller und regelmäßiger als die Depressionen und Antizyklonen selbst. Naturgemäß wird bei einer von W nach E ziehenden Depression östlich von ihr stets ein Fallgebiet, westlich ein Steiggebiet gefunden, und umgekehrt bei einer Antizyklone. Aber abgesehen von diesen selbstverständlichen Begleiterscheinungen beweglicher Druckgebilde gibt es auch Fall- und Steiggebiete, die sich entweder von jenen absondern und dann für sich weiter wandern, oder die auch außer jedem Zusammenhang mit den Druckgebilden selbst stehen. Es scheint fast ein periodischer Wechsel von Fall- und Steiggebieten in den Druckveränderungen versteckt zu sein, wobei die Periode in Europa häufig zwei ganze Tage beträgt[3], so daß in einem Meridian ein Fallgebiet erscheint, wenn zwei Tage zuvor dort

---

[1] A. Schmauß hat einen Kälteeinbruch in der Substratosphäre beschrieben, (Met. Zeitschr. 1914, S. 67), der nach seiner Meinung durch Strahlung entstanden ist; es kann sich hier aber auch um horizontalen Transport kalter Massen handeln.

[2] Met. Zeitschr. 1904, S. 345; Hann-Bd. d. Met. Zeitschr. 1906, S. 228 und Met. Zeitschr. 1907, S. 1, 102 und 145.

[3] Sresnewsky, Bull. de Moscou, 1895, S. 319; hieher gehört auch die sogenannte „Großmannsche Regel".

eines gelegen war. Doch ist die Regelmäßigkeit nicht so groß, daß man mit Sicherheit aus der Bewegung seit gestern auf jene für morgen schließen könnte.

Bei der Konstruktion der Steig- und Fallgebiete ist die Wahl des Zeitintervalls nicht ganz gleichgültig. In kurzen Zeiten ändert sich der Druck weniger als in langen, das Bild der Isallobaren hängt also von der Wahl des Zeitintervalles ab. Die Geschwindigkeit der Steig- und Fallgebiete, die man aus mehreren aufeinander folgenden Isallobarenkarten ausmessen kann, ist ein Mittelwert für das Zeitintervall, also auch nicht unabhängig von dessen Wahl.

Trotz dieser Zufälligkeiten kam Ekholm aus den Isallobarenkarten zu der Vorstellung, daß es sich hier um Erscheinungen zyklonaler und antizyklonaler Art in den oberen Luftschichten handelt, die bisweilen, aber nicht immer, solche in den unteren Schichten erzeugen; sie bewegen sich schneller als die letzteren, da sie der Reibung des Bodens nicht unterliegen, und sind durchaus selbständige Gebilde. Für diese Ansicht sprechen auch die großen Temperatur- und Druckschwankungen in der Substratosphäre (vgl. S. 284), wenn auch synoptische Beobachtungen aus der Höhe von etwa 10 km noch nicht vorliegen.

Vor kurzem hat H. v. Ficker[1]) auf statistische Weise die Steig- und Fallgebiete des Druckes in den Alpen untersucht, indem er auch die mitlaufenden Temperaturänderungen berücksichtigte. Diese Untersuchungen sind mit ihren einfachen Ergebnissen sehr interessant.

Es wurden aus fünfjährigen Beobachtungen im Alpengebiet die Fälle ausgewählt, bei denen in 24 Stunden 1. große Druckänderungen in der Niederung (München) und 2. große Druckänderungen in der Höhe (Hochstation Zugspitze, 3 km) vorkamen. Für diese Fälle wurden die gleichzeitigen Temperatur-, bzw. Druckänderungen berechnet. So ergab sich im Durchschnitt:

1. Bei starker Druckänderung in München:

	Steiggebiet:		Fallgebiet:	
	München	Zugspitze	München	Zugspitze
$\varDelta p$	7·8	4·2 mm	— 7·8	— 6·6 mm
$\varDelta t$	— 2·1	— 2·2° C	1·8	1·1° C

2. Bei starker Druckänderung auf der Zugspitze:

	Steiggebiet:		Fallgebiet:	
	München	Zugspitze	München	Zugspitze
$\varDelta p$	7·8	6·9 mm	— 7·4	— 6·7 mm
$\varDelta t$	— 0·8	1·9° C	0·1	— 2·6° C

---

[1]) Sitz.-Ber. d. Wien. Akad. d. Wiss., Abt. II, Bd. 129, 1920, S. 763.

Im Steig- und Fallgebiet am Boden (1) tritt Abkühlung, bzw. Erwärmung ein, aber nicht in gar hohem Grad, so daß Δp am Boden zwar von Δt unterstützt wird, aber nicht durch die Temperaturänderungen zwischen München und Zugspitze erklärbar wird. Das erkennt man auch daran, daß auf der Zugspitze (3 km Höhe) noch Δp in beträchtlichem Ausmaße vorhanden ist.

Im Steig- und Fallgebiet in der Höhe (2) steigt und fällt der Druck auch am Boden. Zugleich zeigt die Temperatur unten Veränderungen, welche die Δp unterstützen; aber Δt ist so gering, daß die Druckänderung hierdurch nicht erklärt werden kann. Ja noch mehr: In Zugspitz-Höhe ist Δt umgekehrt gerichtet, die Temperaturänderung schwächt dort die in der Höhe stattfindende Druckänderung, ein klarer Beweis, daß hier, bei den oberen Steig- und Fallgebieten, die Vorgänge der unteren Schichten zur Erklärung nicht ausreichen, sondern Vorgänge in größerer Höhe vorhanden sein müssen; Ficker bezeichnet sie als „primäre" Steig- und Fallgebiete. Daß Δp und Δt in der Höhe im Fall 2 das gleiche Vorzeichen hat, zeigt, daß es sich hier um warme Antizyklonen und kalte Zyklonen handelt.

Während diese Untersuchungen sich nur auf die untersten 3 km erstrecken, haben weitere Untersuchungen Fickers[1]) und anderer (Dines, Schedler, vgl. Abschnitt 77) gezeigt, daß ähnliche Druckschwankungen, die durch die Temperaturänderungen der darunter liegenden Schichten nicht erklärbar sind, auch vorkommen, wenn man die Temperaturänderungen bis zur Stratosphäre hinauf betrachtet. Die Steig- und Fallgebiete sind in 10 km durchschnittlich größer als am Boden. Sowohl die synoptischen wie die statistischen Untersuchungen deuten demnach an, daß es in der Höhe Druckveränderungen gibt, die von den unteren Vorgängen unabhängig sind. Man hat deswegen mitunter von zyklonalen und antizyklonalen Vorgängen in der Substratosphäre gesprochen, sie als primäre bezeichnet, die unteren als sekundäre. Im Begriff der Stratosphäre, der Isothermie und Inversion, liegt es aber, in dieser äußerst stabilen Schichte keine vertikalen Bewegungen vorauszusetzen. Eine wirkliche Analogie mit den Zyklonen und Antizyklonen der unteren Schichten kann daher in der Stratosphäre wohl nicht bestehen. Eher ist zu vermuten, daß horizontale Vorstöße der kalten Stratosphärenluft aus niedrigen Breiten und umgekehrt stattfinden. Eine scharfe Grenzfläche zwischen diesen Luftmassen in der Höhe ist nicht zu erwarten; die von Schmauß mit dem Ausdruck „Äquatorialfront" bezeichnete Grenzfläche ist ein dem Ausdruck Polarfront nachgebildeter schematischer Begriff, der kaum näher zutreffen dürfte. Aber für Erwärmungen und Abkühlungen, für Einsenkungen und Erhöhungen der Luft im Stratosphärengebiete ist ja keine scharfe Diskontinuität in meridionaler Richtung erforderlich. Auch bei allmählichem Übergang der

---

[1]) Beitr. z. Physik d. fr. Atmosph., Bd. X, 1921.

Temperatur und Atmosphärenhöhe von einem Breitenkreis zum nächsten muß bei meridionaler Bewegung die erwartete Druck- und Temperaturänderung eintreten. Vielleicht haben diese Vorgänge Wellencharakter; die oft beobachtete Periodizität der Steig- und Fallgebiete spricht dafür. Vielleicht auch sind sie an die Land- und Meerverteilung auf der Erde gebunden, die Periodizität entspräche erzwungenen Wellen, nicht freien. Es ist wahrscheinlich, daß die Aktionszentren der Atmosphäre zum Teil bis in die Stratosphäre ihren Einfluß erstrecken und daß sie einen periodischen Verlauf in die allgemeine Westostdrift höherer Breiten in der Höhe hineinbringen.

Man ist hierüber noch sehr im unklaren. Jedenfalls aber ist nicht zu vergessen, daß die Trennung der Vorgänge in solche, die oben ihre Ursache haben, und in solche, die von unten aus eingeleitet werden, sehr schwierig und unsicher ist, solange wir wesentlich nur über die Beobachtungen am Erdboden verfügen und die Registrierungen aus der Höhe nicht nur selten, sondern wegen der Beobachtungsschwierigkeiten auch unsicher sind.

Eine weitere Untersuchung dieser Vorgänge ist sehr wichtig, weil man die Veränderungen von Druck und Temperatur am Erdboden aus sich selbst heraus tatsächlich nur mitunter erklären kann. In Nordamerika trifft diese Erklärbarkeit viel öfters zu als in Europa und auf dem atlantischen Ozean. Hier spielen also offenbar die höheren Schichten eine größere Rolle als dort.

90. Schema der Konstitution hoher Depressionen und Antizyklonen.

Wie schon früher bemerkt, ist die Konstitution der hochreichenden Druckgebilde noch lange nicht vollständig geklärt. Insbesondere die Verteilung der vertikalen Bewegung und ihr Zusammenhang mit den Bewegungen im weiteren Umkreise der Druckgebilde sowie die Quelle ihrer Energie ist noch wenig bekannt. Auch ist es, wie schon mehrfach betont, noch unklar, ob sich mit zunehmender Höhe allmählich die Druckunterschiede zwischen Depressionen und Antizyklonen thermisch völlig ausgleichen, oder ob in der Höhe Gravitationswellen übrig bleiben.

Die Ballonbeobachtungen haben aber doch schon sehr wertvolle Aufklärungen über diese Gebilde gegeben, namentlich über die Verteilung der Temperatur, des Druckes und der Winde. Sie sind in verschiedenen wichtigen Arbeiten niedergelegt und auch in Hanns Lehrbuch der Meteorologie besprochen[1]).

---

[1]) Vgl. **Wagner**, Beitr. z. Phys. d. freien Atmos., Bd. III, S. 57, 1909; W. H. **Dines**, Met. Off. London. Publ. Nr. 210, b, 1912; A. **Peppler**, Beitr. z. Phys. d. freien Atmos., Bd. IV. S. 91, Bd. V, S. 1, Bd. VI, S. 73; auch S. **Grenander**, Ark. f. Mat., Astr. och Fys., Bd. 2, Nr. 7, 1905; H. H. **Clayton**, Beitr. z. Phys. d. freien Atmos., Bd. I, S. 93, Bd. II, S. 35; E. **Gold**, Met. Off., Geophys. Mem., Nr. 5, 1913; H. v. **Ficker**, Wien. Sitz.-Ber., Bd. 129. Abt. IIa, 1920, Beitr. z. Phys. d. freien Atmos., Bd. X, 1921, und F. M. **Exner**, Met. Zeitschr. 1921, S. 296, und manche andere.

In erster Linie ist es wichtig, daß die verschiedenen Sektoren einer Depression oder Antizyklone getrennt untersucht werden, um die Asymmetrie dieser Gebilde festzustellen. Da im allgemeinen der Unterschied in der Temperatur der Quadranten hier geringer ist als bei den niedrigen Druckgebilden (Abschnitt 86), so ist die Achse derselben weniger nach rückwärts geneigt, die Verschiebung der Druckextreme mit der Höhe also geringer (vgl. Hanzlik, a. a. O.); infolgedessen ist auch die Drehung des Windes (der Isobaren) mit der Höhe schwächer als bei den niedrigen Gebilden und somit die Fortpflanzungsgeschwindigkeit kleiner. Der Umstand, daß die unteren Schichten der Depression kälter sind als die der Antizyklone, führt notgedrungen dazu, daß sich die Druckgradienten mit zunehmender Höhe zunächst nicht ausgleichen, sondern verstärken. Solche Gebilde müssen daher höher hinaufreichen, als die mit umgekehrter Temperaturverteilung.

Für die Frage nach dem Druckausgleich in der Höhe, nach der Erhaltung der Gebilde und ihrem Zusammenhang mit der Umgebung wäre die genaue Untersuchung einzelner Depressionen und Antizyklonen durch gemeinsame internationale Ballonaufstiege sehr nützlich. Solche fehlen bisher, doch hat V. Bjerknes[1]) versucht, die aerologischen Stationen in Europa zur systematischen Untersuchung von Druckgebilden, wie sie der Zufall bot, zu verwenden. Man darf sich von einer allmählichen Erweiterung solcher synoptischen Untersuchungen erst eine nähere Kenntnis der Einzelheiten ihrer Konstitution versprechen. Bis dahin muß man sich mit Durchschnittswerten begnügen, welche freilich nur zur schematischen Darstellung der Druckgebilde brauchbar sind.

Es soll daher im folgenden[2]) noch ein derartiges Schema einer Depression und Antizyklone betrachtet werden, aus welchem man das Zustandekommen der Luftdruckverteilung am Boden durch die Temperaturverteilung in der Höhe ersieht. Wir werden hier voraussetzen, daß die hohen Depressionen und Antizyklonen rein thermisch erklärt werden können; damit ergeben sich gewisse Notwendigkeiten über die anzunehmenden Unterschiede in der Verteilung von Tropo- und Stratosphäre über den einzelnen Quadranten. Sie lassen sich mit den mittleren Beobachtungsergebnissen vergleichen und zeigen gute Übereinstimmung, woraus dann folgt, daß die Annahme der rein thermischen Entstehung der Druckgebilde zumindest zu keinen quantitativ unwahrscheinlichen Resultaten führt. Auch kann man daraus unschwer Analogieschlüsse für einzelne wirkliche Druckgebilde ziehen, wodurch das Verständnis dieser erhöht wird. Doch soll nicht vergessen werden, daß das folgende eben nur ein Schema ist, welches noch dazu zur Erleichterung der Übersicht stärker vereinfacht wurde, als eigentlich nötig gewesen wäre.

---

[1]) Veröff. d. Geophys. Inst. Leipzig, I. Serie: Synopt. Darst. atmosph. Zustände, begann 1913, wurde aber nach dem Kriege nicht fortgesetzt.
[2]) Vgl. F. M. Exner, Wien. Sitz.-Ber., Bd. 119, Abt. IIa, S. 697, 1910.

Wir gehen von kreisförmigen Isobaren am Boden aus; und zwar sei eine kreisförmige Antizyklone von zwei ganz gleich beschaffenen Depressionen im Westen und Osten flankiert. Der Druck nehme von 780 mm im Zentrum der Antizyklone bis zu 740 mm in dem der Depression ab; die Distanz der Zentren betrage etwa 1500 km, der Durchmesser der 750 mm- und der 770 mm-Isobare sei etwa 1000 km.

Weiter machen wir die Annahme, daß unsere Druckgebilde genau 20 km hoch seien, daß also in dieser Höhe jede Störung durch sie verschwunden sei. Obwohl nun die nördlichsten und südlichsten Luftsäulen, die in den Bereich der Druckgebilde fallen, mindestens 1000 km von einander entfernt sind, dürfen wir doch nach Peppler (S. 228) den Druck in 20 km Höhe in beiden Breiten gleich annehmen. Wir stellen unser Schema für den Sommer auf und setzen den Druck in jener Höhe entsprechend den Pepplerschen Zahlen zu 45 mm fest.

Schwieriger ist die Bestimmung der Temperaturen am Boden und in 20 km Höhe. Wir betrachten die Luftsäulen über 10 Punkten der Erde, nämlich über den Zentren von Depression und Antizyklone und über den vier Quadranten der beiden, im N, W, S und E auf den Isobaren 750, bzw. 770 mm. Die Bodentemperaturen werden hier nicht nur durch die relative Lage zum Druckgebiet, sondern auch durch die ungleiche geographische Breite bestimmt. Die mittlere Bodentemperatur jenes Breitenkreises, auf dem die Zentren liegen, sei 16^0 C. Der nördlichste Breitenkreis habe 14^0, der südlichste 18^0. Nun nimmt die Temperatur der Stratosphäre polwärts zu; nach Fig. 52 können wir für dieselbe unter 50^0 Breite etwa -49^0 annehmen, unter dem nördlichen Breitenkreise etwa -47^0, unter dem südlichen -51^0. Diese Zahlen sind freilich nur unsichere Schätzungen.

Als Abweichungen der Bodentemperaturen in den verschiedenen Quadranten der Depression und Antizyklone von den betreffenden Normaltemperaturen benützen wir die von A. Peppler[1]) festgestellten Werte für den Sommer. Um von den unwichtigen Besonderheiten der alleruntersten Schichten unabhängig zu werden, werden aber hier nicht die Temperaturen an der Erde, sondern die Mitteltemperaturen der drei untersten Kilometer verwendet. Auf diese Weise kommen die im folgenden mit t_0 bezeichneten 10 Temperaturen an der Erdoberfläche zustande; sie sind auf ganze Grade abgerundet. Die Antizyklone erscheint am Boden im Mittel um 2^0 wärmer als die Depression, deren Zentrum um 3^0 wärmer als das Depressionszentrum.

Es entsteht nun die Frage: wie ist für jeden Quadranten und die Zentren der beiden Druckgebilde die Lage und Temperatur der Substratosphäre anzunehmen, damit unter der warmen Antizyklone der Druck den-

---

[1]) Beitr. z. Phys. d. freien Atmos., Bd. V, S. 1.

noch hoch, unter der kalten Zyklone dennoch tief werde und gerade den vorgegebenen Wert habe? Diese Frage beantworten wir im Anschluß an Abschnitt **72**; hier wurde die Massenverteilung in einer Luftsäule berechnet, in welcher die Temperatur nach Fig. 63 verteilt ist, also bis zur Substratosphäre lineare Abnahme (α), dann in dieser bis zu 20 km Höhe lineare Abnahme oder Zunahme (β) besitzt (von hier an ist Isothermie). Aus der barometrischen Höhenformel für diese doppelt geknickte Temperaturkurve (S. 279) läßt sich h, die Höhe der Troposphäre, berechnen[1]).

	Depression					Antizyklone				
	N-Seite	W-Seite	S-Seite	E.-Seite	Zentr.	N-Seite	W-Seite	S-Seite	E-Seite	Zentr.
h in m	7330	7310	8700	9160	6960	9650	12500	11500	9740	11540
t_h in $^{\circ}$C	$-33\cdot0$	$-31\cdot9$	$-36\cdot2$	$-39\cdot0$	$-28\cdot8$	$-44\,9$	$-56\cdot0$	$-51\cdot0$	$-44\cdot4$	$-53\cdot2$
β in $^{\circ}$C pro km	$1\cdot10$	$1\cdot35$	$1\cdot31$	$0\cdot92$	$1\cdot55$	$0\cdot20$	$-0\cdot93$	$0\cdot00$	$0\cdot45$	$-0\cdot50$
*p_0 in mm	750	750	750	750	740	770	770	770	770	780
p_5 „ „	$397\cdot4$	$398\cdot4$	$402\cdot1$	$402\cdot1$	$394\cdot0$	$410\cdot0$	$415\cdot6$	$414\cdot7$	$410\cdot9$	$418\cdot2$
p_{10} „ „	$196\,5$	$197\cdot5$	$200\cdot1$	$199\cdot8$	$196\cdot3$	$201\cdot8$	$208\cdot1$	$207\cdot1$	$202\cdot9$	$207\cdot6$
p_{15} „ „	$94\cdot8$	$95\cdot2$	$95\cdot8$	$95\cdot3$	$95\cdot1$	$95\cdot1$	$96\cdot2$	$96\cdot4$	$95\cdot7$	$96\cdot2$
*t_0 „ $^{\circ}$C	11	12	16	16	13	13	19	18	14	16
t_5 „ „	-19	-18	-14	-14	-17	-17	-11	-12	-16	-14
t_{10} „ „	$-36\cdot0$	$-35\cdot5$	$-37\cdot9$	$-39\cdot8$	$-33\cdot5$	$-45\cdot0$	$-41\cdot0$	$-42\cdot0$	$-44\cdot5$	$-44\cdot0$
t_{15} „ „	$-41\cdot5$	$-42\cdot3$	$-44\cdot4$	$-44\cdot4$	$-41\cdot3$	$-46\cdot0$	$-53\cdot7$	$-51\cdot0$	$-46\cdot8$	$-51\cdot5$
*t_{20} „ „	-47	-49	-51	-49	-49	-47	-49	-51	-49	-49

* Daten der Aufgabe; β positiv, wo die Temperatur nach aufwärts abnimmt.

Es ist dazu noch nötig, eine Voraussetzung über die lineare Temperaturabnahme in der Troposphäre (α) zu machen. Von W. Peppler und S. Grenander[2]) sind zwar aus den Beobachtungen der drei untersten Kilometer Werte von $\alpha = \dfrac{\varDelta t}{\varDelta h}$ für die vier Quadranten der Hoch- und Tiefdruckgebiete abgeleitet worden, doch stimmen dieselben schlecht miteinander überein. Es scheint daher am einfachsten die Rechnung für den Sommer zu machen, wo die Mittelwerte von α in Zyklonen und Antizyklonen sich (nach Peppler) nur wenig unterscheiden, und allgemein $\alpha = 0\cdot6^{\circ}/100$ m anzunehmen. Hierdurch wird die Rechnung allerdings schematischer, aber auch bedeutend einfacher.

---

[1]) Man erhält den langen Ausdruck:
$$h = \frac{3\,T_0 + T_i - \dfrac{2}{\alpha\,\pi}\,(T_0 + \alpha\,H - T_i)}{2\,\alpha} -$$
$$- \sqrt{\left[\frac{3\,T_0 + T_i - \dfrac{2}{\alpha\,\pi}\,(T_0 + \alpha\,H - T_i)}{2\,\alpha}\right]^2 - \frac{2\,T_0}{\alpha^2}\left(T_0 + T_i - \frac{2\,H}{\pi}\right)},\text{ wo}$$
$$\pi = \frac{R}{g}\,\frac{\log p_0 - \log p_H}{\log e};$$
dabei ist $H = 20$ km, $T_0 = t_0 + 273^{\circ}$, $T_i = t_{20} + 273^{\circ}$.

[2]) Vgl. Hann, Lehrbuch, 3. Aufl., S. 562 ff.

Sobald die Temperaturen einmal bekannt sind, ist es leicht, mit ihrer Hilfe den Luftdruck in verschiedenen Höhen zu berechnen; dies wurde hier nur für Niveaus in je 5 km Abstand voneinander ausgeführt. Die Ergebnisse der Rechnung sind in der Tabelle (S. 366) enthalten.

Von Interesse ist hier zunächst die Höhe h der Troposphäre (Höhenlage der unteren Stratosphärengrenze) in verschiedenen Quadranten. Sie ist am größten im Westen der Antizyklone, am kleinsten im Zentrum der Zyklone. Die Verteilung von h ist in Fig. 92 durch Isohypsen, die von km zu km gezeichnet sind, dargestellt.

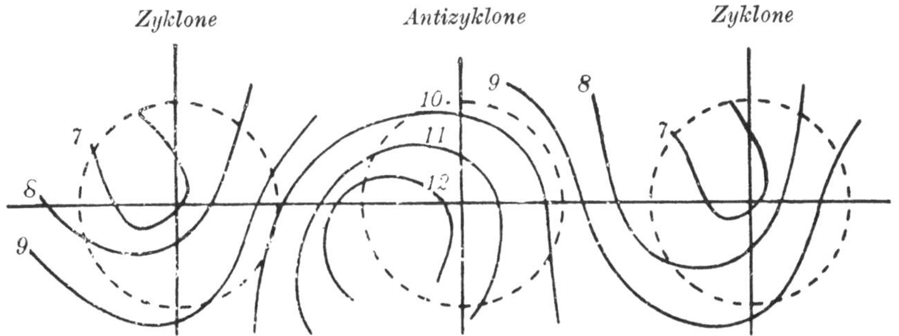

Höhenlage der oberen Grenze der Troposphäre (in Kilometern).
Fig. 92.

Die Antizyklone, namentlich ihre südwestliche Seite, ist durch sehr hohe Lage der Stratosphärengrenze mit tiefer Temperatur daselbst (t_h) ausgezeichnet. Der Unterschied der Troposphärenhöhe zwischen Zentrum der Depression und Westseite der Antizyklone beträgt 5540 m, der Unterschied der dortigen Temperaturen 27·2⁰. Es fällt also auf 100 m Erhebung der Stratosphäre die Temperatur um 0·5⁰, was annähernd mit den Beobachtungen stimmt. Die großen Unterschiede in h sind nötig, um die angenommenen großen Druckunterschiede am Boden hervorzubringen.

In der umstehenden Fig. 93 ist die synoptische Verteilung von Druck und Temperatur für die Erdoberfläche nach den vorausgesetzten (*) Daten der Tabelle, sodann für 5, 10 und 15 km Höhe nach den berechneten dargestellt. Die ausgezogenen Kurven sind Isobaren, die gestrichelten Isothermen. Man sieht, daß in den unteren Lagen die Tiefdruckgebiete kalt, in den oberen aber warm sind. Die Figur für 10 km hat große Ähnlichkeit mit einer analogen für die Erdoberfläche bei seichten, warmen Depressionen und kalten Antizyklonen. Mit zunehmender Höhe verschieben sich die Gebiete höchsten und tiefsten Druckes gegen Westen, über 10 km werden beide Extreme verflacht, in 15 km gibt es keine geschlossenen, sondern nur mehr wellenförmige Isobaren.

Die Isothermen machen weitaus stärkere Veränderungen durch als die Isobaren. In der Höhe von 15 km schiebt sich von Süden eine Kältezunge vor, von Norden Wärmezungen, fast so wie bei den Kälte- und Wärmeeinbrüchen an der Erdoberfläche, nur in umgekehrter Richtung

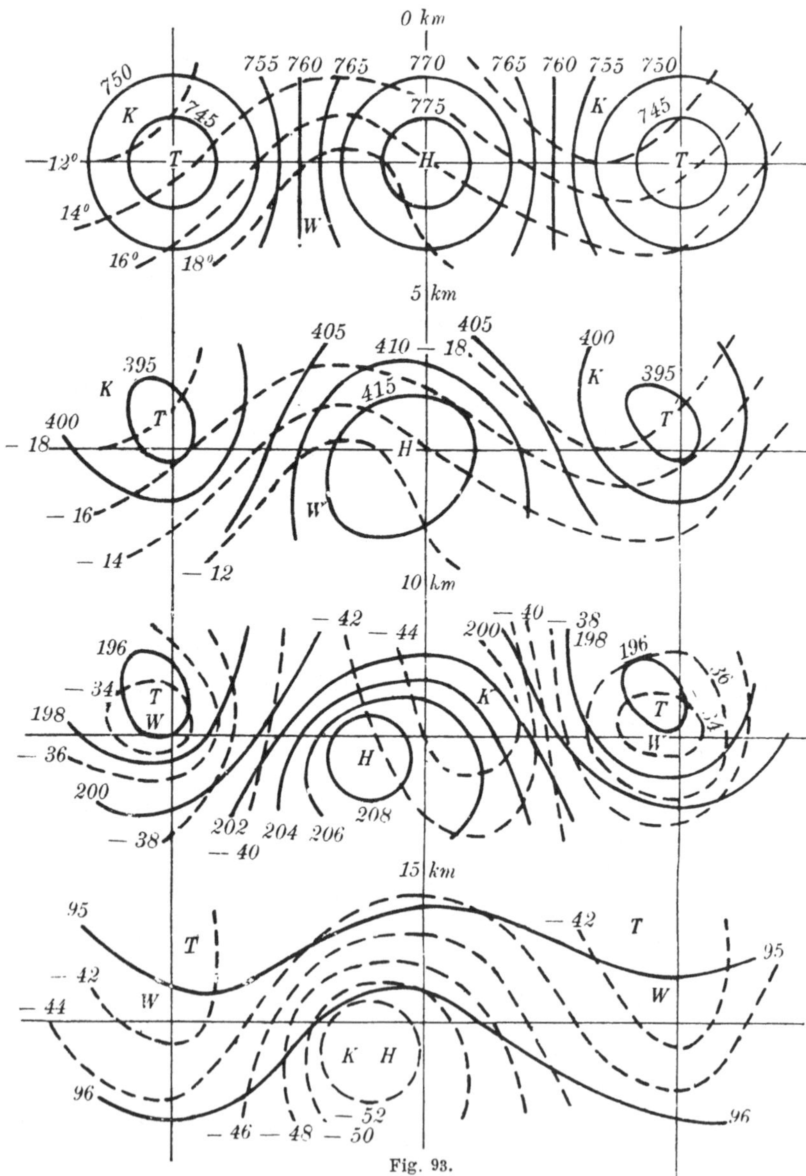

Fig. 93.

(vgl. Fig. 77). Besonders deutlich wird die eigentümliche Temperatur-verteilung, wenn man die Isothermen für einen westöstlichen Vertikalschnitt durch die Hoch- und Tiefdruckgebiete konstruiert, wie dies mit unseren schematischen Daten in Fig. 94 geschehen ist[1]). Die kalte Luft-masse von — 50°, westlich und östlich in wärmere eingebettet, hat in Wirklichkeit nicht die hier ge-zeichnete Form, weil die horizontalen Dimensionen zugunsten der vertikalen sehr verkleinert sind. Nach unseren Annahmen beträgt der Horizontalabstand der östlichen Seite der Iso-therme — 50° von der westlichen etwa 1000 km, der Vertikalabstand des untersten und obersten Punktes ist höchstens 8 km, so daß die kalte Masse in Wirklichkeit nur eine sehr flache Zunge bildet, deren Begrenzung gegen Süden leider nicht näher be-kannt ist.

Diese flachen Kälte-schichten in der Höhe

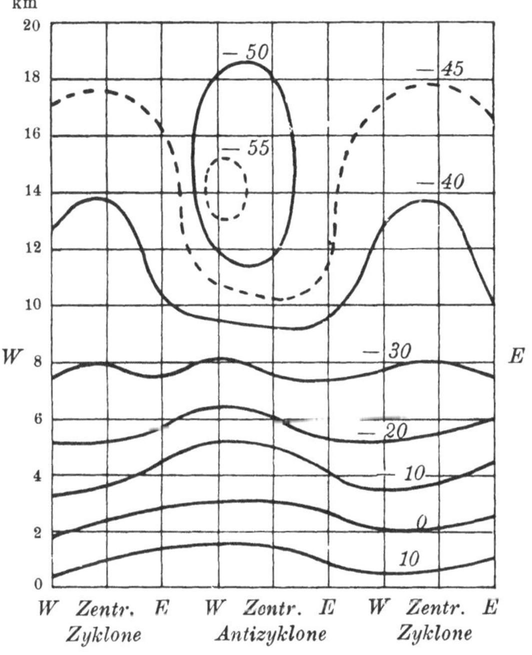

Fig. 94.

dürften die allerwichtigste Erscheinung bei den hohen Depressionen und Antizyklonen sein; denn in ihnen ist wohl die Energie aufgespeichert, aus welcher die Winde gespeist werden. Die kalten Massen werden ver-mutlich durch fortwährenden Nachfluß aus dem Süden und durch Aus-strahlung bei klarem Himmel immer erneut und drücken die Massen unter sich abwärts; so entsteht im Gebiet der Antizyklone die Abwärtsbewegung, mit welcher ein gleichzeitiger Aufwärtstransport von wärmeren Massen verbunden sein muß, eine Umlagerung im Sinne von Margules. Die nahe dem Boden vorhandenen Temperaturgegensätze können zu keinem Zuwachs an lebendiger Kraft führen, im Gegenteil; dort wird lebendige Kraft ver-braucht, da die warme antizyklonale Luft sich abwärts ausbreitet, die kalte zyklonale aber gehoben wird. Nähere Kenntnisse dieser Verhält-nisse fehlen noch.

Aus den Figuren 93 lassen sich auch die Winde in verschiedenen Höhen entnehmen. Sie verlaufen sehr nahe längs der Isobaren. Da die

---

[1]) Sie hat große Ähnlichkeit mit einer Darstellung der Beobachtungen durch Dines (Met. Off. Nr. 210, b, 1912).

Druckgradienten von 10 km aufwärts rasch abnehmen, so gilt ähnliches
von den Windstärken. Im Gegensatz zu den niedrigen Depressionen und
Antizyklonen findet man bei den hohen auch noch im Zirrusniveau die
Winde um ein Zentrum angeordnet. Bezogen auf die Isobaren des Bodens
treten in 5 km Höhe Drehungen der Winde nach rechts und nach links
auf, erstere auf der Ostseite der Depression und Westseite der Antizyklone, letztere auf den umgekehrten Seiten. Entsprechend den Ausführungen des Abschnitts 76 trägt die Rechtsdrehung zum Fallen, die
Linksdrehung zum Steigen des Druckes bei. Wenn man die diesbezüglichen
Wirkungen aller Schichten addiert, so erhält man die tatsächliche Änderung
des Bodendruckes mit der Zeit. Unsere schematischen Druckgebilde würden
sich danach gegen Osten bewegen[1]). Durch unregelmäßige Temperaturverteilung einzelner Schichten kann über einem Orte der Erde die Rechtsdrehung stellenweise in Linksdrehung übergehen und umgekehrt. In diesem
Falle wirken verschiedene Schichten einer Luftsäule einander entgegen.
So kann es geschehen, daß bei den hohen Druckgebilden Ortsveränderungen
auch aus dem Grunde geringer sind als bei den niedrigen, weil die
Wirkungen der einzelnen Schichten sich teilweise aufheben. Der Hauptgrund für diese langsame Bewegung aber ist zweifellos der, daß die
Asymmetrie der hohen Druckgebilde geringer ist. Nachdem (Fig. 93) die
Isobaren der Depression mit den Isothermen in 10 km Höhe fast zusammen-
fallen, so folgt schon daraus, daß die Veränderungen hier geringer sein
müssen; und ähnliches gilt für das Gebiet der Antizyklone in 15 km.

Außer dem vorstehenden Schema sollen im folgenden noch gewisse
Resultate von internationalen Ballonaufstiegen zur Untersuchung des Aufbaues
hoher Zyklonen und Antizyklonen verwendet werden. Hiezu können besonders jene Beobachtungen dienen, welche die Veränderungen von Druck
und Temperatur von einem Tag zum nächsten lieferten. Es kann sich
dabei allerdings nur um einen Querschnitt durch die Druckgebilde handeln.
v. Ficker hat (l. c.) den Vorübergang einer hohen Depression und Antizyklone über einem Ort der Erdoberfläche in sechs (bzw. acht) Stadien
geteilt, indem er das vorhandene aerologische Beobachtungsmaterial vom
Boden bis zur Stratosphäre nach den wesentlichsten Veränderungen des
Druckes und der Temperatur einteilte. Die sechs Stadien sind, in zeitlicher Reihenfolge, die folgenden: a) Stadium stärksten Druckfalles am
Boden, b) Stadium stärksten Druckfalles in der Substratosphäre, c) Stadium
stärksten Temperaturfalles in den untersten Schichten, a′) Stadium stärksten
Druckanstieges an der Erdoberfläche, b′) Stadium stärksten Druckanstieges
in der Substratosphäre, c′) Stadium stärkster Temperaturzunahme in den
untersten Schichten.

---

[1]) Einen Versuch, die tatsächliche Veränderung aus der Wirkung der einzelnen Luftschichten zusammenzusetzen, vgl. bei F. M. Exner a. a. O.

Wenn man die zeitliche Folge dieser Stadien räumlich nebeneinander stellt, das erste Stadium im Osten, das letzte im Westen, so bekommt man ein schematisches Bild eines westöstlichen vertikalen Querschnittes durch eine Zyklone und Antizyklone. Die mit den charakteristischen Änderungswerten $\varDelta p$ und $\varDelta t$ der sechs Stadien gleichzeitigen Veränderungen in verschiedenen Höhenlagen sind in der folgenden Tabelle wiedergegeben[1]):

	Stadium	a	b	c	a′	b′	c′
Druck …	Boden	**−6·8**	−1·6	2·1	**7·6**	2·7	0·8
	2500 m	−4·6	−2·6	−1·2	5·2	3·5	3·0
	7500 m	−3·0	−4·8	−4·8	4·2	5·5	5·8
	Substrat.	−1·3	**−5·0**	−4·0	3·0	**5·8**	4·5
Temperatur	2500 m	0·3	−3·3	**−6·6**	−0·1	2·6	**6·3**
	7500 m	0·0	−5·8	−3·8	1·7	6·9	6·3
	Substrat.	−0·1	−5·4	−1·8	1·0	6·1	1·4
	$\varDelta t_g$	0·3	0·4	2·6	−3·1	−2·6	−5·1

Die fettgedruckten Zahlen betreffen die Charakteristiken der sechs Stadien. Man sieht, daß beim stärksten Druckfall unten der Druck oben nur wenig fällt, die Temperatur sich nur wenig ändert. Dann kommt der stärkste Druckfall oben, verbunden mit Kälteeinbruch in allen Höhen. Hat die Temperaturabnahme in den unteren Schichten ihren höchsten Wert erreicht, dann steigt der Druck unten bereits, während er oben noch fällt, die Substratosphäre wird wärmer ($\varDelta t_g$ bei c). Sodann tritt allgemeines Steigen des Druckes ein, am stärksten unten, die Substratosphäre wird kälter. Bei fortschreitendem Anstieg des Druckes, am stärksten in der Höhe, wird die Troposphäre wärmer; in den bodennahen Schichten wird schließlich die Erwärmung am stärksten, wobei der Druck in der Höhe noch steigt, die Substratosphäre noch kälter wird, der Druck am Boden aber schon seinen Höchstwert nahezu erreicht hat[2]).

A. Schedle [3]) hat die internationalen Ballonaufstiege nach sechs Stadien geordnet; er bildete Durchschnittswerte der Veränderungen für das Steiggebiet (S) des Druckes und dessen Fallgebiet (F), und zwar getrennt für die Vorderseite (v), das Zentrum (z) und die Rückseite (r) der beiden. Wieder kann man, wie oben angedeutet, für die zeitliche Folge eine räumliche Anordnung in der normalen Bewegungsrichtung

---

[1]) Die Temperaturänderung „Substrat." bedeutet die Änderung in 24 Stunden in bestimmter Höhe, $\varDelta t_g$ bedeutet die Änderung an der unteren Grenze der Substratosphäre, also in schwankender Höhe.

[2]) Fickers Schema (Met. Zeitschr. 1922, S. 72) der Verteilung der kalten und warmen Masse, der Stratosphäre und Winde in diesem Querschnitt ist dem von Fig. 70 (nach Stüve) sehr ähnlich.

[3]) Beitr. z. Physik d. fr. Atm., Bd. IX, Heft 4.

W—E setzen und erhält dann die in folgender Fig. 95 gegebene Querschnittsdarstellung für den Verlauf des Druckes, der Temperatur und der Stratosphärenhöhe in aneinandergereihten Zyklonen und Antizyklonen[1]).

h ist hier die Höhe der Troposphäre (Stratosphärengrenze), t die Temperatur der Substratosphäre, t_h die Temperatur am oberen Ende der Troposphäre, p_h der Druck daselbst. Die Werte p_0, t_0 usw. bedeuten Druck und Temperatur in 0, 2·5 und 7 km Höhe.

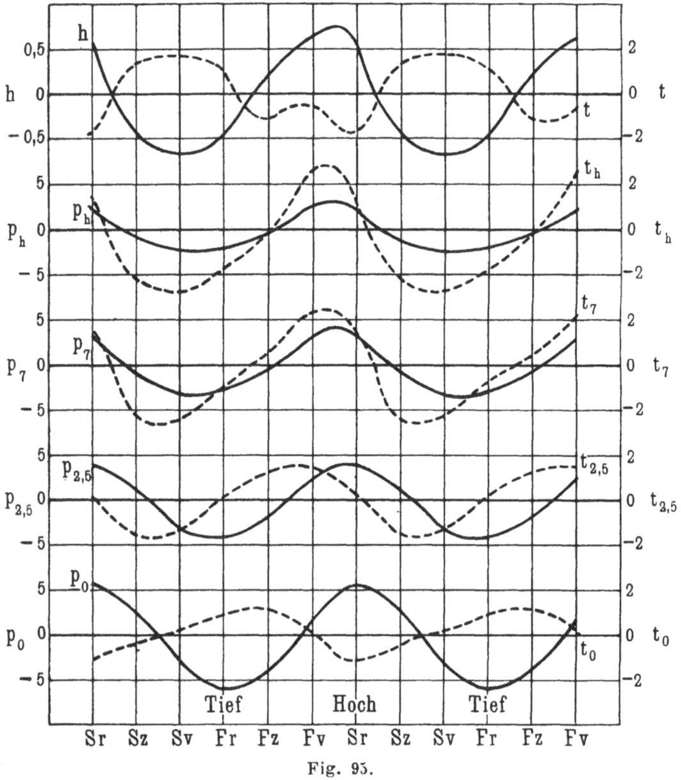

Fig. 95.

Wenn wir von oben herab den Zusammenhang betrachten, so ergibt sich zunächst bei hoher Lage der Stratosphäre tiefe Temperatur derselben und umgekehrt. Direkt unterhalb der hohen Lage der Stratosphäre (h) ist der Druck hoch, unterhalb kleinem h tief. Wir haben also, wie es scheint, thermisch bedingte Hoch's und Tief's in der Substratosphäre, ohne Phasenverschiebung. Ein Stratosphärenhoch hat keine warme Rückseite und kalte Vorderseite, sondern die Temperatur ist symmetrisch zum Druck verteilt.

----

[1]) F. M. Exner, Met. Zeitschr. 1921, S. 296.

Wir haben es offenbar nur mit Ein- und Ausbuchtungen der Höhenisobaren gegen N und S zu tun. Da über Europa in 10 bis 12 km Höhe Westwind vorherrscht, haben wir wesentlich einen Druckgradienten gegen N, die Isobaren verlaufen von W nach E. Sie sind nun an einer Stelle gegen S ausgebuchtet (tiefer Druck p_h), daneben gegen N (hoher Druck p_h). Über ersterer Stelle ist die Stratosphäre warm, über letzterer kalt. Dies ist erklärlich, da die Temperatur dort nordwärts zunimmt; die kältere Luft wird die Ausbuchtung nach N ausfüllen, die wärmere jene nach S, da sie längs der Isobaren strömt. Wo Isobaren und Isothermen parallel verlaufen, gibt es keine Asymmetrien, wie sie am Boden auftreten.

Die Asymmetrie stellt sich, wenn wir nach abwärts fortschreiten, allmählich ein: Gehen wir zur obersten Troposphärenschicht herab, so finden wir hier warme Luft im Tiefdruckgebiet, kalte im Hochdruck, also Temperaturgegensatz gegen die Stratosphäre; doch weist die Kurve t_h schon eine kleine Phasenverschiebung gegen p_h nach W auf.

In 7 km Höhe ist die Kurve p_7 mit ihrer Phase gegen die oberen Kurven ein wenig gegen E verschoben, in 2·5 km die Kurve $p_{2·5}$ noch mehr und am Boden findet sich das Druckextrem um etwa $^1/_8$ der Wellenlänge weiter im E als das Extrem von p_h. Die umgekehrte Verschiebung erleiden die Temperaturkurven, wenn man nach abwärts vorrückt. Die Extreme liegen stets weiter im Westen. In 2·5 km ist die Rückseite der Antizyklone warm, die Vorderseite kalt, am Boden ist fast die ganze Antizyklone kalt, was aber wohl der Temperaturumkehr nahe der Erdoberfläche an schönen Aufstiegsmorgen entspricht und uns nicht stark zu beschäftigen braucht. Die Verteilung in 2·5 km stellt viel besser die gewöhnlichen Verhältnisse in den unteren Schichten dar, als die hier angegebene Verteilung am Boden. Wir sind ja gewohnt, in der Zyklone die Ostseite warm, die Westseite kalt zu finden, in der Antizyklone die Ostseite kalt, die Westseite warm.

Der durch die Figur dargestellte Druck- und Temperaturaufbau entspricht naturgemäß der barometrischen Höhengleichung. Jeder Druckwert am Boden ist aus dem darüberliegenden Druck in der Höhe h, p_h, und der Temperaturverteilung darunter gegeben. Gleiche Druckwerte p_0 am Boden auf der rechten und linken Seite einer Zyklone oder Antizyklone kommen also in verschiedener Weise aus ungleichen Druckwerten p_h und Temperaturen der Troposphäre zustande. Insofern bietet die Verteilung von p und T keine Schwierigkeiten. Doch läßt sich daraus leicht ersehen, warum die Korrelationen des Druckes p_0 am Boden (nach Dines) mit den Veränderlichen darüber nicht enge sind. Der Druck p_0 setzt andere Verteilung von p_h und T voraus, wenn er auf der Vorderseite einer Zyklone oder Antizyklone liegt als auf der Rückseite. Erst die Größen p_0 und $\frac{\partial p_0}{\partial t}$ zusammen lassen eine enge Korrelation mit den Veränderlichen in der Höhe erwarten; es wäre wünschenswert, diese Beziehungen einmal zu berechnen.

Nach Fig. 95 können wir uns nun von dem Zusammenhang der Druck- und Temperaturphasen in verschiedenen Höhen eine Vorstellung machen. Es scheint, daß die hohe Antizyklone sich aus einem Südstrom bildet, der unten warm ist und bis in die Stratosphäre hineinreicht, wo er Kälte bringt; auf seiner Vorderseite (Ostseite) ist anfangs der Druck am höchsten, entsprechend dem Gradienten des Südstroms. In den mittleren Schichten wird durch die Ausbuchtung der im Süden kälteren Stratosphäre gegen Norden die hohe Temperatur des Südstromes mit hohem Druck zusammenfallen, in den tieferen Schichten entsteht auf der Ostseite dieses Hochdruckes ein kalter Gegenstrom aus Norden, der das Temperatur- maximum nach Westen, das Druckmaximum nach Osten verschiebt und so die Phasendifferenz zwischen Druck- und Temperaturverteilung bewirkt. Umgekehrt entsteht die hohe Zyklone aus einem unten kalten, oben warmen Nordstrom; oben fällt der tiefe Druck unter die tiefste Lage der Strato- sphäre. Auf dessen Vorderseite entwickelt sich in den unteren Lagen ein warmer Gegenstrom, der das Druckminimum nach Osten, das Temperatur- minimum nach Westen verschiebt. Die „Koppelung“ zwischen oberen und unteren Druckgebilden ist danach vollständig erklärlich. Der Hochdruck oben ist dadurch ausgezeichnet, daß er als Ganzes kalt, der Tiefdruck dadurch, daß er als Ganzes warm ist. Die thermische Erklärung der Erscheinungen ist durchführbar, wenn man berücksichtigt, daß aus dyna- mischen Gründen (oben Weststströmung) die Isobaren in der Höhe west- ostwärts verlaufen, daß also im Norden tatsächlich weniger Masse über einer gewissen hohen Niveaufläche liegt, als im Süden. Dadurch bringt der Südstrom in der Höhe Druckerhöhung, der Nordstrom Druckerniedrigung.

Natürlich wäre es wünschenswert, direkte Simultanbeobachtungen im Gebiete der Zyklonen und Antizyklonen zu haben. Die Zusammensetzung der interdiurnen Veränderungen zu einem räumlichen Bild trägt stets eine gewisse Unsicherheit mit sich.

91. Veränderungen der synoptischen Wetterkarten. Die Depressionen und Antizyklonen, welche man auf den täglichen Wetter- karten zu sehen gewohnt ist, scheinen die Wettersituationen im ganzen zu beherrschen; jedenfalls blickt der Wetterprognostiker gerne zuerst auf jene abgeschlossenen Druckgebilde. Trotzdem ist es nicht zweifel- haft, daß auch allen den Zwischengebieten große Bedeutung zukommt. Was zur Beurteilung der Veränderungen der Zyklonen und Antizyklonen gesagt wurde, gilt auch für jedes andere Luftgebiet: die Veränderung des Bodendrucks wird durch alle Schichten, aus denen eine Luftsäule besteht, zusammen hervorgerufen, wobei der horizontale Massentransport die erste, der vertikale die zweite Rolle spielt. Dort, wo warme Luft durch kalte ersetzt wird, wird ein Beitrag zu einer Druckzunahme geliefert und umgekehrt. Hiefür ist die Differentialgleichung des Abschnittes 76 maßgebend.

Man hat versucht[1]) (vgl. Abschnitt 75, S. 296), die Temperaturverteilung der untersten Schichten für die Voraussage der Druckänderungen zu benützen, indem man annahm, daß die Temperaturverteilung in den oberen Schichten wesentlich die gleiche sei oder daß die unteren Schichten über die oberen dominieren. Tatsächlich gelangt man mitunter auf diese Weise zu brauchbaren Resultaten, besonders bei Veränderungen, die durch niedrige Kälte- oder Wärmewellen erzeugt werden. In Nordamerika scheinen solche sehr häufig zu sein, so daß den Bodenbeobachtungen dort zweifellos großer Wert in der Wettervorhersage zukommt. In Europa hingegen sind die Veränderungen in den untersten Luftschichten für die Wettersituation meist nicht ausschlaggebend. Mitunter gelingt es allerdings, aus den Gradienten von Druck und Temperatur an der Erdoberfläche wenigstens das Vorzeichen der Druckänderung richtig vorauszubestimmen. Doch wird man im allgemeinen auf die Beobachtungen aus größerer Höhe nicht verzichten können.

Von großer Bedeutung für die Veränderung einer Wettersituation sind die relativ kleinen vertikalen Bewegungen; die Ausbreitung kalter Luft nach abwärts, die warmer Luft nach aufwärts wurde ja zum Teil als Bedingung der Entstehung und Erhaltung kräftiger Luftströmungen erkannt. Neben der Verfolgung des horizontalen Massentransportes im obigen Sinne muß man daher das Studium namentlich auf die Ausbreitung der kalten Massen lenken; die Erfahrungen bei den winterlichen Veränderungen der Wettersituationen unserer Breiten haben gezeigt, daß sich hier verhältnismäßig leicht die Richtung finden läßt, nach welcher hin Veränderungen eintreten. Dies gilt nicht nur von den kalten Massen nahe der Erdoberfläche, sondern auch von jenen in der Höhe; gerade auf letztere dürften die vielen Dunkelheiten, denen wir jetzt noch bei Beurteilung der Wetterveränderungen begegnen, ganz besonders zurückzuführen sein, wie z. B. das unvorhergesehene Erscheinen von Fall- und Steiggebieten.

Im Abschnitt 75 wurde auch die Rolle der Wärmezufuhr in Betracht gezogen, freilich in einer sehr schematischen Weise (vgl. Fig. 65 u. 66). Es ist bei der dortigen Rechnung die Veränderung vom ersten Tag zum zweiten als Hilfsmittel für die Beurteilung der Veränderung vom zweiten Tag zum dritten benützt. Ob die Verbesserung der Voraussicht, die darin liegt, tatsächlich auf die Wärmezufuhr zurückzuführen ist, ist nicht ganz sicher. Es können auch länger andauernde Vorgänge von Advektion in der

---

[1]) F. M. Exner, Wien. Sitz.-Ber., Bd. 115, Abt. IIa, S. 1173, 1906 und A. Defant, daselbst, Bd. 119, Abt. IIa. S. 739, 1910, wo die Methoden zur Benützung der Isothermen sowie der Isallothermen entwickelt sind.

Höhe dabei eine Rolle spielen. Solange diese Sache nicht ganz geklärt ist, darf die dort gegebene Darstellung wohl nur als Arbeitshypothese betrachtet werden.

In letzter Zeit ist durch Bjerknes' Hinweise auf die Grenzflächen zwischen kalter und warmer Luft die Aufmerksamkeit auf die Diskontinuitäten in den Wetterkarten gelenkt worden. Deren Fortschreiten von Tag zu Tag zu verfolgen ist für die Wetterprognose von sehr großer Wichtigkeit, namentlich mit Rücksicht auf die Bildung von Niederschlag an solchen Flächen (vgl. Fig. 87).

Die allgemeine WE-Bewegung, welche die Druckgebilde auf den Wetterkarten der gemäßigten Breiten zeigen, ist durch die WE-Drift der allgemeinen Zirkulation gegeben. Infolge der Abnahme der Temperatur gegen die Pole herrscht stets diese Bewegung vor. Die Sache läßt sich aber auch so auffassen, daß in jedem Druckgebilde für sich infolge der besagten Temperaturabnahme bei Äquatorwind warme Luft an Stelle von kalter, bei Polwind kalte Luft an Stelle von warmer tritt. Hierdurch ist auf der nördlichen Halbkugel die Tendenz zum Fallen des Druckes gegeben, wenn eine Isobare mit dem tieferen Druck im W von N nach S verläuft und umgekehrt (vgl. Fig. 67). Wo die normalen Isothermen nahe aneinander liegen, ist die Geschwindigkeit des Westwindes und die Drift der Druckgebilde groß; dort ist aber auch die Gewichtsänderung bei nordsüdlicher Massenverlagerung bedeutender. Die beiden Auffassungen kommen also auf das gleiche hinaus. Nur zeigt die zweite deutlicher, daß die momentane Veränderung einzig und allein eine Funktion der Variablen und ihrer Gradienten an jenem Orte der Atmosphäre ist, wo sie eben zustande kommt (vgl. die Differentialgleichung des Druckes, Abschnitt 76).

Die Richtung, in welcher sich die Druckgebilde fortpflanzen, ist nach der Untersuchung Hesselbergs[1]) wohl die des Zirruszuges; doch ist die Geschwindigkeit der Fortpflanzung geringer als die der oberen Strömung (0·3 bis 0·6 derselben); dies erklärt sich daraus, daß für dieselbe nicht allein die hohen Schichten, die sich viel rascher bewegen, maßgebend sind, sondern auch die niedrigen.

Wenn man hier von Fortpflanzung spricht, so handelt es sich eigentlich nur um die Fortpflanzung von Isobarenformen oder Bewegungszuständen; die Luftmassen, welche eine Luftsäule bilden, werden nicht beisammen bleiben, da in verschiedenen Höhen in der Regel verschiedene Winde wehen. An der Konstitution eines beliebigen Druckgebildes werden somit alle Augenblicke andere Luftmassen beteiligt sein, weswegen man die Depressionen eher mit Wellen als mit Wirbeln verglichen hat. Dies geht auch aus den Bahnen hervor, welche von einer einzelnen Luftmasse tatsächlich

---

[1]) Beitr. z. Physik d. fr. Atmos., Bd. V, S. 198.

beschrieben werden (vgl. Abschnitt 71), läßt sich aber auch aus der raschen Verschiebung des Tiefdruckzentrums manchmal erschließen.

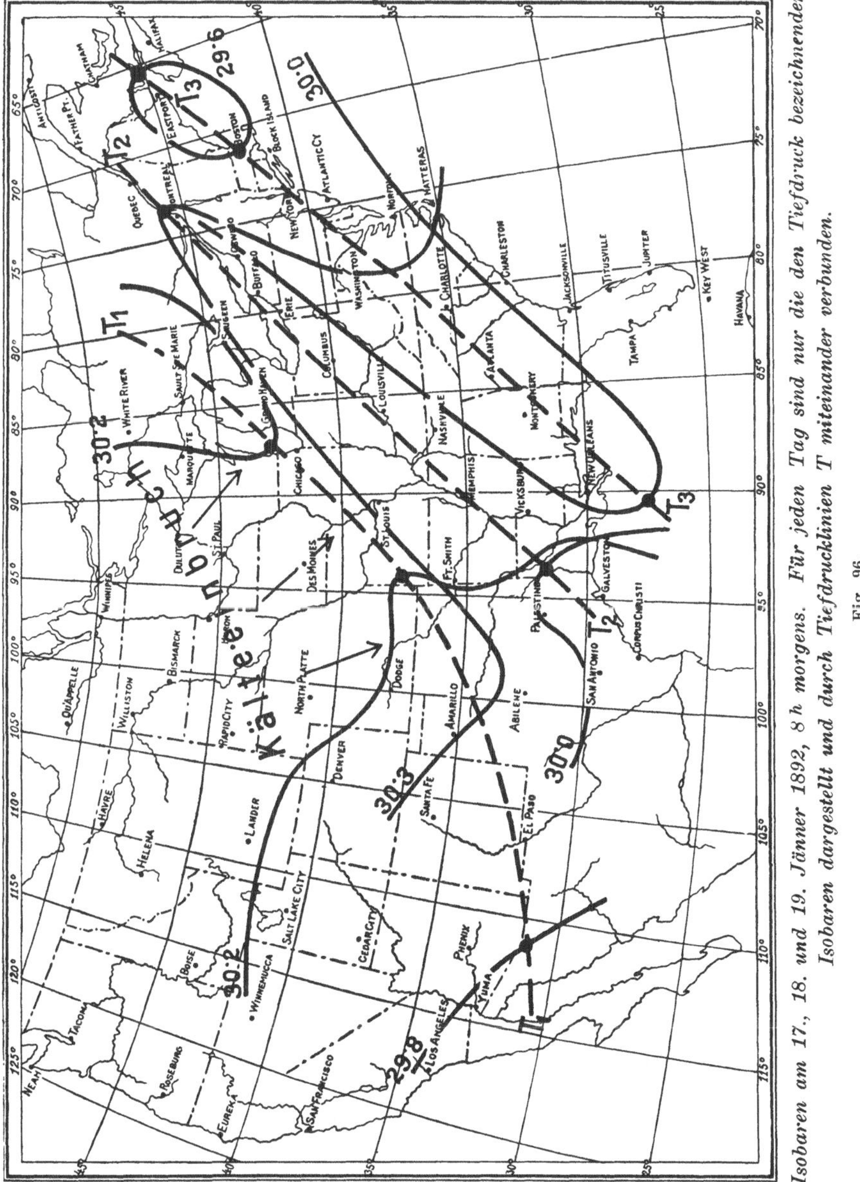

Isobaren am 17., 18. und 19. Jänner 1892, 8 h morgens. Für jeden Tag sind nur die den Tiefdruck bezeichnenden Isobaren dargestellt und durch Tiefdrucklinien T miteinander verbunden. Fig. 96.

So ist in Fig. 96 die Geschichte einer Zyklone dargestellt, indem zur Platzersparnis auf einer Karte Isobaren vom 17., 18. und 19. Jänner

1892, 8 Uhr morgens über Nordamerika gezeichnet sind, und zwar nur die Tiefdruckisobaren, die durch Tiefdrucklinien (T) miteinander verbunden sind, damit man weiß, welche Isobaren zu einem Tage gehören.

Am 17. fand sich eine schwache Druckerniedrigung über Kalifornien, eine noch viel geringere über den großen Seen, dazwischen ein Sattel hohen Druckes (T_1); dies Gebiet war erfüllt von einer aus NW eindringenden Kältewelle. Bis zum 18. hat sich vor der Kältefront eine deutliche Tiefdruckrinne (T_2) ausgebildet, der tiefste Druck liegt ober dem Norden des Golfs. Bis zum 19. ist das Tiefdruckgebiet mit großer Geschwindigkeit nach der Nordostküste gezogen, die Rinne tiefen Druckes hat ihr Gefälle umgekehrt, wie dies wegen der stärkeren Gradienten in höheren Breiten nach den Ausführungen von früher zu erwarten war.

Man hat bei diesem Beispiel deutlich den Eindruck, daß die warme Strömung im Osten, die kalte im Westen an ihrer Grenze einen dynamischen Wirbel erzeugen, der rasch an die nördlichste Stelle dieser Grenzfläche hinstrebt (vgl. die vorigen Abschnitte). Dabei geht die Bewegung des Tiefdruckzentrums viel rascher vor sich, als wenn dasselbe durch den Wind fortgetragen würde. Es tritt also eine Übertragung des Tiefdrucks von einer Masse auf andere benachbarte ein, wie dies sonst bei Wellenbewegungen der Fall ist. Erst wenn der Wirbel ausgebildet ist (im Norden der Tiefdruckrinne) kann die Bewegung dann längere Zeit der gleichen Masse anhaften.

Von ganz erheblicher Bedeutung für die Beurteilung der Veränderungen wären die Verhältnisse in höheren Luftschichten. Die Beobachtung der Fall- und Steiggebiete des Luftdruckes (Isallobarenkarten) läßt mitunter vermuten, daß sich in der Höhe Druckwellen fortpflanzen. Man kann dies freilich nicht sicher feststellen, da ja der Druck am Boden durch die Wirkung aller Schichten zusammen entsteht. Viel zuverlässiger ist jede noch so einfache Beobachtung aus der Höhe. Die Windbeobachtungen mittels des Pilotballons sind das bequemste Mittel für solche Feststellungen. In der Höhe verlaufen erfahrungsgemäß die Winde ziemlich parallel den dortigen Isobaren. Eine Feststellung des Unterschiedes des Isobarenverlaufes am Boden und darüber läßt auf sehr einfache Weise einen Schluß auf die ungefähre Lage der Hoch- und Tiefdruckgebiete in der Höhe zu. Wir wollen hier zunächst einen schematischen Fall anführen, dem nur eine Windbeobachtung aus der Höhe zugrunde liegt; es ist sehr einfach, diese Schlußweise dann in anderen Fällen anzuwenden.

Am Orte A (Fig. 97) wird bei einem Tiefdruckgebiete im Nordwesten von A SSE-Wind am Boden beobachtet, in einigen km Höhe aber stärkerer Ostwind. Es muß dann in dieser Höhe der Druck im Norden von A (A') hoch sein, südlicher davon tief. Das Hochdruckgebiet, das an der Erdoberfläche im Osten von A liegt (H), muß also in der Höhe im Norden liegen (H'); wir haben es offenbar mit einer hohen Antizyklone im Gebiet von H' zu tun, die erfahrungsgemäß nicht rasch zu wandern pflegt. Somit ist kein rasches Vordringen des Tiefdrucks zu erwarten.

Stehen neben den Windbeobachtungen aus der Höhe noch Temperaturbeobachtungen zur Verfügung, dann wird es möglich, die Massenverteilung über einem Gebiet festzustellen. Bei einer größeren Zahl von Beobachtungsstationen lassen sich die Verhältnisse über größeren Gebieten beurteilen und aus ihnen die Veränderungen durch horizontale und vertikale Bewegung ableiten. Freilich stehen solche Versuche mangels genügender Beobachtungen noch in den Kinderschuhen, nur Windbeobachtungen sind in größerer Zahl verfügbar.

Im Weltkrieg hat man auf beiden Seiten Europas zahlreiche Beobachtungsstationen zur Pilotierung des Windes in der Höhe eingerichtet gehabt. Dadurch gewann man damals besseren Überblick über die Luftströmungen Europas als jemals vorher. Für die Wetterprognose waren diese Stromlinienkarten sehr nützlich. Im folgenden soll an zwei Beispielen[1]) gezeigt werden, wie sich die Veränderung der Wetterkarte aus den Luftströmungen in der Höhe voraussehen läßt.

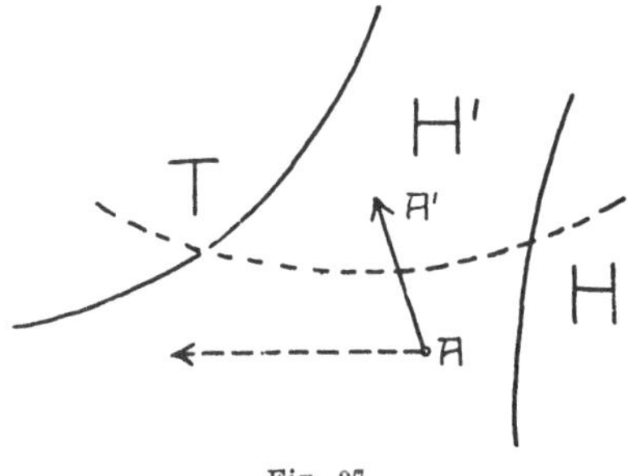

Fig. 97.

Fig. 98 zeigt die Wetterkarte von Mitteleuropa vom 3. Jänner 1918 2^h p. und 7^h p. Innerhalb von nur fünf Stunden erfolgte ein rapider Vorstoß hohen Druckes aus dem Nordwesten, der eine Depression über der Adria und Italien mit großer Geschwindigkeit vertrieb. Die Winde am Vormittag dieses Tages wehten bis 3000 m Höhe durchwegs aus Nordwest mit bedeutender Intensität. Die Bewegung der Luft aus dem Hochdruck in der Höhe bringt, wie in Abschnitt 76 gezeigt, den Druck zum steigen.

Fig. 99 stellt den seltenen Fall eines rückläufigen Minimums dar. Dasselbe bewegt sich von 7^h a. des 4. März 1918 bis 7^h a. des folgenden Tages deutlich westwärts. Aus den Windpilotierungen vom Vormittag ließ sich diese Rückläufigkeit voraussehen; denn bis 2 km Höhe herrschte Ost-, darüber Südostwind.

Aber auch für die Entwicklung der Minima sind die Pilotierungen lehrreich. In Fig. 100 sind die Wetterkarten vom 9. Juli 1917 7^h a. und 1^h p. dargestellt. In dieser Zeit entwickelte sich eine stark aus-

---

[1]) F. M. Exner, Meteorologische Erfahrungen im Kriege; Vorträge des Vereins zur Verbreitung naturwiss. Kenntnisse, Wien, 58. Jahrg., 1918. Ref.: Meteorol. Zeitschrift 1920, S. 301.

geprägte Sekundärdepression über der Adria und Oberitalien. Die Windkarten in dieser Zeit zeigen eine Konvergenz von (offenbar kalten)
Nordwestwinden und (warmen) Südwinden in der Gegend der Ostalpen,
und zwar die typische Form der Böenlinie, wo kalte Luft unter warme

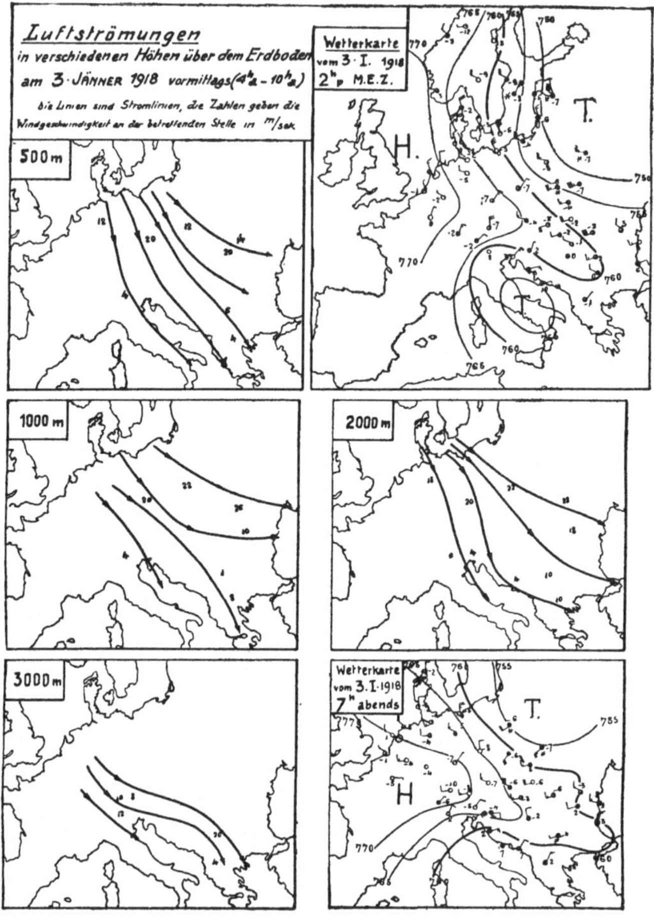

Fig. 98.

strömt. Mit diesem Umsturz ist die Bildung der südlichen Depression
deutlich verbunden.

Es wäre, wie man sieht, sehr nützlich, Windkarten aus der Höhe
zu Prognosenzwecken zur Verfügung zu haben.

Versuche, die Änderungen der Wettersituationen vorauszusehen, haben
vor mehreren Jahren besonders Guilbert zu empirischen Regeln geführt,

die für die Praxis von Wert zu sein scheinen. Es handelt sich bei ihnen hauptsächlich darum, ob die zu den Druckgradienten normalerweise passenden Winde vorhanden sind, ob sie fehlen oder stärker sind als gewöhnlich (unternormale und übernormale Winde). Sind die Winde unter-

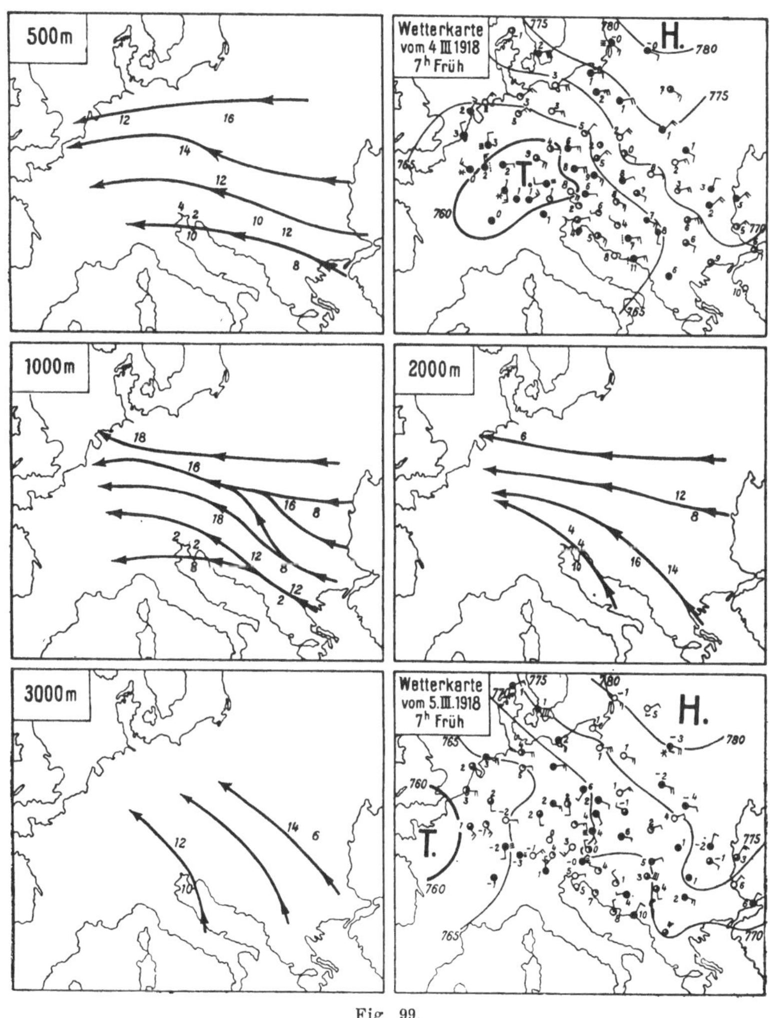

Fig. 99.

normal, so erwartet Guilbert ein Fallen des Druckes an jener Stelle usw. Die theoretische Begründung dieser Regeln ist zum Teil gelungen[1]). Wenn die Druckverteilung sich verändert, so kann es keinen stationären

---

[1]) Vgl. Th. Hesselberg in Veröff. Geophys. Inst. Leipzig, Heft 8, 1915.

Bewegungszustand geben. Hesselberg hat untersucht, in welcher Weise
der Wind vom Gradienten und der zeitlichen Gradientenänderung abhängt.
Wir kommen auf ähnliche Fragen noch im Kapitel über Wellen zurück.
Im allgemeinen steht naturgemäß die Bewegung mit den vorhandenen

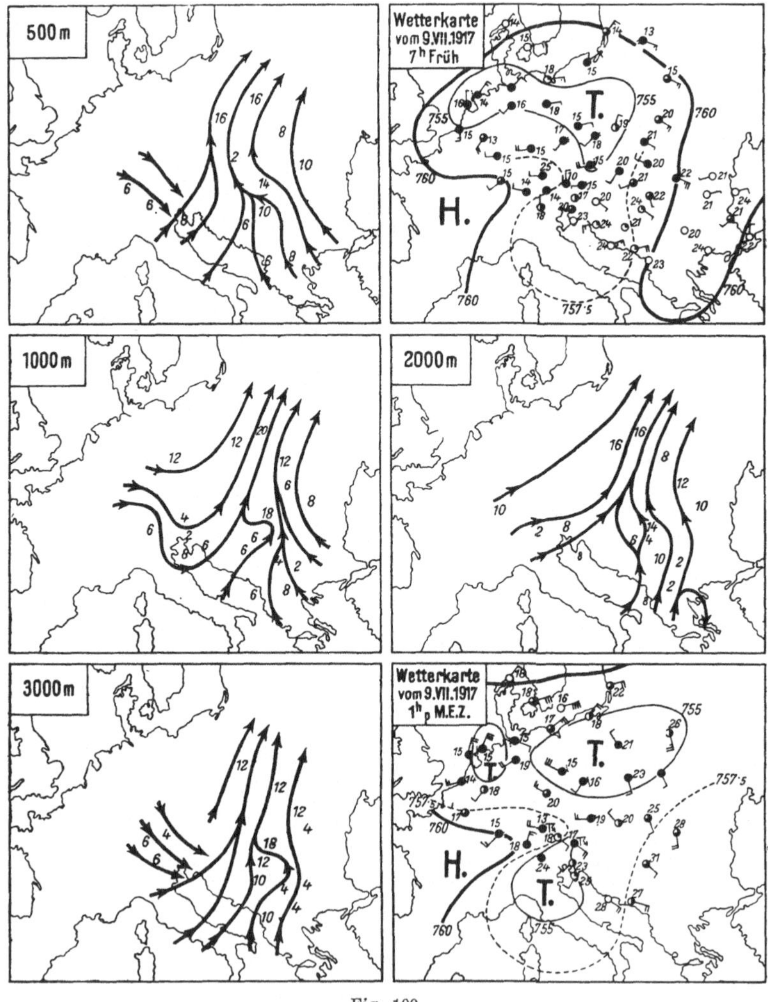

Fig. 100.

Kräften nicht im Gleichgewicht, die Trägheit spielt eine bedeutende
Rolle. Wenn den stationären Bewegungen in diesem Buche ein so großes
Gewicht beigelegt wurde, so entsprang dies der Anschauung, daß deren
Kenntnis die Grundlage für weitere Fortschritte zu bilden hat.

Dreizehntes Kapitel

Periodische Veränderungen in der Atmosphäre.

92. Periodische Veränderungen, hervorgerufen durch die Verteilung von Land und Meer. Außer den so deutlich auftretenden täglichen und jährlichen Perioden meteorologischer Erscheinungen, die durch die Strahlung verursacht werden, hat man in der Meteorologie sehr oft nach anderen Perioden Umschau gehalten. Sie lassen sich zum größten Teil in die Dynamik der Atmosphäre noch nicht eingliedern (Mondperioden, Sonnenfleckenperioden usw.).

Anders liegt die Sache, wenn man nicht bestimmte Perioden nachzuweisen trachtet, sondern frägt, ob der bisher meist unübersehbare Wechsel in den atmosphärischen Erscheinungen durch eine Übereinanderlagerung von periodischen Erscheinungen verschiedener Wellenlänge zustande kommt, oder ob die Schwankungen um gewisse mittlere Zustände nicht periodisch sind. Die Tendenz, auch in diesen Wechseln Perioden zu sehen, ist sehr groß, hauptsächlich deshalb, weil dann einfache Darstellungen und Voraussichten möglich wären.

Es ist aber wahrscheinlich, daß hier vielfach der Wunsch der Vater des Gedankens ist. Als Perioden, als Wellen dürfen wohl nur Erscheinungen angesprochen werden, deren Periodenlänge konstant ist oder in gesetzmäßiger Weise sich verändert. Unregelmäßige Schwankungen um mittlere Zustände als Wellen zu bezeichnen hat keinen Zweck. Eigentliche Perioden sind nur dort zu erwarten, wo die Wellen durch gewisse, festgelegte Grundbedingungen erzeugt werden, die sich selbst im Verlaufe einer Welle nicht ändern. Die Umbildung der atmosphärischen Bewegungen im Laufe der Zeit wird einerseits von der Verteilung der Luft selbst abhängen, anderseits von den festliegenden Verhältnissen der Erdoberfläche (Land- und Meerverteilung). Die ersten Einflüsse, die auch auf einer vollkommen gleichmäßigen Erdoberfläche bestehen würden, werden wohl kaum periodische Erscheinungen hervorrufen, wenn man von den Schwingungen der Atmosphäre als Ganzes absieht, die im letzten Abschnitt behandelt sind. Anders steht es mit den Einflüssen der unveränderlichen Erdoberfläche; hier sind wirkliche Perioden zu erwarten. Man kann daher wohl die wechselvollen Erscheinungen in der Atmosphäre als aus zwei Arten zusammengesetzt betrachten: die periodischen, durch Land- und Meerverteilung bedingten, und die unperiodischen, welche durch die momentane Massenverteilung in der Atmosphäre veranlaßt sind. Für erstere müssen einfache Differentialgleichungen mit mehr oder weniger konstanten Koeffizienten gelten, für letztere Gleichungen komplizierterer Art, die durchaus keine periodische Wiederkehr der Erscheinungen zu liefern brauchen. In diesem Sinne ist es nicht anzunehmen, daß eine Massenverteilung in der Atmosphäre jemals genau wiederkehrt. Die Annahme eines periodischen Ablaufes wird immer nur für kurze Zeit und nur angenähert Gültigkeit haben.

Die wirklich periodischen Vorgänge müssen sich aber von den unperiodischen abtrennen lassen; mit ihnen kann man dann einen Teil der Veränderungen voraussehen und so einen Schritt vorwärts machen. Daneben kann man untersuchen, wie weit die nicht periodischen Vorgänge von einer durch eine physikalische Vereinfachung abgeleiteten Periode abweichen, wie dies z. B. beim Studium der Wellen in der Atmosphäre geschehen ist.

Wir wollen zunächst die Einflüsse von Land und Meer einer kurzen schematischen Überlegung unterziehen. Es handelt sich darum, wie weit gewisse mehrtägige Perioden, die man angenähert in mittleren Breiten der Erde festgestellt hat, durch die Land- und Meerverteilung erklärt werden können. Die allgemeine Zirkulation der Luft über Kontinente und Ozeane muß von diesen periodische Einflüsse erfahren.

H. H. Clayton[1]) z. B. hat gefunden, daß über Nordamerika periodenweise Tiefdruckgebiete auftreten (häufig alle fünf Tage), Defant[2]) hat in neuerer Zeit mehrtägige Perioden des Niederschlages auf beiden Halbkugeln nachgewiesen, die in verschiedenen Ländern in ähnlicher Weise auftreten, Russel[3]) machte auf die regelmäßige Wiederkehr von Antizyklonen in Australien aufmerksam, usw.

Es handelt sich hier um Einflüsse, welche die Oberflächenbeschaffenheit der Erde an einem Ort auf die Luft daselbst ausübt. Diese Einflüsse können verschiedener Art sein; wir haben von ihnen schon früher gesprochen: zunächst die Strahlungsintensität, durch welche nicht nur die Temperatur der untersten Schichten, sondern auch die der Stratosphäre bestimmt werden kann; dann die Übertragung von Wärme durch Leitung und Konvektion; in beiden Fällen kommt auch die verschiedene Menge des Wasserdampfes über Land und Meer in Betracht; schließlich die Reibung und Hemmung, welche die Oberfläche der Erde (ihre Gebirge und Küsten) auf die Luftströmungen ausübt (Abschnitt 84).

Alle diese Einflüsse sind in einer bestimmten Jahreszeit zeitlich ungefähr konstant, aber von Ort zu Ort verschieden. Durch sie alle wird

---

¹) Met. Zeitschr. 1895, S. 22.
²) Wien. Sitz.-Ber., Bd. 121, Abt. IIa, S. 379, 1912.
³) Zitiert bei Defant, S. 453; 3 Essays on Australian Weath., Sidney 1896.

die Temperatur der Luft verändert, im letzten Falle allerdings nur mittelbar, indem die Luftströmungen abgelenkt werden. Änderungen der Lufttemperatur aber sind wieder mit irgend welchen Änderungen der Druckverteilung, der vertikalen Bewegung usw. verbunden, so daß wir ganz im allgemeinen eine Beeinflussung des Wetters durch die lokalen Verhältnisse der Erdoberfläche annehmen dürfen.

Die näheren Vorgänge hierbei sind noch sehr wenig bekannt; es ist nicht sicher, welcher von den drei obengenannten Einflüssen hier hauptsächlich einwirkt; wir lassen diese Frage offen und begnügen uns mit der Tatsache des lokalen Einflusses der Erdoberfläche auf die Temperatur der über sie fließenden Luftmassen.

Diese Massen denken wir uns in mittleren und höheren Breiten von W nach E um die Erde herum bewegt; dann wird sich ihre Temperatur T je nach dem Orte, über dem sie sich befinden, fortwährend verändern. Für einen gewissen Breitenkreis läßt sich der Einfluß der Erdbedeckung auf die Lufttemperatur durch eine Reihe von Sinus- und Kosinusgliedern der geographischen Länge x ausdrücken. Deren Wellenlänge ist der Erdumfang in jener Breite, bzw. dessen Hälfte, Drittel usw. Denn die Funktion von x, die von Land- und Meerverteilung abhängt, ist ja in ihrer allgemeinsten Form nach dem Fourierschen Satz durch eine solche Reihe gegeben. Wir können also die zeitliche Temperaturänderung einer Luftmasse, die sich längs eines bestimmten Breitenkreises bewegt, setzen:

$$\frac{dT}{dt} = \sum_{i=1}^{i=n} [A_i \sin i\alpha x + B_i \cos i\alpha x],$$

wo A_i und B_i unbekannte Konstante sind, i aber die ganzen Zahlen von 1 bis n bedeutet.

Indem wir nun[1]) einführen: $\frac{dT}{dt} = \frac{\partial T}{\partial t} + u\frac{\partial T}{\partial x}$ (vgl. S. 32), können wir statt der Temperatur einer bewegten Luftmasse die Temperatur an einem Orte finden; die Geschwindigkeit u der Luftbewegung längs eines Breitenkreises nehmen wir der Einfachheit wegen als konstant an.

Die partielle Differentialgleichung läßt sich integrieren, wenn die anfängliche Verteilung der Temperatur längs des Breitenkreises (T_0 zur Zeit $t = 0$) gegeben ist; wir nehmen hierfür als einfache Voraussetzung konstante Temperatur auf dem ganzen Breitenkreise, also $T_0 = a$, an. Das Integral ist dann:

$$T = a - \frac{\sum_{i=1}^{i=n} [A_i \cos i\alpha x - B_i \sin i\alpha x]}{i\alpha u} + \frac{\sum_{i=1}^{i=n} [A_i \cos i\alpha(x - ut) - B_i \sin i\alpha(x - ut)]}{i\alpha u} \cdot$$

---

[1]) F. M. Exner, Wien. Sitz.-Ber., Bd. 119, Abt. IIa, S. 995, 1907 und A. Defant, ebenda, Bd. 121, Abt. IIa, S. 379, 1912.

α ist $\frac{2\pi}{\lambda}$, wo λ die Wellenlänge. Diese ist im Maximum der Umfang des Breitenkreises.

Diese Lösung befriedigt sowohl die Differentialgleichung wie die Anfangsbedingung und gibt somit die Temperatur eines Ortes x zur Zeit t. Demnach wird dieselbe für jeden Ort durch eine Summe von Perioden dargestellt, wir erhalten periodische Temperaturschwankungen. Die Zeit, nach welcher die Temperatur denselben Wert wiedererhält, also die ganze Schwingungsdauer, ist $\tau = \frac{2\pi\varrho}{u}$, wenn ϱ der Radius eines Breitenkreises; dies ist zugleich die Periodenlänge der einfachen Welle ($i = 1$). Man erhält die folgenden Periodenlängen:

$$\text{für } i = 1 \ldots \tau_1 = \tau_1, \qquad\qquad \text{für } i = 3 \ldots \tau_3 = \frac{\tau_1}{3},$$

$$\text{„ } 2 \ldots \tau_2 = \frac{\tau_1}{2} \qquad\qquad \text{„ } 4 \ldots \tau_4 = \frac{\tau_1}{4} \text{ usw.;}$$

dieselben verhalten sich also umgekehrt wie die ganzen Zahlen. Allgemein ist $\tau_1 = \frac{2\pi r \cos\varphi}{u}$, wo r der Erdradius und φ die geographische Breite. Um zu einer Vorstellung von der Schwingungsdauer zu gelangen, genügt es, für eine bestimmte geographische Breite, z. B. 45^0, eine mittlere Geschwindigkeit der WE-Bewegung anzunehmen; setzen wir in Analogie zur Bewegung der Depressionen dieselbe z. B. 40 km/St., so ergibt sich, daß der Umfang der Erde unter 45^0 Breite in nahezu 29·5 Tagen einmal umflossen wird. Es ist also angenähert $\tau_1 = 30$ Tage, $\tau_2 = 15$ Tage, $\tau_3 = 10$ Tage, $\tau_4 = 7{\cdot}5$ Tage. Diese Perioden wären in der Temperatur zu erwarten und des weiteren im Luftdruck und Niederschlag. Nehmen wir dieselbe Geschwindigkeit von 40 km/St. für 60^0 Breite an, so wird $\tau_1 = 20{\cdot}8$ Tage, $\tau_2 = 10{\cdot}4$ Tage, $\tau_3 = 6{\cdot}9$ Tage, $\tau_4 = 5{\cdot}2$ Tage.

Die Annahme einer gleichen mittleren WE-Geschwindigkeit für verschiedene Breiten ist etwas zu unzuverläßig. Man kann leicht die mittlere WE-Geschwindigkeit in der Atmosphäre berechnen, wenn man die Gleichung für beschleunigungslose Bewegung $2\,\omega \sin\varphi\, u = -\frac{1}{\varrho}\,\frac{\partial p}{r\,\partial\varphi}$ zugrunde legt. Sie gilt für eine beliebige Höhe z. Um den Mittelwert $\bar{u}$ der Geschwindigkeit über eine Luftsäule von der Höhe h zu finden, bilden wir $\bar{u} = \frac{1}{h}\int_0^h u\,dz$.

Maßgebend für die Wellen, die uns beschäftigen, dürfte die Höhe der Troposphäre sein, die wir zu rund 10 km wählen wollen. Zunächst läßt sich der Druck p in der Höhe z bei linearer Temperaturabnahme α setzen:

$$p = p_0 \left(\frac{T}{T_0}\right)^{\frac{g}{R\,\alpha}} \text{ (vgl. S. 37), wo } T = T_0 - \alpha z. \text{ Dann wird:}$$

$$u = -\frac{R\,T}{2\,\omega \sin\varphi\, p_0} \cdot \frac{\partial p_0}{r\,\partial\varphi} - \frac{g\,z}{2\,\omega \sin\varphi\, T_0} \cdot \frac{\partial T_0}{r\,\partial\varphi},$$

weil $\dfrac{\partial T}{\partial \varphi} = \dfrac{\partial T_0}{\partial \varphi}$, wenn α nach der Breite nicht variiert. Der Mittelwert ist also:

$$\bar{u} = -\frac{1}{2\,\omega \sin\varphi}\left[\frac{R}{p_0}\,\frac{\partial p_0}{r\,\partial \varphi}\left(T_0 - \frac{\alpha\,h}{2}\right) + \frac{g\,h}{2\,T_0}\,\frac{\partial T_0}{r\,\partial \varphi}\right].$$

Dieser Ausdruck zeigt die Abhängigkeit des mittleren Westwindes vom Druck- und Temperaturgefälle an der Erdoberfläche gegen den Pol. Für eine grobe Überschlagsrechnung des Westwindes auf einer Hemisphäre der Erde wollen wir das Druckgefälle am Boden ganz vernachlässigen und nur das Temperaturgefälle gegen den Pol, als das wesentliche, beibehalten. Wir setzen also annäherungsweise $\bar{u} = -\dfrac{g\,h}{4\,\omega \sin\varphi}\,\dfrac{1}{T_0}\,\dfrac{\partial T_0}{r\,\partial \varphi}$. Diese Gleichung läßt sich auswerten, wenn wir für $\dfrac{\partial T_0}{\partial \varphi}$ den Zahlenwert aus der empirischen Formel, welche die Temperatur der Luft nach der Breitenverteilung wiedergibt, einsetzen. In Hanns Lehrbuch findet sich z. B. für das Jahresmittel der nördlichen Halbkugel die Formel von Forbes:

$$t_\varphi = -17{\cdot}8 + 44{\cdot}9 \cos^2\left(\varphi - 6\frac{1}{2}^0\right).$$

Zur Vereinfachung schreiben wir $t_\varphi = -17{\cdot}8 + 45 \cos^2\varphi$. Dann ist $\dfrac{\partial t}{\partial \varphi} = -45 \cdot 2 \sin\varphi \cos\varphi$. Um diesen Gradienten von der absoluten Winkeleinheit auf den Winkelgrad umzurechnen, müssen wir mit $\dfrac{\pi}{180}$ multiplizieren; da wir aber $r\,d\varphi$ in der Bewegungsgleichung auf die Längeneinheit zu beziehen haben und bei einem Erdradius von rund 6000 km ein Breitengrad ungefähr $\dfrac{6000 \cdot 10^3 \cdot \pi}{2 \cdot 90}$ m ist, so ist das Temperaturgefälle pro Meter zu setzen:

$$\frac{\partial T_0}{r\,\partial \varphi} = -45 \cdot 2 \sin\varphi \cos\varphi \cdot \frac{\pi}{180} \cdot \frac{2 \cdot 90}{6000 \cdot 10^3\,\pi} = -0{\cdot}75 \cdot 10^{-5} \sin 2\varphi.$$

Bilden wir nun die Periodenlänge nach der Formel $\tau_1 = \dfrac{2\,\pi\,r \cos\varphi}{\bar{u}}$, so wird: $\tau_1 = \dfrac{4\,\pi\,\omega\,r\,T_0}{g\,h \cdot 0{\cdot}75 \cdot 10^{-5}}$ sec. Wir wollen der Einfachheit halber $T_0 = 300^0$, $h = 10^4$ m setzen und erhalten mit den bekannten übrigen Werten:

$$\tau = 22 \cdot 10^5 \text{ sec} = 25 \text{ Tage}.$$

Interessant ist, daß τ_1 von der geographischen Breite unabhängig wird. Die Geschwindigkeit ist nach der empirischen Temperaturformel in höheren Breiten geringer; da auch die Wellenlänge (der Umfang des Breitenkreises) dort geringer wird, wird die Schwingungsdauer von der Breite unabhängig. Dies wäre ein für die Voraussicht kommender Druck-

und Temperaturveränderungen sehr günstiger Zufall. Freilich ist die ganze obige Rechnung ja nur sehr schematisch, da auf die Abhängigkeit der Geschwindigkeit u von der geographischen Länge keine Rücksicht genommen worden ist. Wollte man dies tun, dann müßte man die empirischen Druck- und Temperaturverteilungen auf der Erde (nach Breite und Länge) in die erste Differentialgleichung auf S. 385 einführen und die Integration versuchen. Hier könnten sich dann sehr wesentliche Abweichungen vom obigen Resultat ergeben.

Trotzdem ist es merkwürdig, daß das Ergebnis unserer schematischen Rechnung durch Beobachtungen von A. Defant mit eigentümlicher Genauigkeit bestätigt wird. Ihm ist es (a. a. O.) gelungen, aus den Niederschlagsbeobachtungen sowohl der südlichen (Argentinien, Australien) als auch der nördlichen Halbkugel (Nordamerika, Europa, Japan) Perioden nachzuweisen, welche — und das ist das wichtigste — in ihrer Dauer sich annähernd wie $1 : \tfrac{1}{2} : \tfrac{1}{3} : \tfrac{1}{4}$ verhalten. Defant fand nämlich die folgenden Perioden:

Südliche Halbkugel: 31, $16^1/_2$, 12, 7 Tage,
Nördliche   „   : 24—25, 13, $8^1/_2$, $5^1/_2$ Tage.

Geht man von **31** bzw. **25** Tagen als der Grundperiode τ_1 aus, so ergibt sich rechnerisch für die

südliche Halbkugel: 31, $15^1/_2$, $10^1/_3$, $7^3/_4$ Tage,
nördliche   „   : 25, $12^1/_2$, $8^1/_3$, $6^1/_4$ Tage.

Diese Wellen haben den Charakter von erzwungenen Schwingungen; je nach der Verteilung von Land und Meer in einer Breite und den sich hieraus ergebenden Amplituden und Phasendifferenzen der einzelnen Wellen in der obigen Summenformel kann die Gesamtelongation an einem Orte besonders groß oder auch sehr gering ausfallen; es können gewisse Breiten der Erde für die Entstehung periodischer Schwankungen besonders günstig oder ungünstig sein.

Im Jahre 1914 hat das Wetterbureau in Washington mit der Veröffentlichung täglicher Wetterkarten der nördlichen Halbkugel begonnen; eine oberflächliche Durchsicht läßt erkennen, daß um den Polarkreis herum täglich ein Kranz von miteinander abwechselnden Depressionen und Antizyklonen liegt, der freilich oft recht unregelmäßig aussieht. (Vergl. die schematische Fig. 49, S. 217.) Im Winter sind meist vier Depressionen, durch vier Zwischengebiete mit höherem Druck voneinander getrennt, auf einem Breitengürtel aneinandergereiht. Vielleicht wird ein näheres Studium dieser Karten in die hier berührten Fragen mehr Licht bringen. Schon Bigelow[1])

---

[1]) Monthly Weath. Rev. 1903, S. 79. Vgl. auch E. Herrmann, Ann. d. Hydrogr. u. marit. Met. 1907; ferner Will. Lockyer, Sol. Phys. Comm. London, wo diese Verteilung für die südliche Hemisphäre behandelt ist.

hat auf diese Anordnung der Druckgebilde hingewiesen; da durch die Neigung der isobaren Flächen gegen den Pol die Depressionen in der Höhe polwärts geöffnet[1]) werden, so entstehen wellenförmige Isobaren, eine bloße Modifikation der großen Zyklone der allgemeinen WE-Bewegung, was mit den hier vorgebrachten Anschauungen gut harmoniert.

Die oben berechneten Temperaturwellen werden analoge Wellen im Luftdruck hervorbringen, weil wärmere Luft leichter ist als kalte. Es handelt sich also bei diesen Druckwellen um sogenannte „Gravitationswellen", die der Schwere ihre Entstehung verdanken. Hievon sind prinzipiell die elastischen Wellen zu unterscheiden, welche in den Abschnitten 94—96 behandelt werden[2]).

93. Gravitationswellen an der Grenze ungleich dichter Medien.

Wie der Wind, der über das Meer hinweht, Wasserwellen erzeugt, so kann auch an der Grenze ungleich warmer Luftschichten Wellenbewegung eintreten, wenn jene mit verschiedenen Geschwindigkeiten übereinander hinfließen. Mit solchen Wellen hat sich zuerst Helmholtz[3]), dann W. Wien[4]), H. Lamb[5]) und V. Bjerknes[6]) beschäftigt, nachdem schon der erste die Tatsache des Vorkommens derselben an den häufig sichtbaren, streifenförmigen, nebeneinander liegenden Wolken (Wogenwolken) erkannt hatte. Jeder Wolkenstreifen bedeutet den Kamm einer Woge, entstanden durch Kondensation des Wasserdampfes bei der Aufwärtsbewegung; zwischen ihnen liegen die Wellentäler mit Abwärtsbewegung und klarem Himmel.

Neben der Beobachtung der Wolken gibt auch die Messung der kleinen Luftdruckschwankungen mittelst des Variometers Anhaltspunkte

---

[1]) De Quervain hat im Mai und Juni diese Verteilung allerdings nicht vorgefunden (Beitr. z. Physik d. freien Atmos., Bd. V, S. 132).

[2]) Anm. bei der Korrektur: Auf der Naturforscherversammlung in Innsbruck (Sept. 1924) haben L. Weickmann und O. Myrbach über Untersuchungen berichtet, welche sich auf periodische Erscheinungen im Luftdruck und der Temperatur beziehen. Weickmann fand eine ziemlich regelmäßige Wiederholung von Druckanstiegen und Druckabfällen für verschiedene Orte Europas, die auf eine westöstliche Fortpflanzung der Druckwellen hindeuten. Die Regelmäßigkeit erstreckte sich mitunter auf Zeiten von mehreren Monaten, wobei allerdings die Geschwindigkeit, mit der die Veränderungen an einem Orte erfolgten, mit der Jahreszeit wechselte. O. Myrbach behandelte langfristige Perioden, die sich auch in meridionaler Richtung auf der nördlichen Halbkugel ausbreiten und Schwingungsdauern von 56 bzw. 70 Tagen haben. Ihre Entstehung wird auf die Verteilung der Kontinente und Ozeane zurückgeführt. Diese Ergebnisse lassen eine wesentliche Erweiterung unserer Kenntnisse von den Gravitationswellen in der Atmosphäre erhoffen.

[3]) Berl. Sitz.-Ber. 1889 und 1890.

[4]) Ebenda, 1894, S. 525, und 1895, S. 361.

[5]) Proc. Roy. Soc. London, Bd. 84, S. 551, 1911.

[6]) Geofys. Publikat. Vol. III, Nr. 3, 1923.

für die Erscheinung. Dieselbe ist nicht nur von theoretischem, sondern auch von praktischem Interesse, da sich aus Variometerbeobachtungen mitunter auf das Vorhandensein von starker Strömung und sprunghafter Temperaturverteilung in der Höhe schließen läßt.

Diese Wellen an der Grenze von Schichten ungleicher Temperatur sind auch durch W. Schmidt[1]) studiert worden, wofür sich die Erscheinung des Föhnwindes in Innsbruck[2]) besonders eignete. Ehe der Föhn ins Tal herabgestiegen ist, weht schon dieser warme Südwind in der Höhe über die kalte Talluft hinweg; hiermit ist der Anlaß zu Wellen gegeben, die sich deutlich im Luftdruck äußern und meist eine Periode von etlichen Minuten haben. Ihre Amplitude ist von der Größenordnung 0·1 mm Hg, also so gering, daß das gewöhnliche Barometer zu ihrer Feststellung nicht ausreicht.

Die Wellen werden als Gravitationswellen bezeichnet, weil die Schwerkraft sie erhält; sie stehen somit im Gegensatz zu den später behandelten elastischen Schwingungen der Atmosphäre.

Die Wellen an der Grenzfläche ungleich dichter Medien sind entweder fortschreitende oder stehende. Im ersten Fall laufen sie in der Richtung des stärker bewegten Mediums, also des oberen Windes, wenn wir die untere kalte Schichte als ruhend ansehen wollen. Die Form ist angenähert die einer Sinuslinie, solange die Höhe der Welle klein gegen ihre Länge ist. Wenn die relative Bewegung der beiden Schichten gegeneinander immer mehr zunimmt, so wächst dabei die Wellenhöhe, wie Helmholtz zeigte; es kann ein Schäumen und Überstürzen des Wogenkammes eintreten, wie man dies von den Meereswellen kennt. In diesem Falle ist die Wellenlinie von der Sinusform natürlich schon weit entfernt.

I. Die Theorie der fortschreitenden Wellen ist schwierig und bisher nur für Wellen einfachster Art behandelt worden, die sich horizontal in einer Richtung bewegen. Helmholtz und Wien leiteten eine Beziehung zwischen der Wellenlänge und den Strömungsgeschwindigkeiten der beiden Schichten ab, wobei sie inkompressible Flüssigkeiten ungleicher Dichte voraussetzten. Später hat Lamb und dann Bjerknes unter gewissen Voraussetzungen die Wellen in kompressiblen Flüssigkeiten untersucht. Die Gleichungen werden dann verwickelter.

Wir wollen zunächst die Fortpflanzungsgeschwindigkeit der Wellen berechnen.

Zwei inkompressible Flüssigkeiten von verschiedener Dichte seien übereinander geschichtet. An ihrer Grenzfläche sollen den Wasserwellen ähnliche Wellen in horizontaler Richtung verlaufen, wobei wir uns auf zwei Dimensionen beschränken, die horizontale x und die vertikale z (nach

---

[1]) Wien. Sitz.-Ber., Bd. 122, Abt. IIa, S. 905, 1913.

[2]) Vgl. auch A. Defant, Met. Zeitschr. 1906, S. 281, oder Denkschr. d. Wien. Akad., Bd. 80, 1906.

abwärts positiv). Die Bewegung sei wirbelfrei, so daß ein Geschwindigkeitspotential φ existiert. Die Hydrodynamik liefert für eine solche Bewegung die Gleichungen[1]):

$$\frac{\partial \varphi}{\partial t} + \frac{u^2 + w^2}{2} + \frac{p}{\varrho} - g\,z = 0, \qquad \frac{\partial^2 \varphi}{\partial x^2} + \frac{\partial^2 \varphi}{\partial z^2} = 0,$$

wobei $u = \dfrac{\partial \varphi}{\partial x}, \quad w = \dfrac{\partial \varphi}{\partial z}, \quad \dfrac{\partial u}{\partial t} = -\dfrac{1}{\varrho}\dfrac{\partial p}{\partial x}, \quad \dfrac{\partial w}{\partial t} = -\dfrac{1}{\varrho}\dfrac{\partial p}{\partial z} + g.$

Sind die Geschwindigkeiten u, w klein, so folgt:

$$\frac{\partial^2 \varphi}{\partial t^2} + \frac{1}{\varrho}\frac{\partial p}{\partial t} - g\frac{\partial \varphi}{\partial z} = 0.$$

Der Boden der schwereren Flüssigkeit (ϱ) liege in $z = h$, die Grenzfläche zur leichteren (ϱ') in $z = 0$, diese habe ihre obere Begrenzung in $z = -h'$.

Die Periode der Wellenbewegung ist in der oberen und unteren Flüssigkeit die gleiche. Werden die Größen für die untere ohne Strich, die für die obere Flüssigkeit mit einem Strich bezeichnet, so können die Geschwindigkeitspotentiale unter den Formen gesucht werden:

$$\varphi = f(z)\cos(b\,x - a\,b\,t), \quad \varphi' = F(z)\cos(b\,x - a\,b\,t).$$

Die Wellen schreiten dann nach der positiven x-Achse mit der Geschwindigkeit $a = \dfrac{\lambda}{\tau}$ fort (λ Wellenlänge, τ Schwingungsdauer, wobei $b = \dfrac{2\pi}{\lambda}, \; a\,b = \dfrac{2\pi}{\tau}$). Aus der Kontinuitätsgleichung $\dfrac{\partial^2 \varphi}{\partial x^2} + \dfrac{\partial^2 \varphi}{\partial z^2} = 0$ folgt:

$$f(z) = A\,e^{bz} + B\,e^{-bz}, \quad F(z) = A''\,e^{bz} + B''\,e^{-bz}.$$

Da an den Grenzen der Flüssigkeiten (in $z = h$ für die untere, in $z = -h'$ für die obere) die vertikalen Bewegungskomponenten verschwinden müssen, diese aber gegeben sind durch:

$$w = b\,(A_1\,e^{bz} - B_1\,e^{-bz})\cos(b\,x - a\,b\,t),$$
$$w' = b\,(A_2\,e^{bz} - B_2\,e^{-bz})\cos(b\,x - a\,b\,t),$$

so folgt weiter: $A_1\,e^{bh} = B_1\,e^{-bh}, \; A_2\,e^{-bh'} = B_2\,e^{bh'}$. Man kann somit setzen:

$$f(z) = A\,(e^{b(h-z)} + e^{-b(h-z)}),$$
$$F(z) = A'\,(e^{b(h'+z)} + e^{-b(h'+z)}).$$

An der Grenze der beiden Flüssigkeiten muß Gleichheit des Druckes und der vertikalen Geschwindigkeit beider Schichten bestehen; dort ist auch $\dfrac{\partial p}{\partial t} = \dfrac{\partial p'}{\partial t}$ zu setzen. Man erhält daher für $z = 0$:

$$\varrho\left(\frac{\partial^2 \varphi}{\partial t^2} - g\frac{\partial \varphi}{\partial z}\right) = \varrho'\left(\frac{\partial^2 \varphi'}{\partial t^2} - g\frac{\partial \varphi'}{\partial z}\right), \quad w = w'.$$

---

[1]) Siehe z. B. v. Lang, Theor. Phys., 2. Aufl., S. 585, 1891.

Werden die obigen Ausdrücke in diese beiden Gleichungen eingesetzt, die erste dann durch die zweite dividiert, so fallen die Unbekannten A und A' weg und man erhält die Bedingungsgleichung:

$$g\,(\varrho - \varrho') = a^2\,b\,(\varrho\,Q + \varrho'\,Q'),$$

wobei $\quad Q = \dfrac{e^{b\,h} + e^{-b\,h}}{e^{b\,h} - e^{-b\,h}}, \qquad Q' = \dfrac{e^{b\,h'} + e^{-b\,h'}}{e^{b\,h'} - e^{-b\,h'}}.$

Die Größe b ist durch die Wellenlänge gegeben; es ist $b = \dfrac{2\,\pi}{\lambda}$. Dann ist a die Fortpflanzungsgeschwindigkeit der Welle in der x-Richtung.

Nimmt man an, daß die Höhen h und h' der Schichten groß sind gegen die Wellenlängen, so kann in erster Näherung $Q = Q' = 1$ gesetzt werden und es folgt:

$$a^2\,b = g\,\frac{\varrho - \varrho'}{\varrho + \varrho'} = \frac{2\,\pi\,\lambda}{\tau^2} \quad \text{oder} \quad \tau = \sqrt{\frac{2\,\pi\,\lambda}{g}\,\frac{\varrho + \varrho'}{\varrho - \varrho'}}.$$

Dies ist eine Beziehung zwischen Wellenlänge und Schwingungsdauer der Wellen, die an der Grenzfläche auftreten. Die Geschwindigkeit a der Wellenbewegung ist von der Wellenlänge abhängig; man erhält:

$$a = \sqrt{\frac{\lambda\,g\,(\varrho - \varrho')}{2\,\pi\,(\varrho + \varrho')}}.$$

Die Fortpflanzung der Wellen nimmt mit ihrer Länge zu.

Die Geschwindigkeitskomponenten der Wellenbewegung sind aus den obigen Gleichungen bestimmbar; sie sind:

$$u = -\,A\,b\,[e^{b\,(h-z)} + e^{-\,b\,(h-z)}]\,\sin\,(b\,x - a\,b\,t),$$
$$u' = -\,A'\,b\,[e^{b\,(h'+z)} + e^{-\,b\,(h'+z)}]\,\sin\,(b\,x - a\,b\,t),$$
$$w = A\,b\,[e^{b\,(h-z)} - e^{-\,b\,(h-z)}]\,\cos\,(b\,x - a\,b\,t),$$
$$w' = -\,A'\,b\,[e^{b\,(h'+z)} - e^{-\,b\,(h'+z)}]\,\cos\,(b\,x - a\,b\,t).$$

Man erkennt leicht, daß die Teilchen der Flüssigkeiten Ellipsen beschreiben.

Lamb hat (a. a. O.) diese Rechnung für Gase ausgeführt und eine Gleichung erhalten, welche wie die obige eine Beziehung zwischen Wellenlänge und Periode darstellt. Sie lautet:

$$\frac{g^2}{k^2\,a^4} = \frac{x^2\,(x - 2)^2}{4\,\dfrac{b^4}{a^4} + 4\,(\gamma - 1)\,x - (2\,\gamma - 1)\,x^2};$$

hier ist zu setzen[1]) $k = \dfrac{2\,\pi}{\lambda}, \; \sigma = \dfrac{2\,\pi}{\tau}, \; c^2 = \gamma\,R\,T_0, \; c'^2 = \gamma\,R\,T_0', \; a^2 = \dfrac{1}{2}\,(c^2 + c'^2),$
$b^2 = \dfrac{1}{2}\,(c'^2 - c^2), \; x = \dfrac{\sigma^2}{k^2\,a^2}.$

---

[1]) $\gamma = 1{\cdot}4$ ist das Verhältnis der spezifischen Wärmen, R die Gaskonstante; die gestrichelten Größen beziehen sich auf die obere Masse.

Durch Wahl bestimmter Größen x lassen sich eine Reihe von Lösungen angeben. Wird der Temperaturunterschied der beiden Schichten ähnlich wie oben recht gering angenommen und $\frac{a^2}{b^2} = 100$ gesetzt, so ergibt die Gleichung nach Lamb beispielsweise folgende zusammengehörige Werte von Wellenlänge und Schwingungsdauer; zum Vergleiche sind die entsprechenden Werte für inkompressible Flüssigkeiten daneben gesetzt:

Der Schwingungsdauer τ	entspricht die Wellenlänge λ	
	bei Gasen	bei Flüssigkeiten
21·2 sec	7·0 m	7·0 m
65·9 „	69·2 „	67·8 „
180·0 „	597·0 „	505·9 „
301·0 „	3160·0 „	1414·6 „

Für kleinere Wellen kann somit unbedenklich die Gleichung für inkompressible Flüssigkeiten auch auf die Atmosphäre angewendet werden, bei größeren Wellen aber werden die Unterschiede sehr bedeutend; die Luftwellen sind bei der Schwingungsdauer von 5 Minuten bereits mehr als doppelt so lang wie die Wellen in inkompressiblen Flüssigkeiten bei gleichen Dichteunterschieden.

II. Um den Einfluß zweier aneinander vorübergleitender Ströme auf die Wellenbildung an der Grenzfläche zu studieren, bedienen wir uns der Vorstellung, es seien zwei Ströme von verschiedener Geschwindigkeit gegeben und an ihrer Grenzfläche sollen Wellen ruhen, wie dies z. B. der Fall ist, wenn Wasser in einem Bach über ein Hindernis fließt. Die Rechnung gestaltet sich im Anschluß an die vorige dann folgendermaßen[1]) (sie ist wieder für inkompressible Flüssigkeiten ausgeführt; vgl. auch Abschnitt 37, S. 104).

Wir haben hier die lokale Beschleunigung in den Bewegungsgleichungen null zu setzen; dieselben lauten:

$$u \frac{\partial u}{\partial x} + v \frac{\partial u}{\partial y} = -\frac{1}{\varrho} \frac{\partial p}{\partial x}$$

$$u \frac{\partial v}{\partial x} + v \frac{\partial v}{\partial y} = g - \frac{1}{\varrho} \frac{\partial p}{\partial z}.$$

Für die obere leichtere Masse gelten zwei analoge Gleichungen (ϱ', u', v', p').

In Analogie zu der obigen Rechnung kann für die beiden Geschwindigkeitspotentiale φ und φ' angenommen werden:

$$\varphi = A\,x - B\,[e^{b(h-z)} + e^{-b(h-z)}]\cos b\,x,$$

$$\varphi' = A'\,x - B'\,[e^{b(h'+z)} + e^{-b(h'+z)}]\cos b\,x.$$

---

[1]) F. M. Exner, Ann. d. Hydrogr. u. marit. Meteor., Jahrg. 1919, S. 155.

Die ersten Glieder rechts stellen die Strömung der beiden Massen dar. A, A' sind die Geschwindigkeiten.

Aus den Bewegungsgleichungen ergibt sich der Druck

$$p = P + g \varrho z - \frac{\varrho}{2} \left[\left(\frac{\partial \varphi}{\partial x} \right)^2 + \left(\frac{\partial \varphi}{\partial z} \right)^2 \right],$$ ähnlich wie auf S. 104 (Abschnitt 37).

An der Grenzfläche der beiden Flüssigkeiten müssen die Strömungslinien sowie die Drucke p und p' identisch werden. Dies ist nur erreichbar, solange die Amplituden der Wellen klein sind.

Da $\dfrac{\partial \psi}{\partial x} = - \dfrac{\partial \varphi}{\partial z}$ und $\dfrac{\partial \psi}{\partial z} = \dfrac{\partial \varphi}{\partial x}$, werden die Stromfunktionen:

$$\psi = A\, z - B\, [e^{b\,(h\,-\,z)} - e^{-b\,(h\,-\,z)}]\, \sin b\, x = \text{Konst.}$$
$$\psi' = A'\, z + B'\, [e^{b\,(h'\,+\,z)} - e^{-b\,(h'\,+\,z)}]\, \sin b\, x = \text{Konst.}$$

Für die Stromlinien an der Grenzfläche gelten die Gleichungen

$$z = \frac{B}{A}\, [e^{b\,h} - e^{-b\,h}]\, \sin b\, x, \qquad z = - \frac{B'}{A'}\, [e^{b\,h'} - e^{-b\,h'}]\, \sin b\, x.$$

Aus der Gleichsetzung dieser Größen und der Gleichsetzung der Drucke $p = p'$ für $z = 0$ ergeben sich mehrere Bedingungen, welche die Bestimmung der Konstanten ermöglichen. Man erhält zunächst:

$$\varrho\, B^2 = \varrho'\, B'^2,$$
$$g\,(\varrho - \varrho') = b \left[\varrho\, A^2\, \frac{e^{b\,h} + e^{-b\,h}}{e^{b\,h} - e^{-b\,h}} + \varrho'\, A'^2\, \frac{e^{b\,h'} + e^{-b\,h_{,}}}{e^{b\,h'} - e^{-b\,h'}} \right].$$

Ist $b\,h$ und $b\,h'$ groß, also die Tiefe der Flüssigkeiten groß gegen die Wellenlänge, so wird

$$g\,(\varrho - \varrho') = b\,(\varrho\, A^2 + \varrho'\, A'^2).$$

Dies ist die schon von Helmholtz abgeleitete Formel. Da $b = \dfrac{2\,\pi}{\lambda}$, wird durch die gegeneinander gerichteten Strömungen A und A' der beiden Massen eine ruhende Welle von der Länge λ nach obiger Formel erzeugt.

Betrachtet man die Gleichung auch für Luft als gültig und setzt die Geschwindigkeit für die obere und untere Luftschichte gleich ($A = A'$), so erhält man die angenäherte Gleichung $\lambda = \dfrac{2\,\pi}{g}\, A^2\, \dfrac{\varrho + \varrho'}{\varrho - \varrho'}$. Die entstehenden Wellen sind also um so länger, je größer die Windstärke ist; auch nimmt λ mit der Abnahme des Dichteunterschiedes der beiden Schichten zu. Ist die obere um 5^0 wärmer als die untere, so kann man bei Luftmassen von etwa 0^0 setzen: $\dfrac{\varrho + \varrho'}{\varrho - \varrho'} = \dfrac{T' + T}{T' - T} = 111$ oder rund 100; für $A = 3$ m/sec wird folglich $\lambda = 565$ m. Die Wellen sind also von ganz anderer Größenordnung als die Wasserwellen. Die Periode τ beträgt etwas über drei Minuten.

Denkt man sich das System der beiden gegeneinander strömenden Massen mit der Welle λ an der Grenzfläche als Ganzes in der Richtung x mit der Geschwindigkeit A fortbewegt, so erhält man eine unten ruhende Masse ϱ, darüber eine mit der Geschwindigkeit $v = A + A'$ strömende Masse ϱ' und an der Grenzfläche eine Welle von der Länge λ, die mit der Geschwindigkeit A fortschreitet.

Da aus den Bedingungsgleichungen noch folgt, daß

$$A' = -A \sqrt{\frac{\varrho}{\varrho'} \frac{e^{bh'} - e^{-bh'}}{e^{bh} - e^{-bh}}},$$

so lassen sich die Geschwindigkeiten A und A', welche mit der ruhenden Welle verbunden sind, auch separat berechnen. Man erhält:

$$A^2 = \frac{g(\varrho - \varrho')}{b\varrho} \frac{(e^{bh} - e^{-bh})^2}{e^{2bh} - e^{-2bh} + e^{2bh'} - e^{-2bh'}},$$

$$A'^2 = \frac{g(\varrho - \varrho')}{b\varrho'} \frac{(e^{bh'} - e^{-bh'})^2}{e^{2bh} - e^{-2bh} + e^{2bh'} - e^{-2bh'}}.$$

Sind die Wellen sehr lang gegen die Höhen h, h' so fällt die Größe b in erster Näherung aus den Gleichungen heraus; es wird:

$$A = \sqrt{g \frac{\varrho - \varrho'}{\varrho} \frac{h^2}{h + h'}}, \quad A' = -\sqrt{g \frac{\varrho - \varrho'}{\varrho'} \frac{h'^2}{h + h'}}.$$

Diese Strömungen können Wellen von beliebiger, aber großer Länge stationär erhalten. Nimmt man $h' = 0$ an, so gelangt man zu der in Abschnitt 83 auf einfachere, ungenauere Art abgeleiteten Fortpflanzungsgeschwindigkeit von Wellen.

III. In einem seitlich begrenzten Gefäße können sich an der Grenze ungleich dichter Medien auch **stehende Wellen** durch Reflexion an den Wänden ausbilden; sie hat u. a. W. Schmidt[1]) für Flüssigkeiten behandelt. Wir gelangen zu brauchbaren Gleichungen, wenn wir in der ersten Rechnung für das Geschwindigkeitspotential die Form wählen:

$$\varphi = f(z) [\cos(bx - abt) + \cos(bx + abt)].$$

Damit ergibt sich dieselbe Beziehung zwischen a und b, welche oben (S. 392) abgeleitet wurde. Doch sind nun die Wellenlängen nicht mehr beliebig. Aus der Bedingung, daß für die Grenzen des Gefäßes, d. i. für $x = 0$ und $x = L$, dessen Länge, die horizontale Geschwindigkeit u verschwinden muß, folgt nämlich: $bL = \pi, 2\pi \ldots n\pi$, somit $\lambda = \frac{2L}{n}$, wenn n eine ganze Zahl. Wir erhalten eine Grundschwingung mit einer Reihe von Oberschwingungen. Sind die Höhen der beiden Schichten h und h' gegenüber der Länge des Gefäßes als groß anzusehen, so hat man

nach S. 392: $\iota = \sqrt{\frac{2\pi\lambda}{g} \frac{\varrho\varrho + \varrho'\varrho'}{\varrho - \varrho'}} = 2\sqrt{\frac{\pi L}{ng} \frac{\varrho\varrho + \varrho'\varrho'}{\varrho - \varrho'}}$. Sind hingegen

---

1) Wien. Sitz.-Ber., Bd. 117, Abt. II a, S. 91, 1908.

die Höhen h und h' geradezu klein, so kann man die Potenzen Q und Q' entwickeln und erhält in erster Näherung:

$$\tau = \lambda \sqrt{\dfrac{\dfrac{\varrho}{h} + \dfrac{\varrho'}{h'}}{g\,(\varrho - \varrho')}} = \dfrac{2L}{n} \sqrt{\dfrac{\dfrac{\varrho}{h} + \dfrac{\varrho'}{h'}}{g\,(\varrho - \varrho')}}\ {}^{1}).$$

Die Perioden der Wellen verhalten sich in solchen niedrigen Schichten wie $1 : \dfrac{1}{2} : \dfrac{1}{3}$ usw.

Bemerkenswerter Weise hat A. Defant[2]) im Inntale bei Innsbruck zur Zeit von Föhnpausen oder vor Beginn des Föhnes Temperaturschwankungen periodischer Art beobachtet, bei welchen ganz bestimmte Schwingungsdauern häufig wiederkehren. Und zwar zeigten sich am häufigsten Perioden von 41·5, 24·5 und 14·0 Minuten Dauer. Diese Zahlen verhalten sich wie $1 : 0\,{}^{\cdot}59 : 0\,{}^{\cdot}34$, also annähernd so, wie dies die obige Formel für stehende Wellen an der Grenzfläche niedriger Schichten verlangt. Die Meinung Defants, daß es sich hier um stehende Wellen an der Grenzfläche der im Tale lagernden kalten Schichte handelt, über welche der warme Föhn hinwegströmt, hat daher viel Wahrscheinlichkeit für sich. Als Grenzen des Gefäßes kämen Einengungen des Inntales in Betracht, welche westlich und östlich vom Beobachtungsort liegen. Die Länge des Gefäßes betrüge dann 78 km. Für Wellen von derartiger Länge kann freilich unsere Formel, die für inkompressible Flüssigkeiten abgeleitet ist, auch nicht mehr annähernd gelten, wie aus dem Vergleich für fortschreitende Wellen hervorgeht (S. 393). Die quantitative Prüfung der Frage kann daher nicht vorgenommen werden[3]).

Wir weisen schließlich noch darauf hin, daß unter günstigen Umständen an der Grenze von Tropo- und Stratosphäre fortschreitende Wellen auftreten können, namentlich dann, wenn Temperaturinversionen bestehen. Ob solche Wellen für die Höhenlage der Stratosphäre und damit überhaupt für die Veränderungen in der Atmosphäre von wesentlicher Bedeutung sind, wie man mitunter meint, ist noch sehr fraglich. Auch sonst ist bei Inversionen der Temperatur die Gelegenheit für Grenzwellen stets gegeben, und jene Wellen im Luftdruck, die durch Variographenaufzeichnungen schon an verschiedenen Orten festgestellt wurden, lassen sich

---

[1]) Die betreffende Gleichung bei Schmidt enthält einen Fehler, da n dort unter dem Wurzelzeichen steht.

[2]) Met. Zeitschr. 1906, S. 281, und Denkschr. Wien. Akad., Bd. 80, S. 107.

[3]) W. Schmidt lehnte die Deutung dieser Wellen als stehender ab (Wien. Sitz.-Ber., Bd. 122, Abt. II a, S. 970), wobei er sich freilich auf die Formel für inkompressible Flüssigkeiten stützte. Das häufige Auftreten bestimmter Perioden führte er auf die Häufigkeit gleicher Bedingungen, die den Föhn begleiten sollen, zurück. Damit sind aber die obigen regelmäßigen Verhältniszahlen der häufigsten Periodenlängen nicht erklärt.

wohl alle auf Schwankungen der Grenzschichte ungleich dichter Medien zurückführen.

94. Tägliche Periode von Wind und Luftdruck. Vermöge ihrer Kompressibilität ist die Luft imstande, elastische Schwingungen auszuführen, die in Verdichtungen und Verdünnungen bestehen. Hierher gehören neben den hier nicht behandelten Schallwellen auch Schwingungen, welche die Atmosphäre in großer Ausdehnung erfüllen und dadurch meteorologisches Interesse erhalten, in erster Linie die tägliche Periode von Luftdruck und Wind.

Eine tägliche Periode des Luftdruckes wird in den Tropen durch den Barographen direkt zum Ausdruck gebracht. In höheren Breiten ist sie meist durch unperiodische Druckschwankungen überdeckt, man findet sie aber auch hier, wenn durch Mittelbildungen jene Schwankungen eliminiert werden. Die Kurve, welche vom Barographen im Laufe eines Tages geschrieben wird, hat bestimmte auf der ganzen Erde wiederkehrende Merkmale; da die Extremwerte zu gewissen Ortszeiten auftreten, so folgt, daß die tägliche Barometerschwankung die Erde einmal im Tage wie eine Welle in der Richtung der Sonne, also von E nach W, umkreist.

Die lineare Geschwindigkeit, mit welcher diese Welle fortschreitet, ist somit namentlich am Äquator sehr groß und die gleiche, welche oben S. 26 für einen Punkt der Erdoberfläche angegeben wurde.

Da die Verteilung des Luftdruckes sich so rasch ändert, kann man nicht erwarten, daß die mit ihr verbundenen Winde auch nur annähernd dem stationären Zustand entsprechen. Die tägliche periodische Windverteilung muß vielmehr so beschaffen sein, daß die raschen Druckveränderungen durch ebenso rasch wechselnde Massenverlagerungen zustande kommen. Damit dies geschieht, muß z. B. aus jenem Gebiet, in dem der Druck eben fällt, Luft ausströmen usw. Die Bewegungen erfolgen also gewiß zum Teil gegen den Gradienten.

Die täglichen Winde, welche einer rasch fortschreitenden täglichen Druckwelle entsprechen, können aus den Bewegungsgleichungen gefunden werden. Hierzu haben wir in dieselben nur die Gradienten einzusetzen, welche durch die tägliche Druckperiode zustande kommen.

Um die tägliche Periode des Luftdruckes darzustellen, hat man sich seit Lamont der Fourierschen Reihe bedient. Hierbei zeigte es sich, daß die beiden ersten Glieder, die eine 24- und eine 12stündige Periode darstellen, im allgemeinen zur Wiedergabe der Beobachtungen genügen. Die tägliche Druckperiode kann also geschrieben werden:

$$p = p_0 \left[1 + E_1 \sin(nt + \lambda_1) + E_2 \sin 2(nt + \lambda_2) \right]^{1}).$$

---

[1]) Hier wird mit n die Winkelgeschwindigkeit der Erdrotation (früher ω), mit λ die östliche geographische Länge eines Ortes bezeichnet. Diese Bezeichnungen wurden gewählt, um mit jenen von Margules in diesem und den folgenden Abschnitten in Übereinstimmung zu bleiben.

Hier ist ausgedrückt, daß der Druck p als Welle mit der Zeit t in der Richtung abnehmender geographischer Länge, also gegen W fortschreitet. So aufgefaßt ist t eine absolute Zeit, z. B. die von Greenwich, und λ die geographische Länge. Der Gradient in der Richtung West-osten ergibt sich durch Differentiation von p nach λ. Für einen bestimmten Ort hingegen bedeutet die Formel die zeitliche Änderung von p; dann ist λ ein Phasenwinkel und t die Ortszeit. Wie namentlich Hann[1]) gezeigt hat, ist unter diesen Umständen die Phase λ_2 auf der ganzen Erde von ähnlichem Betrage, während λ_1 von der klimatischen Lage des Ortes abhängt. E_1 und E_2 sind die Amplituden des täglichen Ganges, erfahrungsgemäß Funktionen der Poldistanz ω (die hier statt der geographischen Breite φ verwendet ist; $\omega = 90^0 - \varphi$) und der See-höhe z, wohl auch der geographischen Länge λ. Ähnlich wie λ_2 ist auch E_2 auf der ganzen Erde viel regelmäßiger verteilt als E_1.

Eine gute Vorstellung von der doppelten täglichen Welle geben die synoptischen Zeichnungen derselben von E. Alt[2]), z. B. die in Fig. 101 für $10^h a$ oder $10^h p$ Greenwicher Zeit. Um diese Zeit hat der Meridian von Greenwich das Maximum der doppelten Welle. Die ausgezogenen Isobaren versinnlichen hohen, die gestrichelten niedrigen Druck (unter dem Tagesmittel).

Um die tägliche Windperiode abzuleiten[3]), welche mit der täglichen Druckperiode verbunden ist, braucht man von der Ursache der letzteren nichts zu wissen. Wir nehmen sie als gegeben an und benützen zur Berechnung der Windperiode die Gleichungen für horizontale Bewegung von S. 109; sie lauteten;

$$\frac{du}{dt} + 2\omega \sin\varphi\, v + ku = -\frac{1}{\varrho}\frac{\partial p}{\partial x},$$

$$\frac{dv}{dt} - 2\omega \sin\varphi\, u + kv = -\frac{1}{\varrho}\frac{\partial p}{\partial y}.$$

In diesen Gleichungen ersetzen wir nun auch, um der Margules-schen Bezeichnung zu folgen, die Breite φ durch den Polabstand ω, die Rotationsgeschwindigkeit ω aber durch n. Da x gegen Osten, y gegen Süden positiv gezählt wird, so ist

$$\frac{\partial p}{\partial x} = \frac{1}{S \sin\omega}\frac{\partial p}{\partial \lambda}, \qquad \frac{\partial p}{\partial y} = \frac{1}{S}\frac{\partial p}{\partial \omega},$$

wo S angenähert der Erdradius.

---

[1]) Vgl. Lehrbuch der Meteorologie, 3. Aufl., S. 182.
[2]) Met. Zeitschr. 1909, S. 145.
[3]) M. Margules, Wien. Sitz.-Ber., Bd. 102, Abt. IIa, 1893, S. 1393, und E. Gold, Phil. Magaz., Jan. 1909, S. 26; ferner auch W. Trabert, Met. Zeitschr. 1903, S. 544

Man erhält somit die folgenden Bewegungsgleichungen:

$$\frac{du}{dt} + 2n \cos \omega\, v + k u = - \frac{RT}{S \sin \omega}\left[E_1 \cos (nt + \lambda_1) + 2 E_2 \cos 2 (nt + \lambda_2)\right],$$

$$\frac{dv}{dt} - 2n \cos \omega\, u + k v = - \frac{RT}{S}\left[\frac{\partial E_1}{\partial \omega} \sin (nt + \lambda_1) + \frac{\partial E_2}{\partial \omega} \sin 2 (nt + \lambda_2)\right].$$

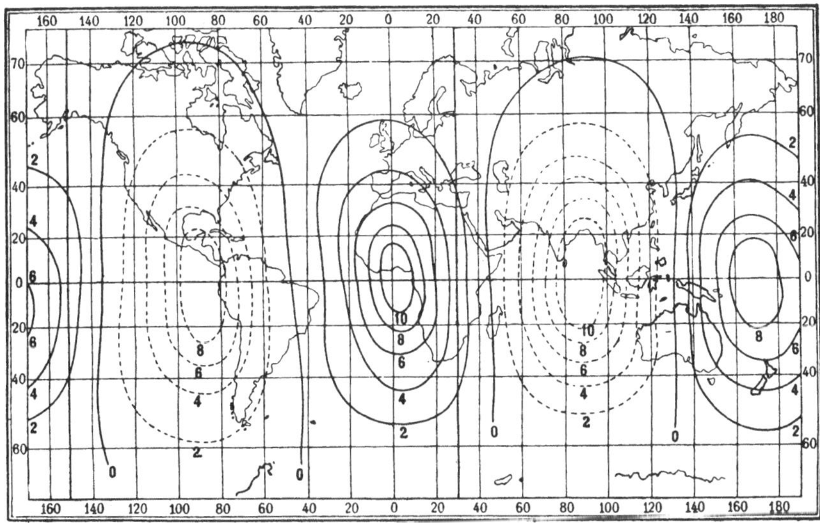

Doppelwelle des Luftdruckes, 10 ʰ.

Fig. 101.

Sehen wir zunächst von k, der Reibung an der Erdoberfläche, ab, so gibt die Integration dieser Gleichungen bei konstanter Temperatur T:

$$u = - \frac{RT}{nS \sin \omega}\left[\frac{E_1 + 2 \sin \omega \cos \omega \frac{\partial E_1}{\partial \omega}}{1 - 4 \cos^2 \omega} \sin (nt + \lambda_1) + \frac{2 E_2 + \sin \omega \cos \omega \frac{\partial E_2}{\partial \omega}}{2 \sin^2 \omega} \sin 2 (nt + \lambda_2)\right],$$

$$v = \frac{RT}{nS}\left[\frac{2 E_1 \cot g\, \omega + \frac{\partial E_1}{\partial \omega}}{1 - 4 \cos^2 \omega} \cos (nt + \lambda_1) + \frac{2 E_2 \cot g\, \omega + \frac{\partial E_2}{\partial \omega}}{2 \sin^2 \omega} \cos 2 (\omega t + \lambda_2)\right].$$

Der tägliche Gang des Windes hängt also nicht allein vom Gang des Druckes an einem Ort, sondern auch von der Druckverteilung in der Umgebung, den Größen $\frac{\partial E}{\partial \omega}$, ab.

Für 30^0 Breite ist $\cos \omega = \frac{1}{2}$; dort wird der Nenner $1 - 4 \cos^2 \omega$ zu null; die Gleichung kann dort nicht gelten, es sei denn, daß der Zähler den gleichen Faktor enthält. Sehen wir hiervon ab und betrachten die Komponenten u und v unter nicht zu hohen Breiten, wo $\frac{\partial E_1}{\partial \omega}$ und $\frac{\partial E_2}{\partial \omega}$ erfahrungsgemäß positiv sind (Abnahme der Amplitude polwärts), so können

die Zähler der Faktoren der Sinus und Kosinus in den eckigen Klammern
als positiv angesehen werden. Dann müssen a) bei der doppelten Welle
die negativen u-Werte mit dem Druck synchron verlaufen, die positiven
v-Werte aber mit ihrer Phase um 90^0 der Druckperiode vorauseilen,
b) bei der einfachen Welle, wo der Nenner der Faktoren in hohen Breiten
negativ wird, die positiven u-Werte mit dem Druck synchron laufen, die
negativen v-Werte aber um 90^0 der Druckperiode vorauseilen.

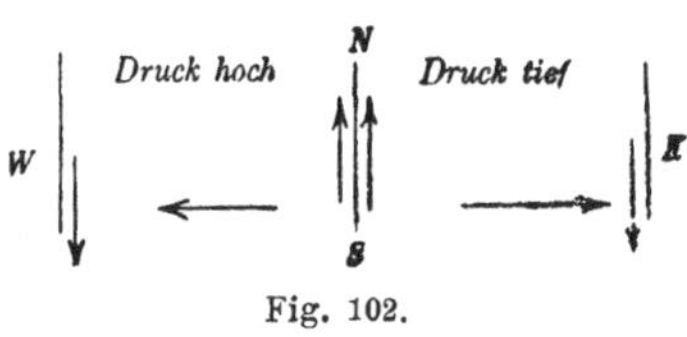

Fig. 102.

Unter diesen Umständen ergibt sich
für die doppelte Periode das folgende
Schema (Fig. 102) von Druck und Wind
aus den obigen Gleichungen.

Geht über einen Ort demnach die
doppelte tägliche Welle des Druckes
in der Richtung EW hinweg, so weht
zur Zeit hohen Druckes E-Wind, dann folgt S-Wind beim Übergang zum
tiefen Druck, während des tiefen Druckes weht W-Wind und schließlich
beim Übergang zum hohen Druck N-Wind. Das Windsystem entspricht
dem Buys-Ballotschen Gesetz nicht, weil eben kein stationärer Zustand
besteht.

Kehrt man sämtliche Pfeile der Fig. 102 in ihrer Richtung um, so
erhält man das entsprechende Windschema für die ganztägige Periode.

Hann[1]) hat den Nachweis erbracht, daß diese Folgerungen von
Margules aus den Bewegungsgleichungen auch angenähert den Tatsachen
entsprechen. Die schwachen Luftströmungen, die die täglichen Druckgradienten begleiten, können ihre freieste Ausbildung fern vom Boden
finden, weswegen Hann den täglichen Gang des Windes in der Höhe
untersuchte. Für den Säntis (2500 m) z. B. war zunächst der tägliche
Gang des Druckes gegeben durch[2])

$$\varDelta p \,(\text{mm}) = 0.19 \sin (177^0 + nt) + 0.17 \sin (133^0 + 2nt).$$

Hier ist t die Ortszeit; eine Stunde entspricht 15^0.

Die Windkomponenten, welche mit diesem Luftdruck verbunden sind,
ergaben sich aus den Beobachtungen zu[3]):

$$u = 23 \sin (98 + nt) - 15 \sin (149 + 2nt) \ \text{cm/sec},$$
$$v = -14 \cos (214 + nt) + 14 \cos (150 + 2nt) \ \text{cm/sec}.$$

Die Phasen, welche jetzt unter der Klammer stehen, sollten der
Theorie nach die gleichen sein, wie die Phasen der Druckschwankung.

---

[1]) Wien. Sitz.-Ber., Bd. 111, Abt. IIa, 1902, Met. Zeitschr. 1903, S. 501,
daselbst 1908, S. 220 und 1910, S. 319.

[2]) Hann, Denkschr. Wien. Akad., Bd. 59, 1892, S. 304.

[3]) Hann, Met. Zeitschr. 1903, S. 509; die Amplituden sind auf die Hälfte
zu verkleinern (Gold a. a. O.); zum Vergleich mit den Druckphasen sind die
Phasen gegen das Original hier umgeschrieben.

Wie man sieht, ist dies nur für die doppelte Periode, hier aber ziemlich genau der Fall, während die Phasen der einfachen Periode der beiden Windkomponenten sehr stark sowohl voneinander als von der Phase des Druckes abweichen. Die halbtägige Windperiode folgt also der halbtägigen Barometerschwankung im Sinn des obigen Schemas. Die ganztägige Windperiode dürfte durch lokale Verhältnisse, wie Berg- und Talwinde, sehr stark beeinflußt sein; vermutlich haben im Gebirge die Druckgradienten der 24stündigen Periode nicht mehr die hier vorausgesetzten einfachen Werte.

Die Tatsache, daß die nur etwa 15 cm/sec betragende Amplitude der 12stündigen Windperiode aus den Beobachtungen nachgewiesen und mit der Theorie in Einklang befunden wurde, läßt den Schluß zu, daß es sich hier um eine durch lokale Erwärmungen usw. gar nicht beeinflußte Erscheinung handelt, sondern um eine Welle, die ungestört die Erde umkreist. Dies beweisen ja auch die zahlreichen Analysen des Druckes von den verschiedensten Orten der Erde, welche eine ganz auffallende Regelmäßigkeit der doppelten Periode lieferten.

Gold hat die Berechnung der täglichen Windperiode aus der Druckperiode noch weiter geführt, indem er in den obigen Bewegungsgleichungen die Reibung am Boden nicht mehr vernachlässigte. Die Windperioden erleiden hiedurch hauptsächlich eine Phasenverschiebung gegenüber den Druckperioden, doch wird die Übereinstimmung zwischen Theorie und Beobachtung auch damit keine vollständige. Schließlich hat Gold auch noch die vertikale Bewegung in Rücksicht gezogen und kam zu dem Ergebnis, daß dieselbe in ihrer täglichen Periode nur Amplituden der Ordnung 1 mm/sec aufweist.

95. Tägliche Periode von Luftdruck und Temperatur. Die Frage nach der Ursache der täglichen Periode des Luftdrucks, jener Tatsache, die im vorigen Abschnitt einfach als gegeben angenommen wurde, ist in verschiedener Weise beantwortet worden[1]). Die Regelmäßigkeit der halbtägigen Welle ließ auf eine der ganzen Erde gemeinsame Ursache schließen; daß es sich nicht um eine der Ebbe und Flut des Meeres analoge Erscheinung handelt, folgt nach Hann[2]) einfach daraus, daß keine wesentliche Mondperiode vorhanden ist, sondern die Welle der Sonnenzeit (Ortszeit) folgt.

Aus den Amplituden der ganztägigen Periode des Luftdrucks unter verschiedenen klimatischen Bedingungen ergibt sich, daß diese Periode mit der täglichen Temperaturschwankung in Zusammenhang steht. Die Temperaturzunahme im Laufe des Tages erzeugt eine mehr oder weniger regelmäßige Konvektionsströmung, die im Prinzipe bekannt, aber von den

---

[1]) Vgl. Hann, Lehrbuch, 3. Aufl., S. 197.
[2]) Lehrbuch, 3. Aufl., S. 182.

Exner, Dynamische Meteorologie. 2. Aufl. 26

lokalen Erwärmungsverhältnissen sehr abhängig ist; sie wird z. B. durch Gebirgsformationen (Berg- und Talwinde), durch die Verteilung von Kontinent und Wasser (Land- und Seewinde), stark beeinflußt. Die ausführlichste Erörterung einer solchen Konvektionsströmung verdanken wir Defant[1]).

Für die halbtägige Welle fehlt die analoge Temperaturwelle im gewöhnlichen Sinne des Wortes. Lord Kelvin äußerte nun die Ansicht, und Margules hat diese Ansicht durch die Rechnung bestätigt, daß die recht bedeutende halbtägige Welle des Druckes trotzdem durch eine sehr geringe halbtägige Temperaturschwankung zustande komme, weil die Atmosphäre als Ganzes eine freie Schwingung besitze, deren Periode ungefähr ein halber Tag sei. Die halbtägige Druckperiode wäre danach eine durch eine halbtägige Temperaturperiode erzwungene Schwingung, deren Amplitude sehr groß im Verhältnis zur erregenden Schwingung ausfällt, weil die Atmosphäre mitschwingt (Resonanz).

Der tägliche Gang der Temperatur läßt sich wie der des Druckes durch eine Fouriersche Reihe darstellen, in welcher Glieder mit 24, 12, 8... stündiger Periode vorkommen. So lange nun die Änderungen in Druck, Dichte und Geschwindigkeit, welche durch diese Wellen entstehen, nicht groß sind, werden alle diese Temperaturwellen für sich Druckwellen erzeugen, die sich gegenseitig nicht beeinflussen; sie werden im folgenden berechnet. Es entsteht also durch die 24-stündige Periode der Temperatur eine ebensolche des Druckes, durch die 12-stündige der Temperatur eine 12-stündige des Druckes usw. Das Amplitudenverhältnis der Druckschwingung und der sie erzeugenden Temperaturschwingung ist aber für jede Periode ein anderes; es wird ein Maximum, wenn zufällig die erregende Temperaturschwingung die gleiche Periode hat wie die Eigenschwingung der Atmosphäre.

Wir berechnen demnach die Amplituden der Druckwellen, welche durch die ganz- und halbtägige Temperaturwelle hervorgebracht werden. Wollte man die Rechnung noch vollständiger machen, so könnte man auch noch die Wirkung der 8- und 6-stündigen Temperaturwelle, die durch die Fouriersche Reihe gegeben wird, aufsuchen.

Jede Erwärmung, die sich nach 24, 12 oder 8 Stunden regelmäßig wiederholt, wird eine Drucksteigerung zur Folge haben, die in der gleichen Zeit wiederkehrt. Mit dieser sind auch die Luftbewegungen verbunden, die im vorigen Abschnitt berechnet wurden. Die Druckänderung ergibt sich als Folge der Temperaturänderung zunächst mittelst der Gasgleichung. Neben ihr haben wir noch die Kontinuitätsgleichung und die drei Bewegungsgleichungen zu benützen.

---

[1]) Wien. Sitz.-Ber., Bd. 118, Abt. II a, S. 553, 1909.

Margules[1]) hat die ganze Rechnung unter der vereinfachenden Voraussetzung durchgeführt, daß die Atmosphäre die Erde wie eine dünne Schale umgibt, in der nur horizontale Bewegungen vorkommen. Nur unter dieser Voraussetzung war es möglich, die Integration der Differentialgleichung des Druckes durchzuführen.

Anders ist Gold (a. a. O.) vorgegangen; er nahm die beobachtete Druckperiode als gegeben an und berechnete aus ihr nach der Kontinuitätsgleichung die Temperaturperiode, die dann mit der tatsächlichen verglichen werden kann. Hier konnte auch die vertikale Bewegung berücksichtigt werden[2]). Doch zeigt die Methode von Margules viel besser die Entwicklung der ganzen Erscheinung, weswegen wir derselben hier folgen.

Die beiden Bewegungsgleichungen für horizontale Bewegung lauteten (vgl. den vorigen Abschnitt)[3]):

$$\frac{d\,u}{d\,t} + 2\,n\cos\omega\,v + k\,u = -\frac{1}{\varrho\,S\sin\omega}\frac{\partial\,p}{\partial\,\lambda},$$
$$\frac{d\,v}{d\,t} - 2\,n\cos\omega\,u + k\,v = -\frac{1}{\varrho\,S}\frac{\partial\,p}{\partial\,\omega}.$$

Nach der hier verwendeten Bezeichnungsweise und bei Vernachlässigung der vertikalen Bewegungskomponente $\dot{r}$ wird aus der Kontinuitätsgleichung von S. 34:

$$\frac{\partial\,\varrho}{\partial\,t} + \frac{1}{S}\frac{\partial\,(\varrho\,v)}{\partial\,\omega} + \frac{1}{S\sin\omega}\frac{\partial\,(\varrho\,u)}{\partial\,\lambda} + \frac{\varrho\,v}{S}\cot g\,\omega = 0.$$

Wir lassen nun die quadratischen Glieder in den Bewegungsgleichungen weg (vgl. S. 33) und setzen $\frac{d\,u}{d\,t} = \frac{\partial\,u}{\partial\,t}$, $\frac{d\,v}{d\,t} = \frac{\partial\,v}{\partial\,t}$; ferner vernachlässigen wir die Glieder von zweiter Ordnung der Kleinheit in der letzten Gleichung, nämlich $v\frac{\partial\,\varrho}{\partial\,\omega}$ und $u\frac{\partial\,\varrho}{\partial\,\lambda}$. Auch sehen wir bei der folgenden Rechnung von der Bodenreibung k ab. Dann ist:

$$\frac{\partial\,u}{\partial\,t} + 2\,n\cos\omega\,v = -\frac{R\,T}{p\,S\sin\omega}\frac{\partial\,p}{\partial\,\lambda},$$
$$\frac{\partial\,v}{\partial\,t} - 2\,n\cos\omega\,u = -\frac{R\,T}{p\,S}\frac{\partial\,p}{\partial\,\omega},$$
$$\frac{\partial\,\varrho}{\partial\,t} + \frac{\varrho}{S}\left(\frac{\partial\,v}{\partial\,\omega} + \frac{1}{\sin\omega}\frac{\partial\,u}{\partial\,\lambda} + v\cot g\,\omega\right) = 0.$$

[1]) Erste Arbeit in Wien. Sitz.-Ber., Bd. 99, Abt. II a, S. 204, 1890; weitere Ausführungen daselbst, Bd. 102, S. 1369, 1893.

[2]) Ähnlich, aber noch allgemeiner ist die Untersuchung von P. Järisch (Met. Zeitschr. 1907, S. 481) angelegt. Dieser sucht Lösungen der Differentialgleichungen für Temperatur, Druck und Wind. Unter den allgemeinen Lösungen soll dann jene benutzt werden, welche dem tatsächlichen Temperaturverlauf entspricht. Doch ist diese Untersuchung nicht bis zu Ende geführt.

[3]) Bei Margules ist die W-E-Komponente der Bewegung u mit c, die N-S-Komponente v mit b bezeichnet.

Nun sollen die kleinen täglichen Änderungen von Druck, Temperatur und Dichte in der folgenden Weise bezeichnet werden:

$$T = T_0\,(1 + \tau), \quad p = p_0\,(1 + \varepsilon), \quad \varrho = \varrho_0\,(1 + \sigma).$$

Aus der Gasgleichung folgt $\varepsilon = \sigma + \tau$; T_0, p_0, ϱ_0 sind Konstanten. Die Größen ε, σ, τ sind klein gegen die Einheit. Man erhält dann:

$$\frac{\partial u}{\partial t} + 2\,n\,\cos\omega\,v = -\frac{R\,T_0}{S\,\sin\omega}\,\frac{\partial \varepsilon}{\partial \lambda},$$

$$\frac{\partial v}{\partial t} - 2\,n\,\cos\omega\,u = -\frac{R\,T_0}{S}\,\frac{\partial \varepsilon}{\partial \omega},$$

$$\frac{\partial \varepsilon}{\partial t} - \frac{\partial \tau}{\partial t} + \frac{1}{S}\left(\frac{\partial v}{\partial \omega} + \frac{1}{\sin\omega}\,\frac{\partial u}{\partial \lambda} + v\,\operatorname{cotg}\omega\right) = 0.$$

Diese drei Gleichungen gestatten prinzipiell die Berechnung der drei Größen ε, u, v, wenn τ als Funktion von Ort und Zeit gegeben ist.

I. Wir wollen zuerst die Bewegungen auf einer ruhenden Erde betrachten ($n = 0$). Indem die erste Gleichung nach λ, die zweite nach ω, die dritte nach t partiell differenziert wird, läßt sich u und v eliminieren, und man erhält aus der dritten Gleichung, indem wieder die Glieder, die Quadrate oder Produkte der Geschwindigkeit enthalten, weggelassen werden:

$$\frac{\partial^2 \varepsilon}{\partial t^2} - \frac{\partial^2 \tau}{\partial t^2} - \frac{R\,T_0}{S^2}\left(\frac{\partial^2 \varepsilon}{\partial \omega^2} + \frac{1}{\sin^2\omega}\,\frac{\partial^2 \varepsilon}{\partial \lambda^2} + \operatorname{cotg}\omega\,\frac{\partial \varepsilon}{\partial \omega}\right) = 0.$$

Wir berechnen zunächst die Wirkung einer ganztägigen Temperaturwelle, die sich von E nach W um die Erde fortpflanzt. Sie sei durch $\tau = A\sin\omega\sin(n\,t + \lambda)$ gegeben, so daß ihre Amplitude polwärts abnimmt. n hat hier die Bedeutung $\dfrac{2\,\pi}{\Theta}$, wo Θ die Schwingsdauer ($= 1$ Tag), und ist identisch mit der Winkelgeschwindigkeit der Erdrotation; die Bewegung geht so vor sich, wie wenn die Sonne in 24 Stunden die Erde umkreisen würde.

Eine Lösung obiger Differentialgleichung ist dann:

$$\varepsilon = B\sin\omega\sin(n\,t + \lambda).$$

Dazu muß sein: $B = A\,\dfrac{\dfrac{S^2\,n^2}{R\,T_0}}{\dfrac{S^2\,n^2}{R\,T_0} - 2}.$ Die Temperaturwelle erzeugt also eine synchrone Druckwelle; hoher Temperatur entspricht hoher Druck, so lange B das gleiche Vorzeichen hat wie A, sonst tiefer. Wenn $\dfrac{S^2\,n^2}{R\,T_0} - 2$ den Wert null hat, was von der Wahl der Konstanten abhängt, so wird B unendlich, wir haben den Fall der Resonanz. Eine ganz geringe

Temperaturwelle kann dann beliebig große Druckwellen erzeugen. Nun ist nS die Fortpflanzungsgeschwindigkeit der Welle am Äquator, $\sqrt{RT_0}$ ist die Newtonsche Schallgeschwindigkeit (bei isothermen Wellen). Es kommt also darauf an, welche von beiden größer ist.

Um die Wirkung einer halbtägigen Temperaturwelle auf den Druck zu erhalten, setzen wir: $\tau = A' \sin^2 \omega \sin 2\,(nt + \lambda)$. Die Gleichung gibt ein Integral in der Form:

$$\varepsilon = B' \sin^2 \omega \sin 2\,(nt + \lambda),$$

wo nun $B' = A' \dfrac{\dfrac{2\,n^2 S^2}{R\,T_0}}{\dfrac{2n^2 S^2}{R\,T_0} - 3}.$

Die Verhältnisse sind den früheren analog; nur ist die Bedingung für die maximale Druckamplitude jetzt eine andere.

Setzt man $T_0 = 273^0$, $S = 6371$ km, so kann man für einen Augenblick von den tatsächlichen Periodenlängen (24 und 12 Stunden) absehen und fragen, welche Perioden nötig wären, um die einfache und doppelte Druckamplitude unendlich zu machen. Man findet für die einfache Welle $\Theta = 28{\cdot}09$, für die doppelte $\Theta' = 16{\cdot}23$ Stunden.

Die größtmögliche einfache Schwingung liegt also in ihrer Periode näher an der 24-stündigen als die doppelte an der 12-stündigen. Bei Berücksichtigung der Erdrotation ändert sich dies, wie später ausgeführt wird.

Nehmen wir die wirkliche Größe von $n = \dfrac{2\,\pi}{24 \cdot 3600}$ sec^{-1} und setzen $T_0 = 273^0$, so wird für die ganztägige Welle $B = 3{\cdot}710\,A$, für die halbtägige $B' = 2{\cdot}212\,A'$. Sei nun z. B. am Äquator zur Zeit der größten Erwärmung $\tau\,T_0 = 1^0$, so folgt, wenn $p_0 = 760$ mm, die Druckamplitude für die ganztägige Welle $\varepsilon\,p_0 = 10{\cdot}3$ mm Hg, für die halbtägige $\varepsilon\,p_0 = 6{\cdot}2$ mm Hg.

Die Windverteilung, welche mit diesen Druckperioden verbunden ist, entspricht bei ruhender Erde ganz dem Schema des vorigen Abschnitts (S. 400), das für die rotierende Erde abgeleitet wurde, wie ein Vergleich der Differentialgleichungen zeigt. Die Phasen sind dieselben nur die Amplituden sind anders ausgedrückt.

Da mit den obigen Konstanten die Druckamplituden B und B' das gleiche Vorzeichen haben wie die Temperaturamplituden A und A', so hat der Ort mit höchster Temperatur Ostwind, der mit niedrigster Westwind. Wäre $\dfrac{B}{A}$ negativ, so würden sich die Verhältnisse umkehren.

II. Wenn die Erde rotiert, so ist die Integration der Gleichungen von S. 404 ungleich schwieriger. Wir geben die Margulessche Rechnung in kurzen Zügen wieder.

a) Es soll zunächst die **ganztägige** Temperaturperiode in der Form gegeben sein: $\tau = A(\omega) \sin(nt + \lambda)$. (Die Amplitude A sei eine Funktion der Poldistanz.) Die Gleichungen werden dann nach t und λ befriedigt durch Lösungen von der Form:

$$\varepsilon = E(\omega) \sin(nt + \lambda), \quad u = \psi(\omega) \sin(nt + \lambda), \quad v = \varphi(\omega) \cos(nt + \lambda).$$

Durch Einsetzen in dieselben ergeben sich für die Bestimmung der Funktionen E, ψ und φ folgende drei Bedingungen:

$$S n(E - A) + \frac{1}{\sin \omega}\left[\frac{d(\varphi \sin \omega)}{d \omega} + \psi\right] = 0,$$

$$\psi = -\frac{R T_0}{S n} \frac{\dfrac{E}{\sin \omega} + 2 \cos \omega \dfrac{d E}{d \omega}}{1 - 4 \cos^2 \omega},$$

$$\varphi = \frac{R T_0}{S n} \frac{2 E \operatorname{cotg} \omega + \dfrac{d E}{d \omega}}{1 - 4 \cos^2 \omega}.$$

Die beiden letzten Gleichungen drücken die Amplituden der Bewegungskomponenten aus und sind naturgemäß mit den S. 399 abgeleiteten Amplituden identisch.

Um diese drei Gleichungen zu lösen, wird zunächst eine Hilfsfunktion $\Phi(\omega) = \dfrac{n S}{R T_0} \varphi(\omega) \sin \omega$ eingeführt. Durch Elimination von ψ findet man:

$$\Phi(1 - 4 \cos^2 \omega) = 2 E \cos \omega + \frac{d E}{d \omega} \sin \omega,$$

$$\frac{S^2 n^2}{R T_0}(E - A) + \frac{1}{\sin \omega}\left[\frac{d \Phi}{d \omega} - 2 \Phi \operatorname{cotg} \omega - \frac{E}{\sin \omega}\right] = 0.$$

Man wählt nun für $\Phi(\omega)$ einen Ausdruck, welcher, mit einer beliebig großen Zahl von Konstanten behaftet, die Darstellung einer empirischen Geschwindigkeitsverteilung ermöglicht, nämlich:

$$\Phi(\omega) = C \cos \omega \left(\alpha_1 \sin \omega + \alpha_3 \sin^3 \omega + \alpha_5 \sin^5 \omega + \cdots\right).$$

Nach der ersten der obigen Gleichungen hat die Funktion E die Form:

$$E(\omega) = C\left[\beta_1 \sin \omega + \beta_3 \sin^3 \omega + \beta_5 \sin^5 \omega + \cdots\right],$$

wobei

$$\beta_1 = -\alpha_1, \quad \beta_3 = \frac{4 \alpha_1 - 3 \alpha_3}{5}, \quad \beta_5 = \frac{4 \alpha_3 - 3 \alpha_5}{7} \cdots$$

Um die zweite Gleichung auszuwerten, muß eine Annahme über die Amplitude der ganztägigen Temperaturwelle gemacht werden. Margules setzt: $A(\omega) = C \sin \omega$. Wird dieser Wert und der Ausdruck für E und Φ in die Differentialgleichung eingeführt, so müssen alle Glieder, die gleiche

Potenzen von $\sin \omega$ und $\cos \omega$ enthalten, null werden. Auf diese Weise ergibt sich eine Reihe von Gleichungen:

$$\left(1 + \frac{3}{5}\right)\alpha_3 - \left(k + \frac{4}{5}\right)\alpha_1 - k = 0,$$

$$\left(3 + \frac{3}{7}\right)\alpha_5 - \left(\frac{3}{5}k + \frac{4}{7} + 2\right)\alpha_3 + \frac{4}{5}k\,\alpha_1 = 0,$$

$$\cdot \quad \cdot \quad \cdot \quad \cdot \quad \cdot \quad \cdot \quad \cdot \quad \cdot \quad \cdot \quad \cdot \quad \cdot \quad \cdot \quad \cdot$$

$$\left(i - 2 + \frac{3}{i+2}\right)\alpha_i - \left(\frac{3}{i}k + \frac{4}{i+2} + i - 3\right)\alpha_{i-2} + \frac{4}{i}k\,\alpha_{i-4} = 0 \ ,$$

für $i = 5,\ 7,\ 9 \cdots$, wobei $k = \dfrac{n^2 S^2}{R T_0}$.

Um die unbekannten Koeffizienten α zu bestimmen, wird nach dem Vorgang von Laplace geschrieben:

$$\frac{\alpha_{i-2}}{\alpha_{i-4}} = \frac{4\,k\,(i+2)}{3\,k\,(i+2) + (i-2)\,i\,(i+1) - (i-1)\,i\,(i+1)\dfrac{\alpha_i}{\alpha_{i-2}}}.$$

Man erhält so:

$$q_1 = \frac{\alpha_3}{\alpha_1} = \frac{4\,k \cdot 7}{3\,k \cdot 7 + 3 \cdot 5 \cdot 6 - 4 \cdot 5 \cdot 6 \cdot \dfrac{\alpha_5}{\alpha_3}},$$

$$q_3 = \frac{\alpha_5}{\alpha_3} = \frac{4\,k \cdot 9}{3\,k \cdot 9 + 5 \cdot 7 \cdot 8 - 6 \cdot 7 \cdot 8 \cdot \dfrac{\alpha_7}{\alpha_5}},\ \text{usw.}$$

Setzt man hier stets die folgende in die vorhergehende Gleichung ein, so wird jedes q durch einen unendlichen Kettenbruch ausgedrückt, der sehr rasch konvergiert, da der Nenner sehr rasch wächst und die q stets kleiner werden. Margules führte die Rechnung bis q_{19} aus. Sind die q einmal alle bekannt, so kann α_1 aus der ersten Gleichung oben berechnet werden und damit weiter jedes der folgenden α.

Um die Rechnung wirklich durchzuführen, benötigt man den numerischen Wert von k, welcher im gegebenen Problem von der Mitteltemperatur T_0 der Atmosphäre abhängt. Margules berechnete diese Kettenbrüche für zwei Werte von k, nämlich $k = 2 \cdot 5$ und $k' = 2 \cdot 7352$, die für $T_0 = 298 \cdot 7^0$ und $T_0 = 273^0$ gelten. Er fand z. B. für die letztere Temperatur:

$$
\begin{array}{ccccc}
\alpha_1 & \alpha_3 & \alpha_5 & \alpha_7 & \alpha_9 \\
-1 \cdot 146 & -0 \cdot 823 & -0 \cdot 279 & -0 \cdot 053 & -0 \cdot 006.
\end{array}
$$

Die Konvergenz der Kettenbrüche ist hieraus klar zu erkennen. Einen ähnlichen Verlauf zeigen die Werte β.

Man findet nun folgende Beträge für die relative Druckschwankung in verschiedenen Poldistanzen:

$$
\begin{array}{lcccc}
\omega = & 90^0 & 60^0 & 45^0 & 30^0, \\
\dfrac{E(\omega)}{C} = & 0 \cdot 23 & 0 \cdot 50 & 0 \cdot 58 & 0 \cdot 51.
\end{array}
$$

Ist die Temperaturschwankung am Äquator z. B. 1^0, so ist die Druckschwankung daselbst 0.64 mm Hg, in 45^0 Breite 1.6 mm.

b) Wird eine halbtägige Temperaturperiode als erregende Welle angenommen, also $\tau = A(\omega) \sin 2(nt + \lambda)$, so gestaltet sich die Rechnung ähnlich. Die Lösungen werden unter analogen Formen gesucht wie oben:

$$\varepsilon = E(\omega) \sin 2(nt + \lambda),$$
$$u = \psi(\omega) \sin 2(nt + \lambda),$$
$$v = \varphi(\omega) \cos 2(nt + \lambda).$$

Hier muß nun, damit die Gleichungen von S. 404 erfüllt werden, gelten:

$$\varphi = \frac{R T_0}{2 n S} \frac{2 E \cot \omega + \dfrac{dE}{d\omega}}{\sin^2 \omega}, \quad \psi = -\frac{R T_0}{2 n S} \frac{\dfrac{2 E}{\sin \omega} + \dfrac{dE}{d\omega} \cos \omega}{\sin^2 \omega} \quad \text{(vgl. S. 399)}$$

und

$$2 n S (E - A) + \frac{1}{\sin \omega} \left[\frac{d(\varphi \sin \omega)}{d\omega} + 2\psi \right] = 0.$$

Aus diesen Gleichungen wird φ und ψ eliminiert, wodurch die neue Differentialgleichung entsteht:

$$\frac{d^2 E}{d\omega^2} \sin^2 \omega - \frac{dE}{d\omega} \sin \omega \cos \omega + E(4 k \sin^4 \omega + 2 \sin^2 \omega - 8) = 4 k A(\omega) \sin^4 \omega.$$

Margules setzt nun die Temperaturamplitude $A(\omega) = C \sin^2 \omega$. Dann ist ein Integral der Differentialgleichung gegeben durch:

$$E(\omega) = C(\alpha_0 + \alpha_2 \sin^2 \omega + \alpha_4 \sin^4 \omega + \cdots),$$

und zwar unter der Bedingung, daß folgende Gleichungen gelten:

$$\alpha_0 = 0, \quad \alpha_2 = 0,$$
$$(4 \cdot 6 - 8)\alpha_6 - (3 \cdot 4 - 2)\alpha_4 - 4 k = 0,$$
$$(i^2 + 6 i)\alpha_{i+4} - (i^2 + 3 i)\alpha_{i+2} + 4 k \alpha_i = 0 \quad \text{für } i = 4,\ 6,\ 8 \cdots$$

Nun folgt eine der obigen analoge Kettenbruchentwicklung; deren allgemeine Form ist:

$$q = \frac{\alpha_{i+2}}{\alpha_i} = \frac{4 k}{i(i+3) - i(i+6)\dfrac{\alpha_{i+4}}{\alpha_{i+2}}}$$

Wieder konvergiert der Bruch rasch. Er muß für verschiedene numerische Werte von k berechnet werden; die α-Werte sind für $4 k = 11.1$ ($T_0 = 269.1^0$) groß und negativ; für $4 k = 11.2$ ($T_0 = 266.7^0$) groß und positiv, nämlich:

	α_4	α_6	α_8	α_{10}	α_{12}
$T_0 = 269.1^0$	-247.8	-154.2	-39.2	-5.6	-0.5
„ 266.7	101.8	64.3	16.5	2.4	0.2

Wenn T_0 nahezu 268^0 wird, so ist α_4 unendlich. In der Nähe dieses Wertes von T_0 werden ganz geringe Temperaturwellen zu sehr großen Druckwellen führen, offenbar, weil die Eigenperiode der Atmosphäre dann nahezu mit der erzwungenen zwölfstündigen Periode zusammenfällt. Lord Kelvins Vermutung, die doppelte tägliche Barometerschwankung verdanke ihre Intensität dem Zufall, daß die Atmosphäre der Erde Eigenschwingungen von nahezu zwölf Stunden Dauer ausführt, wird also durch Margules' Rechnungen bestätigt. Bei $T_0 = 298{\cdot}7$ findet dieser für den Äquator $\varepsilon = -10{\cdot}26\, C \sin 2\,(n\,t + \lambda)$. Eine Temperaturamplitude von $0{\cdot}038^0$ daselbst würde schon eine Druckamplitude von 1 mm Hg erzeugen.

Ist die Mitteltemperatur der Atmosphäre höher als 268^0, so werden alle α negativ, ist sie niedriger, positiv. Es entspricht daher einem Maximum der Temperatur im ersten Falle ein Minimum, im zweiten ein Maximum des Druckes; die Extreme fallen auch bei dieser Rechnung stets aufeinander, wie bei der ruhenden Erde; die Phasenverschiebung beträgt 0^0 oder 180^0.

Margules' Rechnung ist nach zwei Richtungen hin nicht ganz vollständig. Einmal könnte verlangt werden, daß auch das dritte und vierte Glied der Fourierschen Temperaturreihe auf seine Wirkung bezüglich einer entsprechenden Druckperiode untersucht werde. Dies konnte unterlassen werden, da die ersten zwei Glieder der Temperaturreihe zur Darstellung des täglichen Temperaturganges tatsächlich ziemlich ausreichen, so daß die Amplituden der höheren Glieder nur sehr klein sein können. Ferner ist von Margules vorausgesetzt, daß die 24stündige und 12stündige Periode einander nicht beeinflussen; denn nur unter diesen Umständen erzeugt jede Temperaturperiode für sich die entsprechende Druckperiode. Diese Voraussetzung steckt in der Vernachlässigung der quadratischen Glieder der Bewegungsgleichungen. Da nun aber, wie im vorigen Abschnitt bemerkt, die Windgeschwindigkeiten der täglichen Periode wirklich sehr klein sind, so war auch diese Voraussetzung erlaubt.

Man hat bei der Margulesschen Theorie der täglichen Barometerschwankung daran Anstoß genommen, daß die reelle Erscheinung der doppelten Schwankung des Luftdruckes durch eine aus dem täglichen Temperaturgang herausgelöste doppelte tägliche Temperaturschwankung zustande kommen soll, welche ein bloßes Rechnungsergebnis der Entwicklung nach der Fourier'schen Reihe sei und physikalisch nicht existiere. Margules selbst hat aus diesem Grunde seine Theorie bloß als Rechnung bezeichnet wissen wollen[1]).

Doch fällt der scheinbare Widerspruch, daß ein Rechnungsergebnis physische Folgen habe, weg, wenn man die zwei Druckperioden, die sich aus den zwei Temperaturperioden ergaben, nun wieder zusammengesetzt

---

[1]) Met. Zeitschr. 1903, S. 562.

denkt; man erhält dann die Kurve, welche der Barograph schreiben muß, wenn die Temperaturperiode, die in zwei Wellen zerlegt wurde, wirklich vorhanden ist. Die doppelte tägliche Barometerschwankung ist ja ebenso wenig allein vorhanden wie die entsprechende Temperaturschwankung. Auch sie ist in diesem Sinne ein Rechnungsergebnis, das sich in seiner Reinheit nur nach Abzug der ganztägigen Welle ergibt. Das Ergebnis der Theorie ist also, daß die wirkliche tägliche Temperaturkurve tatsächlich eine tägliche Druckkurve von wesentlich anderer Gestalt erzeugt; die Zerlegung beider Kurven nach der Fourierschen Reihe ist nur ein Rechnungsbehelf.

Das Margulessche Resultat bezüglich des Zusammentreffens von Temperatur- und Druckextremen entspricht nicht den Tatsachen. Daher hat Margules in die Bewegungsgleichungen noch die Reibung am Boden eingeführt[1]), wobei sich zeigte, daß nun die Druckperiode eine Phasenverschiebung gegen die Temperaturperiode erhielt. Doch entsprach sie nicht gut den Beobachtungen. Daher hat Gold (a. a. O.) nun auch noch die vertikale Bewegung berücksichtigt, also die Annahme fallen lassen, die Atmosphäre sei eine dünne Schale. Vor kurzem hat auch H. Lamb[2]) das Problem in Angriff genommen, indem er Rücksicht auf die Abnahme der Temperatur mit der Höhe nahm; doch betrachtet er die Atmosphäre nicht als Kugelschale. Ein näheres Eingehen auf diese Details würde zu weit führen; das Wesentliche des Problems scheint durch Margules gelöst worden zu sein.

96. Freie elastische Schwingungen der Atmosphäre.

Die Margulessche Theorie der täglichen Barometerschwankung fußt auf den Eigenschwingungen der Atmosphäre. Margules hat daher diese letzteren auch direkt untersucht. Die Frage ist: welche Eigenbewegungen führt die Atmosphäre auf irgend eine Störung ihrer Ruhelage hin aus?

In dieser Allgemeinheit würde die Beantwortung der Frage die sämtlichen Luftbewegungen enthalten müssen, die auf der Erde durch eine einmalige Störung irgendwelcher Art möglich sind. Es ist klar, daß dies unendlich viele sein werden. Man muß daher Einteilungen machen, welche eine Übersicht über die möglichen Bewegungen gewähren.

Wäre keine Reibung vorhanden, so würde jede Störung (theoretisch bis in die Unendlichkeit) fortbestehen, es würden Wellen auftreten analog denen einer gezupften Violinseite. Bei allen derartigen Bewegungen würde die Luft in der Regel nicht zum tiefen Druck strömen; denn sonst würde ja das Tiefdruckgebiet bald ausgefüllt sein. Nun werden aber Bewegungen gegen den Gradienten nur selten wirklich beobachtet, wie etwa bei den

---

[1]) a. a. O. 1893; die Rechnungen sind zu weitläufig, um hier wiedergegeben zu werden.

[2]) Proc. Roy. Soc. London, Serie A, Vol. 84, S. 551, 1910; wie es scheint, hatte Lamb keine Kenntnis von Margules' Untersuchungen, die 20 Jahre älter sind.

täglichen Drehungen der Windrichtung auf Berggipfeln (vgl. Abschnitt 94), die übrigens keine freien, sondern erzwungene Wellen sind. Sonst findet man vorwiegend Bewegungen in der Richtung des Gradienten, allerdings nach der Buys-Ballotschen Regel abgelenkt. Margules schließt daraus, daß die Reibung der Luft bei deren Bewegung eine große Rolle spielen muß. Wenn eine Störung sich unter Reibung auszugleichen strebt, so tritt entweder eine zeitliche Abnahme der Amplitude auf, wobei die Schwingungen allmählich erlöschen, oder die Bewegung wird bei noch größerer Reibung eine ausfüllende, aperiodische. Hier ist die Strömung gegen den Gradienten ganz verschwunden, bei der erlöschenden Schwingung ist sie mehr oder weniger reduziert.

Wir können also schließen, daß in der Atmosphäre freie Schwingungen keine große, selbständige Rolle spielen. Sie sind hauptsächlich dort von Bedeutung, wo sie eine erzwungene Welle vergrößern, wie bei der doppelten täglichen Periode des Luftdruckes. Wäre die Reibung nicht von so großer Wirkung, dann würde es vermutlich viele atmosphärische Erscheinungen von periodischem Verlauf geben und die Untersuchung der freien Wellen in der Atmosphäre wäre von viel größerer Bedeutung als dies tatsächlich der Fall ist. Es bleibt freilich denkbar, daß in hohen Schichten der Atmosphäre, wo die Reibung gering ist, die freien Wellen eine größere Rolle spielen; doch ist darüber nichts Näheres bekannt.

Wir beschränken uns aus diesen Gründen hier auf eine kurze Darstellung der wichtigsten Ergebnisse[1]). Die Bewegungen der Luft sollen isotherm verlaufen; da die Wellen viel längere Perioden haben, als z. B. die Schallwellen, so ist diese Vereinfachung erlaubt. Es gelten die Gleichungen[2]) von S. 404, wenn in der letzten derselben, der Kontinuitätsgleichung, die Temperaturschwankung $\tau = 0$ gesetzt wird; also:

$$\frac{\partial u}{\partial t} + 2\nu \cos \omega\, v = - \frac{R\,T_0}{S \sin \omega} \frac{\partial \varepsilon}{\partial \lambda}, \qquad \frac{\partial v}{\partial t} - 2\nu \cos \omega\, u = - \frac{R\,T_0}{S} \frac{\partial \varepsilon}{\partial \omega},$$

$$\frac{\partial \varepsilon}{\partial t} + \frac{1}{S \sin \omega} \left[\frac{\partial u}{\partial \lambda} + \frac{\partial (v \sin \omega)}{\partial \omega} \right] = 0.$$

Hier ist für die Rotationsgeschwindigkeit der Erde statt n der Buchstabe ν gewählt, während n für die Eigenperioden der Atmosphäre reserviert bleibt, die nun nicht mehr Bruchteile eines Tages zu sein brauchen.

Die Lösungen obiger Gleichungen werden unter der Form gesucht:

$$\varepsilon = E(\omega) \sin (hl + nt), \quad u = \psi(\omega) \sin (hl + nt), \quad v = \varphi(\omega) \cos (hl + nt).$$

---

[1]) Die Margulesschen Arbeiten sind in den zwei Abhandlungen: Wien. Sitz.-Ber., Bd. 101, Abt. II a, 1892, S. 597, und Bd. 102, 1893, S. 11, erschienen; eine sehr klare Darstellung ihres Inhalts gab Trabert in populärer Form in Met. Zeitschr. 1903, S. 481.

[2]) Die Vernachlässigung der quadratischen Glieder bedeutet die Weglassung der Zentrifugalkräfte neben der ablenkenden Kraft der Erdrotation. Es könnte dann auf einer ruhenden Erde eine stationäre Strömung ohne irgendwelchen Druckgradienten bestehen.

Die Größe h soll 0, 1, 2, 3 usw. sein. Für $h = 1$, $n = \nu$ gehen die Gleichungen in die der eintägigen, für $h = 2$, $n = 2\nu$ in die der halbtägigen Barometerschwankung über. Ist $h = 0$, so hängen die Veränderlichen ε, u, v von der geographischen Länge nicht ab; wir haben es mit „zonaler" Verteilung von Druck und Wind zu tun. Bewegungen dieser Art rechnet Margules unter die „zonale Klasse".

Werden wie im früheren Abschnitt diese Lösungen in die Differentialgleichungen eingesetzt, so ergeben sich Bedingungsgleichungen für die Funktionen E, φ, ψ. Eine allgemeinere Form, unter welcher φ dargestellt werden kann, ist, ähnlich wie früher:

$$\varphi = \sin \omega \, (a_1 \cos \omega + a_3 \cos^3 \omega + a_5 \cos^5 \omega + \ldots).$$

Nach ihr ist am Äquator die meridionale Bewegung stets null. Lösungen dieser Art werden als „pare" bezeichnet, der Äquator ist eine Knotenlinie, die Schwingungen sind auf den beiden Hemisphären zueinander symmetrisch.

Eine andere Form für φ ist:

$$\varphi = \sin \omega \, (a_0 + a_2 \cos^2 \omega + a_4 \cos^4 \omega + \ldots).$$

Hier geht die meridionale Bewegung von einer Halbkugel zur anderen über („impare Wellen").

In beiden Fällen sind zur Berechnung der Größen a Kettenbruchgleichungen zu lösen, ähnlich den früheren. Aus ihnen ergibt sich eine Reihe von Werten n, die die Periodenlängen der freien Schwingungen bestimmen (Typus 1, 2, 3 usw.). Bei den paren Schwingungen der zonalen Klasse haben die drei längsten Perioden (drei ersten Typen) die Dauer 0.5165[1]), 0.3283 und 0.2400 Tage, bei den imparen 0.8516, 0.3994 und 0.2779 Tage; dabei ist die Mitteltemperatur der Erde zu 273^0 angenommen.

Die Bewegungen sind hier gegen die Gradienten gerichtet. Wäre die Erde in Ruhe, so würde die Bewegung längs der Parallelkreise ganz fehlen. Durch ihre Rotation werden die meridionalen Bewegungen, welche die zonale Druckverteilung bewirken, gegen W, bzw. E abgelenkt.

Es gibt noch eine dritte Art von Bewegungen, die den Differentialgleichungen entsprechen und dabei von λ unabhängig sind; die nämlich, wo $v = 0$ und $u = \Psi(\omega)$, wobei Ψ eine beliebige Funktion von ω. Hier haben wir Strömungen in stationärem Zustand, wie sie im Abschnitt 36 behandelt wurden, Bewegungen parallel zu den Isobaren.

Ist die Größe h nicht mehr null, sondern 1, 2 usw., so haben wir es mit Wellen zu tun, die westwärts wandern, wenn $n > 0$, ostwärts,

---

[1]) Auf diese Schwingung zwischen Äquator und Pol weist Alt (l. c.) besonders hin.

wenn $n < 0$. Margules bezeichnet solche, wo $h = 1, 2$ usw., als Wellen der Klasse 1, 2; bei ihnen findet sich auf dem Äquator ein Maximum des Druckes, bzw. deren zwei usw.

Werden unter Beibehaltung von h nun die allgemeinen Lösungen von oben ($\varepsilon = E \sin(hl + nt)$ usw.) in die Differentialgleichungen eingesetzt, so ergeben sich wieder Bedingungsgleichungen für E, φ und ψ, die durch Kettenbruchgleichungen gelöst werden. Der Werte n, welche dabei herauskommen, gibt es wieder unendlich viele (Typus 1, 2, 3 usw.).

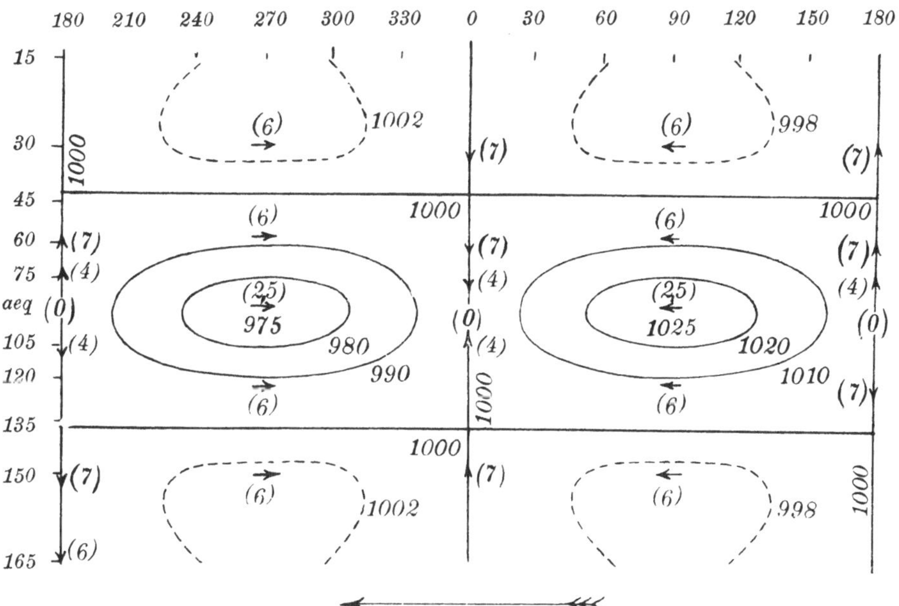

Reibungsloses System. Rotationsdauer der Schale 24 Stunden   Westwärts wandernde pare Welle erster Klasse.   Typus 1.   Umlaufsdauer der Welle 13·87 Stunden.

Fig. 103.

Margules hat namentlich die Wellen der ersten und zweiten Klasse untersucht. Es ergeben sich positive und negative Werte von n, die Wellen wandern teils westwärts, teils ostwärts mit verschiedenen Geschwindigkeiten. Von den ersteren gibt es zwei Arten, solche mit größerer und solche mit kleinerer Geschwindigkeit; die letzteren entsprechen bei der ruhenden Erde den stationären Bewegungen. Alle diese Wellen zerfallen wie die zonalen wieder in pare und unpare. Bei ersteren ist die Bewegung auf der südlichen Halbkugel das Spiegelbild von der auf der nördlichen.

Die paren Wellen vom Typus 1 haben beispielsweise die folgende Umlaufsdauer:

Stehende Wellen, zonale Klasse: 20·4 Stunden.

Westwärts wandernde Wellen erster Art; 1. Kl.: 13·9 St., 2. Kl.: 23·9 St.[1])

„   „   „   zweiter „   „   130·7 „   „   187·5 „

Ostwärts   „   „   „   36·6 „   „   36·8 „

Es sei noch bemerkt, daß auf einer ruhenden Erde auch die Wellen der ersten und höheren Klassen stehende wären, wie es auf der rotierenden nur die der zonalen Klasse sind; d. h. es wären Knotenlinien vorhanden.

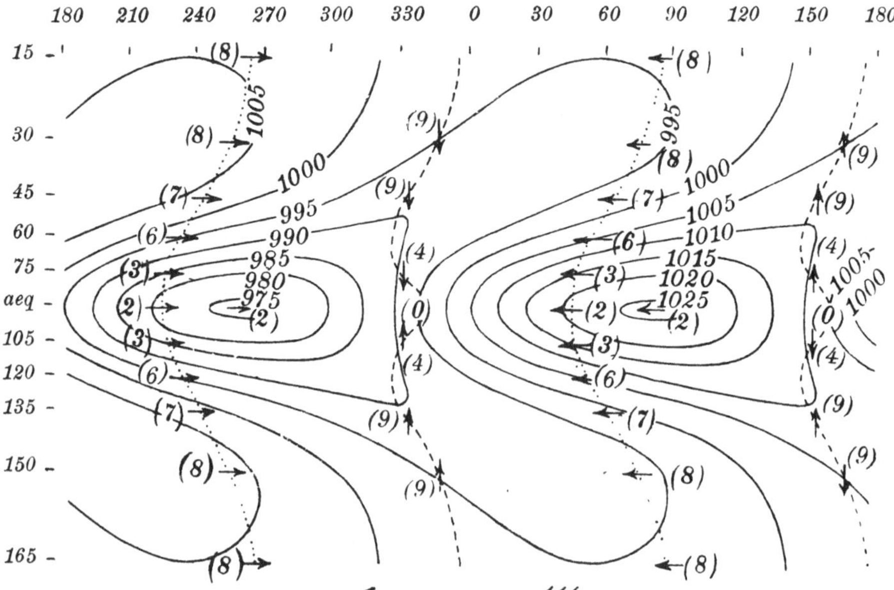

Rotationsdauer der Schale 24·07 Stunden. Reibungskonstante k = 0·352 (Stunde⁻¹.)
Westwärts wandernde, erlöschende Welle erster Klasse. Typus I. Umlaufsdauer

$$14\cdot6\ \textit{Stunden, Abschwächung in 24 Stunden}\ \frac{1}{983}.$$

Fig. 101.

Auf der rotierenden Erde werden jene Wellen alle zu fortschreitenden. Hieraus folgt, daß die Fortbewegung von Gebieten hohen oder tiefen Druckes schon allein durch die Rotation der Erde bedingt sein kann. Die Rotation bringt eine Asymmetrie in die Verhältnisse, die bei ruhender Erde fehlen würde.

Tritt die Reibung an der Erdoberfläche hinzu, so werden die Schwingungen der Atmosphäre noch verwickelter. Die allgemeinen Be-

---

[1]) Dieser Wert entspricht fast genau einem Tage; er ist die Ursache für die Größe der doppelten täglichen Barometerschwankung.

wegungsgleichungen auf S. 404 sind durch den Zusatz der Reibungsglieder ku und kv zu ergänzen. Die Integration derselben gelingt unter ähnlichen Verhältnissen wie früher. Je nach der Größe der Reibungskonstante teilen sich die Bewegungen in ausfüllende (aperiodische) und in erlöschende Schwingungen. Durch die Reibung ist die Periodenlänge der letzteren unbedeutend vergrößert. Die Abnahme der Amplitude mit der Zeit erfolgt bei den rasch westwärts wandernden Wellen viel schneller (in 24 Stunden Abnahme auf etwa 0·001), als bei den langsam westwärts wandernden zweiter Art und den ostwärts wandernden (in 24 Stunden etwa auf 0·2 bis 0·1). Die Bewegungen bei den ersten Wellen widersprechen der Buys-Ballotschen Regel (auf der nördlichen Halbkugel hoher Druck links von der Bewegung), die bei den zwei letzten folgen dieser Regel. Bei all diesen Wellen tritt der Hochdruck nicht in allen Breiten zur gleichen Zeit ein, sondern es sind Phasenverschiebungen da, welche die Isobaren unsymmetrisch gestalten (vgl. Fig. 104). Margules hat einzelne dieser Wellen berechnet und auch graphisch dargestellt. Wir geben hier als Beispiel seine Zeichnung der westwärts wandernden Welle erster Art, und zwar die pare Welle erster Klasse mit bloß einem Maximum und Minimum auf jedem Breitenkreis. Fig. 103 gibt die Druck- und Windverteilung (erstere bezogen auf den Mittelwert 1000) ohne Reibung, Fig. 104 dieselbe mit Reibung.

Register.

A.

Abgleitfläche 311
Ablenkungskraft der Erdrotation 28.
— Größentabelle ders. 100.
Ablenkungswinkel 109, 121.
Abplattung der Erde 3.
Absorption der Wärme 47.
— — — durch Wasserdampf 64.
Absorptionsvermögen 63.
Absteigende Luftströme 82.
Abtrieb 47.
Achse der Zyklonen 195, 350.
Adiabaten des Regenstadiums 17.
— des Trockenstadiums 16.
Adiabatische Ausdehnung und Kompression 47, 85.
— Vorgänge 12, 13.
Advektion 291.
Aerologische Daten 288.
Ähnlichkeitsprinzip von Helmholtz 92.
Aktionszentren der Atmosphäre 188, 241, 248.
Albedo der Erde 63.
Anomalien der allgemeinen Zirkulation 242.
Antipassat 211.
Antizyklonale Bewegung 98.
— Diskontinuitäten 200.
Antizyklonen, niedrige 344.
— hohe 355, 363.
Anziehungskraft von Newton 3.
Äquator, Ostwinde darüber 224.
Äquatoriale Strömungen 223.

Arbeit der Druckkräfte 149.
Asymmetrische Temperaturverteilung in Antizyklonen und Zyklonen 349.
Atmosphäre 2.
— homogene 37.
— Aufbauschungen u. Einsenkungen derselben 282, 290, 307.
Aufbau der Zyklonen und Antizyklonen 366.
Aufgleitfläche 301.
Aufstiegshöhe warmer Luft 51.
Auftrieb 47.
Ausbreitungsgeschwindigkeit der Kältewellen 313, 319.
Ausbreitung und Temperaturgradient 85.
Ausdehnungsarbeit 150.
Ausdehnungskoeffizient 9.
Ausfüllende Bewegungen 129, 285.
Ausgleichsniveau, Erdoberfläche als . . . 132, 286.
Auslösung von Kälteeinbrüchen 311, 335.
Ausstrahlung 63.
Austausch 124.
— und Wärmetransport 239.

B.

Bar 8.
Barisches Windgesetz 97.
Barometerschwankung, tägliche 399, 401.
Barometrische Höhenformel 41.
Beschleunigung, vertikale 30, 124.

Bewegung eines Massenpunktes auf der Erdoberfläche 25.
— gegen den Gradienten 129.
Bewegungen, ausfüllende 129.
—, nichtstationäre 129, 311.
—, stationäre 129, 187.
Bewegungsgleichungen der Mechanik 19.
— einfachste 26.
—, hydrodynamische 31.
— im rotierenden System 22.
Bildung von Wirbeln 253.
— der Zyklonen 273, 337.
Böenfläche 311.

C.

Clayton-Egnellscher Satz 283.

D.

Dampfdruck 9.
Depressionen, niedrige 344.
—, hohe 355, 363.
Dichte der Luft 7, 231.
Differenzialgleichung der Statik 36.
— des Druckes 293, 298.
Diskontinuitätsflächen 192.
Divergenz von Stromlinien 70.
Drehung der Isobaren mit der Höhe 300.
Druckanomalien 245.
Druckänderungen, ihre Ursache 286.
—, ihre Voraussage 298.
Druckänderung und Kontinuitätsgleichung 75.
Druckgradient 33.
—, vertikaler 134.

Druckkraft 32.
Druckschwankung, Höhe der maximalen 291.
Druck- und Temperaturgefälle 190.
Druckverteilung in bewegten Zyklonen 270.
Durchbruch feuchter Luft durch trockene 167.
Dynamische Aktionszentren 247.
Dynamisches Meter 6.

E.

Eigenschwingung der Atmosphäre 410.
Einbruchsfläche 311.
Einbruchsstelle kalter Luft 248, 336.
Energie der Luftbewegungen 144.
— -Gleichung einer Luftmasse 156.
—, innere 157.
—, kinetische 146.
—, potentielle 145, 152.
Energiequelle stationärer Bewegung 167.
Energieleistung von Zirkulationen 172.
Energieverbrauch durch Reibung 183.
Entropie 12.
Entropieprinzip 145.
Erdoberfläche als Ausgleichsniveau 132, 285.
— als Störungsniveau 132.
Erdradius, mittlerer 4.
Erhaltung der Kraft, Gesetz 148.
— des Rotationsmomentes 23.
Erwärmungskoeffizient 141.
Erzwungene Schwingungen 402.

F.

Fallgebiete des Druckes 360.
Fall-Luft 164.
Feuchtigkeit 9.
—, absolute 10.
—, relative 11.
—, spezifische 10.

Flächengeschwindigkeit 23.
Flächen gleichen Druckes 42.
Föhn 88, 288.
Föhngradient 84.
Föhnmauer 74.
Föhn, Wellen bei ... 396.
Freie, elastische Schwingung der Atmosphäre 410.

G.

Gasgesetz für feuchte Luft 9.
— für trockene Luft 8.
Gaskonstante 9.
Geoid 5.
Geometrisch ähnliche Bewegungen 92.
Gesättigte Luft, Temperaturabnahme in ... 56.
Geschwindigkeit infolge Gradientkraft 103.
Geschwindigkeitspotential 105, 391.
Gewicht bewegter Massen 31.
Gewitterböe 314.
Gewitter talabwärts 164.
Gleichgewicht bei Strahlung 62.
— bei Wärmeleitung 60.
—, indifferentes 49.
—, labiles 50.
—, stabiles 50.
Gleichung der lebendigen Kraft 146.
Gleitfläche 177, 273, 311.
Gleitwirbel 177.
Gradient 32.
Gradientloser Wind 224.
Gradientrichtung 86.
Gradient, seine Konstruktion 100.
—, sein Zustandekommen 282.
— und Windstärke 96, 109, 113.
Graue Strahlung 63.
Gravitationswellen 389.
—, fortschreitende 390.
—, ruhende 393.
—, stehende 395.

Grenzflächen im Polargebiet 335.
Grenzflächenwinkel 194, 200.
Grenzfläche verschieden warmer Schichten 193, 200, 317.
Grenzflächen in Zyklonen und Antizyklonen 200.
Grenzfläche von Luftringen 207.
Grenzflächen, Wellen an ... 389.
Grenzwirbel 75.
Guilbertsche Regeln 380.
Guldberg - Mohnsche Reibung 108.
Gustiness Faktor von Dines 128.
Gürtel hohen Druckes 218.

H.

Hagelstadium feuchter Luft 15.
Hauptsatz erster, der mechanisch. Wärmetheorie 11.
Helmholtz's Ähnlichkeitsprinzip 92.
Hochdruckgebiet 98.
Hochdruckgürtel, Theorie von Ferrel 250.
— — — Siemens 251.
—, ihre Erklärung 219.
Höhenformel, barometrische 41.
Höhenmessung barometrische 42.
Höhenstufe, barometrische 42.
Homogene Atmosphäre 37.
Horizontale Strömung ohne Reibung 95.
Horizont, Lage desselb. 5.
— des bewegten Beobachters 272.
Hydrodynamische Bewegungsgleichungen 31.
Hydrodynamischer Druck 136.

I.

Indifferentes Gleichgewicht 49.
— — zonaler Bewegung 209.

Innere Energie 157.
— Reibung der Luft 117.
— —, virtuelle 119.
Integrale der Bewegungs-
gleichungen ohne Reibung
101.
Inversion 46, 183.
— durch Ausbreitung 88.
Inversionen, Bildung von
59.
Isallobarenkarte 361.
Isentropische Vorgänge 12.
Isobare Flächen 42.
— —, deren Gleichung 193,
200.
Isobaren 96.
Isobarenformen, deren Orts-
veränderung 296.
Isochronen des Kälteein-
bruchs 321, 352.
Isogonen des Windes 69.
Isothermen in der Atmo-
sphäre 228.
Isotherme Zone 46, 90.
Isothermie durch Ausbrei-
tung 86, 183.

K.
Kälteeinbrüche 314, 318,
322.
— Auslösung derselben 313.
— Geschwindigkeit der-
selben 319.
— Örtlichkeit derselben 332.
— in der Substratosphäre
358.
—, periodische 337.
Kältegebiete, stationäre 197.
Kälteschichten, flache, in der
Höhe 369.
Kälteschwall 327, 339.
Kältewellen 319.
—, ihre Ausbreitung 323,
331.
Kaltluftkörper 339.
Kinetische Energie 152.
Kirchhoffs Gesetz 62.
Knickung isobarer Flächen
195
Koeffizient der Reibung 110.
Kompensation der Tempe-
ratur von Strato- und
Troposphäre 227, 357.

Komponente, vertikale, der
Ablenkungskraft 30.
— —, der Zentrifugalkraft
30.
Kondensationstheorie der
Zyklonen 165.
Kondensationswärme und
lebendige Kraft 165.
Kontinuitätsgleichung 30.
— und Druckänderung 75.
— und Vertikalbewegung 77.
Konvektion der Wärme 53,
61.
Konvektionsströmungen auf
der Erde 168, 212, 237,
341.
Konvergenz von Strom-
linien 70.
— in Zyklonen 273, 347.
Koordinatensystem an der
Erdoberfläche 96.
Kopf kalter Luft 316.
Korrelationen der Verän-
derlichen nach Dines und
Schedler 302.
— des Polardruckes 246.
Kreisende Luftwirbel 177.
Kreislauf, Äquator bis 30°
Breite 215.
— der Atmosphäre 211.
— — —, ältere Theorien
249.
— — —, Einfluß von Land
und Meer 240.
—, Erklärung des großen
213.
Kreisprozeß 169, 174.

L.
Labiles Gleichgewicht 50.
Lebendige Kraft, Produktion
durch Kälteeinbrüche 318,
336.
— — und Kondensations-
wärme 165.
Luftaustausch zwischen verschiedenen Breiten 236.
Luftbewegung aus Druck-
gradienten 103.
Luftdruck, Differenzial-
gleichung desselben 298.
— mittlerer, in der Atmo-
sphäre 228, 231.

Luftdruck, sein Zustande-
kommen 281.
—, tägliche Periode 397,
401.
— und Mitteltemperatur 43.
Luftdruckänderungen 289,
291.
Luftdruckgradienten, ihr
Zustandekommen 282.
Luftkörper 309.
—, deren Vorstoß 311.
Luftnachschub am Äquator
214.
Luftringe 204.
—, ihre Grenzfläche 206.
—, stabiles Bewegungs-
system derselben 208.
Luftsäule, Massenverteilung
in derselben 275.
Luftschichten, ihre Umlagerung 157.
Luftübertragung zwischen
Hemisphären 223.
Luftversetzung 282.
Luftwirbel, kreisende und
gleitende 177.

M.
Magnussche Formel 9.
Manila-Zyklone nach Emden
261.
Masse der Atmosphäre 5.
Massenverteilung in einer
Luftsäule 275.
Maßeinheiten 7.
Maßsysteme 8.
Millibar 8.
Mischungszone 236.
Mitteltemperatur bei linea-
rer Verteilung 40.
— einer Luftsäule 38.
— und Luftdruck 43.

N.
Niederschlagsbildung an Ge-
birgen 81.
Niederschlagsperioden 388.
Niederschlag und Vertikal-
bewegung 78.
Niedrige Depressionen und
Antizyklonen 344.
Niveauflächen 5.
Normaldruck 8.

Normaler Ablenkungswinkel 109.
Nutzeffekt des Kreisprozesses 169.

O.

Ortsveränderung der Druckgebilde 296, 350.
— der Isobaren 300.
Ostwinde, polare 334.
— über Äquator 224.
Oszillation der Windbahnen 104.

P.

Passatwind 211.
— oberer 211.
Perioden des Niederschlages 388.
—, mehrtägige, der Witterung 386.
Periode, tägliche, von Luftdruck und Temperatur 401.
— — — und Wind 397.
Periodische Einflüsse von Land und Meer 383.
— Temperaturschwankungen 385.
Poissonsche Gleichung 12.
Polare Strömungen 223.
Polarfront 335, 352.
Potentielle Energie 145.
— — horizontaler Druckverteilung 152.
— Temperatur 12.
— —, Bedingung ihrer Konstanz 293.
— — in der Atmosphäre 232.
— — und Rotationsmoment 209.
Praktisches Koordinatensystem 22.
Pseudoadiabatische Prozesse 15.

Qu.

Quadranten der Zyklone und Antizyklone 365.

R.

Rechtsdrehen des Windes 121.
Reflexionsvermögen der Erde 63.

Regenstadium feuchter Luft 14.
Reibung an der Erdoberfläche 108, 115.
— der polaren Ostwinde 334.
—, Einfluß auf Geschwindigkeit 112, 121.
— nach Guldberg-Mohn 108.
— nach Hesselberg 115.
—, innere 32, 117.
—, Energieverbrauch dabei 183.
—, virtuelle innere 119.
Reibungskoeffizient 110.
Relative Feuchtigkeit bei adiabatischen Prozessen 17.
Relative Hoch- und Tiefdruckgebiete 138.
Richtung der Vorgänge 144.
Riegelwirkung 339.
Rinne tiefen Druckes 195.
Rotation der Luft 256.
Rotationsmoment 23.
—, dessen Veränderung 221.
— Verteilung in der Atmosphäre 234.
— und indifferentes Gleichgewicht 210.
— und potentielle Temperatur 210.
— von Luftringen 204.
—, Zunahme gegen Äquator 208.
Rückläufige Depressionen 381.
Rückzug von Luftkörpern 311.

S.

Scheinbare Kräfte 28.
Schema der Konvektionsströmung 169.
— der Zirkulation 174.
— von hoher Depression und Antizyklone 366.
— der Zyklone 317, 339, 347.
Schichtung, stabile, der Atmosphäre 234.
Schlechtwetter im tiefen Druck 139.
Schneestadium feuchter Luft 15.

Schönwetter im hohen Druck 139.
Schwankungen der allgemeinen Zirkulation 245.
Schwere, Schwerkraft 3, 22.
Schwingungen, erzwungene 402.
Schwingung, freie, elastische der Atmosphäre 410.
Solarkonstante 63.
Sperrschichten 310.
Spezifische Wärme 11.
Stabile Diskontinuitätsflächen 192.
Stabile Schichtung der Atmosphäre 234.
Stadien der Zyklone 371.
Statisches Gleichgewicht 47.
Stabiles Gleichgewicht 50.
Stabilität 47, 52.
— von Luftringen 207.
— von zyklonischer Bewegung 259.
Stadien der Zyklone 371.
Statik 35.
—, Grundgleichung derselben 36.
Stationäre Bewegung und Windverteilung 187.
— Kälte- und Wärmegebiete 197.
— Strömungen 187.
— Strömung und Temperaturgefälle 189.
— Zirkulation, Schema 169.
— — um die Erde 203.
Statische Theorie der Druckstufen 315.
Statistik der Veränderungen 301.
Stauwirbel an Gebirgen 74.
Stefansches Gesetz 62.
Steiggebiete des Druckes 360.
Störungen als Bestandteil der Zirkulation 222.
Störungsniveau, Erdoberfläche als ... 132.
Strahlung einer Luftschichte 65.
Strahlung, graue 63.
Strahlungsgleichgewicht 62.

Strahlungskonstante 62.
Strahlungstemperatur 66.
Stratosphäre 46.
Stratosphärentemperatur 64, 226.
— über Zyklone und Antizyklone 357, 367.
Stratosphäre über Land und Meer 225.
Stromlinie 67.
Stromlinien über Gebirgen 73.
Stromlinien und Temperaturverteilung 87.
Stromröhre 67.
Strömung, äquatoriale, polare 222.
Strömungen, stationäre 187.
Strömung, horizontale, ohne Reibung 95.
Sturm, Auge desselben 262.
Stürme an der skandinavischen Halbinsel 164.
Synoptische Wetterkarten, ihre Veränderung 296.

T.

Tägliche Periode von Luftdruck und Temperatur 401.
— — — und Wind 397.
Talabwärts ziehende Gewitter 164.
Temperatur der Luft 7.
—, mittlere, in der Atmosphäre 227, 231.
—, potentielle 12.
—,—, in der Atmosphäre 232.
—, tägliche Periode 402.
—, virtuelle 11.
— und Ausbreitung 85.
Temperaturabnahme bei Wärmezufuhr 37.
— in gesättigt feuchter Luft 56.
Temperaturanomalien 245.
Temperaturänderung bei vertikaler Bewegung 54.
Temperaturänderungen, ihre Ursache 286.
Temperaturdifferenz Erde—Luft 141.
— Erde—Stratosphäre 226.

Temperaturgefälle bei stationärer Bewegung 189.
Temperatur- und Druckgefälle 190.
Temperaturgradient, mittlerer, vertikaler 226.
Temperaturgradientänderungen, ihre Ursache 288.
Temperaturschwankungen, periodische 385.
Temperatursprung Erde—Luft 61.
Temperaturverteilung im Strahlungsgleichgewicht 63.
— bei veränderlichem Querschnitt 85.
— in Zirkulationen 180.
— nach vertikaler Verschiebung 57.
—, Typen von Schmauß 281.
— in Tropo- und Stratosphäre 277, 280.
Theorie der täglichen Barometerschwankungen 402.
Theorien über allgemeinen Kreislauf 249.
Thermische Aktionszentren 247.
Tiefdruckgebiet 99.
Trägheitsgesetz 19.
Trägheitskreis 27.
Trägheitsradius 27.
Trägheit zonaler Bewegung 213.
Trajektorien der Luft 72.
— der Zyklone 265.
Trennungsfläche verschiedener warmer Schichten 192.
Trockenstadium feuchter Luft 14.
Trombe 338.
Tropfen kalter Luft 337.
Troposphäre 46.
—, Höhe derselben 226.
Turbulenz 124.
Typen der Temperaturverteilung von Schmauß 281.

U.

Umkehrbare Prozesse 16.
Umlagerung der Luftschichten 159.

Ursache von Druck- und Temperaturänderungen 286.

V.

Veränderlichkeit von Druck- und Temperatur 284.
Veränderung der synoptischen Wetterkarten 374.
— der Zirkulation 241.
Vertikalbewegung und Kontinuitätsgleichung 75.
— und Niederschlag 78.
Vertikale Beschleunigung 30, 134.
Vertikalbewegung und Kontinuität 138.
—. Temperaturänderung bei 54.
Vertikaler Druckgradient 134.
Vertikale Umlagerungen, Beispiele 159.
Virtuelle innere Reibung 117.
Voraussage der Druckänderungen 76, 295.
Vorstoß von Luftkörpern 311.

W.

Wachstum der Wirbel 253.
Wärmeäquivalent der Arbeit 11.
Wärmeaustausch Erde—Luft 140.
Wärmeeinbruch 315.
Wärmegebiete, stationäre 197.
Wärmegleichung 11.
Wärmeleitung 46.
Wärmeleitungs-Gleichgewicht 60.
Wärmemaschine, Atmosphäre als 169.
Wärmestrahlung 46.
Wärmetransport 236.
Wärmeumsatz in Zirkulationen 180.
Wärmewellen 324.
Wärmezufuhr, Energiequelle stationärer Bewegungen 167.

Wärmezufuhr und Druck-
änderung 294.
— und Luftnachschub 214.
— in Zirkulationen 180.
Warme Luft, Aufstieghöhe
derselben 51.
Wellen 106.
Wellen an Grenzflächen 389
— bei Föhn 396.
— des Druckes 363, 378.
—, fortschreitende 390.
—, ruhende 393.
—, stehende 395.
Wellenform der Kälteein-
brüche 319.
Wellentheorie der Zyklonen
355.
Westostbewegung d. Druck-
gebilde 376.
— der Isobaren 300.
Wetterkarte 348.
Wetterkarten, deren Ver-
änderung 296, 374.
Wind ohne Gradient 224.
—, Drehung und Druck-
änderung 299.
—. Rechtsdrehung mit der
Höhe 122.
—, tägliche Periode 397.
Windbahnen bewegter
Zyklonen 265.
Windhose 338.
Windkarten, aerologische
380.

Windstärke, berechnet, in
der Atmosphäre 230.
—, mittlere, in der Atmo-
sphäre 229.
— und Gradient 96, 109, 113.
Windverteilung bei stationärer Bewegung 202.
Windweg 244.
Winkelgeschwindigkeit der
Erde 20.
Winkel der Grenzflächen
194, 200.
Wirbelexperiment von Helmholtz 259.
Wirbel, gleitender 177.
—, hydrodynamischer 257.
—, Bildung und Wachstum
253.
Wirbelbildung und Zirkulation 172.
Wirbelfreie Bewegung 136,
258.
Witterungsperioden, mehr-
tägige 387.

Z.

Zentrifugalkraft, Größe der
100.
Zirkulare Wirbel 256, 265.
Zirkulation 68, 144.
—, deren Anomalien 242.
—, Schema stationärer . . .
169.
— und Wirbelbildung 172.

Zirkulation, stationäre, um
die Erde 203.
—, Störungen als Bestand-
teil derselben 222.
Zirkulationen, kleine, zwi-
schen Pol und 30° Breite
216.
Zirkulationen mit Wärme-
umsatz 180.
Zirkulationsprinzip 133.
Zirruszug 376.
Zonale Verteilung 203.
Zustandsgleichung kompres-
sibler Flüssigkeiten 93.
Zykel 68.
Zyklonale Bewegung 98,
257.
— Diskontinuitäten 200.
Zyklone, kreisförmige 257.
—, bewegte 265.
—, rückläufige 381.
—, Kondensationstheorie
derselben 165.
— von Manila nach Em-
den 261.
Zyklonenbildung 273, 337,
382.
Zyklonenfamilie 354.
Zyklonentheorie, von Ober-
beck 263.
—, von Ryd 265.
Zyklonenschema 346.
Zyklonenstadien 371.

MANZ'SCHE BUCHDRUCKEREI, WIEN. 2787